Alles Gute aus Halle!
Malte B.
kurz vom 9.10.2014

Mathematische Methoden für Wissenschaftler und Ingenieure

Peter B. Kahn

Mathematische Methoden für Wissenschaftler und Ingenieure

Aus dem Amerikanischen
von Andreas Hädicke und Wolfram Meinhardt

Mit 70 Abbildungen

Spektrum Akademischer Verlag Heidelberg · Berlin · Oxford

Originaltitel: Mathematical Methods for Scientists and Engineers

Die Deutsche Bibliothek – CIP-Einheitsaufnahme

Kahn, Peter B. :
Mathematische Methoden für Wissenschaftler und Ingenieure / Peter B. Kahn. Aus dem Amerikan. von Andreas Hädicke und Wolfram Meinhardt. - Heidelberg ; Berlin ; Oxford : Spektrum, Akad. Verl., 1995
ISBN 3-86025-302-6

Lektorat: Gisela Sauer, Berlin
Produktion: PRODUserv, Berlin
Umschlaggestaltung: Kurt Bitsch, Birkenau
Satzherstellung mit LaTeX: Lewis & Leins GmbH Buchproduktion, Berlin
Druck und Verarbeitung: Franz Spiegel Buch GmbH, Ulm

Spektrum Akademischer Verlag Heidelberg · Berlin · Oxford

EIN VERLAG DER SPEKTRUM FACHVERLAGE GMBH

Für meinen Freund und Kollegen
Arnold M. Feingold

Vorwort

Wenn man ein neues Lehrbuch zur Hand nimmt, dann ist es sicherlich vernünftig, danach zu fragen, worin es sich von anderen unterscheidet und ob dieser Unterschied etwas bringt. Demjenigen, der sich für spezielle Dinge interessiert, steht eine Vielzahl von Büchern zur Verfügung, in denen das Material hervorragend dargestellt wird. Ein neues Lehrbuch muß das natürlich anerkennen und entsprechend nutzen.

Fast die Hälfte dieses Buches ist der Untersuchung nichtlinearer Systeme gewidmet. Damit wird die kritische neue Rolle, die die nichtlinearen Phänomene in der modernen Wissenschaft und Technik spielen, gewürdigt. Unsere Herangehensweise besteht darin, daß wir im Teil I darstellen, wie wir die linearen Systeme verstehen, wobei wir die besondere Betonung auf asymptotische Methoden legen. Im Teil II verlassen wir uns auf die entwickelten Techniken, wenn wir unser Augenmerk auf schwach nichtlineare, oszillierende Systeme und nichtlineare Differenzengleichungen richten. Mit den beiden Teilen versuchen wir, ein ausgewogenes Verhältnis einerseits zwischen der nötigen Beherrschung traditioneller Techniken und Probleme und andererseits der Notwendigkeit, auf zukünftige Entwicklungen vorbereitet zu sein, herzustellen. Damit das Buch aber nicht zu unhandlich wird, muß auf einige zeitaufwendige Themenbereiche verzichtet werden. Auf diese Weise wird berücksichtigt, daß in den letzten Jahrzehnten viele Dinge, die traditionell in Vorlesungen über mathematische Methoden behandelt wurden, Bestandteil der Vorlesungen über die einzelnen Wissenschaften selbst geworden sind. So können z. B. die Studenten die speziellen Funktionen der mathematischen Physik in den Vorlesungen über Elektrizität und Magnetismus kennenlernen. Die Lösung der Maxwellschen Gleichungen erfordert in den Standardgeometrien die Benutzung der trigonometrischen Funktionen, der Bessel-Funktionen und der Legendreschen Polynome. Demgegenüber werden solche Themen wie Funktionentheorie und Matrizenrechnung in eigenen Vorlesungen behandelt. Diese Überlegungen haben mich dazu gebracht, die Themen für das Buch so auszuwählen, daß ein ausgewogenes Verhältnis zwischen den Techniken, die notwendig beherrscht werden müssen, aber üblicherweise nicht ausführlich in den Fachdisziplinen behandelt werden, und den Methoden, die so wesentlich sind, daß man sie nicht weglassen kann, erreicht wird. Ich hebe besonders die Störungstechniken bzw. Näherungstechniken hervor, weil sie relativ einfach zu handhaben sind und auf ein breites Spektrum von Problemen, die in den Wissenschaften auftreten, angewendet werden können. Ich setze voraus, daß die Leser über fundierte Grundlagenkenntnisse bezüglich der Behandlung solcher Probleme verfügen, für die Lösungen in geschlossener Form existieren und auf denen die Vorlesungen in den physikalischen und technischen Disziplinen aufbauen. Ich erwarte z. B., daß die Leser mit der Exponentialfunktion, dem einfachen harmonischen Oszillator, der Energieerhaltung und den Grundprinzipien der Mechanik ebenso vertraut sind wie mit der Differential- und Integralrechnung, elementarer Differentialgleichungs- und Matrizentheorie. Ich verzichte auf die Diskussion komplexer Zahlen und vermeide die Entwicklung solcher Methoden, die darauf zurückgreifen. Dadurch soll das Buch einer größeren Hörerschaft zugänglich sein. Natürlich werden interessierte Studenten spezielle Kurse über komplexe Zahlen und Funktionentheorie belegen.

Ich möchte betonen, daß dieses Buch kein eigentliches Mathematikbuch ist. Auf strenge Beweise wird verzichtet, und ich erlaube mir auch eine gewisse Sorglosigkeit bei der Formulierung von Einschränkungen und Voraussetzungen. So werden z. B. nur Matrizen mit paarweise verschiedenen Eigenwerten betrachtet. Der Fall entarteter Eigenwerte ist die Ausnahme und verursacht nur eine unnötige Verkomplizierung der Beweise. Damit meine ich, daß die Annahme von paarweise verschiedenen Eigenwerten bei unseren Matrizen vorteilhaft ist, denn dann können die Matrizen auf Diagonalform gebracht werden. Falls eine spezielle Matrix doch entartete Eigenwerte besitzen sollte, kann man daran denken, die Entartung durch Einführung einer kleinen Störung aufzuheben. In den meisten Fällen wird das Problem dadurch nicht wesentlich verändert.

Das Buch wurde so konzipiert, daß es den Leser bei der Entwicklung jener Hilfsmittel unterstützt, die nötig sind, um solche Probleme zu behandeln, die keine einfache geschlossene Lösung besitzen. Diese sind jedoch mit anderen leicht lösbaren Problemen, die dem Leser vertraut sind, unmittelbar verwandt. Die Art der Darstellung ist so gewählt, daß die gleichen Sachverhalte wiederholt, aber auf verschiedene Weise formuliert werden und der Leser später die Aspekte versteht, die ihm beim ersten Mal noch entgangen sind. Ich muß zugestehen, daß bei einem Lehrbuch ein Wechsel der Initiative vom Autor auf den Leser erfolgt, denn letzterer bestimmt das Tempo, mit dem er beim Lesen vorankommt. Die Auswahl des Materials, die manche Dinge mehr oder weniger betont, soll dem Leser sozusagen ein hilfreiches Geländer bieten.

Ich denke, daß das Buch genügend Material enthält, um damit für fortgeschrittene Studenten und Diplomanden der Physik, Chemie, Technikwissenschaften, Biologie und anderer Disziplinen eine einjährige Vorlesung über mathematische Methoden zu bestreiten. Die Beispiele, die aus Anwendungen in diesen Gebieten stammen, wurden so formuliert, daß die zugrundeliegenden fundamentalen Aspekte des betrachteten Problems deutlich werden. Es werden auch einige unkorrekte Techniken und ungeeignete Methoden diskutiert, um den Leser vor falschen Lösungsansätzen und möglichen Fallen zu warnen. Ein paar Beispiele werden immer wieder verwendet. Sie sind starke und bekannte Paradigmen, an denen sich der Leser orientieren kann. Einige der numerischen und graphischen Lösungen wurden mit Hilfe der Computerprogramme *Lotus 1-2-3* (Lotus Development Corp.) und *Math CAD* (MathSoft, Inc.) erstellt. Meiner Meinung nach ist es für uns alle sehr wichtig, mit solchen Programmen sachkundig umgehen zu lernen, damit wir Lösungen erzeugen können und einen besseren Einblick in die Rechnungen gewinnen.

Nach der vorläufigen Präsentation einiger Formeln und Techniken diskutiere ich Eigenschaften von Matrizen und führe die Gammafunktion ein, die die Grundlage unserer Berechnungsmethoden bildet, denn mit ihrer Hilfe können die meisten der auftretenden Integrale berechnet werden. Danach folgt die Betrachtung von Funktionen, die mit ihr verwandt sind, und die Darstellung asymptotischer Entwicklungen und Näherungen. Dies führt zur Euler-Mac Laurin-Summenentwicklung, einer leistungsfähigen Methode zur Berechnung einer großen Klasse von Summen. Damit ist es oft möglich, die Ergebnisse soweit aufzubereiten, daß der Computer bzw. Taschenrechner eingesetzt werden kann. Ich mache dann mit der Laplaceschen Methode der Berechnung von Integralen, die von einem großen Parameter abhängen, bekannt. Das ermöglicht dem Leser, selbständig die damit zusammenhängenden Methoden der stationären Phase und des steilsten Anstiegs zu studieren. Beide Methoden erfordern allerdings die Kenntnis komplexer Zahlen. Dieser Teil des Buches schließt mit einer Untersuchung des asymptotischen Verhaltens der Lösungen von linearen Differentialgleichungen zweiter Ordnung und mit einer Einführung in die damit verwandte Störungstheorie ab.

Im zweiten Teil des Buches lenke ich die Aufmerksamkeit des Lesers auf eine umfangreiche und ausführliche Untersuchung der schwach nichtlinearen, oszillierenden Systeme, die ihren Ursprung im einfachen harmonischen Oszillator haben. Nach üblicher Praxis werden die Inhalte unserer Studienpläne fast ausschließlich auf lineare Systeme ausgerichtet und nichtlineare Probleme oft vernachlässigt. Das liegt auch daran, daß eine systematische Diskussion linearer Systeme eben mit Hilfe der leistungsfähigen Techniken Superposition, Lösungsklassifikation und Koeffizientenbestimmung möglich ist.

Auf der anderen Seite sind aber nichtlineare Probleme sehr interessant und sie treten in weiten Gebieten der Wissenschaften auf. Man kann sie mittels einer Reihe von leistungsfähigen Methoden untersuchen, die auch von Studenten höherer Semester und von Diplomanden verstanden werden können. Mein Ziel ist es, den Leser in die Welt nichtlinearer Probleme einzuführen und ihn mit den damit verbundenen Modellen, die in vielen Bereichen der Wissenschaft und Technik anzutreffen sind, bekannt zu machen.

Mein Zugang besteht darin, daß zuerst der harmonische Oszillator (mit und ohne Dämpfung) mit Hilfe einer Technik analysiert wird, die uns auf einige neue Phänomene vorbereitet, welche bei nichtlinearen Problemen auftreten. Danach diskutiere ich die logistische Gleichung, die einem einfachen nichtlinearen Modell entspricht, mit dessen Hilfe Wachstum bei begrenzten Ressourcen verstanden werden kann. Das bereitet uns darauf vor, die Untersuchung schwach nichtlinearer, oszillierender Systeme anzugehen. Ich betone den schwachen Charakter des betrachteten Problems, denn es gibt einen natürlichen kleinen Parameter, nach dessen Potenzen die Störungstheorie entwickelt wird. Ich beginne mit der Diskussion der klassischen Analysenmethode nach Lindstedt und Poincaré. Danach werden die Methoden der Mittelung und der vielfachen Zeitskalen behandelt. Sie sind die am universellsten anwendbaren und am meisten benutzten Untersuchungsmethoden.

Ich diskutiere im Zusammenhang mit nichtlinearen Systemen auch Probleme, die zuerst auf eine geeignete Form gebracht werden müssen, damit die entwickelten Methoden angewendet werden können. Die Untersuchung nichtlinearer Systeme schließt mit einer kurzen Einführung in jenes Gebiet, das mit dem Begriff Chaos verbunden ist. Ergänzend erfolgt die Untersuchung eindimensionaler quadratischer Abbildungen und die Ableitung der Feigenbaum-Konstanten.

Nach meiner Erfahrung sind wir durch lineare Probleme vollständig geprägt oder auch verbildet und wir lassen nur widerwillig von dieser so gewonnenen Intuition ab, wenn wir nichtlineare Probleme studieren, obwohl wir wissen, daß diese Intuition sowohl irreführend als auch falsch sein kann. Wir stellen allgemein fest, daß bei einer Störungsentwicklung eines nichtlinearen Problems ein solches Verhältnis zwischen der Näherung niedrigster Ordnung und den Korrekturtermen auftritt, das uns von der Untersuchung linearer Probleme unbekannt ist. Das heißt, wir brauchen irgendwelche Hilfe, um den richtigen Ansatz zu finden. So bietet z. B. der einfache harmonische Oszillator, obwohl er der grundlegende Ausgangspunkt für die Untersuchung des Duffing-Oszillators ist, nicht den richtigen Ansatz zur Behandlung der säkularen Terme, die einen neuen Aspekt der oszillierenden Bewegung darstellen und auf die Nichtlinearität zurückgeführt werden können. Es scheint mir sehr wichtig zu sein, daß sich unsere Sichtweise vom linearen hin zum nichtlinearen Denken verlagert; und zwar schon deshalb, weil die modernen Wissenschaften es in hohem Maße mit nichtlinearen Problemen zu tun haben. Ich hoffe, daß dieses Buch einen angemessenen Ausgangspunkt für dieses Unternehmen bilden kann.

Literaturverzeichnisse findet man am Ende jedes Kapitels im Teil I und nach den Kapiteln 15, 16 und dem Anhang.

Ich möchte den Studenten in Stony Brook danken, besonders Cherian Varughese, Usha Ravi und Fernando Camilo, die mit mir zusammen viel Zeit in das Buch investiert haben. Es ist mein erstes umfangreiches Buchprojekt, und ich brauchte eine lange Zeit, fast 20 Jahre Lehrerfahrung, um es zu verwirklichen. Dies war auch deshalb so, weil sich meine Vorstellungen davon, was wesentlich ist und was nicht, in dieser Zeit entscheidend geändert haben. Die Zuhörerschaft hat sich auch geändert, und viele hervorragende Bücher sind inzwischen erschienen. Meine Vorstellungen entstanden vor etwa 10 Jahren, und ich habe diese Zeit genutzt, um sie in Lehrveranstaltungen umzusetzen und in eine, wie ich hoffe, schlüssige und interessante Form zu bringen.

Ich möchte meinen Kollegen Cliff Swartz, Arnie Feingold und David Fox für ihr Interesse an diesem Projekt danken. Cliff, selbst ein erfahrener Autor, gab mir viele wichtige Hinweise dazu, wie man das Projekt in Angiff nimmt und wie man ein Vorlesungsmanuskript zu einem Buch macht. Arnie hat die erste Hälfte des Manuskripts sorgfältig gelesen. Er war nicht mit allem einverstanden, was sowohl die Schwerpunkte als auch den Stil betraf, aber er hörte mir zu, wenn ich meine Ideen und Standpunkte entwickelte, und er half mir, Fehler in der Logik und Pädagogik sowie in der fachlichen Substanz zu vermeiden. David hat die zweite Hälfte gelesen und er unterstützte mich dabei, meine Ideen mit größerer Klarheit auszudrücken. Auch durch die Hinweise meines Forschungsmitarbeiters Juan Lin vom Washington College zum zweiten Teil des Manuskripts, mit dem ich endlose Gespräche über viele Aspekte nichtlinearer Systeme geführt habe, profitierte ich. Yair Zarmi von der Ben Gurion-Universität des Negev und das Jacob-Blaustein-Institut für Wüstenforschung in Sede Boqer in Israel luden mich ein, an ihrem Forschungsprogramm mitzuarbeiten und Vorlesungen über nichtlineare Dynamik zu halten. Diese Beziehung führte dazu, daß Yair das Material über nichtlineare oszillierende Systeme kritisch las. Ich möchte auch Madan Lal Mehta vom C. E. N. in Saclay danken, der in den letzten Jahren seine Ideen mit mir diskutiert hat. Er las das Manuskript und gab mir wertvolle Hinweise. Ich denke auch gern an die häufigen Gespräche mit Lee Segel vom Weizmann-Institut, der mir viele Dinge erklärt hat und mich ermutigte, viele meiner Ideen klarer zu formulieren. Schließlich möchte ich die große Hilfe würdigen, die ich durch Jeffrey Kahn und Meng Zhou für alles erhielt, was Computerberechnungen betraf. Ich danke Lois Koh, die die Illustrationen anfertigte, Bea Shube, die kürzlich bei John Wiley & Sons ausschied und mich ermutigte, das Buch zu schreiben, und Marion Mastauskas und Heike Gustafson, die mit mir zusammen das Manuskript in eine für den Verlag akzeptable Form brachten.

Stony Brook, New York Peter B. Kahn

Inhalt

Verschiedene Hilfsmittel

In diesem Kapitel stellen wir einige der Formeln, Techniken und verschiedene Abkürzungen bereit, die wir im Text benutzen. Zusätzlich verweisen wir auf Quellen für wichtige Integrale, Tabellen und andere Dinge.

1 Abkürzungen

$\Leftrightarrow$	genau dann, wenn
T. h. O.	Terme höherer Ordnung
T. n. O.	Terme niedrigerer Ordnung
e. k. T.	exponentiell kleine Terme
n. l. T.	nichtlineare Terme

2 Numerische Resultate

$$\exp 3 \approx 20 \qquad \text{und} \qquad \ln 20 \approx 3 \tag{0.1}$$

$$\pi^2 \approx 10 \tag{0.2}$$

3 Trigonometrische Identitäten und Differentialgleichungen

$$\sin(a+b) = \sin a \cos b + \sin b \cos a \tag{0.3}$$

$$\cos(a+b) = \cos a \cos b - \sin a \sin b \tag{0.4}$$

$$2(\cos a \cos b) = \cos(a+b) + \cos(a-b) \tag{0.5}$$

$$2(\sin a \sin b) = \cos(a-b) - \cos(a+b) \tag{0.6}$$

$$2(\sin a \cos b) = \sin(a+b) + \sin(a-b) \tag{0.7}$$

$$\cos^2 x = \frac{1+\cos 2x}{2} \tag{0.8}$$

$$\cos^3 x = \frac{3\cos x + \cos 3x}{4} \tag{0.9}$$

$$\cos^4 x = \frac{3 + 4\cos 2x + \cos 4x}{8} \tag{0.10}$$

$$\sin^2 x = \frac{1-\cos 2x}{2} \tag{0.11}$$

$$\sin^3 x = \frac{3\sin x - \sin 3x}{4} \tag{0.12}$$

$$\sin^4 x = \frac{3 - 4\cos 2x + \cos 4x}{8}\,. \tag{0.13}$$

Wegen der Symmetrieeigenschaften der trigonometrischen Funktionen gilt

$$\int_0^{2\pi} \sin nx \, \mathrm{d}x = \int_0^{2\pi} \cos nx \, \mathrm{d}x = 0; \qquad n = \pm 1,\ \pm 2,\ \pm 3, \dots\,, \tag{0.14}$$

$$\int_0^{2\pi} \sin nx \cos mx \, \mathrm{d}x = 0\,. \tag{0.15}$$

[Dieses Ergebnis erhält man mit Hilfe der Gleichungen (0.7) und (0.14).]

$$\frac{1}{2\pi}\int_0^{2\pi} \sin^2 x \cos^2 x \, \mathrm{d}x = \frac{1}{8} \tag{0.16}$$

$$\frac{1}{2\pi}\int_0^{2\pi} \sin^2 x \, \mathrm{d}x = \frac{1}{2\pi}\int_0^{2\pi} \cos^2 x \, \mathrm{d}x = \frac{1}{2} \tag{0.17}$$

$$\frac{1}{2\pi}\int_0^{2\pi} \sin^4 x \, \mathrm{d}x = \frac{1}{2\pi}\int_0^{2\pi} \cos^4 x \, \mathrm{d}x = \frac{3}{8}\,. \tag{0.18}$$

Es gibt eine sehr einfache Lösungsmethode für eine Differentialgleichung der Form

$$\ddot{x} + x = K\cos\omega t; \qquad x(0) = A, \quad \dot{x}(0) = 0, \quad \omega \neq 1\,. \tag{0.19}$$

Mit dem Ansatz für die partikuläre Lösung

$$x(t) = B\cos\omega t$$

erhält man nach dem Einsetzen

$$B(-\omega^2 + 1) = K$$

bzw.

$$x(t) = \frac{K}{1-\omega^2} \cos \omega t + C \cos t \ . \tag{0.20 a}$$

Hierbei haben wir noch eine Lösung der homogenen Differentialgleichung zur partikulären Lösung hinzuaddiert. Die Konstante C ist dann so zu bestimmen, daß die Anfangsbedingungen erfüllt werden. Das führt schließlich auf die Lösung

$$x(t) = A \cos t + \frac{K}{1-\omega^2}(\cos \omega t - \cos t) \ . \tag{0.20 b}$$

Beispiel 0.3.1. Wir betrachten die Differentialgleichung

$$\ddot{x} + x = \cos^4 t; \qquad x(0) = A, \quad \dot{x}(0) = 0 \ . \tag{0.21 a}$$

Mit Hilfe der Gleichung (0.10) kann man Gleichung (0.21 a) auch wie folgt formulieren

$$\ddot{x} + x = \tfrac{3}{8} + \tfrac{1}{2} \cos 2t + \tfrac{1}{8} \cos 4t \ . \tag{0.21 b}$$

Man erhält eine Lösung durch Superposition von Lösungen, d. h., wir schreiben

$$x(t) = x_1(t) + x_2(t) + x_3(t)$$

und bilden die drei Gleichungen

$$\begin{aligned} \ddot{x}_1(t) + x_1(t) &= \tfrac{3}{8} \ , \\ \ddot{x}_2(t) + x_2(t) &= \tfrac{1}{2} \cos 2t \ , \\ \ddot{x}_3(t) + x_3(t) &= \tfrac{1}{8} \cos 4t \ , \end{aligned}$$

die getrennt gelöst werden. Man kann sich leicht davon überzeugen, daß

$$x(t) = \left(A - \tfrac{1}{5}\right) \cos t + \tfrac{3}{8} - \tfrac{1}{6} \cos 2t - \tfrac{1}{120} \cos 4t \tag{0.22}$$

tatsächlich die Lösung ist. □

Man kann die Ansatzmethode auch dann benutzen, wenn die Frequenz des Treiberterms mit der natürlichen Frequenz der Oszillationen übereinstimmt. Man spricht dann von einer aperiodischen Bewegung. Wir werden auf Gleichungen mit Lösungen dieses Typs im Abschnitt 8.3 vom Kapitel 8 zurückkommen. Darüber hinaus treten aperiodische Terme häufig im Ergebnis eines besonderen Näherungsverfahrens auf. In solchen Fällen werden wir versuchen, Lösungsentwicklungen anzugeben, die Terme dieser Form vermeiden. Dieser wichtige Punkt ist eines der zentralen Themen der Kapitel 10–13.

Übung 0.3.1. Man betrachte Gleichung (0.19) mit $\omega = 1$. Man erhält die partikuläre Lösung $x(t) = (Kt/2)\sin t$, indem man in Gleichung (0.20 b) $\omega = 1 - \delta$ setzt und dann den Grenzübergang $\delta \to 0$ durchführt. Man beachte, daß die Lösung nicht mehr periodisch ist. □

Übung 0.3.2. Gegeben sei

$$\ddot{x} + x = K \sin \omega t; \qquad x(0) = \alpha, \quad \dot{x}(0) = \beta, \quad \omega \to 1 .$$

Man erhält die Lösung mittels Ansatzmethode mit $\omega = 1 - \delta$, wobei man $\delta \to 0$ streben läßt. Es sei auf die Rolle der Anfangsbedingungen hingewiesen. (Es ist auch möglich, in die Gleichung mit einem Ansatz der Form $x(t) = At\cos t + Bt\sin t + C\cos t + D\sin t$ einzugehen und die Konstanten A, B, C und D zu bestimmen.) □

4 Taylorentwicklungen

$$\ln(1+x) = x - \frac{x^2}{2} + \frac{x^3}{3} - \frac{x^4}{4} + \text{T. h. O.}; \quad |x| < 1 . \tag{0.23}$$

Durch Substitution und Umordnung der Terme kann man zeigen, daß folgende Entwicklung gilt

$$\ln(1+x+x^2) = x + \frac{x^2}{2} - \frac{2x^3}{3} + \frac{x^4}{4} + \text{T. h. O.}; \quad |x+x^2| < 1 . \tag{0.24}$$

Wir können

$$(1+a)^x \qquad \text{als} \qquad \exp[x\ln(1+a)] \tag{0.25}$$

schreiben. Wenn man folglich die Entwicklung für $\ln(1+x)$ benutzt, falls $a \ll 1$, dann ist

$$(1+a)^x \approx \exp\left[x\left(a - \frac{a^2}{2}\right)\right] \tag{0.26}$$

eine gute Näherung.

Beispiel 0.4.1. Es sei $a = 1/2$, dann gilt

$$\left(\frac{3}{2}\right)^x \approx \exp\left[x\left(\frac{1}{2} - \frac{1}{8}\right)\right] = \exp\frac{3x}{8} .$$

Wenn $x = 1/3$, dann finden wir

$$\left(\frac{3}{2}\right)^{1/3} = 1{,}14 \qquad \text{und} \qquad \exp\frac{1}{8} = 1{,}13 .$$

Es stellt sich heraus, daß diese Näherung sehr gut ist, der gesamte Beitrag der verbleibenden Terme kann vernachlässigt werden. □

Wenn das Produkt ax hinreichend klein ist, können wir schreiben

$$(1+a)^x \approx \exp\ ax \approx 1 + ax\ .$$

Diese Näherungen werden problematisch, wenn wir den Ausdruck $(1 + a/n)^n$ betrachten und dabei den Exponenten n gegen unendlich streben lassen. Wir können aber schreiben

$$\left(1+\frac{a}{n}\right)^n = \exp\left[n\ln\left(1+\frac{a}{n}\right)\right] \approx \exp\left(a - \frac{a^2}{2n}\right)\,, \tag{0.27}$$

d. h., $(1 + a/n)^n$ strebt gegen $\exp a$, wenn n gegen unendlich geht.

5 Ungleichungen

Wir möchten die Ungleichung

$$\frac{2}{\pi} \leq \frac{\sin x}{x} \leq 1; \qquad 0 \leq x \leq \frac{\pi}{2} \tag{0.28}$$

aufstellen. Sie ist leicht zu beweisen, indem man entweder $y = \sin x/x$ graphisch darstellt oder folgende Überlegung anstellt:

a) Die Taylorentwicklung

$$\frac{\sin x}{x} = 1 - \frac{x^2}{3!} + \frac{x^4}{5!} + \text{T. h. O.}$$

ist eine konvergente alternierende Reihe. Deshalb gilt

$$\frac{\sin x}{x} \leq 1 \qquad \text{für} \qquad 0 \leq x \leq \frac{\pi}{2}\ .$$

b) Wir wissen, daß die Funktion $\sin x$ in der Umgebung des Ursprungs den Anstieg 1 hat. Außerdem hat sie den Funktionswert 1 bei $x = \pi/2$. Folglich schneidet sie die Gerade $y = 2x/\pi$ in den Punkten $x = 0$ und $x = \pi/2$.

Weil aber die Funktion im angegebenen Intervall konvex im Verhältnis zu der oben genannten Gerade ist, gilt die behauptete Ungleichung.

Es sei die Ungleichung

$$f(x) > g(x) > 0 \tag{0.29 a}$$

gegeben, dann gilt auch

$$\exp[f(x)] > \exp[g(x)] \,, \tag{0.29 b}$$

denn

$$\frac{\exp[f(x)]}{\exp[g(x)]} = \exp[f(x) - g(x)] > 1 \,. \tag{0.29 c}$$

Aus der Ungleichung $f(x) > g(x) > 0$ für $x > 0$ folgt

$$\int_0^x f(x)\,\mathrm{d}x > \int_0^x g(x)\,\mathrm{d}x \,, \tag{0.30}$$

weil die Fläche unter jeder der Kurven positiv für alle x ist.

6 Graphen und analytische Ausdrücke

Beispiel 0.6.1. Wir wollen den Wert für x suchen, für den

$$x \ln x = 1$$

gilt. Zu diesem Zweck zeichnen wir $y = 1/x$ und $y = \ln x$ und suchen den Schnittpunkt beider Kurven. Vergleiche Abbildung 0.1.

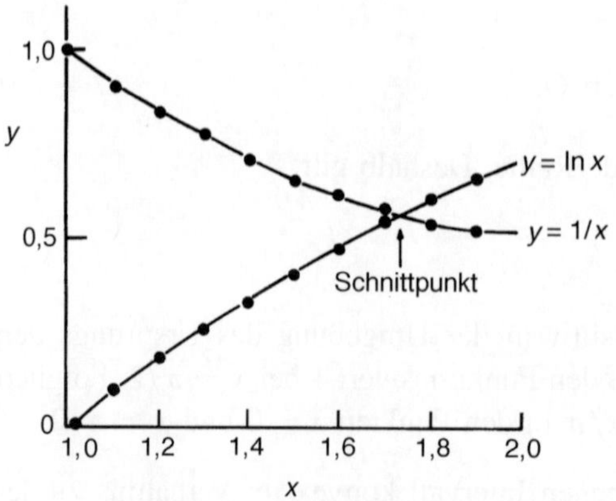

Abb. 0.1 Wir versuchen den Wert von x zu finden, der die Gleichung $x \ln x = 1$ erfüllt. Wir können vermuten, daß x kleiner als 2 ist und wählen deshalb einen geeigneten Zeichenmaßstab, um den Schnittpunkt der Kurven $y = 1/x$ und $y = \ln x$ zu lokalisieren.

Man könnte sich nun mit dem aus der Zeichnung abgelesenen Wert zufrieden geben. Es ist aber möglich, ihn als Startwert für eine Störungsentwicklung zu nehmen. Wir sehen, daß der Schnittpunkt etwa den Wert $x \approx 1{,}8$ hat. Dann können wir den Ausdruck

$$(1{,}8+\varepsilon)\ln\left[1{,}8\left(1+\frac{\varepsilon}{1{,}8}\right)\right] = (1{,}8+\varepsilon)\left[\ln 1{,}8+\ln\left(1+\frac{\varepsilon}{1{,}8}\right)\right]$$

betrachten. Wir setzen ihn gleich 1 und suchen nach der Lösung für ε.

Wegen $\ln 1{,}8 = 0{,}5877\ldots$ und unter Benutzung des ersten Terms der Taylorentwicklung des Logarithmus finden wir

$$(1{,}8+\varepsilon)\left(0{,}588+\frac{\varepsilon}{1{,}8}\right) + \text{T.h.O.} = 1$$

bzw. $\varepsilon \approx -0{,}04$. Wir vermuten also, daß $x \ln x = 1$ für $x = 1{,}76$ erfüllt ist. (Tatsächlich liefert die Berechnung $1{,}76 \ln 1{,}76 = 0{,}99$.) □

Übung 0.6.1. Man betrachte die Gleichung

$$\ln x = bx; \qquad b > 0\,.$$

Man zeige graphisch, daß es in Abhängigkeit vom Wert von b keine, eine oder zwei Lösungen gibt. Die beiden Lösungen für $b = 0{,}15$ sollen graphisch bestimmt werden. Man benutze die Werte der beiden gefundenen Schnittpunkte als Ausgangspunkt für eine analytische Näherung bis auf zwei Stellen genau.

Lösung: $x = 1{,}2$ und $x = 20$. □

Übung 0.6.2. Man betrachte die Gleichung

$$x\exp(-bx) = 1 \qquad \text{oder} \qquad x = \exp bx; \qquad b > 0$$

und zeige auf graphischem Weg, daß es keine, eine oder zwei Lösungen je nach gewähltem Wert von b gibt. Man finde für $b = 0{,}23$ die Lösung bis auf zwei Stellen genau.

Lösung: $x = 1{,}4$ und $x = 10$. □

Übung 0.6.3. Gegeben sei die Gleichung

$$\frac{10\sin x}{x} = 1\,.$$

Wir sind an dem größten Wert x interessiert, der die Gleichung erfüllt. Offenbar gibt es eine Lösung für $x < 10$, weil $\sin x \leq 1$ ist. Aus einer graphischen Darstellung erkennt man, daß der größte Wert von x irgendwo zwischen $x = 5\pi/2$ und $x = 3\pi$ liegen muß. Man erstelle einen geeigneten Graphen und ermittle den Wert des letzten Schnittpunktes. Anschließend benutze man die Taylorentwicklungen von $\sin x$ und $\cos x$ in der Umgebung dieses Punktes als Grundlage für eine analytische Näherung. Gesucht ist der Wert des Schnittpunktes bis auf zwei Stellen genau.

Lösung: $x = 8{,}4$. □

Übung 0.6.4. Wir betrachten die Gleichnug

$$(\sin x)(\exp -bx) = \frac{1}{x}; \qquad x, b > 0\,.$$

Es gibt eine Bedingung an den Parameter b, die die Anzahl der Wurzeln bzw. Lösungen dieser Gleichung festlegt. Man ermittele für $b = 0{,}046$ die kleinsten und größten Werte von x bis auf zwei Stellen genau, die die Gleichung erfüllen. Es ist zweckmäßig, die Schnittpunkte der Kurven

$$y = \frac{\exp bx}{x} \qquad \text{und} \qquad y = \sin x$$

zu suchen. Es sei darauf hingewiesen, daß der letzte Schnittpunkt ungefähr zu lokalisieren ist, da $\sin x$ nach oben durch 1 beschränkt ist und $(\exp bx)/x$ für große x monoton wächst. Folglich wird der letzte Schnittpunkt vor der Stelle liegen, an der $(\exp bx)/x = 1$ erreicht wird, also in der Nähe von $x = 100$.

Lösung: $x = 1{,}15$ und $x = 96$. □

Beispiel 0.6.2. Etwas mehr Erfahrung ist für die geeignete Wahl der Achsenmaßstäbe erforderlich, um ein Integral numerisch berechnen zu können. Wir betrachten z. B. das Integral

$$A = \int_0^\infty \frac{\ln x}{1+x^2}\mathrm{d}x\,.$$

Wir erhalten $A = 0$, denn mit Hilfe der Substitution $u = 1/x$ kann man zeigen, daß $A = -A$ gilt, somit folgt $A = 0$. Man kann das Integral auch in zwei Teile zerlegen

$$I = \int_0^1 \frac{\ln x}{1+x^2}\mathrm{d}x\,,$$

$$J = \int_1^\infty \frac{\ln x}{1+x^2}\mathrm{d}x\,.$$

Weil der Integrand von $I \leq 0$ und der Integrand von $J \geq 0$, können wir schlußfolgern, daß $I = -J$. Weiterhin kann im Integral J die Substitution $\ln x = y$ ausgeführt werden und man erhält

$$K = \int_0^\infty \frac{y(\exp y)}{1+\exp 2y}\mathrm{d}y\,.$$

Die Integrale I, J und K sind in Abbildung 0.2 zu sehen.

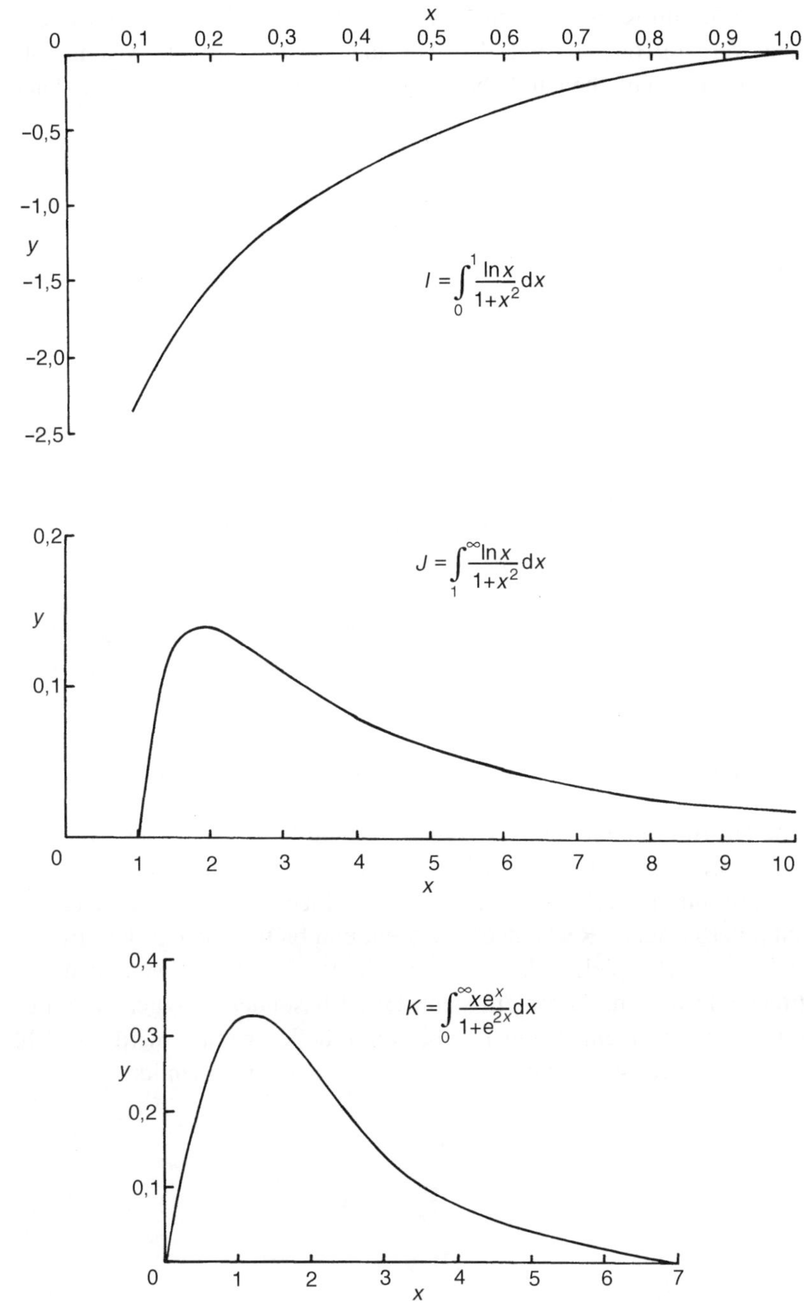

Abb. 0.2

Man beachte, daß wir verschiedene Maßstäbe für die Achsen gewählt haben. Weiterhin beachte man, daß das Intervall $(10, \infty)$ einen nicht unbeträchtlichen Anteil zum Integral beisteuert. Wir werden auf diese Dinge noch zurückkommen. In der Übung 3.5.3 im Kapitel 3 werden wir feststellen, daß das Integral K den numerischen Wert 0,916... besitzt, der als Catalansche Konstante bekannt ist.

Man zeichne einen Graphen und überzeuge sich selbst, daß die Flächen gleich sind. □

Literatur

Tabellenwerke

1. Abramowitz, M. und I. A. Stegun, *Handbook of Mathematical Functions*, Bureau of Standards, Washington, D. C., 1964. Neuausgabe bei Dover, New York, 1965. Dieses Buch wurde zum Standardwerk über mathematische Funktionen und damit verbundene Tabellen. Dieses umfassende Werk ist in mehreren Auflagen erschienen.
2. Gradstein, I. S. und I. W. Ryshik, *Summen-, Produkt- und Integraltafeln*, Verlag Harri Deutsch, Thun, Frankfurt/M. 1981. Auf der 5. russischen Auflage basierende deutsch-englische Ausgabe. Es handelt sich um eine sehr lohnenswerte und umfassende Quelle.

Numerische Methoden

3. Press, W. H.; B. P. Flannery; S. A. Teukolsky und W. T. Vetterling, *Numerical Recipes*, Cambridge University Press, New York, 1987. Das Buch ist eine wahre Fundgrube numerischer Methoden und Ideen. Es schließt ausführliche, computerbezogene Rechentechniken ein und bietet einen großen Reichtum praktischer Beispiele. Man sollte es zu Rate ziehen, wenn man vor einem rechentechnischen Problem steht. Es ist besonders nützlich, wenn es in Verbindung mit einem Kompendium von Tabellen benutzt wird. Sowohl elementare als auch fortgeschrittene Techniken werden präsentiert.

I Lineare Systeme

1 Matrizenrechnung

In einem weiten Spektrum unserer Tätigkeit nutzen wir Matrizen. Wir könnten einen wesentlichen Teil eines Buches über mathematische Methoden allein ihrem Studium widmen. Es gibt eine Vielzahl hervorragender Bücher, welche sich mit diesem Thema beschäftigen, so daß es leicht ist, eines auf einem gewünschten Niveau zu finden. Dementsprechend geben wir im Literaturverzeichnis am Ende dieses Kapitels eine repräsentative Auswahl an verfügbaren Titeln an. Unser Zugang wird darin bestehen, eine Vielzahl von Themen zu berühren, teils um einen minimalen gemeinsamen Hintergund zu sichern, teils um die von uns verwendeten Werkzeuge zu entwickeln. Nicht der gesamte Stoff ist elementar. Zum Beispiel wird die Diskussion von Störungstheorie und Stabilität sehr wahrscheinlich ungewohnt und herausfordernd sein. Wir beschränken uns auf (2×2)-Matrizen und machen nur einige Bemerkungen zu Matrizen höherer Ordnung. Auf diese Art kommen wir zum Wesen unserer Entwicklung dieses Themas, ohne die Belastung, alle Theoreme in ihrer allgemeinen Form beweisen zu müssen. Andererseits sind die meisten Ergebnisse, wenn sie entsprechend verallgemeinert werden, für Matrizen beliebiger Ordnung richtig. Die Beweise der wichtigen Theoreme sind in der angegebenen Literatur zu finden.

Wir wollen uns auf zwei Gesichtspunkte konzentrieren. Wir nehmen an, daß der Leser mit Matrizen schon etwas vertraut ist. (Lesern, welche die elementarsten Dinge der Matrizenalgebra nicht kennen, raten wir, zunächst die einführenden Teile eines Buches, wie z. B. in dem von Davis oder Schwartz, zu studieren.) Wir beginnen mit der Einführung von Schreibweisen und einigen vorbereitenden Bemerkungen. Daran schließt sich eine entsprechend ausführliche Diskussion der Eigenwerte und Eigenvektoren einschließlich des Schmidtschen Orthogonalisierungsverfahrens, des Cayley-Hamilton-Theorems und der Funktionen von Matrizen sowie der Störungstheorie erster Ordnung an. Wir schließen mit einer Diskussion über die Rolle von Matrizen in Differential- und Differenzengleichungen.

1.1 Bezeichnungen und einleitende Bemerkungen

Wir führen zwei Matrizen E und F ein, welche wir dazu nutzen, viele der ausführlich zu behandelnden Eigenschaften zu illustrieren.

$$E = \begin{bmatrix} 3 & 2 \\ 2 & 3 \end{bmatrix}; \quad F = \begin{bmatrix} 2 & 1 \\ 3 & 4 \end{bmatrix}; \quad EF = \begin{bmatrix} 12 & 11 \\ 13 & 14 \end{bmatrix}; \quad FE = \begin{bmatrix} 8 & 7 \\ 17 & 18 \end{bmatrix}.$$

1.1.1 Matrizen und Vektoren

Die Matrix A schreiben wir als

$$A = \begin{bmatrix} a_{11} & a_{12} \\ a_{21} & a_{22} \end{bmatrix},$$

wobei die Elemente der Matrix A durch

$$a_{ij}; \qquad i, j = 1, 2$$

bezeichnet werden.

Beispiel 1.1.1. Die Elemente der Matrix F sind

$$f_{11} = 2, \qquad f_{12} = 1, \qquad f_{21} = 3, \qquad f_{22} = 4. \qquad \square$$

Das Produkt AB zweier Matrizen ist nicht notwendig gleich dem Produkt mit vertauschten Faktoren, d. h. BA.

Beispiel 1.1.2. Das Produkt EF ist nicht gleich dem Produkt FE. Wir sagen, daß diese Matrizen nicht kommutieren. □

Vektoren mit den Komponenten x_1 und x_2 werden als

$$|x\rangle = \begin{bmatrix} x_1 \\ x_2 \end{bmatrix}$$

geschrieben.

Der adjungierte Vektor $\langle x|$ wird als

$$\langle x| = \begin{bmatrix} x_1^* & x_2^* \end{bmatrix}$$

geschrieben, dabei bezeichnet * das komplex Konjugierte.

Das Skalarprodukt zweier Vektoren $\langle y|, |x\rangle$ schreiben wir als

$$\langle y, x\rangle = y_1^* x_1 + y_2^* x_2 .$$

Zwei Vektoren $\langle y|$ und $|x\rangle$ sind orthogonal zueinander, wenn ihr Skalarprodukt gleich null ist.

(Es ist notwendig, das komplex Konjugierte der Zeilenelemente zu verwenden, um zu garantieren, daß die Länge oder Norm eines Vektors nicht negativ ist; $\langle x, x\rangle \geq 0$.)

1.1.2 Matrixoperationen

Eine Matrix ist symmetrisch, wenn $a_{ij} = a_{ji}$ für alle i, j gilt.

Die Matrix E ist symmetrisch.

Eine Matrix ist antisymmetrisch, wenn $a_{ij} = -a_{ji}$ gilt. Dann gilt $a_{ii} = 0$.

Die Transponierte einer Matrix A, bezeichnet als A^{T}, wird durch Vertauschen von Zeilen und Spalten gebildet: $a_{ij} \to a_{ji}$.

Beispiel 1.1.3

$$F^{\mathrm{T}} = \begin{bmatrix} 2 & 3 \\ 1 & 4 \end{bmatrix} . \qquad \square$$

Die Adjungierte einer Matrix A, bezeichnet als $A^{\dagger}$, wird dadurch gebildet, daß das komplex Konjugierte der transponierten Matrix genommen wird. (Die Reihenfolge von Transponierung und komplexer Konjugation ist beliebig.)

Beispiel 1.1.4

$$S = \begin{bmatrix} 1+i & 2i \\ 3+i & 2-i \end{bmatrix}$$

$$S^{\dagger} = \begin{bmatrix} 1-i & 3-i \\ -2i & 2+i \end{bmatrix} . \qquad \square$$

Die Matrix A ist hermitesch, wenn sie gleich ihrer Adjungierten ist.

$$A = A^{\dagger} \qquad \Longleftrightarrow \qquad a_{ij} = a_{ji}^{*}$$

(Wir schreiben „genau dann, wenn“ als „$\Longleftrightarrow$“.)

Beispiel 1.1.5. Die Matrix H ist hermitesch.

$$H = \begin{bmatrix} a & b+ic \\ b-ic & d \end{bmatrix} ; \qquad a, b, c \text{ und } d \text{ sind reell.} \qquad \square$$

Wirkt eine Matrix auf einen Vektor, liefert das einen Vektor, folglich gilt:

$$A\,|x\rangle = |Ax\rangle .$$

Beispiel 1.1.6

$$E\,|x\rangle = \begin{bmatrix} 3 & 2 \\ 2 & 3 \end{bmatrix} \begin{bmatrix} x_1 \\ x_2 \end{bmatrix} = \begin{bmatrix} 3x_1 + 2x_2 \\ 2x_1 + 3x_2 \end{bmatrix}. \qquad \square$$

Gegeben sei ein Vektor $|Ay\rangle$, dann wird der adjungierte Vektor $\langle Ay|$ durch die Anwendung der adjungierten Matrix $A^\dagger$ auf den adjungierten Vektor gebildet.

Beispiel 1.1.7. Gegeben seien die Matrix

$$S = \begin{bmatrix} 1+i & 2i \\ 3+i & 2-i \end{bmatrix}$$

und der Vektor

$$\begin{bmatrix} y_1 \\ y_2 \end{bmatrix}.$$

Der adjungierte Vektor $\langle Sy|$ wird wie folgt gebildet:

$$\begin{aligned} &\begin{bmatrix} y_1^* & y_2^* \end{bmatrix} \begin{bmatrix} 1-i & 3-i \\ -2i & 2+i \end{bmatrix} \\ &= \begin{bmatrix} (1-i)y_1^* - 2iy_2^* & (3-i)y_1^* + (2+i)y_2^* \end{bmatrix}. \end{aligned} \qquad \square$$

Übung 1.1.1. Überprüfen Sie, ob man das gleiche Ergebnis wie im Beispiel 1.1.7 erhält, wenn zuerst

$$|Sy\rangle = \begin{bmatrix} 1+i & 2i \\ 3+i & 2-i \end{bmatrix} \begin{bmatrix} y_1 \\ y_2 \end{bmatrix}$$

berechnet und dann der adjungierte Vektor $\langle Sy|$ gebildet wird. $\square$

Das Skalarprodukt des Vektors $|Ax\rangle$ mit dem adjungierten Vektor $\langle y|$ wird als $\langle y, Ax\rangle$ geschrieben. Entsprechend schreiben wir das Skalarprodukt des adjungierten Vektors $\langle Ay|$ mit dem Vektor $|x\rangle$ als $\langle Ay, x\rangle$.

Beispiel 1.1.8. Aus gegebenen

$$S = \begin{bmatrix} 1+i & 2i \\ 3+i & 2-i \end{bmatrix}$$

und

$$|x\rangle = \begin{bmatrix} 1 \\ 3i \end{bmatrix}; \qquad |y\rangle = \begin{bmatrix} 2i \\ i \end{bmatrix}$$

wollen wir das Skalarprodukt $\langle y, Sx\rangle$ berechnen. Zunächst erhalten wir für $|Sx\rangle$:

$$|Sx\rangle = \begin{bmatrix} 1+i & 2i \\ 3+i & 2-i \end{bmatrix} \begin{bmatrix} 1 \\ 3i \end{bmatrix} = \begin{bmatrix} -5+i \\ 6+7i \end{bmatrix} .$$

Anschließend berechnen wir

$$\langle y, Sx\rangle = \begin{bmatrix} -2i & -i \end{bmatrix} \begin{bmatrix} -5+i \\ 6+7i \end{bmatrix} = 9+4i$$

und schließlich das Skalarprodukt $\langle Sy, x\rangle$. Wir erhalten zunächst

$$\langle Sy| = \begin{bmatrix} -2i & -i \end{bmatrix} \begin{bmatrix} 1-i & 3-i \\ -2i & 2+i \end{bmatrix} = \begin{bmatrix} -4-2i & -1-8i \end{bmatrix}$$

und daraus

$$\langle Sy, x\rangle = \begin{bmatrix} -4-2i & -1-8i \end{bmatrix} \begin{bmatrix} 1 \\ 3i \end{bmatrix} = 20-5i .$$

Wir bemerken bei diesem Beispiel, daß die Skalarprodukte $\langle y, Sx\rangle$ und $\langle Sy, x\rangle$ nicht gleich sind. Eine hermitesche Matrix A hat die Eigenschaft, daß das Skalarprodukt $\langle Ay, x\rangle$ gleich ist mit $\langle y, Ax\rangle$. □

1.1.3 Die Spur und die Determinante

Die Spur von A ist durch die Summe ihrer Diagonalelemente

$$\mathrm{Tr}A = \sum_i a_{ii}$$

gegeben, dabei bezeichnen wir die Spur mit Tr.

Beispiel 1.1.9. Die Spur der Martix E ist $(3+3) = 6$. □

Die Spur eines Produktes von Matrizen hat die zyklische Eigenschaft

$$\mathrm{Tr}(ABC) = \mathrm{Tr}(CAB) = \mathrm{Tr}(BCA) .$$

Das kann dadurch gezeigt werden, daß wir die Spur als Summe über die Indizes i, j und k schreiben und dabei beachten, daß sie vertauscht werden können:

$$\begin{aligned} \mathrm{Tr}(ABC) &= \sum a_{ij}b_{jk}c_{ki} = \sum c_{ki}a_{ij}b_{jk} = \sum b_{jk}c_{ki}a_{ij} \\ &= \mathrm{Tr}(CAB) = \mathrm{Tr}(BCA) . \end{aligned}$$

Beispiel 1.1.10. Die Spur des Produkts EF zweier Matrizen ist gleich $(12+14) = 26$, die Spur des Produkts $FE = (8+18) = 26$. □

Die Determinante einer Matrix A wird als

$$\det A = \begin{vmatrix} a_{11} & a_{12} \\ a_{21} & a_{22} \end{vmatrix} \quad \text{oder} \quad \det \begin{bmatrix} a_{11} & a_{12} \\ a_{21} & a_{22} \end{bmatrix}$$

geschrieben, sie ist für (2×2)-Matrizen gleich $a_{11}a_{22} - a_{12}a_{21}$. Sie wird auch mit dem Symbol Δ bezeichnet.

Beispiel 1.1.11. Die Determinante der Matrix F ist $(2 \cdot 4 - 3 \cdot 1) = 5$. Die Determinante der Matrix E ist $(3 \cdot 3 - 2 \cdot 2) = 5$. □

Die Determinante des Produkts der Matrizen A, B und C ist gleich dem Produkt der Determinanten:

$$\det(ABC) = (\det A)(\det B)(\det C)\,.$$

Beispiel 1.1.12

$$\begin{aligned} \det(EF) &= (12 \cdot 14 - 11 \cdot 13) = (\det E)(\det F) = 5 \cdot 5 = 25 \\ \det(FE) &= (8 \cdot 18 - 7 \cdot 17) = 25 \end{aligned}$$ □

1.1.4 Die inverse Matrix

Die inverse Matrix A^{-1} einer Matrix ist, wenn sie existiert, eindeutig bestimmt, so daß

$$AA^{-1} = A^{-1}A = I; \qquad \det A^{-1} = \frac{1}{\det A}$$

gilt, dabei ist I die Einheitsmatrix.

$$I = \begin{bmatrix} 1 & 0 \\ 0 & 1 \end{bmatrix}.$$

Offensichtlich ist die Inverse der inversen Matrix einer Matrix wieder die Matrix selbst.

Beispiel 1.1.13. Die Inverse der Matrix E ist:

$$E^{-1} = \frac{1}{\Delta} \begin{bmatrix} e_{22} & -e_{12} \\ -e_{21} & e_{11} \end{bmatrix} = \frac{1}{5} \begin{bmatrix} 3 & -2 \\ -2 & 3 \end{bmatrix}.$$ □

Beispiel 1.1.14. Die Inverse der Matrix F ist:

$$F^{-1} = \frac{1}{\Delta} \begin{bmatrix} f_{22} & -f_{12} \\ -f_{21} & f_{11} \end{bmatrix} = \frac{1}{5} \begin{bmatrix} 4 & -1 \\ -3 & 2 \end{bmatrix}.$$ □

Die inverse Matrix eines Produkts zweier Matrizen M und N ist das Produkt der beiden inversen Matrizen in umgekehrter Reihenfolge. Folglich schreiben wir:

$$(MN)^{-1} = N^{-1}M^{-1},$$

da

$$(MN)^{-1}(MN) = N^{-1}M^{-1}MN = N^{-1}IN = I\,.$$

Beispiel 1.1.15. Die Inverse des Produkts der zwei Matrizen E und F ist

$$\begin{aligned}(EF)^{-1} = F^{-1}E^{-1} &= \frac{1}{5}\begin{bmatrix} 4 & -1 \\ -3 & 2 \end{bmatrix}\frac{1}{5}\begin{bmatrix} 3 & -2 \\ -2 & 3 \end{bmatrix} \\ &= \frac{1}{25}\begin{bmatrix} 14 & -11 \\ -13 & 12 \end{bmatrix}.\end{aligned}$$

□

1.1.5 Unitäre Matrizen

Die Matrix U ist unitär, wenn ihre adjungierte Matrix gleich ihrer inversen Matrix ist. Wenn $U^\dagger = U^{-1}$ gilt, folgt $UU^\dagger = U^\dagger U = I$.

Beispiel 1.1.16. Gegeben sei

$$U = \frac{1}{\sqrt{6}}\begin{bmatrix} 1-i & \sqrt{2}(-1+i) \\ 2 & \sqrt{2} \end{bmatrix}.$$

Dann erhalten wir

$$U^\dagger = \frac{1}{\sqrt{6}}\begin{bmatrix} 1+i & 2 \\ \sqrt{2}(-1-i) & \sqrt{2} \end{bmatrix}$$

mit $U^\dagger U = UU^\dagger = I$. □

1.1.6 Schlechtkonditionierte Matrizen

Eine Matrix ist schlechtkonditioniert, wenn kleine Veränderungen in einigen ihrer Elemente große Veränderungen in ihrer Determinante hervorrufen. Das ist keine klar definierte Bezeichnung, man muß Sorgfalt walten lassen, wenn man mit solchen Matrizen arbeitet.

Beispiel 1.1.17. Man betrachte die Matrix

$$A = \begin{bmatrix} 1{,}00 & 1{,}00 \\ 1{,}00 & 0{,}99 \end{bmatrix}, \tag{1.1}$$

deren Elemente durch Messungen bestimmt wurden und nur mit der angegebenen Genauigkeit bekannt sind. (Dieses Beispiel wurde aus dem Buch *Numerical Methods for Scientists and Engineers* von Hamming, Seite 128, übernommen.)

a) Zeigen Sie, daß $\det A = -0{,}01$ gilt. Es wird klar werden, daß der im Vergleich zu den Matrixelementen kleine Wert der Determinante zu Problemen mit der inversen Matrix A^{-1} führen wird, deshalb bezeichnen wir diese Matrix als schlechtkonditioniert.
b) Zeigen Sie, daß

$$A^{-1} = \begin{bmatrix} -99 & 100 \\ 100 & -100 \end{bmatrix}; \qquad \det A^{-1} = -100 \tag{1.2}$$

gilt und überprüfen Sie explizit, daß

$$A^{-1}A = AA^{-1} = I$$

gilt.
c) In Gleichung (1.1) haben wir die exakte inverse Matrix der in Gleichung (1.1) gegebenen Matrix A gefunden. Nehmen wir an, wir seien nicht in der Lage, die exakt inverse Matrix zu A zu finden. Wir verwenden eine Näherungsmethode, um eine „näherungsweise inverse Matrix" zu finden. Zum Beispiel ist die Matrix

$$L = \begin{bmatrix} -98 & 99 \\ 100 & -100 \end{bmatrix} \tag{1.3}$$

eine „näherungsweise linksinverse Matrix" der durch Gleichung (1.1) gegebenen Matrix A, da

$$LA = \begin{bmatrix} 1{,}00 & 0{,}01 \\ 0{,}00 & 1{,}00 \end{bmatrix} \tag{1.4}$$

gilt. Wir haben auch eine „näherungsweise rechtsinverse Matrix"

$$R = \begin{bmatrix} -98 & 100 \\ 99 & -100 \end{bmatrix}, \tag{1.5}$$

da

$$AR = \begin{bmatrix} 1{,}00 & 0{,}00 \\ 0{,}01 & 1{,}00 \end{bmatrix} \tag{1.6}$$

gilt.

Jetzt kommt die entscheidende Beobachtung. Wir finden, daß diese „näherungsweise" Inversen völlig unbefriedigend sind, wenn man sie von der

„falschen Seite“ anwendet, was leicht überprüft werden kann:

$$AL = \begin{bmatrix} 2 & -1 \\ 1 & 0 \end{bmatrix} \tag{1.7 a}$$

$$RA = \begin{bmatrix} 2 & 1 \\ -1 & 0 \end{bmatrix} \tag{1.7 b}$$

Wie wir sehen, ist $\det A$ so klein, daß wir $AL \neq I$ und $RA \neq I$ erhalten. Man muß besonders sorgfältig sein, wenn man sich mit Problemen beschäftigt, bei denen die Determinante im Vergleich zu einigen Matrixelementen eine kleine Größe ist, da dann ihr Inverses ein großer Multiplikator ist. Einen anderen Aspekt werden wir im Beispiel 1.1.18 kennenlernen. □

Beispiel 1.1.18. Wir betrachten die zwei Gleichungen für die Größen x und y:

$$\begin{aligned} ax + by &= 1 \\ cx + dy &= 1, \end{aligned} \tag{1.8}$$

wobei a, b, c und d Parameter sind, welche x und y bestimmen. Diese Parameter können als Elemente einer Matrix aufgefaßt werden, so daß wir die Gleichung

$$A \begin{bmatrix} x \\ y \end{bmatrix} = \begin{bmatrix} 1 \\ 1 \end{bmatrix}; \qquad A = \begin{bmatrix} a & b \\ c & d \end{bmatrix} \tag{1.9}$$

erhalten. Nehmen wir an, daß $a = 2$ und $c = 1$ exakt gilt und daß wir die Werte von b und d durch Messungen bestimmen, woraus wir x und y berechnen. Wir lösen nach x und y auf und erhalten

$$x = 1 - \frac{d}{2d - b} \quad \text{und} \quad y = \frac{1}{2d - b}.$$

Nehmen wir weiterhin an, daß unsere Messungen folgendes ergeben:

$$d = 10 \quad \text{und} \quad b = 21, \quad \text{dann folgt} \quad x = 11 \quad \text{und} \quad y = -1.$$

Wir messen die Größen in einem anderen Experiment und erhalten

$$d = 11 \quad \text{und} \quad b = 21, \quad \text{dann folgt} \quad x = -10 \quad \text{und} \quad y = +1.$$

Wir erhalten infolge einer Änderung des Wertes von d um 10% einen Vorzeichenwechsel sowohl für x als auch für y. Dieses Resultat folgt aus der Tatsache, daß unsere Matrix schlechtkonditioniert oder ihre Determinante sehr klein im Vergleich zu einigen ihrer Elemente ist. (Die Determinante verändert ihren Wert von -1 zu $+1$, wenn das Element d von 10 auf 11 anwächst.) □

1.1.7 Eigenwerte und Eigenvektoren

Die Matrix A hat charakteristische Vektoren (Eigenvektoren) $|x\rangle$ und charakteristische Werte (Eigenwerte) λ, so daß

$$A\,|x\rangle = \lambda\,|x\rangle$$

oder entsprechend

$$(A - \lambda I)\,|x\rangle = 0$$

gilt. Das bedeutet, daß die Matrix A, wenn sie auf ihren Eigenvektor angewandt wird, diesen Eigenvektor einfach mit einer Konstanten λ multipliziert. (Den Fall, daß $|x\rangle$ ein Nullvektor ist, schließen wir aus.)

Eine (2×2)-Matrix hat zwei Eigenwerte, jedoch nicht immer zwei Eigenvektoren. (Wenn Eigenwerte zusammenfallen, dann werden sie entsprechend ihrer Vielfachheit gezählt.)

Beispiel 1.1.19. Die Matrix E hat die Eigenwerte 5 und 1. Wir werden im Abschnitt 1.5 sehen, daß diese durch Lösen der charakteristischen Gleichung

$$g(\lambda) \equiv \det|E - \lambda I| = \begin{vmatrix} 3-\lambda & 2 \\ 2 & 3-\lambda \end{vmatrix} = \lambda^2 - 6\lambda + 5 = 0$$

berechnet werden. Sie hat die Eigenvektoren

$$|x_1\rangle = c_1 \begin{bmatrix} 1 \\ 1 \end{bmatrix}; \qquad |x_2\rangle = c_2 \begin{bmatrix} 1 \\ -1 \end{bmatrix}.$$

Es ist leicht zu überprüfen, daß

$$\begin{bmatrix} 3 & 2 \\ 2 & 3 \end{bmatrix} c_1 \begin{bmatrix} 1 \\ 1 \end{bmatrix} = 5c_1 \begin{bmatrix} 1 \\ 1 \end{bmatrix}$$

$$\begin{bmatrix} 3 & 2 \\ 2 & 3 \end{bmatrix} c_2 \begin{bmatrix} 1 \\ -1 \end{bmatrix} = 1c_2 \begin{bmatrix} 1 \\ -1 \end{bmatrix}$$

gilt. Die Konstanten c_1 und c_2 stehen auf beiden Seiten der entsprechenden Gleichungen und sind deshalb frei wählbar. Sie werden oft so gewählt, daß die Eigenvektoren auf eins normiert sind, d. h.

$$\langle x_1, x_1\rangle = 1 \Rightarrow c_1 = \frac{1}{\sqrt{2}},$$

$$\langle x_2, x_2\rangle = 1 \Rightarrow c_2 = \frac{1}{\sqrt{2}}.$$

(Diese Ideen werden im Abschnitt 1.2 im Detail diskutiert.) □

Beispiel 1.1.20. Die durch die folgenden Gleichungen (1.10) und (1.11) gegebenen Matrizen haben entartete, d. h. zusammenfallende Eigenwerte und jede hat nur einen Eigenvektor.

$$A = \begin{bmatrix} 4 & 4 \\ 0 & 4 \end{bmatrix}; \qquad A \begin{bmatrix} 1 \\ 0 \end{bmatrix} = 4 \begin{bmatrix} 1 \\ 0 \end{bmatrix} \tag{1.10}$$

$$B = \begin{bmatrix} 6 & 4i \\ i & 2 \end{bmatrix}; \qquad B \begin{bmatrix} -2i \\ 1 \end{bmatrix} = 4 \begin{bmatrix} -2i \\ 1 \end{bmatrix}. \tag{1.11}$$

□

1.1.8 Diagonalisierung

Wir werden oft eine Matrix diagonalisieren wollen, da es dann möglich ist, viele Probleme in eine einfache Form zu transformieren.

Diagonalisierung kann durch eine Ähnlichkeitstransformation S erreicht werden, so daß

$$S^{-1}AS = \Lambda$$

gilt, wobei Λ eine Diagonalmatrix ist, deren Elemente die Eigenwerte von A sind.

Beispiel 1.1.21. Wir betrachten ein System gekoppelter Differentialgleichungen

$$\frac{\mathrm{d}x}{\mathrm{d}t} = 3x + 2y, \tag{1.12 a}$$

$$\frac{\mathrm{d}y}{\mathrm{d}t} = 2x + 3y \tag{1.12 b}$$

mit gegebenen $x(0)$ und $y(0)$ und schreiben es als Matrixgleichung

$$\frac{\mathrm{d}}{\mathrm{d}t} \begin{bmatrix} x \\ y \end{bmatrix} = \begin{bmatrix} 3 & 2 \\ 2 & 3 \end{bmatrix} \begin{bmatrix} x \\ y \end{bmatrix} = E \begin{bmatrix} x \\ y \end{bmatrix}. \tag{1.13}$$

Wir suchen $x(t)$ und $y(t)$. Das wird häufig durch die Transformation der Matrix in Diagonalform erreicht. Die Gleichungen sind dabei entkoppelt und ihre Lösungen können ohne Schwierigkeiten gefunden werden. Wir werden im Abschnitt 1.2 lernen, wie man die diagonalisierte Matrix konstruiert, hier geben wir einfach das Ergebnis an. Die Matrix, welche die Matrix E diagonalisiert, ist

$$M = \begin{bmatrix} 1 & 1 \\ 1 & -1 \end{bmatrix}; \qquad M^{-1} = \frac{-1}{2} \begin{bmatrix} -1 & -1 \\ -1 & 1 \end{bmatrix}.$$

Folglich gilt

$$\begin{aligned} M^{-1}EM &= \frac{-1}{2} \begin{bmatrix} -1 & -1 \\ -1 & 1 \end{bmatrix} \begin{bmatrix} 3 & 2 \\ 2 & 3 \end{bmatrix} \begin{bmatrix} 1 & 1 \\ 1 & -1 \end{bmatrix} \\ &= \begin{bmatrix} 5 & 0 \\ 0 & 1 \end{bmatrix}. \end{aligned}$$

Wir muliplizieren dann die Gleichung (1.13) mit M^{-1} und fügen die Einheitsmatrix in der Form MM^{-1} ein, dann folgt aus Gleichung (1.13)

$$M^{-1}\frac{\mathrm{d}}{\mathrm{d}t}\begin{bmatrix} x \\ y \end{bmatrix} = \frac{\mathrm{d}}{\mathrm{d}t}M^{-1}\begin{bmatrix} x \\ y \end{bmatrix} = M^{-1}EMM^{-1}\begin{bmatrix} x \\ y \end{bmatrix}$$

oder

$$\frac{\mathrm{d}}{\mathrm{d}t}\begin{bmatrix} z_1 \\ z_2 \end{bmatrix} = \begin{bmatrix} 5 & 0 \\ 0 & 1 \end{bmatrix}\begin{bmatrix} z_1 \\ z_2 \end{bmatrix},$$

wobei

$$\begin{bmatrix} z_1 \\ z_2 \end{bmatrix} = M^{-1}\begin{bmatrix} x \\ y \end{bmatrix},$$

$$\begin{aligned} z_1 &= \tfrac{1}{2}(x+y), \\ z_2 &= \tfrac{1}{2}(x-y) \end{aligned}$$

gilt. Diese Gleichungen sind entkoppelt, so daß die Lösungen einfach gefunden werden können:

$$\begin{aligned} z_1(t) &= z_1(0)\exp 5t, \\ z_2(t) &= z_2(0)\exp t\,. \end{aligned}$$

Wir berechnen jetzt $x(t)$ und $y(t)$ unter Verwendung der inversen Transformationen:

$$\begin{aligned} \begin{bmatrix} x \\ y \end{bmatrix} &= M\begin{bmatrix} z_1 \\ z_2 \end{bmatrix} = \begin{bmatrix} 1 & 1 \\ 1 & -1 \end{bmatrix}\begin{bmatrix} z_1 \\ z_2 \end{bmatrix}; \qquad \begin{bmatrix} x \\ y \end{bmatrix} = \begin{bmatrix} z_1 + z_2 \\ z_1 - z_2 \end{bmatrix}, \\ x(t) &= z_1(0)\exp 5t + z_2(0)\exp t \\ &= \tfrac{1}{2}\left[x(0)+y(0)\right]\exp 5t + \tfrac{1}{2}\left[x(0)-y(0)\right]\exp t, \\ y(t) &= z_1(0)\exp 5t - z_2(0)\exp t \\ &= \tfrac{1}{2}\left[x(0)+y(0)\right]\exp 5t - \tfrac{1}{2}\left[x(0)-y(0)\right]\exp t\,. \end{aligned}$$

Diese Gedanken werden wir wieder aufnehemen, wenn wir im Abschnitt 1.5 das Cayley-Hamilton-Theorem einführen. □

Nicht alle Matrizen können durch eine invertierbare Matrix in Diagonalform überführt werden. Betrachten wir beispielsweise die durch die Gleichungen (1.10) und (1.11) gegebenen Matrizen.

$$\text{Weder } A = \begin{bmatrix} 4 & 4 \\ 0 & 4 \end{bmatrix} \qquad \text{noch} \qquad B = \begin{bmatrix} 6 & 4i \\ i & 2 \end{bmatrix}$$

können diagonalisiert werden. (Man beachte, daß die Eigenwerte der Matrix B zusammenfallen und gleich 4 sind, obwohl alle Matrixelemente verschieden sind.) Es ist leicht zu überprüfen, daß

$$S = \begin{bmatrix} 1 & 1 \\ 0 & 0 \end{bmatrix} \tag{1.14}$$

und

$$T = \begin{bmatrix} 1 & 1 \\ \frac{1}{2}i & \frac{1}{2}i \end{bmatrix} \tag{1.15}$$

so gewählt werden, daß $AS = S\Lambda_A = S4I$ und $BT = T\Lambda_B = T4I$ gilt. Weder S noch T besitzen aufgrund des Verschwindens ihrer Determinanten ein Inverses. (Bezeichnung: Λ_A beschreibt eine Diagonalmatrix, deren Elemente die Eigenwerte der Matrix A sind.)

1.1.9 Ähnlichkeitstransformationen

Große Klassen von Matrizen können durch Ähnlichkeitstransformationen in Diagonalform gebracht werden. Speziell gilt, daß jede Matrix beliebiger Ordnung mit unterschiedlichen (paarweise verschiedenen) Eigenwerten diagonalisiert werden kann. Da die Elemente einer Matrix sehr oft aus Messungen abgeleitet werden, ist es nicht unvernünftig zu schlußfolgern, daß die Matrixelemente und folglich die Eigenwerte um beliebige kleine Beträge verändert werden können, ohne das zugrundeliegende Problem zu beeinflussen. Andererseits führen Symmetriebetrachtungen manchmal direkt zu entarteten (zusammenfallenden) Eigenwerten, man wird dann zu Matrizen geführt, welche nicht diagonalisiert werden können. In unserer Arbeit werden wir immer annehmen, daß unsere Matrizen diagonalisierbar sind.

Wir können den Ursprung des Begriffs der Ähnlichkeitstransformation daran erkennen, daß die Spur und die Determinante unter diesen Transformationen invariant sind. Das bedeutet, daß aus

$$A = SBS^{-1}$$

die Gleichungen

$$\mathrm{Tr}A = \mathrm{Tr}(SBS^{-1}) = \mathrm{Tr}(S^{-1}SB) = \mathrm{Tr}(B) \tag{1.16}$$

und

$$\begin{aligned} \det A &= (\det S)(\det B)(\det S^{-1}) = (\det S^{-1})(\det S)(\det B) \\ &= (\det S^{-1}S)(\det B) = \det B \end{aligned} \tag{1.17}$$

folgen. Im Abschnitt 1.5 werden wir zeigen, daß Matrizen, welche durch eine Ähnlichkeitstransformation verbunden sind, die gleichen Eigenwerte haben. Aber auch wenn Matrizen die gleichen Eigenwerte besitzen, muß es keine Ähnlichkeitstransformation geben, die die Matrizen ineinander überführt. Zum Beispiel haben die durch die Gleichungen (1.10) und (1.11) gegebenen Matrizen A und B gemeinsame Eigenwerte, die gleich 4 sind. Sie können nicht diagonalisiert werden und keine von ihnen kann durch eine Ähnlichkeitstransformation in eine Diagonalmatrix überführt werden. Eine Matrix, die einen vollständigen Satz linear unabhängiger Eigenvektoren besitzt, kann durch eine Ähnlichkeitstransformation in Diagonalform gebracht werden. Wir betrachten zwei solche diagonalisierbaren Matrizen C und D mit den gleichen Eigenwerten. Dann existiert eine Matrix S derart, daß

$$S^{-1}CS = \Lambda_C,$$

und ebenfalls eine Matrix P, so daß

$$P^{-1}DP = \Lambda_D .$$

Wir haben

$$\Lambda_C = \Lambda_D$$

vorausgesetzt. Dann folgt daraus

$$S^{-1}CS = P^{-1}DP \quad \text{oder} \quad C = (SP^{-1})D(PS^{-1}),$$

wenn wir $M = PS^{-1}$ schreiben, dann erhalten wir $C = M^{-1}DM$.

Beispiel 1.1.22. Wir betrachten

$$A = \begin{bmatrix} 0 & 1 \\ -1 & 0 \end{bmatrix}; \qquad B = \begin{bmatrix} \frac{3}{4} & \frac{5}{4} \\ -\frac{5}{4} & -\frac{3}{4} \end{bmatrix}$$

$$\begin{aligned} \mathrm{Tr}A &= 0 = \mathrm{Tr}B \\ \det A &= 1; \qquad \det B = -\tfrac{9}{16} + \tfrac{25}{16} = 1 . \end{aligned}$$

Da sowohl A als auch B die Eigenwerte $\pm i$ besitzen, haben sie die gleiche Spur und die gleiche Determinante. □

1.2 Eigenwerte und Eigenvektoren

Wir möchten die Beziehungen zwischen Eigenwerten und Eigenvektoren einerseits und zwischen Symmetrie und Diagonalisierbarkeit andererseits verstehen.

1.2.1 Eigenwerte und Eigenvektoren

Im Abschnitt 1.1.7 stellten wir fest, daß wir, wenn die Gleichung

$$A\,|x\rangle = \lambda\,|x\rangle \quad \text{oder} \quad A\begin{bmatrix} x_1 \\ x_2 \end{bmatrix} = \lambda\begin{bmatrix} x_1 \\ x_2 \end{bmatrix}; \qquad A = \begin{bmatrix} a_{11} & a_{12} \\ a_{21} & a_{22} \end{bmatrix}$$

gilt, $|x\rangle$ als Eigenvektor und λ als Eigenwert bezeichnen. Im allgemeinen wird, wenn eine Matrix auf einen Vektor wirkt, das Ergebnis ein Vektor sein, der nicht ein einfaches Vielfaches des Ausgangsvektors ist. Nur wenn eine Matrix auf einen ihrer Eigenvektoren wirkt, gibt das einfach ein Vielfaches des Vektors.

Symmetrische reelle Matrizen haben reelle Elemente, wobei $a_{ij} = a_{ji}$ gilt. Sie haben reelle Eigenwerte und identische linke und rechte Eigenvektoren mit identischen Elementen:

$$\langle x_j| A = \lambda_j \langle x_j| \quad \text{und} \quad A|x_i\rangle = \lambda_i |x_i\rangle$$

Weiterhin gilt:

$$\langle x_j, x_i\rangle = 0, \quad \text{wenn} \quad \lambda_i \neq \lambda_j\,.$$

Wenn eine Matrix nicht reell und nicht symmetrisch ist, dann kann sie komplexe Eigenwerte sowie einen Satz linker Eigenvektoren haben, welcher sich von dem Satz der rechten Eigenvektoren unterscheidet. Obwohl wir Matrizen ohne Symmetrien untersuchen wollen, haben wir keinen Grund, ihre linken Eigenvektoren zu betrachten.

Deshalb werden wir den Begriff Eigenvektor verwenden, wenn wir uns auf den rechten Eigenvektor unsymmetrischer Matrizen beziehen. (Für die Untersuchung linker und rechter Eigenvektoren verweisen wir auf die Arbeit von Joshi und Stephenson.)

Beispiel 1.2.1. Wir betrachten die Matrix

$$A = \begin{bmatrix} 4 & 1 \\ 2 & 3 \end{bmatrix}.$$

Sie hat die Eigenwerte 2 und 5. Die rechten Eigenvektoren sind

$$\begin{bmatrix} -1 \\ 2 \end{bmatrix} \quad \text{und} \quad \begin{bmatrix} 1 \\ 1 \end{bmatrix}.$$

Dann gilt

$$A\begin{bmatrix} -1 \\ 2 \end{bmatrix} = 2\begin{bmatrix} -1 \\ 2 \end{bmatrix}; \qquad A\begin{bmatrix} 1 \\ 1 \end{bmatrix} = 5\begin{bmatrix} 1 \\ 1 \end{bmatrix}.$$

Ihre linken Eigenvektoren sind

$$\begin{bmatrix} 1 & -1 \end{bmatrix} \quad \text{und} \quad \begin{bmatrix} 2 & 1 \end{bmatrix}.$$

Wir erhalten also

$$\begin{bmatrix} 1 & -1 \end{bmatrix} A = 2\begin{bmatrix} 1 & -1 \end{bmatrix} \quad \text{und} \quad \begin{bmatrix} 2 & 1 \end{bmatrix} A = 5\begin{bmatrix} 2 & 1 \end{bmatrix}.$$

Man beachte, daß der linke Eigenvektor zum Eigenwert λ_i orthogonal zum rechten Eigenvektor zum Eigenwert λ_j ist, falls $\lambda_i \neq \lambda_j$.

$$\begin{bmatrix} 1 & -1 \end{bmatrix} \begin{bmatrix} -1 \\ 2 \end{bmatrix} \neq 0; \qquad \begin{bmatrix} 1 & -1 \end{bmatrix} \begin{bmatrix} 1 \\ 1 \end{bmatrix} = 0$$

$$\begin{bmatrix} 2 & 1 \end{bmatrix} \begin{bmatrix} -1 \\ 2 \end{bmatrix} = 0; \qquad \begin{bmatrix} 2 & 1 \end{bmatrix} \begin{bmatrix} 1 \\ 1 \end{bmatrix} \neq 0$$

□

Wir wollen das dadurch verstehen, daß wir diese Matrixoperation mit der Suche nach den Nullstellen eines Polynoms verbinden. Wir wissen, daß ein Polynom n-ten Grades mit reellen Koeffizienten genau n Nullstellen besitzt, die entweder reell sind oder in komplex konjugierten Paaren auftreten. Wir sehen die Analogie, wenn wir

$$A\,|x\rangle = \lambda\,|x\rangle \quad \text{als} \quad (A - \lambda I)\,|x\rangle = 0$$

oder

$$\begin{bmatrix} a_{11} - \lambda & a_{12} \\ a_{21} & a_{22} - \lambda \end{bmatrix} \begin{bmatrix} x_1 \\ x_2 \end{bmatrix} = 0 \tag{1.18 a}$$

oder

$$\begin{aligned} (a_{11} - \lambda)\,x_1 + a_{12}x_2 &= 0 \\ a_{21}x_1 + (a_{22} - \lambda)\,x_2 &= 0 \end{aligned} \tag{1.18 b}$$

schreiben. Das sind zwei lineare, homogene Gleichungen mit zwei Unbekannten, x_1 und x_2. Es gibt eine nichttriviale Lösung dann und nur dann, wenn die Determinante

$$\begin{vmatrix} a_{11} - \lambda & a_{12} \\ a_{21} & a_{22} - \lambda \end{vmatrix} = 0$$

ist.

Beispiel 1.2.2. Aus den Gleichungen

$$\begin{aligned} ax + by &= 0, \\ cx + dy &= 0 \end{aligned}$$

folgt entweder

$$x = y = 0$$

oder

$$\det \begin{bmatrix} a & b \\ c & d \end{bmatrix} = 0\,.$$

Dies folgt aus der Gültigkeit der Gleichungen

$$\frac{x}{y} = \frac{-b}{a} = \frac{-d}{c} \qquad \text{für} \quad y \neq 0$$

oder

$$\frac{y}{x} = \frac{-a}{b} = \frac{-c}{d} \qquad \text{für} \quad x \neq 0\,. \qquad \square$$

Wir bemerken, daß die Bestimmungsgleichung gerade ein Polynom n-ten Grades in dem unbekannten Parameter λ ist. (Im n-dimensionalen Fall hat unser Polynom n Nullstellen und folglich genau n λ-Werte; $\lambda_1,\ \lambda_2, \ldots, \lambda_n$, für die eine nichttriviale Lösung existiert.) Wenn zwei Nullstellen zusammenfallen, dann sagen wir, daß entartete Eigenwerte vorliegen.

1.2.2 Schreibweisen für das Skalarprodukt

Die Schreibweise für das Skalarprodukt zweier Vektoren $|x\rangle$ und $|y\rangle$ ist nicht einheitlich. Wir wollen Unklarheiten vermeiden, indem wir folgende Konventionen einführen. Wir schreiben einen beliebigen Vektor als $|x\rangle$ oder

$$\begin{bmatrix} x_1 \\ x_2 \end{bmatrix}.$$

Dann werden seine Komponenten als

$$x_1 \quad \text{und} \quad x_2$$

bezeichnet. Wenn wir zwei Vektoren $|x_1\rangle$ und $|x_2\rangle$ betrachten, dann verwenden wir hochgestellte Indizes oder „Kommas“, um die Komponenten wie folgt zu kennzeichnen:

$$|x_1\rangle = \begin{bmatrix} x_1 \\ x_2 \end{bmatrix}^1 = \begin{bmatrix} x_{1,1} \\ x_{1,2} \end{bmatrix},$$

$$|x_2\rangle = \begin{bmatrix} x_1 \\ x_2 \end{bmatrix}^2 = \begin{bmatrix} x_{2,1} \\ x_{2,2} \end{bmatrix}.$$

Folglich schreiben wir $x_{1,1}$ und $x_{1,2}$, wenn wir die Elemente 1 bzw. 2 des Vektors 1 meinen. Analog bezeichnen $x_{2,1}$ und $x_{2,2}$ die Komponenten des Vektors 2. Nehmen wir beispielsweise zwei Eigenvektoren $|x_1\rangle$ und $|x_2\rangle$ mit den Eigenwerten λ_1 bzw. λ_2:

$$A\,|x_1\rangle = \lambda_1\,|x_1\rangle\,; \qquad A\,|x_2\rangle = \lambda_2\,|x_2\rangle\,.$$

Damit meinen wir

$$\begin{bmatrix} a_{11} & a_{12} \\ a_{21} & a_{22} \end{bmatrix} \begin{bmatrix} x_{1,1} \\ x_{1,2} \end{bmatrix} = \lambda_1 \begin{bmatrix} x_{1,1} \\ x_{1,2} \end{bmatrix},$$

$$\begin{bmatrix} a_{11} & a_{12} \\ a_{21} & a_{22} \end{bmatrix} \begin{bmatrix} x_{2,1} \\ x_{2,2} \end{bmatrix} = \lambda_2 \begin{bmatrix} x_{2,1} \\ x_{2,2} \end{bmatrix}.$$

Wir sagen, daß zwei Vektoren orthogonal zueinander sind, wenn

$$\langle x_1, x_2 \rangle = \begin{bmatrix} x_{1,1}^* & x_{1,2}^* \end{bmatrix} \begin{bmatrix} x_{2,1} \\ x_{2,2} \end{bmatrix} = x_{1,1}^* x_{2,1} + x_{1,2}^* x_{2,2} = 0. \tag{1.19}$$

Durch komplexe Konjugation erhalten wir

$$\langle x_2, x_1 \rangle = 0.$$

1.2.3 Linear abhängige und linear unabhängige Vektoren

Wir bezeichnen zwei Vektoren $|x\rangle$ und $|y\rangle$ als linear unabhängig, wenn für

$$c_1 |x\rangle + c_2 |y\rangle = 0$$

notwendig ist, daß sowohl c_1 als auch c_2 identisch verschwinden. Anderenfalls nennen wir die Vektoren $|x\rangle$ und $|y\rangle$ linear abhängig.

Beispiel 1.2.3

$$|x\rangle = \begin{bmatrix} 0 \\ 1 \end{bmatrix}; \qquad |y\rangle = \begin{bmatrix} 1 \\ 0 \end{bmatrix}.$$

Diese Vektoren sind linear unabhängig. Es ist ebenfalls klar, daß jeder zweidimensionale Vektor als Linearkombination dieser beiden geschrieben werden kann:

$$\begin{bmatrix} \alpha \\ \beta \end{bmatrix} = \alpha \begin{bmatrix} 1 \\ 0 \end{bmatrix} + \beta \begin{bmatrix} 0 \\ 1 \end{bmatrix}.$$

□

Beispiel 1.2.4

$$|x_1\rangle = \begin{bmatrix} 1 \\ 3 \end{bmatrix}; \qquad |x_2\rangle = \begin{bmatrix} 3 \\ -1 \end{bmatrix}; \qquad |x_3\rangle = \begin{bmatrix} 1 \\ -1 \end{bmatrix}.$$

Diese Vektoren sind linear abhängig, da

$$|x_1\rangle = 2|x_2\rangle - 5|x_3\rangle$$

gilt.

□

In einem n-dimensionalen Raum kann es höchstens n linear unabhängige Vektoren geben. Wir können einen solchen Satz wie folgt konstruieren:

$$|x_1\rangle = \begin{bmatrix} 1 \\ 0 \\ 0 \\ . \\ . \\ . \\ 0 \\ 0 \\ 0 \end{bmatrix}; \qquad |x_2\rangle = \begin{bmatrix} 0 \\ 1 \\ 0 \\ . \\ . \\ . \\ 0 \\ 0 \\ 0 \end{bmatrix} \ldots |x_n\rangle = \begin{bmatrix} 0 \\ 0 \\ 0 \\ . \\ . \\ . \\ 0 \\ 0 \\ 1 \end{bmatrix}; \qquad x_{i,j} = \delta_{i,j},$$

wobei $\delta_{i,j}$ das Kronecker-Symbol ist:

$$\delta_{i,j} = \begin{cases} 0; & i \neq j \\ 1; & i = j \end{cases} . \tag{1.20}$$

Beispiel 1.2.5. Für die Matrix E

$$E = \begin{bmatrix} 3 & 2 \\ 2 & 3 \end{bmatrix}$$

schreiben wir die charakteristische Gleichung

$$(E - \lambda I)\,|x\rangle = 0; \qquad \det \begin{bmatrix} 3-\lambda & 2 \\ 2 & 3-\lambda \end{bmatrix} = 0$$

und stellen fest, daß die Eigenwerte gleich 5 und 1 sind. Wir suchen jetzt die entsprechenden Eigenvektoren zu diesen Eigenwerten und erhalten die Gleichungen

$$E\,|x_1\rangle = 5\,|x_1\rangle; \qquad E\,|x_2\rangle = 1\,|x_2\rangle,$$

$$\begin{bmatrix} 3 & 2 \\ 2 & 3 \end{bmatrix} \begin{bmatrix} x_{1,1} \\ x_{1,2} \end{bmatrix} = 5 \begin{bmatrix} x_{1,1} \\ x_{1,2} \end{bmatrix},$$

$$\begin{bmatrix} 3 & 2 \\ 2 & 3 \end{bmatrix} \begin{bmatrix} x_{2,1} \\ x_{2,2} \end{bmatrix} = 1 \begin{bmatrix} x_{2,1} \\ x_{2,2} \end{bmatrix}.$$

Diese Gleichungen können wir lösen und erhalten

$$|x_1\rangle = c_1 \begin{bmatrix} 1 \\ 1 \end{bmatrix}; \qquad |x_2\rangle = c_2 \begin{bmatrix} 1 \\ -1 \end{bmatrix}.$$

Wie bereits erwähnt, werden die freien Konstanten oft so gewählt, daß der Vektor normiert ist, d. h., daß seine Länge gleich 1 ist.

$$\langle x_1, x_1\rangle = 1 \Rightarrow c_1 = \frac{1}{\sqrt{2}},$$

$$\langle x_2, x_2\rangle = 1 \Rightarrow c_2 = \frac{1}{\sqrt{2}}.$$

Wir bemerken, daß diese Vektoren orthogonal sind, was daraus folgt, daß die Ursprungsmatrix reell und symmetrisch ist.

$$\langle x_1, x_2 \rangle = \langle x_2, x_1 \rangle = 0$$ □

Beispiel 1.2.6. Wir betrachten jetzt eine andere Matrix F, die nicht reell und symmetrisch ist, aber die gleichen Eigenwerte wie E besitzt.

$$F = \begin{bmatrix} 2 & 1 \\ 3 & 4 \end{bmatrix} . \tag{1.21}$$

Die Eigenwerte sind gleich 5 und 1.

$$F\,|y_i\rangle = \lambda_i\,|y_i\rangle\,; \qquad \lambda_1 = 5, \quad \lambda_2 = 1\,.$$

Wir berechnen die Eigenvektoren und normieren sie auf eins:

$$|y_1\rangle = d_1 \begin{bmatrix} 1 \\ 3 \end{bmatrix}; \qquad |y_2\rangle = d_2 \begin{bmatrix} 1 \\ -1 \end{bmatrix} .$$

Wie wir bemerken, sind diese Vektoren nicht orthogonal,

$$\begin{bmatrix} 1 & 3 \end{bmatrix} \begin{bmatrix} 1 \\ -1 \end{bmatrix} = -2\,.$$

(Sie sind jedoch linear unabhängig, da sie nicht Vielfache voneinander sind.) □

1.3 Das Schmidtsche Orthogonalisierungsverfahren

Oft stehen wir vor der Aufgabe, eine Anzahl linear unabhängiger Vektoren zu orthogonalisieren. Dieses Verfahren wird Schmidtsches Orthogonalisierungsverfahren genannt. Wir verwenden diese Ideen, um die Konzepte der Orthogonalität und Diagonalisierung zu verstehen.

Gegeben sei ein zweidimensionaler linearer Vektorraum mit zwei linear unabhängigen Vektoren $|y_1\rangle$ und $|y_2\rangle$.

Wir wollen einen Satz orthogonaler Vektoren konstruieren. Den ersten wählen wir zu

$$|z_1\rangle = |y_1\rangle\,, \tag{1.22}$$

da ein einzelner Vektor nicht zu nichts orthogonal sein kann. Den zweiten Vektor schreiben wir als Linearkombination dieses Vektors und des zweiten Eigenvektors wie folgt:

$$|z_2\rangle = |y_2\rangle - \frac{\langle y_1, y_2\rangle}{\langle y_1, y_1\rangle}\,|y_1\rangle\,. \tag{1.23}$$

Wie wir sehen, sind die Vektoren $|z_1\rangle$ und $|z_2\rangle$ orthogonal, da

$$\langle z_1, z_2\rangle = \langle y_1, y_2\rangle - \frac{\langle y_1, y_2\rangle}{\langle y_1, y_1\rangle}\langle y_1, y_1\rangle = 0\,. \tag{1.24}$$

Beispiel 1.3.1. Aus den Eigenvektoren der gegebenen Matrix F sind orthogonale Vektoren zu konstruieren.

$$F = \begin{bmatrix} 2 & 1 \\ 3 & 4 \end{bmatrix}; \qquad |y_1\rangle = \begin{bmatrix} 1 \\ 3 \end{bmatrix}; \qquad |y_2\rangle = \begin{bmatrix} 1 \\ -1 \end{bmatrix},$$

$$|z_1\rangle = \begin{bmatrix} 1 \\ 3 \end{bmatrix},$$

$$\begin{aligned} |z_2\rangle &= \begin{bmatrix} 1 \\ -1 \end{bmatrix} + \frac{2}{10}\begin{bmatrix} 1 \\ 3 \end{bmatrix} = \frac{1}{10}\begin{bmatrix} 12 \\ -4 \end{bmatrix} \\ &= (\text{const})\begin{bmatrix} 3 \\ -1 \end{bmatrix}. \end{aligned}$$

□

Wie man leicht sieht, können wir als unsere linear unabhängigen Vektoren entweder die Eigenvektoren $|y_1\rangle$ und $|y_2\rangle$ oder die orthogonalen Vektoren $|z_1\rangle$ und $|z_2\rangle$ verwenden. Da jeder Vektor $|v\rangle$ als eine Linearkombination zweier linear unabhängiger Vektoren geschrieben werden kann, erhalten wir entweder

$$|v\rangle = a\,|y_1\rangle + b\,|y_2\rangle \quad \text{oder} \quad |v\rangle = c\,|z_1\rangle + d\,|z_2\rangle\,, \tag{1.25}$$

was wir nach den unbekannten Koeffizienten a und b oder c und d auflösen können.

Wir verwenden die Eigenvektoren, um die diagonalisierte Matrix zu konstruieren, und die orthogonalisierten Vektoren als „Basis"-Vektoren. Wenn wir eine reelle symmetrische $(n \times n)$- Matrix betrachten, dann können wir die Eigenvektoren wechselseitig orthogonalisieren, auch wenn die Eigenwerte zusammenfallen.

1.4 Diagonalisierung von Matrizen

Es gibt ein Theorem, welches aussagt, daß jede $(n \times n)$-Matix mit unterschiedlichen Eigenwerten diagonalisiert werden kann. Wir wollen uns das an einem Beispiel verdeutlichen.

Wir verwenden die Eigenvektoren einer gegebenen Matrix, um eine Matrix zu konstruieren, welche die Ausgangsmatrix diagonalisiert.

Beispiel 1.4.1

$$E = \begin{bmatrix} 3 & 2 \\ 2 & 3 \end{bmatrix} \tag{1.26 a}$$

$$\lambda_1 = 5; \qquad \lambda_2 = 1 \tag{1.26 b}$$

$$|x_1\rangle = \begin{bmatrix} 1 \\ 1 \end{bmatrix}; \qquad |x_2\rangle = \begin{bmatrix} 2 \\ -2 \end{bmatrix}. \tag{1.26 c}$$

Wir konstruieren die Matrix M, die die Eigenvektoren der Matrix E als Spalten hat.

$$M = \left[\begin{bmatrix} x_{1,1} \\ x_{1,2} \end{bmatrix} \begin{bmatrix} x_{2,1} \\ x_{2,2} \end{bmatrix} \right] = \begin{bmatrix} x_{1,1} & x_{2,1} \\ x_{1,2} & x_{2,2} \end{bmatrix}. \tag{1.27}$$

Für die durch Gleichung (1.26 a) gegebene Matrix E mit den Eigenvektoren (1.26 c) erhalten wir

$$M = \begin{bmatrix} 1 & 2 \\ 1 & -2 \end{bmatrix}. \tag{1.28}$$

Dann gilt

$$EM = M\Lambda \quad \text{oder} \quad \Lambda = M^{-1}EM, \tag{1.29}$$

wobei Λ die diagonalisierte Matrix ist. Man beachte, daß die Normierung der Eigenvektoren auf das Diagonalisierungsverfahren keinen Einfluß hat. Unter verschiedenen Bedingungen werden unterschiedliche Normierungsverfahren verwendet. Wir haben das in diesem Beispiel verwendete besondere Verfahren ausgewählt, um die im folgenden zu untersuchenden Eigenschaften der Matrix P zu illustrieren.

(Die Eigenwerte λ_1 und λ_2 sind den entsprechenden Eigenvektoren $|x_1\rangle$ und $|x_2\rangle$ sorgfältig zuzuordnen, ansonsten ist die Matrix M falsch konstruiert. Es ist deshalb wichtig, die Rechnungen zu überprüfen.)

Die Berechnung des Inversen einer (2×2)-Matrix ist einfach, so daß wir sofort das Ergebnis aufschreiben:

$$M^{-1} = \frac{1}{4}\begin{bmatrix} 2 & 2 \\ 1 & -1 \end{bmatrix}.$$

Man überprüfe, daß die Matrix M in der Tat die Matrix E diagonalisiert. Wir hätten die Matrix E auch durch eine Transformation P entsprechend

$$PE = \Lambda P \quad \text{oder} \quad \Lambda = PEP^{-1} \tag{1.30}$$

diagonalisieren können. Es ist offensichtlich, daß wir als Matrix P die zur Matrix M inverse Matrix wählen können. □

Übung 1.4.1. Gegeben sei die Matrix

$$A = \begin{bmatrix} 4 & 1 \\ 2 & 3 \end{bmatrix}.$$

Man suche zwei Matrizen G und H, so daß $AG = G\Lambda$ sowie $HA = \Lambda H$ gilt und berechne das Produkt GH. □

Übung 1.4.2. Man betrachte eine der in der Quantentheorie zur Beschreibung des Spins eines Elektrons verwendeten Paulischen Spinmatrizen

$$\sigma = \begin{bmatrix} 0 & 1 \\ 1 & 0 \end{bmatrix}.$$

a) Man überprüfe, daß σ die Eigenwerte $+1$ und -1 hat,
b) berechne die Eigenvektoren

$$\begin{bmatrix} 1 \\ 1 \end{bmatrix}; \qquad \begin{bmatrix} 1 \\ -1 \end{bmatrix},$$

c) normiere sie auf eins

$$\frac{1}{\sqrt{2}}\begin{bmatrix} 1 \\ 1 \end{bmatrix}; \qquad \frac{1}{\sqrt{2}}\begin{bmatrix} 1 \\ -1 \end{bmatrix}$$

d) und überprüfe ihre Orthogonalität

$$[1\ 1]\begin{bmatrix} 1 \\ -1 \end{bmatrix} = 0.$$

□

Beispiel 1.4.2 Zu betrachten ist die Matrix

$$S = \begin{bmatrix} \sigma & \alpha \\ 0 & \delta \end{bmatrix}; \qquad \sigma, \alpha, \delta \neq 0.$$

a) S hat die Eigenwerte σ und δ.
b) Wir berechnen die Eigenvektoren aus den Gleichungen

$$\begin{bmatrix} \sigma & \alpha \\ 0 & \delta \end{bmatrix}\begin{bmatrix} x_{1,1} \\ x_{1,2} \end{bmatrix} = \sigma \begin{bmatrix} x_{1,1} \\ x_{1,2} \end{bmatrix} \tag{1.31 a}$$

oder

$$\begin{aligned} \sigma x_{1,1} + \alpha x_{1,2} &= \sigma x_{1,1}, \\ \delta x_{1,2} &= \sigma x_{1,2}. \end{aligned} \tag{1.31 b}$$

Da σ und δ beliebig sind, erhalten wir $x_{1,2} = 0$. Wir wählen $x_{1,1} = 1$.

$$\begin{bmatrix} \sigma & \alpha \\ 0 & \delta \end{bmatrix}\begin{bmatrix} x_{2,1} \\ x_{2,2} \end{bmatrix} = \delta \begin{bmatrix} x_{2,1} \\ x_{2,2} \end{bmatrix} \tag{1.32 a}$$

bzw.

$$\begin{aligned} \sigma x_{2,1} + \alpha x_{2,2} &= \delta x_{2,1} \\ \delta x_{2,2} &= \delta x_{2,2}. \end{aligned} \tag{1.32 b}$$

Wählen wir

$$x_{2,1} = 1,$$

dann folgt

$$x_{2,2} = \frac{\delta - \sigma}{\alpha}.$$

Die Eigenvektoren sind

$$\begin{bmatrix} x_{1,1} \\ x_{1,2} \end{bmatrix} = \begin{bmatrix} 1 \\ 0 \end{bmatrix}; \qquad \begin{bmatrix} x_{2,1} \\ x_{2,2} \end{bmatrix} = \begin{bmatrix} 1 \\ \frac{\delta-\sigma}{\alpha} \end{bmatrix}. \tag{1.33}$$

c) Unter der Annahme, daß die Eigenwerte verschieden sind, berechnen wir die invertierbare Matrix U, welche S in Diagonalform transformiert.

$$SU = U\Lambda \quad \text{oder} \quad \Lambda = U^{-1}SU \tag{1.34 a}$$

$$U = \begin{bmatrix} 1 & 1 \\ 0 & \frac{\delta-\sigma}{\alpha} \end{bmatrix}; \qquad U^{-1} = \begin{bmatrix} 1 & \frac{-\alpha}{\delta-\sigma} \\ 0 & \frac{\alpha}{\delta-\sigma} \end{bmatrix}. \tag{1.34 b}$$

d) Es ist zu beachten, daß S genau dann verschiedene Eigenvektoren hat, wenn $\sigma \neq \delta$ ist. Wir benötigen diese Bedingung, wenn wir die Transformationsmatrix U konstruieren wollen. Das gibt uns einen Einblick, wie die Diagonalisierung erfolgt. □

Wir betrachten eine allgemeine Matrix mit verschiedenen Eigenwerten und Eigenvektoren:

$$K = \begin{bmatrix} k_{11} & k_{12} \\ k_{21} & k_{22} \end{bmatrix}, \tag{1.35 a}$$

$$K\,|j_1\rangle = \lambda_1\,|j_1\rangle; \qquad K\,|j_2\rangle = \lambda_2\,|j_2\rangle, \tag{1.35 b}$$

$$|j_1\rangle = \begin{bmatrix} j_{1,1} \\ j_{1,2} \end{bmatrix}; \qquad |j_2\rangle = \begin{bmatrix} j_{2,1} \\ j_{2,2} \end{bmatrix}. \tag{1.35 c}$$

Wir zeigen jetzt Schritt für Schritt, wie die Transformationsmatrix U aus den Eigenvektoren von K gebildet wird und wie die verschiedenen Terme, die zur Diagonalisierung führen, sich entwickeln.

$$U = \begin{bmatrix} j_{1,1} & j_{2,1} \\ j_{1,2} & j_{2,2} \end{bmatrix} \quad \text{und} \quad KU = U\Lambda$$

Die Spalten von U sind die Eigenvektoren von K. Dann erhalten wir

$$KU = \begin{bmatrix} \lambda_1 j_{1,1} & \lambda_2 j_{2,1} \\ \lambda_1 j_{1,2} & \lambda_2 j_{2,2} \end{bmatrix}$$

und

$$U\Lambda = \begin{bmatrix} j_{1,1} & j_{2,1} \\ j_{1,2} & j_{2,2} \end{bmatrix} \begin{bmatrix} \lambda_1 & 0 \\ 0 & \lambda_2 \end{bmatrix} = \begin{bmatrix} \lambda_1 j_{1,1} & \lambda_2 j_{2,1} \\ \lambda_1 j_{1,2} & \lambda_2 j_{2,2} \end{bmatrix}.$$

Im allgemeinen, wenn wir eine $(n \times n)$-Matrix mit verschiedenen Eigenwerten untersuchen,

$$K\,|x_s\rangle = \lambda_s\,|x_s\rangle\,; \qquad \lambda_i \neq \lambda_j, \quad i, j = 1, 2, ..., n, \tag{1.36}$$

sind die Eigenvektoren die Spalten der Transformationsmatrix U zur Diagonalisierung:

$$U = \begin{bmatrix} \begin{bmatrix} x_{1,1} \\ \vdots \\ x_{1,n} \end{bmatrix} & \begin{bmatrix} x_{2,1} \\ \vdots \\ x_{2,n} \end{bmatrix} & \cdots & \begin{bmatrix} x_{n,1} \\ \vdots \\ x_{n,n} \end{bmatrix} \end{bmatrix}. \tag{1.37}$$

Es gilt

$$KU = U\Lambda = \begin{bmatrix} \lambda_1 \begin{bmatrix} x_{1,1} \\ \vdots \\ x_{1,n} \end{bmatrix} & \lambda_2 \begin{bmatrix} x_{2,1} \\ \vdots \\ x_{2,n} \end{bmatrix} & \cdots \lambda_n \begin{bmatrix} x_{n,1} \\ \vdots \\ x_{n,n} \end{bmatrix} \end{bmatrix}. \tag{1.38}$$

(Man beachte, daß Matrizen, die zu bestimmten Klassen gehören (z. B. hermitesche Matrizen, reelle symmetrische Matrizen), auch dann einen vollständigen Satz linear unabhängiger Eigenvektoren besitzen, wenn ihre Eigenwerte zusammenfallen.)

Abschließend begründen wir das Ergebnis, daß jede reelle symmetrische (2×2)-Matrix mit gleichen Eigenwerten immer diagonal ist und deshalb nicht diagonalisiert werden muß. (Es ist ebenfalls richtig, daß jede reelle symmetrische $(n \times n)$-Matrix, deren Eigenwerte alle gleich sind, diagonal und ein Vielfaches der Einheitsmatrix ist.) Wir betrachten die Matrix

$$A = \begin{bmatrix} a_{11} & a_{12} \\ a_{21} & a_{22} \end{bmatrix}; \qquad a_{12} = a_{21} \tag{1.39}$$

und schreiben die Gleichung für ihre Eigenwerte in der Form

$$\begin{aligned} &(a_{11} - \lambda)\,(a_{22} - \lambda) - a_{12}^2 = 0, \\ \lambda = \; &\frac{a_{11} + a_{22}}{2} \pm \frac{\sqrt{(a_{11} - a_{22})^2 + 4a_{12}^2}}{2}. \end{aligned} \tag{1.40}$$

Wenn die Lösungen zusammenfallen, dann muß die Größe unter der Wurzel verschwinden. Da die Terme positiv sind, erhalten wir zwei Bedingungen,

$$a_{11} = a_{22}; \qquad a_{12} = 0\,.$$

Dieses Ergebnis zeigt, wie „unwahrscheinlich" es für eine allgemeine, reelle symmetrische Matrix ist, zwei gleiche Eigenwerte zu haben. Das gilt auch für hermitesche Matrizen.

Übung 1.4.3. Man betrachte die Matrix

$$H = \begin{bmatrix} a & b+ic \\ b-ic & d \end{bmatrix}, \tag{1.41}$$

wobei a, b, c und d reell sind und zeige, daß H reelle Eigenwerte besitzt und daß, falls die Eigenwerte λ zusammenfallen, $a = d$ und $b = c = 0$ gilt, d. h., daß eine hermitesche (2×2)-Matrix mit zwei gleichen Eigenwerten ein Vielfaches der Einheitsmatrix ist. □

Wir bemerken, daß (2×2)-Matrizen anderer Klassen zusammmenfallende Eigenwerte haben können, ohne daß sie Diagonalmatrizen sind.

Beispiel 1.4.3. Die Untersuchung der Matrix

$$A = \begin{bmatrix} 2 & 1 \\ -1 & 4 \end{bmatrix}$$

ergibt zwei Eigenwerte, die beide gleich 3 sind. □

Beispiel 1.4.4. Wir betrachten eine symmetrische Matrix, deren Elemente nicht alle reell sind:

$$B = \begin{bmatrix} 2i & 1 \\ 1 & 0 \end{bmatrix}$$

Sie hat übereinstimmende Eigenwerte, die gleich i sind. □

1.5 Das Cayley-Hamilton-(CH-)Theorem

Dieses Theorem stellt einen einfachen Zusammenhang zwischen den Potenzen einer Matrix und ihrer charakteristischen Gleichung her. Es sagt aus, daß jede Matrix ihre charakteristische Gleichung erfüllt. Es ist ein wirksames Mittel für verschiedene Anwendungen und soll deshalb etwas ausführlicher betrachtet werden. Nachdem wir das Theorem dargestellt haben, werden wir zeigen, wie es dazu verwendet werden kann, eine Potenz einer Matrix ohne Kenntnis ihrer Eigenvektoren zu berechnen. Es erlaubt uns auch, das Inverse einer Matrix durch Berechnung von Potenzen dieser Matrix zu bilden und liefert dabei einen einfachen Algorithmus. Wir richten unsere Aufmerksamkeit auf Differenzengleichungen. Das Interesse an Differenzengleichungen tauchte in den letzten Jahren wieder auf, da sie die Grundlage für viele numerische Rechnungen bilden. Sie spielen ebenfalls eine Rolle auf dem aktuellen, „Chaosforschung“ genannten

Gebiet, was zu vielen neuen und unerwarteten Ergebnissen führte. (Vergleiche Kapitel 16.)

Wir werden dann zeigen, wie das CH-Theorem zu nutzen ist, um Funktionen einer Matrix zu finden. Dieser Abschnitt schließt mit einer Diskussion der Matrix-Differentialgleichungen für den Fall, daß die Matrixelemente Konstanten sind.

Wir wissen, daß zu jeder Matrix A ein Satz von Eigenwerten und Eigenvektoren gehört, so daß

$$A\,|x\rangle = \lambda\,|x\rangle$$

gilt. Wir wissen außerdem, daß aufgrund der charakteristischen Gleichung

$$g(\lambda) \equiv \det(A - \lambda I) = 0 \tag{1.42}$$

die Eigenwerte λ_i die Nullstellen eines Polynoms sind, dessen höchste Potenz gleich der Dimension der Matrix ist. Das bedeutet, daß eine $(n \times n)$-Matrix genau n Eigenwerte hat, die die Lösungen der charakteristischen Gleichung

$$g\,(\lambda_i) = \lambda_i^n + a_1\lambda_i^{n-1} \cdots + a_{n-1}\lambda_i + a_n = 0$$

$(i = 1,\ 2,\ 3,\ \ldots,\ n)$ sind.

Das Cayley-Hamilton-(CH-)Theorem sagt, daß jede Matrix A ihre charakteristische Gleichung erfüllt. Der Beweis ist für diagonalisierbare Matrizen besonders einfach und läßt sich folgendermaßen führen.

Nehmen wir an, wir haben eine Matrix A, deren Eigenwerte verschieden sind. Deshalb existiert eine Matrix N, deren Spalten die Eigenvektoren der Matrix A sind und die die Eigenschaft

$$N^{-1}AN = \Lambda \quad \text{oder} \quad A = N\Lambda N^{-1}$$

hat. Wir bezeichnen die Diagonalmatrix mit Λ:

$$\Lambda = \begin{bmatrix} \lambda_1 & & & & \\ & \lambda_2 & & & \\ & & \lambda_3 & & \\ & & & \ddots & \\ & & & & \lambda_n \end{bmatrix}.$$

Sie hat die Eigenwerte λ_i der Matrix A als Diagonalelemente. Es gilt weiterhin

$$g(\Lambda) = \begin{bmatrix} g\,(\lambda_1) & & & \\ & g\,(\lambda_2) & & \\ & & \ddots & \\ & & & g\,(\lambda_n) \end{bmatrix} = \boldsymbol{0}, \tag{1.43}$$

da jedes Element identisch null ist.

Wir stellen fest, daß die gleiche Matrix N, welche die Matrix A diagonalisiert, auch die Matrix A^2 diagonalisiert. Das wird klar, wenn wir

$$A^2 = A \cdot A = N\Lambda N^{-1} \cdot N\Lambda N^{-1} = N\Lambda^2 N^{-1}$$

schreiben, d. h., die Matrix N diagonalisiert jede Potenz von A:

$$A^n = \underbrace{A \cdot A \cdot A \cdot A \cdots A}_{n \text{ Terme}} = \underbrace{N\Lambda N^{-1} \cdot N\Lambda N^{-1} \cdots N\Lambda N^{-1}}_{n \text{ Terme}} = N\Lambda^n N^{-1} .$$

Damit erhalten wir das Ergebnis

$$A^n = N\Lambda^n N^{-1} \quad \text{oder} \quad \Lambda^n = N^{-1} A^n N .$$

Wir folgern, daß N jedes Polynom in A diagonalisieren wird. Somit wird jede Gleichung, die von der Matrix in ihrer diagonalisierten Form erfüllt wird, auch von der Matrix selbst erfüllt werden. Wir schreiben jetzt die charakteristische Gleichung für die Matrix A als

$$g(A) = A^n + a_1 A^{n-1} + a_2 A^{n-2} + \cdots + a_{n-1} A + a_n I$$

mit den gleichen Koeffizienten a_i wie in der Gleichung

$$g(\lambda) = 0 .$$

Aus unseren vorhergehenden Argumenten folgt, daß $g(A)$ ein Polynom in A ist,

$$g(A) = N g(\Lambda) N^{-1},$$

und da

$$g(\Lambda) = \boldsymbol{0} \tag{1.44 a}$$

gilt, erhalten wir

$$g(A) = \boldsymbol{0} . \tag{1.44 b}$$

Damit haben wir gezeigt, daß die Matrix A ihre eigene charakteristische Gleichung erfüllt. Da die Eigenwerte einer Matrix die Lösungen ihrer charakteristischen Gleichung sind, bleiben sie bei Ähnlichkeitstransformationen unbeeinflußt. Mit anderen Worten, wenn zwei Matrizen A und B durch eine Ähnlichkeitstransformation miteinander verbunden sind, dann haben sie die gleichen Eigenwerte. Wenn eine Matrix null als Eigenwert besitzt, dann fehlt der konstante Term in der charakteristischen Gleichung und die inverse Matrix existiert nicht. (Siehe Beispiel 1.5.2.)

Beispiel 1.5.1. Wir betrachten

$$A = \begin{bmatrix} 2 & 4 \\ 1 & 5 \end{bmatrix} .$$

a) Man überprüfe, daß 6 und 1 die Eigenwerte von A sind.
b) Man schreibe die charakteristische Gleichung für die Matrix auf.
c) Zu zeigen ist, daß $g(A) = 0$ gilt.

$$\begin{aligned} g(A) &= A^2 - 7A + 6I \\ &= \begin{bmatrix} 8 & 28 \\ 7 & 29 \end{bmatrix} - \begin{bmatrix} 14 & 28 \\ 7 & 35 \end{bmatrix} + \begin{bmatrix} 6 & 0 \\ 0 & 6 \end{bmatrix} = \begin{bmatrix} 0 & 0 \\ 0 & 0 \end{bmatrix} = \boldsymbol{0} \end{aligned}$$

d) Für die Matrix $C = A^3 + A$ berechnen wir die Eigenwerte. Wir wissen, daß es eine Matrix N gibt, so daß

$$N^{-1}AN = \begin{bmatrix} 6 & 0 \\ 0 & 1 \end{bmatrix}$$

gilt. Wir berechnen dann

$$\begin{aligned} N^{-1}CN &= N^{-1}A^3N + N^{-1}AN \\ &= \begin{bmatrix} 6^3 & 0 \\ 0 & 1^3 \end{bmatrix} + \begin{bmatrix} 6 & 0 \\ 0 & 1 \end{bmatrix} \\ &= \begin{bmatrix} 222 & 0 \\ 0 & 2 \end{bmatrix} \end{aligned}$$

und daraus

$$C = N \begin{bmatrix} 222 & 0 \\ 0 & 2 \end{bmatrix} N^{-1} .$$

Wir wissen, daß die Eigenwerte einer Matrix durch die Ähnlichkeitstransformation N nicht verändert werden. Deshalb haben wir das Ergebnis, daß die Matrix C die Eigenwerte $\lambda_1 = 222$ und $\lambda_2 = 2$ besitzt. Man beachte, daß wir die Eigenwerte der Matrix C ohne Kenntnis der Matrix N berechnet haben. □

Beispiel 1.5.2. Wir betrachten die (3×3)-Matrix

$$B = \begin{bmatrix} 2 & 0 & 3 \\ 0 & 5 & 0 \\ 3 & 0 & 2 \end{bmatrix} .$$

a) Man stelle die charakteristische Gleichung auf und zeige, daß sie die Lösungen 5, 5 und -1 hat. Man zeige weiterhin, daß $g(B) = 0$ gilt.
b) Zur Berechnung der inversen Matrix verwenden wir das CH-Theorem. Dieses Theorem sagt uns, daß $g(B)$ die Form

$$g(B) = B^3 + b_1B^2 + b_2B + b_3I = 0$$

hat. Multiplizieren wir diese Gleichung mit B^{-1}, so erhalten wir

$$B^2 + b_1 B + b_2 I + b_3 B^{-1} = \boldsymbol{0}$$

oder

$$B^{-1} = -\frac{1}{b_3}\left(B^2 + b_1 B + b_2 I\right) .$$

Wir können B^{-1} folglich aus einer Polynomialentwicklung berechnen.

Andere Methoden, die die Determinante verwenden, können sehr kompliziert werden, es ist dabei notwendig, viele Vorzeichen zu beachten. □

1.5.1 Potenzen von Matrizen

Wir wollen häufig die m-te Potenz einer Matrix berechnen, wobei m größer als die Ordnung n der Matrix ist. Das CH-Theorem sagt uns, daß wir immer jede Potenz einer Matrix durch ein Polynom ausdrücken können, dessen höchste Potenz um eins kleiner ist als die Ordnung der Matrix. Um das zu verdeutlichen, betrachten wir eine (2×2)-Matrix A. Sie hat ein charakteristisches Polynom der Form

$$g(A) = A^2 + a_1 A + a_2 I .$$

Nehmen wir an, wir wollen A^n berechnen. Bevor wir das allgemeine Ergebnis aufschreiben, betrachten wir ein illustratives Beispiel.

Beispiel 1.5.3. Wir betrachten die Matrix

$$A = \begin{bmatrix} 2 & 1 \\ 3 & 4 \end{bmatrix}$$

und nehmen an, wir möchten A^4 berechnen. Wir schreiben die charakteristische Gleichung

$$g(A) = A^2 - 6A + 5I$$

und dividieren:

$$\begin{array}{r|lllll}
 & A^2 & +6A + & 31I & & \\
\hline
A^2 - 6A + 5I & A^4 & & & & \\
 & A^4 & -6A^3 + & 5A^2 & & \\
\cline{2-4}
 & & 6A^3 - & 5A^2 & & \\
 & & 6A^3 - & 36A^2 & +30A & \\
\cline{3-5}
 & & & 31A^2 & -30A & \\
 & & & 31A^2 & -186A & +155I \\
\cline{4-6}
 & & & & 156A & -155I
\end{array}$$

Das erhaltene Ergebnis schreiben wir in der Form

$$A^4 = \left(A^2 - 6A + 5I\right)\left(A^2 + 6A + 31I\right) + (156A - 155I),$$

wobei der erste Term das Produkt aus charakteristischem Polynom $g(A)$, welches gleich null ist, und dem Quotienten aus dem charakteristischen Polynom und der gesuchten Potenz der Matrix, d. h. A^4, ist. Den zweiten Term bildet der Rest, offenbar meist vom Grade 1. Wir erhalten

$$A^4 = 156A - 155I\,. \qquad \square$$

Dieses Beispiel ist hinreichend allgemein, um die Schlußfolgerung zu ziehen, daß wir für eine beliebige (2×2)-Martix

$$A^n = g(A) * (\text{Polynom vom Grade } n-2) + r(A)$$

schreiben können, wobei der Restterm $r(A)$ meist vom Grade 1 ist. Der erste Faktor ist identisch null, da das charakteristische Polynom gleich null ist. Folglich erhalten wir das Ergebnis

$$A^n = \alpha A + \beta I, \tag{1.45}$$

wobei die Konstanten α und β noch zu bestimmen sind.

Beispiel 1.5.4. Gegeben sei die Matrix

$$A = \begin{bmatrix} 1 & -3 \\ 3 & 1 \end{bmatrix}$$

mit der charakteristischen Gleichung

$$g(A) = A^2 - 2A + 10I\,.$$

Mit der gleichen Methode wie im Beispiel 1.5.3 überprüfen wir, daß $g(A) = \boldsymbol{0}$ und

$$A^4 = -32A + 60I$$

gilt. $\square$

Im allgemeinen können wir nach den Größen α und β auflösen. Wir bemerken, daß ihre Werte feste Zahlen sind, unabhängig davon, ob die Matrix in ihrer Diagonalform ist oder nicht. Um das zu zeigen, *nehmen wir an*, daß wir die Matrix A durch

$$A^n = \alpha A + \beta I \quad \text{und} \quad N^{-1}A^nN = \alpha N^{-1}AN + \beta N^{-1}IN$$

in Diagonalform gebracht haben. Da die Matrix N jede Potenz von A diagonalisiert, erhalten wir

$$\Lambda^n = \alpha\Lambda + \beta I,$$

$$\begin{bmatrix} \lambda_1^n & 0 \\ 0 & \lambda_2^n \end{bmatrix} = \alpha \begin{bmatrix} \lambda_1 & 0 \\ 0 & \lambda_2 \end{bmatrix} + \beta \begin{bmatrix} 1 & 0 \\ 0 & 1 \end{bmatrix} \tag{1.46}$$

ohne Kenntnis der Matrix N. Das ist entscheidend, da das Cayley-Hamilton-Theorem uns von der Suche nach den Eigenvektoren der Matrix A befreit. Man muß nur die Eigenwerte finden.

Wir haben zwei lineare Gleichungen für die zwei Unbekannten α und β.

Wir lösen diese Gleichungen und erhalten:

$$\alpha = \frac{\lambda_1^n - \lambda_2^n}{\lambda_1 - \lambda_2}, \tag{1.47 a}$$

$$\beta = \frac{\lambda_2\lambda_1^n - \lambda_1\lambda_2^n}{\lambda_2 - \lambda_1}. \tag{1.47 b}$$

Schließlich folgt

$$A^n = \frac{\lambda_1^n - \lambda_2^n}{\lambda_1 - \lambda_2} A + \frac{\lambda_2\lambda_1^n - \lambda_1\lambda_2^n}{\lambda_2 - \lambda_1} I \tag{1.48}$$

als allgemeines Ergebnis für eine beliebige (2×2)-Matrix mit paarweise verschiedenen Eigenwerten.

Beispiel 1.5.5. Wir betrachten die Matrix

$$A = \begin{bmatrix} 2 & 1 \\ 3 & 4 \end{bmatrix}$$

mit den Eigenwerten $\lambda_1 = 5$ und $\lambda_2 = 1$. Wir berechnen dann

$$A^n = \alpha A + \beta I; \qquad \alpha = \frac{5^n - 1^n}{5 - 1}; \qquad \beta = \frac{1 \cdot 5^n - 5 \cdot 1^n}{1 - 5}.$$

Speziell für $n = 4$ erhalten wir

$$\left.\begin{aligned} 5^4 &= 5\alpha + \beta \\ 1^4 &= \alpha + \beta \end{aligned}\right\} \Rightarrow \alpha = \frac{624}{4} = 156; \qquad \beta = \frac{-620}{4} = -155.$$

Daraus folgt

$$A^4 = \alpha A + \beta I = \left[\begin{array}{c|c} 2 \cdot 156 - 155 & 156 \\ \hline 3 \cdot 156 & 4 \cdot 156 - 155 \end{array}\right]$$

$$= \begin{bmatrix} 157 & 156 \\ 468 & 469 \end{bmatrix}.$$

□

Beispiel 1.5.6. Für die Matrix

$$A = \begin{bmatrix} 1 & -3 \\ 3 & 1 \end{bmatrix}$$

verwenden wir das CH-Theorem, um A^4 zu berechnen. (Das ist die gleiche Matrix, die wir auch im Beispiel 1.5.4 untersucht hatten.) Dieses Beispiel ist beträchtlich schwieriger als das vorhergehende, da die Eigenwerte komplex sind:

$$\lambda_1 = 1 + 3i; \qquad \lambda_2 = 1 - 3i\,.$$

Wir schreiben unsere Grundgleichungen für die Konstanten α und β:

$$\alpha = \frac{(1+3i)^4 - (1-3i)^4}{6i},$$
$$\beta = \frac{(1-3i)(1+3i)^4 - (1+3i)(1-3i)^4}{-6i}$$

und erhalten die Lösung

$$(1+3i)^4 = 1 + 4(3i) + 6(3i)^2 + 4(3i)^3 + (3i)^4,$$
$$(1-3i)^4 = 1 - 4(3i) + 6(3i)^2 - 4(3i)^3 + (3i)^4,$$
$$\alpha = -32; \qquad \beta = 60\,.$$

□

Wenn unsere Eigenwerte zusammenfallen, können wir sie als λ_1 und $\lambda_1 + \varepsilon$ schreiben und anschließend ε gegen null gehen lassen. Die Gleichungen (1.47 a) und (1.47 b) nehmen dann die Form

$$\alpha = \frac{\lambda_1^n - (\lambda_1 + \varepsilon)^n}{\lambda_1 - (\lambda_1 + \varepsilon)},$$
$$\beta = \frac{(\lambda_1 + \varepsilon)\lambda_1^n - \lambda_1(\lambda_1 + \varepsilon)^n}{(\lambda_1 + \varepsilon) - \lambda_1}$$

oder

$$\alpha = n\lambda_1^{n-1}; \qquad \beta = \lambda_1^n(1-n); \qquad \varepsilon \to 0$$

an. Wir erhalten das gleiche Ergebnis, wenn wir durch Anwendung der l'Hospitalschen Regel die Ausdrücke für α und β nach λ_2 bei festgehaltenem λ_1 differenzieren und anschließend den Grenzübergang $\lambda_2 \to \lambda_1$ ausführen. Das Ergebnis für eine (2×2)-Matrix mit entarteten Eigenwerten wird also

$$A^n = n\lambda_1^{n-1}A + (1-n)\lambda_1^n I\,. \qquad (1.49)$$

Beispiel 1.5.7. Für die gegebene Matrix

$$A = \begin{bmatrix} 6 & 8 \\ -2 & -2 \end{bmatrix}$$

finden wir, daß die Eigenwerte zusammenfallen und gleich 2 sind. Wir wollen A^3 berechnen.

Wir lösen die Gleichungen für α und β und erhalten, daß sie gleich 12 bzw. -16 sind.

$$A^3 = 3 \cdot 2^2 A + (1-3)2^3 I$$
$$A^3 = \begin{bmatrix} 56 & 96 \\ -24 & -40 \end{bmatrix}$$ □

Übung 1.5.1. Gegeben sei die Matrix

$$A = \begin{bmatrix} 1 & 2 \\ 2 & 1 \end{bmatrix}.$$

Man berechne A^3 sowohl mit Hilfe des CH-Theorems als auch durch direkte Rechnung. □

1.5.2 Differenzengleichungen

Wir begegnen oftmals Differenzengleichungen der Form

$$x_{n+1} = ax_n + bx_{n-1}, \tag{1.50}$$

wobei a und b Konstanten sind.

Die Gleichung (1.50) kann auch in der Form

$$\begin{aligned} x_{n+1} &= ax_n + by_n, \\ y_{n+1} &= x_n, \\ \begin{bmatrix} x \\ y \end{bmatrix}_{n+1} &= \begin{bmatrix} a & b \\ 1 & 0 \end{bmatrix} \begin{bmatrix} x \\ y \end{bmatrix}_n; \qquad n \geq 1 \end{aligned}$$

geschrieben werden. Uns sind die Anfangsbedingungen x_1, $x_0 = y_1$ im allgemeinen gegeben, unsere Aufgabe besteht darin, den Wert von x_{n+1} zu berechnen.

Wir sehen, daß das der n-maligen Anwendung der Matrix auf den Vektor der Anfangsbedingungen äquivalent ist.

$$\begin{bmatrix} x \\ y \end{bmatrix}_{n+1} = A^n \begin{bmatrix} x \\ y \end{bmatrix}_1; \qquad A = \begin{bmatrix} a & b \\ 1 & 0 \end{bmatrix}$$

Wir können also das Ergebnis mit Hilfe des CH-Theorems erhalten, ohne die n-te Potenz direkt zu berechnen. Die beiden Eigenwerte bezeichnen wir mit λ_1 und λ_2. Wie uns bekannt ist, gilt

$$A^n = \alpha \begin{bmatrix} a & b \\ 1 & 0 \end{bmatrix} + \beta \begin{bmatrix} 1 & 0 \\ 0 & 1 \end{bmatrix}.$$

Die Koeffizienten α und β sind unabhängig davon, ob die Matrix A diagonal ist oder nicht. Wir verfahren wie vorhin und erhalten

$$A^n = \begin{bmatrix} \alpha a + \beta & \alpha b \\ \alpha & \beta \end{bmatrix}. \tag{1.51}$$

Mit gegebenen a und b können wir α und β berechnen.

Übung 1.5.2. Man betrachte die Differenzengleichung

$$x_{n+1} = 4x_n + 12x_{n-1}; \qquad n \geq 1, \quad x_1 = 1, \quad x_0 = 0.$$

Wir suchen einen Ausdruck für x_{n+1} in Abhängigkeit von x_1 und x_0.

a) Man konstruiere die zugehörige Matrixgleichung

$$\begin{bmatrix} x \\ y \end{bmatrix}_{n+1} = \begin{bmatrix} 4 & 12 \\ 1 & 0 \end{bmatrix} \begin{bmatrix} x \\ y \end{bmatrix}_n = \begin{bmatrix} 4 & 12 \\ 1 & 0 \end{bmatrix}^n \begin{bmatrix} x \\ y \end{bmatrix}_1,$$
$$x_1 = 1; \qquad y_1 = x_0 = 0.$$

b) Die Eigenwerte 6 und -2 sind zu berechnen.
c) Man ersetze sie in den Gleichungen für α und β und erhalte dabei

$$\alpha = \frac{6^n - (-2)^n}{8}; \qquad \beta = \frac{-2 \cdot (6^n) - 6 \cdot (-2)^n}{-8}.$$

d) Wir berechnen

$$A^n = \left[\begin{array}{c|c} \frac{3}{4} \cdot 6^n + \frac{1}{4}(-2)^n & \frac{3}{2}\left[6^n - (-2)^n\right] \\ \hline \frac{1}{8}\left[6^n - (-2)^n\right] & \frac{1}{4}\left[6^n + 3(-2)^n\right] \end{array}\right].$$

e) Wir suchen

$$\begin{aligned} x_{n+1} &= \left[\tfrac{3}{4} \cdot 6^n + \tfrac{1}{4}(-2)^n\right] x_1 + \tfrac{3}{2}\left[6^n - (-2)^n\right] x_0 \\ &= \tfrac{3}{4} \cdot 6^n + \tfrac{1}{4}(-2)^n. \end{aligned}$$

Das Ergebnis ist für $n = 1, 2$ ($x_2 = 4$, $x_3 = 28$) zu überprüfen. □

Übung 1.5.3. Wir betrachten die definierende Differenzengleichung der Fibonaccischen Zahlen

$$x_{n+1} = x_n + x_{n-1}; \qquad n \geq 1, \quad x_1 = 1, \quad x_0 = 0.$$

(Die Zahlen sind: 0, 1, 1, 2, 3, 5, 8, 13, ...) und erhalten

$$\left.\begin{aligned} x_{n+1} &= x_n + y_n \\ y_{n+1} &= x_n \end{aligned}\right\} \quad \text{oder} \quad \begin{bmatrix} x \\ y \end{bmatrix}_{n+1} = \begin{bmatrix} 1 & 1 \\ 1 & 0 \end{bmatrix}^n \begin{bmatrix} x \\ y \end{bmatrix}_1.$$

Die Eigenwerte berechnen sich zu

$$\lambda_{1,2} = \tfrac{1}{2}\left(1 \pm \sqrt{5}\right),$$

daraus können wir α und β berechnen. Unsere Gleichung für A^n wird zu

$$A^n = \frac{\lambda_1^n - \lambda_2^n}{\lambda_1 - \lambda_2}\begin{bmatrix} 1 & 1 \\ 1 & 0 \end{bmatrix} + \frac{\lambda_2\lambda_1^n - \lambda_1\lambda_2^n}{\lambda_2 - \lambda_1}\begin{bmatrix} 1 & 0 \\ 0 & 1 \end{bmatrix}.$$

Da wir an x_{n+1} interessiert sind, schreiben wir unser Ergebnis explizit:

$$x_{n+1} = \frac{\lambda_1^n(1-\lambda_2) + \lambda_2^n(\lambda_1 - 1)}{\lambda_1 - \lambda_2}.$$

Man beachte, daß

$$\lambda_1 + \lambda_2 = 1; \qquad \lambda_1 - \lambda_2 = \sqrt{5}$$

gilt, so daß wir das Ergebnis weiter vereinfachen können, um

$$x_n = \frac{1}{\sqrt{5}}\left(\lambda_1^n - \lambda_2^n\right)$$

zu erhalten. (Es ist interessant festzustellen, daß sich die Faktoren $\sqrt{5}$ wegheben, so daß das Ergebnis in ganzen Zahlen erscheint.) Man überprüfe, daß man für $n = 4$ die richtige Zahl erhält. □

Übung 1.5.4. Gegeben sei die Differenzengleichung

$$\begin{aligned} x_{n+1} &= 2x_n + y_n, \\ y_{n+1} &= -x_n, \\ n \geq 0 \quad & x_0 = y_0 = 1. \end{aligned}$$

Wir berechnen x_n in Abhänigkeit von λ_1 und λ_2. Dabei ist zu beachten, daß die Eigenwerte beide gleich 1 sind. Wir verwenden das CH-Theorem für entartete Eigenwerte:

$$\begin{aligned} A^n &= \begin{bmatrix} 2 & 1 \\ -1 & 0 \end{bmatrix}^n = \alpha A + \beta I, \\ \alpha &= n\lambda^{n-1} = n \cdot 1, \\ \beta &= (1-n)\lambda^n = 1 - n. \end{aligned}$$

Damit erhalten wir

$$\begin{aligned} A^n &= n\begin{bmatrix} 2 & 1 \\ -1 & 0 \end{bmatrix} + (1-n)\begin{bmatrix} 1 & 0 \\ 0 & 1 \end{bmatrix}, \\ \begin{bmatrix} x \\ y \end{bmatrix}_n &= \begin{bmatrix} n+1 & n \\ -n & 1-n \end{bmatrix}\begin{bmatrix} x \\ y \end{bmatrix}_0, \\ x_n &= (n+1)x_0 + ny_0 = 2n + 1. \end{aligned}$$

Man überprüfe dieses Ergebnis für $n = 2, 3$. □

1.5.3 Funktionen einer Matrix

Oft müssen wir Funktionen einer Matrix berechnen, die gebräuchlichste ist die Exponentialfunktion, z. B.

$$e^A \quad \text{oder} \quad e^{At},$$

wobei A eine konstante Matrix ist. (Eine ungleich kompliziertere Situation liegt vor, wenn die Elemente der Matrix von der Zeit abhängen. Wir verweisen auf das Literaturverzeichnis.) Da die Taylor-Reihenentwicklung der Exponentialfunktion einen unendlichen Konvergenzradius besitzt, definieren wir

$$e^{At} \equiv \sum \frac{A^n}{n!} t^n = I + \frac{At}{1!} + \frac{A^2t^2}{2!} + \frac{A^3t^3}{3!} + \cdots \tag{1.52 a}$$

und weiterhin

$$\frac{d}{dt} e^{At} = A + \frac{A^2 t}{1!} + \frac{A^3 t^2}{2!} + \cdots = A \cdot \sum \frac{A^n t^n}{n!} = Ae^{At} . \tag{1.52 b}$$

Aus unserer Untersuchung des CH-Theorems wissen wir, daß, wenn eine Matrix N die Matrix A diagonalisiert, sie auch jede Potenz von A diagonalisiert. Folglich schreiben wir

$$N^{-1} e^A N = \sum \frac{N^{-1} A^n N}{n!} = \sum \frac{\Lambda^n}{n!} = e^{\Lambda} .$$

Das gleiche Argument zeigt, daß N jede Funktion von A diagonalisiert, wobei davon ausgegangen wird, daß diese Funktion durch eine Potenzreihenentwicklung dargestellt wird. (Der Text von Joshi enthält viele Beispiele, einschießlich der Logarithmusfunktion, des Sinus, des Cosinus hyperbolicus und anderer.)

Wir verwenden das CH-Theorem, um

$$e^{At} = \alpha At + \beta I = (\alpha t)A + \beta I$$

zu erhalten, wenn wir weiterhin voraussetzen, daß A eine (2×2)-Matrix ist.

Es folgt, daß

$$\begin{aligned} \exp \lambda_1 t &= \alpha\,(\lambda_1 t) + \beta = (\alpha t)\lambda_1 + \beta \\ \exp \lambda_2 t &= \alpha\,(\lambda_2 t) + \beta = (\alpha t)\lambda_2 + \beta, \end{aligned}$$

gilt, was uns

$$\begin{aligned} \alpha t &= \frac{\exp \lambda_1 t - \exp \lambda_2 t}{\lambda_1 - \lambda_2}, \\ \beta &= \frac{\lambda_2 \exp \lambda_1 t - \lambda_1 \exp \lambda_2 t}{\lambda_2 - \lambda_1} \end{aligned}$$

liefert. Man beachte, daß die Zeit t nur passiver Teilnehmer der Berechnung von αt und β ist und stelle sich das so vor, daß sie in die Matrix A und damit auch in ihre Eigenwerte eingebaut ist. Durch Substitution erhalten wir

$$\begin{aligned}\exp At &= \frac{\exp\lambda_1 t - \exp\lambda_2 t}{(\lambda_1 - \lambda_2)} A \\ &\quad + \frac{\lambda_2 \exp\lambda_1 t - \lambda_1 \exp\lambda_2 t}{(\lambda_2 - \lambda_1)} I \,. \end{aligned} \tag{1.53}$$

Übung 1.5.5. Für die gegebene Matrix

$$A = \begin{bmatrix} 3 & 2 \\ 2 & 3 \end{bmatrix}$$

wollen wir $\exp At$ berechnen und zeigen, daß

$$\lambda_1 = 5 \quad \text{und} \quad \lambda_2 = 1$$

und

$$\exp \begin{bmatrix} 3 & 2 \\ 2 & 3 \end{bmatrix} t = \frac{1}{4}\left(e^{5t} - e^{t}\right) \begin{bmatrix} 3 & 2 \\ 2 & 3 \end{bmatrix} + \frac{1}{4}\left(5e^{t} - e^{5t}\right) \begin{bmatrix} 1 & 0 \\ 0 & 1 \end{bmatrix}$$

gilt. □

Übung 1.5.6. Gegeben sei die Matrix

$$A = \begin{bmatrix} \theta & -\phi \\ \phi & \theta \end{bmatrix} .$$

Man berechne

$$e^{At} = e^{\theta t} \begin{bmatrix} \cos\phi t & -\sin\phi t \\ \sin\phi t & \cos\phi t \end{bmatrix},$$

wobei die Exponentialform für Sinus und Kosinus zu verwenden ist. □

Übung 1.5.7. Für die Pauli-Matrix

$$\sigma = \begin{bmatrix} 0 & 1 \\ 1 & 0 \end{bmatrix}$$

ist zu beweisen, daß

$$e^{\sigma t} = \begin{bmatrix} \cosh t & \sinh t \\ \sinh t & \cosh t \end{bmatrix}$$

gilt. □

Übung 1.5.8. Man zeige, daß für die Matrix

$$A = \begin{bmatrix} \omega & 0 \\ 1 & \omega \end{bmatrix}$$

gilt:

$$e^{At} = e^{\omega t} \begin{bmatrix} 1 & 0 \\ t & 1 \end{bmatrix} .$$ □

Übung 1.5.9. (Diese Übung steht im Zusammenhang mit Übung 1.5.6) Wir wollen eine Rotation der x- und y-Achsen um einen endlichen Winkel ϕ, wie in der Abbildung 1.1 dargestellt, untersuchen.

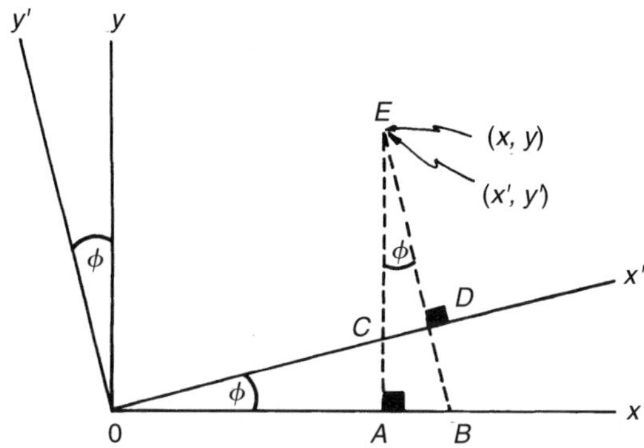

Abb. 1.1 Der Punkt E wird durch die Koordinanten (x, y) und (x', y') bezeichnet.

Wir wissen, daß die Rotation von den Koordinaten (x, y) zu den Koordinaten (x', y') durch die Rotationsmatrix gegeben ist:

$$\begin{bmatrix} x' \\ y' \end{bmatrix} = R(\phi) \begin{bmatrix} x \\ y \end{bmatrix} ; \qquad R(\phi) = \begin{bmatrix} \cos\phi & \sin\phi \\ -\sin\phi & \cos\phi \end{bmatrix} .$$

Wir wollen dieses Problem unter einem anderen Aspekt betrachten und dabei zeigen, daß eine endliche Rotation um einen Winkel ϕ durch eine unendliche Reihe von infinitesimalen Rotationen θ erzeugt werden kann, so daß

$$n\theta = \phi : \ \theta \to 0; \qquad n \to \infty; \quad n\theta = \phi = \text{endlich}$$

gilt. Für die infinitesimale Rotationsmatrix erhalten wir dann

$$\begin{bmatrix} x' \\ y' \end{bmatrix}_\theta = I(\theta) \begin{bmatrix} x \\ y \end{bmatrix} ; \qquad I(\theta) = \begin{bmatrix} 1 & \theta \\ -\theta & 1 \end{bmatrix} ,$$

wobei wir die Näherungen des Sinus und Kosinus für kleine Winkel verwendet haben. Wir erzeugen jetzt die endliche Rotation wie folgt:

$$\begin{bmatrix} x' \\ y' \end{bmatrix}_{n\theta=\phi} = I^n(\theta) \begin{bmatrix} x \\ y \end{bmatrix} ; \qquad n \to \infty, \quad n\theta \to \phi .$$

Uns interessiert der Grenzfall $n \to \infty$. Dafür verwenden wir das CH-Theorem. Unter Beachtung dessen, daß die Eigenwerte von $I(\theta)$

$$\lambda_{1,2} = 1 \pm i\theta$$

sind, erhalten wir

$$\begin{aligned} I^n(\theta) &= \alpha I(\theta) + \beta I, \\ \alpha &= \frac{(1+i\theta)^n - (1-i\theta)^n}{2i\theta}, \\ \beta &= \frac{(1-i\theta)(1+i\theta)^n - (1+i\theta)(1-i\theta)^n}{-2i\theta}. \end{aligned}$$

Beachten wir noch

$$\begin{aligned} (1+i\theta)^n &= \left(1+\frac{i\phi}{n}\right)^n \to \exp(i\phi) \qquad \text{für} \quad n \to \infty, \\ (1-i\theta)^n &= \left(1-\frac{i\phi}{n}\right)^n \to \exp(-i\phi) \qquad \text{für} \quad n \to \infty, \end{aligned}$$

so erhalten wir für die Koeffizienten α und β

$$\begin{aligned} \alpha &= \frac{e^{i\phi} - e^{-i\phi}}{2i\theta} = \frac{\sin\phi}{\theta}, \\ \beta &= -\frac{e^{i\phi} - e^{-i\phi}}{2i\theta} + \frac{e^{i\phi} + e^{-i\phi}}{2} = -\frac{\sin\phi}{\theta} + \cos\phi. \end{aligned}$$

Das Ergebnis lautet schließlich wie erwartet

$$R(\phi) = I^n_{n\to\infty}(\theta) = \begin{bmatrix} \cos\phi & \sin\phi \\ -\sin\phi & \cos\phi \end{bmatrix}. \qquad \square$$

Übung 1.5.10. Wir wollen folgendes System von Differentialgleichungen für die Funktionen $x(t)$ und $y(t)$ lösen:

$$\begin{aligned} \frac{dx}{dt} &= 3x + 2y, \\ \frac{dy}{dt} &= 2x + 3y, \\ &\text{mit gegebenen } x(0) \text{ und } y(0). \end{aligned}$$

Wir stellen die Matrixgleichung

$$\frac{d}{dt}\begin{bmatrix} x \\ y \end{bmatrix} = \begin{bmatrix} 3 & 2 \\ 2 & 3 \end{bmatrix}\begin{bmatrix} x \\ y \end{bmatrix} = A\begin{bmatrix} x \\ y \end{bmatrix}$$

auf und können, da die Matrix A konstant ist, die Lösung unmittelbar aufschreiben:

$$\begin{bmatrix} x \\ y \end{bmatrix} = \mathrm{e}^{At} \begin{bmatrix} x(0) \\ y(0) \end{bmatrix} .$$

Durch Differenzieren beider Seiten überprüfen wir, daß die Lösung richtig ist. Jetzt müssen wir $\exp(At)$ berechnen. Dies haben wir bereits in Übung 1.5.5 getan:

$$\begin{aligned} \exp At &= \frac{1}{4}(\exp 5t - \exp t) \begin{bmatrix} 3 & 2 \\ 2 & 3 \end{bmatrix} \\ &+ \frac{1}{4}(5 \exp t - \exp 5t) \begin{bmatrix} 1 & 0 \\ 0 & 1 \end{bmatrix} . \end{aligned}$$

Es ist angebracht, die Lösung in einer besseren Form aufzuschreiben,

$$\begin{bmatrix} x(t) \\ y(t) \end{bmatrix} = \frac{1}{2} \begin{bmatrix} \mathrm{e}^{5t} + \mathrm{e}^{t} & \mathrm{e}^{5t} - \mathrm{e}^{t} \\ \mathrm{e}^{5t} - \mathrm{e}^{t} & \mathrm{e}^{5t} + \mathrm{e}^{t} \end{bmatrix} \begin{bmatrix} x(0) \\ y(0) \end{bmatrix}$$

oder

$$\begin{bmatrix} x(t) \\ y(t) \end{bmatrix} = \frac{1}{2} \begin{bmatrix} \mathrm{e}^{5t} & \mathrm{e}^{t} \\ \mathrm{e}^{5t} & -\mathrm{e}^{t} \end{bmatrix} \begin{bmatrix} x(0) + y(0) \\ x(0) - y(0) \end{bmatrix} .$$ □

Übung 1.5.11. Wir betrachten die positiv definiten Matrizen A und B. (Eine Matrix ist positiv definit, wenn sie hermitesch ist und alle ihre Eigenwerte positiv sind.)

$$A = \begin{bmatrix} 2 & 0 \\ 0 & 20 \end{bmatrix} ; \qquad B = \begin{bmatrix} 1 & 3 \\ 3 & 10 \end{bmatrix}$$

a) Man konstruiere die Matrix $C = A - B$ und folgere, daß sie positiv definit ist.
b) Man konstruiere die Matrix $D = A^2 - B^2$ und folgere, daß sie nicht positiv definit ist. Das geht möglicherweise am leichtesten, wenn man zeigt, daß sie eine positive Spur und eine negative Determinante hat.

Wir sehen an dieser Übung, daß der positiv definite Charakter von Matrizen nicht notwendig erhalten bleibt, wenn wir Funktionen von ihnen berechnen. Das steht im Gegensatz zu den entsprechenden Ergebnissen für skalare Funktionen. Zum Beispiel haben wir im Einführungskapitel aus den Gleichungen (0.29a) und (0.29b) erhalten, daß aus $f(x) > g(x)$ auch $\exp[f(x)] > \exp[g(x)]$ folgt.

Dieses Beispiel, aus dem ich viel gelernt habe, stammt von M. L. Mehta. Es ist ein Spezialfall eines Theorems von Wigner und Yanase, welches im Theorem 6.3.4 auf Seite 75 in dem Buch von Mehta über Matrixtheorie dargestellt wird.□

1.6 Störungstheorie

Wir begegnen oft Matrizen, die von solchen Matrizen, deren Eigenschaften wir kennen, nur wenig abweichen. Wir könnten zum Beispiel ein Problem bearbeiten, wo die vorhandene Symmetrie eine spezielle Form der Matrix vorschreibt, und diese Symmetrie dann durch eine Wechselwirkung, die eine kleine Änderung der Matrixelemente bewirkt, gebrochen wird. Das könnte eine Matrix sein, deren ursprüngliche Elemente ganze Zahlen sind. Dann wird eine Störung eingeführt, die diese Elemente so ändert, daß die neuen Elemente dicht bei ganzen Zahlen liegen, z. B. 3,03 und 2,96. Wir suchen dann eine Abschätzung der Eigenwerte und Eigenvektoren der gestörten Matrix.

Es gibt eine systematische Störungsrechnung, welche die Eigenschaften der geänderten Matrix durch die Eigenwerte und Eigenvektoren der Originalmatrix ausdrückt. Die allgemeinste anwendbare Methode ist ziemlich kompliziert und erfordert eine beträchtliche Menge Algebra. Es scheint am förderlichsten zu sein, sie an einem einfachen Beispiel zu erklären, in welchem wir die ersten Korrekturen für eine (2×2)-Matrix mit verschiedenen Eigenwerten finden.

Bezeichnungsweise: Das Skalarprodukt, gebildet aus einer zwischen einem linken und einem rechten Vektor eingeschobenen Matrix, nennen wir Matrixelement. Es ist eine Zahl.

$$\langle \psi_2, A\phi_1 \rangle \tag{1.54}$$

Beispiel 1.6.1. Gegeben sei

$$A = \begin{bmatrix} 3 & 2 \\ 2 & 3 \end{bmatrix}$$

und

$$\langle \psi_2 | = \begin{bmatrix} 1 & 1 \end{bmatrix}; \qquad |\phi_1\rangle = \begin{bmatrix} 1 \\ 5 \end{bmatrix}.$$

Wir berechnen:

$$\langle \psi_2, A\phi_1 \rangle = \begin{bmatrix} 1 & 1 \end{bmatrix} \begin{bmatrix} 3 & 2 \\ 2 & 3 \end{bmatrix} \begin{bmatrix} 1 \\ 5 \end{bmatrix} = \begin{bmatrix} 1 & 1 \end{bmatrix} \begin{bmatrix} 13 \\ 17 \end{bmatrix} = 30\,. \qquad \square$$

Wir betrachten ein Problem, in dem eine reelle symmetrische (2×2)-Matrix mit verschiedenen Eigenwerten λ_1 und λ_2 sowie orthogonalen Eigenvektoren $|\psi_1\rangle$ und $|\psi_2\rangle$ gegeben ist.

a) Wir normieren die Eigenvektoren auf 1, d. h., wir machen sie orthonormal.

$$A = \begin{bmatrix} a_{11} & a_{12} \\ a_{21} & a_{22} \end{bmatrix}; \qquad a_{21} = a_{12},$$

$$A\,|\psi_1\rangle = \lambda_1\,|\psi_1\rangle\,; \qquad A\,|\psi_2\rangle = \lambda_2\,|\psi_2\rangle\,; \qquad \lambda_1 \neq \lambda_2,$$
$$\langle\psi_i, \psi_j\rangle = \delta_{i,j}\,.$$

Das Kronecker-Symbol $\delta_{i,j}$ wurde in Gleichung (1.20) definiert.

b) Wir führen die Störmatrix εB ein, deren Elemente b_{ij} von derselben Größenordnung wie die a_{ij} sind. (Elemente, die gleich 0 sind, verursachen keine Schwierigkeiten.) Wir suchen die Eigenwerte μ_1 und μ_2 sowie die Eigenvektoren $|\phi_1\rangle$ und $|\phi_2\rangle$ von $A + \varepsilon B$.

$$(A + \varepsilon B)\,|\phi_i\rangle = \mu_i\,|\phi_i\rangle\,; \qquad i = 1,\ 2; \quad |\varepsilon| \ll 1 \tag{1.55}$$

c) Da die Eigenvektoren von A ein vollständiges orthonormales System bilden, können wir die Eigenvektoren von $A + \varepsilon B$ wie folgt entwickeln

$$|\phi_1\rangle = c_1\,|\psi_1\rangle + c_2\,|\psi_2\rangle\,, \tag{1.56}$$
$$|\phi_2\rangle = d_1\,|\psi_1\rangle + d_2\,|\psi_2\rangle\,, \tag{1.57}$$

wobei c_i und d_i noch zu bestimmende Konstanten sind.
Konzentrieren wir uns auf den Eigenwert μ_1 und den Eigenvektor $|\phi_1\rangle$.

d) Wir wissen, daß wir wieder die Eigenwerte und Eigenvektoren des ungestörten Systems erhalten, wenn der kleine Parameter ε gegen 0 geht. Deshalb gilt:

$$|\phi_1\rangle \to |\psi_1\rangle \Rightarrow c_1 \to 1; \qquad c_2 \to 0; \qquad \mu_1 \to \lambda_1,$$
$$|\phi_2\rangle \to |\psi_2\rangle \Rightarrow d_1 \to 0; \qquad d_2 \to 1; \qquad \mu_2 \to \lambda_2\,.$$

Da die Störung in Termen erster Ordnung des Parameters ε gegeben ist, nehmen wir an, daß es eine Potenzreihenentwicklung der Form

$$\begin{aligned}
\mu_i &= \lambda_i + \varepsilon\lambda_i^{(1)} + O(\varepsilon^2); \qquad i = 1, 2,\\
c_1 &= c_1^{(0)} + \varepsilon c_1^{(1)} + O(\varepsilon^2); \qquad c_2 = \varepsilon c_2^{(1)} + O\left(\varepsilon^2\right),\\
d_1 &= \varepsilon d_1^{(1)} + O(\varepsilon^2); \qquad d_2 = d_2^{(0)} + \varepsilon d_2^{(1)} + O\left(\varepsilon^2\right),\\
|\phi_1\rangle &= \left(c_1^{(0)} + \varepsilon c_1^{(1)}\right)|\psi_1\rangle + \varepsilon c_2^{(1)}\,|\psi_2\rangle + O\left(\varepsilon^2\right),\\
|\phi_2\rangle &= \varepsilon d_1^{(1)}\,|\psi_1\rangle + \left(d_2^{(0)} + \varepsilon d_2^{(1)}\right)|\psi_2\rangle + O\left(\varepsilon^2\right)
\end{aligned}$$

gibt. Wir erhalten das Ergebnis, daß

$$c_1^{(0)} = 1 \quad \text{und} \quad d_2^{(0)} = 1$$

gilt, da beide Konstanten sind, die im Grenzfall $\varepsilon = 0$ gleich 1 werden. Weil wir nur die Korrekturterme erster Ordnung berechnet haben, wurden alle Terme mit Potenzen größer 1 in dem Parameter ε vernachlässigt. (Wir verwenden das Symbol $O(\varepsilon^2)$, um Terme dieser Art zu bezeichnen. Die genaue Bedeutung des Symbols $O(\varepsilon^2)$ wird im Kapitel 3 erklärt.)

e) Wir stellen die Gleichungen

$$(A + \varepsilon B)\,|\phi_1\rangle = \mu_1\,|\phi_1\rangle$$

oder

$$\begin{aligned}(A + \varepsilon B) & \left[\left(1 + \varepsilon c_1^{(1)}\right)|\psi_1\rangle + \varepsilon c_2^{(1)}\,|\psi_2\rangle\right] \\ & = \left(\lambda_1 + \varepsilon \lambda_1^{(1)}\right)\left[\left(1 + \varepsilon c_1^{(1)}\right)|\psi_1\rangle + \varepsilon c_2^{(1)}\,|\psi_2\rangle\right] \end{aligned} \tag{1.58}$$

auf. Multiplizieren wir Gleichung (1.58) mit $\langle\psi_1|$ und verwenden die Orthogonalität der Eigenvektoren, dann erhalten wir

$$\langle\psi_1, B\psi_1\rangle = \lambda_1^{(1)}\,. \tag{1.59}$$

f) Multiplizieren wir Gleichung (1.58) mit $\langle\psi_2|$ und beachten die Orthogonalität, so erhalten wir

$$c_2^{(1)} = \frac{\langle\psi_2, B\psi_1\rangle}{\lambda_1 - \lambda_2}\,. \tag{1.60}$$

g) Wir können den zweiten Eigenvektor und den zweiten Eigenwert dadurch finden, daß wir c und d sowie die Indizes 1 und 2 vertauschen:

$$1 \to 2; \qquad 2 \to 1; \qquad c \to d\,.$$

Unsere Ergebnisse lauten dann

$$\mu_i = \lambda_i + \varepsilon\,\langle\psi_i, B\psi_i\rangle\,; \qquad i = 1, 2, \tag{1.61 a}$$

$$|\phi_1\rangle = \left(1 + \varepsilon c_1^{(1)}\right)|\psi_1\rangle + \varepsilon\frac{\langle\psi_2, B\psi_1\rangle}{\lambda_1 - \lambda_2}\,|\psi_2\rangle\,, \tag{1.61 b}$$

$$|\phi_2\rangle = \varepsilon\frac{\langle\psi_1, B\psi_2\rangle}{\lambda_2 - \lambda_1}\,|\psi_1\rangle + \left(1 + \varepsilon d_2^{(1)}\right)|\psi_2\rangle\,, \tag{1.61 c}$$

wobei durchweg Terme mit quadratischen und höheren Potenzen von ε als Koeffizienten vernachlässigt wurden.

Wir fordern, daß $|\phi_1\rangle$ und $|\phi_2\rangle$ auf eins normiert sind. Bis zur Ordnung ε erhalten wir folglich $c_1^{(1)} = d_2^{(1)} = 0$.

(Wir wollen die Normierung der Eigenvektoren $|\phi_i\rangle$ so festlegen, daß sie in jeder Ordnung des kleinen Parameters ε auf eins normiert sind, z. B.

$$\langle\phi_1, \phi_1\rangle = 1 + O\left(\varepsilon^2\right) \Rightarrow c_1^{(1)} + c_1^{(1)*} = 0\,.$$

Das legt den Realteil von $c_1^{(1)} = 0$ fest. Der Imaginärteil bleibt unbestimmt und spielt keine Rolle bei der Berechnung der Matrixelemente. Deshalb sind wir uns bei der Wahl $c_1^{(1)} = 0$ sicher. Die Argumentation ändert sich nicht für den

Koeffizienten $d_2^{(1)}$, deshalb setzen wir ebenfalls $d_2^{(1)} = 0$.) Unsere Endergebnisse für die gestörten Eigenvektoren lauten

$$|\phi_1\rangle = |\psi_1\rangle + \varepsilon \frac{\langle\psi_2, B\psi_1\rangle}{\lambda_1 - \lambda_2} |\psi_2\rangle + O(\varepsilon^2) . \tag{1.62 a}$$

$$|\phi_2\rangle = \varepsilon \frac{\langle\psi_1, B\psi_2\rangle}{\lambda_2 - \lambda_1} |\psi_1\rangle + |\psi_2\rangle + O(\varepsilon^2) . \tag{1.62 b}$$

Wir sehen, daß die Verschiebung der Eigenvektoren aus den Matrixelementen der Störung εB, gebildet mit den Eigenvektoren des ungestörten Systems, berechnet wird. Wenn wir nur diese Verschiebung suchen, ist es also nicht notwendig, die neuen Eigenvektoren zu berechnen.

Beispiel 1.6.2. Gegeben sei eine Matrix A mit bekannten Eigenwerten und Eigenvektoren:

$$A = \begin{bmatrix} 3 & 2 \\ 2 & 3 \end{bmatrix}; \qquad \lambda_1 = 5; \qquad \lambda_2 = 1,$$

$$|\psi_1\rangle = \frac{1}{\sqrt{2}} \begin{bmatrix} 1 \\ 1 \end{bmatrix}; \qquad |\psi_2\rangle = \frac{1}{\sqrt{2}} \begin{bmatrix} 1 \\ -1 \end{bmatrix}$$

sowie die Matrix

$$B = \begin{bmatrix} 2 & 1 \\ 3 & 4 \end{bmatrix}; \qquad A + \varepsilon B = \begin{bmatrix} 3 + 2\varepsilon & 2 + \varepsilon \\ 2 + 3\varepsilon & 3 + 4\varepsilon \end{bmatrix}; \qquad |\varepsilon| \ll 1 .$$

Wir suchen die Eigenvektoren und die Eigenwerte der Matrix $A + \varepsilon B$ bis zur ersten Ordnung in dem kleinen Parameter ε.

Wenn wir die Lösung erhalten, bemerken wir, daß wir die Richtigkeit der Eigenwerte einfach durch Berechnung von Spur und Determinante der Matrix $A + \varepsilon B$ überprüfen können, wenn wir beachten, daß diese die Eigenwerte einer (2×2)-Matrix vollständig bestimmen. Es ist auch möglich, die Richtigkeit der Eigenvektoren dadurch zu überprüfen, daß man die Gleichung

$$(A + \varepsilon B)\, |\phi_i\rangle = \mu_i\, |\phi_i\rangle ; \qquad i = 1, 2$$

löst, dabei sieht man, daß die Lösung richtig ist, wenn man, wie vorher, Terme mit höheren ε-Potenzen vernachlässigt.

Lösung

$$\begin{aligned}
\langle\psi_1, B\psi_1\rangle &= \frac{1}{2} \begin{bmatrix} 1 & 1 \end{bmatrix} \begin{bmatrix} 2 & 1 \\ 3 & 4 \end{bmatrix} \begin{bmatrix} 1 \\ 1 \end{bmatrix} = 5, \\
\langle\psi_2, B\psi_2\rangle &= 1, \\
\langle\psi_1, B\psi_2\rangle &= 0; \qquad \mu_1 = 5 + 5\varepsilon, \\
\langle\psi_2, B\psi_1\rangle &= -2; \qquad \mu_2 = 1 + \varepsilon,
\end{aligned}$$

$$
\begin{aligned}
|\phi_1\rangle &= \frac{1}{\sqrt{2}}\left[\begin{bmatrix}1\\1\end{bmatrix} - \frac{2\varepsilon}{5-1}\begin{bmatrix}1\\-1\end{bmatrix}\right] \\
&= \frac{1}{\sqrt{2}}\begin{bmatrix}1-\varepsilon/2\\1+\varepsilon/2\end{bmatrix}, \\
|\phi_2\rangle &= \frac{1}{\sqrt{2}}\left[0+\begin{bmatrix}1\\-1\end{bmatrix}\right] = \frac{1}{\sqrt{2}}\begin{bmatrix}1\\-1\end{bmatrix}.
\end{aligned}
$$

Unter Vernachlässigung von Termen der Ordnung $O(\varepsilon^2)$ überprüfen wir

$$
\begin{aligned}
\mathrm{Tr}(A+\varepsilon B) &= 6+6\varepsilon = \mu_1+\mu_2, \\
\det(A+\varepsilon B) &= 5+10\varepsilon = \mu_1\cdot\mu_2, \\
\begin{bmatrix}3+2\varepsilon & 2+\varepsilon\\ 2+3\varepsilon & 3+4\varepsilon\end{bmatrix}\begin{bmatrix}1-\frac{\varepsilon}{2}\\ 1+\frac{\varepsilon}{2}\end{bmatrix} &= \begin{bmatrix}5+\frac{5}{2}\varepsilon\\ 5+\frac{15}{2}\varepsilon\end{bmatrix} \\
&= (5+5\varepsilon)\begin{bmatrix}1-\frac{\varepsilon}{2}\\ 1+\frac{\varepsilon}{2}\end{bmatrix}, \\
\begin{bmatrix}3+2\varepsilon & 2+\varepsilon\\ 2+3\varepsilon & 3+4\varepsilon\end{bmatrix}\begin{bmatrix}1\\-1\end{bmatrix} &= \begin{bmatrix}1+\varepsilon\\-1-\varepsilon\end{bmatrix} = (1+\varepsilon)\begin{bmatrix}1\\-1\end{bmatrix}.
\end{aligned}
$$ □

1.7 Abschließende Bemerkungen

In diesem Abschnitt stellen wir eine Vielzahl von Ergebnissen zusammen, die die Stabilität von Lösungen linearer Differenzen- und Differentialgleichungen betreffen. Das wird besonders nützlich sein, wenn wir schwach nichtlineare Systeme untersuchen, wo wir den linearen Teil der Gleichung als Ausgangspunkt für eine Störungslösung verwenden.

Wir beschränken unsere Aufmerksamkeit meistens ausschließlich auf Matrizen, welche unterschiedliche Eigenwerte haben und deshalb mittels einer invertierbaren Transformation diagonalisierbar sind. Daß das vernünftig ist, wird uns durch das im Abschnitt 1.7.1 diskutierte Theorem gezeigt, das aussagt, daß eine bezüglich der Norm beliebig dicht an einer Matrix A liegendeMatrix B unterschiedliche Eigenwerte hat. Obwohl man damit sorgfältig umgehen muß, hat das zur Folge, daß die meisten Ergebnisse, die für verschiedene Eigenwerte gewonnen wurden, auch dann richtig bleiben, wenn die Eigenwerte zusammenfallen. Andererseits werden die Eigenvektoren davon beeinflußt und für den Fall entarteter Eigenvektoren ist besondere Aufmerksamkeit nötig. (Das wird in der Übung 1.7.6 am Ende dieses Kapitels klar.)

1.7.1 Die Rayleighsche Ungleichung und damit zusammenhängende Tatsachen

Eine hermitesche Matrix H kann durch eine unitäre Matrix U diagonalisiert werden. Wir haben

$$H = H^\dagger; \qquad U^\dagger H U = \Lambda; \qquad U U^\dagger = I. \tag{1.63}$$

Eine hermitesche Matrix hat reelle Eigenwerte und ein vollständiges System von Eigenvektoren. Eigenvektoren zu verschiedenen Eigenwerten sind orthogonal, solche zu entarteten Eigenwerten können durch das Schmidtsche Orthogonalisierungsverfahren orthogonalisiert werden. Diese Ergebnisse wurden in Standardlehrbüchern über Matrixanalysis bewiesen.

Da $U^\dagger U = I$ gilt, folgt für das Skalarprodukt $\langle Ux, Uy\rangle = \langle x, y\rangle$. Das Skalarprodukt bleibt unter unitären Transformationen erhalten.

Die Rayleighsche Ungleichung sagt uns, daß der Maximalwert des Skalarprodukts

$$R = \langle x, Hx\rangle \,/\, \langle x, x\rangle\,,$$

wobei H eine hermitesche Matrix und $|x\rangle$ ein beliebiger Vektor ist, gleich dem größten Eigenwert ist. Der Beweis beruht auf der Vollständigkeit und der Orthogonalität der Eigenvektoren der Matrix H.

Beweis: Wir entwickeln einen beliebigen Vektor $|x\rangle$ nach den Eigenvektoren $|y_i\rangle$ von H:

$$|x\rangle = \sum c_i\,|y_i\rangle \qquad \text{mit } H\,|y_i\rangle = \lambda_i\,|y_i\rangle\,.$$

(Wir haben die Vektoren $|y_i\rangle$ auf eins normiert.) Dann gilt

$$R = \langle x, Hx\rangle \,/\, \langle x, x\rangle = \frac{\sum c_i c_i^* \lambda_i}{\sum c_i c_i^*}; \qquad \langle y_i, y_j\rangle = \delta_{i,j}\,.$$

Wir ordnen jetzt die Eigenwerte

$$\lambda_{\min} \le \;\cdots\; \lambda_i \;\cdots\; \le \lambda_{\max}\,.$$

Wegen

$$\lambda_{\min} \cdot \sum c_i c_i^* \le \sum c_i c_i^* \lambda_i \le \lambda_{\max} \sum c_i c_i^*$$

erhalten wir

$$R = \langle x, Hx\rangle \,/\, \langle x, x\rangle \le \lambda_{\max}\,. \tag{1.64 a}$$

Man beachte, daß bei einer Anwendung der Rayleighschen Ungleichung als Testvektor ein beliebiger Vektor ausgewählt werden kann und daß man sicher sein kann, daß die Größe R meistens gleich dem größten Eigenwert der Matrix H ist. Es ist ebenfalls klar, daß wir die Beweiskette umkehren können und damit das Ergebnis

$$R \geq \lambda_{\min} \tag{1.64 b}$$

erhalten. □

Es ist wichtig festzustellen, daß man die Rayleighsche Ungleichung nicht auf Matrizen anwenden kann, die kein vollständiges System orthogonaler Eigenvektoren besitzen. Wir betrachten als ein Beispiel die Matrix A, die die reellen Eigenwerte a und c mit $a > c$ hat.

$$A = \begin{bmatrix} a & b \\ 0 & c \end{bmatrix} .$$

Wir berechnen $R = \langle x, Ax\rangle \,/\, \langle x, x\rangle$, wobei wir als Testvektor $|x\rangle$

$$|x\rangle = \begin{bmatrix} 1 \\ 1 \end{bmatrix}$$

wählen. Wir erhalten $R = (a+b+c)/2$. Mit einer geeigneten Wahl von b können wir $R > a$, den größten Eigenwert von A, erreichen. (Die Eigenvektoren von A sind vollständig, aber nicht orthogonal.)

Wir können diese Schwierigkeit umgehen, indem wir eine beliebige Matrix A betrachten und das Produkt $A^\dagger A$ bilden, was eine positiv semidefinite hermitesche Matrix ist. Das bedeutet, daß alle Eigenwerte reell und größer oder gleich 0 sind. Das zeigt man dadurch, daß man einen beliebigen Vektor $|x\rangle$ wählt und das Skalarprodukt $\langle x, A^\dagger Ax\rangle = \langle Ax, Ax\rangle \geq 0$ berechnet.

Beispiel 1.7.1. Wir betrachten die Matrix

$$A = \begin{bmatrix} 0 & 2 \\ 0 & 0 \end{bmatrix}; \qquad A^\dagger A = \begin{bmatrix} 0 & 0 \\ 0 & 4 \end{bmatrix}$$

und beachten dabei $\langle Ax, Ax\rangle \geq 0$. □

Wir führen den Begriff der Norm ein, da wir ihn bei unseren Bemerkungen zur Stabilitätstheorie verwenden werden. Es gibt viele mögliche Definitionen für eine Norm. Für die meisten Zwecke ist es ausreichend, die hermitesche Norm zu verwenden. Die Norm eines Vektors $|x\rangle$ ist definiert als die Größe

$$||x|| \equiv \sqrt{\langle x, x\rangle} = \sqrt{\sum x_i^* x_i} \; . \tag{1.65}$$

Sie liefert ein Maß für die Länge eines Vektors. Man beachte, daß sie unter unitären Transformationen invariant ist.

$$\langle Ux, Ux\rangle = \left\langle x, U^\dagger Ux\right\rangle = \langle x, x\rangle$$

Verbunden mit dieser Vektornorm ist die Norm einer Matrix. Wir definieren die Norm einer Matrix A als

$$||A|| = \max_{x\neq 0} \frac{||Ax||}{||x||} = \max_{x\neq 0} \frac{\sqrt{\langle Ax, Ax\rangle}}{\sqrt{\langle x, x\rangle}} = \max_{x\neq 0} \frac{\sqrt{\langle x, A^\dagger Ax\rangle}}{\sqrt{\langle x, x\rangle}} . \tag{1.66}$$

Um die Norm einer Matrix zu berechnen, suchen wir den Maximalwert aller Skalarprodukte $\langle Ax, Ax\rangle \,/\, \langle x, x\rangle$, wobei wir den Vektor $|x\rangle$ über alle möglichen Vektoren des Raumes variieren. Wir nehmen an, daß der Vektor $|x\rangle$ auf eins normiert ist, da dies das Ergebnis nicht verändert. Betrachten wir die verwandte Größe

$$N = \left\langle x, A^\dagger Ax \right\rangle . \tag{1.67}$$

Wir stellen fest, daß wir durch die Matrix A eine hermitesche Matrix $A^\dagger A$ erzeugt haben, deren Eigenwerte alle größer oder gleich 0 sind. Dann wenden wir die Rayleighsche Ungleichung, gegeben durch (1.64 a), an, und beachten, daß die Norm einer Matrix gleich der Wurzel des größten Eigenwertes der Matrix $A^\dagger A$ ist. Wenn die Matrix A hermitesch ist, dann haben wir $A^\dagger A = A^2$, und folglich ist die Norm einer hermiteschen Matrix gleich dem Maximum der Absolutwerte ihrer Eigenwerte.

Wir wollen zeigen, daß wir für eine gegebene Matrix A mit zusammenfallenden Eigenwerten eine Matrix B mit unterschiedlichen Eigenwerten finden können, deren Norm dicht bei der Norm von A liegt. Wir gehen wie folgt vor:

a) Wir wissen, daß eine beliebige Matrix A durch eine unitäre Matrix U in Dreiecksform gebracht werden kann. (Wir verweisen auf ein Standardwerk über Matrizenrechnung, z. B. Franklin oder Bellman.) Wenn die Matrix in Dreiecksform ist, dann sind die Diagonalelemente die Eigenwerte der Matrix A und alle Elemente unterhalb der Diagonale sind gleich null. Wir nennen „T" die Dreiecksmatrix; und erhalten

$$A = UTU^\dagger ; \qquad T = \begin{bmatrix} \lambda_1 & & & \\ & \lambda_2 & & \\ & & \ddots & t_{ij} \\ & 0 & & \\ & & & \lambda_n \end{bmatrix} ,$$

$$t_{ij} = 0 ; \qquad i > j . \tag{1.68}$$

b) Wir betrachten jetzt die zugeordneten Matrizen B und S. Die Elemente der Matrix S werden als die gleichen wie die der Matrix T gewählt, mit Ausnahme der Diagonalelemente, die einen kleinen zusätzlichen Teil ε_i haben.

Folglich erhalten wir

$$B \equiv USU^\dagger; \qquad S = \begin{bmatrix} \lambda_1+\varepsilon_1 & & & \\ & \lambda_2+\varepsilon_2 & & s_{ij} \\ & 0 & \ddots & \\ & & & \lambda_n+\varepsilon_n \end{bmatrix},$$

$$s_{ij} = t_{ij}; \qquad i \neq j\,. \tag{1.69}$$

Wir subtrahieren jetzt A von B und erhalten

$$B - A = U(S-T)U^\dagger = U \begin{bmatrix} \varepsilon_1 & & & \\ & \varepsilon_2 & & 0 \\ & 0 & \ddots & \\ & & & \varepsilon_n \end{bmatrix} U^\dagger\,. \tag{1.70}$$

Wir sehen, daß wir eine Diagonalmatrix ε erhalten, eingeschoben zwischen zwei Matrizen U und $U^\dagger$. Da wir die Größen ε_i wählen können, ist es klar, daß wir die Norm von $A - B$ so klein machen können, wie wir wollen. Wir können natürlich die Elemente so wählen, daß die Eigenwerte von B unterschiedlich sind.

1.7.2 Die Lage der Eigenwerte einer Matrix

Es ist oftmals von Interesse, einen Überblick darüber zu haben, wo die Eigenwerte einer Matrix liegen. Zum Beispiel betreffen Fragen nach der Stabilität der Lösung einer Matrixdifferentialgleichung das Vorzeichen des Realteils der Eigenwerte einer Matrix. Wir betrachten die Gleichung

$$\frac{\mathrm{d}}{\mathrm{d}t}\,|y\rangle = A\,|y\rangle\;.$$

Wenn die Eigenwerte der Matrix A negative Realteile besitzen, dann geht die Lösung $y(t)$ für t gegen unendlich gegen null. Theorem 1.7.1 erlaubt uns, eine einfache Schranke für die Lage der Eigenwerte einer Matrix zu erhalten.

Theorem 1.7.1. Die $(n \times n)$-Matrix ist nichtsingulär, wenn

$$|a_{ii}| > \sum_{j\neq i} |a_{ij}|; \qquad i = 1, 2, \cdots, n,$$

oder, was äquivalent ist, wenn

$$|a_{ii} - \lambda| > \sum_{j\neq i} |a_{ij}|; \qquad i = 1, 2, \cdots, n$$

gilt, wobei λ kein Eigenwert der Matrix A sei.

Deshalb erfüllt jeder Eigenwert einer $(n \times n)$-Matrix mindestens eine der folgenden Ungleichungen

$$|a_{ii} - \lambda| \leq \sum_{j \neq i} |a_{ij}|; \qquad i = 1, 2, \cdots, n. \tag{1.71}$$

Beweis: Wir betrachten die Matrix A. Wenn ein Eigenwert gleich λ ist, dann hat die Matrix $A - \lambda I$ null als Eigenwert. Wir nehmen die Komponenten des zugehörigen Eigenvektors und wählen das Element mit dem größten Absolutbetrag, z. B. x_i.

$$(a_{ii} - \lambda)(x_i) + \sum_{k \neq i} a_{ik} x_k = 0; \qquad |x_i| = \max_k |x_k|.$$

Wir ordnen die Terme um, bilden die Absolutwerte

$$|(a_{ii} - \lambda)x_i| = |a_{ii} - \lambda| \cdot |x_i| = \left| \sum_{k \neq i} a_{ik} x_k \right|$$

und stellen die zugehörigen Ungleichungen auf

$$|a_{ii} - \lambda| \cdot |x_i| \leq \sum_{k \neq i} |a_{ik}| \cdot |x_k| \leq \sum_{k \neq i} |a_{ik}| \cdot |x_i|.$$

Die letzte steht jedoch im Widerspruch zu unserer Hypothese, daß

$$|a_{ii} - \lambda| > \sum_{k \neq i} |a_{ik}|.$$

Folglich ist λ kein Eigenwert der Matrix A. □

Beispiel 1.7.2. Wir verwenden die Ungleichungen (1.71), um die Schranke der Eigenwerte der Matrix

$$B = \begin{bmatrix} -10 & 1 & 1 \\ 0{,}2 & -5 & -0{,}3 \\ -i & 0 & -4 \end{bmatrix}$$

zu bestimmen, dabei bilden wir die entsprechenden Ungleichungen:

$$\begin{aligned}
&|-10 - \lambda| \leq |2| && \text{oder} \quad -12 \leq \mathrm{Re}\lambda \leq -8, \\
&|-5 - \lambda| \leq |0{,}2| + |-0{,}3| && \text{oder} \quad -5{,}5 \leq \mathrm{Re}\lambda \leq -4{,}5, \\
&|-4 - \lambda| \leq |-i| && \text{oder} \quad -5 \leq \mathrm{Re}\lambda \leq -3.
\end{aligned}$$

Wir folgern, daß die Eigenwerte so liegen, daß sie die drei Ungleichungen erfüllen. Andererseits können wir einen Kreis um jedes Diagonalelement in

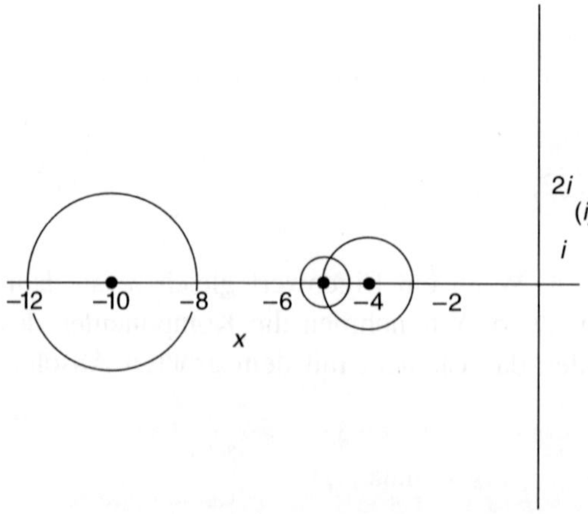

Abb. 1.2

der komplexen Ebene zeichnen, dessen Radius gleich der Summe der Absolutbeträge der Nichtdiagonalelemente der entsprechenden Zeile ist. Die Eigenwerte der Matrix B liegen innerhalb dieser Kreise, siehe Abbildung 1.2. □

Übung 1.7.1. Man gebe eine Schranke für den Wert des Realteils des kleinsten negativen Eigenwertes der Matrix C an, (d. h. dem negativen Eigenwert am dichtesten bei der Null).

$$C = \begin{bmatrix} -11 & 1 & i \\ 2 & -8 & 0 \\ -1 & -1 & -3 \end{bmatrix}$$ □

Nach dieser Diskussion ist klar, daß es nützlich ist, für eine gegebene beliebige Matrix zu versuchen, sie in eine Form zu bringen, wo die größten Elemente in der Diagonale stehen. Das führt zu einem Weg, Schranken für die Lage der Eigenwerte anzugeben. Es zeigt sich auch, daß das von beträchtlichem Nutzen für die Abschätzung der inversen Matrix ist.

1.7.3 Stabilität

Wir wollen die Stabilität der Lösung einer linearen Differenzengleichung oder Differentialgleichung gegenüber kleinen Änderungen der Eigenwerte diskutieren. Diese Veränderung kann durch Hinzufügen einer kleinen Störmatrix zu der Originalmatrix erreicht werden, was zu einer kleinen Änderung der Eigenwerte führt. Insbesondere werden wir die Situation untersuchen, wenn die kleinen Störungen die Originalmatrix destabilisieren. Obwohl unsere Ergebnisse für $(n \times n)$-Matrizen richtig sind, beschränken wir unsere Diskussuion auf (2×2)-Matrizen.

Betrachten wir eine Differentialgleichung der Form

$$\frac{\mathrm{d}}{\mathrm{d}t}\begin{bmatrix} x \\ y \end{bmatrix} = \begin{bmatrix} \alpha & \beta \\ 0 & \mu \end{bmatrix}\begin{bmatrix} x \\ y \end{bmatrix}.$$

Die Elemente α und μ sind reell und negativ. Wir erlauben die Möglichkeit, daß $\alpha = \mu$ ist und wollen wissen, wie sich die Lösungen verhalten, wenn t gegen unendlich geht. Es ist klar, daß die Lösung gegen null geht, unabhängig von den Anfangsbedingungen, wenn α und μ verschieden sind. Wir werden uns deshalb darauf konzentrieren, einen Beweis zu entwickeln, der die Möglichkeit $\alpha = \mu$ in Betracht zieht. Wir schreiben unsere Matrixgleichung als zwei separate Differentialgleichungen für die Komponenten x und y

$$\begin{aligned} \frac{\mathrm{d}x}{\mathrm{d}t} &= \alpha x + \beta y, \\ \frac{\mathrm{d}y}{\mathrm{d}t} &= \qquad \mu y. \end{aligned}$$

Wir berechnen $y(t)$ und bemerken, daß $y(t)$ exponentiell gegen null geht, wenn t gegen unendlich strebt.

$$y(t) = y(0) \exp \mu t.$$

Unter Verwendung von $y(t)$ können wir jetzt $x(t)$ berechnen.

$$\begin{aligned} \frac{\mathrm{d}}{\mathrm{d}t}x(t) &= \alpha x + \beta y(0) \exp \mu t, \\ x(t) &= x(0) \exp \alpha t + \beta y(0) \int_0^t \exp\left[\alpha\left(t - t'\right)\right] \exp \mu t' \mathrm{d}t'. \end{aligned}$$

Es ist offensichtlich, daß $x(t)$ gegen null strebt, wenn t gegen unendlich geht, solange sowohl α als auch μ negativ sind. Dieses allgemeine Ergebnis gilt für $(n \times n)$-Matrizen. Matrix A ist eine Stabilitätsmatrix, wenn die Realteile ihrer Eigenwerte negativ sind. (Eine ausführliche Diskussion über die Stabilitätstheorie findet man in dem Buch von Bellman.)

Jetzt wollen wir zeigen, daß man sorgfältig vorgehen muß. Wir betrachten die Matrixgleichung

$$\frac{\mathrm{d}}{\mathrm{d}t}\begin{bmatrix} x \\ y \end{bmatrix} = A(\varepsilon)\begin{bmatrix} x \\ y \end{bmatrix}, \tag{1.72 a}$$

$$A(\varepsilon) = \begin{bmatrix} -\varepsilon^2 & b \\ 0 & -\varepsilon^2 \end{bmatrix}; \qquad 0 < \varepsilon \ll 1, \tag{1.72 b}$$

wobei b zwei verschiedene Werte annimmt

$$b = \varepsilon; \qquad b = \varepsilon^p, \quad p > 1.$$

Da die Eigenwerte negativ sind, sagen wir, daß die Matrix A eine Stabilitätsmatrix ist. Wir addieren jetzt eine kleine Matrix D zur Matrix A,

$$D(\varepsilon) = \begin{bmatrix} 0 & 0 \\ c^2\varepsilon^3 & 0 \end{bmatrix}; \qquad 0 < \varepsilon \ll 1, \tag{1.73}$$

wobei c eine Konstante ist, die wir entweder > 1 oder < 1 wählen.

Betrachten wir jetzt die Differentialgleichung

$$\frac{\mathrm{d}}{\mathrm{d}t}\begin{bmatrix} x \\ y \end{bmatrix} = (A+D)\begin{bmatrix} x \\ y \end{bmatrix} = \begin{bmatrix} -\varepsilon^2 & b \\ c^2\varepsilon^3 & -\varepsilon^2 \end{bmatrix}\begin{bmatrix} x \\ y \end{bmatrix}. \tag{1.74}$$

Da uns die Stabilität der Lösung interessiert, berechnen wir die Eigenwerte. Sie sind

$$\lambda = -\varepsilon^2 \pm \sqrt{bc^2\varepsilon^3}\,.$$

Wir bemerken, daß wir, wenn $b = \varepsilon$ und $c > 1$ ist, einen positiven Eigenwert gleich $(c-1)\varepsilon^2$ bekommen. In diesem Fall wird die Lösung zeitlich anwachsen. Andererseits, wenn $b = \varepsilon^p$ ist, sehen wir, daß die Eigenwerte für jeden Wert der Konstanten c negativ bleiben, wenn wir den Parameter ε hinreichend klein wählen. In diesem Fall bleibt die Stabilität der Lösung unter der Störung $D(\varepsilon)$ erhalten.

Wir richten jetzt unsere Aufmerksamkeit auf die zugeordnete Differenzengleichung

$$\begin{aligned} x_{n+1} &= ax_n + by_n, \\ y_{n+1} &= dy_n, \\ \begin{bmatrix} x \\ y \end{bmatrix}_{n+1} &= A\begin{bmatrix} x \\ y \end{bmatrix}_n; \qquad A = \begin{bmatrix} a & b \\ 0 & d \end{bmatrix}. \end{aligned} \tag{1.75}$$

Uns interessiert das Verhalten von x_n und y_n, wenn n gegen unendlich geht. Wenn x_n und y_n gegen null gehen, sagen wir, daß die Lösung stabil ist. Wenn $a \neq d$ ist, erhalten wir

$$A^n = \frac{a^n - d^n}{a-d}\begin{bmatrix} a & b \\ 0 & d \end{bmatrix} + \frac{da^n - ad^n}{d-a}\begin{bmatrix} 1 & 0 \\ 0 & 1 \end{bmatrix}. \tag{1.76}$$

Sind die Absolutwerte kleiner als 1, ist es klar, daß A^n gegen null strebt, wenn n gegen unendlich geht. Unsere Lösung geht folglich gegen den Nullvektor. Dieses Ergebnis bleibt richtig, wenn die Eigenwerte zusammenfallen. Das kann mit einer Vielzahl von Argumenten gezeigt werden. Wir haben z. B. Terme der Form

$$na^n = n\exp(n \ln a)$$

zu betrachten, die als Nichtdiagonalelemente auftauchen. Schreiben wir $a = 1 - \mu$, wobei μ klein und positiv ist, sehen wir, daß

$$n\exp[n \ln(1-\mu)] \simeq n\exp(-n\mu) \to 0, \quad \text{wenn} \quad n \to \infty$$

gilt, solange das Produkt $n\mu > 0$ ist. Folglich wird die Lösung der Differenzengleichung als stabil bezeichnet, wenn die Eigenwerte der zugeordneten Matrix Module kleiner als 1 haben. Wir gehen jetzt wie in Gleichung (1.72 b) vor, bilden die Matrix

$$A(\varepsilon) = \begin{bmatrix} 1-\varepsilon^2 & b \\ 0 & 1-\varepsilon^2 \end{bmatrix} \tag{1.77}$$

und stellen fest, daß die Lösung der zugeordneten Differenzengleichung gegen 0 geht, wenn n gegen ∞ geht. [Beachte, daß $A(\varepsilon)$, gegeben durch Gleichung (1.77), in Zusammenhang mit $A(\varepsilon)$ entsprechend (1.72 b) steht, aber verschieden davon ist.] Wenn wir zu unserer Matrix die kleine Matrix

$$D(\varepsilon) = \begin{bmatrix} 0 & 0 \\ c^2\varepsilon^3 & 0 \end{bmatrix} \tag{1.78}$$

hinzufügen, dann sehen wir, daß die Lösung nicht länger stabil bleibt, wenn $b = \varepsilon$ und $c > 1$ ist.

Es gibt also eine Parallele zwischen der Stabilität linearer Differentialgleichungen mit konstanten Koeffizienten und der zugehörigen Differenzengleichung. (Die speziellen in diesem Beispiel behandelten Matrizen basieren auf dem Artikel *Stability of Periodic Solutions from Asymptotic Expansions* von Robinson, S. 173–185 in R. L. Devaney und Z. H. Nitecki (Hrsg.), *Classical Mechanics and Dynamical Systems*, Marcel Dekker Inc., New York 1981.)

Wir haben gelernt, daß wir sehr sorgfältig sein müssen, wenn wir eine Matrix durch Nichtdiagonalterme stören. Das hat deswegen einen so großen Einfluß auf die Stabilität, weil Terme dieser Art den Zusammenhang zwischen der Norm der Matrix und dem größten ihrer Eigenwerte zerstören. Man beachte, daß, wenn das Nichtdiagonalelement b der Matrix A gleich ε ist, es größer als ε^2 und deshalb keine wirklich kleine Störung der Stabilität ist.

Übung 1.7.2. Wir betrachten die Matrix $A + D$

$$A + D = \begin{bmatrix} -\varepsilon^2 & b \\ c^2\varepsilon^3 & -\varepsilon^2 \end{bmatrix}; \qquad 0 < \varepsilon \ll 1$$

mit $c > 1$. Da die Eigenwerte unterschiedlich sind, kann die Matrix durch eine invertierbare Transformation T in Diagonalform gebracht werden. Man berechne die Eigenvektoren der Matrix $A+D$ und nutze diese zur Konstruktion der Matrix T. Uns interessieren zwei Möglichkeiten für das Element b: $b = \varepsilon$ und $b = \varepsilon^p$ mit $p > 1$. □

Übung 1.7.3. Gegeben sei die Matrix

$$A = \begin{bmatrix} 6 & 4i \\ i & 2 \end{bmatrix}.$$

a) Man zeige, daß sie zusammenfallende Eigenwerte, die gleich 4 sind, hat
b) und daß für die Matrix

$$B = \begin{bmatrix} 2 & 2 \\ i & i \end{bmatrix}$$

$AB = B\Lambda$ gilt, mit

$$\Lambda = \begin{bmatrix} 4 & 0 \\ 0 & 4 \end{bmatrix} .$$

c) Man trenne die Eigenwerte etwas auf, indem man die Matrix

$$C = \begin{bmatrix} 6+\varepsilon & 4i \\ i & 2-\varepsilon \end{bmatrix} ; \qquad 0 < \varepsilon \ll 1$$

betrachtet. Man berechne die Eigenwerte der Matrix C sowie die umkehrbare Transformation T, die C in Diagonalform bringt und diskutiere den Einfluß auf die Elemente der Matrix T, wenn der kleine Parameter ε gegen null geht. □

Übung 1.7.4. Wir betrachten die Paulischen Spinmatrizen, gegeben durch

$$\sigma_x = \begin{bmatrix} 0 & 1 \\ 1 & 0 \end{bmatrix} ; \qquad \sigma_y = \begin{bmatrix} 0 & -i \\ i & 0 \end{bmatrix} ; \qquad \sigma_z = \begin{bmatrix} 1 & 0 \\ 0 & -1 \end{bmatrix} .$$

a) Man zeige:

$$\sigma_x\sigma_y + \sigma_y\sigma_x = 0; \quad \sigma_x\sigma_y = i\sigma_z; \quad \sigma_z\sigma_x = i\sigma_y; \quad \sigma_y\sigma_z = i\sigma_x .$$

b) Zu berechnen ist der numerische Wert des Matrixelements

$$\begin{bmatrix} 1 & 1 \end{bmatrix} \exp\sigma_x \begin{bmatrix} 1 \\ 1 \end{bmatrix} .$$

Lösung: 2e. □

Übung 1.7.5. Wir betrachten das Produkt der zwei Matrizen A und B:

$$N = AB \quad \text{und} \quad M = BA$$

Man nehme an, daß entweder A oder B invertierbar sei und zeige, daß N und M die gleichen Eigenwerte haben. (*Hinweis:* Man verbinde sie durch eine Ähnlichkeitstransformation.) Das Ergebnis, daß N und M die gleichen Eigenwerte besitzen, ist auch noch ohne die Annahme der Invertierbarkeit richtig. □

Übung 1.7.6. Wir betrachten die Matrix

$$A = \begin{bmatrix} 4 & 0 & 2 \\ 0 & 6 & 0 \\ 2 & 0 & 4 \end{bmatrix} .$$

a) Man zeige, daß die Eigenwerte gleich 6, 6 und 2 sind.
b) Man konstruiere ein System orthogonaler Eigenvektoren und normiere diese auf eins.

Lösung:

$$\sqrt{2}\begin{bmatrix} 1 \\ 0 \\ -1 \end{bmatrix}; \quad \begin{bmatrix} 0 \\ 1 \\ 0 \end{bmatrix}; \quad \sqrt{2}\begin{bmatrix} 1 \\ 0 \\ 1 \end{bmatrix} \qquad \square$$

Literatur

Einführende Texte

1. Davis, P. J., *Mathematics of Matrices,* Blaisdell, Waltham, Massachusetts, 1965.
2. Schwartz, J., *Introduction to Matrices and Vectors,* McGraw-Hill, New York, 1961.
3. Stephenson, G., *An Introduction to Matrices, Sets, and Groups for Scientists and Engineers,* Longman Group Ltd., London, 1965. Neuausgabe bei Dover, New York, 1986.

Weiterführende Texte

4. Wilf, H. S., *Mathematics for the Physical Sciences,* Wiley, New York, 1962. Neuausgabe bei Dover, New York, 1978.
5. Friedman, B., *Principles and Techniques of Pure and Applied Mathematics,* Wiley, New York, 1956.
6. Joshi, A. W., *Matrices and Tensors in Physics,* Halsted Press, New York, 1975.
7. Bellman, R., *Introduction to Matrix Analysis,* McGraw.Hill, New York, 1960.
8. Franklin, J., *Matrix Theory,* Prentice-Hall, Englewood Cliffs, New Jersey, 1968.
9. Mehta, M. L., *Elements of Matrix Theory,* Hindustan Publishing Co., Delhi, India, 1977.

Numerische Methoden

10. Householder, A., *Principles of Numerical Analysis,* McGraw-Hill, New York, 1953.
11. Hamming, R. W., *Numerical Methods for Scientists and Engineers,* 2. Aufl., McGraw-Hill, New York, 1973, Neuausgabe bei Dover, New York, 1988.

2 Die Gammafunktion und mit ihr zusammenhängende Funktionen

Es wird sich sehr bald herausstellen, daß die Gammafunktion gewissermaßen das Zugpferd der mathematischen Physik ist. Mit ihrer Hilfe können Integrale, die in den verschiedensten Zusammenhängen auftreten, sowohl exakt als auch genähert ausgedrückt werden. Sie beherrscht z. B. die Wahrscheinlichkeitsrechnung, weil sie benutzt wird, um einen Gaußschen Prozeß zu berechnen. Sie tritt in den Rechnungen zur kinetischen Gastheorie ebenso auf wie in der statistischen Mechanik, da sie mit der Maxwell-Boltzmann-Verteilung zusammenhängt. Die Gammafunktion begegnet uns in der Festkörperphysik, wenn es um Fermi-Dirac- und Bose-Einstein-Statistiken geht, und sie wird in der Mechanik benutzt, um Flächen, Volumina, Trägheitsmomente, Schwerpunkte usw. zu berechnen.

Wir beginnen mit der Definition der Gammafunktion und werden danach schnell ein paar Resultate angeben. Dann werden die Dirichletschen Integrale eingeführt, um die Vorbereitung für die Betafunktion zu schaffen, die durch die Gammafunktion ausgedrückt wird. Wir werden dann die Gelegenheit nutzen, die Riemannsche Zetafunktion zu diskutieren, denn sie tritt bei dem Zusammenhang zwischen Summen und Integralen auf. Das Kapitel schließt mit der Einführung der Deltafunktion.

Es werden illustrative Beispiele benutzt, um eine Reihe von nützlichen Resultaten abzuleiten, die, obwohl nicht von zentraler Bedeutung für das Kapitel, wichtig sind für ein tieferes Verständnis des Gegenstandes.

2.1 Die Gammafunktion

Wir haben uns dafür entschieden, eine eingeschränkte Darstellung auf einem elementareren Niveau zu präsentieren und auf die leistungsfähige Technik komplexer Variabler zu verzichten, die jenseits unserer Herangehensweise liegt. Eine umfassendere Diskussion der Gammafunktion und der mit ihr zusammenhängenden Funktionen findet man in den Büchern von Arfken und Lebedev, die am Ende des Kapitels zitiert werden. Die Gammafunktion wird durch das Integral

$$\Gamma(z) \equiv \int_0^\infty t^{z-1} \exp(-t)\mathrm{d}t; \qquad z > 0 \tag{2.1}$$

definiert. Als erstes zeigen wir, daß unsere Definition der Gammafunktion der fundamentalen Rekursionsbeziehung

$$\Gamma(z+1) = z\Gamma(z); \qquad z > 0 \tag{2.2}$$

genügt. Wir erhalten dieses Ergebnis aus Gleichung (2.1), indem wir schreiben

$$\Gamma(z+1) = \int_0^\infty t^z \exp(-t)\mathrm{d}t$$

und partiell integrieren

$$\Gamma(z+1) = -t^z \exp(-t)|_0^\infty + \int_0^\infty z t^{z-1} \exp(-t)\mathrm{d}t \,.$$

Die partiell ausintegrierten Terme verschwinden für $z > 0$ und wir erhalten Gleichung (2.2).

Die Fakultätsfunktion $n!$ für ganzzahliges n ist durch

$$n! \equiv \int_0^\infty x^n \exp(-x)\mathrm{d}x; \qquad n > 0\,, \tag{2.3 a}$$

$$0! \equiv \int_0^\infty \exp(-x)\mathrm{d}x = 1 \tag{2.3 b}$$

definiert. Aus Gleichung (2.3 a) folgt dann $n! = n(n-1)!$

Aus den Gleichungen (2.1), (2.2) und (2.3 a) ist zu erkennen, daß

$$n! = \Gamma(n+1) \tag{2.4}$$

gilt.

Wegen Gleichung (2.2) ist es hinreichend, $\Gamma(z)$ im Intervall

$$1 \leq z \leq 2$$

zu tabellieren. Man vergleiche Tabelle 2.1, die eine Aufstellung der Werte von $\Gamma(z)$ enthält, und Abbildung 2.1, in der wir die Integranden von $\Gamma(z)$ für $z =$ 3/2, 5/2 und 3 aufgetragen haben.

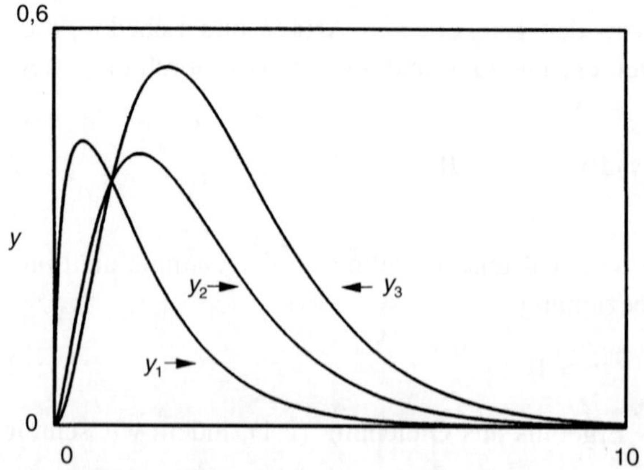

Abb. 2.1 $y_1 = \sqrt{t}\exp(-1)$; $y_2 = \sqrt{t^3}\exp(-1)$; $y_3 = t^2\exp(-1)$. Man versuche, die Flächen unter den Kurven zu bestimmen. Stimmen sie mit den Werten der entsprechenden Gammafunktionen überein?

Tabelle 2.1 Tabellenwerte von $\Gamma(z)$ für $1 \leq z \leq 2$

z	$\Gamma(z)$
1,00	1,0000
1,05	0,9735
1,10	0,9514
1,15	0,9330
1,20	0,9182
1,25	0,9064
1,30	0,8975
1,35	0,8912
1,40	0,8873
1,45	0,8857
1,50	0,8862
1,55	0,8889
1,60	0,8935
1,65	0,9001
1,70	0,9086
1,75	0,9191
1,80	0,9314
1,85	0,9456
1,90	0,9618
1,95	0,9799
2,00	1,0000

Wir sehen aus der Tabelle, daß $\Gamma(1) = 1$. $\Gamma(z)$ fällt dann allmählich auf ungefähr $0,8857$ bei $z = 1,45$ ab, nimmt dann wieder zu und erreicht den Wert 1 bei $z = 2$. Somit ist $\Gamma(z)$ ungefähr 1 im Intervall $[1, 2]$.

Um z. B. den Wert von $\Gamma(3{,}1)$ zu ermitteln, würde man schreiben

$$\Gamma(3{,}1) = (2{,}1)\Gamma(2{,}1) = (2{,}1)(1{,}1)\Gamma(1{,}1)$$

und den Wert von $\Gamma(1{,}1)$ in der Tabelle 2.1 nachschlagen. Man findet $\Gamma(3{,}1) = 2{,}2$.

Wie bemerkt, richten wir unsere Rechnungen so ein, daß das Argument der Gammafunktion in das Intervall $1 \le z \le 2$ fällt. Davon ausgenommen ist die Diskussion allgemeinerer Formeln, Beziehungen und Ausdrücke, die spezielle Werte von $\Gamma(z)$ benutzen. Diesbezüglich werden wir demnächst in Gleichung (2.20) zeigen, daß

$$\Gamma\left(\frac{1}{2}\right) = \sqrt{\pi}$$

gilt. Wenn wir mit unserer durch Gleichung (2.1) gegebenen Integraldefinition arbeiten, dann sehen wir, daß wir sofort in der Lage sind, das folgende Integral mittels einer einfachen Variablentransformation durch die Gammafunktion auszudrücken

$$I(p, \lambda) = \int_0^\infty t^p \exp(-\lambda t^2)\mathrm{d}t; \quad \lambda > 0 \,. \tag{2.5 a}$$

Wir setzen $z = \lambda t^2$ und erhalten

$$I(p, \lambda) = \frac{1}{2}\lambda^{-(p+1)/2} \int_0^\infty z^{(p-1)/2} \exp(-z)\mathrm{d}z \,, \tag{2.5 b}$$

$$I(p, \lambda) = \frac{1}{2}\lambda^{-(p+1)/2}\Gamma\left(\frac{p+1}{2}\right) . \tag{2.5 c}$$

Man überprüfe das Ergebnis für $p = 1$.

$$I(1, \lambda) = \frac{1}{2}\frac{1}{\lambda}\Gamma(1) = \frac{1}{2\lambda} \,.$$

Aus Gleichung (2.5 a) folgt

$$I(2n, 1) = \int_0^\infty t^{2n} \exp(-t^2)\mathrm{d}t = \frac{1}{2}\Gamma\left(\frac{2n+1}{2}\right) , \tag{2.6 a}$$

$$I(2n+1, 1) = \int_0^\infty t^{2n+1} \exp(-t^2)\mathrm{d}t = \frac{1}{2}\Gamma(n+1) = \frac{1}{2}n! \tag{2.6 b}$$

Wir werden auf diese Betrachtungen im Abschnitt 2.3 zurückkommen, weil sie sehr fruchtbar und für die Bearbeitung verschiedener Ergebnisse sehr hilfreich sind.

2.2 Dirichletsche Integrale

Wir beginnen mit zwei plausiblen und einfachen Beispielen. Gesucht sind die Flächen eines Dreiecks und eines Kreissektors.

1) Die Fläche zwischen den Koordinatenachsen x und y des ersten Quadranten und der Geraden $x + y = 1$ ist zu bestimmen.

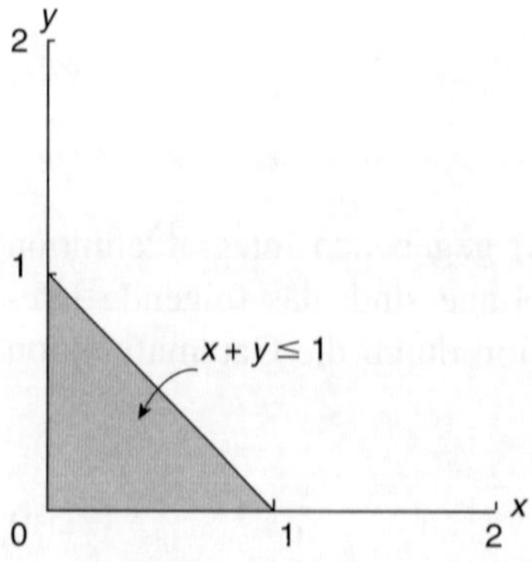

Abb. 2.2

Zuerst zeichne man die Fläche, wie in Abbildung 2.2 gezeigt. Es ist klar, daß diese Fläche gleich $1/2$ ist, aber wir wollen sie durch Integration berechnen.

$$\text{Fläche} = \iint\limits_{\substack{x+y\le 1\\ x,\,y>0}} \mathrm{d}x\,\mathrm{d}y = \int\limits_0^1 \mathrm{d}x \int\limits_0^{1-x} \mathrm{d}y = \int\limits_0^1 (1-x)\mathrm{d}x = \frac{1}{2} \tag{2.7}$$

2) Wir würden nun gern die Fläche zwischen den gleichen Koordinatenachsen und dem Kreisbogen, der durch

$$x^2 + y^2 = 1$$

gegeben ist, bestimmen. Wieder kennen wir die Antwort, $\pi/4$, aber wir wollen dieses Ergebnis durch Integration mittels Polarkoordinaten gewinnen

$$\text{Fläche} = \iint\limits_{\substack{x^2+y^2\le 1\\ x,\,y>0}} \mathrm{d}x\,\mathrm{d}y = \iint\limits_{\substack{r\le 1\\ 0\le\theta\le\pi/2}} r\,\mathrm{d}r\,\mathrm{d}\theta$$

$$= \int\limits_0^{\pi/2} \mathrm{d}\theta \int\limits_0^1 r\,\mathrm{d}r = \frac{1}{2}\frac{\pi}{2} = \frac{\pi}{4}\,. \tag{2.8}$$

Wir werden jetzt zwei verwandte, aber etwas kompliziertere Beispiele betrachten, die wir mit 3 a) und 3 b) bezeichnen.

3 a) Anstatt der Bestimmung einer Fläche wollen wir das verwandte Integral, eine gewichtete Fläche

$$I(A, B) = \iint_{\substack{x+y\leq 1 \\ x,\, y>0}} x^A y^B \mathrm{d}x\, \mathrm{d}y; \quad A,\ B > -1 \tag{2.9}$$

berechnen. Man kann daran denken, daß jeder Punkt der Fläche mit Masse belegt ist, mit einer Massendichte ρ als Funktion von x und y

$$\rho(x,\ y) = x^A y^B\ .$$

Integrale der Form $I(A, B)$ heißen Dirichletsche Integrale. [In den Gleichungen (2.5 a) bis (2.5 c) wurde bereits das Symbol $I(p, \lambda)$ benutzt und wir hoffen, daß keine Verwechslungen auftreten.] Wir gehen jetzt in der gleichen Weise vor wie bei der Flächenbestimmung des Dreiecks, aber wir lassen das Ergebnis als ein Integral über die Variable x stehen.

$$I(A, B) = \int_0^1 x^A \left[\int_0^{1-x} y^B \mathrm{d}y\right] \mathrm{d}x = \int_0^1 x^A [(B+1)^{-1}(1-x)^{B+1}]\mathrm{d}x \tag{2.10}$$

3 b) Für den Kreis betrachten wir das gleiche Problem, nämlich das Integral

$$J(\alpha, \beta) = \iint_{\substack{x^2+y^2\leq 1 \\ x,\, y>0}} x^\alpha y^\beta \mathrm{d}x\, \mathrm{d}y; \quad \alpha,\ \beta > -1\ . \tag{2.11}$$

Benutzt man Polarkoordinaten, dann kann die r-Integration ausgeführt werden und wir lassen das Ergebnis als ein Integral über den Winkel θ stehen.

$$x = r\ \cos\theta; \qquad y = r\ \sin\theta\ ,$$

$$J(\alpha, \beta)\ = \int_0^{\pi/2}\int_0^1 (r\ \cos\theta)^\alpha (r\ \sin\theta)^\beta r\ \mathrm{d}r\ \mathrm{d}\theta\ ,$$

$$J(\alpha, \beta)\ = \int_0^{\pi/2} \frac{\cos^\alpha\theta\ \sin^\beta\theta\ \mathrm{d}\theta}{\alpha+\beta+2}\ . \tag{2.12}$$

Wir stellen nun den Zusammenhang zwischen diesen beiden Beispielen her, indem wir die Variablen wie folgt transformieren. Im Beispiel 3 a) setzen wir $x = u^2$, $y = v^2$, $\mathrm{d}x = 2u\,\mathrm{d}u$, $\mathrm{d}y = 2v\,\mathrm{d}v$ und

$$x + y \leq 1 \to u^2 + v^2 \leq 1\ .$$

Dann ergibt sich

$$I(A,B) = \iint\limits_{\substack{x+y\leq 1 \\ x,\,y>0}} x^A y^B \mathrm{d}x\,\mathrm{d}y = \iint\limits_{\substack{x^2+y^2\leq 1 \\ u,\,v>0}} (u^{2A} 2u\,\mathrm{d}u)(v^{2B} 2v\,\mathrm{d}v)\;,$$

$$I(A,B) = 4 \iint\limits_{\substack{x^2+y^2\leq 1 \\ u,\,v>0}} u^{2A+1} v^{2B+1} \mathrm{d}u\,\mathrm{d}v\;. \tag{2.13}$$

Damit sehen wir, daß sich bei geigneter Wahl der Exponenten die Identität

$$I(A,B) = 4J(\alpha = 2A+1,\ \beta = 2B+1)$$

oder

$$I(A,B) = \iint\limits_{\substack{x+y\leq 1 \\ x,\,y>0}} x^{(\alpha-1)/2} y^{(\beta-1)/2} \mathrm{d}x\,\mathrm{d}y$$

$$= \frac{4}{\alpha+\beta+2} \int\limits_0^{\pi/2} \cos^\alpha\theta\,\sin^\beta\theta\,\mathrm{d}\theta \tag{2.14}$$

ergibt. Wir wollen dieses Ergebnis für $\alpha = \beta = 1$ und $A = B = 0$ prüfen.

$$I(0,0) = \iint\limits_{\substack{x+y\leq 1 \\ x,\,y>0}} \mathrm{d}x\,\mathrm{d}y = \frac{4}{1+1+2} \int\limits_0^{\pi/2} \cos\theta\,\sin\theta\,\mathrm{d}\theta = \frac{1}{2}$$

Es werde jetzt der Fall $\alpha = \beta = 0$ und $A = B = -1/2$ betrachtet. Wir finden

$$I\left[\left(\frac{-1}{2}\right), \left(\frac{-1}{2}\right)\right] = \iint\limits_{\substack{x+y\leq 1 \\ x,\,y>0}} \frac{1}{\sqrt{x}\sqrt{y}} \mathrm{d}x\,\mathrm{d}y$$

$$= \frac{4}{0+0+2} \int\limits_0^{\pi/2} 1 \cdot \mathrm{d}\theta = \pi\;.$$

Somit gilt

$$\int\limits_0^1 \frac{1}{\sqrt{x}} 2\sqrt{1-x}\,\mathrm{d}x = \pi$$

oder

$$\int\limits_0^1 \frac{1}{\sqrt{x}} \sqrt{1-x}\,\mathrm{d}x = \frac{\pi}{2}\;. \tag{2.15}$$

Das ist ein auf den ersten Blick merkwürdiges Resultat, denn es zeigt, daß man die Konstante π erhält, obwohl man es mit einem Geradenproblem zu tun hat, das allerdings gewichtet ist. Wir haben doch immer gedacht, daß π durch das Verhältnis von Umfang und Radius eines Kreises bestimmt ist, d. h., daß es irgendwie mit Kreisen zusammenhängt. Hier sehen wir jedoch, wie es aus einem ganz anderen Kontext entsteht. Die Zahl π wird uns noch an vielen unerwarteten Stellen begegnen, so z. B. in der Wahrscheinlichkeitstheorie.

Im Prinzip kann man den Wert jeder beliebigen gewichteten Fläche im ersten Quadranten wahlweise durch Variablentransformation von kartesischen auf Polarkoordinaten und umgekehrt bestimmen. Es verbleibt dann nur noch die Ausführung der letzten Integration entweder über die Variable x bzw. die Variable θ. Es wird sich herausstellen, daß wir uns mit Betafunktionen und ihrem Zusammenhang mit Gammafunktionen vertraut machen müssen. Bevor wir das tun, wollen wir die Fläche des Viertels einer Ellipse bestimmen, die durch die Koordinatenachsen und die Kurve

$$\frac{x^2}{a^2} + \frac{y^2}{b^2} = 1; \qquad x,\, y \geq 0$$

begrenzt wird.

$$E = \iint\limits_{\substack{x^2/a^2+y^2/b^2 \leq 1 \\ x,\, y>0}} \mathrm{d}x\,\mathrm{d}y$$

Vergleiche Abbildung 2.3.

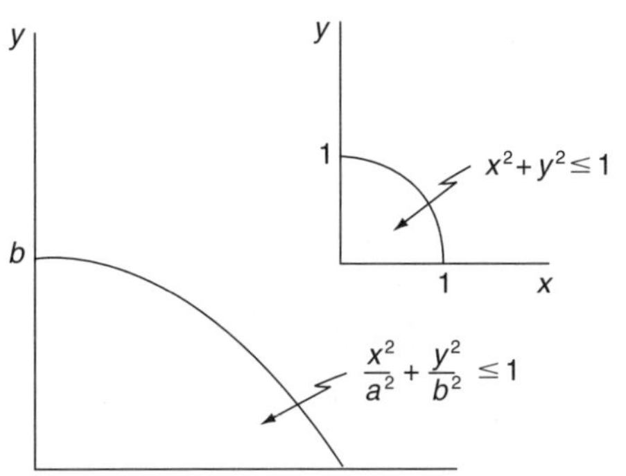

Abb. 2.3 Wir benutzen eine einfache Variablentransformation, um die Fläche der Ellipse durch die zugeordnete Kreisfläche auszudrücken.

Wir erkennen hierin ein Dirichletsches Integral. Um es in die Standardform zu bringen, ändern wir die Maßstäbe der Koordinaten und transformieren das Problem auf einen Kreis. Wir setzen $x = au$ und $y = bv$ und erhalten

$$E = ab \iint\limits_{\substack{u^2+v^2 \leq 1 \\ u,\, v>0}} \mathrm{d}u\,\mathrm{d}v = abJ(0,\, 0) = ab\frac{\pi}{4}\ . \tag{2.16}$$

2.3 Betafunktionen

Wir betrachten jetzt $J(\alpha, \beta)$, gegeben durch Gleichung (2.12), und führen die Integration über den Winkel θ aus, wobei eine trickreiche Identität benutzt wird. Es werden zwei Formen der Gammafunktion betrachtet, die mit jenen, die in den Gleichungen (2.1) und (2.5 b) eingeführt wurden, verwandt sind.

$$\Gamma(p) = \int_0^\infty t^{p-1} \exp(-t)\mathrm{d}t$$

Wir setzen $t = x^2$, $p > 0$ und erhalten

$$\Gamma(p) = 2\int_0^\infty x^{2p-1} \exp(-x^2)\mathrm{d}x \,. \tag{2.17 a}$$

Durch Austausch der Variablen p durch q und x durch y schreiben wir

$$\Gamma(p) = \int_0^\infty t^{q-1} \exp(-t)\mathrm{d}t \,,$$

$$\Gamma(q) = 2\int_0^\infty y^{2q-1} \exp(-y^2)\mathrm{d}y \,. \tag{2.17 b}$$

Wenn man jetzt die Variablen x und y mit den Koordinaten der Achsen des ersten Quadranten identifiziert und aus beiden Integralen der Gleichungen (2.17 a) und (2.17 b) das Produkt bildet, dann entspricht das Integrationsgebiet gerade dem ersten Quadranten. Anschließend transformiert man auf Polarkoordinaten und führt die radiale Integration aus. Das Ergebnis ist ein Integral über den Winkel θ.

$$\Gamma(p)\Gamma(q) = 4\int_0^\infty \int_0^\infty x^{2p-1} y^{2q-1} \exp[-(x^2 + y^2)]\mathrm{d}x\,\mathrm{d}y$$

Wir setzen $x = r\cos\theta$ und $y = r\sin\theta$.

$$\Gamma(p)\Gamma(q) = 4\int_0^{\pi/2} \cos^{2p-1}\theta\,\sin^{2q-1}\theta\,\mathrm{d}\theta \int_0^\infty r^{2p+2q-1} \exp(-r^2)\mathrm{d}r$$

Andererseits gilt

$$\Gamma(p+q) = \int_0^\infty t^{p+q-1} \exp(-t)\mathrm{d}t = 2\int_0^\infty r^{2p+2q-1} \exp(-r^2)\mathrm{d}r \,.$$

Folglich erhalten wir

$$\frac{\Gamma(p)\Gamma(q)}{\Gamma(p+q)} = 2\int_0^{\pi/2} \cos^{2p-1}\theta \, \sin^{2q-1}\theta \, \mathrm{d}\theta; \qquad p,\, q > 0\,.$$

Die Größe auf der linken Seite ist für gegebene Werte von p und q bekannt. Wir haben also einen Ausdruck für das Winkelintegral

$$\begin{aligned}\beta(p,q) &\equiv 2\int_0^{\pi/2} \cos^{2p-1}\theta \, \sin^{2q-1}\theta \, \mathrm{d}\theta \\ &= \frac{\Gamma(p)\Gamma(q)}{\Gamma(p+q)}; \qquad p,\, q > 0\end{aligned} \tag{2.18 a}$$

erhalten. Wir nennen $\beta(p, q)$ Betafunktion und sehen, wie sie mit der Gammafunktion zusammenhängt. Man achte auf den Faktor 2, mit dem das Integral multipliziert wird. Eine übliche alternative Form der Betafunktion ergibt sich durch die Substitution $t = \cos^2\theta$ in Gleichung (2.18 a). Es ergibt sich

$$\beta(p,q) = \int_0^1 t^{p-1}(1-t)^{q-1}\mathrm{d}t; \qquad p,\, q > 0\,. \tag{2.18 b}$$

Hier fehlt der Faktor 2 als Multiplikator.

Übung 2.3.1. Man zeige, daß die Betafunktion in ihren Argumenten symmetrisch ist, d. h. $\beta(p, q) = \beta(q, p)$. □

Aus Gleichung (2.12) wissen wir

$$\iint\limits_{\substack{x^2+y^2\le 1\\ x,\, y>0}} x^\alpha y^\beta \mathrm{d}x\,\mathrm{d}y = \frac{1}{\alpha+\beta+2}\int_0^{\pi/2} \cos^\alpha\theta \, \sin^\beta\theta \, \mathrm{d}\theta; \qquad \alpha,\, \beta > -1\,.$$

Um den Zusammenhang mit Gleichung (2.18 a) herzustellen, setzen wir

$$2p-1=\alpha; \quad 2q-1=\beta \quad \text{bzw.} \quad p=\frac{\alpha+1}{2}; \quad q=\frac{\beta+1}{2}$$

und erhalten

$$\iint\limits_{\substack{x^2+y^2\le 1\\ x,\, y>0}} x^\alpha y^\beta \mathrm{d}x\,\mathrm{d}y = \frac{1}{\alpha+\beta+2}\,\frac{1}{2}\,\frac{\Gamma\left(\frac{\alpha+1}{2}\right)\Gamma\left(\frac{\beta+1}{2}\right)}{\Gamma\left(\frac{\alpha+\beta+2}{2}\right)}\,.$$

Der Nenner kann mittels der Beziehung

$$2(\alpha+\beta+2)\Gamma\left(\frac{\alpha+\beta+2}{2}\right)=4\Gamma\left(\frac{\alpha+\beta+4}{2}\right)$$

vereinfacht werden.

$$\iint\limits_{\substack{x^2+y^2\leq 1\\ x,\,y>0}} x^\alpha y^\beta \mathrm{d}x\,\mathrm{d}y=\frac{1}{4}\frac{\Gamma\left(\frac{\alpha+1}{2}\right)\Gamma\left(\frac{\beta+1}{2}\right)}{\Gamma\left(\frac{\alpha+\beta+4}{2}\right)};\quad \alpha,\,\beta>-1\,. \tag{2.19}$$

Wir wissen bereits, daß für $\alpha=\beta=0$

$$\iint\limits_{\substack{x^2+y^2\leq 1\\ x,\,y>0}} \mathrm{d}x\,\mathrm{d}y=\frac{\pi}{4}$$

gilt. Also folgt

$$\frac{\pi}{4}=\frac{1}{4}\Gamma\left(\frac{1}{2}\right)\Gamma\left(\frac{1}{2}\right)$$

oder

$$\Gamma\left(\frac{1}{2}\right)=\sqrt{\pi}\,. \tag{2.20}$$

Dieses Ergebnis findet sehr häufig bei der Berechnung von Integralen Verwendung.

Wir finden weiterhin

$$I(A,B)=\iint\limits_{\substack{x+y\leq 1\\ x,\,y>0}} x^A y^B \mathrm{d}x\,\mathrm{d}y=4J(\alpha=2A+1,\beta=2B+1)\,,$$

$$I(A,B)=\frac{\Gamma(A+1)\Gamma(B+1)}{\Gamma(A+B+3)}\,. \tag{2.21}$$

Man überprüfe den Fall $A=B=0$, der $I(0,0)=1/2$ ergeben sollte.

Das Dirichletsche Integral wird meistens in der Form von Gleichung (2.21) angegeben.

Wir dehnen nun diese Resultate auf Volumenintegrale über den ersten Oktanten aus. Die Algebra ist etwas mühselig, aber das Prinzip ist das gleiche wie bei den Flächenintegralen. Das gegebene Gebiet wird so transformiert, daß es im ersten Oktanten durch die Fläche

$$x+y+z=1$$

begrenzt wird. Vergleiche Abbildung 2.4.

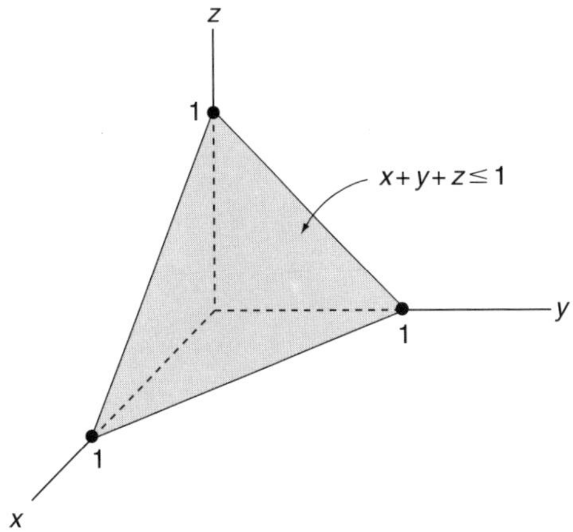

Abb. 2.4 Es ist interessant, daß aus Gleichung (2.22) auf das eingeschlossene Volumen gleich 1/6 geschlußfolgert werden kann. Es bedarf schon einiger Mühe, um sich durch Betrachtung der Geometrie der Figur von der Richtigkeit dieses Ergebnisses zu überzeugen.

Dies führt auf ein gewichtetes Integral, dessen Wert durch Gleichung (2.22) weiter unten gegeben ist. Wir begründen dieses Ergebnis wiederum durch Transformation unseres Integrationsgebietes auf den Oktanten einer Kugel und berechnen das Integral in Kugelkoordinaten. Die radiale Integration wird ausgeführt und die verbleibenden Winkelintegrale werden durch Betafunktionen ausgedrückt.

Man überzeuge sich, daß unser Ergebnis die Symmetrie des Originalproblems richtig reflektiert. Wir setzen $x = u^2$, $y = v^2$ und $z = w^2$. Weiterhin benutzen wir $u = r\sin\theta\cos\phi$, $v = r\sin\theta\sin\phi$ und $w = r\cos\theta$ sowie $\mathrm{d}u\,\mathrm{d}v\,\mathrm{d}w = r^2\sin\theta\,\mathrm{d}r\,\mathrm{d}\theta\,\mathrm{d}\phi$

$$I(A,B,C) = \iiint\limits_{\substack{x+y+z\leq 1\\ x,\,y,\,z>0}} x^A y^B z^C \mathrm{d}x\,\mathrm{d}y\,\mathrm{d}z; \qquad A,\ B,\ C > -1\ ,$$

$$\begin{aligned} I(A,B,C) &= 8 \iiint\limits_{\substack{u^2+v^2+w^2\leq 1\\ u,\,v,\,w>0}} u^{2A+1} v^{2B+1} w^{2C+1} \mathrm{d}u\,\mathrm{d}v\,\mathrm{d}w \\ &= 2\int_0^{\pi/2} \sin^{2A+2B+3}\theta\,\cos^{2C+1}\theta\,\mathrm{d}\theta \\ &\quad \cdot 2\int_0^{\pi/2} \cos^{2A+1}\phi\,\sin^{2B+1}\phi\,\mathrm{d}\phi \cdot 2\int_0^1 r^{2A+2B+2C+5}\mathrm{d}r \\ &= \frac{2}{2A+2B+2C+6}\cdot\frac{\Gamma(A+B+2)\Gamma(C+1)}{\Gamma(A+B+C+3)} \\ &\quad \cdot\frac{\Gamma(A+1)\Gamma(B+1)}{\Gamma(A+B+2)} \end{aligned}$$

oder

$$I(A,B,C) = \frac{\Gamma(A+1)\Gamma(B+1)\Gamma(C+1)}{\Gamma(A+B+C+4)} \,. \tag{2.22}$$

Übung 2.3.2. Man zeige, daß

$$\begin{aligned} J(\alpha,\beta,\gamma) &= \iiint\limits_{\substack{x^2+y^2+z^2\le 1\\ x,\,y,\,z>0}} x^\alpha y^\beta z^\gamma \mathrm{d}x\,\mathrm{d}y\,\mathrm{d}z \\ &= \left(\frac{1}{8}\right) \frac{\Gamma\left(\frac{\alpha+1}{2}\right)\Gamma\left(\frac{\beta+1}{2}\right)\Gamma\left(\frac{\gamma+1}{2}\right)}{\Gamma\left(\frac{\alpha+\beta+\gamma+5}{2}\right)} \end{aligned} \tag{2.23}$$

gilt. □

Wir stellen fest, daß die Gleichungen (2.22) und (2.23) tatsächlich in den Variablen A, B, C bzw. α, β, γ symmetrisch sind.

Manchmal stößt man in der Literatur auf das doppelte Fakultätssymbol. Es soll jetzt eingeführt werden. Wir beginnen mit dem Term $(2n)!$ und schreiben ihn getrennt in gerade und ungerade Faktoren wie folgt auf

$$\begin{aligned} (2n)! &= (2n)(2n-1)(2n-2)(2n-3)\cdots 3\cdot 2\cdot 1 \\ &= [(2n)(2n-2)(2n-4)\cdots 4\cdot 2][(2n-1)(2n-3)\cdots 3\cdot 1] \,. \end{aligned}$$

Die geraden Terme liefern $2^n n!$

Das doppelte Fakultätszeichen wird nun definiert.

$$(2n-1)!! \equiv (2n-1)(2n-3)\cdots 5\cdot 3\cdot 1$$

Wir erinnern uns, daß $(2n)!$ für alle ganzen Zahlen, die größer oder gleich null sind, erklärt ist. Es gilt also

$$(2n)! = 2^n n!(2n-1)!! \tag{2.24}$$

Schließlich stellen wir fest, daß die verdoppelte Fakultät mit $\Gamma(n+1/2)$ zusammenhängt, nämlich

$$\begin{aligned} (2n-1)!! &= (2n-1)(2n-3)(2n-5)\cdots 5\cdot 3\cdot 1 \\ &= 2^n\left(n-\tfrac{1}{2}\right)\left(n-\tfrac{3}{2}\right)\cdots\tfrac{5}{2}\cdot\tfrac{3}{2}\cdot\tfrac{1}{2} \\ &= \frac{2^n\Gamma\left(n+\frac{1}{2}\right)}{\sqrt{\pi}} \end{aligned}$$

bzw.

$$\Gamma\left(n+\frac{1}{2}\right) = \frac{(2n)!\sqrt{\pi}}{2^{2n}n!} \,. \tag{2.25}$$

2.4 Anwendungen und Übungen

Übung 2.4.1. Man drücke das folgende Integral durch Gammafunktionen aus. Zeichnen Sie den Integranden für $\lambda = 1$ und schließen Sie auf $I \approx 1$.

$$I(\lambda) = \int_0^\infty \exp(-\lambda x^3)\mathrm{d}x; \qquad \lambda > 0\,.$$

Wir setzen $\lambda x^3 = y$ und erhalten

$$\begin{aligned} I(\lambda) &= \frac{1}{3}\lambda^{-1/3}\int_0^\infty y^{-2/3}\exp(-y)\mathrm{d}y \\ &= \lambda^{-1/3}\Gamma\left(\frac{4}{3}\right)\,. \end{aligned}$$

□

Übung 2.4.2. Wir möchten das Trägheitsmoment des ersten Oktanten einer homogenen Kugel mit dem Radius R und der Dichte ρ bezüglich der z-Achse bestimmen.

$$J = \iiint\limits_{\substack{x^2+y^2+z^2\le R^2 \\ x,\,y,\,z>0}} (x^2+y^2)\rho\,\mathrm{d}x\,\mathrm{d}y\,\mathrm{d}z = 2\iiint x^2\rho\,\mathrm{d}x\,\mathrm{d}y\,\mathrm{d}z$$

Mit $x^2 = R^2u^2$, $y^2 = R^2v^2$ und $z^2 = R^2w^2$ ergibt sich

$$J = 2\rho R^5 \iiint\limits_{\substack{u^2+v^2+w^2\le 1 \\ u,\,v,\,w>0}} u^2\,\mathrm{d}u\,\mathrm{d}v\,\mathrm{d}w = \frac{2\rho R^5}{8}\frac{\Gamma\left(\frac{3}{2}\right)\Gamma\left(\frac{1}{2}\right)\Gamma\left(\frac{1}{2}\right)}{\Gamma\left(\frac{7}{2}\right)}\,,$$

$$J = \frac{\pi}{15}\rho R^5\,.$$

Die Masse M eines Oktanten des Materials ist

$$M = \left(\frac{1}{8}\right)\left(\frac{4}{3}\right)\pi\rho R^3\,.$$

Damit erhalten wir

$$J = \frac{2}{5}MR^2\,.$$

□

Übung 2.4.3. Wir betrachten eine Schicht, die durch die Bedingungen

$$c(m,n) = x^n + y^m \le 1; \qquad x,\,y \ge 0; \qquad n,\,m \ge 0$$

beschrieben wird. Man bestimme ihren Flächeninhalt.

$$\text{Fläche} = \iint\limits_{\substack{x^n+y^m\leq 1\\ x,\,y\geq 0}} \mathrm{d}x\,\mathrm{d}y$$

Mit $u = x^n$ und $v = y^m$ erhält man

$$\text{Fläche} = \iint\limits_{\substack{u+v\leq 1\\ u,\,v\geq 0}} \left(\frac{1}{n}\right)\left(\frac{1}{m}\right) u^{1/n-1} v^{1/m-1} \mathrm{d}u\,\mathrm{d}v\,.$$

Die Benutzung von Gleichung (2.21) erlaubt die Darstellung

$$\text{Fläche} = \frac{\Gamma\left(1+\frac{1}{n}\right)\Gamma\left(1+\frac{1}{m}\right)}{\Gamma\left(1+\frac{1}{n}+\frac{1}{m}\right)}\,,$$

wobei wir die Beziehungen

$$\frac{1}{n}\Gamma\left(\frac{1}{n}\right) = \Gamma\left(1+\frac{1}{n}\right) \qquad \text{und} \qquad \frac{1}{m}\Gamma\left(\frac{1}{m}\right) = \Gamma\left(1+\frac{1}{m}\right)$$

benutzt haben. Man zeichne $c(2,2)$, $c(4,4)$ und $c(1/2,1/2)$ gemeinsam in eine Abbildung ein, bestimme die Flächen und vergleiche mit den durch die Formel gegebenen Ergebnissen.

Wir weisen darauf hin, daß die Fläche für $n, m \to \infty$ gegen ein Quadrat strebt. Man erhält dieses Resultat durch die Feststellung

$$\Gamma\left(1+\frac{1}{n}\right) \to \Gamma(1) = 1 \qquad \text{für} \qquad n \to \infty\,.$$

Damit wissen wir auch, wie sich $\Gamma(z)$ für $z \to 0$ verhält. Wegen $\Gamma(z+1) = z\Gamma(z)$ und $\Gamma(1) = 1$ muß $\Gamma(z)$ für $z \to 0$ wie $1/z$ gegen unendlich streben. □

Übung 2.4.4. Man ermittle das Volumen jenes Teils eines Ellipsoids, das in den ersten Oktanten fällt.

$$E = \iiint\limits_{\substack{(x/a)^2+(y/b)^2+(z/c)^2\leq 1\\ x,\,y,\,z\geq 0}} \mathrm{d}x\,\mathrm{d}y\,\mathrm{d}z$$

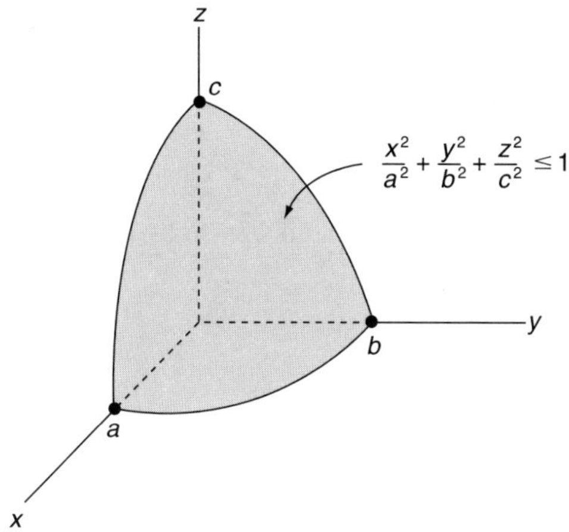

Abb. 2.5 Wir benutzen Dirichletsche Integrale, um das Oktantenvolumen eines Ellipsoids auf das einer Kugel zu transformieren.

Wir wollen die Abbildung 2.5 betrachten. Wir setzen $u = x/a$, $v = y/b$ sowie $w = z/c$ und erhalten

$$E = abc \iiint\limits_{\substack{u^2+v^2+w^2 \leq 1 \\ u,\, v,\, w > 0}} \mathrm{d}u\, \mathrm{d}v\, \mathrm{d}w = abc\, J(0,0,0)$$

$$= \frac{1}{8} abc \frac{\Gamma\left(\frac{1}{2}\right)\Gamma\left(\frac{1}{2}\right)\Gamma\left(\frac{1}{2}\right)}{\Gamma\left(\frac{5}{2}\right)}$$

$$= \frac{\frac{1}{8} abc\sqrt{\pi^3}}{[(\frac{3}{2})(\frac{1}{2})\sqrt{\pi}]} = abc\frac{\pi}{6} \,. \qquad \square$$

Übung 2.4.5. Gesucht wird der Wert des Integrals

$$I = \int\limits_0^\infty \frac{1}{\sqrt{t^3}}[1 - \exp(-2t)]\mathrm{d}t$$

bis auf drei Stellen genau.

Lösung: $2\sqrt{2\pi} = 5{,}01$. □

Übung 2.4.6. Eine dünne Metallplatte werde so geschnitten, daß ihre Form durch jenes Gebiet des ersten Quadranten gegeben ist, das durch die Koordinatenachsen und die Randkurve

$$x^4 + y^4 = 16$$

begrenzt wird. Die Flächenmassendichte des Bleches in beliebigen Einheiten entspreche der Funktion

$$\rho = \frac{1}{20}(x^4 + y^4)^2 \, .$$

Man bestimme die Masse der Platte und die Koordinaten des Schwerpunktes auf drei Stellen genau. Vergleiche Abbildung 2.6.

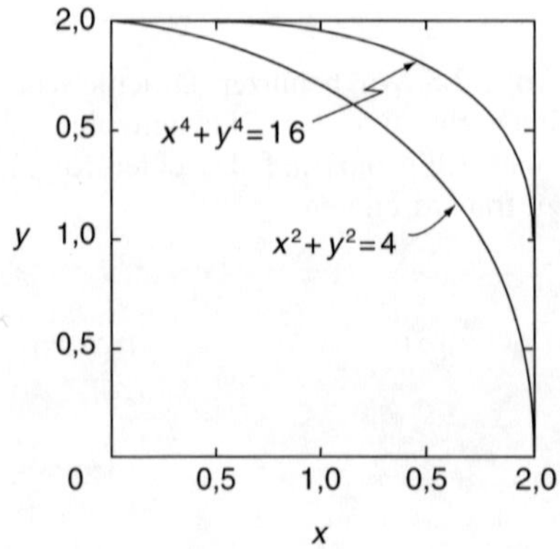

Abb. 2.6 Man versuche mit Hilfe der Abbildung und des Ergebnisses von Übung 2.4.6 die Masse einer Platte abzuschätzen, die aus dem gleichen Material hergestellt wurde und deren Form durch $x^2 + y^2 \leq 4$; $x, y \geq 0$ festgelegt ist.

Lösung: $M = 9{,}49$; $\bar{x} = \bar{y} = 1{,}29$. □

Übung 2.4.7. Ein einfaches Fadenpendel von einem Meter Länge schwinge mit der Winkelamplitude $\pi/2$ um seine Ruhelage. Man bestimme die Schwingungsdauer des Pendels auf zwei Stellen genau, wobei die Erdbeschleunigung g mit 9,8 m/s^2 angenommen werde. Vergleiche Abbildung 2.7. *Hinweis*: Die Bewegungsgleichung des Pendels ist durch

$$l\frac{\mathrm{d}^2\theta}{\mathrm{d}t^2} + g \sin\theta = 0$$

gegeben, wobei der Winkel θ die Auslenkung aus der Ruhelage beschreibt. Wir können die Gleichung mit $\mathrm{d}\theta/\mathrm{d}t$ multiplizieren und erhalten ein vollständiges Differential

$$\frac{1}{2}\frac{\mathrm{d}}{\mathrm{d}t}\left[\left(\frac{\mathrm{d}\theta}{\mathrm{d}t}\right)^2 - \frac{2g}{l}\cos\theta\right] = 0 \, .$$

Wir können nun die Periode T bestimmen.

Lösung: $T = 2{,}4$ s. Eine Näherung für kleine Winkelauslenkungen liefert $T = 2{,}0$ s. □

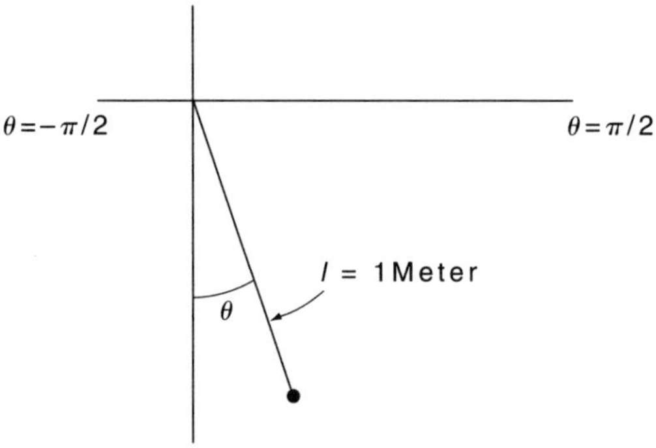

Abb. 2.7 Wir betrachten ein Pendel, das mit der Winkelamplitude $\pi/2$ um seine Ruhelage schwingt. Wenn die Schwingung dagegen nur mit sehr kleinen Auslenkungen erfolgt, $\theta \ll \pi/2$, dann ist die entsprechende Periodendauer um ca. 20% kürzer.

2.5 Die Riemannsche Zetafunktion

Viele Gebiete der reinen und angewandten Mathematik führen auf die Riemannsche Zetafunktion. Wir werden sie im Kapitel 4 sehr häufig benutzen, wenn wir die Euler-Mac Laurin-Summenentwicklung diskutieren. Sie ist auch für die Berechnung etlicher Summen und Integrale wichtig, die im Zusammenhang mit den Fermi-Dirac- bzw. Bose-Einstein-Statistiken stehen. Wir konzentrieren uns so wie bei der Gammafunktion auf die Entwicklung einer Anwendungsmöglichkeit für die Zetafunktion und verweisen bezüglich mathematischer Sätze und weiterer Anwendungen auf die Literatur. Die Definition lautet

$$\zeta(s) \equiv \sum_{n=1}^{\infty} n^{-s} = 1 + 2^{-s} + 3^{-s} + 4^{-s} + \cdots; \qquad s > 1\,. \tag{2.26}$$

Da die Terme in der Summe entweder Potenzen von geraden oder ungeraden ganzen Zahlen sind, können wir auch schreiben

$$\zeta(s) = \sum_{n=1}^{\infty} (2n)^{-s} + \sum_{n=1}^{\infty} (2n-1)^{-s}\,.$$

Dies erlaubt es uns, andere ähnliche Summen durch die Zetafunktion auszudrücken. So betrachten wir die Summe

$$\zeta(s;-) \equiv \sum_{n=1}^{\infty} (-1)^{n+1} n^{-s} = 1 - 2^{-s} + 3^{-s} - 4^{-s} + \cdots$$

und zerlegen sie in gerade und ungerade Terme:

$$\zeta(s;-) = \sum_{n=1}^{\infty} (2n-1)^{-s} - \sum_{n=1}^{\infty} (2n)^{-s}\,.$$

Wenn man auf der rechten Seite dieser Gleichung die Summe der geraden Terme noch einmal addiert und gleich wieder subtrahiert, erhält man

$$\zeta(s;-) \equiv \sum_{n=1}^{\infty} n^{-s} - 2\sum_{n=1}^{\infty}(2n)^{-s} = \zeta(s)(1-2^{-s+1})\,. \tag{2.27}$$

Somit haben wir

$$\zeta(s;\text{ungerade}) \equiv \sum_{n=1}^{\infty}(2n-1)^{-s} = \sum_{n=1}^{\infty}[n^{-s}-(2n)^{-s}] = \zeta(s)[1-2^{-s}] \tag{2.28}$$

gefunden. Die Zetafunktion ist tabelliert und hat für ganzzahlige Werte eine einfache geschlossene Form, z. B.

$$\zeta(2) = \frac{\pi^2}{6}; \qquad \zeta(4) = \frac{\pi^4}{90}; \qquad \zeta(6) = \frac{\pi^6}{945}\,.$$

[Diese Ergebnisse können durch Berechnung geeigneter Fourierreihen bestätigt werden. Man vergleiche Kapitel 4, Gleichung (4.18).]

Wir weisen außerdem darauf hin, daß $\zeta(s)$ für wachsendes s sehr schnell gegen 1 geht. Es gilt auch die folgende Ungleichung

$$\zeta(s+1) < \zeta(s) < \zeta(s-1); \qquad s > 2 \tag{2.29}$$

und

$$1 < \zeta(s) < 2 \qquad \text{für} \quad s > 2;$$

$$\zeta(s) \approx 1 \quad \text{für} \quad s > 4, \quad \text{weil} \quad \zeta(4) \approx 1{,}1\,.$$

Übung 2.5.1. Man betrachte das Integral, das im Zusammenhang mit der Bose-Einstein-Statistik auftritt:

$$I(s) = \int_0^{\infty} \frac{x^s}{\exp x - 1}\mathrm{d}x; \qquad s > 0\,. \tag{2.30 a}$$

Zuerst multiplizieren wir Zähler und Nenner mit $\exp(-x)$. Wir benutzen

$$\frac{1}{1-x} = \sum_{n=0}^{\infty} x^n; \qquad |x| < 1\,,$$

um den Nenner als eine Summe zu schreiben:

$$I(s) = \sum_{n=0}^{\infty}\int_0^{\infty} x^s \exp[-(n+1)x]\,\mathrm{d}x\,.$$

Die Ausführung des Integrals mit der Transformation $y = (n+1)x$ führt auf eine Gammafunktion, und das Ergebnis läßt sich schließlich sehr einfach durch die Gamma- und Zetafunktion ausdrücken

$$I(s) = \sum_{n=0}^{\infty}(n+1)^{-(s+1)} \int_0^{\infty} y^s \exp(-y)\,\mathrm{d}y\,,$$

$$I(s) = \Gamma(s+1)\zeta(s+1)\,. \tag{2.30 b}$$

□

Übung 2.5.2. Wir betrachten das folgende Integral, das im Zusammenhang mit Fragestellungen der Fermi-Dirac-Statistik auftritt:

$$J(s) = \int_0^{\infty} \frac{x^s}{\exp x + 1}\mathrm{d}x; \qquad s > 0$$

$$= \sum_{n=0}^{\infty}(-1)^n \int_0^{\infty} x^s \exp[-(n+1)x]\,\mathrm{d}x\,. \tag{2.31 a}$$

Die Anwendung von Gleichung (2.27) führt auf die Lösung

$$J(s) = \Gamma(s+1)\zeta(s+1)[1-2^{-s}]\,. \tag{2.31 b}$$

□

Übung 2.5.3. Man zeige, daß

$$K = \int_0^{\infty} \frac{1}{\exp x + 1}\mathrm{d}x = \int_1^{\infty} \frac{1}{[t(1+t)]}\mathrm{d}t = \ln 2 \tag{2.32}$$

gilt. [*Hinweis*: Man setze $t = \exp x$.] Diese Übung kann genutzt werden, um das Verhalten von $\zeta(1+s)$ für $s \to 0$ zu untersuchen. Es gilt $K = \lim_{s\to 0} J(s)$, wobei J durch Gleichung (2.31 b) gegeben ist. Schreibt man 2^{-s} als $\exp(-s \ln 2)$, dann folgt

$$J(s) \approx \zeta(s+1)[1 - \exp(-s\ln 2)]; \qquad s \to 0$$

$$\approx \zeta(s+1)\cdot s\ln 2; \qquad s \to 0\,.$$

Durch Kombination dieses Ergebnisses mit Gleichung (2.32) erhält man

$$s\zeta(s+1) \to 1 \qquad \text{für} \qquad s \to 0\,.$$

Folglich verhält sich $\zeta(s+1)$ wie $1/s$ für kleine s. □

Übung 2.5.4. Man zeige, daß

$$M = \int_0^\infty \frac{1}{\exp\ x + a} \mathrm{d}x = \frac{1}{a} \ln(1+a); \qquad a \geq 0 \tag{2.33}$$

gilt. Daraus kann auf das Verhalten

$$\frac{1}{a} \ln(1+a) \to 1 \qquad \text{für} \qquad a \to 0$$

geschlußfolgert werden. [Dieses Resultat wird durch eine Taylorentwicklung von $\ln(1+a)$ für kleine a bestätigt.] □

Übung 2.5.5. Man betrachte die Summe $\zeta(N = 2M, s; -)$, die mit der Summe $\zeta(s; -)$ aus Gleichung (2.27) wie folgt zusammenhängt:

$$\zeta(2M, s; -) = \sum_{n=1}^{2M} (-1)^{n+1} n^{-s} . \tag{2.34 a}$$

Der erste Term dieser Summe lautet $-(2M)^{-s}$. Wir können unsere Summe als

$$\zeta(2M, s; -) = \sum_{n=1}^{M} (2n-1)^{-s} - \sum_{n=1}^{M} (2n)^{-s}$$

schreiben. Die Anwendung des gleichen Verfahrens, das uns zur Gleichung (2.27) führte, erlaubt es, die Summe $\zeta(2M, s; -)$ wie folgt umzuschreiben

$$\zeta(2M, s; -) = \zeta(2M, s) - 2^{-s+1} \zeta(M, s) , \tag{2.34 b}$$

wobei wir $\zeta(M, s)$ durch

$$\zeta(M, s) \equiv \sum_{n=1}^{M} n^{-s} \tag{2.34 c}$$

definiert haben. Wir weisen hierbei darauf hin, daß die Summen verschiedene Laufindexgrenzen haben, M bzw. $2M$. Natürlich macht das für M gegen unendlich keinen Unterschied. Aber wenn M endlich ist, hat man das zu beachten, um keine Fehler zu machen. Wir betrachten ein einfaches Beispiel, um sicher zu sein, daß das Ergebnis auch richtig verstanden wurde. Die Summe

$$S = \sum_{n=1}^{10} (-1)^{n+1} n^{-2}$$

können wir berechnen, indem wir alle Terme mit einem Taschenrechner aufsummieren. Man überzeuge sich, daß die Gleichung (2.34 b) das richtige Ergebnis liefert. Dabei ist es wichtig, daß die Indexgrenzen korrekt berücksichtigt werden.

Es ist auch nicht schwer, eine ähnliche Formel zu entwickeln, wenn der letzte Summand der Summe ungerade ist, $N = 2M + 1$. Das erfordert nur, daß ein weiterer Term zu der bisherigen Summe hinzuaddiert werden muß. Wir werden auf dieses Problem noch zurückkommen, wenn wir im Abschnitt 4.3 divergente Reihen betrachten.

2.6 Die Diracsche Deltafunktion

Die Diracsche Deltafunktion $\delta(x)$, die keine Funktion im eigentlichen Sinn darstellt, ist eine Kuriosität und sie wurde vor gar nicht so langer Zeit noch nicht als ein nützliches und leistungsfähiges Werkzeug angesehen. Wir werden an ihrer Definition, die gleich folgt, deutlich sehen, daß sie ungewöhnliche Eigenschaften hat. Sie erfüllt zwei Aufgaben für uns. Erstens ermöglicht sie es, die Reihenfolge von Integrationen zu vertauschen, womit einige Beweise sich sehr vereinfachen. Zweitens gestattet sie die Berechnung von Integralen, die auf anderem Weg schwierig zu erreichen ist. Das Buch von Lighthill diskutiert in hervorragender Weise die Deltafunktion und liefert eine umfangreiche Darstellung der Theorie verallgemeinerter Funktionen. (Unsere vereinfachte Behandlung der Deltafunktion basiert auf jener des Buches von Lighthill.)

Wir führen zunächst drei Eigenschaften auf, die die Deltafunktion besitzen sollte. Es ist wichtig festzustellen, daß jede Funktion, die diesen Eigenschaften genügt, Deltafunktion genannt wird. Wir werden einige Darstellungen angeben und zeigen, daß jede von ihnen die Definition erfüllt.

Wir sagen, daß $\delta(x)$ eine Deltafunktion ist, wenn gilt

$$1.\quad \int_{-\infty}^{\infty} \delta(x)\,\mathrm{d}x = 1\,, \tag{2.35 a}$$

$$2.\quad \delta(x) = 0; \qquad x \neq 0\,, \tag{2.35 b}$$

$$3.\quad \int_{-\varepsilon}^{\varepsilon} \delta(x) f(x)\,\mathrm{d}x = f(0); \qquad \varepsilon > 0\,. \tag{2.35 c}$$

Sehen wir uns diese Eigenschaften etwas näher an.

1. Dies bedeutet, daß die Deltafunktion auf 1 normiert ist.
2. Hiermit wird festgestellt, daß sie keine Funktion im üblichen Sinn ist, denn das Integral in Eigenschaft 1 sollte nicht vom Wert einer Funktion in einem einzigen Punkt abhängen. Deshalb denken wir uns die Deltafunktion als den Grenzwert einer Funktionenfolge, so daß ihre Eigenschaft, nur bei $x = 0$ nicht zu verschwinden, nur im Grenzübergang gilt. Das wird gleich deutlich werden, wenn wir Beispiele für die Deltafunktion angeben.

3. Diese Forderung gelte für jede beliebige Funktion $f(x)$, deren Ableitung beschränkt ist. Die Bedingung erlaubt eine einfache Abschätzung für Integrale. Es sei $F'(x) = f(x)$, dann existiert irgend ein ξ mit $a \le \xi \le b$, so daß gilt:

$$\int_a^b F'(x)\,\mathrm{d}x = F(b) - F(a)$$
$$= (b-a)F'(\xi)\ .$$

Wir setzen $a = 0$ und $b = x$ und erhalten

$$F(x) - F(0) = (x-0)F'(\xi) = xF'(\xi)\ .$$

Schließlich schreiben wir das Ergebnis in der Form

$$|F(x) - F(0)| \le |x||F'(x)\,\mathrm{max}\,|\ , \qquad (2.36)$$

wobei $F'(x)\,\mathrm{max}$ der Maximalwert von $F'(x)$ im Intervall $[a, b]$ ist. (Wir werden dieses Ergebnis benutzen, um zu zeigen, daß verschiedene Folgen auf Deltafunktionen führen.)

Wir sind jetzt soweit, ein Beispiel für eine Funktion anzugeben, das die von der Deltafunktion geforderten Eigenschaften besitzt. Wir betrachten die Funktionenfolge

$$\delta_n(x) = \sqrt{\frac{n}{\pi}}\exp(-nx^2); \qquad n = 1,\ 2,\ 3, \ldots \qquad (2.37)$$

Vergleiche Abbildung 2.8.

Jedes Glied dieser Folge ist eine gewöhnliche Funktion und genügt folglich dem Mittelwertsatz der Integralrechnung. Die Deltafunktion wird nun mit dem Grenzwert der Funktionenfolge identifiziert

$$\delta(x) = \lim_{n\to\infty} \delta_n(x)\ . \qquad (2.38)$$

Wir wollen zeigen, daß die Grenzfunktion $\delta(x)$ unseren Forderungen genügt.

1. Normierung

$$\int_{-\infty}^{\infty} \exp(-nx^2)\,\mathrm{d}x = \sqrt{\frac{\pi}{n}}$$

Also gilt

$$\int_{-\infty}^{\infty} \delta_n(x)\,\mathrm{d}x = 1$$

für alle $n > 0$.

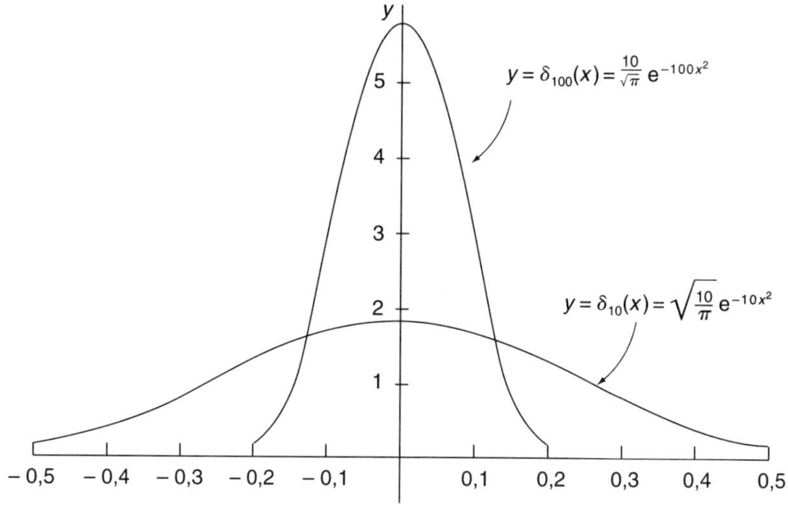

Abb. 2.8 Wir stellen fest, daß $\delta_{10}(x)$ viel breiter ist als $\delta_{100}(x)$. Man überprüfe, daß die Fläche unter jeder Kurve ungefähr gleich 1 ist.

2. Jedes Glied der Funktionenfolge hat ein ausgeprägtes Maximum im Koordinatenursprung und fällt nach beiden Seiten sehr schnell auf null ab. Die Grenzfunktion hat einen nichtverschwindenden Wert nur im Ursprung. Man könnte auch nichtverschwindende Werte in einer sehr kleinen Umgebung des Ursprungs zulassen. Wenn die Ableitung unserer Funktion $f(x)$ beschränkt ist, dann führt diese kleine Erweiterung der Deltafunktion um den Ursprung herum zu keinen Schwierigkeiten.
3. Wir überprüfen jetzt die dritte Eigenschaft,

$$\int_{-\varepsilon}^{\varepsilon} \delta(x) f(x)\, \mathrm{d}x = f(0); \qquad \varepsilon > 0\,.$$

$f(0)$ kann in folgender Form geschrieben werden:

$$f(0) = \left[\int_{-\infty}^{\infty} \delta(x)\, \mathrm{d}x\right] f(0) = \int_{-\infty}^{\infty} [\delta(x) f(0)]\, \mathrm{d}x$$

$$= \int_{-\varepsilon}^{\varepsilon} \delta(x) f(0)\, \mathrm{d}x$$

$$= \lim_{n\to\infty} \int_{-\varepsilon}^{\varepsilon} \sqrt{\frac{n}{\pi}} \exp(-nx^2) f(0)\, \mathrm{d}x\,.$$

Wir benutzen Eigenschaft 2, um das Integrationsintervall von $-\infty$ bis $+\infty$ auf $-\varepsilon$ bis $+\varepsilon$ einzuschränken, betrachten jetzt das Integral $I(n)$

$$I(n) \equiv \int_{-\varepsilon}^{\varepsilon} \sqrt{\frac{n}{\pi}} \exp(-nx^2)[f(x) - f(0)]\,\mathrm{d}x$$

und zeigen, daß es im Grenzübergang $n \to \infty$ gegen null geht. Dabei werden wir die Grenzwertbildungen vertauschen. Das ist typisch für Situationen, in denen die Deltafunktion benutzt wird. Mit Gleichung (2.36) erhalten wir

$$\begin{aligned} I(n) &\leq \sqrt{\frac{n}{\pi}} |f'(x) \max| \int_{-\varepsilon}^{\varepsilon} \exp(-nx^2)|x|\,\mathrm{d}x \\ &= \sqrt{\frac{n}{\pi}} |f'(x) \max| \frac{1 - \exp(-n\varepsilon^2)}{n} \,. \end{aligned}$$

Das heißt, $I(n) \to 0$ wie $1/\sqrt{n}$ in den Grenzübergängen $n \to \infty$ und $\varepsilon \to 0$, wenn $n\varepsilon^2 > 0$ garantiert bleibt.

Wir wollen jetzt zwei weitere Beispiele für Deltafunktionen angeben und eine Übung formulieren; es wird dann deutlich werden, wie einfach Deltafunktionen zu erzeugen sind.

Beispiel 2.6.1. Man zeige, daß die Funktionenfolge

$$\delta_n(x) \equiv \frac{n}{\pi} \frac{1}{1 + (nx)^2}; \qquad n \to \infty \tag{2.39 a}$$

eine Deltafunktion ist. Wir nehmen an, daß das Integral

$$\int_{-\infty}^{\infty} \frac{\mathrm{d}x}{1 + x^2} = \pi \tag{2.39 b}$$

bekannt ist. Für $x \neq 0$ gilt $\delta_n(x) \to 1/\pi n x^2$, wenn $n \to \infty$. Wir brauchen deshalb nur noch den folgenden Ausdruck zu betrachten:

$$\begin{aligned} I(n) &= \frac{n}{\pi} \int_{-\varepsilon}^{\varepsilon} \frac{[f(x) - f(0)]}{1 + (nx)^2} \mathrm{d}x \\ &\leq \frac{n}{\pi} |f'(x) \max| \cdot 2 \int_{0}^{\varepsilon} \frac{x\,\mathrm{d}x}{1 + (nx)^2} \\ &= \frac{|f'(x) \max| \ln[1 + (n\varepsilon)^2]}{n\pi} \,. \end{aligned}$$

Folglich gilt $I(n) \to 0$ für $n \to \infty$, wenn $(n\varepsilon)^2 > 0$. □

Übung 2.6.1. Man betrachte die Funktionenfolge

$$\delta_n(x) \equiv A(n, p) \exp(-nx^{2p}) \tag{2.40}$$

und bestimme die Normierungskonstanten $A(n, p)$, so daß $\delta_n(x)$ auf 1 normiert ist. Man zeige, daß für jedes ganzzahlige positive p die Folge für n gegen unendlich gegen eine Deltafunktion konvergiert. Dies zeigt, wie man eine ganze Klasse von Deltafunktionen erzeugen kann. Die verschiedenen Deltafunktionen sind bei endlichem n in der Umgebung des Koordinatenursprungs um so flacher, je größer der Wert von p ist. Dies hat einige Bedeutung für Probleme, bei denen n tatsächlich endlich ist. (Zeigen Sie diese Eigenschaft der Flachheit durch graphische Darstellung einiger dieser potentiellen Deltafunktionen in der Umgebung des Ursprungs.) □

Beispiel 2.6.2. Wir möchten zeigen, daß die Definition

$$\begin{aligned} \theta(x) &\equiv 1; \qquad x > 0\,, \\ \theta(x) &\equiv 0; \qquad x < 0 \end{aligned} \tag{2.41 a}$$

auf die Beziehung

$$\theta'(x) = \delta(x) \tag{2.41 b}$$

führt. Wir beweisen das, indem wir zeigen, daß die gewünschten Eigenschaften (2.35 a) bis (2.35 b) erfüllt werden:

1. $\displaystyle\int\limits_{-\infty}^{\infty} \theta'(x)\, \mathrm{d}x = \theta(x)\,\big|_{-\infty}^{\infty} = 1$
2. $\theta'(x) = 0; \qquad x \neq 0$
3. $\displaystyle\int\limits_{-\varepsilon}^{\varepsilon} \theta'(x) f(x)\, \mathrm{d}x = \theta(x) f(x)\big|_{-\varepsilon}^{\varepsilon} - \int\limits_{-\varepsilon}^{\varepsilon} \theta(x) f'(x)\, \mathrm{d}x = f(0)\,.$ □

Die Thetafunktion kann bei Aufgabenstellungen benutzt werden, wo irgendetwas eingeschaltet wird, etwa bei $t = 0$. Sie kann auch in ein Integral eingefügt werden, um das Integrationsgebiet geeignet einzuschränken. Im Fall der Dirichletschen Integrale findet sie wie folgt Anwendung:

$$\begin{aligned} V(R) &= \text{Volumen}(R) = \iiint\limits_{x^2+y^2+z^2 \leq R^2} \mathrm{d}x\, \mathrm{d}y\, \mathrm{d}z \\ &= \iiint\limits_{\substack{\text{ganzen}\\ \text{Raum}}} \theta[R^2 - (x^2 + y^2 + z^2)]\, \mathrm{d}x\, \mathrm{d}y\, \mathrm{d}z\,. \end{aligned}$$

Durch Differentiation der Thetafunktion nach R, was auf die Deltafunktion führt, kann man die Oberfläche bestimmen:

$$\frac{\mathrm{d}V(R)}{\mathrm{d}R} = \text{Oberfläche} = \iiint 2R\delta[R^2 - (x^2 + y^2 + z^2)]\,\mathrm{d}x\,\mathrm{d}y\,\mathrm{d}z\ .$$

Deltafunktionen werden sehr oft benutzt, um inhomogene Differentialgleichungen zu lösen. Die allgemeine Methode heißt Methode der Greenschen Funktionen. Sie ist zu kompliziert und schwierig, um sie hier im Detail erläutern zu können. (Eine gute Einführung kann man bei Friedman finden.) Wir betrachten eine inhomogene Differentialgleichung zweiter Ordnung,

$$Dy = f(x)\ , \tag{2.42}$$

wobei D einen Differentialoperator symbolisiert. Man könnte z. B. an den Operator $\mathrm{d}^2/\mathrm{d}x^2 + 1$ denken.

Dann gibt es auch einen Integraloperator I, der der zu D inverse Operator ist, so daß

$$DI = ID = 1$$

gilt. Das bedeutet, wenn man auf eine Funktion zuerst den Differentialoperator und danach den Integraloperator anwendet, wird die Funktion identisch reproduziert. Es wird natürlich eine Integrationskonstante auftreten, die wir aber ignorieren wollen. (Das ist wichtig bei konkreten Problemen, aber ohne Belang für Illustrationszwecke.) Der Operator DI ist also der Identitätsoperator ohne zusätzliche Konstante. Diese Überlegungen ermöglichen es, die Gleichung (2.42) formal zu lösen, indem wir auf beiden Seiten der Gleichung den Integraloperator anwenden. Die Lösung lautet

$$IDy(x) = y(x) = If(t) = \int G(x,\,t) f(t)\,\mathrm{d}t\ . \tag{2.43 a}$$

Die Größe $G(x,\,t)$ ist die zum Differentialoperator und den Randbedingungen zugehörige Greensche Funktion. Um die Gleichung zu finden, der sie genügt, wenden wir den Differentialoperator D auf beide Seiten obiger Gleichung an.

$$Dy(x) = D\int G(x,\,t) f(t)\,\mathrm{d}t = \int [DG(x,\,t)] f(t)\,\mathrm{d}t \tag{2.43 b}$$

Wenn man mit Gleichung (2.42) vergleicht, so ist zu erkennen, daß die Greensche Funktion die Gleichung

$$DG(x,\,t) = \delta(x - t)$$

erfüllt, denn es gilt

$$Dy = \int \delta(x - t) f(t)\,\mathrm{d}t = f(x)\ .$$

Es ist oft sehr schwierig, die Greensche Funktion zu finden und mit ihr umzugehen, aber diese Methode ist eine wichtige und wertvolle Technik, die die Deltafunktion als wesentliches Element benutzt. Eine der Schwierigkeiten bei Greenschen Funktionen besteht darin, die richtigen Randbedingungen zu garantieren.

Beispiel 2.6.3. Wir möchten ausgehend von den Definitionsgleichungen (2.35 a) bis (2.35 c) zeigen, daß die Deltafunktion die folgenden vier Eigenschaften hat:

1. $$\int_{-\infty}^{\infty} \delta(x) f(x)\,\mathrm{d}x = \int_{-\infty}^{\infty} \delta(-x) f(x)\,\mathrm{d}x \,,$$
$$\delta(x) = \delta(-x) \,, \tag{2.44 a}$$

2. $$\int_{-\infty}^{\infty} \delta(ax) f(x)\,\mathrm{d}x = \frac{1}{|a|} f(0) \,,$$
$$\delta(ax) = \frac{1}{|a|}\delta(x) \,, \tag{2.44 b}$$

3. $$\int_{-\infty}^{\infty} \delta(x-a) f(x)\,\mathrm{d}x = f(a) \,, \tag{2.44 c}$$

4. $$\int_{-\infty}^{\infty} \delta(x^2-a^2) f(x)\,\mathrm{d}x = \frac{f(a)+f(-a)}{2|a|} \,,$$
$$\delta(x^2-a^2) = \frac{\delta(x-a)+\delta(x+a)}{2|a|} \,. \tag{2.44 d}$$

□

1. Wir betrachten die Integrale
$$\int_{-\infty}^{\infty} \delta(x) f(x)\,\mathrm{d}x = f(0) \qquad \text{und} \qquad \int_{-\infty}^{\infty} \delta(-x) f(x)\,\mathrm{d}x \,,$$
wobei $f(x)$ eine beliebige Funktion mit beschränkter Ableitung ist. Im zweiten Integral wird die Variablenänderung $y = -x$ ausgeführt, was auf
$$\int_{-\infty}^{\infty} \delta(-x) f(x)\,\mathrm{d}x = \int_{-\infty}^{\infty} \delta(y) f(-y)\,\mathrm{d}y = f(0)$$
führt. Da $f(x)$ eine beliebige Funktion ist, folgt $\delta(x) = \delta(-x)$.
2. Wir nehmen an, daß $a > 0$ und erhalten mit der Transformation $y = ax$
$$\int_{-\infty}^{\infty} \delta(ax) f(x)\,\mathrm{d}x = \frac{1}{a}\int_{-\infty}^{\infty} \delta(y) f(y/a)\,\mathrm{d}y = \frac{f(0)}{a} \,.$$

Für $a < 0$ transformieren wir gemäß $y = |a|x$ und benutzen Gleichung (2.44 a), um das gewünschte Resultat zu bekommen.

3. Man ersetze die Variable durch $y = x - a$ und finde

$$\int_{-\infty}^{\infty} \delta(x-a) f(x)\,\mathrm{d}x = \int_{-\infty}^{\infty} \delta(y) f(y+a)\,\mathrm{d}y = f(a) \,.$$

4. Wir ersetzen den Term $x^2 - a^2$ durch $(x-a)(x+a)$ und zerlegen das Integrationsintervall in verschiedene Teilstücke

$$\int_{-\infty}^{\infty} \to \int_{-\infty}^{-a-\varepsilon} + \int_{-a-\varepsilon}^{-a+\varepsilon} + \int_{-a+\varepsilon}^{a-\varepsilon} + \int_{a-\varepsilon}^{a+\varepsilon} + \int_{a+\varepsilon}^{\infty} \,.$$

Nun wird der Term

$$\int_{-a-\varepsilon}^{-a+\varepsilon} \delta[(x-a)(x+a)] f(x)\,\mathrm{d}x$$

betrachtet. Weil die Deltafunktion nur in der unmittelbaren Umgebung jener Stelle des Intervalls einen Beitrag liefert, an der das Argument null ist, kann man den ersten Faktor dort als Konstante behandeln. Wir schreiben

$$\int_{-a-\varepsilon}^{-a+\varepsilon} \delta[(-2a)(x+a)] f(x)\,\mathrm{d}x \,.$$

Die Anwendung der Gleichungen (2.44 a) bis (2.44 c) führt zum Ergebnis

$$\int_{-a-\varepsilon}^{-a+\varepsilon} \delta[(-2a)(x+a)] f(x)\,\mathrm{d}x = \frac{f(-a)}{2|a|} \,.$$

Der nächste Term, den man betrachtet, ist

$$\int_{a-\varepsilon}^{a+\varepsilon} \delta[(x-a)(x+a)] f(x)\,\mathrm{d}x \,.$$

Wir gehen so vor wie eben und finden

$$\begin{aligned} \int_{a-\varepsilon}^{a+\varepsilon} \delta[(x-a)(x+a)] f(x)\,\mathrm{d}x &= \int_{a-\varepsilon}^{a+\varepsilon} \delta[(x-a)(2a)] f(x)\,\mathrm{d}x \\ &= \frac{f(a)}{2|a|} \,. \end{aligned}$$

Da alle weiteren Terme keinen Beitrag liefern, haben wir somit das gewünschte Ergebnis bekommen.

Übung 2.6.2. Man zeige mit Hilfe der Gleichungen (2.44 a) bis (2.44 d), daß der Ausdruck für die Kugeloberfläche

$$\text{Oberfläche} = \iiint 2R\delta[R^2 - (x^2 + y^2 + z^2)]\,\mathrm{d}x\,\mathrm{d}y\,\mathrm{d}z$$

den Wert $4\pi R^2$ ergibt, wenn die Integrationen ausgeführt werden. *Hinweis*: Man benutze Polarkoordinaten und denke daran, daß der Radius eine positiv definite Größe ist; es gibt also nur einen Beitrag zum Integral. □

Literatur

Gamma- und Betafunktionen

1. Arfken, G., *Mathematical Methods for Physicists*, 3. Auflage, Academic Press, New York, 1985. Diese Buch betrachtet in breitem Umfang Themen der mathematischen Physik auf einem Niveau für fortgeschrittene Studenten bzw. Doktoranden. Es ist verständlich geschrieben und diskutiert ausführlich die speziellen Funktionen. Viele interessante Anwendungen werden in Übungen entwickelt.
2. Lebedev, N. N., *Special Functions and their Applications*, Prentice-Hall, Englewood Cliffs, New Jersey, 1965. Neuausgabe bei Dover, New York, 1972. Dieses schlanke Werk behandelt die meisten speziellen Funktionen und diskutiert Anwendungen.

Deltafunktionen

3. Lighthill, M. J., *Introduction to Fourier Series and Generalized Functions*, Cambridge University Press, London, 1958. Wir finden hier eine ausführliche Diskussion verallgemeinerter Funktionen mit einer außerordentlich verständlichen Behandlung der Deltafunktion.
4. Friedman, B., *Principles and Techniques of Pure and Applied Mathematics*, Wiley, New York, 1956. Hier wird eine grundlegende Behandlung der Deltafunktion und des Konzepts der Testfunktionen und ihrer Rolle bei der Bestimmung Greenscher Funktionen gegeben.

Riemannsche Zetafunktion

5. Titchmarsh, E. C., *The Theory of the Riemann Zeta Function*, Oxford University Press, Oxford, 1951. Dieses Buch ist das klassische Werk über diesen Gegenstand. Es ist nicht leicht zu lesen, aber die Anfangskapitel sind besonders verständlich und interessant.

3 Grundlagen der Asymptotik

3.1 Einführung

Wir wollen Probleme untersuchen, deren exakte Lösung uns entweder nicht interessiert, oder die so schwierig sind, daß wir die exakte Lösung nicht berechnen können. Folglich konzentrieren wir uns darauf, eine Näherungslösung zu finden oder die Lösung qualitativ zu charakterisieren. Dieser Zugang wird bei der Untersuchung von Differentialgleichungen angewendet, wenn wir die Frobenius- oder Potenzreihenmethode zur Berechnung einer Lösung in der Umgebung eines regulären oder singulären Punktes verwenden. Die meisten Studenten sind vertraut mit dieser Technik. Die Berechnung von Näherungslösungen, die für einen großen Bereich des Arguments, d. h. der asymptotischen Region, richtig sind, wird in nur wenigen Vorlesungen behandelt. Ebenso wird wenig Aufmerksamkeit auf die Verfolgung der Näherungslösung über einen langen Zeitraum und das damit verbundene Problem der Unterdrückung säkularer Terme verwandt. Wir werden diese Fragen in den Kapiteln 8 bis 15 diskutieren.

In diesem Kapitel verfolgen wir zwei miteinander verbundene Ziele. Zunächst erklären wir die Methode der näherungsweisen Beschreibung einer Funktion durch eine andere Funktion in deren Nähe. Dieses Verfahren tritt in natürlicher Weise auf, wenn wir das Verhalten eines Systems für große Zeitbereiche untersuchen oder wenn wir fragen, wie sich eine Funktion für große oder kleine Werte eines Parameters verhält.

Unser zweites Ziel ist es, diesen Vergleich durch die sogenannten asymptotischen Symbole darzustellen. Wir lernen die Bedeutung des „$\sim$“-Symbols, des „O“ oder Groß-O-Symbols sowie des „o“ oder Klein-o-Symbols kennen. Diese drei Symbole beschreiben drei wichtige Arten, wie sich Funktionen verhalten können, wenn die Variable gegen einen Grenzwert strebt. Weiterhin erlauben sie uns, das qualitative Verhalten der Lösung eines Problems zu beschreiben. Sie erlauben uns, ein Gefühl dafür zu gewinnen, was das Wesentliche ist, ohne die genaue Antwort auf alle Fragen geben zu müssen. Das ist unter vielen Umständen ausreichend.

Als Beispiel nehmen wir an, daß wir am Verhalten der Bessel-Funktion $J_0(x)$ interessiert sind. Wir können sie durch folgende Differentialgleichung definieren:

$$x^2\frac{\mathrm{d}^2y}{\mathrm{d}x^2}+x\frac{\mathrm{d}y}{\mathrm{d}x}+x^2y=0\,. \tag{3.1}$$

Es ist ebenfalls möglich, sowohl eine Potenzreihenentwicklung zu finden, die für kleine Werte von x nützlich ist, als auch eine asymptotische Entwicklung für große Werte von x.

$$J_0(x) = \sum_{k=0}^{\infty}\frac{(-1)^k(x/2)^{2k}}{k!k!}, \tag{3.2 a}$$

$$J_0(x) \quad \text{„verhält sich wie"} \quad \sqrt{\frac{2}{\pi x}}\cos\left(x-\frac{\pi}{4}\right) \qquad \text{für} \quad x\to\infty\,. \tag{3.2 b}$$

Dazu betrachte man die Abbildung 3.1 und die Tabelle 3.1.

Richten wir unsere Aufmerksamkeit auf folgende Eigenschaften:

1. $J_0(0)=1$. Wir sagen deshalb, $J_0(x)$ verhält sich wie 1 für $x\to 0$.
2. $J_0(x)$ oszilliert in einer beinahe periodischen Art, so daß ihre Nullstellen durch Intervalle der Länge π getrennt sind.
3. Die Einhüllende der Amplitude fällt wie $1/\sqrt{x}$ ab. Wir werden lernen, daß die asymptotischen Symbole uns eine Kurzschriftmethode liefern, diesen Sachverhalt darzustellen. Da jedoch die Bessel-Funktion einige begriffliche

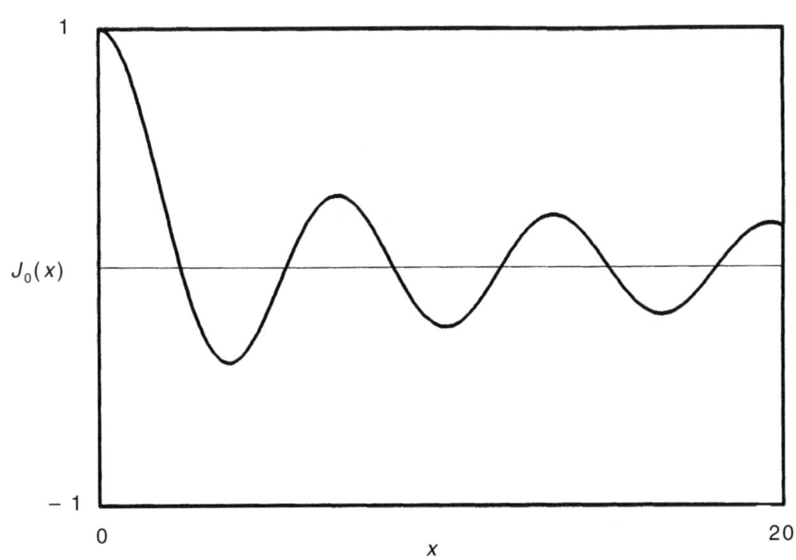

Abb. 3.1 Wir betrachten die Abbildung $J_0(x)$ über x und folgern, daß die Nullstellen immer den gleichen Abstand haben und daß die Einhüllende in der Tat wie $1/\sqrt{x}$ abfällt.

Tabelle 3.1 Die Nullstellen der Bessel-Funktion nullter Ordnung $J_0(x)$

Nummer der Nullstelle s	exakte Nullstelle x	genäherte Nullstelle $x = \left(s - \frac{1}{4}\right)\pi$
1	2,40483	2,356
2	5,52008	5,498
3	8,65373	8,639
4	11,79153	11,781
5	14,93092	14,923
6	18,07106	18,064
7	21,21164	21,206
8	24,35247	24,347
9	27,49348	27,489
10	30,63461	30,631
11	33,77582	33,772
12	36,91710	36,914
13	40,05843	40,055
14	43,19979	43,197
15	46,34119	46,338
16	49,48261	49,480
17	52,62405	52,622
18	55,76551	55,763
19	58,90698	58,905
20	62,04847	62,046

und rechnerische Schwierigkeiten bereitet, richten wir unsere Aufmerksamkeit auf einige einfache Beispiele, um Einblicke in die Grundbegriffe der Asymptotik zu gewinnen.

3.2 Die asymptotischen Symbole

3.2.1 Das $\sim$-Symbol

Wir definieren das asymptotische Symbol $\sim$ durch ein Beispiel, welches den Vergleich von drei Funktionen umfaßt.

Wir untersuchen die drei in den Abbildungen 3.2a, b und c gegebenen Kurven. Uns interessieren sowohl der Bereich dicht am Ursprung des Koordinatensystems als auch der Bereich mit großen Werten von x.

Wir wollen jede der Kurven qualitativ beschreiben. In Abbildung 3.2a verhält sich $f(x)$ für kleine x wie βx und wächst dann bis zu einem Grenzwert β/α für große x. Die Abbildung 3.2b zeigt eine Funktion $g(x)$, welche sich wie βx

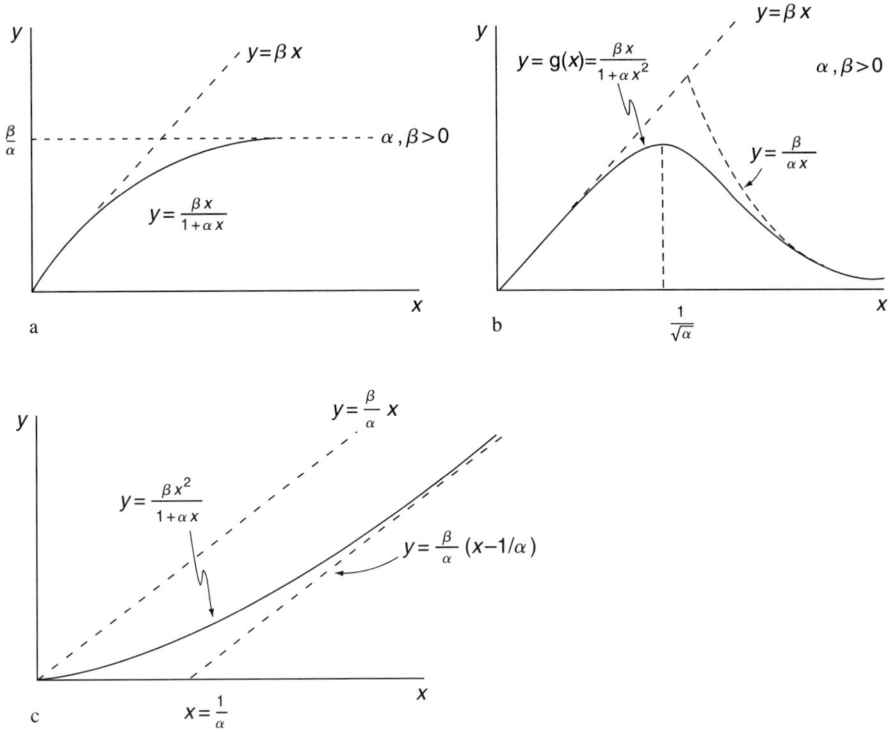

Abb. 3.2

für kleine x verhält. Sie erreicht ein Maximum bei $x = 1/\sqrt{\alpha}$ und fällt dann allmählich, bis sie sich für große x wie $\beta/\alpha x$ verhält.

In der Abbildung 3.2c wächst die Funktion $h(x)$ quadratisch in der Nähe des Ursprungs und nähert sich dann, während sie einen positiven Anstieg beibehält, für große x der Geraden $y = (\beta/\alpha)(x - 1/\alpha)$.

Jetzt wollen wir die gleiche Beschreibung unter Verwendung des $\sim$-Symbols durchführen.

Definition. Wir sagen, daß

$$F(x) \sim G(x), \tag{3.3}$$

wenn x gegen einen bestimmten Wert $x = a$ geht, falls das Verhältnis von $F(x)$ und $G(x)$ gegen eins strebt, wenn x gegen a geht.

Wir wollen jetzt sehen, wie man das in den drei durch die Abbildungen 3.2a–c illustrierten Beispielen anwendet.

Wir haben

$$f(x) = \frac{\beta x}{1 + \alpha x} \tag{3.4}$$

und sagen, daß $f(x) \sim \beta x$, wenn $x \to 0$, weil

$$\frac{f(x)}{\beta x} = \frac{1}{\beta x} \frac{\beta x}{1 + \alpha x} \to 1 \qquad \text{für} \quad x \to 0\,.$$

Wir haben weiterhin

$$f(x) \sim \frac{\beta}{\alpha} \qquad \text{für} \quad x \to \infty,$$

da

$$f(x)\frac{\alpha}{\beta} = \frac{\alpha}{\beta} \frac{\beta x}{1 + \alpha x} \to 1 \qquad \text{für} \quad x \to \infty\,.$$

Wir verwenden die Bezeichnung „nähert sich", um das $\sim$-Symbol zu beschreiben. Es wird als ein asymptotisches Symbol bezeichnet, weil es oft verwendet wird, wenn x gegen unendlich geht.

Betrachten wir jetzt die Kurve in der Abbildung 3.2b:

$$g(x) = \frac{\beta x}{1 + \alpha x^2}\,. \tag{3.5}$$

Wir sagen, daß

$$g(x) \sim \beta x \qquad \text{für} \quad x \to 0$$

und

$$g(x) \sim \frac{\beta}{\alpha x} \qquad \text{für} \quad x \to \infty\,.$$

Analog erhalten wir aus Abbildung 3.2c

$$h(x) = \frac{\beta x^2}{1 + \alpha x} \tag{3.6}$$

und daraus

$$h(x) \sim \beta x^2 \qquad \text{für} \quad x \to 0,$$
$$h(x) \sim \frac{\beta x}{\alpha} \qquad \text{für} \quad x \to \infty\,.$$

Betrachten wir die graphischen Darstellungen, dann sehen wir, daß die angegebene Analyse das Verhalten der Kurve für große und kleine Werte von x beschreibt. □

Beispiel 3.2.1. Wie verhält sich $\sin x$, wenn x gegen null geht? Wir wissen, daß die Taylorentwicklung mit

$$\sin x = x - \frac{x^3}{3!} + \text{T.h.O.}$$

beginnt, deshalb können wir

$$\sin x \sim x \qquad \text{für} \quad x \to 0$$

schreiben. Wir hätten äquivalent auch

$$\frac{\sin x}{x} \sim 1 \qquad \text{für} \quad x \to 0 \tag{3.7}$$

schreiben können. Das bedeutet, daß die Funktionen $y = \sin x$ und $y = x$ in einer graphischen Darstellung in der Nähe des Ursprungs ununterscheidbar sind. (Siehe Abbildung 3.3) □

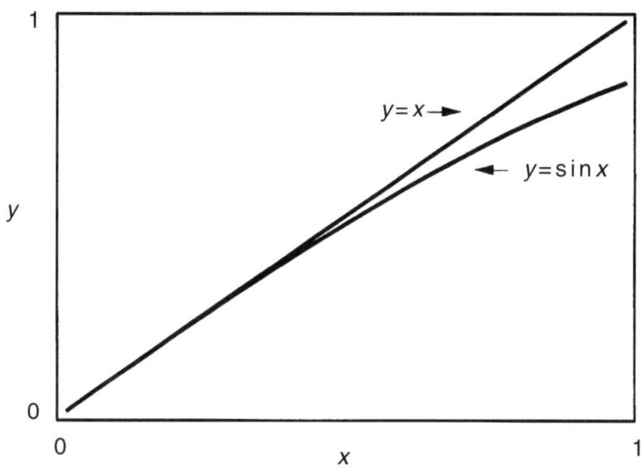

Abb. 3.3

Man zeige, daß

Übung 3.2.1. $\cos x \sim 1$ für $x \to 0$. □

Übung 3.2.2. $\tan x \sim x$ für $x \to 0$. □

Übung 3.2.3. $\exp x \sim 1$ für $x \to 0$. □

Übung 3.2.4. $\ln(1 + x) \sim x$ für $x \to 0$. □

gilt.

Wir können das asymptotische Verhalten jeder der Funktionen aus Beispiel 3.2.1 und den Übungen 3.2.1 bis 3.2.4 dadurch berechnen, daß wir sie in eine Taylorreihe um $x = 0$ entwickeln und den ersten Term betrachten. Wir können die Übereinstimmung verbessern, indem wir weitere Terme der Taylorreihe berechnen und diese in unseren Relationen verwenden. Zum Beispiel:

$$\sin x \sim x - \frac{x^3}{3!} \qquad \text{für} \quad x \to 0$$

oder

$$\frac{\sin x}{x - x^3/3!} \to 1 \qquad \text{für} \quad x \to 0\,.$$

Das wird deutlich, wenn wir die ersten drei Terme in der Taylorentwicklung für $\sin x$ berechnen:

$$\sin x = x - \frac{x^3}{3!} + \frac{x^5}{5!} + \text{T. h. O.} \qquad \text{für} \quad x \to 0$$

oder

$$\frac{\sin x}{x - x^3/3!} \sim 1 + \frac{x^5/5!}{x - x^3/3!} \to 1 \qquad \text{für} \quad x \to 0\,.$$

Beispiel 3.2.2. Wie verhält sich $f(x) = x + \sqrt{x}$, wenn x gegen null geht? Es ist klar, daß $f(x) \sim \sqrt{x}$, da der Wurzel-Term für kleine Werte von x dominiert. Wie verhält sich

$$f(x) = \sqrt{a + bx}; \qquad a, b > 0,$$

wenn x gegen null geht? Wenn a und b feste Werte haben, können wir

$$f(x) = \sqrt{a}\sqrt{1 + \frac{bx}{a}}$$

schreiben. Dann gilt offenbar

$$f(x) \sim \sqrt{a}\left(1 + \frac{bx}{2a}\right) \qquad \text{für} \quad x \to 0\,.$$

Bei diesem Zugang werden wir keine Schwierigkeiten haben, solange a und b feste Werte besitzen. Nehmen wir jedoch an, daß wir ein Problem haben, bei dem ein kleiner Parameter mit der abhängigen Variablen, z. B. der Zeit, multipliziert wird oder mit dieser verknüpft ist. Wenn wir dann das Verhalten der Lösung für einen langen Zeitraum verfolgen, begegnen wir einigen Begriffen, die neu für uns sind, nämlich den säkularen Termen sowie den gleichmäßigen und ungleichmäßigen Entwicklungen. Wir werden diesen Punkt im Kapitel 8 ausführlich diskutieren. Wir schließen diesen Abschnitt mit einem flüchtigen Blick auf die neue Klasse von Schwierigkeiten, auf die wir uns beziehen. □

Beispiel 3.2.3. Man betrachte

$$F(t) = \sqrt{1 + \varepsilon t}\,. \tag{3.8}$$

Wenn das Produkt $|\varepsilon t| \ll 1$ ist, dann wissen wir, daß

$$F(t) \sim 1 + \frac{\varepsilon t}{2}$$

gilt. Wenn aber das Produkt εt nicht klein ist, obwohl $|\varepsilon| \ll 1$ ist, weil t sehr groß ist, dann verhält sich $F(t)$ nicht wie $1 + \varepsilon t/2$ für kleine ε. Mit anderen Worten, wenn wir ε einen beliebigen, kleinen Wert geben und eine ausreichend lange Zeit warten, dann ist die Größe $|\varepsilon t|$ nicht länger klein. □

Beispiel 3.2.4. Wir wollen versuchen, diesen Punkt durch die Betrachtung eines komplizierteren Beispiels noch etwas klarer zu machen. Sei

$$F(t) = \cos\left[(1+\varepsilon)\,t\right]; \qquad 0 < \varepsilon \ll 1, \quad t = \text{Zeit}. \tag{3.9}$$

Die Funktion $F(t)$ ist periodisch. Wenn $\varepsilon t \ll 1$ ist, dann folgt $F(t) \sim \cos t$, wobei F als periodisch mit der Periode 2π erscheint. Man erinnere sich aber, daß wir $\varepsilon t \ll 1$ verwendet haben. Deshalb ist es uns nur erlaubt, die Entwicklung von $F(t)$ für einen kurzen Zeitraum zu verfolgen. Wenn wir $F(t)$ über einen ausreichend langen Zeitraum betrachten, dann werden wir feststellen, daß unsere Approximation und der exakte Ausdruck nicht mehr synchron sind, da die wirkliche Periode

$$T = \frac{2\pi}{1+\varepsilon} \tag{3.10}$$

ist; vergleiche Abbildung 3.4.

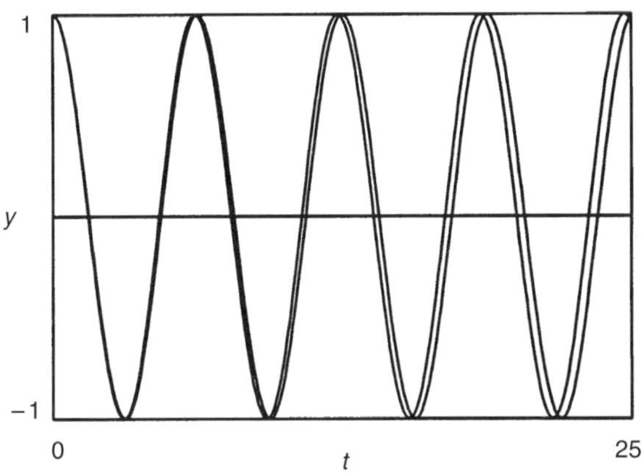

Abb. 3.4 Das ist unsere erste Erfahrung mit zeitlich begrenzten Approximationen. Man stellt fest: Wie klein der Parameter ε auch sein mag, die beiden Kurven $y = \cos t$ und $y = \cos[(61/60)t]$ werden sich immer in ihrer Phase trennen.

Wir wollen das $\sim$-Symbol verwenden, um zu verstehen, was dabei geschieht. Wir sagen, daß $F(t) \sim \cos t$, wenn t für kleine Werte von εt gegen null strebt, weil

$$\begin{aligned}\frac{\cos\left[(1+\varepsilon)t\right]}{\cos t} &= \frac{\cos t\cos \varepsilon t - \sin t \sin \varepsilon t}{\cos t}\\ &= \cos \varepsilon t - \frac{\sin t}{\cos t}\sin \varepsilon t\end{aligned}$$

oder

$$F(t) \sim \cos t - (\varepsilon t)\sin t \qquad \text{für} \quad \varepsilon t \to 0 \tag{3.11}$$

gilt. Wir verwenden dabei die Tatsachen

$$\cos \varepsilon t \sim 1 \quad \text{und} \quad \sin \varepsilon t \sim \varepsilon t \qquad \text{für} \quad \varepsilon t \to 0\,.$$

Schließlich kehren wir zu unserer Ausgangsfunktion (3.9) zurück und bemerken, daß sie periodisch ist, während die asymptotische Näherung, gegeben durch Gleichung (3.11), nicht periodisch ist. Die Gleichung (3.11) stellt die Lösung als Summe aus einer periodischen Funktion mit der ursprünglichen Periode ($\varepsilon = 0$) und einem Term, welcher ein Produkt aus einer linearen und einer periodischen Funktion ist, $\varepsilon t \sin t$, dar. Es ergeben sich keine Schwierigkeiten, solange wir daran denken, daß wir die Einschränkung gemacht haben, daß εt klein bleiben soll. Oft wollen wir jedoch das Verhalten des Systems über große Zeiträume verfolgen, und wenn wir das tun; dann geben wir diese Einschränkung auf. Wir stellen fest, daß uns diese Darstellung des Verhaltens von $F(t)$ dann in die Irre führt.

Es ist wichtig, diese Tatsache zu betonen, deshalb werden wir sie noch einmal aus einer leicht veränderten Perspektive erklären. □

Beispiel 3.2.5. Wir wollen den kleinen Parameter ε und die Variable t trennen. Nehmen wir an, wir haben eine Differentialgleichung der Form

$$\begin{aligned}&\frac{\mathrm{d}^2 x}{\mathrm{d}t^2} + f(\varepsilon)x = 0; \qquad x(0) = A, \quad \dot{x}(0) = 0,\\ &\qquad f(\varepsilon) > 0 \quad \text{und} \quad |\varepsilon| \ll 1\,.\end{aligned} \tag{3.12}$$

Die Bewegung ist periodisch mit der Periode

$$T = \frac{2\pi}{\sqrt{f(\varepsilon)}},$$

die Lösung der Differentialgleichung lautet

$$x = A\cos\left(\sqrt{f(\varepsilon)}\,t\right)\,. \tag{3.13}$$

Nehmen wir an, wir können dieses Problem nicht lösen, sind aber mit einer Potenzreihenentwicklung in dem kleinen Parameter ε zufrieden. Entwickeln wir $f(\varepsilon)$ in eine Taylorreihe:

$$f(\varepsilon) = f(0) + \varepsilon f'(0) + \text{T.h.O.} \tag{3.14}$$

Anschließend entwickeln wir die Lösung in eine Potenzreihe in ε. Wenn wir nicht sorgfältig vorgehen, konstruieren wir eine Entwicklung, die den Parameter

ε mit der Zeit t verkoppelt. Betrachten wir als Beispiel $f(\varepsilon) = 1 + \varepsilon$, dann erhalten wir

$$\sqrt{f(\varepsilon)} = \sqrt{1+\varepsilon} = 1 + \frac{\varepsilon}{2} + \text{T.h.O.} \tag{3.15}$$

Wir wissen, daß die Lösung periodisch ist, kennen jedoch nicht die exakte Periode, da wir die Gleichung nicht exakt lösen können. Eine direkte Rechnung liefert eine nichtperiodische Entwicklung der Lösung in der Form

$$x(t) = A\cos t - \frac{\varepsilon A t}{2}\sin t + \text{T.h.O.} \tag{3.16}$$

Diese Entwicklung ist richtig, da sie die Lösung solange zuverlässig charakterisiert, solange das Produkt $\varepsilon t \ll 1$ ist. Sie verdeckt jedoch die zugrunde liegende Periodizität der Lösung. Das ist ein schwerwiegender Mangel, denn die Darstellung der Geschwindigkeit $\mathrm{d}x/\mathrm{d}t$ über der Auslenkung x ist statt einer geschlossenen Bahn aufgrund der Terme der Form $\varepsilon t \sin t$ eine Spirale. (Dieses Verhalten wird im Kapitel 8 in einiger Ausführlichkeit diskutiert.) Wir stellen fest, daß diese Form der Lösung unbefriedigend ist. Es ist möglich, eine Lösung zu konstruieren, die die Periodizität der Lösung in jeder Ordnung der Störungsentwicklung beibehält. In unserem Beispiel würde diese Entwicklung

$$x(t) = A\cos\left[\left(1 + \frac{\varepsilon}{2} + \text{T.h.O.}\right)t\right], \tag{3.17 a}$$

$$T \approx \frac{2\pi}{1+\varepsilon/2} \tag{3.17 b}$$

lauten. Diese Entwicklung behält den periodischen Charakter der Lösung, wenngleich auch nach einer genügend langen Zeit die genäherte Periode zu einer Abweichung im Vergleich zur Bewegung mit der richtigen Periode führt. Im Kapitel 9 werden wir lernen, wie man diesen Lösungstyp konstruiert. □

Da eines unserer Ziele darin besteht, Entwicklungen in dem kleinen Parameter ε zu erhalten, die für sehr lange Zeiten richtig sind, müssen wir unsere Näherungen entsprechend einrichten. Wir nennen solche Entwicklungen gleichmäßige Entwicklungen und sagen, daß sie zeitlich gleichmäßig gültig sind. Das ist ein schwieriges Konzept, es taucht als ein zentraler Bestandteil unserer Diskussion schwach nichtlinearer, oszillierender Systeme auf. Bei diesen Systemen stören wir einen linearen Oszillator durch einen kleinen nichtlinearen Term und untersuchen das Verhalten des Systems über ein langes Zeitintervall. Wir stellen fest, daß dieses einen neuen Zugang erfordert, da die auf Probieren beruhenden Näherungsverfahren der linearen Theorien sich als ungeeignet erweisen, das Langzeitverhalten zu beschreiben. (Diese Systeme werden in den Kapiteln 8 bis 15 untersucht.)

3.2.2 Das „O"-Symbol und das „o"-Symbol

Nehmen wir an, wir wüßten nicht genug über eine Funktion $f(x)$, um das asymptotische Verhalten, das wir mit dem $\sim$-Symbol verbinden, zu berechnen. Oder wir sind vielleicht mit einer weniger genauen Aussage über das Verhalten von $f(x)$ zufrieden. Unter diesen Umständen kann das Symbol „O" verwendet werden. Wir schreiben

$$f(x) = O\,[g(x)] \qquad \text{für} \quad x \to A, \tag{3.18 a}$$

wobei A eine Konstante ist, wenn

$$\frac{|f(x)|}{|g(x)|} \leq K, \tag{3.18 b}$$

mit konstantem K für $x \to A$. Das heißt, wenn $g(x)$ gegen null geht, wenn x gegen A strebt, dann kann $f(x)$ nicht langsamer gegen null gehen. Wenn wir zum Beispiel

$$f(x) = O(1) \qquad \text{für} \quad x \to \infty$$

schreiben, wissen wir, daß $f(x)$ für $x \to \infty$ beschränkt ist.

Es gibt weiterhin das „o"-Symbol, wobei wir schreiben:

$$f(x) = o\,[g(x)] \qquad \text{für} \quad x \to A, \tag{3.19 a}$$

wenn

$$\frac{|f(x)|}{|g(x)|} \to 0 \qquad \text{für} \quad x \to A\,. \tag{3.19 b}$$

Das heißt, wenn $g(x)$ gegen null strebt, wenn x gegen A geht, dann muß $f(x)$ schneller verschwinden.

Die Symbole $\sim$, O und o kennzeichnen verschiedene Stufen unserer Kenntnis des asymptotischen Verhaltens einer Funktion:

$\sim$ wir wissen am meisten
o wir wissen weniger
O wir wissen am wenigsten.

Wir wollen einige Beispiele für das „O"-Symbol untersuchen und dabei feststellen, wie es uns nur qualitative Informationen über das jeweilige Beispiel liefert.

Beispiel 3.2.6. Wir wissen, daß $\sin x$ für alle x beschränkt ist. Deshalb können wir

$$\sin x = O(1) \qquad \text{für alle} \quad x$$

schreiben. □

Man betrachte die folgenden Punkte a) bis d) und beachte, daß das „O"-Symbol Informationen verbirgt.

a) $f(x) = \beta x/(1+\alpha x) = O(x); \quad x \to \infty$, da $|f(x)|/|x| \leq K$ für $x \to \infty$
b) $f(x) = \beta x/(1+\alpha x) = O(1); \quad x \to \infty$, da $|f(x)|/1 \leq K$ für $x \to \infty$
c) $f(x) = \beta x/(1+\alpha x) = O(1); \quad x \to 0$, da $|f(x)|/1 \leq K$ für $x \to 0$
d) $f(x) = \beta x/(1+\alpha x) = O(x); \quad x \to 0$, da $|f(x)|/|x| \leq K$ für $x \to 0$

Beispiel 3.2.7. Wir wollen zeigen, daß

$$I(n) = \int_0^\alpha \sin nx \mathrm{d}x = O\left(\frac{1}{n}\right); \qquad n \to \infty$$

gilt, wenn die Integrationsgrenze α festgehalten wird. Das kann dadurch gezeigt werden, daß man die Variablentransformation $y = nx$ ausführt und beachtet, daß das Integral über $\sin y$ von der Ordnung $O(1)$ ist. Es ist aber auch von Interesse festzustellen, daß das Integral höchstens gleich der Fläche eines Umlaufs ist, der durch den Abstand von aufeinanderfolgenden Nullstellen von $\sin nx$ begrenzt ist. Wenn wir dieses Gebiet durch ein Dreieck der Höhe 1 und einer Basis gleich π/n annähern, dann können wir schließen, daß $I(n) = O(1/n)$ gilt. Analog sehen wir, daß das Integral von der Ordnung $O(1/n^2)$ ist, wenn der Integrand die Form $\sin n^2 x$ hat. □

In den Übungen 3.2.5 bis 3.2.15 zeige man, daß das asymptotische Verhalten richtig beschrieben wird.

Übung 3.2.5

$$x \ln x = O(1) \qquad \text{für} \quad x \to 0\,.$$ □

Übung 3.2.6

$$\cosh x = O(1) \qquad \text{für} \quad x \to 0\,.$$ □

Übung 3.2.7

$$\cosh x = O(\exp x) \qquad \text{für} \quad x \to \infty\,.$$ □

Übung 3.2.8

$$\sum_0^N n^s = O\left(N^{s+1}\right) \qquad \text{für} \quad N \to \infty; \qquad \text{für} \quad s > 0\,.$$ □

Übung 3.2.9

$$\Phi(x) = \int_0^x \exp\left(-t^2\right) \mathrm{d}t = O(1) \qquad \text{für} \quad x \to \infty. \qquad \square$$

Übung 3.2.10

$$\sqrt{1+x} = 1 + O(x) \qquad \text{für} \quad x \to 0. \qquad \square$$

Übung 3.2.11. Man betrachte das Integral

$$F(t) = \int_0^t \frac{x \exp\left(-x^2\right)}{\ln(2+x)} \mathrm{d}x; \qquad t \to \infty$$

und zeige zunächst, daß $F(t) < 1/(2\ln 2)$ gilt, und folgere dann, daß $F(t) = O(1)$ für $t \to \infty$ gilt. □

Übung 3.2.12

$$G(t) = \int_0^t \ln(1+x) \exp\left(-x^2\right) \mathrm{d}x = O(1) \qquad \text{für} \quad t \to \infty. \qquad \square$$

Übung 3.2.13

$$\sin x = x + O\left(x^2\right) \qquad \text{für} \quad x \to 0. \qquad \square$$

Übung 3.2.14

$$\sin x = x + O\left(x^3\right) \qquad \text{für} \quad x \to 0. \qquad \square$$

Übung 3.2.15

$$\ln x = O\left(x^\varepsilon\right) \qquad \text{für} \quad x \to \infty; \qquad \varepsilon > 0. \qquad \square$$

Wir haben eine große Anzahl von Übungen zum „O“-Symbol angegeben, da es leicht zu verwenden ist und häufiger als das „o“-Symbol auftaucht.

Jetzt üben wir die Verwendung des „o“-Symbols. Man zeige, daß jede der angegebenen Beziehungen richtig ist.

Übung 3.2.16

$$\frac{\sin x}{x} = o(1) \qquad \text{für} \quad x \to \infty\,. \qquad \square$$

Übung 3.2.17

$$\frac{\ln x}{x} = o(1) \qquad \text{für} \quad x \to \infty\,. \qquad \square$$

Übung 3.2.18

$$A(x) = \exp x^2 \int\limits_x^\infty \exp\left(-t^2\right) \mathrm{d}t = o(1) \qquad \text{für} \quad x \to \infty\,.$$

Man zeige. daß

$$A(x) = \exp x^2 \int\limits_x^\infty \frac{[\exp(-t^2)]\,(2t)}{2t} \mathrm{d}t < \frac{\exp x^2}{2x} \int\limits_x^\infty \left[\exp\left(-t^2\right)\right] (2t)\mathrm{d}t$$

gilt, wobei wir einen Faktor $1/2x$ vor das Integral gezogen haben, der im Integrationsintervall größer als $1/2t$ ist. Wir erhalten dann

$$A(x) < \frac{\exp x^2}{2x} \exp\left(-x^2\right) = \frac{1}{2x} \to 0 \qquad \text{für} \quad x \to \infty\,. \qquad \square$$

Beispiel 3.2.8. Es ist oftmals nützlich, die l'Hospitalsche Regel zu verwenden, um die Größenordnung des Restterms zu bestimmen. Betrachten wir beispielsweise

$$I(x) = \exp(-x) \int\limits_a^x (\exp t) t^{-5} \mathrm{d}t; \qquad x \to \infty, \quad a > 0\,.$$

Unter Verwendung der l'Hospitalschen Regel können wir zeigen, daß $I(x) = O\left(x^{-5}\right)$ gilt, indem wir

$$\int\limits_a^x \frac{(\exp t) t^{-5} \mathrm{d}t}{x^{-5} \exp x}$$

berechnen und x gegen unendlich gehen lassen. Durch Differenzieren erhalten wir

$$\frac{(\exp x)x^{-5}}{\left(x^{-5} - 5x^{-6}\right)\exp x} = \frac{1}{1 - 5x^{-1}} = O(1)$$

für $x \to \infty$. □

Es ist einige Übung notwendig, um mit den asymptotischen Symbolen vertraut zu werden und um festzustellen, daß eine Menge Informationen im o-Symbol verborgen sind. Wir beenden diesen Abschnitt mit einer Warnung. (Diese Diskussion basiert auf einem Beispiel aus dem Buch von Wilf.) Nehmen wir an, daß wir

$$f(x) \sim g(x)$$

festgestellt haben, wenn x gegen einen bestimmten Wert, sagen wir unendlich, geht. Das bedeutet *nicht*, daß auch

$$\exp[f(x)] \sim \exp[g(x)]$$

gilt. Damit diese Abschätzung richtig wird, benötigen wir die zusätzliche Aussage:

$$f(x) = g(x) + o(x) \qquad \text{für} \quad x \to \infty\,.$$

Um zu verdeutlichen, daß dieses zu Schwierigkeiten führen kann, beachte man, daß

$$x^2 + 1 \sim x^2 \qquad \text{für} \quad x \to \infty$$

gilt, daß jedoch $\exp\left(x^2 + 1\right)$ nicht asymptotisch äquivalent zu $\exp x^2$ für $x \to \infty$ ist.

Dazu ist notwendig, daß x^2+ „der andere Teil“ derart ist, daß die Exponentialfunktion des anderen Teils gegen eins geht, wenn x gegen unendlich geht. Aus

$$f(x) = g(x) + o(1) \tag{3.20 a}$$

folgt dann

$$\exp[f(x)] = \exp[g(x) + o(x)] = \exp[g(x)] \cdot [1 + o(x)]\,. \tag{3.20 b}$$

Wir fassen zusammen: Zwei Funktionen sind asymptotisch äquivalent, wenn ihr Verhältnis gegen eins strebt, falls x gegen einen bestimmten Wert geht. Es kann aber Terme niedrigerer Ordnung geben, für die diese Aussage nicht zutrifft. Weil die Exponentialfunktion einer Summe das Produkt der Exponentialterme ist, fordern wir, daß die Exponentialfunktion der unterdrückten Terme von der Ordnung eins ist, um im Grenzprozeß die Äquivalenz aufrechtzuerhalten. Das ist eine schwierige, aber wichtige Forderung.

Beispiel 3.2.9. Wir wissen, daß

$$x^2 + x \sim x^2 \qquad \text{für} \quad x \to \infty .$$

$\exp\left(x^2 + x\right)$ ist jedoch für $x \to \infty$ nicht asymptotisch äquivalent zu $\exp x^2$. □

Beispiel 3.2.10. Nehmen wir an, daß wir das asymptotische Verhalten von $\ln n!$ für große Werte von n, d. h. die Stirlingsche Formel, bereits kennen:

$$\ln n! = \tfrac{1}{2} \ln 2\pi n + n(\ln n) - n + o(1) \qquad \text{für} \quad n \to \infty . \tag{3.21 a}$$

Wir sind jedoch oftmals am Verhalten von $n!$ und nicht am Verhalten von $\ln n!$ interessiert. Wir haben gerade gelernt, daß wir obiges auch als

$$n! = \sqrt{2\pi n}\, n^n \exp(-n)\, [1 + o(1)] \qquad \text{für} \quad n \to \infty \tag{3.21 b}$$

schreiben können. Während unserer Untersuchung der Euler-Mac Laurinschen Summenentwicklung im Kapitel 4 werden wir lernen, daß es nicht schwierig ist, Korrekturterme höherer Ordnung zu $\ln n!$ zu finden. Wir können von diesen Termen das Exponential bilden, um Terme höherer Ordnung in der asymptotischen Entwicklung von $n!$ zu erhalten, während die direkte Berechnung dieser Terme sehr aufwendig wird. □

3.3 Das Gaußsche Fehlerintegral

Das Gaußsche Fehlerintegral und sein Komplement treten in einem weiten Bereich von Problemen in der Wissenschaft auf, zum Beispiel in der Wahrscheinlichkeitstheorie und bei der Behandlung der eindimensionalen Wärmeleitungsgleichung. Das Gaußsche Fehlerintegral ist durch

$$\operatorname{Erf}(x) \equiv \frac{2}{\sqrt{\pi}} \int_0^x \exp\left(-t^2\right) \mathrm{d}t \tag{3.22}$$

definiert, sein Komplement lautet:

$$\operatorname{Erfc}(x) \equiv \frac{2}{\sqrt{\pi}} \int_x^\infty \exp\left(-t^2\right) \mathrm{d}t, \tag{3.23}$$

so daß

$$\operatorname{Erf}(x) + \operatorname{Erfc}(x) = 1 \tag{3.24 a}$$

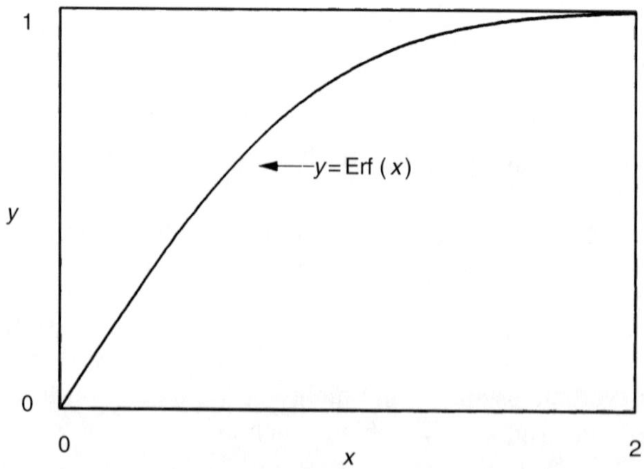

Abb. 3.5 Man beachte, wie schnell Erf(x) gegen 1 geht. Das ist der Grund, warum man im allgemeinen nur Tabellen des Fehlerintegrals Erf(x) für $x \leq 2$ findet.

Tabelle 3.2 Die Funktion Erf(x)

x	Erf(x)	x	Erf(x)
0,00	0,0000	1,10	0,8802
0,10	0,1125	1,20	0,9103
0,20	0,2227	1,30	0,9340
0,30	0,3286	1,40	0,9523
0,40	0,4284	1,50	0,9661
0,50	0,5205	1,60	0,9763
0,60	0,6039	1,70	0,9838
0,70	0,6778	1,80	0,9891
0,80	0,7421	1,90	0,9928
0,90	0,7969	2,00	0,9953
1,00	0,8427		

und

$$\operatorname{Erf}(\infty) = \operatorname{Erfc}(0) = 1 \tag{3.24 b}$$

gilt. Der Faktor $2/\sqrt{\pi}$ wurde eingeführt, um diese Funktionen auf eins zu normieren. Siehe Abbildung 3.5 und Tabelle 3.2.

Übung 3.3.1. Das ist eine Übung im Differenzieren. Man betrachte die eindimensionale Diffusionsgleichung bzw. lineare Wärmeleitungsgleichung:

$$\frac{\partial^2 T(x,t)}{\partial x^2} = \frac{1}{\kappa}\frac{\partial T(x,t)}{\partial t}, \tag{3.25}$$

wobei $T(x,t)$ die Temperatur, t die Zeit und κ die Temperaturleitzahl sind. (Die Temperaturleitzahl von Silber beträgt $1{,}74 \cdot 10^{-4}\,\mathrm{m}^2/\mathrm{s}$, die von Wasser $1{,}38 \cdot 10^{-7}\,\mathrm{m}^2/\mathrm{s}$.) Man überprüfe, daß die Lösung der Gleichung durch

$$T(x,t) = A\mathrm{Erf}\left(\frac{x}{2\sqrt{\kappa t}}\right) \tag{3.26}$$

gegeben ist mit

$$\mathrm{Erf}\left(\frac{x}{2\sqrt{\kappa t}}\right) = \frac{2}{\sqrt{\pi}} \int_0^{x/2\sqrt{\kappa t}} \exp\left(-u^2\right) \mathrm{d}u. \tag{3.27}$$

Unter Verwendung der Variablentransformation $u = s/2\sqrt{\kappa t}$ können wir ebenfalls

$$\mathrm{Erf}\left(\frac{x}{2\sqrt{\kappa t}}\right) = \frac{1}{\sqrt{\pi \kappa t}} \int_0^x \exp\left(\frac{-s^2}{4\kappa t}\right) \mathrm{d}s \tag{3.28}$$

schreiben.

Man überprüfe, daß diese Form der Lösung ebenfalls die Gleichung (3.25) erfüllt. □

Wir wollen Näherungen für Erf(x) und Erfc(x) sowohl für große als auch für kleine Werte von x berechnen. Wir beginnen mit kleinen x-Werten.

Das Fehlerintegral ist üblicherweise nur für Werte des Arguments kleiner als 2 tabelliert, da die Funktionswerte sehr dicht bei 1 liegen, wenn $x \geq 2$. Siehe dazu Abbildung 3.5 und Tabelle 3.2.

Wenn wir den Wert von Erf(x) für kleine Werte von x wissen wollen, müssen wir die Exponentialfunktion unter dem Integral entwickeln und dann jeden Term integrieren. (Wir verweisen auf Gleichung (3.22).) Wenn x beschränkt ist, dann kann man mit dem Quotientenkriterium zeigen, daß die Reihe gleichmäßig konvergiert. Wir erhalten:

$$\begin{aligned} \mathrm{Erf}(x) &= \frac{2}{\sqrt{\pi}} \int_0^x \left[\sum_0^\infty \frac{(-1)^n t^{2n}}{n!}\right] \mathrm{d}t \\ &= \frac{2}{\sqrt{\pi}} \sum_0^\infty \frac{(-1)^n x^{2n+1}}{(2n+1)(n!)} . \end{aligned} \tag{3.29}$$

Da die Summanden mit alternierenden Vorzeichen auftreten, ist der Absolutwert des Fehlers kleiner als der erste vernachlässigte Term. Wir können folglich schreiben:

$$\mathrm{Erf}(x) = \frac{2}{\sqrt{\pi}} \left[x - \frac{x^3}{3} + \frac{x^5}{10} + O\left(x^7\right)\right],$$

wobei der Fehler kleiner als der nächste Term

$$\left|\frac{(-)(2/\sqrt{\pi})x^7}{42}\right|$$

ist. Wir können den Fehler beliebig klein machen, indem wir genügend Terme der Reihe berücksichtigen. Wenn wir beispielsweise das Fehlerintegral für jedes $x < 1$ mit einem Fehler kleiner als 10^{-4} berechnen wollen, dann müssen wir für den ersten vernachlässigbaren Term $n = 7$ wählen, denn $1/(15 \cdot 7!) < (1{,}4) \cdot (10)^{-5}$.

Die ersten sieben Terme der Reihe sind mehr als ausreichend, um das Fehlerintegral mit der geforderten Genauigkeit zu berechnen. Wenn aber x nicht ausreichend klein ist, dann muß man sehr viel mehr Terme in die Rechnung einbeziehen, um ein brauchbares Ergebnis zu erhalten. Deshalb entwickeln wir eine Methode, die für große Werte von x angepaßt ist.

Wenn wir uns für große x-Werte interessieren, dann betrachten wir das komplementäre Fehlerintegral $\mathrm{Erfc}(x)$. Wir stellen zunächst fest, daß es unsinnig ist, $\exp\left(-x^2\right)$ für große x zu entwickeln. Deshalb verwenden wir einen anderen Zugang. Wir integrieren partiell und erhalten große Terme im Nenner.

Unser Vorgehen besteht darin, sowohl Zähler als auch Nenner der rechten Seite der Gleichung (3.23) mit einem Faktor $2t$ zu multiplizieren und partiell zu integrieren:

$$\mathrm{Erfc}(x) = \frac{2}{\sqrt{\pi}} \int_x^\infty \frac{[\exp(-t^2)]\, 2t}{2t} \mathrm{d}t\,. \tag{3.30}$$

Wir schreiben dann:

$$\mathrm{Erfc}(x) = \frac{2}{\sqrt{\pi}} \left(\frac{\exp(-x^2)}{2x} - \int_x^\infty \frac{\exp(-t^2)}{2t^2} \mathrm{d}t \right)\,. \tag{3.31}$$

Wir können mit partiellem Integrieren fortfahren, jedesmal gewinnen wir einen Faktor $1/x^2$. Ein Faktor $1/x$ kommt aus der Bildung des vollständigen Differentials $2t[\exp(-t^2)]\mathrm{d}t$ und seiner nachfolgenden Integration, ein anderer aus der Differentiation von $1/t^n$. Schreiben wir ein paar Terme auf und kürzen dabei die gemeinsamen Faktoren:

$$\begin{aligned} \mathrm{Erfc}(x) = & \left[\frac{2}{\sqrt{\pi}} \exp\left(-x^2\right)\right] \left(\frac{1}{2x} - \frac{1}{2^2 x^3} + 1 \cdot 3 \frac{1}{(2^3 x^5)}\right) \\ & - \frac{2}{\sqrt{\pi}} \int_x^\infty \left[\exp\left(-t^2\right)\right] 5!! \frac{1}{2^3 t^6} \mathrm{d}t\,. \end{aligned} \tag{3.32}$$

(Man beachte $5!! = 5 \cdot 3 \cdot 1$.)

Diese Gleichung ist exakt. Wir können den Fehler, den wir durch die Vernachlässigung des Integrals machen, abschätzen, da

$$\begin{aligned}
&\frac{2}{\sqrt{\pi}}\int_x^\infty \frac{\left[\exp\left(-t^2\right)\right]5!!}{2^3t^6}\mathrm{d}t \\
&= \frac{2}{\sqrt{\pi}}\int_x^\infty \frac{\left[\exp\left(-t^2\right)\right](2t)}{2^4t^7}5!!\mathrm{d}t \\
&< \frac{(2/\sqrt{\pi})(5!!)}{2^4x^7}\exp\left(-x^2\right)
\end{aligned} \tag{3.33}$$

gilt, was gleich dem nächsten Term in der Reihenentwicklung ist. Wie wir sehen, ist es möglich, den absoluten Betrag des Fehlers kleiner als den des ersten vernachlässigten Terms zu halten. Für gegebenes x kann man sagen, wie klein der Fehler sein wird. Zum Beispiel, wenn $x = 4$ ist:

$$\begin{aligned}
&\frac{2}{\sqrt{\pi}}\int_4^\infty \frac{\left[\exp\left(-t^2\right)\right]5!!}{2^3t^6}\mathrm{d}t \\
&< \frac{(2/\sqrt{\pi})\left[\exp(-16)\right](15)}{2^4 4^7}\,.
\end{aligned} \tag{3.34}$$

Wir unterbrechen hier, um zwei Bemerkungen zu machen.

1. Diese Reihenentwicklung divergiert. Die Terme wachsen schließlich an, obwohl sie anfangs abnehmen. Wenn man also den Fehler durch den Integralterm begrenzt, erhält man eine schlechtere Näherung für $\mathrm{Erfc}(x)$, wenn man mehr Terme der Reihe mitnimmt. Das kann man durch Anwendung des Quotientenkriteriums sehen, dabei stellt man fest, daß das Verhältnis aufeinanderfolgender Terme nicht kleiner als eins bleibt, wenn n gegen unendlich geht. Man bricht deshalb üblicherweise nach einigen Termen die Reihe ab. (Wir verdeutlichen das im Beispiel 3.3.1.) Die Reihe wird als semikonvergent oder asymptotisch bezeichnet. Man kann die Funktion annähern und den Fehler abschätzen, es gibt aber einen kleinsten Term in der Reihe, so daß die Terme anwachsen und sich die Näherung wieder verschlechtert, wenn man über diesen Term hinaus gelangt ist. Wir werden jedoch sehen, daß unsere asymptotische Reihe ein großartiges Rechenhilfsmittel ist, wenn wir die Werte des Fehlerintegrals für große Werte seines Argumentes berechnen wollen. Wir werden asymptotische Reihen im Abschnitt 3.4 untersuchen.
2. Man kann den Fehler nicht unter einen bestimmten, festen Wert drücken. Das steht im Gegensatz zu einer konvergenten Reihe. Das wollen wir an einem extremen Beispiel erklären, welches wir zur Illustration ausgewählt haben.

Beipiel 3.3.1. Wir betrachten

$$\mathrm{Erfc}(x) = \frac{2}{\sqrt{\pi}} \int_x^{\infty} \left[\exp\left(-t^2\right)\right] \mathrm{d}t,$$

wie in Gleichung (3.23) gegeben, und schreiben die beiden Entwicklungen:

$$\begin{aligned} A_1(x) = {} & \frac{2}{\sqrt{\pi}} \exp\left(-x^2\right)\left(\frac{1}{2x} - \frac{1}{2^2 x^3}\right) \\ & + \frac{2}{\sqrt{\pi}} \int_x^{\infty} \frac{\left[\exp\left(-t^2\right)\right] 3!!}{2^2 t^4} \mathrm{d}t \end{aligned} \tag{3.35 a}$$

und

$$\begin{aligned} A_2(x) = {} & \frac{2}{\sqrt{\pi}} \exp\left(-x^2\right)\left(\frac{1}{2x} - \frac{1}{2^2 x^3} + \frac{3!!}{2^3 x^5}\right) \\ & - \frac{2}{\sqrt{\pi}} \int_x^{\infty} \frac{\left[\exp\left(-t^2\right)\right] 5!!}{2^3 t^6} \mathrm{d}t\,. \end{aligned} \tag{3.35 b}$$

Sie sind äquivalent, da beide für alle x exakt sind,

$$\mathrm{Erfc}(x) = A_1(x) = A_2(x)\,. \tag{3.36}$$

Diese Ausdrücke sind nützlich, um $\mathrm{Erfc}(x)$ für große x zu approximieren, sie sind aber auch für kleine x richtig. Beide sind so konstruiert, daß sie ein leicht abschätzbares Integral liefern. Man könnte denken, daß man eine verbesserte Approximation immer durch mehrmalige partielle Integration und die Abschätzung des Fehlers durch die Abschätzung eines Integrals erhält. Deshalb erwartet man beispielsweise, daß die für $A_2(x)$ berechneten Terme eine bessere Näherung für $\mathrm{Erfc}(x)$ liefern als die entsprechenden Terme für $A_1(x)$. Wie wir jedoch in diesem Beispiel zeigen, ist das manchmal nicht der Fall. In der asymptotischen Analyse erhält man nämlich nicht immer eine bessere Approximation, wenn man mehr Terme der Reihe berechnet. Wir wollen zeigen, wie das geht. Wir wählen einen Wert x, für den das Integral in $A_1(x)$ klein ist. Wenn wir das Integral vernachlässigen, so erwarten wir, daß wir eine gute Näherung für das Fehlerintegral erreichen. Wir zeigen dann, daß das entsprechende Abbruchverfahren für $A_2(x)$ eine schlechtere Näherung gibt. Man verliert folglich durch die Berechnung weiterer Terme der Reihe Genauigkeit. Wenn wir $x = 1$ wählen (das ist ein Extremfall, da x nicht groß ist), dann erhalten wir

$$\begin{aligned} A_1(1) = {} & \frac{2}{\sqrt{\pi}} \left[\exp(-1)\right]\left(\frac{1}{1 \cdot 2} - \frac{1}{2^2 \cdot 1^3}\right) \\ & + \mathrm{Fehler}(1) \equiv \tilde{A}_1(1) + \mathrm{Fehler}(1) \end{aligned} \tag{3.37 a}$$

und

$$A_2(1) = \frac{2}{\sqrt{\pi}} \left[\exp(-1)\right] \left(\frac{1}{1 \cdot 2} - \frac{1}{2^2 \cdot 1^3} + \frac{3!!}{2^3 1^5} \right) + \text{Fehler}(2)$$
$$\equiv \tilde{A}_2(1) + \text{Fehler}(2)\,. \tag{3.37 b}$$

Wir berechnen dann

$$\tilde{A}_1(1) = 0{,}10; \qquad \tilde{A}_2(1) = 0{,}26\,.$$

Der exakte Wert lautet

$$\text{Erfc}(1) = 1 - 0{,}84 = 0{,}16\,.$$

Wir bemerken, daß wir das Ergebnis verschlechtern würden, wenn wir weitere Terme der Entwicklung mitnehmen würden, denn die nächsten zwei sind das $-15/16$- und $105/32$fache des gemeinsamen Faktors $(2/\sqrt{\pi})\exp(-1)$. Wir sehen, daß die als Korrekturterme angenommenen Terme beginnen, die führenden Terme zu übersteigen.

Im Beispiel 3.3.1 verbessern wir unsere Approximation durch die Mitnahme eines zweiten Terms. Wir bemerken ebenfalls, daß wir keine gute Näherung für Erfc(1) erhalten. Das verdeutlicht eine allgemeine Eigenschaft der asymptotischen Entwicklung. Es gibt einen kleinsten Term, und man muß eine andere Methode als die asymptotische Entwicklung verwenden, wenn man in diesem Bereich der Variable x eine bessere Näherung erreichen will. □

Jetzt wollen wir unsere Untersuchungen des komplementären Fehlerintegrals für Erfc(2) wiederholen. Nach einigen partiellen Integrationen erhalten wir:

$$\begin{aligned} \frac{\sqrt{\pi}}{2}\left(\exp x^2\right)\text{Erfc}(x) = & \left(\frac{1}{2x} - \frac{1}{2^2 x^3} + \frac{3!!}{2^3 x^5} \right. \\ & \left. - \frac{5!!}{2^4 x^7} + \frac{7!!}{2^5 x^9} - \frac{9!!}{2^6 x^{11}} + \frac{11!!}{2^7 x^{13}} \right) \\ & - \exp x^2 \int\limits_x^\infty \frac{\left[\exp\left(-t^2\right)\right] 13!!}{2^7 t^{14}} \mathrm{d}t\,. \end{aligned} \tag{3.38}$$

Wir berechnen Gleichung (3.38) bei $x = 2$. Man beachte, daß wir den Faktor $(\sqrt{\pi}/2)(\exp x^2)$ auf die linke Seite gebracht haben, um die Reihe deutlicher zu machen. Aus Tabelle 3.3 entnehmen wir, daß nach siebenmaliger partieller Integration der letzte berechnete Term einen größeren Absolutwert hat als der vorhergehende (vgl. $11/8 > 1$).

Tabelle 3.3 Terme der asymptotischen Entwicklung von $(\sqrt{\pi}/2)(\exp x^2)\mathrm{Erfc}(x)$; $x = 2$*

Term	Term$(x=2)$	$\dfrac{n\text{-ter Term}}{(n-1)\text{ter Term}}$	Summe
$\frac{1}{2x}$	$2{,}50 \cdot 10^{-1}$	...	0,250
$-\frac{1}{2^2x^3}$	$-3{,}13 \cdot 10^{-2}$	0,13	0,219
$+\frac{3!!}{2^3x^5}$	$1{,}17 \cdot 10^{-2}$	0,37	0,230
$-\frac{5!!}{2^4x^7}$	$-7{,}32 \cdot 10^{-3}$	0,63	0,223
$+\frac{7!!}{2^5x^9}$	$6{,}41 \cdot 10^{-3}$	0,88	0,230
$-\frac{9!!}{2^6x^{11}}$	$-7{,}21 \cdot 10^{-3}$	1,1	0,222
$+\frac{11!!}{2^7x^{13}}$	$9{,}91 \cdot 10^{-3}$	1,4	0,232

*Der exakte Wert lautet $(\sqrt{\pi}/2)(\exp 4)\mathrm{Erfc}(2) \approx 0{,}2263$.

Dieses Muster setzt sich fort, es wird klar, wenn man den Quotienten der Absolutwerte des $(n+1)$ten und des n-ten Terms bildet:

$$\frac{(2n+1)!!}{2^{n+2}x^{2n+3}} \cdot \frac{2^{n+1}x^{2n+1}}{(2n-1)!!} = \frac{2n+1}{2x^2}\,. \tag{3.39}$$

Wenn also $2n+1 > 2x^2$ wird, dann beginnen die Terme zu wachsen. Es ist offensichtlich, daß die Terme mit wachsendem n größer werden. Man erinnere sich, daß der gesamte Ausdruck exakt bleibt, da der Integralterm die Gleichheit aufrechterhält. Da jedoch eine Beschränkung des Integrals eine entsprechende Beschränkung der Differenz zwischen dem ergänzenden Fehlerintegral und der Reihe liefert, wird diese Beschränkung entsprechend anwachsen. Man beachte noch, daß die Terme in der Umgebung des kleinsten Terms abflachen. Das ist typisch für eine Reihenentwicklung dieser Form. Der richtige Zahlenwert von $(\sqrt{\pi}/2)(\exp 4)\mathrm{Erfc}(2)$ ist 0,2263.

Wir stellen somit fest, daß wir mit der Methode der partiellen Integration kein Resultat erhalten können, das auf mehr als zwei gültige Ziffern genau ist. Aus der asymptotischen Entwicklung wird weiterhin klar, daß wir das genaueste Ergebnis erhalten, wenn wir mit dem Term $-5!!/2^4x^7$ abbrechen. Wenn wir höhere Genauigkeit fordern, dann müssen wir eine andere Methode verwenden. Man berücksichtige in dieser Hinsicht, daß die Erf- und die Erfc-Funktionen komplementär sind, und das $\mathrm{Erf}(2) = 0{,}99532\ldots$ ist. Deshalb kann selbst eine genaue Integrationsformel viele Punkte erfordern, um Erfc(2) mit drei oder mehr gültigen Ziffern zu liefern.

Kehren wir jetzt zum allgemeinen Problem der Berechnung einer asymptotischen Formel für Erfc(x) zurück. Wir können Erfc(x) partiell integrieren und erhalten eine Reihe der Form

$$\begin{aligned}\operatorname{Erfc}(x) &= \frac{2}{\sqrt{\pi}}\exp\left(-x^2\right)\left(\frac{1}{2x}-\frac{1}{2^2x^3}+\frac{3!!}{2^3x^5}-\cdots+\cdots\right)\\ &\quad+\frac{(-1)^n 2(2n-1)!!}{2^n\sqrt{\pi}}\int_x^\infty\left[\exp\left(-t^2\right)\right]t^{-2n}\mathrm{d}t\,. \end{aligned} \tag{3.40}$$

Der Term

$$\frac{(-1)^n 2(2n-1)!!}{2^n\sqrt{\pi}}\int_x^\infty\left[\exp\left(-t^2\right)\right]t^{-2n}\mathrm{d}t$$

ist einfach abzuschätzen und als Absolutwert kleiner als der nächste Term in der Reihe.

Beispiel 3.3.2. Wir nehmen an, daß wir den Wert von Erfc(x) für $x > 2$ mit einem Fehler kleiner als 10^{-3} berechnen wollen. Wie viele Terme der Gleichung (3.40) müssen wir verwenden, um eine entsprechende Approximation des komplementären Fehlerintegrals zu erhalten? Wir verwenden von der durch Gleichung (3.40) gegebenen asymptotischen Entwicklung nur den ersten Term:

$$\frac{2}{\sqrt{\pi}}\exp\left(-x^2\right)\left(\frac{1}{2x}\right).$$

Der Absolutwert des Fehlers ist kleiner als der nächste Term:

$$\left|\frac{2}{\sqrt{\pi}}\exp\left(-x^2\right)\left(\frac{1}{2^2x^3}\right)\right| < 6\cdot 10^{-4}; \qquad x \geq 2\,.$$

Andererseits beachte man, daß viele Terme der konvergenten Reihenentwicklung (3.29) des Fehlerintegrals Erf(x) mitgenommen werden müssen, da der $n = 10$ entsprechende Term

$$\frac{2}{\sqrt{\pi}}\frac{t^{21}}{(21)(10!)}; \qquad t = 2$$

rund 0,03 ist. □

Beispiel 3.3.3. Man betrachte das Dawson-Integral, das zum Beispiel bei Wärmeleitungsproblemen auftritt.

$$D(x) = \exp\left(-x^2\right)\int_0^x \exp t^2\mathrm{d}t\,. \tag{3.41}$$

Es steht mit dem Fehlerintegral mit imaginärem Argument im Zusammenhang. Wir suchen Entwicklungen von $D(x)$ für große und kleine Werte von x und beginnen mit großen Werten. Wir wollen partiell integrieren und führen folglich den Abbruchpunkt a ein, um eine künstliche Singularität am Ursprung zu vermeiden.

$$\begin{aligned} D(x) &= \exp\left(-x^2\right) \int_0^x \exp t^2 \mathrm{d}t \\ &= \exp\left(-x^2\right) \left[\int_0^a + \int_a^x \exp t^2 \mathrm{d}t \right] . \end{aligned} \tag{3.42}$$

Die feste Größe a ist endlich, es wird deutlich, daß sie einen exponentiell kleinen Beitrag zum Integral liefert.

Das erste Integral ist exponentiell klein, da

$$\begin{aligned} \exp\left(-x^2\right) \int_0^a \exp t^2 \mathrm{d}t &< \left[\exp\left(-x^2\right)\right] \left(\exp a^2\right) \cdot a \\ &= O\left[\exp\left(-x^2\right)\right] ; \qquad x \to \infty . \end{aligned}$$

Wählen wir zum Beispiel einen Wert $a = 1$, dann erhalten wir

$$\exp\left(-x^2\right) \cdot (\exp 1) \cdot 1 .$$

Das ist ein exponentiell kleiner Term, der einen kleinen Beitrag bei großen Werten von x liefert. Wenn wir das Integral schrittweise berechnen wollen, dann stellen wir fest, daß die wesentlichen Beiträge von den letzten Schritten kommen. Das ist der Grund, warum der genaue Wert des Abbruchpunktes a unwichtig ist. (Er hilft bei der Behandlung des Integranden.) Wir integrieren das zweite Integral partiell und erhalten die ersten beiden Terme der asymptotischen Entwicklung:

$$\exp\left(-x^2\right) \int_a^x \exp t^2 \mathrm{d}t = \frac{1}{2x} + \frac{1}{4x^3} + O\left(\frac{1}{x^5}\right) ; \qquad x \to \infty .$$

(Wir berechnen die Größenordnung des Fehlers mit Hilfe der l'Hospitalschen Regel, siehe Beispiel 3.2.8.)

Eine vollständigere Analyse zeigt im Grenzfall $x \to \infty$

$$D(x) \sim \frac{1}{2x} + \sum_1^\infty \frac{(2n-1)!!}{2^{n+1} x^{2n+1}} . \tag{3.43}$$

Wir können den Wert des Integrals für kleine x durch Entwicklung von $\exp t^2$ in eine Potenzreihe und Integration jedes Terms berechnen. Ein anderes Verfahren, welches oft nützlich ist, besteht darin, unser Integral in eine Differentialgleichung für $D(x)$ umzuwandeln. Dazu differenzieren wir das Integral aus Gleichung (3.41) und erhalten die Gleichung:

$$D'(x) + 2xD(x) = 1; \qquad D(0) = 0\,. \tag{3.44}$$

Wir können Gleichung (3.44) durch eine Potenzreihenentwicklung der Form

$$D(x) = \sum_0^\infty a_n x^n \tag{3.45}$$

lösen. Setzen wir diese Reihe in die Differentialgleichung ein, bekommen wir

$$\begin{aligned} \sum_1^\infty n a_n x^{n-1} + 2\sum_0^\infty a_n x^{n+1} &= 1, \\ \sum_0^\infty \left[(n+2)a_{n+2} + 2a_n\right] x^{n+1} &= 0; \qquad a_1 = 1\,. \end{aligned}$$

Verwenden wir die Randbedingung, so finden wir, daß es keinen konstanten Term gibt, $a_0 = 0$. Die geraden Koeffizienten verschwinden, die ungeraden erfüllen die Rekursionsformel:

$$(n+2)a_{n+2} + 2a_n = 0\,.$$

Setzen wir $n = 2m - 1$ (n ist ungerade):

$$\begin{aligned} a_{2m+1} &= \left(\frac{-2}{2m+1}\right) a_{2m-1} \\ &= \left[\frac{(-2)(-2)}{(2m+1)(2m-1)}\right] a_{2m-3}\,. \end{aligned}$$

Wir erhalten somit

$$D(x) = \sum_0^\infty \frac{(-1)^m \left(2^m x^{2m+1}\right)}{(2m+1)!!}\,. \tag{3.46}$$

Die Funktion $D(x)$ hat ein Maximum bei $x = 0{,}92$, an diesem Punkt beträgt der Funktionswert 0,54. Die Abbildung 3.6 zeigt die Funktion $D(x)$ für $0 \le x < 2{,}0$.

Das Dawson-Integral ist zum Beispiel auf den Seiten 297 und 319 im *Handbook of Mathematical Functions* von Abramowitz und Stegun tabelliert. □

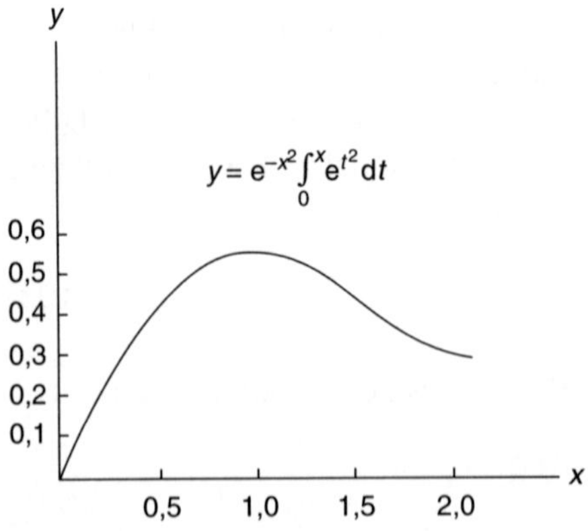

Abb. 3.6 Man beachte, wie breit das Maximum des Integranden ist.

3.4 Summen

Wir wollen die Struktur von Reihen verstehen. Dazu beginnen wir mit der Untersuchung der geometrischen Reihe, da sie leicht zu behandeln ist und weil sie ein Verhalten zeigt, das typisch für Reihen ist. Auf diese Weise entwickeln wir ein Gefühl für einige Schwierigkeiten und für mögliche Methoden, um kompliziertere Probleme angehen zu können. Unsere Ziele sind dann wie folgt:

a) die geometrische Reihe zu verstehen und sie als grundlegendes Werkzeug zu nutzen;
b) den Zusammenhang zwischen monoton wachsenden (oder fallenden) Reihen und den zugehörigen Integralen mit Endpunktkorrekturen herzustellen;
c) ein Verständnis für die Rolle eines Parameters in einer Reihe zu entwickeln;
d) nach parameterunabhängigen Termen zu suchen. Das ist oft wünschenswert, um diese Terme vor der Berechnung der Reihe abzutrennen.

3.4.1 Die geometrische Summe

Die geometrische Summe ist durch

$$F(N, x) = \sum_{0}^{N} x^n = 1 + x + x^2 + \cdots + x^N \tag{3.47}$$

gegeben, wobei x reell oder komplex sein und verschiedene Erscheinungsformen haben kann. Zum Beispiel:

$$x = 2; \qquad F_1(N, 2) = \sum_{0}^{N} 2^n = 1 + 2 + 2^2 + 2^3 + \cdots + 2^N, \tag{3.48}$$

$$x = \exp(-\alpha); \qquad F_2[N, \exp(-\alpha)] = \sum_0^N \exp(-n\alpha)$$

$$= 1 + \exp(-\alpha) + \exp(-2\alpha) + \cdots + \exp(-N\alpha), \tag{3.49}$$

$$x = \exp i\beta; \qquad F_3[N, \exp i\beta] = \sum_0^N \exp in\beta$$

$$= 1 + \exp i\beta + \exp i2\beta + \cdots + \exp iN\beta\,. \tag{3.50}$$

Die Summe besteht aus einer endlichen Anzahl von Summanden, der erste Term ist unabhängig von x. Er hat den Wert eins für F_1, F_2 und F_3 und gibt deshalb keinen Anhaltspunkt für den Wert der Summe. Das ist eine wichtige Beobachtung, wir werden sie später verwenden, wenn wir Näherungswerte für Reihen finden wollen.

Es gibt einen Trick zur Berechnung einer geometrischen Summe $F(N, x)$. Man multipliziere die Gleichung (3.47) mit x und erhalte

$$xF(N, x) = x + x^2 + \cdots + x^{N+1}\,. \tag{3.51}$$

Vergleichen wir die Gleichungen (3.47) und (3.51), sehen wir, daß $F(N, x)$ einen ungeraden Term (ohne Gegenstück) am Anfang und $xF(N, x)$ einen nichtkompensierten Term am Ende hat. Subtrahieren wir die Summen, dann erhalten wir

$$F - xF = 1 - x^{N+1}$$

oder

$$(1 - x)F = 1 - x^{N+1}$$

und daraus

$$F = \frac{1 - x^{N+1}}{1 - x}\,. \tag{3.52}$$

Bevor wir fortfahren, betrachten wir das Ergebnis. Es mag so aussehen, als ob der Punkt $x = 1$ Schwierigkeiten bereitet. Wir wissen, daß das nicht so ist, da $F(N, 1) = N + 1$ ist, da wir $N + 1$ Summanden haben, die alle den Wert eins besitzen. Wir sehen das auch an Gleichung (3.52), die diesen Wert liefert, wenn man $x = 1 \pm \mu;\ \mu \to 0$ setzt. Dann folgt

$$(1 \pm \mu)^{N+1} \approx 1 \pm (N + 1)\mu; \qquad \mu \to 0$$

und

$$F \to \frac{1 - [1 \pm (N + 1)\mu]}{\mp\mu} = N + 1; \qquad \mu \to 0\,.$$

Berechnen wir die Werte von F_1, F_2 und F_3 in den Gleichungen (3.48) bis (3.50):

$$F_1(N, 2) = \frac{1 - 2^{N+1}}{1 - 2} = 2^{N+1} - 1, \tag{3.53}$$

$$F_2[N, \exp(-\alpha)] = \frac{1 - \exp[-(1+N)\alpha]}{1 - \exp(-\alpha)}, \tag{3.54}$$

$$F_3[N, \exp i\beta] = \frac{1 - \exp[(1+N)i\beta]}{1 - \exp i\beta}. \tag{3.55}$$

Wir haben oft Werte $|x| < 1$ und $N \to \infty$,

$$F(\infty, x) = F(x) \to \sum_0^\infty x^n = \frac{1}{1-x}; \qquad |x| < 1. \tag{3.56}$$

Wenn wir die Summation ausführen, aber bei dem Term x^N abbrechen, dann ist der Rest

$$\sum_{n=N+1}^\infty x^n$$

oder

$$\sum_{n=N+1}^\infty x^n = \sum_0^\infty x^n - \sum_0^N x^n = \frac{1}{1-x} - \frac{1-x^{N+1}}{1-x}$$
$$= \frac{x^{N+1}}{1-x}.$$

Das gibt uns ein Maß für den Fehler, den wir machen, wenn wir nach dem Glied x^N abbrechen. Wenn zum Beispiel $x = \frac{1}{2}$ ist, und wir brechen nach zehn Termen ab, dann unterscheiden sich

$$\sum_0^\infty \left(\frac{1}{2}\right)^n \quad \text{und} \quad \sum_0^9 \left(\frac{1}{2}\right)^n \quad \text{um} \quad \frac{\left(\frac{1}{2}\right)^{10}}{1-\frac{1}{2}} \approx \frac{1}{500}.$$

(Man erinnere sich, daß $n = 9$ das zehnte Glied der Summe ist, da die Reihe mit $n = 0$ beginnt.) Wir können ebenso leicht die Werte der verwandten Summen

$$G(M, x) = \sum_{n=M}^\infty x^n, \tag{3.57}$$

$$H(j; N; x) = \sum_{n=j}^N x^n \tag{3.58}$$

berechnen. Das gibt uns ausreichendes Werkzeug, um die Struktur vieler Reihen zu studieren.

Bemerkungen. Bei der Berechnung einer Summe muß man sorgfältig arbeiten, um die Anzahl der Terme richtig zu zählen. Als Beispiel schätze man die Anzahl der Terme der Summe in Gleichung (3.58). Die Summe kann als

$$H(x) = x^j \sum_0^{N-j} x^n$$

geschrieben werden, wenn man den gemeinsamen Faktor x^j abtrennt. Dann ist x^{N-j} der letzte Term. Wir wissen, daß $F(N, x)$ insgesamt $N + 1$ Terme hat. Also muß $H(j; N; x)$ aus $N - j + 1$ Termen bestehen. Mit anderen Worten, wir vermissen die ersten j Terme in $F(N, x)$:

$$x^0 + x^1 + x^2 + \cdots + x^{j-1},$$

die zusammen mit den $N + 1 - j$ Termen

$$x^j + x^{j+1} + \cdots + x^N$$

$N + 1$ Terme ergeben.

3.4.2 Die Verbindung zwischen Summe und Integral: „Die Trapezregel"

Wir wissen, daß Summen und Integrale miteinander verbunden sind, da das Integral der Grenzfall einer Summe ist. In diesem Abschnitt wollen wir eine einfache Entsprechung für glatt monoton fallende Summen entwickeln, die es uns erlaubt, diese mit einem Integral mit Korrekturen zu vergleichen. Sie gibt uns Einblicke in einige der Approximationstechniken.

In Abbildung 3.7 zeigen wir eine Kurve $y = f(x)$, wobei man sich zum Beispiel für $f(x)$ $\exp(-\alpha x)$, $\alpha > 0$ vorstellen kann. Wir wollen

$$\int_0^5 f(x)\mathrm{d}x$$

mit zwei in Beziehung stehenden Summen vergleichen und die Approximation des Integrals durch eine Summe mit Endpunktkorrekturen plausibel machen. Um

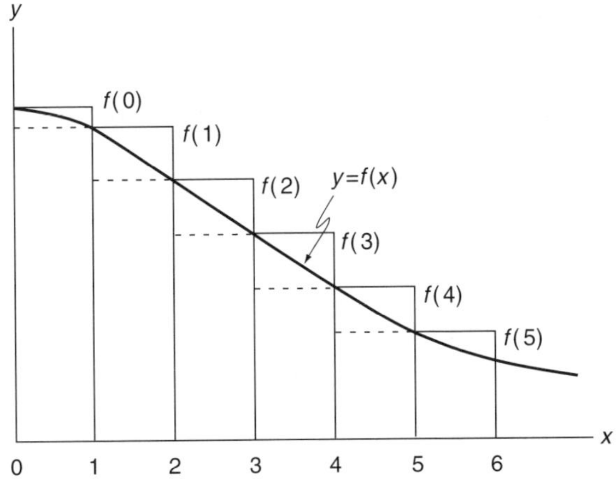

Abb. 3.7 Man vergewissere sich, daß man versteht, wie diese Abb. zu der in (3.59) gegebenen Ungleichung führt.

das zu erreichen, zeichnen wir zwei verschiedene Arten von Rechtecken ein, eine bildet eine obere Schranke, die andere bildet eine untere Schranke. Wenn f monoton fallend ist, dann ist ihr Wert an jeder der aufeinanderfolgenden ganzen Zahlen 1, 2, 3, 4 und 5 kleiner als bei der vorhergehenden Zahl, so daß

$$\int_0^5 f(x)\mathrm{d}x < [f(0)\cdot 1 + f(1)\cdot 1 + f(2)\cdot 1 + f(3)\cdot 1 + f(4)\cdot 1]\,. \quad (3.59)$$

Man beachte, daß auf der rechten Seite fünf Terme stehen, die alle mit 1, der Länge der ganzzahligen Zerlegung der Achse, multipliziert werden. Jetzt wiederholen wir das ganze, dieses Mal zeichnen wir die Rechtecke nach links, beginnend mit $f(1)$ und endend mit $f(5)$. Es stehen wieder fünf Terme auf der linken Seite, von denen jeder den Wert f(ganzer Zahl) multipliziert mit 1 hat. Jedes dieser Rechtecke liefert einen Flächeninhalt, kleiner als der Wert des entsprechenden Integrals:

$$1\cdot\left[\sum_1^5 f(j)\right] < \int_0^5 f(x)\mathrm{d}x < \left[\sum_0^4 f(j)\right]\cdot 1\,. \quad (3.60)$$

Wir können ebenfalls eine monoton fallende Summe durch zwei in Zusammenhang stehende Integrale einschränken:

$$\int_1^6 f(x)\mathrm{d}x < \sum_1^5 f(j) < \int_0^5 f(x)\mathrm{d}x\,. \quad (3.61)$$

Stellen wir uns jetzt vor, daß die Funktion $f(x)$ nahezu linear zwischen aufeinanderfolgenden ganzzahligen Werten variiert. Dann ist folgende Aussage plausibel:

$$\int_0^5 f(x)\mathrm{d}x = \frac{1}{2}\left(\sum \text{größerer Rechtecke} + \sum \text{kleinerer Rechtecke}\right)\,.$$

Die Terme $f(0)$ und $f(5)$ kommen jeder einmal vor, während die anderen Terme zweimal vorkommen. Somit gilt

$$\int_0^5 f(x)\mathrm{d}x \approx \sum_1^4 f(j) + \frac{1}{2}\cdot f(0) + \frac{1}{2}\cdot f(5)$$

oder

$$\int_0^5 f(x)\mathrm{d}x \approx \sum_0^5 f(j) - \frac{1}{2}\cdot f(0) - \frac{1}{2}\cdot f(5)\,. \quad (3.62\,\mathrm{a})$$

Wir erhalten als Alternative

$$\sum_{0}^{5} f(j) \approx \int_{0}^{5} f(x)\mathrm{d}x + \frac{1}{2}\,[f(0) + f(5)]\ . \tag{3.62 b}$$

Der Anfangs- und der Endwert, f(Anfang) und f(Ende) treten einmal auf, die anderen Terme (Ordinaten) bei der Approximation des Integrals zweimal.

In dieser Untersuchung haben wir einen Zusammenhang zwischen dem Wert einer monoton fallenden Summe und einem Integral mit Endpunktkorrekturen hergestellt. Man beachte, daß wir das gleiche Ergebnis erhalten würden, wenn $f(x)$ eine monoton wachsene Funktion wäre. Man zähle die Terme rückwärts (von 5 bis 0) und berechne das Integral von 5 bis 0. Das ist einer Spiegelung an der Geraden $x = 2{,}5$ äquivalent.

Im allgemeinen erhalten wir

$$\sum_{0}^{N} f(j) = \int_{0}^{N} f(x)\mathrm{d}x + \frac{1}{2}\,[f(0) + f(N)] + \text{T. h. O.} \tag{3.63}$$

(Die Terme höherer Ordnung entstehen durch Fehler in der Approximation durch Trapeze.)

Die von uns aufgestellte Beziehung zwischen monotonen Summen und Integralen bildet die Grundlage für die einfachste numerische Integrationstechnik, die Trapezregel. Dabei nähern wir den Wert eines Integrals zwischen zwei aufeinanderfolgenden ganzen Zahlen durch die Fläche eines Trapezes, wie in Abbildung 3.8 dargestellt.

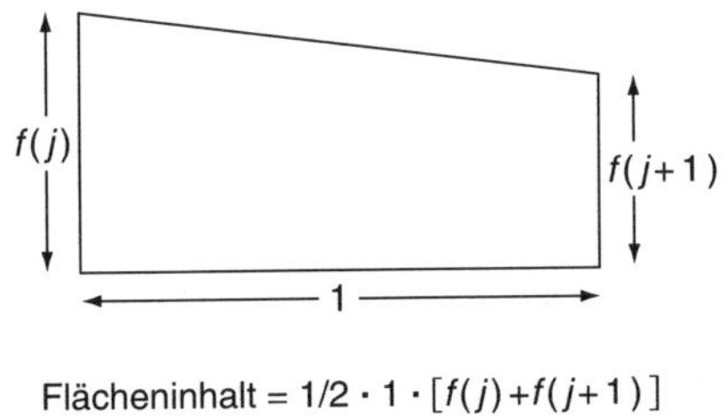

Abb. 3.8 Das Trapez liefert eine einfache Methode, um die Schranken eines Integrals zu erhalten.

Der Nutzen dieses Zusammenhangs hängt von der Möglichkeit ab, die Terme höherer Ordnung zu vernachlässigen. Das wird von der Genauigkeit der linearen Approximation der Funktion $f(x)$ zwischen aufeinanderfolgenden ganzzahligen Werten bestimmt.

Jetzt verwenden wir dieses Ergebnis, um Verständnis für die Rolle eines Parameters bei der Bestimmung des vorherrschenden Verhaltens einer Summe zu gewinnen.

Beispiel 3.4.1. Man betrachte

$$S(N) = \sum_0^N \exp(-n) \approx \int_0^N \exp(-x)\mathrm{d}x + \frac{1}{2}\left[\exp(-0) + \exp(-N)\right]$$
$$= \frac{3}{2} - \frac{1}{2}\exp(-N)\,. \tag{3.64}$$

Das exakte Ergebnis kann aus der geometrischen Reihe hergeleitet werden und lautet

$$S(N) = \frac{1 - \exp[-(N+1)]}{1 - \exp(-1)} \approx 1{,}58 - 0{,}58\exp(-N)\,. \tag{3.65}$$

Die Gleichungen (3.64) und (3.65) befinden sich also in guter Übereinstimmung. Wir modifizieren jetzt $S(N)$, indem wir einen Parameter $\alpha > 0$ einführen und $N \to \infty$ gehen lassen.

$$S_{\text{exakt}} = \sum_0^\infty \exp(-\alpha n) = \frac{1}{1 - \exp(-\alpha)} \tag{3.66}$$

$$S_{\text{approx}} = \int_0^\infty \exp(-\alpha x)\mathrm{d}x + \frac{1}{2}\left[\exp(-\alpha \cdot 0) + \exp(-\alpha \cdot \infty)\right]$$
$$= \alpha^{-1} + \frac{1}{2}\,. \tag{3.67}$$

Vergleichen wir die Gleichungen (3.66) und (3.67), sehen wir, daß S_A (der Index A bedeutet approximiert) und S_E (der Index E bedeutet exakt) sich in ihrer funktionalen Form unterscheiden. Wenn $\alpha \ll 1$ ist, dann folgt

$$S_E = \frac{1}{1 - \exp(-\alpha)} \approx \frac{1}{\alpha - \alpha^2/2} = \frac{1 + \frac{\alpha}{2}}{\alpha} + O(\alpha)$$
$$\approx \alpha^{-1} + \tfrac{1}{2} = S_A(\alpha)\,. \tag{3.68}$$

Das entspricht $S_A(\alpha)$ aus Gleichung (3.67). Deshalb sind die beiden Gleichungen äquivalent, wenn α hinreichend klein ist. Die Situation ist für große α völlig anders. Betrachten wir zum Beispiel die führenden Terme der Summe

$$S_E(\alpha) = \sum_0^\infty \exp(-\alpha n) = 1 + \exp(-\alpha) + \exp(-2\alpha) + \text{T. h. O.},$$

dann sehen wir, daß der erste Term immer gleich eins ist, unabhängig von α. Folglich behandeln die Summe und die Integralapproximation entsprechend Gleichung (3.67) diesen parameterunabhängigen Term unterschiedlich. Das kann zu Schwierigkeiten (oder falschen Ergebnissen) führen. Deshalb ist es eine gute

Übung, die parameterunabhängigen Terme abzutrennen und dann ein Näherungsverfahren zu verwenden, um die verbleibenden Terme der Summe zu berechnen. Man muß sehr sorgfältig arbeiten und vielleicht eine bessere Näherungsmethode verwenden als die, die wir bei unserer Untersuchung der Gleichung (3.66) angewendet haben. Wir trennen den $(n = 0)$-Term ab und schreiben

$$S_E(\alpha) = 1 + \sum_1^\infty \exp(-\alpha n) = 1 + \frac{\exp(-\alpha)}{1 - \exp(-\alpha)} \,. \tag{3.69}$$

Wir können den Summenanteil von $S_E(\alpha)$ mit der Trapezregel approximieren:

$$\sum_1^\infty \exp(-\alpha n) \approx \int_1^\infty \exp(-\alpha x)\mathrm{d}x + \frac{1}{2}\left[\exp(-\alpha) + \exp(-\infty)\right] \,.$$

Unsere Näherung für die in Gleichung (3.69) gegebene Summe $S_E(\alpha)$ ist also

$$S_A(\alpha) = 1 + \alpha^{-1}\exp(-\alpha) + \frac{1}{2}\exp(-\alpha), \tag{3.70}$$

wobei $S_A(\alpha)$ darauf hinweist, daß wir die Integralnäherung verwenden. Entwickeln wir die Terme der rechten Seite der Gleichung (3.69) für kleine Werte von α, erhalten wir ebenfalls

$$S_E(\alpha) \approx 1 + \frac{\exp(-\alpha)}{\alpha(1 - \alpha/2)} = 1 + \frac{\exp(-\alpha)}{\alpha} + \frac{1}{2}\exp(-\alpha) + \text{T. h. O.}, \tag{3.71}$$

was zu Übereinstimmung mit Gleichung (3.70) führt. Untersuchen wir jetzt, was geschieht, wenn α groß ist. Gleichung (3.69) hat als ihren führenden Term $1 + \exp(-\alpha)$, während Gleichung (3.70)

$$S_A(\alpha) \approx 1 + \frac{1}{2}\exp(-\alpha)$$

ergibt. Wir sehen also, daß es für große α eine schlechte Näherung ist, wenn wir die Summe durch ein Integral ersetzen. Warum? Weil die Trapezregel versucht, eine Gerade an die Funktion zwischen zwei aufeinanderfolgenden Stützstellen anzupassen. Wenn α groß ist, dann wird die Exponentialfunktion nur schlecht durch einen Polygonzug approximiert. Man kann eine bessere Übereinstimmung erzielen, wenn man jedes Intervall in viele Teile zerlegt. Wir kehren zu diesen Betrachtungen zurück, wenn wir im Kapitel 4 die Euler-Mac Laurinsche Summenentwicklung diskutieren. Dann werden wir ein Näherungsverfahren zur Berechnung von Summen entwickeln, welches sowohl für große als auch für kleine Parameterwerte anwendbar ist. Wir beschließen diese Diskussion, indem wir unsere Aufmerksamkeit auf (3.61) richten, die grundlegende Ungleichung, die monoton fallende Summen und Integrale miteinander verbindet. Diese Relation ist oft nützlich, wenn die Summen so schnell abfallen, daß eine lineare Interpolation unbefriedigend ausfällt. □

Beispiel 3.4.2. Man betrachte

$$\sum_{1}^{\infty} \exp(-\alpha n) = \frac{\exp(-\alpha)}{1-\exp(-\alpha)} .$$

Es besteht die Ungleichung

$$\int_{1}^{\infty} \exp(-\alpha x)\mathrm{d}x = \frac{\exp(-\alpha)}{\alpha} < \sum_{1}^{\infty} \exp(-\alpha n)$$

$$< \int_{0}^{\infty} \exp(-\alpha x)\mathrm{d}x = \alpha^{-1} .$$

Wir werden diese Ungleichung als nützlich empfinden, wenn wir im Kapitel 4 die Gaußsche Summe behandeln. □

3.5 Asymptotische Reihen

Man betrachte die Reihenentwicklung der Funktion $f(x)$:

$$f(x) = \sum_{0}^{N} a_n x^n; \qquad N \to \infty . \tag{3.72}$$

Wenn diese Entwicklung konvergiert, dann wissen wir, daß

$$\left| f(x) - \sum_{0}^{N} a_n x^n \right| \to 0; \qquad N \to \infty, \quad \text{bei festem } x \tag{3.73}$$

gilt. Die Differenz zwischen der Funktion $f(x)$ und ihrer Reihenentwicklung kann also beliebig klein gemacht werden, wenn man eine ausreichende Anzahl Terme der Reihe berechnet. Die Übereinstimmung verbessert sich, wenn man mehr Terme berücksichtigt. Asymptotische Reihen sind fundamental verschieden. Gegeben sei die Funktion $g(x)$. Wir sagen, daß die Entwicklung

$$g(x) = \sum_{0}^{N} a_n (x - x_0)^n \tag{3.74}$$

für festes N und $x \to x_0$ eine asymptotische Entwicklung ist, wenn für jede feste ganze Zahl N

$$g(x) = \sum_{0}^{N} a_n (x - x_0)^n + o\left[(x - x_0)^N\right] \tag{3.75}$$

gilt. Eine solche Reihe wird im allgemeinen nicht konvergieren. Sie ist jedoch ein sehr wirkungsvolles Rechenhilfsmittel, da sie einen hervorragenden Weg liefert, um den numerischen Wert einer Summe oder eines Integrals zu berechnen. Allgemein werden die Terme der Reihe sehr stark abfallen, sich stabilisieren und anschließend wieder ansteigen. Das war auch der Charakter der Reihen, die wir für Erfc(x) und das Dawson-Integral entwickelt haben. Am häufigsten verwenden wir diese Art der Entwicklung, um eine Reihe für große Werte von x aufzustellen. Entsprechend schreiben wir

$$g(x) = \sum_{0}^{N} a_n x^{-x} + o\left(x^{-N}\right), \tag{3.76}$$

wenn bei festem N $x \to \infty$ geht.

Beispiel 3.5.1. Man betrachte

$$A(z) = \exp z \int_z^\infty \frac{\exp(-t)}{t} \mathrm{d}t; \qquad z > 0\,. \tag{3.77}$$

Uns interessieren große Werte von z. Wir integrieren partiell:

$$A(z) = \exp z \left[\frac{(-)\exp(-t)}{t}\bigg|_z^\infty - \int_z^\infty \frac{\exp(-t)}{t^2} \mathrm{d}t \right], \tag{3.78}$$

$$A(z) = \frac{1}{z}\left(1 - \frac{1}{z} + \frac{1 \cdot 2}{z^2}\right) - \exp z \int_z^\infty \frac{3!\,\exp(-t)}{t^4} \mathrm{d}t\,.$$

Den Integralterm können wir leicht abschätzen

$$\exp z \int_z^\infty \frac{3!\,\exp(-t)}{t^4} \mathrm{d}t < \exp z \cdot \exp(-z) \cdot \frac{3!}{z^4}\,.$$

Es ist offensichtlich, daß die Differenz zwischen $A(z)$ und den ersten Termen der Reihe sehr klein ist, wenn z ausreichend groß ist:

$$A(z) = \frac{1}{z}\left(1 - \frac{1}{z} + \frac{1 \cdot 2}{z^2}\right) + o\left(1/z^3\right)\,.$$

Man beachte, daß wir den Restterm als $O(1/z^4)$ oder als $o(1/z^3)$ schreiben können. Diese Entwicklung ist ein guter Weg, um $A(z)$ für große Werte von z zu berechnen. Die Reihe divergiert jedoch für jedes feste z, da die Terme von der Form $(n-1)!/z^n$ sind.

Wir berechnen das Verhältnis von n-tem und $(n-1)$tem Term:

$$\frac{(n-1)!}{(n-2)!}\,\frac{z^{n-1}}{z^n} = \frac{n-1}{z}\,.$$

Wenn also $n-1 > z$ ist, dann wachsen die Terme an und die Reihe divergiert. Es ist möglich, den kleinsten Term der Reihe zu finden, obwohl das üblicherweise einige Schwierigkeiten bereitet. Das ist der geeignetste Punkt, um die Reihe abzubrechen. Es ist jedoch weit verbreitete Praxis, einige Terme zu berechnen und den Restterm abzuschätzen. □

Übung 3.5.1. Man betrachte

$$F(x) = \exp(-x) \int_1^x \frac{\exp t}{t} \mathrm{d}t \qquad \text{für} \quad x \to \infty,$$

berechne eine Entwicklung der Form

$$F(x) = \left(\frac{1}{x} + \frac{1}{x^2} + \frac{2!}{x^3} + \frac{3!}{x^4}\right) + \text{const} \cdot \exp(-x) + \exp(-x) \int_1^x \frac{4! \exp t}{t^5} \mathrm{d}t$$

und zeige, daß der Fehler von der Ordnung $O(1/x^5)$ ist. Man berechne $F(20)$ auf zwei Stellen genau. (Die Antwort lautet 0,053.) (Man beachte, daß einige Anstrengungen notwendig sind, um zu garantieren, daß das Ergebnis auf zwei Stellen genau ist. Ich schlage vor, das Integral in verschiedene Teile zu zerlegen und für jeden Teil getrennt eine zufriedenstellende Abschätzung zu geben.) □

Übung 3.5.2. Man berechne das Integral

$$I = \int_0^{\sqrt{12}} t^2 \exp\left(\frac{-t^2}{2}\right) \mathrm{d}t$$

auf drei gültige Stellen. Es wird nützlich sein, eine Substitution auszuführen und das Integral in die Form

$$I = \int_0^6 \sqrt{2}\sqrt{y} \exp(-y) \mathrm{d}y$$

zu bringen, und dann das Integral als

$$I = \sqrt{2} \int_0^\infty \sqrt{y} \exp(-y) \mathrm{d}y - \sqrt{2} \int_6^\infty \sqrt{y} \exp(-y) \mathrm{d}y$$

zu schreiben. Es reicht dann aus, partiell zu integrieren und den Restterm abzuschätzen. Man beachte, daß $\exp 3 \approx 20$ ist.

Lösung: 1,24. □

Übung 3.5.3. Man wiederhole Beispiel 0.6.2 des Einführungskapitels. An dieser Stelle führen wir das Integral

$$K = \int_0^\infty y \frac{\exp y}{1 + \exp 2y} \mathrm{d}y \tag{3.79}$$

ein. Wir wandeln es in eine alternierende Reihe um, indem wir es mit $\exp -2y$ multiplizieren und den Integranden entwickeln:

$$K = \sum_{n=0}^{\infty} (-)^n \int_0^\infty y \exp\left[-(2n+1)y\right] \mathrm{d}y \,. \tag{3.80}$$

Wir berechnen das Integral, um die Summe zu erhalten, deren Zahlenwert als Catalansche Konstante bekannt ist.

$$K = \sum_{n=0}^{\infty} (-)^n (2n+1)^{-2} = 0{,}9159\ldots \tag{3.81}$$

In dieser Übung verfolgen wir zwei Ziele:

a) Wir wollen zeigen, daß die Summe K eine schnell konvergierende, alternierende Summe ist und ihren Zahlenwert auf drei gültige Stellen berechnen.
b) Wir nehmen an, daß wir das Integral

$$L(\alpha) = \int_\alpha^\infty \frac{\ln x}{1 + x^2} \mathrm{d}x \tag{3.82}$$

für $1 \leq \alpha < \infty$ auf zwei gültige Ziffern genau berechnen wollen. Aus der soeben ausgeführten Rechnung und den Ergebnissen des Beispiels 0.6.2 wissen wir, daß wir das Integral aus Gleichung (3.82) in eine der Gleichung (3.81) entsprechende Summe umwandeln können. Mit $y = \ln x$ und der auf Gleichung (3.80) führenden Entwicklung erhalten wir

$$L(\alpha) = \sum_{n=0}^{\infty} (-)^n (2n+1)^{-2} \cdot \left[\alpha^{-(2n+1)}\right] \cdot \left[(2n+1)(\ln \alpha) + 1\right] . \tag{3.83}$$

Das letzte Ergebnis folgt daraus, daß wir das Integral

$$F(\beta) = \int_\beta^\infty x \exp(-x) \mathrm{d}x = \exp(-\beta) + \beta \exp(-\beta) \tag{3.84 a}$$

berechnen können. In unserem Falle haben wir $\beta = (2n+1)(\ln\alpha)$ mit $x = (2n+1)y$. Gleichung (3.84 a) nimmt folglich die Form

$$F(\beta) = \left[\alpha^{-(2n+1)}\right] \cdot [(2n+1)(\ln\alpha) + 1] \tag{3.84 b}$$

an. Die in Gleichung (3.83) gegebene Summe konvergiert, da es eine alternierende Reihe ist, der durch das Abbrechen entstehende Fehler ist kleiner als der erste vernachlässigte Term. Wenn α dicht bei 1 liegt, sagen wir $\alpha = 1{,}05$, dann benötigen wir 17 Terme der Summe, um zwei gültige Stellen zu erreichen. Die Summe konvergiert viel schneller für größere Werte von α. Für $\alpha \leq 1{,}05$ erhalten wir dann $L(\alpha) = K = 0{,}92$. Das sieht man, wenn man das Integral

$$\begin{aligned} M(\alpha) &= \int_1^\alpha \frac{\ln x}{1+x^2}\mathrm{d}x \leq \frac{1}{2}\int_1^\alpha \ln x \,\mathrm{d}x \\ &= \frac{1}{2}(\alpha\ln\alpha - \alpha + 1) \end{aligned} \tag{3.85}$$

betrachtet und zeigt, daß es kleiner als 0,001 ist.

Wir sind durch Ausführung dieser Verfahren prinzipiell in der Lage, eine Wertetabelle für $L(\alpha)$ auf zwei gültige Ziffern genau über den gesamten Bereich der Variable α aufzustellen. Man bestätige, daß $L(2) = 0{,}81$, $L(3) = 0{,}68$, $L(5) = 0{,}52$ und $L(20) = 0{,}20$ ist. Wir bemerken, daß $L(20)$ wichtig ist, und verweisen darauf, daß ein beträchtlicher Teil des Integrals für K im Intervall $(20, \infty)$ liegt. (Betrachten wir die Gleichungen (3.80) und (3.82), erhalten wir $y = \ln x$. Für $x = 20$ ist dann $y \approx 3$.) □

Literatur

1. De Bruijn, N. G., *Asymptotic Methods in Analysis*, North-Holland, Amsterdam, 1958, Reprint der dritten Auflage bei Dover, New York, 1981. Obwohl das ein Text für Fortgeschrittene ist, enthält er eine sehr lesenswerte Diskussion über die asymptotischen Symbole und asymptotische Reihen.
2. Wilf, H. S., *Mathematics for the Physical Sciences*, Wiley, New York, 1962, Neuausgabe bei Dover, New York, 1978. Hier befindet sich eine sehr klare Darstellung der asymptotischen Symbole und der asymptotischen Reihen einschließlich einiger schöner Beispiele. Für die meisten Aufgaben sind die Lösungen angegeben.
3. Lebedev, N. N., *Special Functions and their Applications*, Prentice-Hall, Englewood Cliffs, New Jersey, 1965. Neuausgabe bei Dover, New York, 1972. Hier findet man eine sehr gute Diskussion des Fehlerintegrals und in Verbindung damit stehender Integrale einschließlich des Dawson-Integrals.

4. Hamming, R. W., *Numerical Methods for Scientists and Engineers*, McGraw-Hill, New York, 1962. Neuausgabe nach der zweiten Auflage bei Dover, New York, 1986. Es enthält eine sehr lesenswerte Darstellung der numerischen Integration und der Trapezregel. Der Zusammenhang zwischen Summen und Integralen wird an vielen Beispielen illustriert.
5. Bender, C. M.; Orszag, S. A., *Advanced Mathematical Methods for Scientists and Engineers*, McGraw-Hill, New York, 1978. Dieses Buch enthält eine ausführliche Behandlung der Asymptotik mit vielen anschaulichen Beispielen und Aufgaben.
6. Olver, F. W. J., *Asymptotics and Special Functions*, Academic Press, New York, 1974. Das ist eine hervorragende Quelle für Material über Asymptotik. Es enthält sowohl einfache als auch anspruchsvolle Beispiele. Es gibt einen ausführlichen in die Ordnungssymbole einführenden Abschnitt.

4 Abschätzung von Summen: Die Euler-Mac Laurin-Summenentwicklung

Wir haben bereits eine einfache Technik kennengelernt, um Summen durch Vergleich mit einem Integral abzuschätzen. Wir haben jedoch diesbezüglich weder eine systematische Prozedur entwickelt noch in einfacher Weise die dabei auftretenden Fehler abgeschätzt. Die Euler-Mac Laurin-Formel (EM-Formel) schließt diese Lücke, indem sie die Korrespondenz zwischen einer Summe und einem Integral in einer Form angibt, die ein Restglied enthält, das sich leicht abschätzen läßt. Sie ist auf ein breites Spektrum von Fällen anwendbar, die wir klassifizieren und illustrieren werden. Die Euler-Mac Laurin-Formel hat die folgenden Eigenschaften:

1) Sie ist anwendbar auf Summen, deren Terme langsam variieren und fallende Ableitungen besitzen. Am einfachsten ist ihre Anwendung, wenn die Summanden entweder monoton wachsen oder fallen, denn dann ist die Fehleranalyse besonders einfach.
2) Sie ist sehr leicht durch einen Computer oder Taschenrechner auszuwerten.
3) Sie erlaubt es, den Zahlenwert des endlichen Teils einer unendlichen Summe zu bestimmen. So können wir z. B. bei einer logarithmisch divergierenden Summe den divergenten Anteil isolieren und abtrennen und den verbleibenden endlichen Anteil berechnen.
4) Sie gestattet die Berechnung sowohl von endlichen als auch unendlichen Summen.

Wir beginnen im Abschnitt 4.1 mit der Hinführung zur EM-Formel, wobei wir den Beweis in Grundzügen angeben und den Fehlerterm abschätzen. Wir werden dann die verschiedenen Teile der Formel einschließlich des Fehler- oder Restgliedes erklären und ein paar Summen beispielhaft vorrechnen. Im Abschnitt 4.2 weden Summen diskutiert, die von einem Parameter abhängen. Wir identifizieren das dominante Verhalten und die Größenordnung der vernachlässigten Terme.

Schließlich werden wir uns im Abschnitt 4.3 mit der Berechnung der endlichen Anteile divergenter Summen beschäftigen. Am Ende des Kapitels verweisen wir auf Literatur, in der man exakte Ableitungen der Euler-Mac Laurin-Entwicklung und Diskussionen der Fehleranalyse findet. Wir geben auch Literatur über die Poisson-Summenformel an, die eine komplementäre Methode darstellt, Summen über unendlichen und halbunendlichen Intervallen zu berechnen.

4.1 Ableitung der Euler-Mac Laurin-Formel

Es sind mehrere Bezeichnungsweisen verbreitet, wir benutzen jene, die auf dem klassischen Buch von Knopp, *Theorie und Anwendung der unendlichen Reihen*, beruht. Zuerst wollen wir zeigen, daß es im allgemeinen sehr unpraktisch ist, eine konvergente Summe dadurch zu berechnen, daß man einfach ihre Glieder mit einem Computer aufaddiert und den Fehler durch ein Integral abschätzt. Wir betrachten die Summe

$$\zeta(2) = \sum_{n=1}^{\infty} \frac{1}{n^2} \tag{4.1}$$

und wollen ihren Wert bis auf einen maximalen Fehler von 10^{-6} bestimmen. Wenn man versucht, einfach die Partialsummen zu berechnen, müssen über eine Million Glieder berücksichtigt werden, denn wir wissen, daß der Rest durch die Integrale

$$\int_{10^6+1}^{\infty} \frac{\mathrm{d}x}{x^2} < \sum_{n=10^6+1}^{\infty} \frac{1}{n^2} < \int_{10^6}^{\infty} \frac{\mathrm{d}x}{x^2} \tag{4.2}$$

begrenzt wird. Die EM-Formel garantiert uns dagegen dieselbe Genauigkeit, wobei aber nur wenige Terme der Summe und ein paar Ableitungen zu berechnen sind. Außerdem liefert sie eine einfache Abschätzung für das Restglied. (Wir benutzen die EM-Formel nicht in ihrer allgemeinsten Form. Ihre vollständige Struktur wird nicht beleuchtet, und auch die asymptotische Natur des Restgliedes wird nicht näher untersucht. Diese Punkte werden in einiger Ausführlichkeit in den angegebenen Büchern behandelt.)

Wir beginnen unsere Ableitung der EM-Formel mit dem Vergleich einer Summe mit dem zugehörigen Integral und einem leicht abzuschätzenden Fehlerterm:

$$\sum_{i=j}^{n} f(i) = \int_{j}^{n} f(x)\,\mathrm{d}x + \text{Rest}\ . \tag{4.3}$$

Es wird angenommen, daß die Funktion $f(x)$ im gesamten betrachteten Definitionsbereich stetig differenzierbar ist. Es wird weiterhin angenommen, daß das

Integral analytisch oder mit hinreichender Genauigkeit numerisch berechnet werden kann. Wir konzentrieren uns deshalb auf die Abschätzung des Restes bzw. Fehlerterms. Die Korrespondenz zwischen einer Summe und dem zugehörigen Integral wird für stetig differenzierbare Funktionen $f(x)$ entwickelt.

Das Wesen der Formel besteht in der Reduzierung des Fehlerterms durch Berechnung von Ableitungen von $f(x)$. Es ist oft etwas lästig, viele Ableitungen von $f(x)$ mitzunehmen, deshalb werden wir uns fast immer auf die Berechnung von drei Ableitungen beschränken. Es wird nach ein paar Beispielen deutlich werden, daß dies vernünftig ist. Wir beginnen mit der Einführung einer Sägezahnfunktion, was uns zu der gewünschten Formel führen wird. (Das ist der Trick.) Wir betrachten

$$I = \int_{j}^{j+1} \left(x - j - \frac{1}{2} \right) f'(x)\,\mathrm{d}x\,, \tag{4.4}$$

wobei j eine ganze Zahl ist.

Der Integrand ist das Produkt aus einer geraden Linie, die die Funktionswerte $-1/2$ und $+1/2$ über das Integrationsintervall verbindet, und der Ableitung von $f(x)$. Durch partielle Integration folgt

$$I = \frac{1}{2}[f(j) + f(j+1)] - \int_{j}^{j+1} f(x)\,\mathrm{d}x\,. \tag{4.5}$$

Wir möchten gern, daß die Summe über einen größeren Bereich der Werte x läuft, deshalb setzen wir $j \to j+1$.

$$\begin{aligned} J &= \int_{j+1}^{j+2} \left[x - (j+1) - \frac{1}{2} \right] f'(x)\,\mathrm{d}x \\ &= \frac{1}{2}[f(j+1) + f(j+2)] - \int_{j+1}^{j+2} f(x)\,\mathrm{d}x \end{aligned} \tag{4.6}$$

Um diese beiden Integrale zusammenfassen zu können, führen wir das Symbol für den ganzen Anteil von x ein. $[x] \equiv$ größte ganze Zahl, die kleiner oder gleich x ist, z. B.

$$\begin{aligned} x &= 3{,}16; \qquad & [x] &= 3\,, \\ x &= 0{,}14; \qquad & [x] &= 0\,, \\ x &= 4{,}00; \qquad & [x] &= 4\,. \end{aligned}$$

Die Summe der Integrale $I + J$ kann dann wie folgt geschrieben werden:

$$\begin{aligned} I + J &= \int_j^{j+2} \left(x - [x] - \frac{1}{2} \right) f'(x)\,\mathrm{d}x \\ &= \frac{1}{2} f(j) + 2 \cdot \frac{1}{2} f(j+1) + \frac{1}{2} f(j+2) - \int_j^{j+2} f(x)\,\mathrm{d}x\,. \end{aligned} \tag{4.7}$$

Wir möchten aber über sehr viele Terme summieren und erhalten

$$\begin{aligned} \int_j^{j+n} \left(x - [x] - \frac{1}{2} \right) f'(x)\,\mathrm{d}x = \frac{1}{2} f(j) + \sum_{i=1}^{n-1} f(j+i) + \frac{1}{2} f(j+n) \\ - \int_j^{j+n} f(x)\,\mathrm{d}x\,. \end{aligned} \tag{4.8}$$

Man beachte, daß jeder innere Punkt zu zwei Termen beiträgt, deshalb tritt der Faktor $1/2$ nur beim Anfangs- und Endglied der Summe auf. Nach Umordnen erhalten wir

$$\begin{aligned} \sum_{i=0}^{n} f(i+j) = \sum_{i=j}^{n+j} f(i) &= \int_j^{n+j} f(x)\,\mathrm{d}x + \frac{1}{2}[f(j) + f(n+j)] \\ &+ \int_j^{n+j} \left(x - [x] - \frac{1}{2} \right) f'(x)\,\mathrm{d}x\,. \end{aligned} \tag{4.9}$$

Es ist wichtig zu betonen, daß diese Formel exakt ist. Man kann sie auch in dem Sinn verallgemeinern, daß j keine ganze Zahl ist oder die Schrittweite nicht ganz ist. (Vergleiche das Buch von Olver.)

Das ist die erste Form der EM-Formel. Wir müssen aber noch einige zusätzliche Größen einführen, um den Restterm

$$\int_j^{n+j} \left(x - [x] - \frac{1}{2} \right) f'(x)\,\mathrm{d}x \tag{4.10}$$

in eine bequemere Form zu bringen. Wir wissen, daß die Funktion

$$x - [x] - \frac{1}{2}; \qquad j \le x \le n + j \tag{4.11}$$

wie eine sich wiederholende Sägezahnwelle aussieht, die mit der Periode 1 zwischen den Funktionswerten $-1/2$ und $+1/2$ interpoliert. (Man zeichne sie.) Es ist bequem, sie durch eine Fourierreihe darzustellen. Wir erhalten

$$P_1(x) = -\sum_{n=1}^{\infty} \frac{2\sin 2n\pi x}{2n\pi} . \tag{4.12}$$

Diese Reihe konvergiert für alle nicht ganzzahligen Werte von x gegen die Sägezahnfunktion. Wir können sie Glied für Glied integrieren und nennen das Ergebnis

$$P_2(x) = -\sum_{n=1}^{\infty} \frac{2\cos 2n\pi x}{(2n\pi)^2} + A . \tag{4.13}$$

Die Integrationskonstante A wird meistens gleich null gesetzt. Durch diese Wahl ist der Mittelwert von $P_k(x)$ gleich null. Da die Enwicklung von $P_2(x)$ der Integration von $P_1(x) = x - 1/2$ im Intervall zwischen 0 und 1 entspricht, gilt

$$P_2(x) = \frac{x^2}{2} - \frac{x}{2} + \frac{1}{12} . \tag{4.14}$$

Beispiel 4.1.1. Wir wollen demonstrieren, wie man zur Gleichung (4.14) gelangt. Gegeben ist $P_1(x) = x - 1/2$ und der Mittelwert von $P_k(x)$ sei null. Wir integrieren $P_1(x)$ und erhalten

$$P_2(x) = \int P_1(x)\,\mathrm{d}x = \frac{x^2}{2} - \frac{x}{2} + C .$$

Die Konstante C wird nun durch die Forderung bestimmt, daß der Mittelwert von $P_2(x)$ im Intervall 0 bis 1 gleich null ist. Die Integration ergibt

$$P_3(x) = \int P_2(x)\,\mathrm{d}x = \frac{x^3}{6} - \frac{x^2}{4} + Cx .$$

Die Forderung nach verschwindendem Mittelwert ist äquivalent der Bedingung $P_3(1) = P_3(0)$. Daraus erhalten wir $C = 1/12$. □

Man kann nun dieses Verfahren, die Fourierreihe zu integrieren, fortsetzen. Wir wählen auch die Integrationskonstanten immer gleich null. Es ergibt sich

$$P_{2k}(x) = (-)^{k+1} \sum_{n=1}^{\infty} \frac{2\cos 2n\pi x}{(2n\pi)^{2k}}; \qquad k = 1,\ 2,\ 3,\ 4\ldots \tag{4.15 a}$$

$$P_{2k+1}(x) = (-)^{k+1} \sum_{n=1}^{\infty} \frac{2\sin 2n\pi x}{(2n\pi)^{2k+1}}; \qquad k = 0,\ 1,\ 2,\ 3,\ 4\ldots \tag{4.15 b}$$

$$P'_{k+1}(x) = P_k(x); \qquad k = 1,\ 2,\ 3,\ 4\ldots \tag{4.15 c}$$

Wenn man andererseits damit fortfährt, die Polynome $P_k(x)$ zu integrieren, erhalten wir

$$P_3(x) = \frac{x^3}{6} - \frac{x^2}{4} + \frac{x}{12}\,, \tag{4.16}$$

$$P_4(x) = \frac{x^4}{24} - \frac{x^3}{12} + \frac{x^2}{24} - \frac{1}{720}\,. \tag{4.17}$$

Übung 4.1.1. Man fahre mit der Integration der Polynome fort und zeige, daß man für den konstanten Term von $P_6(x)$ den Wert $1/30\,240$ erhält. □

(Die Funktionen P hängen mit den Bernoullischen Polynomen zusammen. Vergleiche hierzu die Literatur, z. B. Knopp, Wilf u. a.) Wir werden die Werte der $P_k(x)$ für ganzzahlige Argumente benötigen. Die ungeraden Polynome P verschwinden an diesen Stellen und wir erhalten

$$\begin{aligned} P_{2k}(\text{ganze Zahl}) &= (-)^{k+1} \sum_{n=1}^{\infty} \frac{2\cos(2n\pi \cdot \text{ganze Zahl})}{(2n\pi)^{2k}} \\ &= (-)^{k+1} \sum_{n=1}^{\infty} \frac{2}{(2n\pi)^{2k}}\,. \end{aligned} \tag{4.18}$$

Wir interessieren uns nun für die Zahlenwerte der Polynome P_{2k} an diesen Stellen. Diese kann man sehr leicht erhalten, indem man die jeweilige Integrationskonstante berechnet, die eingeführt wurde, um zu garantieren, daß der Mittelwert der P_k verschwindet. Wir setzen deshalb z. B. in den Gleichungen (4.14) und (4.17) $x = 0$ und finden

$$P_2(\text{ganze Zahl}) = \frac{1}{12} = \sum \frac{2}{(2n\pi)^2} = \frac{1}{2\pi^2} \sum \frac{1}{n^2}\,, \tag{4.19 a}$$

$$P_4(\text{ganze Zahl}) = \frac{-1}{720} = -\sum \frac{2}{(2n\pi)^4} = -\frac{1}{8\pi^4} \sum \frac{1}{n^4}\,. \tag{4.19 b}$$

Wir erinnern uns jetzt an die Riemannsche Zetafunktion, die wir im Abschnitt 2.5 des Kapitels 2 eingeführt hatten. Sie ist durch

$$\zeta(k) \equiv \sum_{n=1}^{\infty} n^{-k}; \qquad k > 1 \tag{4.20}$$

definiert und genügt der Ungleichung

$$\zeta(k+1) < \zeta(k) < \zeta(k-1); \qquad k > 2\,. \tag{4.21}$$

Aus den Gleichungen (4.19 a) und (4.19 b) und unter Verwendung der Ergebnisse von Beispiel 4.1.1, Übung 4.1.1 und Gleichung (4.17) erhält man

$$\zeta(2) = \frac{\pi^2}{6}; \qquad \zeta(4) = \frac{\pi^4}{90}; \qquad \zeta(6) = \frac{\pi^6}{945}\,. \tag{4.22}$$

Wir wollen nun sehen, inwiefern uns die Einführung der P-Funktionen weiterhilft. Wir kehren zum Restglied

$$\int_j^{n+j} \left(x - [x] - \frac{1}{2}\right) f'(x)\,\mathrm{d}x = \int_j^{n+j} P_1(x) f'(x)\,\mathrm{d}x \tag{4.23 a}$$

zurück und beabsichtigen, partiell zu integrieren. Wir erwarten, daß die nächsten Ableitungen der Funktion $f(x)$ einerseits leicht zu berechnen sein mögen und andererseits klein seien. (Dieses Vorgehen erfordert manchmal ein Abwägen in den Rechnungen, aber wir werden sehen, daß es im allgemeinen am günstigsten ist, nur einige wenige Ableitungen zu berechnen.) Wir schreiben

$$\int_j^{n+j} P_1(x) f'(x)\,\mathrm{d}x = f'(x) P_2(x)\Big|_j^{n+j} - \int_j^{n+j} P_2(x) f''(x)\,\mathrm{d}x\,. \tag{4.23 b}$$

Wir erinnern durch Gleichung (4.19 a) an $P_2(\text{ganze Zahl}) = 1/12$ und erhalten deshalb für den partiell ausintegrierten Term

$$\frac{1}{12}[f'(n+j) - f'(j)]\,. \tag{4.24}$$

Da die Randterme der nächsten partiellen Integration wegen $P_3(\text{ganze Zahl}) = 0$ verschwinden, schreiben wir

$$\int_j^{n+j} P_1(x) f'(x)\,\mathrm{d}x = \frac{1}{12}[f'(n+j) - f'(j)] + \int_j^{n+j} P_3(x) f'''(x)\,\mathrm{d}x\,. \tag{4.25}$$

Wir hören nach diesem Schritt auf und wollen im weiteren die EM-Formel in dieser Form benutzen:

$$\sum_{i=j}^{n+j} f(i) = \int_j^{n+j} f(x)\,\mathrm{d}x + \frac{1}{2}[f(j) + f(n+j)] + \frac{1}{12}[f'(n+j) - f'(j)] + \int_j^{n+j} P_3(x) f'''(x)\,\mathrm{d}x\,. \tag{4.26}$$

Dieser Ausdruck ist exakt und wir hoffen, daß wir durch Einbeziehung höherer Ableitungen der Funktion $f(x)$ eine effektivere Summationsmethode gewonnen haben. Außerdem können wir eine einfache Abschätzung für die P-Funktionen angeben. Wir wenden unsere Aufmerksamkeit jetzt wieder der Abschätzung des Restgliedes zu und definieren

$$\eta \equiv \left| \int_j^{n+j} P_3(x) f'''(x)\,\mathrm{d}x \right| \le \max |P_3(x)| \int_j^{n+j} |f'''(x)|\,\mathrm{d}x\,. \tag{4.27}$$

Wenn $f'''(x)$ ein definiertes Vorzeichen im Integrationsintervall hat, gilt

$$\eta \leq \max |P_3(x)| \cdot |f''(n+j) - f''(j)| \,. \tag{4.28}$$

Mit Hilfe der Fourierreihenentwicklung der Funktion $P_3(x)$ (4.15 b) kann $P_3(x)$ nach oben abgeschätzt werden, wobei berücksichtigt wird, daß $\sin(x)$ nach oben durch 1 beschränkt und $\zeta(3) = 1{,}202\ldots$ ist:

$$|P_3(x)| \leq \sum_{n=1}^{\infty} \frac{2}{(2n\pi)^3} = \frac{2}{(2\pi)^3}\zeta(3) < 10^{-2} \,. \tag{4.29}$$

(Es ist möglich, eine noch bessere Abschätzung anzugeben, aber wir wollen uns damit zufrieden geben. Das Buch von Knopp enthält eine ausführliche Diskussion des Fehlerterms.) Somit lautet unsere Formel

$$\begin{aligned}\sum_{i=j}^{n+j} f(i) = & \int_j^{n+j} f(x)\,\mathrm{d}x + \frac{1}{2}[f(j) + f(n+j)] \\ & + \frac{1}{12}[f'(n+j) - f'(j)] \pm \eta \,. \end{aligned} \tag{4.30}$$

Wir weisen darauf hin, daß diese Formel auch dann gültig bleibt, wenn die obere Summationsgrenze unendlich ist. Es ist wichtig zu betonen, daß man die partiellen Integrationen fortsetzen könnte, aber das ist üblicherweise nicht der bevorzugte Weg. Vielmehr ist es unsere Absicht, die ersten Terme per Hand aufzusummieren, um so nach der Berechnung von nur drei Ableitungen einen minimalen Fehler zu erhalten.

Man beachte noch, daß die Ableitungen unserer Funktion $f(x)$ sehr oft mit wachsendem x kleiner werden, so daß der Fehler hauptsächlich durch den Wert an der unteren Integrationsgrenze bestimmt wird.

Wir wollen zusammenfassen. Unsere Formel umfaßt folgende Teile:

a) Die Summe, die wir berechnen wollen.
b) Das Integral über die Funktion in der Summe. Die Integration kann entweder analytisch oder numerisch ausgeführt werden. Wir können das Problem auch umkehren und das Integral durch die Summe und die Korrekturterme ausdrücken.
c) Es gibt Endpunktkorrekturen, $[f(j) + f(n+j)]/2$, von denen man erwartet, daß sie verglichen mit dem Integral klein sind.
d) Es gibt Endpunktableitungskorrekturen, $[f'(n+j) - f'(j)]/12$, die man ebenfalls als klein erwartet.
e) Wir nehmen gewöhnlich an, daß es sehr mühsam ist, viele Ableitungen zu bilden, und beschränken uns deshalb auf maximal die dritte Ableitung. Am besten ist es, wenn die letzte Ableitung ein definiertes Vorzeichen über dem gesamten Integrationsgebiet hat, denn das produziert nur einen kleinen Feh-

ler. Dies könnte die Entscheidung beeinflussen, wieviel Terme man per Hand aufsummiert. Ein paar Beispiele werden das Gesagte gleich erläutern. Wir werden ein Problem diskutieren, bei dem wir die Eulersche Konstante γ berechnen, wobei wir höhere Ableitungen bilden, um den Wert der Konstanten bis auf acht Stellen genau zu bestimmen. Damit werden wir die Nützlichkeit der EM-Entwicklung für die Berechnung des Wertes einer Summe auf viele Dezimalstellen genau demonstrieren.

f) Es gibt einen abgeschätzten Fehlerterm. Wir benutzen eine ziemlich grobe Abschätzung, die aber leicht zu handhaben ist.

Wir wollen nun einige einfache Beispiele behandeln, um zu demonstrieren, wie wir die Grenzen unserer Summe wählen und wie die EM-Formel benutzt wird.

Beispiel 4.1.2. Wir betrachten die Summe

$$\zeta(2) = \sum_{n=1}^{\infty} \frac{1}{n^2} = \frac{\pi^2}{6} \tag{4.31}$$

und sagen, daß der Fehler kleiner als 10^{-6} sein möge. Wir trennen die Summe zunächst in zwei Anteile auf. Die ersten $j-1$ Summanden werden direkt addiert und die verbleibende Summe

$$\sum_{n=j}^{\infty} \frac{1}{n^2}$$

soll mit der EM-Entwicklung abgeschätzt werden. Die Berechnung wird wie folgt durchgeführt:

1) Wir berechnen das Integral

$$\int_j^{\infty} \frac{\mathrm{d}x}{x^2} = \frac{1}{j}\,.$$

2) Wir ermitteln die Endpunktkorrekturen

$$\frac{1}{2}[f(j) + f(\infty)] = \frac{1}{2j^2}\,.$$

3) Die Ableitungskorrekturen ergeben

$$\frac{1}{2}[f'(\infty) - f'(j)] = \frac{1}{6j^3}\,.$$

4) Wir sind jetzt soweit, den Restterm abzuschätzen und zu prüfen, ob er unserer geforderten maximalen Fehlergröße entspricht. Das erfordert die Wahl eines geeigneten Wertes für j, der die Anzahl der per Hand aufsummierten Terme festlegt. Da $f'''(x)$ im gesamten Integrationsintervall dasselbe Vorzeichen hat, kann der Fehlerterm als

$$\eta < \max |P_3(x)| \cdot |f''(\infty) - f''(j)| < (10^{-2})(2 \cdot 3) j^{-4}$$

geschrieben werden. Offensichtlich gilt für $j = 20$

$$\eta < 10^{-2} \cdot (6/16)(10^{-4}) < 10^{-6} ,$$

womit unsere Forderung erfüllt ist.

Wir können jetzt alle Anteile zusammenfügen und finden

$$\sum_{n=1}^{\infty} \frac{1}{n^2} = \sum_{n=1}^{19} \frac{1}{n^2} + \frac{1}{20} + \frac{1}{2 \cdot 20^2} + \frac{1}{6 \cdot 20^3} + \eta .$$

Die Summe der ersten 19 Summanden ergibt

$$\sum_{n=1}^{19} \frac{1}{n^2} = 1{,}593663244,$$

und außerdem berechnen wir

$$\frac{1}{20} + \frac{1}{800} + \frac{1}{48\,000} = 0{,}051270833 .$$

Folglich führt die EM-Entwicklung auf das Resultat

$$\sum_{n=1}^{\infty} \frac{1}{n^2} = 1{,}644934077 . \tag{4.32}$$

Das exakte Ergebnis lautet

$$\frac{\pi^2}{6} = 1{,}644934067 .$$

Wie man sieht, kann man mit etwas Überlegung und wenig Mühe für eine solche Summe leicht einen extrem genauen Wert ermitteln. Das Ergebnis ist typisch für Summen dieser Art. □

Übung 4.1.2. Man wiederhole diese Analyse für die gleiche Summe, wenn der Fehler kleiner als 10^{-3} sein soll. Man stelle fest, wieviel Terme diesmal aufsummiert werden müssen, um die Fehlergrenze zu garantieren. □

Übung 4.1.3. Man berechne

$$\zeta(3) = \sum_{n=1}^{\infty} \frac{1}{n^3} = 1{,}20205690$$

auf sechs Dezimalstellen genau. □

Übung 4.1.4. Die Summe

$$\zeta\left(\frac{3}{2}\right) = \sum_{n=1}^{\infty} \frac{1}{(\sqrt{n})^3} = 2{,}612$$

soll auf drei Dezimalstellen genau berechnet werden. □

Übung 4.1.5. Alternierende Reihen sind oft sehr schwierig abzuschätzen. Wenn es sich jedoch um eine einfache Summe handelt, kann man beide Anteile getrennt behandeln. Bei der Reihe

$$\begin{aligned} S(-) &= \sum_{n=1}^{\infty} (-)^{n+1} \frac{1}{n^2} = 1 - \frac{1}{2^2} + \frac{1}{3^2} - \frac{1}{4^2} + \dots \\ &= \sum_{n=0}^{\infty} \frac{1}{(2n+1)^2} - \sum_{n=1}^{\infty} \frac{1}{(2n)^2} \end{aligned} \tag{4.33}$$

kennen wir bereits einen Anteil:

$$\sum_{n=1}^{\infty} \frac{1}{(2n)^2} = \frac{1}{4}\frac{\pi^2}{6} = \frac{\pi^2}{24} \,. \tag{4.34}$$

Den Wert der Summe können wir nun tatsächlich ermitteln, denn wegen

$$\begin{aligned} \sum_{n=0}^{\infty} \frac{1}{(2n+1)^2} &= \sum_{n=1}^{\infty} \frac{1}{n^2} - \sum_{n=1}^{\infty} \frac{1}{(2n)^2} \\ &= \frac{\pi^2}{6} - \frac{\pi^2}{24} = \frac{\pi^2}{8} \end{aligned}$$

gilt

$$S(-) = \frac{\pi^2}{12} \,. \tag{4.35}$$

Man benutze die EM-Entwicklung, um den Wert der Summe $S(-)$ bis auf drei Dezimalstellen genau zu bestimmen. □

Beispiel 4.1.3. Die EM-Entwicklung ist für uns ein bequemes Werkzeug, um das Integral einer stetigen Funktion mit einer definierten Genauigkeit, die durch die Abschätzung des Fehlerterms gegeben ist, zu berechnen. Ihre Genauigkeit macht die Methode so interessant, denn der Fehler kann dabei definiert begrenzt werden. Sie ist jedoch auf Funktionen eingeschränkt, deren Ableitungen leicht berechnet werden können. Man kann sie bei Integralen sowohl über endliche als auch über unendliche Integrationsgebiete einsetzen. Wir betrachten z. B. das Integral

$$I = \int_2^\infty \frac{\mathrm{d}x}{x^2}$$

und wollen seinen Wert auf drei Ziffernstellen genau bestimmen. Natürlich kennen wir die exakte Antwort $I = 1/2$. Wir wissen auch, daß wir mittels EM-Entwicklung schreiben können

$$\int_j^\infty \frac{\mathrm{d}x}{x^2} = \sum_{n=j}^\infty \frac{1}{n^2} - \frac{1}{2j^2} - \frac{1}{6j^3} + \eta ,$$

wobei $\eta < (10^{-2})(6/j^4)$ gilt. Die untere Integrationsgrenze liefert für das gegebene $j = 2$ einen zu großen Fehler. Um diese Schwierigkeit zu überwinden, führen wir eine Streckungstransformation der Integrationsvariablen durch, $y = 7x/2$, so daß wir

$$I = \frac{7}{2} \int_7^\infty \frac{\mathrm{d}y}{y^2}$$

erhalten. Damit können wir einen Fehler kleiner als $2{,}5 \cdot 10^{-5}$ garantieren. Wir finden also

$$\begin{aligned} I &= \frac{7}{2}\left[\sum_{n=7}^\infty \frac{1}{n^2} - \frac{1}{98} - \frac{1}{2058}\right] + \eta \\ &= \frac{7}{2}(0{,}142855) = 0{,}499993 + (\eta < 10^{-4}) . \end{aligned}$$

Man achte darauf, daß die Streckungstransformation zwar den Fehlerterm vergrößert, dieser aber innerhalb der akzeptierten Grenzen bleibt. □

Übung 4.1.6. Man wende die Methode vom Beispiel 4.1.3 und die Ergebnisse der Übung 4.1.3 an und berechne

$$I = \int_3^\infty \frac{\mathrm{d}x}{x^3}$$

auf drei Ziffern genau. Weil die exakte Anwort bekannt ist, $I = 0{,}0556$, muß der Fehler so klein sein, daß das Ergebnis bis auf vier Dezimalstellen genau ist, was drei Ziffern entspricht. □

Übung 4.1.7. Man betrachte

$$I = \int_1^2 \ln x \, \mathrm{d}x = 2 \ln 2 - 1 = 0{,}3863$$

und benutze die EM-Entwicklung mit der Streckungstransformation $y = 10x$, um das Integral bis auf vier Dezimalstellen genau zu bestimmen. □

Beispiel 4.1.4. Wir können auch Integrale behandeln, deren untere Grenze keine ganze Zahl ist. Wir betrachten z. B. das Integral

$$I = \int_{2,5}^{\infty} \frac{\mathrm{d}x}{x^2}$$

und suchen seinen Wert bis auf vier Ziffern genau. Wir gehen so vor wie im Beispiel 4.1.3 und führen eine Streckungstransformation durch, die uns einerseits die gewünschte Genauigkeit garantiert und andererseits die untere Integrationsgrenze zu einer ganzen Zahl macht. Wir setzen $y = 4x$ und erhalten

$$\eta < 4(6 \cdot 10^{-6}) = 2{,}4 \cdot 10^{-5} ,$$

wobei der Faktor „4" von der Streckungstransformation kommt. Wir finden schließlich

$$\begin{aligned} I &= 4\left[\sum_{n=10}^{\infty} \frac{1}{n^2} - \frac{1}{200} - \frac{1}{6000}\right] + \eta \\ &= 0{,}4000 + (\eta < 2{,}4 \cdot 10^{-5}) . \end{aligned}$$

□

4.2 Parameterabhängige Summen

Wir wollen jetzt versuchen, die Methode der EM-Entwicklung auf die unendliche geometische Reihe anzuwenden:

$$S(\alpha) = \sum_{n=0}^{\infty} \exp(-\alpha n) . \tag{4.36 a}$$

Wir wollen untersuchen, welche Rolle der Parameter α spielt und wie der Punkt j geeignet zu bestimmen ist, an dem die EM-Entwicklung startet. Es soll z. B. gezeigt werden, daß es oft günstig ist, den ersten, parameterunabhängigen Summanden abzutrennen. Wir führen dann die Rechnung durch, fügen den abgetrennten Term wieder hinzu und prüfen, ob es irgendwelche Schwierigkeiten gibt. Wir schreiben also unser Originalproblem von Gleichung (4.36 a) als

$$S(\alpha) - 1 = \sum_{n=1}^{\infty} \exp(-\alpha n) \,. \tag{4.36 b}$$

Jetzt untersuchen wir die Struktur der Summe $S(\alpha) - 1$ mit Hilfe der EM-Entwicklung.

$$\sum_{n=1}^{\infty} \exp(-\alpha n) = \int_1^{\infty} \exp(-\alpha x)\,\mathrm{d}x + \frac{1}{2}\exp(-\alpha) + \frac{1}{12}\alpha\exp(-\alpha) \pm \eta \tag{4.36 c}$$

$$= \left[\alpha^{-1} + \frac{1}{2} + \frac{1}{12}\alpha\right]\exp(-\alpha) \pm \eta \tag{4.36 d}$$

Die Untersuchung des Fehlerterms

$$\eta < |10^{-2}\alpha^2 \exp(-\alpha)| \tag{4.37}$$

zeigt, daß man für jeden Parameterwert α eine gute Abschätzung der Summe erhalten kann. Wir wollen dieses Herangehen durch Betrachtung einiger Werte des Parameters α illustrieren. Wir betrachten zunächst Gleichung (4.36 b) für $\alpha = 1/2$. Die Summe kann auch exakt berechnet werden, man erhält

$$\sum_{n=1}^{\infty} \exp\left(\frac{-n}{2}\right) = \frac{\exp(-\frac{1}{2})}{1 - \exp(-\frac{1}{2})} = 1{,}5415 \,. \tag{4.38 a}$$

Wir bestimmen nun approximativ den Wert der Summe mittels EM-Entwicklung gemäß Gleichung (4.36 d), wobei wir feststellen, daß der Fehlerterm besonders einfach abzuschätzen ist:

$$\sum_{n=1}^{\infty} \exp\left(\frac{-n}{2}\right) = \left(2 + \tfrac{1}{2} + \tfrac{1}{24}\right)\exp\left(-\tfrac{1}{2}\right) \pm \eta = 1{,}5416 \pm (\eta < 2\cdot 10^{-3}) \,. \tag{4.38 b}$$

Da die Summe schnell konvergiert, hätten wir den $(n = 0)$-Term nicht abspalten müssen, um die geforderte Genauigkeit zu erreichen. Die Praxis der Abtrennung des parameterunabhängigen Terms ist jedoch eine vernünftige Vorsichtsmaßnahme.

Übung 4.2.1. Man betrachte

$$\sum_{n=0}^{\infty} \exp(-6n) = 1{,}0025 \tag{4.39}$$

und benutze die EM-Entwicklung, um den Wert dieser Summe mit jener Genauigkeit, wie in Gleichung (4.38) angegeben, zu bestimmen. Man zeige, daß es ratsam ist, $j = 2$ statt $j = 1$ zu wählen, um die Summe dort zu nähern, wo sie schneller konvergiert. Die EM-Entwicklung führt dann direkt auf

$$\begin{aligned}\sum_{n=0}^{\infty} \exp(-6n) &= 1 + \exp(-6) + \left(\frac{1}{6} + \frac{1}{2} + \frac{1}{2}\right) \exp(-12) \\ &= 1{,}0025 \,.\end{aligned}$$

□

Übung 4.2.2. Man ermittle den Wert der Summe

$$\sum_{n=0}^{\infty} \exp(-10n) = 1{,}000045 \tag{4.40}$$

mit Hilfe der EM-Entwicklung. Man wähle dabei einen geeigneten Wert für j, um die gleiche Genauigkeit zu erreichen. □

Wir schließen hieraus, das man Summen dieses Typs über dem gesamten Parameterbereich nähern kann, wenn die Berechnung geschickt durchgeführt wird. Dies bedeutet oft, daß der parameterunabhängige Term abgetrennt wird und die ersten Summanden per Hand addiert werden, um die geforderten Fehlergrenzen zu respektieren.

Wir werden jetzt zeigen, daß die Dinge nicht immer so einfach sind. Es gibt Fälle, wo man höhere Ableitungen berechnen muß, die kompliziertere algebraische Umformungen erfordern. Unter diesen Umständen ist es oft günstiger, eine andere Summationstechnik zu verwenden, die Poisson-Summenformel. (Vergleiche die Literatur.)

Beispiel 4.2.1. Wir untersuchen jetzt die Summe

$$S(\alpha) = \sum_{n=0}^{\infty} \frac{1}{\alpha^2 + n^2} = \frac{1}{\alpha^2} + \sum_{n=1}^{\infty} \frac{1}{\alpha^2 + n^2} \,. \tag{4.41}$$

Falls $|\alpha| < 1$, können die Summanden entwickelt und das Ergebnis durch ζ-Funktionen dargestellt werden:

$$\begin{aligned}\sum_{n=1}^{\infty} \frac{1}{\alpha^2 + n^2} &= \sum_{n=1}^{\infty} \frac{1}{n^2} \frac{1}{1 + (\alpha/n)^2} \\ &= \sum \frac{1}{n^2} \left[1 - \left(\frac{\alpha}{n}\right)^2 + \left(\frac{\alpha}{n}\right)^4 - \left(\frac{\alpha}{n}\right)^6 + \text{T.h.O.}\right] \\ &= \sum \left(\frac{1}{n^2} - \frac{\alpha^2}{n^4} + \frac{\alpha^4}{n^6} - \frac{\alpha^6}{n^8} + \text{T.h.O.}\right) \\ &= \frac{\pi^2}{6} - \frac{\alpha^2 \pi^4}{90} + \frac{\alpha^4 \pi^6}{945} + O(\alpha^6) \,.\end{aligned} \tag{4.42 a}$$

Falls $|\alpha| > 1$, gilt

$$S(\alpha) = \sum_{n=0}^{\infty} \frac{1}{\alpha^2 + n^2} = \int_0^{\infty} \frac{\mathrm{d}x}{\alpha^2 + x^2} + \frac{1}{2\alpha^2} + \text{T.h.O.}$$

$$= \frac{\pi}{2|\alpha|} + \frac{1}{2\alpha^2} + \text{T.h.O.} \tag{4.42 b}$$

Wir erkennen, daß wir gewisse Schwierigkeiten bekommen, wenn wir den Wert der Summe sehr genau bestimmen wollen. Es ist sehr mühselig, die Ableitungen zu berechnen, und deshalb ist bei dieser Summe die Methode der EM-Entwicklung nicht besonders geeignet. Es gilt jedoch eine einfache Fehlerabschätzung

$$|P_1(x)| \leq \frac{1}{2} \Rightarrow \int_0^{\infty} P_1(x) f'(x)\,\mathrm{d}x < \frac{1}{2\alpha^2} \,. \tag{4.43}$$

Offensichtlich ist für $|\alpha|$ gegen unendlich das dominante Verhalten der Summe durch

$$S(\alpha) = \sum_{n=0}^{\infty} \frac{1}{\alpha^2 + n^2} \Rightarrow \frac{\pi}{2|\alpha|}; \qquad |\alpha| \to \infty \tag{4.44}$$

gegeben. Natürlich ist es möglich, die nächsten Terme der EM-Entwicklung anzugeben und die Summe bis auf einen beschränkten Fehlerterm für jeden beliebigen Parameterwert α approximativ zu berechnen. Wir betonen nur, daß dieses Herangehen hier sehr umständlich ist. □

Beispiel 4.2.2. Die Summe

$$M(\alpha) = \sum_{n=0}^{\alpha} \frac{1}{\alpha^2 + n^2}; \qquad \alpha \to \infty \tag{4.45}$$

ist deshalb interessant, weil die obere Integrationsgrenze vom Parameter α abhängt. Wir berechnen zunächst das Integral

$$I(\alpha) = \int_0^{\alpha} \frac{\mathrm{d}x}{\alpha^2 + x^2} \,.$$

Mit $y = x/\alpha$ finden wir

$$I(\alpha) = \frac{\pi}{4\alpha} \,.$$

Wir erhalten damit das Resultat

$$M(\alpha) \approx \frac{\pi}{4\alpha} + \frac{1}{2}\left(\frac{1}{\alpha^2} + \frac{1}{2\alpha^2}\right)$$

$$\approx \frac{1}{2}\left[S(\alpha) \approx \frac{\pi}{2\alpha}\right] ,$$

wobei $S(\alpha)$ durch Gleichung (4.44) gegeben ist.

Daraus können wir schlußfolgern, daß der halbe Wert der Summe $S(\alpha)$ durch Addition der ersten α-Terme erzeugt wird. Wir wollen sehen, ob das stimmt und probieren es für $\alpha = 10$:

$$M(10) = \sum_{n=0}^{10} \frac{1}{10^2 + n^2} = 0{,}086 \,,$$

$$S(10) = \sum_{n=0}^{\infty} \frac{1}{10^2 + n^2} = 0{,}16 \,. \qquad \square$$

Beispiel 4.2.3 (kompliziert). Wir wollen die Summe

$$S(\alpha) = \sum_{n=0}^{\infty} \exp(-\alpha n^2) \tag{4.46}$$

im gesamten Parameterbereich von α untersuchen. Diese Summe tritt in vielen Wissenschaftsgebieten auf, denn sie ist die diskrete Form der Gaußverteilung. Sie hängt auch mit der „Thetafunktion" zusammen. Wir stellen zunächst fest, daß bei sehr kleinen Werten von α das dominante Verhalten der Summe näherungsweise durch ein Integral bestimmt wird:

$$\begin{aligned} S(\alpha) &= \sum_{n=0}^{\infty} \exp(-\alpha n^2) \approx \int_0^{\infty} \exp(-\alpha x^2)\,\mathrm{d}x \\ &= \frac{1}{2}\sqrt{\frac{\pi}{\alpha}} \qquad \text{für} \qquad \alpha \to 0 \,. \end{aligned} \tag{4.47 a}$$

Wenn α sehr groß ist, können wir dagegen die Summe durch ihren ersten Term abschätzen, der parameterunabhängig ist. Die anderen Terme sind exponentiell klein.

$$\begin{aligned} S(\alpha) &= \sum_{n=0}^{\infty} \exp(-\alpha n^2) \\ &= 1 + \sum_{n=1}^{\infty} \exp(-\alpha n^2) = 1 + \text{e. k. T.} \qquad \text{für} \qquad \alpha \to \infty \end{aligned} \tag{4.47 b}$$

Wir versuchen jetzt, weitere Terme in den Gleichungen (4.47 a) und (4.47 b) zu finden. Wir addieren immer die ersten paar Terme der Summe per Hand auf, bilden die zugehörigen Endpunktkorrekturen, berechnen den mit den ersten Ableitungen zusammenhängenden Term und schätzen dann das Restglied ab. In diesem letzten Schritt wird der Wert von j fixiert, um unseren Fehlergrenzen zu genügen. Auf diese Weise haben wir unser Problem in verschiedene Teilaufgaben zerlegt. Die Endpunktkorrekturen und den Ableitungsterm kann man sofort hinschreiben:

$$\frac{1}{2}\exp(-\alpha j^2) + \frac{1}{12}(2\alpha j)\exp(-\alpha j^2) \ . \tag{4.48}$$

Das Integral entspricht dem sogenannten Fehlerintegral (Errorfunktion). Wir erinnern an den Abschnitt 3.3 im Kapitel 3:

$$\mathrm{Erf}(x) = \frac{2}{\sqrt{\pi}} \int_0^x \exp(-t^2)\, \mathrm{d}t \ . \tag{4.49}$$

Wir untersuchen das Verhalten für große x. Wegen $\mathrm{Erf}(x) = 1 - \mathrm{Erfc}(x)$ brauchen wir nur das Verhalten der Funktion $\mathrm{Erfc}(x)$ zu studieren. Bekanntlich erhielten wir durch partielles Integrieren

$$\begin{aligned} \mathrm{Erfc}(x) &= \frac{2}{\sqrt{\pi}} \int_x^\infty \exp(-t^2) \cdot \frac{2t}{2t}\, \mathrm{d}t \\ &= \frac{2}{\sqrt{\pi}} \left(\frac{\exp(-x^2)}{2x} - \int_x^\infty \frac{\exp(-t^2)}{2t^2}\, \mathrm{d}t \right) \ . \end{aligned} \tag{4.50}$$

Wir können nun eine asymptotische Reihe konstruieren, die wir aber nach dem ersten Glied abbrechen wollen, indem wir das Restglied wie folgt abschätzen

$$\int_x^\infty \frac{\exp(-t^2)}{2t^2}\, \mathrm{d}t < \frac{1}{4x^3} \int_x^\infty \exp(-t^2)(2t)\, \mathrm{d}t = \frac{1}{4x^3} \exp(-x^2) \ . \tag{4.51}$$

Somit können wir schreiben

$$\mathrm{Erfc}(x) = \frac{2}{\sqrt{\pi}} \exp(-x^2) \left[\frac{1}{2x} + O(x^{-3}) \right] ; \qquad x \to \infty \ . \tag{4.52}$$

Wenn wir x hinreichend groß wählen, stellen wir fest, daß $\mathrm{Erfc}(x)$ sehr schnell gegen null geht. Ihr Verhalten kann auch aus der Tabelle der Werte von $\mathrm{Erf}(x)$ abgelesen werden. (Vergleiche Tabelle 3.2 und Abbildung 3.5.) Es sei daran erinnert, daß in unserem Problem $x = j$ eine ganze Zahl ist.

Wir betrachten nun das Restglied

$$\eta = \left| \int_j^\infty P_3(x) f'''(x)\, \mathrm{d}x \right| \ . \tag{4.53}$$

Wir müssen die ersten drei Ableitungen berechnen und dafür sorgen, daß der Wert von j hinreichend groß gewählt wird, um ein und dasselbe Vorzeichen des

Integranden im gesamten Integrationsintervall zu garantieren. Die Ableitungen von $f(x) = \exp(-\alpha x^2)$ lauten

$$\begin{aligned} f'(x) &= -2\alpha x \exp(-\alpha x^2) , \\ f''(x) &= 2\alpha(2\alpha x^2 - 1) \exp(-\alpha x^2) , \\ f'''(x) &= (12 - 8\alpha x^2)(x\alpha^2) \exp(-\alpha x^2) . \end{aligned}$$

Wir erkennen, daß

$$f'''(j) < 0, \qquad \text{wenn} \qquad x^2 = j^2 > \frac{12}{8\alpha} .$$

Die Wahl $j^2 > 2/\alpha$ ergibt

$$\eta < |10^{-2}(2\alpha)(2\alpha j^2 - 1) \exp(-\alpha j^2)| . \tag{4.54}$$

Jetzt soll der Fall großer Werte von α untersucht werden, z. B. $\alpha = 2$. Der Fehler möge kleiner als 10^{-7} sein. Mit der Wahl $j = 3$ finden wir

$$\eta < |10^{-2}(4)(35) \exp(-18)| < 10^{-7} . \tag{4.55}$$

Wir nehmen jetzt an, daß α klein ist, z. B. $\alpha = 1/2$. Die gleiche Fehlergrenze wie oben kann durch $j = 6$ eingehalten werden, denn

$$\eta < |10^{-2}(1)(35) \exp(-18)| < 10^{-8} . \tag{4.56}$$

Offenbar läßt sich mit ein wenig Erfahrung immer ein zu α passender Wert für j finden, der eine akzeptable Restgliedgröße garantiert. □

Zusammenfassend stellen wir fest, daß wir unsere Gaußsche Summe bis zu jeder gewünschten Genauigkeit approximieren können, indem wir den parameterunabhängigen Term abtrennen, eine geeignete Anzahl von Summanden per Hand addieren, das Integral durch die asymptotische Entwicklung der Errorfunktion abschätzen und die Endpunktkorrekturen und den Fehlerterm berücksichtigen:

$$\begin{aligned} \sum_{n=0}^{\infty} \exp(-\alpha n^2) &= \sum_{n=0}^{j-1} \exp(-\alpha n^2) + \int_j^{\infty} \exp(-\alpha x^2)\, \mathrm{d}x \\ &\quad + \tfrac{1}{2} \exp(-\alpha j^2) + \tfrac{1}{6}(\alpha j) \exp(-\alpha j^2) \pm \eta(j) . \end{aligned} \tag{4.57 a}$$

Wegen

$$\operatorname{Erfc}(x) = \frac{2}{\sqrt{\pi}} \int_x^{\infty} \exp(-t^2)\, \mathrm{d}t$$

finden wir für das Integral die Entwicklung

$$\int_j^\infty \exp(-\alpha x^2)\,\mathrm{d}x = \frac{1}{2}\sqrt{\frac{\pi}{\alpha}}\mathrm{Erfc}[\sqrt{\alpha}j]$$

$$= \frac{1}{\sqrt{\alpha}}\exp(-\alpha j^2)\left[\frac{1}{2\sqrt{\alpha}j} + O\left(\frac{1}{(\sqrt{\alpha})^3 j^3}\right)\right] . \quad (4.57\,\mathrm{b})$$

(Man überzeuge sich, daß der Fehler infolge der Entwicklung des Integrals gegenüber dem Fehler des Restgliedes gemäß Gleichung (4.54) vernachlässigbar ist.)

Wenn alle Terme zusammengefaßt werden, können wir

$$\sum_{n=0}^{\infty}\exp(-\alpha n^2) = \sum_{n=0}^{j-1}\exp(-\alpha n^2) + \frac{1}{2\alpha j}\exp(-\alpha j^2)$$
$$+ \frac{1}{2}\exp(-\alpha j^2) + \frac{\alpha j}{6}\exp(-\alpha j^2)$$
$$+ [\exp(-\alpha j^2)]O\left(\frac{1}{\alpha^2 j^3}\right) \pm \eta \quad (4.58)$$

schreiben, wobei η durch Gleichung (4.54) gegeben ist.

4.3 Divergente Summen

Wir werden jetzt divergente Summen diskutieren. Unser Ziel besteht darin, die genaue Struktur der Divergenz zu erkennen, diese Divergenz vom Rest der Summe abzuspalten und den numerischen Wert der restlichen Summe zu bestimmen. Wir betrachten die Summe

$$S(N, j) = \sum_{n=1}^{N}\frac{1}{n^j} \quad (4.59)$$

für beliebige j. Wir möchten diese Summe mit Hilfe der EM-Entwicklung berechnen, wissen aber natürlich, daß die Summe für N gegen unendlich divergiert, wenn $j \leq 1$ ist. Wir beginnen damit, daß wir die Struktur der Divergenz herausarbeiten, indem wir all jene Terme in der EM-Entwicklung identifizieren, die für N gegen unendlich divergieren. Dies ist für das zugehörige Integral der Fall und wir prüfen dann die Endpunktkorrekturen, ob sie endlich oder unendlich sind. Wir wollen annehmen, sie seien unendlich. Wir untersuchen dann die N-Abhängigkeit des nächsten Terms. Falls er für N gegen unendlich gegen null geht, dann wissen wir, daß der Fehlerterm beschränkt ist. Wir brauchen uns dann keine Sorgen mehr zu machen und können uns darauf konzentrieren, jene Konstante zu bestimmen, die die endliche Differenz zwischen divergenter Summe und divergenten Termen ist. Falls jedoch der Korrekturterm mit ersten Ableitungen nicht dieses N-Verhalten hat, müssen wir damit fortfahren, weitere Ableitungen zu bilden, bis wir das gewünschte Ergebnis erhalten. Einige Beispiele werden dieses Verfahren verdeutlichen.

Beispiel 4.3.1.

$$S(N,1) = \sum_{n=1}^{N} \frac{1}{n}; \qquad N \to \infty . \tag{4.60}$$

Das zugehörige Integral divergiert, während die Endpunktkorrekturen und Ableitungsterme endlich bleiben.

$$\int_1^N \frac{dx}{x} = \ln N \tag{4.61}$$

Wir betrachten jetzt die neue Summe

$$\begin{aligned} F(N) &= S(N,1) - \ln N = \sum_{n=1}^{N} \frac{1}{n} - \ln N \\ &= \int_1^N \frac{dx}{x} + \frac{1}{2}(1 + N^{-1}) + \frac{1}{12}(1 - N^{-2}) - \ln N \\ &\quad + \text{T. h. O.} \to \text{const} \qquad \text{für} \qquad N \to \infty . \end{aligned} \tag{4.62}$$

Wir suchen den Wert der Summe $F(N)$, die für N gegen unendlich konvergiert, wie gleich gezeigt werden wird. Diese Summe spielt in der Analysis eine wichtige Rolle. Die Konstante heißt Eulersche Konstante und wird mit dem Symbol γ bezeichnet. Sie tritt auch in anderen Zusammenhängen auf, z. B. bei der Berechnung des Integrals

$$\int_0^\infty (\ln t) e^{-t} \, dt = -\gamma . \tag{4.63}$$

(Im Anhang wird gezeigt, daß das Integral in Gleichung (4.63) tatsächlich auf die gleiche Konstante führt, die wir in Gleichung (4.62) eingeführt und mit γ bezeichnet haben.) □

Wir setzen die Analyse so wie beschrieben fort. Wir merken aber an, daß wir zuerst wissen müssen, welche Genauigkeit gefordert wird, bevor entschieden werden kann, wieviel Terme per Hand zu addieren sind. Nehmen wir an, es werde Genauigkeit bis auf drei Stellen verlangt. Wir bestimmen jetzt die Größe j, die die untere Integrationsgrenze ist und die Korrekturterme erzeugt. Wir gehen wie folgt vor

$$F(N)\Big|_{N\to\infty} = \sum_{n=1}^{j-1}\frac{1}{n} + \sum_{n=j}^{N}\frac{1}{n} - \ln N \tag{4.64 a}$$

$$= \sum_{n=1}^{j-1}\frac{1}{n} + \int_j^N \frac{dx}{x} + \frac{1}{2}\left(\frac{1}{j}+\frac{1}{N}\right) + \frac{1}{12}\left(\frac{1}{j^2}-\frac{1}{N^2}\right)$$

$$- \int_j^N P_3(x)3!x^{-4}\,dx - \ln N; \quad N\to\infty\,. \tag{4.64 b}$$

Die Wahl von $j = 6$ ergibt $\eta < 1\cdot 10^{-4}$.

$$F(N)\Big|_{N\to\infty} = \sum_{n=1}^{5}\frac{1}{n} - \ln 6 + \frac{1}{2\cdot 6} + \frac{1}{12\cdot 6^2} \pm \eta$$

$$\approx 0{,}5772\ldots \equiv \gamma \tag{4.64 c}$$

Übung 4.3.1. Man betrachte die Summe

$$S = \sum_{n=0}^{N}\frac{1}{n+\frac{1}{4}}; \qquad N\to\infty$$

und zeige, daß

a) die Summe wie $\ln N$ für N gegen unendlich divergiert,
b) der endliche Anteil der Summe gleich 4,227 ist. □

Übung 4.3.2. Man bestimme die Eulersche Zahl auf acht Stellen genau ($\gamma \approx 0{,}577215665$). Bei dieser Rechnung sollen höhere Ableitungen in der EM-Entwicklung berücksichtigt werden. Dies kann dadurch erreicht werden, daß man zur Ableitung der EM-Entwicklung zurückkehrt und das Restglied nochmals zweimal partiell integriert. Ausgehend von Gleichung (4.26)

$$\sum_{i=j}^{n+j} f(i) = \int_j^{n+j} f(x)\,dx + \frac{1}{2}[f(j)+f(n+j)]$$

$$+ \frac{1}{12}[f'(n+j)-f'(j)] + \int_j^{n+j} P_3(x)f'''(x)\,dx$$

integrieren wir die rechte Seite partiell zweimal und erhalten

$$\int\limits_j^{n+j} P_3(x)f'''(x)\,\mathrm{d}x = P_4(x)f'''(x)\Big|_j^{n+j} - \int\limits_j^{n+j} P_4(x)f^{(4)}(x)\,\mathrm{d}x$$

$$= -\frac{1}{720}[f'''(n+j) - f'''(j)] - P_5(x)f^{(4)}(x)\Big|_j^{n+j}$$

$$+ \int\limits_j^{n+j} P_5(x)f^{(5)}(x)\,\mathrm{d}x\,. \tag{4.65}$$

Wir erinnern an P_5(ganze Zahl) $= 0$. Der Maximalwert von $P_5(x)$ genügt der Ungleichung

$$\max|P_5(x)| < \frac{2}{(2\pi)^5}\zeta(5) < 3\cdot 10^{-4}\,. \tag{4.66}$$

(Den Wert $\zeta(5)$ kennen wir aus Tabellen der Riemannschen Zetafunktion.) Damit können wir die EM-Formel neu schreiben:

$$\sum_{n=j}^{N} f(n) = \int\limits_j^N f(x)\,\mathrm{d}x + \frac{1}{2}[f(j) + f(N)]$$

$$+ \frac{1}{12}[f'(N) - f'(j)] - \frac{1}{720}[f'''(N) - f'''(j)]$$

$$\pm [\eta < (3\cdot 10^{-4})(|f^{(4)}(N) - f^{(4)}(j)|)]\,. \tag{4.67}$$

Dies ermöglicht es uns, die Fehlerbedingung durch eine vernünftige Wahl von j zu befriedigen. (Es wird angenommen, daß $f^{(5)}(x)$ ein und dasselbe Vorzeichen im Intervall $[j, N]$ hat.)

Beispiel 4.3.2. Wir betrachten die alternierende Summe

$$S(2N+2) = \sum_{n=1}^{2N+2} (-)^{n+1}\frac{1}{n} = 1 - \frac{1}{2} + \frac{1}{3} - \frac{1}{4} + \ldots = \ln 2;\ N \to \infty. \tag{4.68}$$

Der Wert dieser Summe soll mittels EM-Entwicklung bestimmt werden. Wir müssen dabei vorsichtig sein, denn die unendliche Reihe ist nur bedingt konvergent. Faßt man aber immer zwei Terme zusammen, so wird sie absolut konvergent. Wie bisher addieren wir die ersten Terme per Hand und nähern die restliche Summe

$$S(2N+2) = \sum_{n=1}^{2j}(-)^{n+1}\frac{1}{n} + \sum_{n=j}^{N}\left(\frac{1}{2n+1} - \frac{1}{2n+2}\right) \tag{4.69}$$

mit Hilfe der EM-Methode. Wir beginnen mit der Berechnung des Integrals

$$\int_{j}^{N} \left(\frac{1}{2x+1} - \frac{1}{2x+2} \right) \mathrm{d}x = \frac{1}{2} \ln \frac{2N+1}{2N+2} - \frac{1}{2} \ln \frac{2j+1}{2j+2} \,. \tag{4.70}$$

Die Endpunktkorrekturen sind sehr leicht zu berechnen und für den Fehlerterm erhalten wir die Bedingung

$$\eta < 10^{-2} \left(\frac{2 \cdot 2 \cdot 2}{(2j+1)^3} - \frac{2 \cdot 2 \cdot 2}{(2j+2)^3} \right) .$$

Um die angenommene Forderung $\eta < 10^{-4}$ zu erfüllen, wählen wir $j = 4$ und erhalten mit

$$\begin{aligned} S &= \sum_{n=1}^{8} (-)^{n+1} \frac{1}{n} - \frac{1}{2} \ln \frac{9}{10} \\ &+ \frac{1}{2} \left(\frac{1}{9} - \frac{1}{10} \right) + \left(\frac{1}{2 \cdot 6} \right) \left(\frac{1}{9^2} - \frac{1}{10^2} \right) \pm \eta \end{aligned} \tag{4.71 a}$$

ein befriedigendes Ergebnis

$$\begin{aligned} S &= 0{,}63452 + 0{,}05268 + \frac{1}{180} + \frac{19}{6 \cdot 8100} \pm \eta \\ &= 0{,}6931 \,. \end{aligned} \tag{4.71 b}$$

Die gleiche Genauigkeit ist auch mit $j = 3$ zu gewährleisten. □

Es ist sehr interessant, die Summe

$$S(N, -k) = \sum_{n=0}^{N} n^k \tag{4.72}$$

für positive ganze Zahlen k zu untersuchen. Man kann diese Summe auf verschiedene Weise berechnen, aber die EM-Entwicklung ist einfach und leicht anzuwenden. Die Integrale, Endpunktkorrekturen und Ableitungen können auf direktem Weg berechnet werden. Es gibt hier nur eine endliche Anzahl nichtverschwindender Ableitungen. Deshalb kann erreicht werden, daß der Fehler identisch verschwindet. (Es gibt hier auch keinen parameterunabhängigen Term, denn die Summe läuft ab dem unteren Index $n = 0$.) Die EM-Entwicklung kann also sehr einfach benutzt werden, um die Summe der Potenzen der ganzen Zahlen zu berechnen, z. B.

$$\begin{aligned} S(N, -3) &= \sum_{n=0}^{N} n^3 = \int_{0}^{N} x^3 \, \mathrm{d}x + \frac{1}{2} N^3 + \frac{3}{12} N^2 + 0 \\ &= \frac{1}{4} N^4 + \frac{1}{2} N^3 + \frac{1}{4} N^2 \,. \end{aligned} \tag{4.73}$$

Schließlich betrachten wir noch die Summe

$$S(N, p) = \sum_{n=1}^{N} \frac{1}{n^p}; \qquad p < 1; \qquad N \to \infty . \tag{4.74}$$

Sie divergiert wie N^{-p+1}. (p könnte z. B. die Werte $-1/4$, $-3/2$, $+1/2$ annehmen.)

Wenn p bekannt ist, kann man für N gegen unendlich sehr leicht die Anzahl der divergierenden Terme in der EM-Entwicklung angeben. Nach der Untersuchung einiger konkreter Beispiele stellt man oft ein gewisses Verhaltensmuster fest. (Mit Hilfe der Theorie komplexer Variabler ist es möglich, eine Formel zu beweisen, die $\zeta(s)$ und $\zeta(1-s)$ in Beziehung setzt. Vergleiche z. B. das Buch von Wilf.)

Beispiel 4.3.3. Zu berechnen ist der endliche Anteil der Summe $S(N, 3/4)$ bis auf drei Stellen genau. Wir summieren die ersten $j-1$ Terme per Hand und benutzen dann die EM-Entwicklung:

$$\begin{aligned} S\left(N, \tfrac{3}{4}\right) = \sum_{n=1}^{N} \frac{1}{n^{3/4}} &= 1 + \frac{1}{2^{3/4}} + \frac{1}{3^{3/4}} + \ldots + \frac{1}{(j-1)^{3/4}} \\ &+ \int_j^N \frac{1}{x^{3/4}}\,\mathrm{d}x + \frac{1}{2}\left(\frac{1}{j^{3/4}} + \frac{1}{N^{3/4}}\right) \\ &+ \frac{1}{12} \cdot \frac{3}{4}\left(\frac{1}{j^{7/4}} - \frac{1}{N^{7/4}}\right) \pm \eta . \end{aligned}$$

Für $j = 16$ erhält man

$$\eta < (10^{-2}) \frac{3 \cdot 7}{4 \cdot 4 \cdot 16^{11/4}} < 10^{-5}$$

$$\begin{aligned} S\left(N, \tfrac{3}{4}\right) - 4N^{1/4} &= 4{,}4957 - 4(16)^{1/4} + \frac{1/2}{16^{3/4}} + \frac{3/48}{16^{7/4}} \pm \eta \\ &= -3{,}441 \qquad \text{für} \qquad N \to \infty . \end{aligned}$$ □

Beispiel 4.3.4. Man berechne den endlichen Anteil der Summe $S(N, 1/4)$ auf drei Stellen genau.

$$S\left(N, \tfrac{1}{4}\right) = \sum_{n=1}^{N} \frac{1}{n^{1/4}}; \qquad N \to \infty$$

Mit $j = 16$ folgt $\eta < 10^{-5}$.

$$\begin{aligned} \left[S\left(N, \tfrac{1}{4}\right) - \tfrac{4}{3}N^{3/4}\right] &= \sum_{n=1}^{15} \frac{1}{n^{1/4}} - \frac{4}{3}(16)^{3/4} + \frac{1}{2}\frac{1}{16^{1/4}} + \frac{1}{12 \cdot 4 \cdot 32} \pm \eta \\ &= -0{,}8133 \end{aligned}$$ □

Übung 4.3.3. Man berechne

$$S\left(10^6, \tfrac{1}{3}\right) - \left(\tfrac{3}{2}\right) \cdot 10^4 = \sum_{n=1}^{10^6} \frac{1}{n^{1/3}} - \left(\tfrac{3}{2}\right) \cdot 10^4$$
$$= -0{,}9684\,. \qquad \square$$

Übung 4.3.4. Man zeige

$$S\left(N, -\tfrac{1}{2}\right) = \sum_{n=1}^{N} \sqrt{n}$$
$$= \tfrac{2}{3}(\sqrt{N})^3 + \tfrac{1}{2}\sqrt{N} - 0{,}2079; \qquad N \to \infty\,. \qquad \square$$

Übung 4.3.5. Man berechne

$$S\left(N, \tfrac{1}{2}\right) = \sum_{n=1}^{N} \frac{1}{\sqrt{n}} = 2\sqrt{N} - 1{,}460; \qquad N \to \infty\,. \qquad \square$$

Beispiel 4.3.5. Wie unterscheidet sich die Summe

$$S(N) = \sum_{n=1}^{N-1} \frac{1}{n^2} \tag{4.75 a}$$

für große, aber endliche N von der Summe

$$S(\infty) = \sum_{n=1}^{\infty} \frac{1}{n^2} = \frac{\pi^2}{6}\ ? \tag{4.75 b}$$

Wir wollen eine einfache Formel entwickeln, die die Differenz z. B. mit einem Fehler kleiner als 10^{-5} für alle $N > 10$ angibt. Dazu wenden wir die EM-Entwicklung auf den Ausdruck

$$F(N) = S(\infty) - S(N) = \sum_{n=N}^{\infty} \frac{1}{n^2} \tag{4.75 c}$$

an und erhalten

$$S(N) = \frac{\pi^2}{6} - \left[\frac{1}{N} + \frac{1}{2 \cdot N^2} + \frac{1}{6 \cdot N^3} \pm (\eta < 10^{-5})\right] \tag{4.75 d}$$

für $N > 10$. $\square$

Ein interessantes Problem ist auch die Betrachtung alternierender divergenter Reihen der Form

$$S(-, N, -j) = \sum_{n=1}^{N} (-)^n n^j; \qquad j > 0; \qquad N \to \infty\,. \tag{4.76}$$

Wir wollen für $N \to \infty$ das asymptotische Verhalten der Summe untersuchen. Für gerades N $(N = 2M)$ können wir schreiben

$$S(-, N = 2M, -j) = -\sum_{n=1}^{M}(2n-1)^j + \sum_{n=1}^{M}(2n)^j \,. \tag{4.77}$$

Das bestimmende Verhalten der Summe ist durch das zugehörige Integral gegeben, nämlich

$$\sum_{n=1}^{M}(2n-1)^j \sim \frac{(N-1)^{j+1}}{2(j+1)} \tag{4.78 a}$$

und

$$\sum_{n=1}^{M}(2n)^j \sim \frac{N^{j+1}}{2(j+1)} \,. \tag{4.78 b}$$

Der bestimmende Term der Summe $S(-, N, -j)$ ist somit

$$N^{j+1}\frac{1-(1-1/N)^{j+1}}{2(j+1)} \,.$$

Wir schreiben

$$\left(1-\frac{1}{N}\right)^{j+1} \sim 1 - \frac{j+1}{N}$$

und erhalten

$$S(-, N = 2M, -j) \sim \frac{N^j}{2}; \qquad N \to \infty \,. \tag{4.79}$$

Wenn dagegen N ungerade ist, $N = 2M + 1$, kann die gleiche Untersuchung durchgeführt werden. Das Ergebnis ist bis auf das Vorzeichen das gleiche. Wir erhalten also

$$S(-, N, -j) \sim \pm\frac{N^j}{2}; \qquad N \to \infty \,. \tag{4.80}$$

(Interessanterweise können wir hierbei auf die Übung 2.5.5 im Kapitel 2 verweisen, wo ein ähnliches Verhaltensmuster auftritt.)

Übung 4.3.6. Man benutze einen Taschenrechner oder ein einfaches Programm, um die Werte von $S(-, N, -j)$ für $N = 100$ und $j = 1$ bzw. $j = 1/2$ zu berechnen. Man überprüfe, wie gut diese Summen durch die bestimmenden Terme in den asymptotischen Formeln approximiert werden. Schließlich bestätige man auch, daß der Wert der Summe das Vorzeichen ändert, wenn $N = 101$ gewählt wird. □

Wir möchten uns nun auf eine andere Klasse von divergenten Summen konzentrieren. Wir beginnen mit jener Reihe, die mit der asymptotischen Entwicklung der Fakultätsfunktion zusammenhängt:

$$N! = N(N-1)(N-2)(N-3)\cdots 3\cdot 2\cdot 1; \quad N \text{ ganzzahlig} .$$

Wir bilden den Logarithmus auf beiden Seiten und betrachten die Summe

$$\ln N! = \sum_{j=1}^{N} \ln j \tag{4.81}$$

für große N. Wenn die resultierende asymptotische Entwicklung der Summe wieder zum Exponenten erhoben wird, erhält man die Stirling-Formel für $N!$ (Die Rechtfertigung dafür wird im Abschnitt 3.2 des Kapitels 3 gegeben. Vergleiche Beispiel 3.2.8.)

Wir setzen die Betrachtung fort, indem wir zuerst das zugehörige Integral und die Endpunktkorrekturen berechnen. Es tritt ein konstanter Term auf, der vom Integral und den Ableitungstermen an der unteren Grenze, sowie vom Fehlerterm herrührt. Er kann numerisch berechnet werden. Wir werden das aber nicht tun, denn mit Hilfe der Laplace-Methode läßt sich der Wert $(1/2)\ln 2\pi$ leicht bestimmen. Wir kommen im Kapitel 5 darauf zurück. Die anderen Ableitungsterme haben eine solche N-Abhängigkeit, daß sie für N gegen unendlich gegen null gehen. Sie können nacheinander bestimmt werden, aber wir wollen uns mit den ersten beiden Korrekturen $1/(12N)$ und $1/(288N^2)$ zufrieden geben. Wir finden dann

$$\begin{aligned}
\ln N! = \sum_{j=1}^{N} \ln j &= \int_1^N (\ln x)\,\mathrm{d}x + \frac{1}{2}\ln N + \frac{1}{12\cdot N} \\
&+ \left[\mathrm{const} + O\left(\frac{1}{N^3}\right)\right] \\
&= (N\ln N) - N + \frac{1}{2}\ln N + \frac{1}{12\cdot N} \\
&+ \frac{1}{2}(\ln 2\pi) + O\left(\frac{1}{N^3}\right) .
\end{aligned} \tag{4.82}$$

(Der Term $(1/2)\ln 2\pi$ enthält alle Integral-, Endpunkt- und Ableitungsbeiträge, die von N unabhängig sind.) Man beachte, daß $O(1/N^3) = o(1/N^2)$ gilt. Somit ergibt sich

$$\begin{aligned}
N! &= \sqrt{2\pi N}N^N \exp(-N) \exp\frac{1}{12\cdot N}\left[1 + o\left(\frac{1}{N^2}\right)\right] \\
&= \sqrt{2\pi N}N^N \exp(-N) \\
&\cdot \left[1 + \frac{1}{12\cdot N} + \frac{1}{288\cdot N^2} + o\left(\frac{1}{N^2}\right)\right]; \qquad N \to \infty .
\end{aligned} \tag{4.83}$$

Es ist erforderlich, die Taylorentwicklung von $\exp 1/(12N)$ nach dem Term $1/(288N^2)$ abzubrechen, weil der nächste Term der EM-Entwicklung bereits von der Ordnung $o(1/N^2)$ ist. Wir bemerken noch, daß sich der Term $1/(288N^2)$ automatisch ergeben hat. Die EM-Entwicklung kann leicht zu Termen höherer Ordnung fortgesetzt werden, indem ausgehend von $\ln N!$ Ableitungen von $1/x$ benutzt werden.

Übung 4.3.7. Man betrachte die Summe aus dem Buch von Olver, S. 285:

$$S(N) = \sum_{j=1}^{N} j \ln j; \qquad N \to \infty .$$

Die Struktur des divergenten Terms

$$\tfrac{1}{2}(N^2 \ln N) - \tfrac{1}{4}N^2 + \tfrac{1}{2}(N \ln N) + \tfrac{1}{12}(\ln N)$$

und die Größe des endlichen Anteils (0,24875) sind zu bestimmen. □

Übung 4.3.8. Man führe die Rechnungen durch, die zur Bestimmung des konstanten Terms in der Entwicklung von $\ln N!$ bis auf drei Stellen genau führen. Der exakte Wert ist bekanntlich $(1/2)\ln 2\pi$. □

Wir schließen unsere Diskussion der EM-Entwicklung mit der Feststellung ab, daß wir Summen untersucht haben, bei denen die Funktionen und ihre Ableitungen ein polynomartiges Verhalten im gesamten Summations- bzw. Integrationsintervall besitzen. Wir nennen diese Eigenschaft Glattheit. Wenn die Funktion nicht zu dieser Klasse gehört, ist häufig eine Variablentransformation erforderlich. Wir betrachten als Beispiel das Integral

$$\int_0^{10} \sqrt{x}\,\mathrm{d}x = \left(\frac{2}{3}\right) 10^{3/2} . \tag{4.84}$$

Wir benutzen die EM-Entwicklung, um das Integral durch eine Summe und durch Endpunktkorrekturen auszudrücken.

$$\int_0^{10} \sqrt{x}\,\mathrm{d}x = \sum_{n=0}^{10} \sqrt{n} - \left(\frac{1}{2}\sqrt{10} + \frac{1}{12}\frac{1}{2}\left[\frac{1}{\sqrt{10}} - \frac{1}{\sqrt{0}}\right] + \text{T. h. O.}\right) \tag{4.85}$$

Das ist natürlich unbefriedigend wegen der Singularität in der ersten Ableitung bei $x = 0$. Diese Schwierigkeit kann durch eine einfache Variablentransformation behoben werden. Wir haben dann nur noch zu entscheiden, wieviel Punkte in der Summe benutzt werden sollen. Wenn 100 Punkte ausreichend sind, transformieren wir gemäß

$$z^2 = 1000x , \tag{4.86}$$

d. h., für $x = 10$ erhalten wir $z = 100$. Das Integral lautet dann

$$\frac{1}{1000^{3/2}}\int\limits_0^{100} 2z^2\,\mathrm{d}z = \frac{2}{1000^{3/2}}\left[\sum_{n=0}^{100} n^2 - \frac{1}{2}(100^2) - \frac{1}{12}\cdot 2\cdot 100\right] + 0\,. \tag{4.87}$$

Das Beispiel ist natürlich etwas konstruiert, weil nur eine endliche Zahl von Ableitungen existiert. Betrachtet man jedoch das Integral

$$\int\limits_0^{10} \sqrt{x}\ln(2+x)\,\mathrm{d}x \tag{4.88}$$

und wendet die gleiche Variablentransformation an, so erhält man

$$\begin{aligned}&\frac{1}{1000^{3/2}}\int\limits_0^{100} 2z^2\ln\left(2+\frac{z^2}{1000}\right)\mathrm{d}z\\ &= \frac{2}{1000^{3/2}}\left[\sum_{n=0}^{100} n^2\ln\left(2+\frac{n^2}{1000}\right) - \frac{1}{2}(100^2)\ln 12 - \frac{200}{12}\ln 12 - \frac{2000}{12^2}\right]\\ &+ (\text{T.h.O.} = \eta)\,,\end{aligned} \tag{4.89}$$

wobei der Fehler durch die Techniken, die wir in den vorherigen Beispielen benutzt haben, abgeschätzt werden kann. Die Beispiele sollten uns lehren, daß die Ableitungsterme kleinere Beiträge liefern als die Hauptterme und daß Ableitungen höherer Ordnung von geringerer Bedeutung sind als jene von niedrigerer Ordnung. Dabei ist es häufig notwendig, eine Variablentransformation durchzuführen, um unser Integral in eine geeignete Form zu bringen. Wenn dies nicht möglich oder nicht ausreichend ist, kann die sogenannte Technik der Abschwächung von Singularitäten angewendet werden (vgl. hierzu Krylov).

Literatur

1. Wilf, H. S., *Mathematics for the Physical Sciences*, Wiley, New York, 1962. Neuausgabe bei Dover, New York, 1968. Dieses Buch enthält eine verständliche Ableitung der EM-Entwicklung und eine Menge interessanter Untersuchungen und Anwendungen.
2. De Bruijn, N. G., *Asymptotic Methods in Analysis*, North-Holland, Amsterdam, 1958. Neuausgabe bei Dover, New York, 1981. Hier wird in hervorragender Weise die EM-Methode diskutiert und man findet eine verständliche Ableitung der Poissonschen Summenformel. Die enthaltenen Aufgaben sind ziemlich schwierig.

3. Olver, F. W. J., *Asymptotics and Special Functions*, Academic Press, New York, 1974. Wir finden hier eine außerordentlich saubere und detaillierte Diskussion der EM- und Poisson-Summenentwicklung. Viele Einzelheiten der Darstellung setzen die Kenntnis des Umgangs mit komplexen Variablen voraus, man kann aber den Ideen folgen. Es gibt sehr viele schöne Beispiele, die im Detail ausgearbeitet sind.
4. Titchmarsh, E. C., *Theory of the Riemann Zeta Function*, Oxford University Press, London, 1951. Das ist das klassische Buch über die Zetafunktion.
5. Titchmarsh, E. C., *Theory of the Fourier Integral*, Oxford University Press, London, 1948. Man findet hier eine verständliche Behandlung der Poissonschen Summenmethode.
6. Knopp, K., *Theorie und Anwendung der unendlichen Reihen*, 5. Auflage, Springer, Berlin, Heidelberg, 1965. In diesem Buch findet man eine ausgezeichnete und ausführliche Darstellung der EM-Entwicklung nebst genauer Fehleranalyse. Es ist nicht schwierig zu lesen.
7. Krylov, V. I., *Approximate Calculation of Integrals*, Macmillan, New York, 1962. Hierbei handelt es sich um ein umfassendes Werk, in dem das breite Gebiet der numerischen Integrationsmethoden auf einem sehr lesbaren Niveau abgehandelt wird. Der Abschnitt in diesem Buch über die Abschwächung von Singularitäten ist einzigartig.

5 Berechnung von Integralen: Die Laplace-Methode

Bei der Behandlung von Differentialgleichungen tritt oft die Situation auf, daß wir das Verhalten des Systems für große Zeiten oder in großen Entfernungen kennen wollen. Man kann diese Probleme als Gegenstück zu solchen betrachten, die mit kleinen Parametern in Zusammenhang stehen, wo man in natürlicher Weise an eine Potenzreihenentwicklung der Lösung denkt. Wir wollen aber oft auch eine Abschätzung des Wertes eines von einem großen Parameter abhängenden Integrals erhalten.

In beiden Situationen sprechen wir davon, daß wir am asymptotischen Verhalten interessiert sind. Das bedeutet, daß wir das vorherrschende Verhalten des Systems bestimmen wollen, wenn ein Parameter gegen unendlich geht.

Das führt uns dazu, Integrale und Differentialgleichungen zu untersuchen, die einen großen Parameter enthalten. Wir diskutieren die Differentialgleichungen im Kapitel 6. In diesem Kapitel untersuchen wir eine Vielzahl von Integralen mit dem Schwerpunkt auf zwei Typen.

Der erste Typ wird durch

$$F(\lambda) = \int_0^\infty \exp(-\lambda x) f(x) \mathrm{d}x \tag{5.1}$$

repräsentiert. Dieses Integral ist die Laplacetransformation der Funktion $f(x)$, und obwohl dieses Integral in manchen Fällen exakt berechnet werden kann, ist es oft von Interesse, sein Verhalten für große Werte des Parameters λ zu kennen. Die Laplacetransformation wird bei Aufgaben mit parabolischen Differentialgleichungen und Differentialgleichungen mit konstanten Koeffizienten verwendet. Sie hat eine weitreichende Anwendbarkeit, sie ist ein allgemeines Arbeitsmittel der angewandten Mathematik.

Der zweite Integraltyp ist

$$G(\lambda) = \int_0^\infty g(x) \exp\left(-\lambda x^2\right) \mathrm{d}x, \tag{5.2}$$

der auf vielen Gebieten der Physik auftritt, zum Beispiel bei dem Studium der Wärmeleitung und der Diffusion, in der Wahrscheinlichkeitstheorie und in der statistischen Mechanik.

Wir haben dieses Kapitel in vier Abschnitte unterteilt, wobei die Allgemeinheit und die Komplexität in der Diskussion allmählich zunehmen. Wir beginnen mit einem Überblick über die hinter der Laplace-Methode steckenden Grundideen. Dies wird dadurch erreicht, daß wir zwei Integrale betrachten, die von dem großen Parameter λ abhängen, und sehen, wie sie sich verhalten, wenn der Parameter sehr groß wird, nämlich gegen unendlich geht. Wir diskutieren dann einige allgemeinere Probleme, bei denen die Integrale nicht in geschlossener Form berechnet werden können, was uns zur Suche nach einer befriedigenden quantitativen Abschätzung ihres Verhaltens für große Werte eines geeigneten Parameters führt.

Als nächstes entwickeln wir die Laplace-Methode und wenden sie auf eine große Klasse von Integralen an, die bereits richtig vorbereitet sind oder in eine unmittelbar nutzbare Form gebracht wurden.

Dann richten wir unsere Aufmerksamkeit auf Probleme, die einige Vorbereitung benötigen, bevor die Laplace-Methode angewendet werden kann. Das schließt Probleme ein, die eine Skalierung der Variablen erfordern sowie die Fragen der beweglichen Maxima. Schließlich diskutieren wir die Berechnung von Termen höherer Ordnung und die Fehleranalyse. Wir haben uns während unserer gesamten Analyse auf Probleme beschränkt, die keine Verwendung komplexer Variablen erfordern, um die Diskussion auf elementarem Niveau zu halten und dadurch die Grundgedanken zu verdeutlichen. Die Laplace-Methode ist verallgemeinerbar und auf einen außergewöhnlich großen Problembereich anwendbar. Deshalb enthält das Literaturverzeichnis am Kapitelende Werke, die Darstellungen fortgeschrittener Themen einschließlich der Methode der stationären Phase, der Methode des größten Anstiegs und der Sattelpunktmethode enthalten.

5.1 Einführung

5.1.1 Einige Beobachtungen

Wir beginnen mit der Untersuchung zweier Integrale, die von einem Parameter λ abhängen, und fragen, wie sich die Integranden verhalten, wenn der Parameter gegen unendlich geht. Wir können jedes der Integrale in geschlossener Form berechnen.

$$I(0, \lambda) = \int_0^\infty \exp(-\lambda t)\mathrm{d}t = \frac{1}{\lambda} \tag{5.3}$$

$$J(0,\lambda) = \int_0^\infty \exp\left(-\lambda t^2\right) \mathrm{d}t = \frac{1}{2}\sqrt{\frac{\pi}{\lambda}} \tag{5.4}$$

Das erste Integral verhält sich wie $1/\lambda$, das zweite Integral verhält sich wie $\sqrt{1/\lambda}$. Wenn zum Beispiel λ gleich 10 ist, erhalten wir

$$I(0,10) = \frac{1}{10}$$

$$J(0,10) = \frac{1}{2}\sqrt{\frac{\pi}{10}} \approx 0{,}28\,.$$

Abbildung 5.1 zeigt eine graphische Darstellung der Integranden.

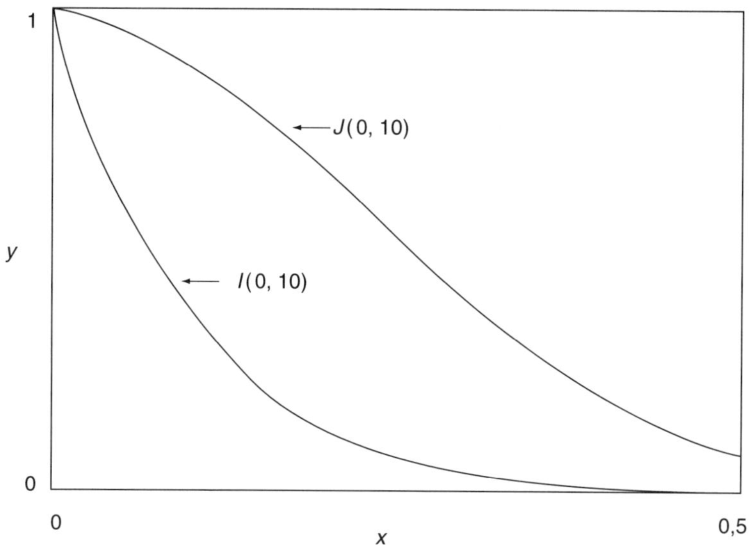

Abb. 5.1 Man richte die Aufmerksamkeit auf die Umgebung des Ursprungs und beachte, ein wieviel größerer Beitrag zum Integral $I(0,\lambda)$ im Vergleich zum Integral $J(0,\lambda)$ hier konzentriert ist.

Wir sehen, daß der Integrand aus $I(0,10)$ von seinem Wert 1 am Ursprung stark abfällt bis zu seinem Wert $\exp(-10)$ oder fast null bei $t = 1$. Er hat den Wert $\exp(-0{,}1)$ bei $t = 1/100$ und fällt dann auf $\exp(-1)$ bei $t = 0{,}1$. Deshalb liefert er seine hauptsächlichen Beiträge für Werte von t aus dem Intervall von 0 bis 0,1.

Im Gegensatz dazu hat der Integrand von $J(0,10)$ am Ursprung einen verschwindenden Anstieg und einen Wert dicht bei eins für t aus dem Intervall von 0 bis 0,1. In diesem Intervall hat er den Wert $\exp(-0{,}1) \leq \exp(-10t^2) \leq 1$.

Sein Anstieg ist über einen längeren Bereich gering. Die Funktion selbst fällt dann auf $\exp(-1)$, wenn $t = 1/\sqrt{10}$ ist, und erreicht den Wert $\exp(-10)$ für $t = 1$.

Sehen wir jetzt, wie wir diese Beobachtungen nutzen können, um den Wert von

$$C_0(\lambda) = \int_0^\infty (\cos x)\exp(-\lambda x)\mathrm{d}x = \frac{\lambda}{1+\lambda^2} \tag{5.5 a}$$

abzuschätzen.

Beispiel 5.1.1. Wir können Gleichung (5.5 a) wie folgt herleiten. Man betrachte

$$I(\lambda) = \int_0^\infty (\cos x)\exp(-\lambda x)\mathrm{d}x\,.$$

Wir integrieren zweimal partiell und erhalten

$$I(\lambda) = \lambda - \lambda^2 I(\lambda)$$

oder

$$I(\lambda) = \frac{\lambda}{1+\lambda^2}\,.$$

□

Uns interessieren große Werte von λ. Entwickeln wir Gleichung (5.5 a), erhalten wir

$$I(\lambda) = \frac{1}{\lambda} - \frac{1}{\lambda^3} + O\left(\frac{1}{\lambda^5}\right)\,. \tag{5.5 b}$$

Wenn $\lambda = 10$ ist, berechnen wir

$$C_0(10) = 0{,}099\,.$$

Man stellt fest, daß für $\lambda = 10$

$$\cos x \approx 1 \qquad \text{für} \quad 0 \le x \le \frac{1}{10}$$

und

$$\exp(-1) \le \exp(-10x) \le 1$$

gilt.

Bei unserem Versuch, einen Näherungswert des Integrals zu finden, behandeln wir den Kosinusfaktor immer mit seinem Wert in der Nähe des Ursprungs, nämlich 1, und schreiben das Integral als:

$$C_0(\text{approx};\lambda) = \int_0^\infty 1\cdot\exp(-\lambda x)\mathrm{d}x = 1/\lambda, \tag{5.6 a}$$

$$C_0(\text{approx};10) = \frac{1}{10}\,. \tag{5.6 b}$$

Wir sehen, daß unsere Näherung eine gute Abschätzung des Integrals $C_0(\lambda)$ ergibt, die sich für wachsendes λ verbessert.

Vergleichen wir die Gleichungen (5.5 a) und (5.6 a), erkennen wir

$$C_0(\text{exakt}; \lambda) = C_0(\text{approx}; \lambda)\frac{\lambda^2}{1+\lambda^2}\,. \tag{5.7}$$

Jetzt betrachten wir das zugeordnete Integral:

$$\begin{aligned} C_1(\lambda) &= \int_0^\infty (\cos x)\exp\left(-\lambda x^2\right)\mathrm{d}x \\ &= \frac{1}{2}\sqrt{\frac{\pi}{\lambda}}\exp\frac{-1}{4\lambda}\,. \end{aligned} \tag{5.8 a}$$

Beispiel 5.1.2. Wir leiten Gleichung (5.8 a) durch Entwicklung des Faktors $\cos x$ wie folgt her:

$$C_1(\lambda) = \int_0^\infty (\cos x)\exp\left(-\lambda x^2\right)\mathrm{d}x = \sum_{n=0}^\infty (-)^n \int_0^\infty \frac{1}{2n!}x^{2n}\exp\left(-\lambda x^2\right)\mathrm{d}x\,.$$

Sei

$$\begin{aligned} y &= \lambda x^2; \qquad \mathrm{d}x = \frac{1}{2}\frac{1}{\sqrt{\lambda y}}\mathrm{d}y, \\ C_1(\lambda) &= \sum_{n=0}^\infty (-)^n \frac{1}{(2n)!}\frac{1}{\lambda^n}\frac{1}{2\sqrt{\lambda}}\Gamma\left(n+\frac{1}{2}\right)\,. \end{aligned}$$

Aber

$$\begin{aligned} \Gamma\left(n+\frac{1}{2}\right) &= \frac{(2n)!}{2^n 2^n n!}\sqrt{\pi} = \frac{(2n)!}{4^n n!}\sqrt{\pi}, \\ C_1(\lambda) &= \sum_{n=0}^\infty \frac{1}{2}\sqrt{\frac{\pi}{\lambda}}(-)^n\frac{1}{(4\lambda)^n n!} \\ &= \frac{1}{2}\sqrt{\frac{\pi}{\lambda}}\exp\frac{-1}{4\lambda}\,. \end{aligned}$$

□

Sei $\lambda = 10$; dann ist $C_1(10) = 0{,}27$. Wir versuchen eine Näherung, $C_1(\text{approx})$, unter Beachtung, daß für $\lambda = 10$

$$\exp(-0{,}1) \approx 0{,}9 \le \exp\left(-10x^2\right) \le 1 \qquad \text{für} \quad 0 \le x \le 0{,}1$$

gilt und daß $\exp\left(-10x^2\right) \approx 0$ ist, wenn $x \geq 1$ ist. (Siehe Abbildung 5.1.) Als erste Abschätzung ersetzen wir $\cos x$ durch 1 in dem Integral

$$\begin{aligned} C_1(\text{approx};\lambda) &= \int_0^\infty 1 \cdot \exp\left(-\lambda x^2\right) \mathrm{d}x \\ &= \frac{1}{2}\sqrt{\frac{\pi}{\lambda}}, \qquad (5.8\,\text{b}) \\ C_1(\text{approx};10) &= 0{,}28\,. \end{aligned}$$

Vergleichen wir die Gleichungen (5.8 a) und (5.8 b), so sehen wir, daß

$$\begin{aligned} C_1(\text{exakt};\lambda) &= C_1(\text{approx};\lambda) \cdot \exp\frac{-1}{4\lambda} \\ &= \frac{1}{2}\sqrt{\frac{\pi}{\lambda}}\left[1 - \frac{1}{4\lambda} + O\left(\frac{1}{\lambda^2}\right)\right]. \qquad (5.9) \end{aligned}$$

Unsere Näherung für $C_1(\lambda)$ ist zwar gut, hat aber eine geringere Genauigkeit als unsere Näherung für $C_0(\lambda)$. Der Faktor $\exp(-\lambda x)$ in $C_0(\lambda)$ hat nichtverschwindenden Anstieg am Ursprung, welcher steiler wird als λ anwächst. Vergleiche Abbildung 5.2.

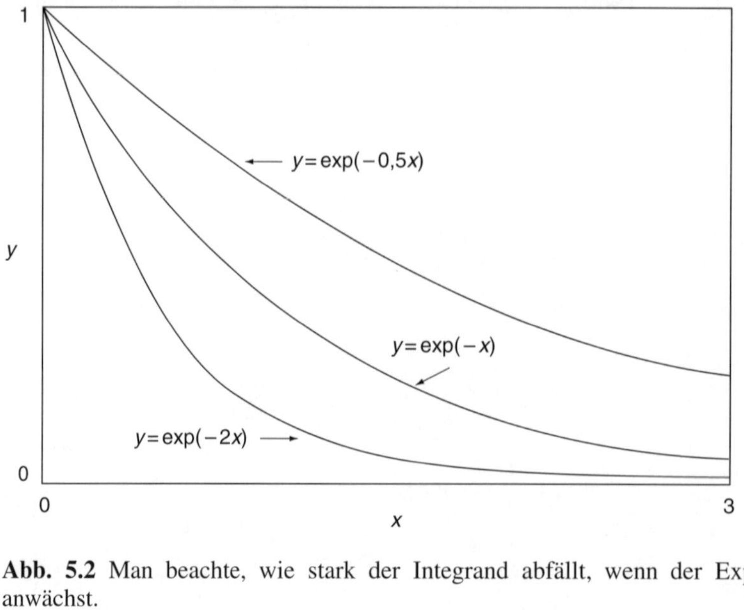

Abb. 5.2 Man beachte, wie stark der Integrand abfällt, wenn der Exponentialfaktor anwächst.

Folglich hat der Faktor $\cos x$ keine Gelegenheit, wirksam zu werden, solange der Exponentialfaktor nicht auf einen sehr kleinen Wert abgefallen ist. Im Gegensatz dazu hat der Faktor $\exp\left(-\lambda x^2\right)$ im Integral $C_1(\lambda)$ am Ursprung den Anstieg null und bleibt über eine gewisse Distanz konstant.

Damit wird die Abweichung der Funktion $\cos x$ von ihrem Wert am Ursprung deutlicher. Die Beispiele 5.1.1 und 5.1.2 geben uns die einfache Möglichkeit eines Vergleichs zwischen exakten und genäherten Ergebnissen.

Wenn λ sehr groß ist oder gegen unendlich geht, dann werden unsere Näherungen für beide Integraltypen außerordentlich gut. (Wir verschieben eine weitere Untersuchung der Beziehung zwischen der Näherung und dem exakten Ergebnis bis zum Abschnitt 5.4, wo wir die Berechnung von Termen höherer Ordnung diskutieren.)

5.1.2 Die Definition des Abbruchpunktes ◇

Nach diesen Beobachtungen beschäftigen wir uns mit einem ähnlichen Problem:

$$K(\lambda) = \int_0^\infty \ln(2+x)\exp(-\lambda x)\mathrm{d}x; \qquad \lambda \to \infty\,. \tag{5.10}$$

(Diese Aufgabenstellungen sind ähnlich, da $\cos x$ und $\ln(2+x)$ am Ursprung nicht null sind.)

Zunächst stellen wir fest, daß wir beliebig oft partiell integrieren können. (Man erinnere sich daran, daß wir dadurch im Beispiel 5.1.1 das exakte Ergebnis berechnet haben.) Auf diese Art können wir eine Entwicklung nach fallenden Potenzen des großen Parameters λ erhalten:

$$\begin{aligned} K(\lambda) &= -\frac{\ln(2+x)}{\lambda}\exp(-\lambda x)\Big|_0^\infty + \frac{1}{\lambda}\int_0^\infty \frac{1}{2+x}\exp(-\lambda x)\mathrm{d}x \\ &= \frac{\ln 2}{\lambda} - \left[\frac{1}{\lambda^2}\frac{\exp(-\lambda x)}{2+x}\Big|_0^\infty\right] - \frac{1}{\lambda^2}\int_0^\infty \frac{\exp(-\lambda x)}{(2+x)^2}\mathrm{d}x \\ &= \frac{\ln 2}{\lambda} + \frac{1}{2\lambda^2} + \mathrm{T.\,h.\,O.} \end{aligned} \tag{5.11}$$

Wir können die Methode der partiellen Integration solange anwenden, wie die mit der Exponentialfunktion multiplizierte Funktion endliche Ableitungen über dem gesamten Integrationsintervall besitzt. Zum Beispiel kann das Integral

$$\int_0^\infty (\ln x)\exp(-\lambda x)\mathrm{d}x = -\frac{1}{\lambda}\gamma - \frac{1}{\lambda}\ln\lambda, \tag{5.12}$$

obwohl es endlich ist (γ ist die Eulersche Zahl 0,5772...), nicht mit dieser Methode berechnet werden, da partielle Integration

$$-\frac{\ln x}{\lambda}\exp(-\lambda x)\Big|_0^\infty + \frac{1}{\lambda}\int_0^\infty \frac{1}{x}\exp(-\lambda x)\mathrm{d}x \tag{5.13}$$

liefert. Jeder dieser Terme divergiert am Nullpunkt. (Das Integral (5.12) wird im Anhang diskutiert.)

Wir wollen die Methode der partiellen Integration nicht weiter verfolgen, da sie uns von unserem eigentlichen Thema wegführt. Wir fahren direkt mit der Entwicklung der Laplace-Methode fort, da diese auf ein großes Problemspektrum anwendbar ist und verwendet werden kann, wenn die Methode der partiellen Integration scheitert.

Wir werden die Analyse durchführen, das Verfahren wiederholen und zwei weitere Beispiele betrachten, bevor wir die Methode weiterentwickeln. Kehren wir zur Gleichung (5.10) zurück und folgern wir, daß in dem Integral $K(\lambda)$ die größten Beiträge aus dem Bereich kleiner x-Werte kommen. Wir wollen deshalb den Logarithmus-Term in eine Taylorreihe um den Nullpunkt entwickeln. Da diese Reihe einen endlichen Konvergenzradius hat, trennen wir das Integral in zwei Teile, die wir mit $K_1(\lambda)$ und $K_2(\lambda)$ bezeichnen:

$$K_1(\lambda) = \int_0^{\diamond} \ln(2+x)\exp(-\lambda x)\mathrm{d}x, \tag{5.14}$$

$$K_2(\lambda) = \int_{\diamond}^{\infty} \ln(2+x)\exp(-\lambda x)\mathrm{d}x, \tag{5.15}$$

$$K = K_1 + K_2\,.$$

Wir wählen den Abbruchpunkt, den wir mit dem Symbol $\diamond$ bezeichnen, so, daß er bestimmt innerhalb des Konvergenzradius der Taylorreihenentwicklung von $\ln(2+x)$ liegt. Wir bezeichnen ihn absichtlich auf diese Weise, um darauf hinzuweisen, daß er endlich, nämlich nicht infinitesimal ist, ansonsten aber unwichtig. Er tritt in unseren Rechnungen zusammen mit dem Parameter λ in einem Produktterm auf, von dem wir fordern, daß er gegen unendlich geht, wenn λ gegen unendlich geht. Das wird in Kürze klar werden.

Betrachten wir zuerst das Integral $K_1(\lambda)$. Wir entwickeln den Logarithmusterm in eine Taylorreihe und berücksichtigen die ersten beiden Terme,

$$K_1(\lambda) = \int_0^{\diamond} \left(\ln 2 + \frac{1}{2}x\right)\exp(-\lambda x)\mathrm{d}x + K_1(\text{Fehler}) \tag{5.16 a}$$

$$= \int_0^{\diamond} (\ln 2)\exp(-\lambda x)\mathrm{d}x + \frac{1}{2}\int_0^{\diamond} x\exp(-\lambda x)\mathrm{d}x + K_1(\text{Fehler})$$

$$= K_{11} + K_{12} + K_1(\text{Fehler})\,. \tag{5.16 b}$$

Mit K_1(Fehler) bezeichnen wir den Beitrag zu $K_1(\lambda)$, der von den vernachlässigten Termen der Taylorreihe kommt. Wir geben eine Abschätzung für K_1(Fehler) am Ende dieses Beispiels.

Zunächst betrachten wir das Integral

$$K_{11}(\lambda) = \int_0^{\diamond} (\ln 2) \exp(-\lambda x) \mathrm{d}x \,. \tag{5.17 a}$$

Wir wissen, daß wir die Integration exakt ausführen können und erhalten

$$K_{11}(\lambda) = \frac{1}{\lambda} (\ln 2) \left[1 - \exp(-\lambda \diamond) \right] \,. \tag{5.17 b}$$

Wir führen jedoch durch die Substitution $y = \lambda x$ eine Skalentransformation aus:

$$K_{11}(\lambda) = \frac{1}{\lambda} \int_0^{\lambda \diamond} (\ln 2) \exp(-y) \mathrm{d}y \,. \tag{5.17 c}$$

Das beseitigt die λ-Abhängigkeit des Exponentialfaktors und verlagert sie in die obere Integrationsgrenze. Es ist jetzt etwas deutlicher, warum wir die obere Grenze mit einem Symbol $\diamond$, welches endlich ist und innerhalb des Konvergenzradius liegt, bezeichnet haben. Wenn λ gegen unendlich geht, dann wissen wir, daß auch die obere Integrationsgrenze gegen unendlich geht. Wir können also schreiben:

$$K_{11} \to \frac{1}{\lambda} \int_0^{\infty} (\ln 2) \exp(-y) \mathrm{d}y = \frac{1}{\lambda} \ln 2; \qquad \lambda \to \infty \,. \tag{5.17 d}$$

In dieser Näherung machen wir einen Fehler, der gerade $-[(\ln 2)/\lambda] \exp(-\lambda \diamond)$ beträgt und für jedes λ und jedes $\diamond$ leicht berechnet werden kann. Wir betrachten $K_{12}(\lambda)$, schreiben

$$K_{12}(\lambda) = \frac{1}{2} \int_0^{\diamond} x \exp(-\lambda x) \mathrm{d}x, \tag{5.18 a}$$

setzen $y = \lambda x$ und erhalten

$$K_{12}(\lambda) = \frac{1}{2\lambda^2} \int_0^{\lambda \diamond} y \exp(-y) \mathrm{d}y \,. \tag{5.18 b}$$

Dieses Integral können wir exakt berechnen:

$$K_{12}(\lambda) = \frac{1}{2\lambda^2} \left[1 - (\lambda \diamond) \exp(-\lambda \diamond) - \exp(-\lambda \diamond) \right] \,. \tag{5.18 c}$$

Unsere Variablentransformation verlagerte die λ-Abhängigkeit des Exponentialfaktors erneut in die obere Grenze. Wenn wir die obere Grenze gegen unendlich gehen lassen, $\lambda\diamond \to \infty$, erhalten wir die Näherung

$$K_{12}(\lambda) \to \frac{1}{2\lambda^2}\int_0^\infty y\exp(-y)\mathrm{d}y$$
$$= \frac{1}{2\lambda^2} \quad \text{für} \quad \lambda \to \infty, \tag{5.18 d}$$

in der wir die exponentiell kleinen Terme vernachlässigt haben.

Wir stellen fest, daß die Bezeichnung „exponentiell klein" die Betrachtungen zur Laplace-Methode durchdringt. Diese Terme sind vernachlässigbar, da sie unbedeutend im Vergleich zu den dominierenden Termen sind. Wir werden sie in Formeln mit e. k. T. bezeichnen. Richten wir jetzt unsere Aufmerksamkeit auf das Integral

$$K_2(\lambda) = \int_\diamond^\infty \ln(2+x)\exp(-\lambda x)\mathrm{d}x. \tag{5.19}$$

Es kann leicht abgeschätzt werden, wenn wir die Ungleichung

$$\ln(2+x) = \ln 2 + \ln\left(1+\frac{1}{2}x\right) \le \ln 2 + \frac{1}{2}x$$

oder

$$\frac{1}{2}x > \ln\left(1+\frac{1}{2}x\right); \qquad x > 0 \tag{5.20}$$

betrachten. Wir bilden von beiden Seiten der Ungleichung (5.20) das Exponential, um

$$\mathrm{e}^{x/2} > 1 + \frac{1}{2}x; \qquad x > 0 \tag{5.21}$$

zu erhalten. Dieser letzte Schritt ist gerechtfertigt, da aus $f(x) > g(x) > 0$ für alle x auch $\exp[f(x)] > \exp[g(x)]$ folgt. Das zeigt man, indem man das Verhältnis

$$\frac{\exp[f(x)]}{\exp[g(x)]} = \exp[f(x) - g(x)] \tag{5.22}$$

untersucht. Da durch (5.20) $f(x) > g(x)$ gilt, folgt die gesuchte Ungleichung.

Dann können wir das Integral leicht abschätzen

$$K_2(\lambda) \le \int_\diamond^\infty \left(\ln 2 + \frac{1}{2}x\right)\mathrm{e}^{-\lambda x}\mathrm{d}x$$
$$= \frac{1}{\lambda}(\ln 2)\mathrm{e}^{-\lambda\diamond} + \frac{1}{2\lambda^2}(\lambda\diamond)\mathrm{e}^{-\lambda\diamond} + \frac{1}{2\lambda^2}\mathrm{e}^{-\lambda\diamond}. \tag{5.23}$$

Das gesamte Integral $K_2(\lambda)$ gibt also einen exponentiell kleinen Beitrag zu dem ursprünglichen Integral $K(\lambda)$. Abschließend betrachten wir noch den Restterm, der durch den Abbruch der Taylorreihe von $\ln(2+x)$ nach dem zweiten Term entstanden ist. Wir können zunächst

$$\ln(2+x) = \ln 2 + \frac{x}{2} + O\left(x^2\right); \qquad 0 < x < \diamond \tag{5.24}$$

schreiben, was uns zu

$$K_1(\text{Fehler}) = \int_0^{\diamond} O\left(x^2\right) \mathrm{e}^{-\lambda x} \mathrm{d}x = O\left(\frac{1}{\lambda^3}\right) \tag{5.25}$$

führt. (Der Restterm ist von der Ordnung $O(1/\lambda^3)$, wenn wir folgerichtig arbeiten wollen, müssen wir alle kleineren Terme vernachlässigen.)

Wir erhalten unser Ergebnis

$$\begin{aligned} K(\lambda) &= K_1(\lambda) + K_2(\lambda) + K_1(\text{Fehler}) \\ &= \frac{1}{\lambda}(\ln 2) + \frac{1}{2\lambda^2} + O\left(\frac{1}{\lambda^3}\right) \end{aligned} \tag{5.26}$$

mit der Vereinbarung, daß wir exponentiell kleine Terme immer vernachlässigen.

Wir fassen zusammen:

a) Wir zerlegen das Integral in zwei Teile. Der erste umfaßt den Bereich, in dem wir eine Taylorentwicklung des wenig variierenden, λ-unabhängigen Terms durchgeführt haben.
Wir verwenden eine Skalentransformation, um die λ-Abhängigkeit des Exponentialfaktors in die Integrationsgrenze $\diamond$ zu verschieben.
Wir lassen dann die obere Grenze gegen unendlich gehen, die ein Produkt der endlichen Größe $\diamond$ mit dem Parameter λ, den wir als sehr groß betrachten, ist.
Wir stellen fest, daß das gesamte Integral über den zweiten Bereich einen exponentiell kleinen Beitrag liefert und deshalb vernachlässigbar ist.

b) Die Näherung kann verbessert werden, wenn man weitere Terme der Taylorreihe berücksichtigt.

c) Wir bemerken, daß das Integral im wesentlichen durch sein Verhalten in der Nähe des Ursprungs bestimmt wird und daß die zwischenzeitliche obere Grenze bzw. der Abbruchpunkt der Integration nur vorübergehend eine Rolle spielt, um uns die Ausführung der Rechnung zu erlauben. Ihr genauer Wert ist unwichtig.

Beispiel 5.1.3. Wir wollen jetzt anhand eines verwandten Integrals üben,

$$L(\lambda) = \int_0^{\infty} \ln(2+x) \exp\left(-\lambda x^2\right) \mathrm{d}x; \qquad \lambda \to \infty, \tag{5.27}$$

und das Ergebnis mit $K(\lambda)$ vergleichen. Wir wollen zeigen, daß das durch Gleichung (5.27) gegebene Integral aufgrund des größeren Bereichs mit einem geringen Anstieg des Exponentialfaktors größer ist als das Integral $K(\lambda)$. Wir gehen in der gleichen Weise wie bei der Berechnung des Integrals $K(\lambda)$ vor, nämlich:

a) Wir teilen das Integrationsintervall in zwei Teile. Dazu führen wir die endliche Größe $\diamond$ ein, die innerhalb des Konvergenzradius der Taylorreihe des Logarithmusterms liegt.
b) Wir entwickeln $\ln(2+x)$ in eine Reihe und nehmen die beiden führenden Terme mit.
c) Wir berechnen die entsprechenden Integrale nach der Ausführung einer Skalentransformation der Form $y = \sqrt{\lambda}x$, die zur Folge hat, daß die λ-Abhängigkeit des Integranden in die Integrationsgrenzen verschoben wird. Wir stellen fest, daß wir die obere Grenze als unendlich betrachten und nur dann exponentiell kleine Terme vernachlässigen können.
d) Wir zeigen dann, daß der verbleibende Teil des ursprünglichen Integrals, d. h. der Teil, der sich vom Abbruchpunkt ins Unendliche erstreckt, nur exponentiell kleine Terme ergibt.
e) Schließlich bestimmen wir die Größenordnung der nächsten Beiträge zu $L(\lambda)$, die von dem nächsten Term der Taylorreihe kommen.

Zum Anfang schreiben wir:

$$L(\lambda) = L_1(\lambda) + L_2(\lambda), \tag{5.28}$$

$$L_1(\lambda) = \int_0^{\diamond} \ln(2+x)\exp\left(-\lambda x^2\right) \mathrm{d}x, \tag{5.29}$$

$$L_2(\lambda) = \int_{\diamond}^{\infty} \ln(2+x)\exp\left(-\lambda x^2\right) \mathrm{d}x\,. \tag{5.30}$$

Wir wissen, daß

$$\ln(2+x) = \ln 2 + \tfrac{1}{2}x + O\left(x^2\right); \qquad 0 < x \le \diamond \tag{5.31}$$

gilt. Wir erhalten dann

$$L_1(\lambda) = L_{11}(\lambda) + L_{12}(\lambda) + L_1(\text{Fehler}),$$

$$L_{11}(\lambda) = \int_0^{\diamond} (\ln 2)\exp\left(-\lambda x^2\right) \mathrm{d}x, \tag{5.32 a}$$

$$L_{12}(\lambda) = \int_0^{\diamond} \frac{1}{2}x\exp\left(-\lambda x^2\right) \mathrm{d}x\,. \tag{5.32 b}$$

Die Skalentransformation $y = \sqrt{\lambda}x$ führen wir zunächst in $L_{11}(\lambda)$ aus:

$$L_{11} = \int_0^{\sqrt{\lambda}\diamond} \frac{1}{\sqrt{\lambda}}(\ln 2)\exp\left(-y^2\right)\mathrm{d}y$$

oder

$$L_{11} = \frac{1}{\sqrt{\lambda}}(\ln 2)\cdot\frac{1}{2}\sqrt{\pi} + \text{e.\,k.\,T.} \qquad \text{für} \quad \lambda \to \infty\,. \tag{5.33}$$

Wir sehen, daß wir einen exponentiell kleinen Term vernachlässigen, da

$$\begin{aligned}\int_{\sqrt{\lambda}\diamond}^{\infty} \exp\left(-y^2\right)\mathrm{d}y &= \int_{\sqrt{\lambda}\diamond}^{\infty} \frac{1}{2y}(2y)\exp\left(-y^2\right)\mathrm{d}y \\ &\le \frac{1}{2\sqrt{\lambda}\diamond}\exp\left(-\lambda\diamond^2\right)\end{aligned}$$

gilt. In einer ähnlichen Weise erhalten wir für das Integral $L_{12}(\lambda)$:

$$L_{12}(\lambda) = \int_0^{\sqrt{\lambda}\diamond} \left(\frac{1}{2}\frac{1}{\lambda}\right) y\exp\left(-y^2\right)\mathrm{d}y \tag{5.34 a}$$

$$= \frac{1}{4\lambda}\left(1 - \exp\left(-\lambda\diamond^2\right)\right) \tag{5.34 b}$$

oder

$$L_{12}(\lambda) = \frac{1}{4\lambda} + \text{e.\,k.\,T.} \qquad \text{für} \quad \lambda \to \infty\,. \tag{5.34 c}$$

Beziehen wir uns auf unsere Diskussion zu $K(\lambda)$, sehen wir, daß der gesamte Beitrag von $L_2(\lambda)$ einen exponentiell kleinen Beitrag liefert. Abschließend noch ein Blick auf den Restterm:

$$L_1(\text{Fehler}) = \int_0^{\diamond} O\left(x^2\right)\exp\left(-\lambda x^2\right)\mathrm{d}x\,. \tag{5.35 a}$$

Führen wir wieder die Transformation $y = \sqrt{\lambda}x$ aus, so erhalten wir

$$L_1(\text{Fehler}) = \int_0^{\sqrt{\lambda}\diamond} \frac{1}{\lambda}O\left(y^2\right)\exp\left(-y^2\right)\frac{1}{\sqrt{\lambda}}\mathrm{d}y$$

$$= O\left(\frac{1}{\sqrt{\lambda^3}}\right) \qquad \text{für} \quad \lambda \to \infty\,. \tag{5.35 b}$$

Fassen wir die Teile zusammen, erhalten wir

$$L(\lambda) = \frac{1}{2}\sqrt{\pi/\lambda}(\ln 2) + \frac{1}{4\lambda} + O\left(\frac{1}{\lambda^{3/2}}\right) \qquad \text{für} \quad \lambda \to \infty\,. \tag{5.36}$$

Zum Schluß betonen wir die wichtige Beobachtung, daß die entsprechenden Terme in $L(\lambda)$ größer als die in $K(\lambda)$ sind, entsprechend der Flachheit von $\exp\left(-\lambda x^2\right)$ verglichen mit $\exp(-\lambda x)$. □

Übung 5.1.1. Man betrachte

$$M(\lambda) = \int_0^\infty (\cos x) \exp\left(-\lambda x^4\right) \mathrm{d}x; \qquad \lambda \to \infty$$

und zeige, daß sich die führenden Terme wie $1/\lambda^{1/4}$ und $1/\lambda^{3/4}$ verhalten. Dann berechne man die Koeffizienten dieser Terme.

Lösung: $\Gamma(5/4)/\lambda^{1/4} - \Gamma(7/4)/6\lambda^{3/4}$. □

Übung 5.1.2. Gegeben seien die Integrale:

$$S(\lambda) = \int_0^\infty (\sin x) \exp(-\lambda x) \mathrm{d}x,$$

$$T(\lambda) = \int_0^\infty [\ln(1+x)] \exp\left(-\lambda x^2\right) \mathrm{d}x; \qquad \lambda \to \infty\,.$$

Warum zeigt eine graphische Darstellung der Integranden in der Umgebung des Nullpunktes, daß die Integrale $S(\lambda)$ und $T(\lambda)$ kleiner sind als $K(\lambda)$ und $L(\lambda)$?

Man berechne den führenden Term jedes Integrals, wenn der Parameter λ gegen unendlich geht.

Lösung: $S(\lambda) \sim 1/\lambda^2$ und $T(\lambda) \sim 1/2\lambda$. □

Beispiel 5.1.3. Man berechne die beiden führenden Terme des Integrals

$$W(\lambda) = \int_0^\infty [\ln(2+x)] \exp\left(-\lambda\sqrt{x}\right) \mathrm{d}x; \qquad \lambda \to \infty$$

und kommentiere die λ-Abhängigkeit des Ergebnisses.

Lösung: $W(\lambda) \sim (2\ln 2)/\lambda^2 + 3!/\lambda^4$. □

Übung 5.1.4. Die Taylorreihe der Bessel-Funktion $J_0(x)$ hat einen unendlichen Konvergenzradius, ihre Potenzreihenentwicklung um den Ursprung ist durch

$$J_0(x) = \sum_{k=0}^{\infty} (-)^k \frac{(x/2)^{2k}}{k!k!} = 1 - \frac{x^2}{4} + O\left(x^4\right)$$

gegeben. Man berechne die führenden Terme der Integrale:

$$P(\lambda) = \int_0^\infty J_0(x) \exp(-\lambda x) \mathrm{d}x; \qquad \lambda \to \infty,$$

$$Q(\lambda) = \int_0^\infty J_0(x) \exp\left(-\lambda x^2\right) \mathrm{d}x; \qquad \lambda \to \infty.$$

Lösung: $P(\lambda) \sim 1/\lambda - 1/2\lambda^3$; $\quad Q(\lambda) \sim \frac{1}{2}\sqrt{\pi/\lambda}(1 - 1/8\lambda)$. □

5.1.3 Erste Schlußfolgerungen

Der Abschnitt 5.1 enthält einige einfache Beispiele für die in den Gleichungen (5.1) und (5.2) angegebenen Integrale der Form

$$F(\lambda) = \int_0^\infty f(x) \exp(-\lambda x) \, \mathrm{d}x \quad \text{und} \quad G(\lambda) = \int_0^\infty g(x) \exp\left(-\lambda x^2\right) \mathrm{d}x\,.$$

Die Taylorentwicklungen der Funktionen $f(x)$ und $g(x)$ um den Nullpunkt lauten

$$f(x) = f(0) + x f'(0) + \frac{x^2}{2!} f''(0) + \text{T. h. O.}, \tag{5.37}$$

$$g(x) = g(0) + x g'(0) + \frac{x^2}{2!} g''(0) + \text{T. h. O.} \tag{5.38}$$

Wir stellen folgendes fest:

1. Die Integrale können von der Struktur der Funktion in der Nähe des Nullpunktes gut approximiert werden. (Es gibt das Watsonsche Lemma, welches genaue Bedingungen liefert, unter denen das gesamte asymptotische Verhalten eines Integrals durch seine Taylorentwicklung bestimmt ist. Wir verweisen auf das Literaturverzeichnis am Ende des Kapitels, insbesondere auf die Werke von Bender und Orszag sowie von Olver für eine detaillierte Diskussion des Watsonschen Lemmas.) Daher haben wir die Taylorentwicklung verwendet, um die für das asymptotische Verhalten bestimmenden Terme zu finden. Wir haben die ersten beiden nicht verschwindenden Beiträge zu den Integralen berechnet.

2. Integrale der Form $F(\lambda)$ verhalten sich wie $(1/\lambda)f(0)$. Im Gegensatz dazu verhalten sich die Integrale der Form $G(\lambda)$ wie $(1/\sqrt{\lambda})g(0)$, was die Existenz eines flachen Bereichs der Exponentialfunktion in der Nähe des Ursprungs wiederspiegelt.
3. Die Rechnung verläuft wie folgt. Zunächst betrachten wir

$$\begin{aligned}F(\lambda) &= \int_0^\infty f(x)\exp(-\lambda x)\,\mathrm{d}x \\ &= \int_0^\diamond [f(0) + xf'(0)]\exp(-\lambda x)\,\mathrm{d}x \\ &\quad + \int_0^\diamond O\left(x^2\right)\exp(-\lambda x)\,\mathrm{d}x + \text{e. k. T.}; \qquad \lambda \to \infty\,.\end{aligned}$$

Setzen wir $y = \lambda x$. Dann folgt

$$F(\lambda) \sim \int_0^{\lambda\diamond} \left[f(0) + \frac{y}{\lambda}f'(0)\right]\left(\frac{1}{\lambda}\right)\exp(-y)\,\mathrm{d}y + O\left(\frac{1}{\lambda^3}\right). \tag{5.39}$$

Vernachlässigen wir die exponentiell kleinen Terme in Gleichung (5.39), dann erhalten wir

$$F(\lambda) \sim \frac{1}{\lambda}f(0) + \frac{1}{\lambda^2}f'(0) + O\left(\frac{1}{\lambda^3}\right); \qquad \lambda \to \infty\,. \tag{5.40}$$

Auf ähnliche Weise ergeben sich auch:

$$\begin{aligned}G(\lambda) &= \int_0^\infty g(x)\exp\left(-\lambda x^2\right)\mathrm{d}x \\ &= \int_0^\diamond [g(0) + xg'(0)]\exp\left(-\lambda x^2\right)\mathrm{d}x \\ &\quad + \int_0^\diamond O\left(x^2\right)\exp\left(-\lambda x^2\right)\mathrm{d}x + \text{e. k. T.}\end{aligned} \tag{5.41}$$

Sei $y = \sqrt{\lambda}x$. Dann skalieren wir wie in den Rechnungen mit $F(\lambda)$ die Variablen und vernachlässigen die exponentiell kleinen Terme:

$$G(\lambda) \sim \frac{1}{2}\sqrt{\pi/\lambda}g(0) + \frac{1}{2\lambda}g'(0) + O\left(\frac{1}{\lambda^{3/2}}\right); \qquad \lambda \to \infty\,. \tag{5.42}$$

Beispiel 5.1.4

$$F(\lambda) = \int_0^\infty \frac{\exp(-\lambda x)}{1+x} \mathrm{d}x; \qquad \lambda \to \infty.$$

$$f(0) = 1; \qquad f'(0) = -1,$$

$$F(\lambda) \sim \frac{1}{\lambda} - \frac{1}{\lambda^2} + O\left(\frac{1}{\lambda^3}\right); \qquad \lambda \to \infty. \qquad \square$$

Beispiel 5.1.5

$$G(\lambda) = \int_0^\infty \frac{\exp(-\lambda x^2)}{1+x^2} \mathrm{d}x; \qquad \lambda \to \infty,$$

$$g(0) = 1; \qquad g'(0) = 0,$$

$$G(\lambda) \sim \frac{1}{2}\sqrt{\pi/\lambda} + O\left(\frac{1}{\lambda^{3/2}}\right); \qquad \lambda \to \infty. \qquad \square$$

Beispiel 5.1.6. Wir können diese Ergebnisse auf Integrale über einen endlichen Bereich ausdehnen. Dazu betrachten wir

$$\begin{aligned} F(\lambda) &= \int_0^{\pi/2} (\sin x) \exp(-\lambda x)\,\mathrm{d}x \\ &= \int_0^{\diamond} \left(x - \frac{x^3}{3!}\right) \exp(-\lambda x)\,\mathrm{d}x \\ &\quad + \int_0^{\diamond} O\left(x^5\right) \exp(-\lambda x)\,\mathrm{d}x + \int_{\diamond}^{\pi/2} (\sin x) \exp(-\lambda x)\,\mathrm{d}x. \end{aligned}$$

Wir setzen voraus, daß $\diamond$ klein, aber nicht null ist, wir wissen, daß

$$\left| \int_{\diamond}^{\pi/2} (\sin x) \exp(-\lambda x)\,\mathrm{d}x \right| < \int_{\diamond}^{\pi/2} \exp(-\lambda x)\,\mathrm{d}x = \text{e. k. T.}$$

gilt und daher auch

$$F(\lambda) = \frac{1}{\lambda^2} + \frac{1}{\lambda^4} + O\left(\frac{1}{\lambda^6}\right); \qquad \lambda \to \infty. \qquad \square$$

Beispiel 5.1.7

$$F(\lambda) = \int_0^{\pi/4} (\tan x) \exp(-\lambda x)\,\mathrm{d}x; \qquad \lambda \to \infty.$$

Wir gehen wie im Beispiel 5.1.6 vor und schreiben zunächst

$$\tan x = x + \frac{x^3}{3} + O\left(x^5\right); \qquad 0 \le x \le \frac{\pi}{4}$$

und dann

$$F(\lambda) = \int_0^{\diamond} \left[x + \frac{x^3}{3} + O\left(x^5\right)\right] \exp(-\lambda x)\,\mathrm{d}x + \int_{\diamond}^{\pi/4} (\tan x) \exp(-\lambda x)\,\mathrm{d}x\,.$$

Da im Intervall $(\diamond, \pi/4)$ $\tan x \le 1$ gilt, erhalten wir unter Vernachlässigung der exponentiell kleinen Terme

$$F(\lambda) = \frac{1}{\lambda^2} + \frac{2}{\lambda^4} + O\left(\frac{1}{\lambda^6}\right). \qquad \square$$

Beispiel 5.1.8.

$$F(\lambda) = \int_0^{\infty} \frac{1}{\lambda + t} \exp(-\lambda t)\,\mathrm{d}t; \qquad \lambda \to \infty,$$

$$F(\lambda) = \int_0^{\diamond} \frac{1}{\lambda + t} \exp(-\lambda t)\,\mathrm{d}t + \int_{\diamond}^{\infty} \frac{1}{\lambda + t} \exp(-\lambda t)\,\mathrm{d}t; \qquad 0 < \diamond \ll \lambda\,.$$

Wir wissen, daß

$$\int_{\diamond}^{\infty} \frac{1}{\lambda + t} \exp(-\lambda t)\,\mathrm{d}t < \frac{1}{\lambda^2} \exp(-\lambda \diamond) = \text{e. k. T.}$$

und

$$\int_0^{\diamond} \frac{1}{\lambda + t} \exp(-\lambda t)\,\mathrm{d}t = \frac{1}{\lambda} \int_0^{\diamond} \left(1 - \frac{t}{\lambda} + \frac{t^2}{\lambda^2} + \cdots\right) \exp(-\lambda t)\,\mathrm{d}t$$

gilt. Daraus folgt

$$F(\lambda) = \frac{1}{\lambda^2} - \frac{1}{\lambda^4} + O\left(\frac{1}{\lambda^6}\right); \qquad \lambda \to \infty\,. \qquad \square$$

An dieser Stelle beschließen wir diese Überlegungen mit der Betrachtung der Integrale

$$I(p, \lambda) \equiv \int_0^{\infty} t^p \exp(-\lambda t)\,\mathrm{d}t = \lambda^{-(p+1)} \Gamma(p+1);$$

$$\lambda > 0, \quad p > -1, \tag{5.43}$$

$$J(p, \lambda) \equiv \int_0^\infty z^p \exp\left(-\lambda z^2\right) \mathrm{d}z = \frac{1}{2}\lambda^{-(p+1)/2}\Gamma\left(\frac{p+1}{2}\right);$$

$$\lambda > 0, \quad p > -1\,. \tag{5.44}$$

Durch die Variablentransformation $z^2 = t$ und $2z\mathrm{d}z = \mathrm{d}t$ bringen wir das Integral $I(p, \lambda)$ in die Form $J(p, \lambda)$. Wir können natürlich auch in die andere Richtung vorgehen und die Variablentransformation $\sqrt{t} = z$ und $1/(2\sqrt{t})\mathrm{d}t = \mathrm{d}z$ durchführen.

$$I(p, \lambda) = 2J(2p+1, \lambda), \tag{5.45}$$

$$J(p, \lambda) = \tfrac{1}{2}I[(p-1)/2, \lambda]\,. \tag{5.46}$$

Beispiel 5.1.9

$$\begin{aligned} I(3, \lambda) &= \int_0^\infty t^3 \exp(-\lambda t)\,\mathrm{d}t = 2\int_0^\infty s^7 \exp\left(-\lambda s^2\right) \mathrm{d}s \\ &= 2J(7, \lambda), \\ I(3, \lambda) &= \frac{1}{\lambda^4}\Gamma(4)\,. \end{aligned}$$

Welche konkrete Form wir verwenden, hängt vom untersuchten Problem ab. □

Übung 5.1.5. Gesucht sind die ersten zwei Terme der asymptotischen Entwicklung von

$$S(\lambda) = \int_{-\infty}^{\infty} \left[\ln\left(1 + x + x^2\right)\right] \exp\left(-\lambda x^2\right) \mathrm{d}x; \qquad \lambda \to \infty,$$

dabei ist zu beachten, daß nur die geraden Terme der Entwicklung zum Ergebnis beitragen.

Lösung:

$$S(\lambda) = \frac{1}{4\lambda}\sqrt{\frac{\pi}{\lambda}} + \frac{3}{16\lambda^2}\sqrt{\frac{\pi}{\lambda}} + O\left(\frac{1}{\lambda^{7/2}}\right); \qquad \lambda \to \infty\,.$$ □

5.2 Die Laplace-Methode

Wir haben bereits Integrale der Form

$$F(\lambda) = \int_0^\infty f(x) \exp(-\lambda x)\, \mathrm{d}x; \qquad \lambda \to \infty$$

und

$$G(\lambda) = \int_0^\infty g(x) \exp\left(-\lambda x^2\right) \mathrm{d}x; \qquad \lambda \to \infty$$

untersucht, und dabei festgestellt, daß es in systematischer Art und Weise möglich ist, ihr Verhalten als Potenzreihen in $1/\lambda$ und $1/\sqrt{\lambda}$ zu bestimmen. Wir wollen jetzt diese Klasse von Integralen erweitern und

$$\Phi(\lambda) = \int_a^b f(x) \exp[\lambda h(x)]\, \mathrm{d}x; \qquad \lambda \to \infty \tag{5.47}$$

mit berücksichtigen. Wir betrachten Funktionen $h(x)$, die ein einzelnes Maximum bei $x = c$ haben, irgendwo in Intervall (a, b) einschließlich der Endpunkte. Weiterhin soll dieses Maximum der größte Wert sein, den $h(x)$ annimmt. Siehe Abbildung 5.3.

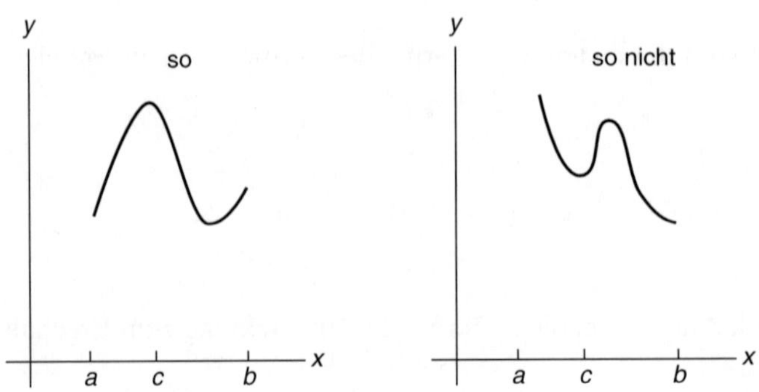

Abb. 5.3

Diese Einschränkung auf Integrale, die ein einzelnes Maximum innerhalb des Integrationsbereichs haben, wurde nur gemacht, um einige Argumentationen zu vereinfachen. Integrale mit verschiedenen Maxima können durch eine einfache

Erweiterung der von uns entwickelten Methode behandelt werden. Im Beispiel 5.2.3 untersuchen wir das Integral

$$\int_0^{10} \exp\left(\lambda \frac{\sin x}{x}\right) \mathrm{d}x; \qquad \lambda \to \infty. \tag{5.48}$$

Das vorherrschende Verhalten kommt von dem Maximum bei $x = 0$. Der Beitrag von dem Maximum bei $x = 7{,}725$ ist exponentiell kleiner, vergleiche dazu Abbildung 5.4.

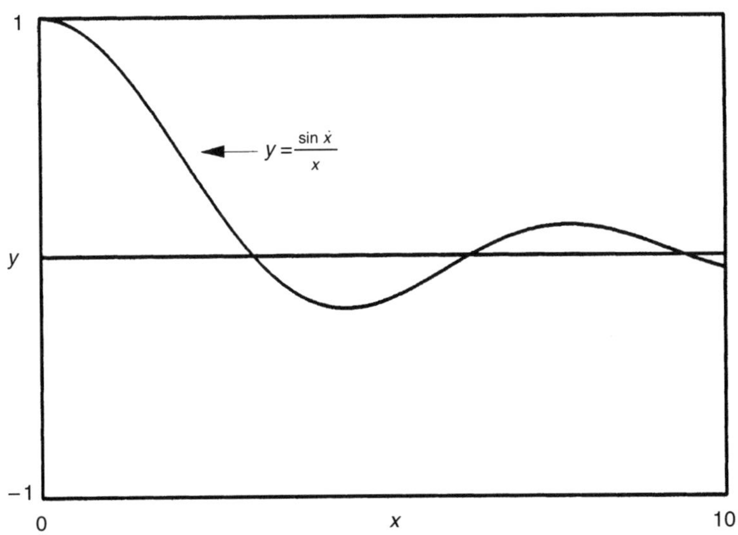

Abb. 5.4 Der Integrand hat zwei Maxima, das zweite Maximum liefert einen exponentiell kleineren Beitrag. (Siehe Übung 5.2.3.)

Integrale mit Integranden, dessen größter Wert das Maximum übersteigt, sind durch die Methode analysierbar, die wir für die Untersuchung von Integralen der Form nach Gleichung (5.1) verwendet haben. Schließlich hat der Parameter λ manchmal ein negatives Vorzeichen. Die einzige Veränderung besteht dann darin, nach dem Minimum von $h(x)$ zu suchen. Die Laplace-Methode erlaubt, das asymptotische Verhalten des Integrals durch eine Taylorreihenentwicklung der Funktionen $f(x)$ und $h(x)$ um das Maximum der Funktion $h(x)$ zu bestimmen. In diesem Abschnitt nehmen wir an, daß das Maximum stationär ist, d. h., daß es eine feste Position hat, wenn λ gegen unendlich geht.

5.2.1 Die Suche nach dem bestimmenden Verhalten

Nehmen wir für einen Moment an, daß das Maximum von $h(x)$ im Innern des Intervalls (a, b) liegt. Wir teilen das Integral in drei Teile:

$$\Phi(\lambda) = \int_a^{c-\diamond} + \int_{c-\diamond}^{c+\diamond} + \int_{c+\diamond}^{b} f(x) \exp[\lambda h(x)] \,\mathrm{d}x\,. \tag{5.49}$$

Der Abbruchpunkt $\diamond$ wurde so gewählt, daß sein Wert klein und nicht null ist sowie in der Nähe des Maximums von $h(x)$ bei $x = c$ liegt. (Er spielt hier die gleiche Rolle wie in unseren Überlegungen im Abschnitt 5.1.) Es ist dann möglich zu zeigen, daß die beiden äußeren Integrale im Vergleich zu dem Integral, das das Maximum enthält, nur exponentiell kleine Beiträge geben. Unsere zugrunde liegende Argumentation lautet wie folgt:

a) Wir können ohne Beschränkung der Allgemeinheit $h(c) = 0$ annehmen. (Wenn $h(c) \neq 0$ ist, können wir den Faktor $\exp[\lambda h(c)]$ vor das Integral ziehen und im Integral den neuen Faktor $\exp[h(x) - h(c)]$ schreiben, der für $x = c$ null ist.) Wir erhalten ebenfalls, daß $h'(c) = 0$ und $h''(c) < 0$ gilt. Da $h(x)$ bei $x = c$ weiterhin ein absolutes Maximum haben soll, erhalten wir weiter

$$h(x) < -\delta \qquad \text{für} \quad |x - c| > \diamond; \qquad \delta > 0, \quad a \leq x \leq b\,.$$

b) Wir nehmen an, daß alle Integrale endlich sind.

c) Da in den beiden Intervallen $(a, c - \diamond)$ und $(c + \diamond, b)$ $h(x) < 0$ ist, können wir

$$\begin{aligned} |\Phi_{\text{außen}}| &\equiv \left| \int_{c+\diamond}^{b} f(x) \exp[\lambda h(x)] \,\mathrm{d}x \right| \\ &< |f_{\max}| \int_{c+\diamond}^{b} \exp(-\lambda\delta) \mathrm{d}x \\ &= |f_{\max}|\, [b - (c + \diamond)] \exp(-\lambda\delta) = O\left[\exp(-\lambda\delta)\right]; \\ &\qquad\qquad \lambda \to \infty \\ &= \text{e.\,k.\,T.} \end{aligned}$$

schreiben.

Analog schlußfolgern wir

$$\Phi_{\text{innen}} \equiv \int_a^{c-\diamond} f(x) \exp[\lambda h(x)] \,\mathrm{d}x = \text{e.\,k.\,T.}$$

Wir erhalten also

$$\Phi(\lambda) = \int_{c-\diamond}^{c+\diamond} f(x) \exp[\lambda h(x)] \, \mathrm{d}x + \text{e. k. T.}; \qquad \lambda \to \infty . \tag{5.50}$$

Wir haben ein plausibles Argument dafür angegeben, daß wir den führenden Term der asymptotischen Entwicklung des Integrals $\Phi(\lambda)$ finden können, indem wir unsere Aufmerksamkeit auf das Intervall $(c - \diamond, c + \diamond)$ beschränken. Dadurch vernachlässigen wir nur exponentiell kleine Terme. Wir erwarten natürlich, daß unsere Ergebnisse um so besser werden, je schärfer das Maximum der Funktion $h(x)$ ist. (Der mathematisch exakte Beweis erfordert einigen Aufwand, wir verweisen auf das Literaturverzeichnis am Ende des Kapitels.)

Unser Vorgehen besteht darin, die Funktion $h(x)$ in eine Taylorreihe um dieses Maximum zu entwickeln und nach dem quadratischen Term abzubrechen. (Kompliziertere Situationen, wie etwa Wendepunkte, wollen wir später in diesem Abschnitt diskutieren, die Berechnung von Termen höherer Ordnung wird im Abschnitt 5.4 beschrieben.)

Mit diesen gesicherten Aussagen haben wir

$$\begin{aligned} h(x) &\approx h(c) + (x-c)h'(c) + \frac{(x-c)^2}{2!} h''(c), \\ h'(c) &= 0; \qquad h''(c) < 0. \end{aligned} \tag{5.51 a}$$

Sei

$$\alpha \equiv \left| \frac{h''(c)}{2!} \right| . \tag{5.51 b}$$

Dann erhalten wir

$$\Phi(\lambda) \sim \exp[\lambda h(x)] \int_{c-\diamond}^{c+\diamond} f(x) \exp\left[-\lambda\alpha(x-c)^2\right] \mathrm{d}x . \tag{5.52}$$

Wir werden die Gleichung (5.52) als Grundform der von uns zu analysierenden Situationen verwenden. Unsere Funktionen $f(x)$ sollen in der Umgebung des Maximums $h(c)$ die Struktur eines Produkts von x^β $(\beta > -1)$ mit Polynomen haben. Die dann von uns verwendete Entwicklung ist etwas allgemeiner als eine Taylorreihe. Mögliche Formen der Funktion $f(x)$ sind dann: x^n, $\ln(1+x)$, $\sin x$, $1/(1+x)$, $\sqrt{x}$ und $1/\sqrt[3]{x}$, während Funktionen wie $\exp(-1/x)$ zu diesem Zeitpunkt ausgeschlossen sind. (Wir kehren zur Betrachtung dieser Funktionen in den Übungsaufgaben am Ende dieses Abschnitts und im Abschnitt 5.3, wo wir Probleme behandeln, die eine Skalierung einschließen, zurück.)

Im allgemeinen nehmen wir an, daß die Funktion $h(x)$ ihr Maximum bei $x = 0$ annimmt, da dies durch eine Verschiebung der Variablen erreicht werden kann. Das bedeutet, daß der Exponentialfaktor $\exp[-\lambda\alpha(x-c)^2]$ das Integral bestimmt, während die Funktion $f(x)$ im wesentlichen in der Umgebung des Maximums von $h(x)$ nur langsam veränderlich ist. Diese Dinge werden klar werden, nachdem wir die Laplace-Methode entwickelt und einige Beipiele gerechnet haben. Wir betrachten die Gleichung (5.52) und gehen etwas anders vor, abhängig davon, ob

a) das Maximum von $h(x)$ im Innern des Intervalls oder an einem Endpunkt liegt;
b) $f(x)$ am Maximum der Funktion $h(x)$ null oder nicht gleich null ist.

5.2.2 Ein inneres Maximum

Fall I. Nehmen wir an, daß die Funktion $h(x)$ ihr Maximum an einem inneren Punkt $x = c$ annimmt, sowie daß $f(c) \neq 0$ ist. Man erinnere sich, daß der Abbruchpunkt $\diamond$ klein, aber nicht null ist. Das ist wichtig, wie noch deutlich werden wird. Wir nehmen die Gleichung (5.52) und führen eine Variablentransformation $s = \sqrt{\lambda\alpha}(x - c)$ aus, die uns zu

$$\Phi(\lambda) \sim \frac{\exp[\lambda h(c)]}{\sqrt{\lambda\alpha}} \int\limits_{-\sqrt{\lambda\alpha}\diamond}^{+\sqrt{\lambda\alpha}\diamond} \exp\left(-s^2\right) f\left[\left(\frac{s}{\sqrt{\lambda\alpha}}\right) + c\right] \mathrm{d}s \tag{5.53}$$

führt. Da λ gegen unendlich geht, haben wir

$$\Phi(\lambda) \sim \frac{f(c)\exp[\lambda h(c)]}{\sqrt{\lambda\alpha}} \int\limits_{-\infty}^{\infty} \exp\left(-s^2\right) \mathrm{d}s,$$

$$\Phi(\lambda) \approx \frac{\sqrt{2\pi}}{\sqrt{\lambda|h''(c)|}} f(c)\exp[\lambda h(c)]\,; \qquad \lambda \to \infty\,. \tag{5.54}$$

Wir sehen also, daß mit nichtverschwindendem $\diamond$ die Umgebung von $x = c$ die dominierenden Beiträge für das Integral liefert. Der erste Korrekturterm stammt vom nächsten Term der Taylorentwicklung von $f(x)$.

Übung 5.2.1. Man berechne den führenden Term:

$$\begin{aligned} A(\lambda) &= \int\limits_{-1}^{1} \ln(2 + x)\exp(+\lambda\cos x)\,\mathrm{d}x \\ &\sim \sqrt{\frac{2\pi}{\lambda}}\,[\exp(+\lambda)]\,(\ln 2); \qquad \lambda \to \infty\,. \end{aligned}$$

□

5.2.3 Das Maximum an einem Endpunkt

Fall II. Die Funktion $h(x)$ möge ihr Maximum an einem Endpunkt annehmen, z. B. bei $x = a$. Weiterhin sei $f(a) \neq 0$. Wir gehen wie vorhin vor, nur daß wir jetzt ausschließlich den Bereich $(a, a + \diamond)$ betrachten und die Beiträge der äußeren Region $(a + \diamond, b)$ vernachlässigen, vergleiche Abbildung 5.5.

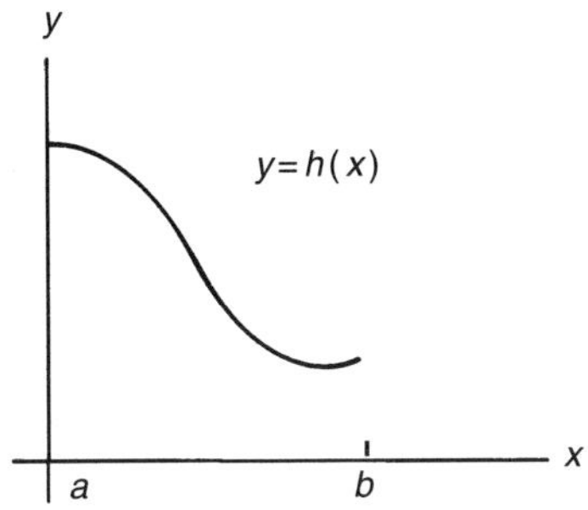

Abb. 5.5

Mit dem durch Gleichung (5.51 b) gegebenen α und der Ersetzung von a durch c erhalten wir dann

$$\Phi(\lambda) \sim \int_a^{a+\diamond} f(x) \exp[\lambda h(a)] \exp\left[(-\lambda\alpha) \cdot (x-a)^2\right] \mathrm{d}x; \qquad \lambda \to \infty . \tag{5.55}$$

Wir führen erneut eine Variablentransformation $s = \sqrt{\lambda\alpha}(x - a)$ aus und beachten jetzt, daß der Endpunkt $s = 0$ sich nicht verändert, wenn λ gegen unendlich geht. Damit erhalten wir

$$\Phi(\lambda) \sim \frac{\exp[\lambda h(a)]}{\sqrt{\lambda\alpha}} \int_0^{\sqrt{\lambda\alpha}\diamond} f\left(\frac{2}{\sqrt{\lambda\alpha}} + a\right) \exp\left(-s^2\right) \mathrm{d}s; \qquad \lambda \to \infty .$$

Unter Vernachlässigung exponentiell kleiner Terme folgt dann

$$\begin{aligned} \Phi(\lambda) &\sim \frac{1}{\sqrt{\lambda\alpha}} \exp[\lambda h(a)] \cdot f(a) \int_0^{\infty} \exp\left(-s^2\right) \mathrm{d}s \\ &= \frac{1}{2} \frac{\sqrt{2\pi}}{\sqrt{\lambda |h''(a)|}} \exp[\lambda h(a)] \cdot f(a); \qquad \lambda \to \infty . \end{aligned} \tag{5.56}$$

Das ist eine Hälfte des Ergebnisses, das wir erhalten haben, wenn das Maximum von $h(x)$ an einem inneren Punkt liegt. (Siehe Gleichung (5.54).)

Übung 5.2.2. Man zeige, daß

$$B(\lambda) = \int_0^{\pi/2} \frac{1}{\sqrt{1+x}} \exp(-\lambda \cosh x)\,\mathrm{d}x$$
$$\sim \exp(-\lambda)\frac{1}{2}\sqrt{\frac{2\pi}{\lambda}}; \qquad \lambda \to \infty$$

gilt. □

Übung 5.2.3. Man betrachte

$$I(\lambda) = \int_0^{10} \exp\left(\lambda \frac{\sin x}{x}\right) \mathrm{d}x; \qquad \lambda \to \infty\,.$$

Der Integrand hat ein Maximum bei $x = 0$ und ein Maximum bei $x = 7{,}725$. Man zerlege den Integrationsbereich in zwei Teile, so daß jeder Teil ein einzelnes Maximum enthält und zeige, daß wegen $(\sin 7{,}725)/7{,}725 \approx 0{,}128$ der Beitrag des zweiten Maximums exponentiell kleiner als der des ersten Maximums ist. Deshalb können wir das Integral sicher abschätzen, wenn wir sein Verhalten in der Nähe des Ursprungs untersuchen. □

5.2.4 Die nächsten Schwierigkeiten

Fall III. Wir richten jetzt unsere Aufmerksamkeit auf die Situation, wo $f(x)$ und $f'(x)$ am Maximum von $h(x)$ an dem inneren Punkt $x = c$ null sind. Wir gehen wie bisher vor, zerlegen den Integrationsbereich in drei Teile und vernachlässigen die Beiträge der äußeren Teile. Unter Verwendung der Gleichung (5.51 b) erhalten wir

$$\Phi(\lambda) \sim \int_{c-\diamond}^{c+\diamond} \exp[\lambda h(c)]\, f(x) \exp\left[-\lambda\alpha(x-c)^2\right] \mathrm{d}x; \qquad \lambda \to \infty\,. \tag{5.57}$$

Wir entwickeln $f(x)$ in eine Taylorreihe um den Punkt $x = c$ und brechen nach dem ersten nichtverschwindenden geraden Term ab. (Die ungeraden Terme geben keinen Beitrag, da der Exponentialfaktor bei $x = c$ eine gerade Funktion von x ist.) Wir setzen zum Beispiel $c = 0$ und

$$f(x) = \ln(1+x) = x - \frac{x^2}{2} + O\left(x^3\right) \tag{5.58 a}$$

oder

$$f(x) = \frac{x}{1+x} = x - x^2 + O\left(x^3\right)\,. \tag{5.58 b}$$

Wenn $f(x)$ selbst ein Polynom in x ist, dann kommt der größte Beitrag von dem Term mit der kleinsten geradzahligen Potenz; z. B.

$$f(x) = x + x^2 + x^3 + x^4 . \tag{5.59}$$

Der x^2-Term gibt den wesentlichen Beitrag. Um das zu zeigen, vergleichen wir

$$\int_{-\infty}^{\infty} x^2 \exp\left(-\lambda x^2\right) \mathrm{d}x = \frac{1}{\lambda^{3/2}} \Gamma\left(\frac{3}{2}\right) \tag{5.60 a}$$

mit

$$\int_{-\infty}^{\infty} x^4 \exp\left(-\lambda x^2\right) \mathrm{d}x = \frac{1}{\lambda^{5/2}} \Gamma\left(\frac{5}{2}\right) . \tag{5.60 b}$$

Nehmen wir

$$f(x) = f(c) + (x-c) f'(c) + \frac{(x-c)^2}{2!} f''(c) + \text{T. h. O.}$$

mit $f''(c) \neq 0$; $f(c) = f'(c) = 0$ an. Mit α entsprechend Gleichung (5.51 b) erhalten wir

$$\Phi(\lambda) \sim \left[\exp \lambda h(c)\right] f''(c) \int_{c-\diamond}^{c+\diamond} \frac{(x-c)^2}{2!} \exp\left[-\lambda\alpha(x-c)^2\right] \mathrm{d}x . \tag{5.61}$$

Wie üblich skalieren wir die Variable mittels $s = \sqrt{\lambda\alpha}(x-c)$. Vernachlässigen wir die exponentiell kleinen Terme, so erhalten wir

$$\begin{aligned}
\Phi(\lambda) &\sim \frac{\exp\left[\lambda h(c)\right]}{\sqrt{\lambda\alpha}} \frac{f''(c)}{2!} \int_{-\sqrt{\lambda\alpha}\diamond}^{\sqrt{\lambda\alpha}\diamond} \frac{s^2}{\lambda\alpha} \exp\left(-s^2\right) \mathrm{d}s \\
&\sim \frac{\exp\left[\lambda h(c)\right]}{2(\lambda\alpha)^{3/2}} f''(c) \int_{-\infty}^{\infty} s^2 \exp\left(-s^2\right) \mathrm{d}s, \\
\Phi(\lambda) &\sim \frac{1}{2} \exp\left[\lambda h(c)\right] f''(c) \left[\frac{2}{\lambda |h''(c)|}\right]^{3/2} \Gamma\left(\frac{3}{2}\right) \qquad \lambda \to \infty .
\end{aligned} \tag{5.62}$$

Übung 5.2.4. Man zeige:

$$\begin{aligned}
c(\lambda) &= \int_{-1}^{1} \ln\left(1 + t^2\right) \exp\left(-\lambda \sinh^2 t\right) \mathrm{d}t \\
&\sim \frac{1}{\lambda^{3/2}} \Gamma(3/2) .
\end{aligned}$$

□

Fall IV. Wir betrachten jetzt den Fall, daß das Maximum der Funktion $h(x)$ am Endpunkt $x = a$ liegt und $f(a) = 0$ ist. Wir schließen ungerade Terme in der Taylorentwicklung von $f(x)$ um $x = a$ mit ein und erhalten

$$f(x) = f(a) + (x-a)f'(a) + \text{T. h. O.}; \quad f(a) = 0, \quad f'(a) \neq 0\,. \tag{5.63}$$

Wir gehen vor wie immer und erhalten

$$\Phi(\lambda) \sim f'(a)\exp[\lambda h(a)] \int\limits_a^{a+\diamond} (x-a)\exp\left[-\lambda\alpha(x-a)^2\right] \mathrm{d}x, \tag{5.64}$$

$$\Phi(\lambda) \sim \frac{1}{\lambda |h''(a)|} f'(a)\exp[\lambda h(a)]\,; \qquad \lambda \to \infty\,. \tag{5.65}$$

Es ist möglich, die Klasse der Funktionen $f(x)$ auszudehnen, um Funktionen, die sich in der Umgebung des Maximums von $h(x)$ bei $x = a$ wie $(x-a)^\beta$, $\beta > -1$ verhalten, mit einzuschließen. Das folgt daraus, daß $\Gamma[(p+1)/2]$ für $p > -1$ endlich ist, siehe Gleichung (5.44). Wir müssen $f(x)$ innerhalb des Integrals behalten, mit Ausnahme, daß β eine nichtnegative ganze Zahl ist.

Übung 5.2.5. Man zeige

$$A(\lambda) = \int\limits_0^1 \sqrt{x}\exp\left(-\lambda\tan^2 x\right) \mathrm{d}x \sim \frac{1}{2}\Gamma\left(\frac{3}{4}\right)\frac{1}{\lambda^{3/4}}; \qquad \lambda \to \infty\,. \qquad \square$$

Fall V. Wir betrachten die Situation, in der $h(x)$ an der unteren Integrationsgrenze $x = a$ einen Wendepunkt hat. Dann gilt: $h(x) = h(a) + [(x-a)^3/3!]h'''(a) + \text{T. h. O.}$; $h'(a) = h''(a) = 0$; $h'''(a) < 0$. Fahren wir wie vorher fort und beschränken unsere Aufmerksamkeit auf das Intervall $(a, a+\diamond)$. Dabei führen wir die Bezeichnung $\alpha \equiv |h'''(a)|/3!$ und die Variablentransformation $s = \sqrt[3]{\lambda\alpha}(x-a)$ ein. Dann nimmt das Analogon der Gleichung (5.52) die Form

$$\Phi(\lambda) \sim \exp[\lambda h(a)] \frac{1}{\sqrt[3]{\lambda\alpha}} \int\limits_0^{\sqrt[3]{\lambda\alpha}\diamond} f\left(a + \frac{s}{\sqrt[3]{\lambda\alpha}}\right)\exp\left(-s^3\right) \mathrm{d}s$$

an. Mit der Annahme $f(a) \neq 0$ folgt

$$\Phi(\lambda) \sim \frac{\exp[\lambda h(a)]}{\sqrt[3]{\lambda\alpha}}\Gamma\left(\frac{4}{3}\right) \cdot f(a); \qquad \lambda \to \infty\,. \tag{5.66}$$

5.3 Nicht direkt behandelbare Probleme

Richten wir jetzt unsere Aufmerksamkeit auf Probleme, die in eine geeignete Form gebracht werden müssen, damit die Laplace-Methode anwendbar ist. Die Probleme, welche wir behandeln, haben bewegliche Maxima und erfordern deshalb eine Skalierung der Variablen. Das folgt daraus, daß es für die Anwendung der Laplace-Methode erforderlich ist, daß das Maximum des Integranden fixiert bleibt, wenn der große Parameter gegen unendlich geht. Warum? Mit einem fixierten Maximum hat der Integrand die Möglichkeit, ein immer schärferes Maximum auszubilden, wenn λ gegen unendlich geht. Er sieht dann mehr und mehr wie eine Deltafunktion aus, und unsere Näherung wird ganz zufriedenstellend. Wenn sich im Gegensatz dazu das Maximum bewegt, wenn λ anwächst, dann tendiert der bestimmende Beitrag dazu, sich unserem Zugriff zu entziehen.

Wir illustrieren diese Art von Aufgabenstellungen anhand der asymptotischen Entwicklung von $n!$, nämlich der Stirlingschen Formel für $n!$ Wir wollen das für große Werte von n durch das Integral

$$n! \equiv \int_0^\infty t^n \exp(-t) \mathrm{d}t \tag{5.67}$$

definierte Verhalten von $n!$ beschreiben. Dieses Integral ist nicht in der Standardform, da der Integrand nicht die Form eines Produktes aus einem polynomartigen Term und einer Exponentialfunktion mit einem scharf ausgeprägten einzelnen Maximum hat. Weiterhin wächst t^n für wachsendes n sehr stark an und $\exp(-t)$ fällt, so daß sich die Position des Maximums verschiebt, wenn n gegen unendlich geht. Um das deutlich zu sehen, schreiben wir unser Integral als

$$n! = \int_0^\infty \exp\left[n(\ln t) - t\right] \mathrm{d}t = \int_0^\infty \exp\left[g(t)\right] \mathrm{d}t\,. \tag{5.68}$$

Wir bestimmen die Lage des Maximums:

$$g'(t) = \frac{n}{t} - 1 = 0, \quad \text{wenn} \quad t = n \quad \text{ist.} \tag{5.69}$$

Das Maximum verschiebt sich also, wenn n gegen unendlich geht.

Übung 5.3.1. Man betrachte $n!$ wie durch die Gleichung (5.67) gegeben für $n = 2, 5$ und 10. In jedem Falle bestimme man die Lage des Maximums des Integranden und finde dann ein grobes Maß dafür, welcher Bereich den wesentlichen Beitrag liefert, indem man feststellt, wo der Integrand auf die Hälfte seines Maximalwertes gefallen ist. Man zeichne eine graphische Darstellung, um zu sehen, daß es eine bedeutende Verbreiterung des Maximums gibt, wenn

n wächst. Aus diesem Ergebnis lernen wir, wie wichtig es ist, unsere Variablen zu skalieren, um zu erreichen, daß das Maximum schmaler wird, wenn n größer wird. Damit erhalten wir eine gute Abschätzung des Integrals durch die Laplace-Näherung.

Wir skalieren die Variable t durch die Variablentransformation $t = ny$, $\mathrm{d}t = n\mathrm{d}y$ und stellen fest, daß wir jetzt ein festes Maximum des Integranden haben, da unser Integral zu

$$\begin{aligned} n! &= \int_0^\infty \exp\left[n(\ln n) + n\ln y - ny\right] n\mathrm{d}y \\ &= n\exp(n\ln n)\int_0^\infty \exp\left[n(\ln y - y)\right]\mathrm{d}y \\ &= n^{n+1}\int_0^\infty \exp\left[nh(y)\right]\mathrm{d}y \end{aligned} \tag{5.70}$$

wird. Dann gilt:

$$\begin{aligned} h'(y) &= \frac{1}{y} - 1 = 0 \qquad \text{für} \quad y = 1, \\ h''(y) &= \frac{-1}{y^2} = -1 \qquad \text{für} \quad y = 1\,. \end{aligned}$$

Wir entwickeln $h(y)$ um den Punkt $y = 1$ und vernachlässigen höhere als quadratische Terme in der Exponentialfunktion.

$$n! \sim n^{n+1}\int_0^\infty \exp\left\{n\left[\ln 1 - 1 + 0 - \frac{1}{2!}(y-1)^2\right]\right\}\mathrm{d}y\,. \tag{5.71 a}$$

Nach der Variablentransformation $w = y - 1$ erhalten wir

$$n! \sim n^{n+1}\exp(-n)\int_{-1}^\infty \exp\left(-\frac{1}{2}nw^2\right)\mathrm{d}w\,. \tag{5.71 b}$$

Die untere Integrationsgrenze ist jetzt -1 und das Maximum bei $w = 0$ liegt deshalb im Innern des Integrationsintervalls. Dieses Integral fällt dann unter die Kategorie des Falles I. Unter Verwendung der Gleichung (5.54) erhalten wir

$$n! \sim n^{n+1}\exp(-n)\sqrt{\frac{2\pi}{n}}; \qquad n\to\infty$$

oder

$$n! \sim \sqrt{2\pi n}\, n^n\exp(-n); \qquad n\to\infty\,. \tag{5.72}$$

Schließlich bemerken wir noch, daß wir niemals von der Tatsache Gebrauch gemacht haben, daß n eine ganze Zahl ist, wir erhalten also ebenfalls

$$\Gamma(\lambda+1) = \sqrt{2\pi\lambda}\,\lambda^{\lambda}\exp(-\lambda); \qquad \lambda \to \infty\,. \tag{5.73}$$

□

Beispiel 5.3.1. Uns interessiert das asymptotische Verhalten von

$$I(\lambda) = \int_0^\infty \exp\left(-\lambda x - \frac{1}{x}\right) \mathrm{d}x; \qquad \lambda \to \infty\,. \tag{5.74}$$

Dieses Integral ist nicht in der Standardform, da der Faktor $\exp[-(1/x)]$ sich in der Nähe von $x = 0$ nicht wie ein Polynom verhält. Beachten wir dieses und schreiben das Integral als

$$I(\lambda) = \int_0^\infty \exp[g(x)]\,\mathrm{d}x\,. \tag{5.75}$$

Wir bestimmen das Maximum,

$$g'(x) = -\lambda + \frac{1}{x^2} = 0, \quad \text{wenn} \quad x = \frac{1}{\sqrt{\lambda}},$$

und stellen fest, daß seine Lage von der Variable λ abhängt.

Durch die Variablentransformation $x = (1/\sqrt{\lambda}) \cdot t$ wird es stationär, da dann das Maximum bei $t = 1$ liegt. (Man beachte, daß wir eine ähnliche Transformation bei der Bestimmung der asymptotischen Näherung für $n!$ ausgeführt haben.) Das Integral wird zu

$$\begin{aligned} I(\lambda) &= \frac{1}{\sqrt{\lambda}} \int_0^\infty \exp\left[-\sqrt{\lambda}\cdot\left(t + \frac{1}{t}\right)\right] \mathrm{d}t \\ &= \frac{1}{\sqrt{\lambda}} \int_0^\infty \exp\left[-\sqrt{\lambda}h(t)\right] \mathrm{d}t\,. \end{aligned} \tag{5.76}$$

Wir bestimmen jetzt die Lage des Minimums von $h(t)$:

$$\begin{aligned} h'(t) &= 1 - \frac{1}{t^2} = 0, \quad \text{wenn} \quad t = 1, \\ h''(t) &= \frac{2}{t^3} = 2, \quad \text{wenn} \quad t = 1\,. \end{aligned}$$

Jetzt entwickeln wir $h(t)$ um $t = 1$ und fahren mit der Laplace-Methode fort

$$I(\lambda) = \frac{1}{\sqrt{\lambda}} \int_0^\infty \exp\left(-\sqrt{\lambda}\left[1 + 1 + 0 + \frac{2}{2!}(t-1)^2\right]\right) \mathrm{d}t\,. \tag{5.77}$$

Wir führen den Abbruchpunkt $\diamond$ sowie die transformierte Variable $y = \lambda^{1/4} \cdot (t-1)$ ein und erhalten

$$\begin{aligned} I(\lambda) &\sim \frac{1}{\lambda^{3/4}} \exp\left(-2\sqrt{\lambda}\right) \int\limits_{-\lambda^{1/4}\diamond}^{\lambda^{1/4}\diamond} \exp\left(-y^2\right) \mathrm{d}y \\ &\sim \frac{1}{\lambda^{3/4}} \exp\left(-2\sqrt{\lambda}\right) \int\limits_{-\infty}^{\infty} \exp\left(-y^2\right) \mathrm{d}y \\ &\sim \frac{1}{\lambda^{3/4}} \sqrt{\pi} \exp\left(-2\sqrt{\lambda}\right) . \end{aligned}$$ □

Übung 5.3.2. Man zeige, daß in der asymptotischen Entwicklung von

$$J(\lambda) = \int\limits_0^{\infty} \exp\left(-\lambda t - \frac{8}{t^2}\right) \mathrm{d}t; \qquad \lambda \to \infty$$

der führende Term

$$J(\lambda) \sim \sqrt{\frac{\pi}{3}} \frac{1}{\lambda^{2/3}} 2^{7/6} \exp\left[-3\left(2\lambda^2\right)^{1/3}\right]; \qquad \lambda \to \infty$$

lautet. □

(Man beachte, daß die Probleme mit veränderlichen Maxima mehr als die sonst übliche Sorgfalt erfordern. Wir verweisen auf die Werke von Olver sowie Bender und Orszag für eine Diskussion weitergehender Probleme und Situationen.)

5.4 Terme höherer Ordnung

Wir wollen jetzt erklären, wie man Terme höherer Ordnung in der asymptotischen Entwicklung von Integralen der Form

$$\Phi(\lambda) = \int\limits_a^b f(x) \exp\left[\lambda h(x)\right] \mathrm{d}x; \qquad \lambda \to \infty \tag{5.78}$$

findet. Dabei habe die Funktion $h(x)$ ein absolutes Maximum bei $x = c$ und die Funktion $f(x)$ verhalte sich in der Nähe des Maximums von $h(x)$ wie $(x-c)^{\beta}$, $\beta > -1$. Es ist algebraisch umständlich, die Methode in voller Allgemeinheit zu entwickeln, deshalb wählen wir den Zugang, sie mit Hilfe vieler

Beispiele zu erklären. Die im Literaturverzeichnis aufgeführten Bücher enthalten detailliertere Darstellungen.

Beispiel 5.4.1. Wir untersuchen ein Standardproblem der statistischen Mechanik, bei dem der Beitrag eines gegebenen Potentials $V(x)$ zur Wärmekapazität gesucht ist. In unserer Analyse folgen wir der von Ryogo Kubo in *Statistical Mechanics*, North Holland, Amsterdam, 1965, S. 135. Wir betrachten ein eindimensionales System, das durch ein fast quadratisches Potential der Form

$$V(x) = \frac{1}{2}x^2 - \alpha x^3 - \beta x^4 \tag{5.79}$$

beschrieben wird. Siehe Abbildung 5.6.

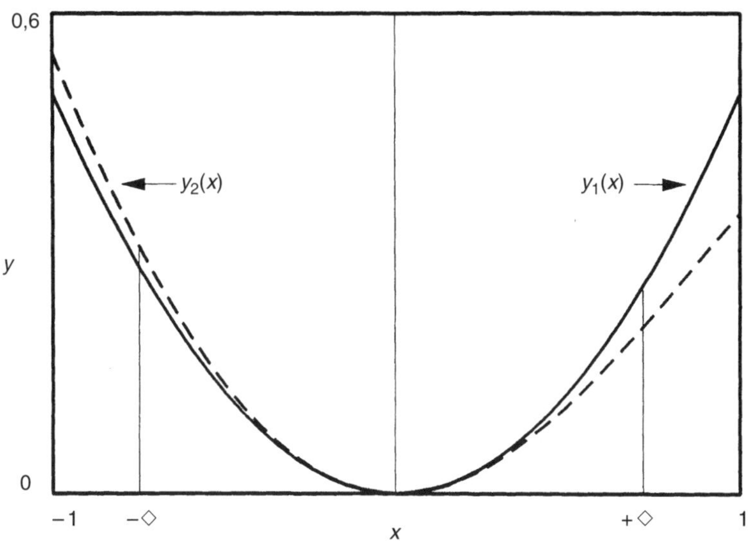

Abb. 5.6 Man beachte, wie die wesentlichen Beiträge von dem quadratischen Term kommen. Es ist unsere Aufgabe, die Rechnungen so zu organisieren, um das zu verdeutlichen. $y_1 = \frac{1}{2}x^2$, $y_2 = \frac{1}{2}x^2 - \alpha x^3 - \beta x^4$; $\alpha = 0{,}1$ und $\beta = 0{,}05$

Das System befindet sich in einem Wärmebad mit der Temperatur T. Wir wollen das Integral

$$Z(T) = \int_{-\infty}^{\infty} \exp\left(-\frac{V(x)}{kT}\right) \mathrm{d}x \tag{5.80}$$

für sehr niedrige Temperaturen, nämlich für $T \to 0$ berechnen, wobei k die Boltzmann-Konstante ist. Wir machen zunächst die Beobachtung, daß der quadratische Term dominierend ist und seinen wesentlichen Beitrag im Bereich

$|x| < \sqrt{2kT}$ liefert. Der kubische Term und der Term vierter Ordnung sind Korrekturen zu dem quadratischen Term $\frac{1}{2}x^2$. Das führt uns zu der Forderung, daß die Koeffizienten α und β des kubischen Terms bzw. des Terms vierter Ordnung die Ungleichungen

$$\frac{1}{2}\frac{1}{\sqrt{2kT}} \gg \alpha, \qquad \frac{1}{4kT} \gg \beta \tag{5.81}$$

erfüllen sollen. Der Grund für diese Form der Ungleichungen wird in Kürze klar werden. Da uns der Temperaturbereich nahe $T = 0$ interessiert, sind diese Ungleichungen sehr leicht zu erfüllen. Wir trennen unser Integral in drei Teile:

$$Z(T) = \int_{-\infty}^{-\diamond} + \int_{-\diamond}^{\diamond} + \int_{\diamond}^{\infty} . \tag{5.82}$$

Der Abbruchpunkt $\diamond$ ist eine feste, nichtverschwindende Größe, vielleicht so, wie in Abbildung 5.6 dargestellt.

Wenn T gegen null geht, wird $\exp\left(-x^2/2kT\right)$ an den Punkten $x = \pm\diamond$ auf einen Wert nahe null gefallen sein. Wir wissen bereits aus unseren früheren Betrachtungen, daß die Integrale

$$\int_{-\infty}^{-\diamond} \quad \text{und} \quad \int_{\diamond}^{\infty}$$

exponentiell kleine Terme liefern. Deshalb vernachlässigen wir sie. Wir wollen die drei Faktoren in dem Integral

$$\int_{-\diamond}^{\diamond} \exp\left(-\frac{1}{kT}\frac{1}{2}x^2\right) \exp\frac{\alpha x^3}{kT} \exp\frac{\beta x^4}{kT}\mathrm{d}x \tag{5.83}$$

untersuchen. Wir wissen, daß der Term $x^2/2kT$ signifikant ist, wenn $|x| < \sqrt{2kT}$ ist, und daß über diese gesamte Region gefordert wird, daß die Terme dritter und vierter Ordnung, αx^3 und βx^4, zu kleinen Korrekturen führen sollen, wenn T gegen null geht. Das führt zu den Ungleichungen

$$\frac{x^2}{2kT} \gg \frac{\alpha x^3}{kT}$$

oder

$$\frac{1}{2x} \gg \alpha \quad \text{oder} \quad \frac{1}{2}\frac{1}{\sqrt{2kT}} \gg \alpha \tag{5.84 a}$$

und

$$\frac{x^2}{2kT} \gg \frac{\beta x^4}{kT}$$

oder

$$\frac{1}{2x^2} \gg \beta \quad \text{oder} \quad \frac{1}{4kT} \gg \beta\,. \tag{5.84 b}$$

Mit diesen Ungleichungen entwickeln wir sowohl den kubischen Term als auch den Term vierter Ordnung bei $x = 0$, dem Ort des Maximums des quadratischen Terms, in eine Taylorreihe. Es sollte jetzt klar sein, warum wir die ursprünglichen Ungleichungen für α und β gefordert haben.

$$Z(T) \sim \int_{-\diamond}^{\diamond} \left(\exp\frac{-x^2}{2kT}\right)\left(1+\frac{\alpha x^3}{kT}+\frac{\alpha^2 x^6}{2!(kT)^2}\right)\cdot\left(1+\frac{\beta x^4}{kT}\right)\mathrm{d}x + \text{T. h. O.} \tag{5.85}$$

Diese Methode der Entwicklung der Korrekturterme ist der zentrale Punkt bei der Berechnung von Termen höherer Ordnung in der asymptotischen Entwicklung von Integralen des Laplace-Typs. Speziell werden die Korrekturterme bzw. die Terme höherer Ordnung der Taylorentwicklung der Funktion, welche ein Maximum besitzt, z. B. des Potentials $-V(x)$, selbst in eine Taylorreihe um dieses Maximum entwickelt. Dieses Verfahren sichert, daß diese Terme Korrekturterme bleiben, wenn wir den Integrationsbereich von $-\infty$ bis $+\infty$ ausdehnen. Wir führen die Skalentransformation $y = x/\sqrt{2kT}$ aus, und da wir uns für den Bereich interessieren, wo T gegen null geht, schreiben wir

$$\begin{aligned} Z(T) \sim \int_{-\infty}^{\infty} \exp\left(-y^2\right)&\left[1+2\alpha y^3\sqrt{2kT}+\frac{4\alpha^2 y^6}{2!}2kT\right] \\ &\cdot\left[1+2\beta y^4(2kT)\right]\sqrt{2kT}\,\mathrm{d}y, \end{aligned} \tag{5.86}$$

wobei wir die Terme höherer Ordnung der Taylorreihe und die von den Intervallen

$$(-\infty, -\diamond/\sqrt{2kT}) \quad \text{und} \quad (\diamond/\sqrt{2kT}, \infty)$$

kommenden exponentiell kleinen Terme vernachlässigt haben. Die Integrale sind Gammafunktionen, wir finden

$$Z(T) \sim \sqrt{2\pi kT}\left[1+\left(3\beta+\frac{15}{2}\alpha^2\right)kT\right]+O\left(T^{5/2}\right); \; T \to 0\,. \tag{5.87}$$

Abschließend machen wir noch die Beobachtung, daß wir die sowohl von den Termen dritter als auch vierter Ordnung stammenden Abweichungen vom quadratischen Term mit beachten müssen, wenn wir den Korrekturterm proportional zu T berechnen wollen. Das ist ein allgemeines Ergebnis, es kann auf die Tatsache zurückgeführt werden, daß das Maximum der Funktion $-V(x)$ innerhalb des sich von $-\infty$ bis ∞ erstreckenden Integrationsintervalls liegt. Da die Korrekturen niedrigster Ordnung ungerade Terme sind, verschwinden sie bei der Integration. Wenn das Maximum auf dem Rand liegen würde, hätten wir einen Beitrag von einem Term dieser Ordnung, d. h. $O(T)$. □

Beispiel 5.4.2. Wir suchen Terme höherer Ordnung in der Stirlingschen Näherung für

$$n! = \int_0^\infty t^n \exp(-t)\mathrm{d}t = \int_0^\infty \exp[n(\ln t) - t]\,\mathrm{d}t \tag{5.88}$$

und zeigen

$$n! \sim \sqrt{2\pi n} n^n \exp(-n) \left[1 + \frac{1}{12n} + O\left(n^{-2}\right)\right]. \tag{5.89}$$

Wenn wir uns an unsere vorhergehende Diskussion erinneren, dann wissen wir, daß der Integrand ein Maximum bei $t = n$ hat, was uns dazu führt, mittels der Transformation $t = ny$ das Maximum stationär zu machen. Wir schreiben das Integral als

$$n! = n^{n+1} \int_0^\infty \exp[n(\ln y - y)]\,\mathrm{d}y. \tag{5.90}$$

Das Maximum von $h(y)$ liegt dann bei $y = 1$. Wir zerlegen das Integrationsintervall in drei Teile:

$$\int_0^{1-\diamond} + \int_{1-\diamond}^{1+\diamond} + \int_{1+\diamond}^{\infty}$$

und vernachlässigen die Beiträge von den Bereichen außerhalb des Maximums von $h(y)$. Der Abbruchpunkt $\diamond$ wurde als dicht bei $y = 1$ liegend gewählt. Der Grund dafür wird nach der Berechnung der höheren Ableitungen von $h(y)$ deutlich werden. Wir berechnen alle Ableitungen bei $y = 1$:

$$\begin{aligned}
h(y) &= \ln y - y = -1, \\
h'(y) &= \frac{1}{y} - 1 = 0, \\
h''(y) &= \frac{-1}{y^2} = -1, \\
h^{(n)}(y) &= (-)^{n-1}\frac{(n-1)!}{y^n} = (-)^{n-1}(n-1)! \qquad \text{für} \quad n \geq 2
\end{aligned}$$

und erhalten

$$h(y) = -1 - \frac{1}{2}(y-1)^2 + \frac{1}{3}(y-1)^3 - \frac{1}{4}(y-1)^4 + O\left[(y-1)^5\right]. \tag{5.91}$$

Nach diesen Berechnungen gehen wir zurück zu Gleichung (5.90) für $n!$ und nehmen die Terme höherer Ordnung in der Taylorreihe mit:

$$n! \sim n^{n+1} \exp(-n) \int\limits_{1-\diamond}^{1+\diamond} \exp\left[-\frac{n}{2}(y-1)^2\right] \cdot \exp\left[\frac{n}{3}(y-1)^3\right] \exp\left[-\frac{n}{4}(y-1)^4\right] \mathrm{d}y\,. \tag{5.92}$$

Mit der Variablentransformation $w = y - 1$ folgt:

$$n! \sim n^{n+1} \exp(-n) \int\limits_{-\diamond}^{\diamond} \exp\frac{-nw^2}{2} \exp\frac{+nw^3}{3} \exp\frac{-nw^4}{4} \mathrm{d}w\,. \tag{5.93}$$

Da die Koeffizienten der Exponentialterme alternierende Vorzeichen haben, könnte man auf den ersten Blick meinen, daß der Term $\exp\left(+nw^3/3\right)$ den Term $\exp\left(-nw^2/2\right)$ dominiert und damit zu dem Ergebnis führt, daß ein Korrekturterm größer ist als der erste Term. Man erinnere sich jedoch daran, daß das Maximum stationär bei $y = 1$ liegt und daß der Abbruchpunkt $\diamond$ hinreichend klein gewählt wurde. Wir wählen ihn so, daß $\exp\left(+nw^3/3\right)$ und $\exp\left(-nw^4/4\right)$ für $|w| \leq \diamond$ dicht bei 1 liegen. Wählen wir beispielsweise $\diamond \ll 1$, dann nehmen die Korrekturterme ihre größten Werte an den Endpunkten an, und wir erhalten die Ungleichungen

$$\left|-\frac{n\diamond^2}{2}\right| > \left|\frac{n\diamond^3}{3}\right| > \left|-\frac{n\diamond^4}{4}\right|\,.$$

Da wir den Abbruchpunkt frei wählen können, können wir davon ausgehen, daß die Korrekturterme tatsächlich über den gesamten Integrationsbereich klein sind und daß es angemessen ist, sie in eine Taylorreihe zu entwickeln. (Eine ausführliche Beschreibung sowie eine Begründung dieses Verfahrens finden wir bei Bender und Orszag.) Mit diesen Ergebnissen schreiben wir:

$$\exp\frac{nw^3}{3} = 1 + \frac{nw^3}{3} + \frac{n^2w^6}{9 \cdot 2!} + O\left(n^3\right),$$
$$\exp\frac{-nw^4}{4} = 1 - \frac{nw^4}{4} + O\left(n^2\right).$$

Es ergibt sich dann

$$n! \sim n^{n+1} \exp(-n) \int\limits_{-\diamond}^{\diamond} \left(\exp\frac{-nw^2}{2}\right)\left(1 + \frac{nw^3}{3} + \frac{n^2w^6}{18}\right) \cdot \left(1 - \frac{nw^4}{4}\right) \mathrm{d}w + \text{T.h.O.} \tag{5.94}$$

Die Variablentransformation $s = \sqrt{n/2}\,w$ führt uns zu

$$n! \sim n^{n+1} \exp(-n) \sqrt{\frac{2}{n}} \int\limits_{-\sqrt{n/2}\diamond}^{+\sqrt{n/2}\diamond} \exp\left(-s^2\right)$$

$$\cdot \left[\left(1 + \sqrt{\frac{2}{n}} \frac{2s^3}{3} + \frac{4s^6}{9n}\right)\left(1 - \frac{s^4}{n}\right) + O\left(\frac{1}{n^2}\right)\right] \mathrm{d}s\,. \tag{5.95}$$

Wir stellen fest, daß sowohl der Term dritter als auch der Term vierter Ordnung Korrekturen der Ordnung $O\,(1/n)$ ergeben. Wir können keine weiteren Terme der Entwicklungen von $\exp\left(nw^3/3\right)$ und $\exp\left(-nw^4/4\right)$ verwenden, da sie von der Ordnung $O\left(1/n^2\right)$ sein würden. Wenn wir diese berücksichtigen würden, wäre es notwendig, sowohl die fünften als auch die sechsten Ableitungen von $h(y)$ zu berechnen, da sie Beiträge der gleichen Ordnung liefern. Mit diesen Erkenntnissen schreiben wir die Laplace-Näherung als

$$n! \sim n^{n+1} \exp(-n) \sqrt{\frac{2}{n}} \int\limits_{-\infty}^{\infty} \exp\left(-s^2\right)$$

$$\cdot \left[1 + \sqrt{\frac{2}{n}} \frac{2s^3}{3} + \frac{1}{n}\left(\frac{4}{9}s^6 - s^4\right)\right] \mathrm{d}s\,. \tag{5.96}$$

Da sich die Integration von $-\infty$ bis $+\infty$ erstreckt, verschwindet das Integral über s^3. Weiterhin wissen wir, daß

$$\int\limits_{-\infty}^{\infty} \exp\left(-s^2\right) \mathrm{d}s = \sqrt{\pi}; \qquad \int\limits_{-\infty}^{\infty} \exp\left(-s^2\right) s^6 \mathrm{d}s = \Gamma\left(\frac{7}{2}\right),$$

$$\int\limits_{-\infty}^{\infty} \exp\left(-s^2\right) s^4 \mathrm{d}s = \Gamma\left(\frac{5}{2}\right)$$

gilt, was uns zu

$$n! \sim n^{n+1} \exp(-n) \sqrt{\frac{2}{n}} \cdot \left[\sqrt{\pi} + \frac{1}{n}\left(\frac{4 \cdot 5}{9 \cdot 2} - 1\right) \Gamma\left(\frac{5}{2}\right)\right] \tag{5.97}$$

führt. Unser Endergebnis lautet:

$$n! \sim \sqrt{2\pi n}\, n^n \exp(-n) \left[1 + \frac{1}{12n} + O\left(\frac{1}{n^2}\right)\right]. \qquad \square$$

Übung 5.4.1. Man berechne den nächsten Korrekturterm $= 1/288n^2$. Man erinnere sich, daß die Euler-Mac Laurin-Entwicklung diese Terme mit minimalem

Aufwand liefert. Man muß nur in der Lage sein, den numerischen Wert der Konstante $\sqrt{2\pi}$ zu finden. □

Beispiel 5.4.3. Wir betrachten das Integral

$$I_0(\lambda) = \frac{1}{\pi}\int_0^{\pi} \exp(\lambda\cos\alpha)\,\mathrm{d}\alpha; \qquad \lambda \to \infty\,. \tag{5.98}$$

$I_0(\lambda)$ ist die modifizierte Besselfunktion nullter Ordnung. Wir wollen die beiden führenden Terme der asymptotischen Entwicklung finden. Wir wissen, daß das Maximum von $\cos\alpha$ bei $\alpha = 0$ liegt. Wir zerlegen das Integrationsintervall in zwei Teile, $(0, \diamond)$ und $(\diamond, \pi)$, wobei $\diamond$ einen kleinen, aber nichtverschwindenden Wert hat. Die Taylorreihenentwicklung von $\cos\alpha$ lautet:

$$\cos\alpha = 1 - \frac{\alpha^2}{2!} + \frac{\alpha^4}{4!} + \text{T.h.O.}$$

Wir brechen die Entwicklung nach dem Term vierter Ordnung ab und beachten, daß $\diamond$ so gewählt ist, daß der quadratische Term bedeutend größer als der Term vierter Ordnung ist. Das führt uns dazu, den Term vierter Ordnung in eine Taylorreihe zu entwickeln und das Integral als

$$\begin{aligned} I_0(\lambda) &\sim \frac{1}{\pi}\int_0^{\diamond} \exp\lambda \exp\frac{-\lambda\alpha^2}{2!}\exp\frac{+\lambda\alpha^4}{4!}\mathrm{d}\alpha \\ &= \frac{1}{\pi}\exp\lambda\int_0^{\diamond}\left(\exp\frac{-\lambda\alpha^2}{2}\right)\left(1+\frac{\lambda^4\alpha}{24}\right)\mathrm{d}\alpha + \text{T.h.O.} \end{aligned} \tag{5.99}$$

zu schreiben. Es ist wichtig festzustellen, daß wir die Entwicklung nicht bis zu dem Term $(1/2!)(\lambda\alpha^4/24)^2$ ausdehnen dürfen, da wir die Entwicklung von $\cos\alpha$ bei der vierten Ableitung abgebrochen haben und deshalb die von der sechsten Ableitung kommenden Terme der Ordnung α^6 vernachlässigt haben. Wir führen die Variablentransformation $z = \sqrt{\lambda/2}\alpha$ aus, unser Integral wird zu

$$I_0(\lambda) = \frac{1}{\pi}(\exp\lambda)\sqrt{\frac{2}{\lambda}}\cdot\int_0^{\sqrt{\lambda/2}\diamond}\exp\left(-z^2\right)\left(1+\frac{1}{24}\frac{4}{\lambda}z^4\right)\mathrm{d}z\,. \tag{5.100}$$

Die Integrale sind Gammafunktionen, die

$$I_0(\lambda) \sim \frac{1}{\sqrt{2\pi\lambda}}(\exp\lambda)\left[1+\frac{1}{8\lambda}+O\left(\frac{1}{\lambda^2}\right)\right]; \qquad \lambda\to\infty \tag{5.101}$$

liefern. □

Übung 5.4.2. Gegeben sei

$$I(\lambda) = \int_0^{\pi/2} \exp\left(-\lambda \sin^2 t\right) \mathrm{d}t\,.$$

Man zeige, daß

$$I(\lambda) = \frac{1}{2}\sqrt{\frac{\pi}{\lambda}}\left[1 + \frac{1}{4\lambda} + O\left(\frac{1}{\lambda^2}\right)\right]; \qquad \lambda \to \infty$$

gilt. □

Übung 5.4.3. Für das Integral

$$I(\lambda) = \int_0^{\pi^2/4} \exp\left(\lambda \cos\sqrt{t}\right) \mathrm{d}t$$

gilt:

$$I(\lambda) = \frac{2\exp\lambda}{\lambda}\left[1 + \frac{1}{3\lambda} + \frac{4}{15\lambda^2} + O\left(\frac{1}{\lambda^3}\right)\right]; \qquad \lambda \to \infty\,.$$ □

Übung 5.4.4. Man zeige, daß für das gegebene Integral

$$I(\lambda) = \int_0^{\infty} t^{\lambda} \exp(-t)(\ln t)\mathrm{d}t$$

$$I(\lambda) \sim \sqrt{2\pi}\,\lambda^{\lambda+1/2} \exp(-\lambda)(\ln\lambda); \qquad \lambda \to \infty$$ □

gilt.

Übung 5.4.5. Gegeben sei

$$I(\lambda) = \int_1^{\lambda} \left(1 + \frac{1}{t}\right)^t \mathrm{d}t\,.$$

Man zeige:

$$I(\lambda) \sim e\lambda - \frac{e}{2}\ln\lambda + O(1); \qquad \lambda \to \infty\,.$$

Bemerkung: Dieses Integral ist nicht von der von uns vorher untersuchten Form. Es kann jedoch berechnet werden, wenn man den Integranden als $\exp[t\ln(1 + 1/t)]$ schreibt und in eine Taylorreihe entwickelt. □

5.5 Schlußfolgerungen

Wir verfügen über eine systematische und leistungsfähige Methode, um die asymptotische Entwicklung von Integralen der Form

$$\Phi(\lambda) = \int_a^b f(x) \exp[\lambda h(x)]\, \mathrm{d}x$$

zu berechnen, wobei $h(x)$ ein absolutes Maximum innerhalb oder an einem Endpunkt des Integrationsintervalls hat. Der führende Term der asymptotischen Entwicklung läßt sich wie folgt finden:

a) Man zerlege das Integral in mehrere Teile und eliminiere die Terme, die zu exponentiell kleinen Beiträgen führen.
b) Man transformiere den bestimmenden Teil in ein Gaußsches Integral, welches leicht berechnet werden kann.
c) Der Faktor $\sqrt{2\pi}$ tritt immer auf und ist charakteristisch für die Laplace-Methode. (Er fehlt, wenn es statt des Maximums einen Wendepunkt gibt. Er wird dann durch eine entsprechende Gammafunktion ersetzt.)
d) Die Korrekturen höherer Ordnung werden durch eine Taylorentwicklung von $h(x)$ um ihr Maximum gefunden. Diese Korrekturterme in der Form von Exponentialtermen werden dann als Taylorreihenentwicklung in Potenzen des inversen großen Parameters berechnet. Die Einführung der Funktion $f(x)$ als Faktor ändert die Berechnung nicht wesentlich. Es ist natürlich notwendig, diese Funktion in eine Taylorreihe zu entwickeln, wenn man die Korrekturen höherer Ordnung berechnen will.

Literatur

Mit Ausnahme des Buches von Nayfeh enthalten alle Texte einen ausführlichen mathematischen Beweis der Laplace-Näherung. Sie unterscheiden sich in ihrem Schwierigkeitsgrad und in ihrem Zugang zu der Problematik. Das Buch von Nayfeh enthält eine Fülle von Aufgaben und ausgearbeiteten Beispielen.

1. Nayfeh, A. H., *Introduction to Perturbation Techniques*, Wiley, New York, 1981.
2. De Bruijn, N. G., *Asymptotic Analysis*, North-Holland, Amsterdam, 1958; die dritte Auflage wurde bei Dover, New York, 1981 wiederaufgelegt.
3. Wilf, H. S., *Mathematics for the Physical Sciences*, Wiley, New York, 1962, Neuauflage bei Dover, New York, 1978.

4. Bender, C. M., Orszag. S. A., *Advanced Mathematical Methods for Scientists and Engineers*, McGraw-Hill, New York, 1978.
5. Olver, F. W. J., *Asymptotics and Special Functions*, Academic Press, New York, 1974.

6 Differentialgleichungen

Bei fast allen Untersuchungen in Wissenschaft und Technik begegnet man linearen Differentialgleichungen zweiter Ordnung. Sie treten z. B. in der Theorie des Elektromagnetismus in Gestalt der Laplace- und Poissongleichung, in der Quantenmechanik in Gestalt der Schrödingergleichung, in der Hydrodynamik, Thermodynamik, Akustik usw. auf. Deshalb ist es nicht überraschend, daß diese Gleichungen besonders intensiv untersucht wurden und einen wesentlichen Anteil der Kurse über Differentialgleichungen ausmachen. Da wir dies wissen, konzentrieren wir uns auf einige allgemeine Ideen bezüglich asymptotischer Lösungen und auf jene Aspekte, die mit unseren Untersuchungen nichtlinearer oszillierender Systeme zusammenhängen.

Wir gehen so vor, daß wir eine lineare Differentialgleichung zweiter Ordnung einer speziellen Klasse durch einige Transformationen in eine geeignete Form bringen, die unserer Analyse angepaßt ist. Dies erreichen wir, indem wir den mittleren Term der Gleichung eliminieren und, wenn nötig, die Zeitskala ändern. Wir werden einen Satz über oszillierende Lösungen beweisen, mit dessen Hilfe wir verschiedene Differentialgleichungen vergleichen können. Außerdem gestattet er gewisse qualitative und quantitative Aussagen über deren Lösungen. Danach diskutieren wir das Gronwallsche Lemma und seine Rolle für die Feststellung der Beschränktheit von Lösungen. Dabei wird die leistungsfähige WKB-Näherungsmethode (Wentzel-Kramers-Brillouin) eingeführt und auf Eigenwertprobleme angewandt.

Das Kapitel schließt mit einer Einführung in eine Störungstechnik, die auf der Umwandlung einer Differentialgleichung in eine Integralgleichung beruht. Die Lösung wird dann in Form einer Entwicklung nach einem kleinen Parameter gesucht. Wir besprechen diese Technik im Detail im Kapitel 8 als Vorbereitung auf Methoden, die wir in den Kapiteln 9 bis 15 zur Untersuchung schwach nichtlinearer, oszillierender Systeme benutzen. Die angegebene Literatur bezieht sich entweder direkt auf diese Punkte oder ist als begleitende Lektüre geeignet.

6.1 Eliminierung des mittleren Terms

6.1.1 Transformation der Variablen

Der Vergleich zwischen verschiedenen Differentialgleichungen ist meist bequemer, wenn sie keine mittleren Terme besitzen. Wir möchten deshalb eine Variablentransformation durchführen, die eine Gleichung der Form

$$\frac{d^2 z}{dt^2} + p(t)\frac{dz}{dt} + q(t)z = f(t) \tag{6.1}$$

mit singularitätenfreien Koeffizienten $p(t)$ und $q(t)$ im Definitionsgebiet auf die Form

$$\frac{d^2 u}{dt^2} + Q(t)u = g(t)$$

bringt. Häufig geht $Q(t)$ für große Zeiten, $t \to \infty$, gegen eine Konstante und deshalb erwartet man, daß die Lösungen sich asymptotisch wie Sinus- und Kosinusfunktionen verhalten. Wir erreichen diese gewünschte Form von Gleichung (6.1) durch die Variablentransformation

$$u = z \exp\left[\frac{1}{2}\int_{t_0}^{t} p(t')\,dt'\right] \quad . \tag{6.2}$$

Die untere Grenze t_0 des Integrals ist eine beliebige Konstante, deren Effekt darin besteht, daß die Lösung mit einer anderen beliebigen Konstante multipliziert wird. Da die Transformation weder Nullstellen noch Singularitäten besitzt, haben u und z auch dieselben Nullstellen. Aus Gleichung (6.1) erhält man

$$\left\{\frac{d^2 u}{dt^2} + \left[q(t) - \frac{1}{2}\frac{dp}{dt} - \frac{p^2}{4}\right]u\right\} \cdot \exp\left[-\frac{1}{2}\int_{t_0}^{t} p(t')\,dt'\right] = f(t).$$

Wir definieren

$$Q \equiv q(t) - \frac{1}{2}\frac{dp}{dt} - \frac{p^2}{4},$$

$$g(t) \equiv f(t)\exp\left[+\frac{1}{2}\int_{t_0}^{t} p(t')\,dt'\right]$$

und erhalten damit

$$\frac{d^2 u}{dt^2} + Q(t)u = g(t) \ . \tag{6.3}$$

Übung 6.1.1. Man zeige, daß die Transformation gemäß Gleichung (6.2) Gleichung (6.1) in Gleichung (6.3) überführt. □

Übung 6.1.2. Man eliminiere in der Differentialgleichung des gedämpften harmonischen Oszillators

$$\frac{d^2x}{dt^2} + 2\varepsilon\frac{dx}{dt} + x = 0; \qquad 0 < \varepsilon \ll 1$$

mit der Transformation

$$v(t) = (\exp \varepsilon t)x(t)$$

den mittleren Term und zeige, daß $v(t)$ einer einfachen harmonischen Schwingungsgleichung genügt. Man bestimme dann die Lösung $x(t)$ und überzeuge sich, daß sie ein Produkt eines abklingenden Exponentialausdrucks und eines oszillierenden Terms ist. Mit anderen Worten, die Transformation von $x(t)$ nach $v(t)$ separiert diese beiden Aspekte der Bewegung voneinander. □

Beispiel 6.1.1. Man betrachte die Besselsche Differentialgleichung n-ter Ordnung

$$x^2\frac{d^2y}{dx^2} + x\frac{dy}{dx} + (x^2 - n^2)y = 0 , \tag{6.4}$$

deren Lösung $J_n(x)$ ist. Der mittlere Term werde mit der Transformation

$$v = y \cdot \exp\left(\frac{1}{2}\int^x \frac{dx'}{x'}\right) = y \cdot \sqrt{x}$$

eliminiert und man erhält

$$\frac{d^2v}{dx^2} + \left(1 + \frac{\frac{1}{4} - n^2}{x^2}\right)v = 0 . \tag{6.5}$$

Wir stellen folgendes fest:

a) Für $n = \pm 1/2$ ist die Lösung eine lineare Superposition von Sinus- und Kosinusfunktion:

$$J_{\pm\frac{1}{2}}(x) = \frac{1}{\sqrt{x}}(A \sin x + B \cos x) .$$

b) Wenn $(1/4 - n^2)/x^2 \ll 1$, dann kann Gleichung (6.5) durch

$$\frac{d^2v}{dx^2} + v = 0 \tag{6.6}$$

genähert werden und wir erwarten

$$y \sim \frac{1}{\sqrt{x}}(A\sin x + B\cos x); \qquad x \to \infty\,. \tag{6.7}$$

Dies gibt uns ein Gefühl für das asymptotische Verhalten von Besselfunktionen. Vergleiche Abbildung 6.1. □

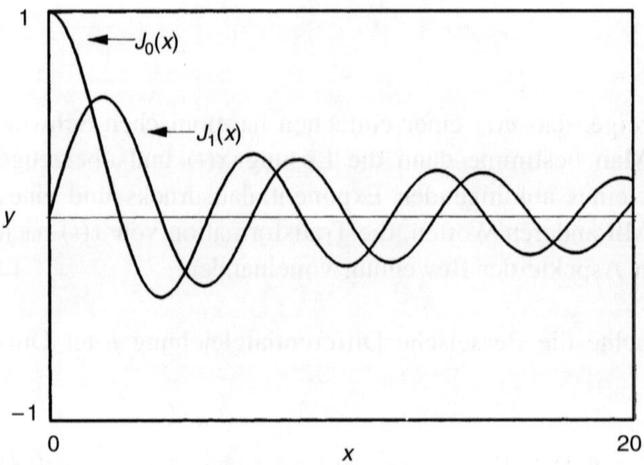

Abb. 6.1 $J_0(x)$ und $J_1(x)$ haben offenbar das gleiche asymptotische Verhalten. Man stellt fest, daß sich die Nullstellenfolgen von $J_0(x)$ und $J_1(x)$ verflechten.

Beispiel 6.1.2. Man betrachte die Legendresche Differentialgleichung n-ter Ordnung mit der Lösung $P_n(x)$.

$$(1-x^2)\frac{d^2y}{dx^2} - 2x\frac{dy}{dx} + n(n+1)y = 0; \qquad y \equiv P_n(x); \quad |x| \le 1 \tag{6.8 a}$$

Wir setzen $x = \cos\theta$ und erhalten

$$\frac{d^2y}{d\theta^2} + \cot\theta\frac{dy}{d\theta} + n(n+1)y = 0; \qquad 0 \le \theta \le \pi\,. \tag{6.8 b}$$

Wir möchten die Lösung für solche Werte von θ untersuchen, die sowohl von 0 als auch von π entfernt sind. (Der Grund dafür wird gleich klar werden, wenn wir auf Gleichung (6.9) schauen.) Mit der Substitution

$$v = \exp\left(\frac{1}{2}\int^{\theta}\cot\theta'\,d\theta'\right) y = \sqrt{\sin\theta}\,y$$

eliminieren wir den mittleren Term und erhalten

$$\frac{d^2 v}{d\theta^2} + \left[\left(n + \frac{1}{2}\right)^2 + \frac{1}{4\sin^2\theta}\right] v = 0 \,. \tag{6.9}$$

Für hinreichend große n und Winkel θ, die von den Werten 0 und π weit genug entfernt sind, erhalten wir

$$v \sim A_n \cos\left[\left(n + \frac{1}{2}\right)\theta + \phi_n\right]$$

bzw.

$$y \sim \frac{1}{\sqrt{\sin\theta}} A_n \cos\left[\left(n + \frac{1}{2}\right)\theta + \phi_n\right] \,. \tag{6.10}$$

Die Koeffizienten A_n und ϕ_n hängen explizit von n ab. Eine genauere Betrachtung führt auf

$$A_n \to \sqrt{\frac{2}{\pi n}}; \qquad \phi_n \to -\frac{\pi}{4}; \qquad n \to \infty \,.$$

(Vergleiche z. B. Bender und Orszag, S. 231.) □

Übung 6.1.3. Gegeben sei die Hermitesche Differentialgleichung

$$H_n''(x) - 2xH_n'(x) + 2nH_n(x) = 0$$

mit $' = d/dx$.

Man leite durch Eliminierung des mittleren Terms die Gleichung

$$v''(x) + (2n + 1 - x^2)v(x) = 0$$

ab und zeige, daß das asymptotische Verhalten der Lösungen der Ausgangsgleichung durch

$$H_n(x) \sim A_n \sin(\sqrt{2n+1}\, x + \phi_n) \exp\frac{x^2}{2}; \qquad 2n + 1 \gg x^2$$

gegeben ist. □

6.1.2 Ein Satz über oszillierende Lösungen

Es ist oft sehr vorteilhaft, die Struktur einer gegebenen Differentialgleichung mit der einer anderen Differentialgleichung zu vergleichen, deren Lösung bekannt ist. Diesbezüglich gibt es einen nützlichen Satz von Sturm, der die Existenzbedingungen für oszillierende Lösungen formuliert. (Eine Lösung heißt oszillierend, wenn sie eine unendliche Zahl von verschiedenen Nullstellen besitzt. So sind z. B. Sinus und Kosinus oszillierend.)

Satz 6.1.1. Gegeben sei die Differentialgleichung

$$\frac{d^2 y}{dx^2} + \Phi(x) y = 0 \, , \tag{6.11}$$

deren Lösungen alle oszillierend seien. Wir betrachten nun die Differentialgleichung

$$\frac{d^2 v}{dx^2} + \Omega(x) v = 0 \, , \tag{6.12}$$

wobei $\Omega(x) \geq \Phi(x)$ für alle x gilt. Dann sind auch alle Lösungen von Gleichung (6.12) oszillierend. □

Beweis: (Wir folgen der Beweisführung von Bellman in seiner *Stabilitätstheorie*, S. 119.) Wir möchten zeigen, daß $v(x)$ sein Vorzeichen zwischen zwei aufeinanderfolgenden Nullstellen von $y(x)$ ändern muß. Daraus folgt dann, daß $v(x)$ oszilliert. Um unser Ziel zu erreichen, konstruieren wir ein vollständiges Differential, indem wir Gleichung (6.11) mit v und Gleichung (6.12) mit y multiplizieren und dann beide Ausdrücke voneinander subtrahieren. Wir erhalten

$$yv'' - vy'' + (\Omega - \Phi) vy = 0; \qquad ' = d/dx \, . \tag{6.13}$$

Wir integrieren nun Gleichung (6.13) zwischen zwei aufeinanderfolgenden Nullstellen von $y(x)$, x_1 und x_2:

$$\int_{x_1}^{x_2} (yv'' - vy'') \, dx + \int_{x_1}^{x_2} (\Omega - \Phi) vy \, dx \equiv I + J = 0 \, . \tag{6.14}$$

Im betrachteten Intervall (x_1, x_2) hat $y(x)$ ein definiertes Vorzeichen, das wir als positiv annehmen wollen. Dann kann das Integral I ausgeführt werden, wobei wir die Eigenschaften $y'(x_2) < 0$ und $y'(x_1) > 0$ beachten. Wir erhalten

$$I = (yv' - vy') \Big|_{x_1}^{x_2} = v(x_1) y'(x_1) + v(x_2) |y'(x_2)| \, . \tag{6.15}$$

Wenn $v(x)$ aber im Intervall sein Vorzeichen nicht ändert, dann hat auch I dieses Vorzeichen. Vergleiche Abbildung 6.2.

Wir wenden uns nun dem zweiten Integral J in Gleichung (6.14) zu und erinnern uns an die Voraussetzung $\Omega \geq \Phi$. Wenn aber $v(x)$ sein Vorzeichen nicht ändert, dann muß auch dieses Integral das gleiche Vorzeichen wie $v(x)$ haben. Das führt aber auf einen Widerspruch. Daraus schließen wir, daß $v(x)$ sein Vorzeichen im Intervall (x_1, x_2) ändern muß. □

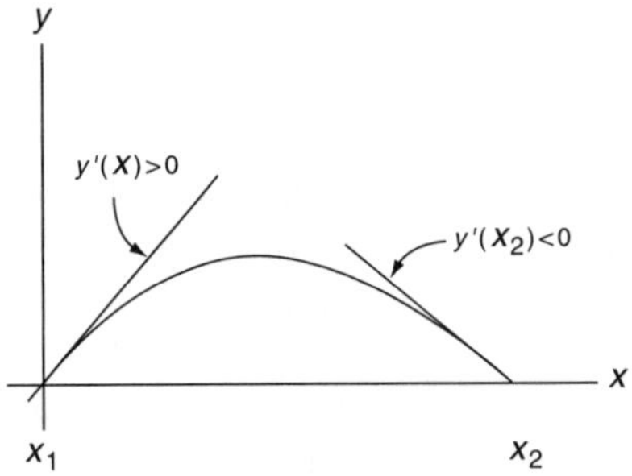

Abb. 6.2 Es ist offensichtlich, daß der Anstieg bei x_1 positiv und bei x_2 negativ ist. Man erkennt, daß das Theorem auch mit Hilfe einer Kurve, die durch Reflexion an der x-Achse entsteht, zu beweisen ist.

Dieser Satz ist sehr bedeutungsvoll, denn er erlaubt es, qualitative Aussagen über die Lösung einer Differentialgleichung zu treffen, ohne ihre Lösung genau zu kennen. Das Theorem kann noch beträchtlich erweitert werden, wie z. B. bei Bellman nachzulesen ist.

Beispiel 6.1.3. Man betrachte die Eulersche Differentialgleichung in der Gestalt

$$x^2\frac{\mathrm{d}^2y}{\mathrm{d}x^2}+\frac{k^2}{4}y=0$$

bzw.

$$\frac{\mathrm{d}^2y}{\mathrm{d}x^2}+\frac{k^2}{4x^2}y=0\,. \tag{6.16}$$

Eine Eulersche Differentialgleichung kann mit der Substitution $x=\exp t$ gelöst werden. (Eulersche Differentialgleichungen sind dadurch charakterisiert, daß jeder Ableitungsterm n-ter Ordnung mit der n-ten Potenz der unabhängigen Variablen multipliziert wird. Ein typischer Term ist $x^n\mathrm{d}^ny/\mathrm{d}x^n$.) Die Substitution führt auf

$$\frac{\mathrm{d}^2y}{\mathrm{d}t^2}-\frac{\mathrm{d}y}{\mathrm{d}t}+\frac{k^2}{4}y=0\,. \tag{6.17}$$

Gleichung (6.17) kann mit dem Ansatz $y=\exp mt$ gelöst werden, der auf die algebraische Gleichung

$$m^2-m+\frac{k^2}{4}=0 \tag{6.18}$$

führt, die leicht nach m aufgelöst werden kann. Man beachte, daß es für $k^2>1$ komplexe Lösungen gibt. In diesem Fall haben folglich die Gleichungen (6.17) und (6.16) oszillierende Lösungen. Wir wenden jetzt Satz 6.1.1 auf den Vergleich von Gleichung (6.16) mit der Differentialgleichung

$$\frac{\mathrm{d}^2y}{\mathrm{d}x^2}+f(x)y=0 \tag{6.19}$$

an. Daraus schlußfolgern wir, daß letztere für $f(x) > 1/(4x^2)$ oszillierende Lösungen besitzt. □

Übung 6.1.4. Man betrachte die Besselsche Differentialgleichung in Form der Gleichung (6.5) und beweise mit Hilfe von Satz 6.1.1, daß ihre Lösungen $J_n(x)$ für alle reellen n und hinreichend große Werte von x oszillieren. □

Übung 6.1.5. Man betrachte die Besselsche Differentialgleichung in Form von Gleichung (6.5) und zeige mit Hilfe des Satzes 6.1.1, daß sich die Nullstellenfolgen von $J_0(x)$ und $J_1(x)$ verflechten. □

6.2 Inhomogene Differentialgleichungen

6.2.1 Die zweite Lösung

Wir betrachten jetzt Differentialgleichungen in Form von Gleichung (6.1), wobei wir annehmen, daß der mittlere Term bereits eliminiert wurde. Unsere Gleichung lautet dann

$$\frac{\mathrm{d}^2 u}{\mathrm{d}t^2} + Q(t)u = g(t); \qquad u(0) = c_1, \qquad \dot{u}(0) = c_2 \, . \tag{6.20}$$

(Gleichung (6.20) ist bis auf die Anfangsbedingungen identisch mit Gleichung (6.3).) Wir wollen annehmen, daß wir bereits eine Lösung u_1 der homogenen Gleichung gefunden haben, vielleicht in Gestalt einer Potenzreihenentwicklung. Wir gewinnen dann eine zweite Lösung u_2 der homogenen Gleichung mit dem Ansatz

$$u_2 = u_1 r \, . \tag{6.21}$$

(Sie ist dann eine unabhängige Lösung, wenn r keine Konstante ist.) Wir finden

$$\dot{u}_2 = \dot{u}_1 r + u_1 \dot{r} \, , \tag{6.22 a}$$

$$\ddot{u}_2 = \ddot{u}_1 r + 2\dot{u}_1 \dot{r} + u_1 \ddot{r} \, . \tag{6.22 b}$$

Wenn man die Tatsache benutzt, daß u_1 und u_2 Lösungen der homogenen Gleichung sind, d. h. die Gleichung (6.20) mit $g(t) = 0$ erfüllen, dann folgt

$$2\dot{u}_1 \dot{r} + u_1 \ddot{r} = 0 \tag{6.23 a}$$

bzw.

$$\frac{\ddot{r}}{\dot{r}} = \frac{-2\dot{u}_1}{u_1} \, . \tag{6.23 b}$$

Damit erhalten wir

$$\dot{r} = \frac{a_1}{u_1^2} \quad \text{und} \quad u_2 = u_1 \left[\int^t \frac{a_1}{u_1^2} \, \mathrm{d}t' + a_2 \right] , \tag{6.24}$$

wobei die Konstanten a_1 und a_2 durch die Anfangsbedingungen bestimmt sind, denen u_2 genügen muß.

6.2.2 Methode der Variation der Konstanten

Wir haben nun zwei unabhängige Lösungen der homogenen Gleichung und können sie benutzen, um eine Lösung der inhomogenen Gleichung (6.20) zu finden. Dies leistet die Methode der Variation der Konstanten. Wir benutzen den Ansatz

$$u = w_1 u_1 + w_2 u_2 , \tag{6.25}$$

wobei u_1 und u_2 Lösungen der homogenen Gleichung sind. Die Funktionen w_1 und w_2 sind dann so zu bestimmen, daß die Gleichung (6.20) erfüllt wird. Wir differenzieren Gleichung (6.25) und erhalten

$$\dot{u} = \dot{w}_1 u_1 + \dot{w}_2 u_2 + w_1 \dot{u}_1 + w_2 \dot{u}_2 . \tag{6.26}$$

Da zwei neue Funktionen eingeführt wurden, haben wir die Freiheit, eine zusätzliche Bedingung an die Funktionen w_1 und w_2 zu stellen. Wir wählen sie wie folgt:

$$\dot{w}_1 u_1 + \dot{w}_2 u_2 = 0 . \tag{6.27}$$

Differenziert man Gleichung (6.26) und berücksichtigt Gleichung (6.27), so erhalten wir

$$\ddot{u} = \dot{w}_1 \dot{u}_1 + \dot{w}_2 \dot{u}_2 + w_1 \ddot{u}_1 + w_2 \ddot{u}_2 . \tag{6.28}$$

Wenn die Gleichungen (6.25) und (6.28) in Gleichung (6.20) eingesetzt werden, ergibt sich

$$\dot{w}_1 \dot{u}_1 + \dot{w}_2 \dot{u}_2 = g(t) . \tag{6.29}$$

Wir stellen nun fest, daß wir mit den Gleichungen (6.27) und (6.29) ein Gleichungssystem für zwei unbekannte Funktionen $\dot{w}_1$ und $\dot{w}_2$ besitzen. Wir lösen es und erhalten

$$\dot{w}_1 = \frac{-u_2 g}{W} , \tag{6.30 a}$$

$$\dot{w}_2 = \frac{u_1 g}{W} \tag{6.30 b}$$

mit

$$W \equiv \begin{vmatrix} u_1 & u_2 \\ \dot{u}_1 & \dot{u}_2 \end{vmatrix} . \tag{6.31}$$

Die Größe W heißt Wronskideterminante. Sie ist eine Konstante, die durch die Anfangsbedingungen bestimmt wird, denen u_1 und u_2 genügen müssen. Wir können leicht zeigen, daß W tatsächlich eine Konstante ist, indem wir Gleichung (6.31) differenzieren und die Gleichung (6.20) mit $g = 0$ benutzen.

$$\frac{\mathrm{d}W}{\mathrm{d}t} = \begin{vmatrix} \dot{u}_1 & \dot{u}_2 \\ \dot{u}_1 & \dot{u}_2 \end{vmatrix} + \begin{vmatrix} u_1 & u_2 \\ \ddot{u}_1 & \ddot{u}_2 \end{vmatrix} = 0 + Q(t) \cdot 0 = 0 \tag{6.32}$$

Integriert man die Gleichungen (6.30 a) und (6.30 b), dann ergibt das

$$w_1 = -\int_0^t \frac{u_2(s)g(s)}{W}\,\mathrm{d}s + c_1 , \tag{6.33 a}$$

$$w_2 = +\int_0^t \frac{u_1(s)g(s)}{W}\,\mathrm{d}s + c_2 , \tag{6.33 b}$$

wobei c_1 und c_2 Konstanten sind.

Die beiden Lösungen der homogenen Gleichung werden so gewählt, daß sie die speziellen Anfangsbedingungen

$$\begin{aligned} u_1(0) &= 1; \qquad u_2(0) = 0 , \\ \dot{u}_1(0) &= 0; \qquad \dot{u}_2(0) = 1 \end{aligned} \tag{6.34}$$

erfüllen. (Wir beschränken uns auf solche Probleme, bei denen es möglich ist, diese speziellen Anfangsbedingungen zu wählen. Andersgeartete Probleme werden in etwas detaillierterer Behandlung diskutiert, wie z. B. bei Olver, Bender und Orszag.) Dies erlaubt es, die Konstanten c_1 und c_2 durch die originalen Anfangsbedingungen für u in Gleichung (6.20) zu bestimmen. Es gilt $W = 1$. Wir substituieren w_1 und w_2 in Gleichung (6.25) durch die berechneten Ausdrücke und bekommen

$$\begin{aligned} u &= w_1 u_1 + w_2 u_2 \\ &= c_1 u_1 + c_2 u_2 - u_1 \int_0^t u_2(s)g(s)\,\mathrm{d}s + u_2 \int_0^t u_1(s)g(s)\,\mathrm{d}s \end{aligned} \tag{6.35 a}$$

bzw.

$$u(t) = c_1 u_1(t) + c_2 u_2(t) + \int_0^t k(t, s)g(s)\,\mathrm{d}s . \tag{6.35 b}$$

Hierbei haben wir den Integralkern

$$k(t,s) \equiv u_2(t)u_1(s) - u_1(t)u_2(s) = \begin{vmatrix} u_1(s) & u_2(s) \\ u_1(t) & u_2(t) \end{vmatrix} \tag{6.36 a}$$

eingeführt, der die Bedingungen

$$k(s,s) = 0; \qquad \left.\frac{\mathrm{d}k}{\mathrm{d}t}\right|_{t=s} = \begin{vmatrix} u_1(s) & u_2(s) \\ \dot{u}_1(s) & \dot{u}_2(s) \end{vmatrix} = W = 1 \tag{6.36 b}$$

erfüllt. (Wahrscheinlich ist dem Leser die Darstellung mittels Integralkern unbekannt. Sie spielt aber die zentrale Rolle bei Integralgleichungen. Bei uns wird sie jedoch nur in der Form von Gleichung (6.36 a) benutzt.)

Übung 6.2.1. Man betrachte die Gleichung für die einfache erzwungene harmonische Schwingung

$$\frac{\mathrm{d}^2u}{\mathrm{d}t^2} + u = f(t) \tag{6.37 a}$$

$$u(0) = c_1; \qquad \dot{u}(0) = c_2\,. \tag{6.37 b}$$

Der Einfachheit halber haben wir die Eigenfrequenz des Oszillators gleich 1 gesetzt. Man erhält die Lösung der Gleichung (6.37 a), indem wir als Lösung des kräftefreien Oszillators die Funktionen $u_1 = \cos t$ und $u_2 = \sin t$ verwenden. Diese Auswahl respektiert die Anfangsbedingungen von Gleichung (6.34). Man zeige, daß der Integralkern durch

$$k(t,s) = \begin{vmatrix} \cos s & \sin s \\ \cos t & \sin t \end{vmatrix} = \sin(t-s) \tag{6.38}$$

gegeben ist. Die Lösung lautet

$$u(t) = c_1 \cos t + c_2 \sin t + \int_0^t \sin(t-s) f(s)\,\mathrm{d}s\,. \tag{6.39}$$

□

Übung 6.2.2. Oft interessiert man sich für einen harmonischen Oszillator mit äußerer Kraft, dessen Eigenfrequenz $\omega_0 \neq 1$ ist,

$$\frac{\mathrm{d}^2u}{\mathrm{d}t_1^2} + \omega_0^2 u = f(t_1); \qquad \omega_0^2 \neq 1 \tag{6.40 a}$$

$$u(0) = c_1; \qquad \dot{u}(0) = c_2\,. \tag{6.40 b}$$

Die Transformation der Zeitskala $t = \omega_0 t_1$ ergibt dann die Gleichung

$$\frac{\mathrm{d}^2u}{\mathrm{d}t^2} + u = \frac{f(t/\omega_0)}{\omega_0^2}\,.$$

Der Vergleich mit den Gleichungen (6.37 a) und (6.39) führt auf die Lösung

$$u(t_1) = c_1 \cos \omega_0 t_1 + \frac{c_2}{\omega_0} \sin \omega_0 t_1 + \frac{1}{\omega_0} \int_0^{t_1} \sin[\omega_0(t_1 - s)] f(s) \, \mathrm{d}s \, . \tag{6.41}$$

□

6.3 Die Liouville-Green-Transformation

In diesem Abschnitt setzen wir die Analyse homogener Differentialgleichungen vom Typ

$$\frac{\mathrm{d}^2 u}{\mathrm{d}t^2} + p(t)\frac{\mathrm{d}u}{\mathrm{d}t} + q(t)u = 0 \tag{6.42}$$

fort. Nach Eliminierung des mittleren Terms erhält man

$$\frac{\mathrm{d}^2 v}{\mathrm{d}t^2} + Q(t)v = 0 \, , \tag{6.43}$$

$$v \equiv u \exp\left[\frac{1}{2}\int^{t} p(t')\,\mathrm{d}t'\right] \, ,$$

$$Q(t) \equiv q(t) - \frac{1}{2}\frac{\mathrm{d}p}{\mathrm{d}t} - \frac{1}{4}p^2 \, .$$

Wir konzentrieren unsere Bemühungen auf die Bestimmung des asymptotischen Langzeitverhaltens ($t \to \infty$) der Lösungen von Gleichung (6.43). Um dieses Ziel zu erreichen, führen wir eine Transformation der Zeitvariablen durch, die unsere Gleichung in eine für die Untersuchung zweckmäßigere Form bringt.

Wir sind ebenfalls an einer verwandten Gleichung interessiert, bei der ein großer Parameter α in der Gleichung als Faktor vor dem Term $Q(t)$ erscheint,

$$\frac{\mathrm{d}^2 \Phi}{\mathrm{d}x^2} + \alpha^2 Q(x)\Phi(x) = 0; \qquad Q(x) > 0; \quad \alpha \to \infty; \quad x \text{ ist endlich} \, .$$

Dieser Typ von Gleichung wird im Abschnitt 6.5 untersucht werden. Wir benutzen bei unseren Untersuchungen austauschweise die Variablen x und t, um anzudeuten, daß derartige Probleme sowohl in zeitlicher als auch räumlicher Hinsicht auftreten.

Wir betrachten zwei verschiedene Formen, die der mit $Q(t)$ in Gleichung (6.43) bezeichnete Term annehmen kann. Wir beginnen mit einer Situation, bei der $Q(t) > 0$ für $t > t_0$ gilt. Wir folgen bei unserer Darstellung im allgemeinen der Herangehensweise von Bellman (vergleiche das Literaturverzeichnis am Ende dieses Kapitels), obwohl alle Bücher die gleichen grundlegenden Methoden benutzen. Diese Techniken sind so universell, daß sie mehrfach entdeckt und wiederentdeckt wurden. Sie sind unter der eventuell auch permutierten Buchstabenfolge WKBJ (Wentzel-Kramers-Brillouin-Jeffreys) bekannt.

Wir führen zunächst eine Variablentransformation in Gleichung (6.43) aus, die Liouville-Green-Transformation genannt wird. Wir bestimmen dann, nachdem wir die Gleichung (6.56) erhalten haben, unter welchen Bedingungen die Liouville-Green-Transformation die Gleichung (6.43) auf die Form des gestörten harmonischen Oszillators bringt. Die Transformation führt eine neue Zeit- bzw. Raumskala ein:

$$s = \int_{t_0}^{t} \sqrt{Q(t')}\,\mathrm{d}t' \,. \tag{6.44}$$

(Wir hatten in Übung 6.2.2 bereits eine vereinfachte Version dieser Transformation benutzt. Dort war $Q(t) = \omega_0^2$ eine Konstante, und die umskalierte Zeit war einfach proportional zu t.)

Die Ableitungen sind jetzt bezüglich s zu berechnen:

$$\frac{\mathrm{d}v}{\mathrm{d}t} = \frac{\mathrm{d}v}{\mathrm{d}s}\sqrt{Q(t)}\,, \tag{6.45 a}$$

$$\frac{\mathrm{d}^2v}{\mathrm{d}t^2} = \frac{\mathrm{d}^2v}{\mathrm{d}s^2}Q(t) + \frac{1}{2}\frac{\mathrm{d}Q}{\mathrm{d}t}\frac{1}{\sqrt{Q}}\frac{\mathrm{d}v}{\mathrm{d}s} \tag{6.45 b}$$

und Gleichung (6.43) lautet jetzt

$$\frac{\mathrm{d}^2v}{\mathrm{d}s^2} + \frac{1}{2}\frac{\mathrm{d}Q}{\mathrm{d}t}\frac{1}{Q^{3/2}}\frac{\mathrm{d}v}{\mathrm{d}s} + v = 0\,. \tag{6.46}$$

Es scheint merkwürdig zu sein, einen mittleren Term in eine Gleichung einzuführen, die keinen hatte. Wir haben ihn jedoch in einer Variable s erhalten, die eine neue zeitliche bzw. räumliche Abhängigkeit darstellt. Die resultierende Gleichung hat jedoch den Koeffizienten 1 als Multiplikator bei dem Term v. Dies ermutigt uns, nach oszillierenden Lösungen zu suchen, denn die Gleichung ist bis auf den mittleren Term mit der des harmonischen Oszillators der Eigenfrequenz 1 identisch. (Man erinnere sich, daß wir mit dem Satz 6.1.1 über ein einfaches Kriterium darüber verfügen, ob eine Gleichung oszillierende Lösungen besitzt, indem wir sie mit der Oszillatorgleichung vergleichen.) Wir eliminieren nun den neuen mittleren Term in Gleichung (6.46) und überlegen, welche Schlußfolgerungen wir daraus ziehen können.

Beispiel 6.3.1. Bevor wir zu den allgemeinen Ergebnissen kommen, wollen wir die Dinge anhand eines Beispiels illustrieren. Wir betrachten die Gleichung

$$\frac{\mathrm{d}^2 v}{\mathrm{d}t^2} + t^2 v = 0; \qquad Q(t) = t^2 \tag{6.47}$$

und interessieren uns für das Langzeitverhalten der Lösung, $t \to \infty$. (Wir bemerken, daß der Term $Q(t)$ für große t gegen unendlich geht.) Wir werden feststellen, daß Gleichung (6.47) beschränkte oszillierende Lösungen besitzt, wie man sehr leicht durch eine Variablentransformation zeigen kann. Wir schreiben

$$s = \int^t t'\,\mathrm{d}t' = \frac{t^2}{2} \tag{6.48}$$

und erhalten mit Gleichung (6.46)

$$\frac{\mathrm{d}^2 v}{\mathrm{d}s^2} + \frac{1}{2}(2t)\frac{1}{t^3}\frac{\mathrm{d}v}{\mathrm{d}s} + v = 0 \tag{6.49 a}$$

bzw.

$$\frac{\mathrm{d}^2 v}{\mathrm{d}t^2} + \frac{1}{2s}\frac{\mathrm{d}v}{\mathrm{d}t} + v = 0\,. \tag{6.49 b}$$

Wir wissen wegen der Gleichungen (6.42) und (6.43), daß der mittlere Term in Gleichung (6.49 b) durch die Transformation

$$y = \exp\left(\frac{1}{2}\int^s \frac{1}{2s'}\,\mathrm{d}s'\right) v(s) = s^{1/4} v(s)$$

eliminiert werden kann. Dadurch finden wir schließlich

$$\frac{\mathrm{d}^2 y}{\mathrm{d}s^2} + \left(1 + \frac{3}{16s^2}\right) y = 0\,. \tag{6.50}$$

Wir stellen aber fest, daß die Gleichung (6.50) die Form der Gleichung (6.19) besitzt. Deshalb können wir mit Satz 6.1.1 schlußfolgern, daß $y(s)$ oszilliert. Wenn wir nach dem Verhalten der Lösungen für $s \to \infty$ fragen, können wir eine Kombination von Sinus und Kosinus erwarten:

$$y \sim A_1 \sin s + B_1 \cos s; \qquad s \to \infty\,. \tag{6.51}$$

Für $v(s)$ erhalten wir

$$v(s) \sim (A_1 \sin s + B_1 \cos s)\frac{1}{s^{1/4}}\,. \tag{6.52 a}$$

Schließlich kehren wir zur Variable t zurück und schreiben

$$v(t) \sim \frac{A \sin(t^2/2) + B \cos(t^2/2)}{\sqrt{t}}; \qquad t \to \infty\,. \tag{6.52 b}$$

(Hierbei wurden neue Konstanten A und B eingeführt.) Zusammenfassend können wir sagen, daß wir mit Gleichung (6.47) zwar eine Gleichung ohne mittleren Term besaßen. Sie war aber mittels der Variable t formuliert, die nicht geeignet war, die Struktur der zugrundeliegenden Lösung zu verraten. Die Transformation zur „neuen" Zeit s führte dagegen unmittelbar auf die Lösung. Diese Ideen werden im laufenden Kapitel gleich noch etwas genauer entwickelt. □

Wir kehren jetzt zur Gleichung (6.46) zurück und eliminieren den mittleren Term mit Hilfe der Transformation

$$y = \exp\left[\frac{1}{2}\int^{s}\left(\frac{\mathrm{d}Q}{\mathrm{d}t}\frac{1}{2Q^{3/2}}\right)\mathrm{d}s'\right] v(s)\ . \tag{6.53}$$

Die Integration wird bezüglich der Variable s' ausgeführt, nicht bezüglich t. Wir können jedoch schreiben

$$\mathrm{d}s' = \frac{\mathrm{d}s'}{\mathrm{d}t'}\,\mathrm{d}t' = \sqrt{Q(t)}\,\mathrm{d}t' \tag{6.54}$$

und erkennen, daß unsere Transformation eigentlich die Form

$$\begin{aligned} y &= \exp\left(\frac{1}{4}\int^{t}\frac{\mathrm{d}Q}{\mathrm{d}t'}\frac{1}{Q}\,\mathrm{d}t'\right) v(s) \\ &= Q(t)^{1/4} v(s) \end{aligned} \tag{6.55}$$

hat. Unsere Gleichung (6.46) lautet dann

$$\frac{\mathrm{d}^2 y}{\mathrm{d}s^2} + \left[1 - \frac{1}{2}\frac{\mathrm{d}j(s)}{\mathrm{d}s} - \frac{1}{4}j^2(s)\right] y = 0\ , \tag{6.56}$$

wobei j durch

$$j(s) \equiv \frac{1}{2}\frac{\mathrm{d}Q}{\mathrm{d}t}\frac{1}{Q^{3/2}} \tag{6.57}$$

definiert ist.

Wir möchten wissen, unter welchen Voraussetzungen wir beschränkte Lösungen erhalten. Wir weisen darauf hin, daß wir im Abschnitt 6.4 die Bellmansche Ungleichung bzw. das Gronwallsche Lemma einführen werden, wodurch es möglich sein wird, Schranken der Lösung von Gleichung (6.56) anzugeben. Dabei werden nur ziemlich schwache Bedingungen an $j(s)$ gestellt. Wir erwarten, daß Gleichung (6.56) im Falle $j(s) \to 0$ für $s \to \infty$ in die Form

$$\frac{\mathrm{d}^2 y}{\mathrm{d}s^2} + y = 0; \qquad s \to \infty \tag{6.58}$$

mit der Lösung

$$y \sim A_1 \sin s + B_1 \cos s \tag{6.59}$$

übergeht. Schließlich gilt

$$v(t) \sim \frac{A \cos \left[\int^t \sqrt{Q(t')}\, \mathrm{d}t' \right] + B \sin \left[\int^t \sqrt{Q(t')}\, \mathrm{d}t' \right]}{Q(t)^{1/4}} . \tag{6.60}$$

Zur Entwicklung der Gleichung (6.60) sind einige Schritte nötig, die wir explizit angeben werden, wenn wir Gleichung (6.82) ableiten. An dieser Stelle möchten wir die Plausibilität von Gleichung (6.60) zeigen, indem wir eine asymptotische Entwicklung in der Form

$$\begin{aligned} y(s) &= A(\sin s) \left[1 + \frac{a_1}{s} + \frac{a_2}{s^2} + O\left(\frac{1}{s^3}\right) \right] \\ &+ B(\cos s) \left[1 + \frac{b_1}{s} + \frac{b_2}{s^2} + O\left(\frac{1}{s^3}\right) \right] \end{aligned} \tag{6.61}$$

durchführen. Wir setzen $y(s)$ aus Gleichung (6.61) in Gleichung (6.56) ein und bestimmen die Koeffizienten a_i und b_i. Dies nennt man eine Stokessche Entwicklung (vergleiche Jeffreys und Jeffreys, S. 521). Wir erklären die Technik der Stokesschen Entwicklung durch Betrachtung eines illustrativen Beispiels.

Beispiel 6.3.2. Man betrachte die Besselsche Differentialgleichung nullter Ordnung

$$\frac{\mathrm{d}^2 y}{\mathrm{d}x^2} + \frac{1}{x}\frac{\mathrm{d}y}{\mathrm{d}x} + y = 0 . \tag{6.62}$$

Mit $v = \sqrt{x}\, y$ erhält man

$$\frac{\mathrm{d}^2 v}{\mathrm{d}x^2} + \left(1 + \frac{1}{4x^2}\right) v = 0 . \tag{6.63}$$

Wir wissen durch Satz 6.1.1, daß $v(x)$ oszilliert. Wir weisen darauf hin, daß Gleichung (6.63) die gleiche Form wie Gleichung (6.56) besitzt. Wir suchen nun nach einer Lösung in der Gestalt von Gleichung (6.61), wobei nur Terme bis zur Ordnung $O(1/x^2)$ berücksichtigt werden.

$$v(x) \sim A(\sin x)\left(1 + \frac{a_1}{x} + \frac{a_2}{x^2}\right) + B(\cos x)\left(1 + \frac{b_1}{x} + \frac{b_2}{x^2}\right) \tag{6.64}$$

Man bildet nun die Ableitungen von Gleichung (6.64) und vernachlässigt alle Terme $O(1/x^3)$. Wir erhalten

$$\frac{\mathrm{d}v}{\mathrm{d}x} = A(\cos x)\left(1+\frac{a_1}{x}+\frac{a_2}{x^2}\right)+A(\sin x)\left(-\frac{a_1}{x^2}\right)$$
$$-B(\sin x)\left(1+\frac{b_1}{x}+\frac{b_2}{x^2}\right)+B(\cos x)\left(-\frac{b_1}{x^2}\right)+O\left(\frac{1}{x^3}\right), \tag{6.65 a}$$

$$\frac{\mathrm{d}^2v}{\mathrm{d}x^2} = -A(\sin x)\left(1+\frac{a_1}{x}+\frac{a_2}{x^2}\right)+2A(\cos x)\left(-\frac{a_1}{x^2}\right)$$
$$-B(\cos x)\left(1+\frac{b_1}{x}+\frac{b_2}{x^2}\right)-2B(\sin x)\left(-\frac{b_1}{x^2}\right)+O\left(\frac{1}{x^3}\right). \tag{6.65 b}$$

Schließlich setzen wir die Gleichungen (6.65 b) und (6.64) in Gleichung (6.63) ein und bestimmen die Konstanten a_1 und b_1 aus der Beziehung

$$-\frac{1}{4x^2}(A\sin x+B\cos x) = 2A(\cos x)\left(\frac{-a_1}{x^2}\right)-2B(\sin x)\left(\frac{-b_1}{x^2}\right).$$

Daraus ergibt sich

$$a_1\frac{A}{B} = -b_1\frac{B}{A} = \frac{1}{8}. \tag{6.66}$$

Die Gleichung (6.64) lautet somit

$$v(x) \sim A\left(\sin x-\frac{\cos x}{8x}\right)+B\left(\cos x+\frac{\sin x}{8x}\right)+O\left(\frac{1}{x^2}\right);$$
$$x\to\infty. \tag{6.67}$$

Diese Prozedur kann mit wachsendem Aufwand für höhere Ordungen fortgesetzt werden. □

Übung 6.3.1. Man betrachte Gleichung (6.64) und setze die Entwicklung fort. Man überprüfe, daß die nächstfolgenden Terme in Gleichung (6.67) die Gestalt

$$(-A\sin x)\frac{9}{2(8x)^2} \qquad \text{und} \qquad (-B\cos x)\frac{9}{2(8x)^2}$$

haben. □

6.4 Bellmansche Ungleichung – Gronwallsches Lemma

Wir haben bereits das zentrale Ergebnis gewonnen, welches es uns erlaubt, das asymptotische Verhalten der Lösungen von Differentialgleichungen der Form

$$\frac{\mathrm{d}^2v}{\mathrm{d}t^2}+Q(t)v = 0 \tag{6.68}$$

zu beschreiben, wenn die Variable t oder x gegen unendlich geht. Wir müssen aber noch die Bedingungen für die Beschränktheit der Lösungen herausarbeiten. Weiterhin müssen wir sicherstellen, daß die vernachlässigten Terme kleiner sind als jene, die wir berücksichtigt haben.

Wir beginnen mit dem Beweis einer Ungleichung nach Bellman, die zuerst im *Duke Mathematical Journal*, Vol. 10 (1943), S. 643, veröffentlicht wurde. Man findet sie auch in etwas modifizierter Form in den Büchern von Bellman, die im Literaturverzeichnis am Ende des Kapitels angegeben sind. Sie wird auch Gronwallsches Lemma genannt, denn eine etwas andere Version der Ungleichung wurde bereits viel früher durch Gronwall in den *Annals of Mathematics*, Vol. 20 (1918), S. 292–296, veröffentlicht. Wir benutzen die Bellmansche Form, weil wir im wesentlichen der Darstellung in seinem Buch folgen. Es ist klar, daß sie von vielen Leuten entdeckt und verallgemeinert wurde. (Die Resultate dieses Abschnitts werden auch bei De Bruijn, S. 189–198, in sehr ähnlicher Weise wie bei Bellman entwickelt.)

Satz 6.4.1. Gegeben seien $y(x)$, M, $k \geq 0$ und die Ungleichung

$$y(x) \leq M + k \int_{x_0}^{x} |f(x')| y(x')\, \mathrm{d}x' \,, \tag{6.69}$$

dann gilt

$$y(x) \leq M \exp\left(k \int_{x_0}^{x} |f(x')|\, \mathrm{d}x' \right) . \tag{6.70}$$

□

Beweis: Wir führen den Ausdruck

$$v(x) = \int_{x_0}^{x} y(x')|f(x')|\, \mathrm{d}x'; \qquad v(x_0) = 0 \tag{6.71}$$

ein, differenzieren $v(x)$, benutzen Gleichung (6.69) und erhalten

$$\frac{\mathrm{d}v(x)}{\mathrm{d}x} = y(x)|f(x)| \leq |f(x)|[M + kv(x)] \tag{6.72 a}$$

bzw.

$$\frac{\mathrm{d}v(x)/\,\mathrm{d}x}{M + kv(x)} \leq |f(x)| \qquad \text{oder} \qquad \frac{k\,\mathrm{d}v(x)/\,\mathrm{d}x}{M + kv(x)} \leq k|f(x)| \,. \tag{6.72 b}$$

Gleichung (6.72 b) kann integriert werden und liefert

$$\ln \frac{M + kv(x)}{M} \leq k \int_{x_0}^{x} |f(x')|\, \mathrm{d}x' \,. \tag{6.73 a}$$

Wenn auf beiden Seiten dieser Gleichung das Exponential gebildet wird, finden wir

$$M + kv(x) \leq M \exp\left[k \int_{x_0}^{x} |f(x')|\,\mathrm{d}x'\right] . \tag{6.73 b}$$

Schließlich kann man mit Hilfe von Gleichung (6.69) und der Definition von $v(x)$ gemäß Gleichung (6.71) die behauptete Gleichung (6.70) erhalten. Folglich ist $y(x)$ beschränkt, wenn Gleichung (6.69) erfüllt ist und

$$\int_{x_0}^{x_{\max}} |f(x')|\,\mathrm{d}x' < \infty \tag{6.74}$$

gilt. [Man beachte, daß in Gleichung (6.74) der absolute Betrag steht. Das ist eine notwendige Bedingung für die Beschränktheit, wie Bellman in einem einfachen Beispiel auf Seite 113 seines Buches über Stabilitätstheorie zeigt.] □

Wir benutzen jetzt dieses Ergebnis, um die Bedingungen zu formulieren, unter denen die Lösungen von Gleichungen der Form

$$\frac{\mathrm{d}^2 y}{\mathrm{d}x^2} + [1 + f(x)]y(x) = 0 \tag{6.75 a}$$

$$y(0) = c_1; \qquad \dot{y}(0) = c_2 \tag{6.75 b}$$

beschränkt sind. Wir schreiben Gleichung (6.75a) als

$$\frac{\mathrm{d}^2 y}{\mathrm{d}x^2} + y(x) = -f(x)y(x) \tag{6.75 c}$$

und wandeln sie in eine Integralgleichung um. Dabei erinnern wir uns an die Betrachtungen im Abschnitt 6.2 und stellen fest, daß die Gleichung (6.75 c) die gleiche Form wie Gleichung (6.37 a) besitzt. Die Lösung kann dann wie folgt geschrieben werden:

$$y(x) = c_1 \cos x + c_2 \sin x - \int_0^x f(x')y(x') \sin(x - x')\,\mathrm{d}x' . \tag{6.76}$$

Wenn man die Absolutwerte beider Seiten dieser Gleichung (6.76) bildet und berücksichtigt, daß für beliebige a und b die Ungleichung

$$|a - b| \leq |a| + |b|$$

gilt, dann erhält man die Ungleichung

$$|y(x)| \leq c + \int_0^x |f(x')||y(x')|\,\mathrm{d}x' . \tag{6.77}$$

Wir haben benutzt, daß $\cos x$ und $\sin x$ beschränkt sind. Für die Konstante c gilt $c > 0$. Damit ist gezeigt, daß die Lösung $y(x)$ beschränkt ist, wenn $f(x)$ der Bedingung gemäß Ungleichung (6.74) genügt.

Beispiel 6.4.1. Die Gronwallsche Ungleichung ermöglicht es, die Eindeutigkeit der Lösung einer Volterraschen Integralgleichung zweiter Art festzustellen. (Wir werden Integrale dieser Klasse im Abschnitt 6.6 diskutieren.) Wenn also das Integral

$$y(x) = g(x) + \alpha \int_0^x k(x, s)y(s)\,\mathrm{d}s \tag{6.78}$$

gegeben ist, wobei $g(x)$ und $k(x, s)$ im Intervall $(0, x)$ stetig und beschränkt sind, dann ist die Lösung eindeutig. Wenn $z(x)$ ebenfalls eine Lösung wäre, die die gleichen Anfangsbedingungen besitzt, dann finden wir durch Subtraktion und Absolutwertbildung

$$\begin{aligned} |y(x) - z(x)| &= |\alpha \int_0^x k(x, s)[y(s) - z(s)]\,\mathrm{d}s| \\ &\le |\alpha| \cdot |k(x, s)|_{\max} \int_0^x |y(s) - z(s)|\,\mathrm{d}s \\ &\le |\alpha| \cdot |K| \int_0^x |y(s) - z(s)|\,\mathrm{d}s\,. \end{aligned} \tag{6.79}$$

Dabei ist $|K| = |k(x, s)|_{\max}$.

Gleichung (6.79) besitzt die Form der Gleichung (6.69), wenn man $M = 0$ und $f(x) = 1$ setzt. Die Beschränkung gemäß Gleichung (6.70) ergibt dann

$$|y(x) - z(x)| \le 0\,,$$

woraus $y(x) = z(x)$ folgt. □

Beispiel 6.4.2. Das Langzeitverhalten der Lösung der Gleichung (6.75 a) bzw. (6.75 c) kann mit Hilfe des Gronwallschen Lemmas bestimmt werden. Wir schreiben das Integral in Gleichung (6.76) als

$$\int_0^x f(x')y(x')(\sin x')\,\mathrm{d}x' = \int_0^\infty - \int_x^\infty = a(0) - a(x)$$

und

$$\int_0^x f(x')y(x')(\cos x')\,\mathrm{d}x' = b(0) - b(x)\,.$$

Wir weisen darauf hin, daß $a(x)$ und $b(x)$ für x gegen unendlich gegen null streben. Dadurch ergibt sich folgende Schreibweise für Gleichung (6.76):

$$\begin{aligned} y(x) = {} & c_1 \cos x + c_2 \sin x - b(0) \sin x + b(x) \sin x \\ & + a(0) \cos x - a(x) \cos x \,. \end{aligned} \tag{6.80}$$

Weil wir aber bereits wissen, daß $y(x)$ beschränkt ist, folgt daraus

$$y(x) \sim [c_1 + a(0)] \cos x + [c_2 - b(0)] \sin x + o(1); \qquad x \to \infty \,.$$

□

Wir sind jetzt soweit, das asymptotische Verhalten der Lösung von Gleichung (6.68) anzugeben. Gegeben ist also die Gleichung

$$\frac{\mathrm{d}^2 v}{\mathrm{d}t^2} + Q(t) v = 0; \qquad \sqrt{Q(t)} > 0, \quad t \to \infty \,.$$

Mit Hilfe der Transformationen

$$s = \int_{t_0}^{t} \sqrt{Q(t')}\, \mathrm{d}t'; \qquad y(s) = v(s) [Q(t)]^{1/4}$$

und der folgenden Bedingungen an die Beschränktheit von $j(s)$, das durch Gleichung (6.57) definiert ist,

$$\int_{t_0}^{\infty} \left| \frac{\mathrm{d}}{\mathrm{d}s'} \left(\frac{\mathrm{d}Q}{\mathrm{d}t} \frac{1}{Q^{3/2}} \right) \right| \mathrm{d}s' < \infty; \qquad \int_{t_0}^{\infty} \left| \frac{\mathrm{d}Q}{\mathrm{d}t} \frac{1}{Q^{3/2}} \right|^2 \mathrm{d}s' < \infty \,,$$

erhält man

$$y(s) \sim d_1 \sin s + d_2 \cos s + o(1) \tag{6.81}$$

bzw.

$$\begin{aligned} v(t) \sim {} & \frac{1}{Q(t)^{1/4}} \left\{ d_1 \cos \left[\int_{t_0}^{t} \sqrt{Q(t')}\, \mathrm{d}t' \right] + d_2 \sin \left[\int_{t_0}^{t} \sqrt{Q(t')}\, \mathrm{d}t' \right] \right\} + \\ & o \left[\frac{1}{Q(t)^{1/4}} \right] . \end{aligned} \tag{6.82}$$

Übung 6.4.1. Man betrachte die Airysche Differentialgleichung

$$\frac{\mathrm{d}^2 z}{\mathrm{d}x^2} + x z = 0 \tag{6.83}$$

und zeige, daß die Lösung das folgende asymptotische Verhalten für $x \to \infty$ besitzt:

$$z(x) \sim \left(c_1 \cos \frac{2}{3} x^{3/2} + c_2 \sin \frac{2}{3} x^{3/2} \right) \frac{1}{x^{1/4}} + o \left(\frac{1}{x^{1/4}} \right) . \tag{6.84}$$

□

6.5 Die WKB-Näherung

Wir haben bisher Differentialgleichungen in der Form von Gleichung (6.68)

$$\frac{\mathrm{d}^2 v}{\mathrm{d}t^2} + Q(t) \cdot v(t) = 0; \qquad Q(t) > 0$$

untersucht und den bestimmenden Term in der asymptotischen Entwicklung der Lösung ermittelt, wenn die unabhängige Variable gegen unendlich strebt. Wir wenden nun unsere Aufmerksamkeit Gleichungen des folgenden Typs zu:

$$\frac{\mathrm{d}^2 \Phi}{\mathrm{d}x^2} + \alpha^2 \cdot Q(x) \cdot \Phi(x) = 0; \qquad \alpha \to \infty, \quad Q(x) > 0, \quad 0 \leq x \leq 1\,. \tag{6.85}$$

Die unabhängige Variable wird jetzt auf ein endliches Gebiet eingeschränkt und wir interessieren uns für Problemstellungen, bei denen $Q(x)$ im betrachteten Intervall keine Singularitäten hat und der Parameter α unendlich groß wird. Diese Klasse von Problemen tritt in der Quantenmechanik beim Übergang zum klassischen Limes und in der Optik auf, wenn zur geometrisch optischen Näherung übergegangen wird, bzw. bei Grenzschichtproblemen.

Beispiel 6.5.1. Wir betrachten die Schrödingergleichung

$$\frac{-\hbar^2}{2m} \frac{\mathrm{d}^2 \psi}{\mathrm{d}x^2} + V(x) \cdot \psi = E\psi \tag{6.86 a}$$

mit $[E - V(x)] > 0$ und $0 \leq x \leq 1$.

(Der Parameter $\hbar$ bezeichnet das durch 2π dividierte Plancksche Wirkungsquantum.) Gleichung (6.86 a) kann man umformulieren, indem durch den kleinen Parameter, der vor dem Term mit der zweiten Ableitung steht, dividiert wird. Es resultiert eine Gleichung vom Typ der Gleichung (6.85). Wir schreiben also Gleichung (6.86 a) als

$$\frac{\mathrm{d}^2 \psi}{\mathrm{d}x^2} + \alpha^2 \cdot Q(x) \cdot \psi = 0$$

$$\alpha^2 = \frac{2m}{\hbar^2}; \qquad Q(x) = [E - V(x)] > 0 \tag{6.86 b}$$

und suchen eine Lösung im sogenannten klassischen Grenzfall, der durch den Grenzübergang $\hbar$ gegen null bzw. α gegen unendlich charakterisiert ist. Gleichungen dieser Art nennt man singulär, wenn der kleine Parameter $\hbar$ mit dem Term der höchsten Ableitung multipliziert wird. □

Mit Hilfe der im Abschnitt 6.4 entwickelten Techniken haben wir eine asymptotische Lösung der Gleichung (6.68) gefunden. Wir führen jetzt eine analoge Transformation bezüglich Gleichung (6.85) ein, indem wir die umskalierte Raumvariable

$$s = \alpha \int\limits_{x_0}^{x} \sqrt{Q(x')}\, \mathrm{d}x' \tag{6.87}$$

benutzen. Differentiation ergibt

$$\frac{\mathrm{d}s}{\mathrm{d}x} = \alpha\sqrt{Q(x)}\,.$$

Führt man noch die neue Funktion $y(s)$ ein,

$$y(s) = [Q(x)]^{1/4} \cdot z(s)\,, \tag{6.88}$$

so erhält man die Gleichung

$$\frac{\mathrm{d}^2 y}{\mathrm{d}s^2} + \left[1 - \frac{1}{2\alpha}\frac{\mathrm{d}}{\mathrm{d}s}\left(\frac{1}{2}\frac{\mathrm{d}Q}{\mathrm{d}x}\frac{1}{Q^{3/2}}\right) - \frac{1}{4\alpha^2}\left(\frac{1}{2}\frac{\mathrm{d}Q}{\mathrm{d}x}\frac{1}{Q^{3/2}}\right)^2\right] y(s) = 0. \tag{6.89}$$

Gleichung (6.89) hat die Struktur

$$\frac{\mathrm{d}^2 y}{\mathrm{d}s^2} + y(s) + O\left(\frac{1}{\alpha}\right) \cdot y(s) = 0 \tag{6.90}$$

und wir erwarten deshalb für die asymptotische Lösung den bestimmenden Term

$$y(s) \sim A\cos s + B\sin s + \left(\frac{1}{\alpha}\right); \qquad \alpha \to \infty\,. \tag{6.91}$$

Wir drücken nun dieses Ergebnis durch die ursprünglichen Variablen aus:

$$z(x) \sim \frac{1}{Q(x)^{1/4}}\left\{A\cos\left[\alpha\int\limits_{0}^{x}\sqrt{Q(x')}\,\mathrm{d}x'\right] + B\sin\left[\alpha\int\limits_{0}^{x}\sqrt{Q(x')}\,\mathrm{d}x'\right]\right\} + O\left(\frac{1}{\alpha}\right); \quad \alpha \to \infty\,. \tag{6.92}$$

Die Korrekturterme sind durch eine Entwicklung nach Potenzen von α zu ermitteln. Die durch Gleichung (6.92) beschriebene WKB-Entwicklung ist eine gültige asymptotische Entwicklung nach Potenzen von α, wenn die Ungleichungen

$$\int\limits_{0}^{x=1}\left|\frac{\mathrm{d}}{\mathrm{d}s}\left(\frac{\mathrm{d}Q}{\mathrm{d}x}\frac{1}{Q^{3/2}}\right)\right| \mathrm{d}s < \infty; \qquad \int\limits_{0}^{x=1}\left|\frac{\mathrm{d}Q}{\mathrm{d}x}\frac{1}{Q^{3/2}}\right|^2 \mathrm{d}s < \infty \tag{6.93}$$

erfüllt sind. Unser Literaturverzeichnis enthält eine repräsentative Auswahl der umfangreichen Literatur, die über die WKB-Näherung existiert. Das interessanteste Problem, das wir weggelassen haben, ist das Problem der sogenannten

Umkehrpunkte. Es tritt dort auf, wo die Funktion $Q(x)$ entweder verschwindet oder nahezu null wird, in der sogenannten Grenzschicht bzw. Übergangsregion. In diesen Fällen kommt es zum Austausch der Skalen, denn der große Parameter α ist nicht länger der einzig skalenbestimmende Faktor. (Vergleiche das Literaturverzeichnis.)

Wir kehren nun zur Gleichung (6.85) zurück, die ein Eigenwertproblem darstellt.

$$\frac{d^2\Phi}{dx^2} + \alpha^2 \cdot Q(x) \cdot \Phi = 0; \qquad \Phi(0) = \Phi(1) = 0;$$
$$0 \le x \le 1; \qquad \alpha \to \infty; \qquad Q(x) > 0 \tag{6.94}$$

Man kann zeigen, daß es eine unendliche Anzahl von verschiedenen positiven Lösungen oder Eigenwerten für α gibt. Wir suchen nach einer Näherung für große Eigenwerte, wobei wir die WKB-Methode benutzen. Unsere Lösung für die zugeordnete Eigenfunktion wird durch Gleichung (6.92) gegeben, wobei wir fordern, daß $\sqrt{Q(x)}$, verglichen mit $1/\alpha$, nicht zu klein ist. (Das ist wesentlich, um die Region in der Nähe der Umkehrpunkte zu meiden.) Wir stellen nun die Randbedingungen an die durch Gleichung (6.92) gegebene Lösung. Wegen $\Phi(0) = 0$ finden wir

$$A = 0; \qquad \Phi(x) \sim B\frac{1}{Q(x)^{1/4}} \sin\left[\alpha \int_0^x \sqrt{Q(x')}\,dx'\right]; \quad \alpha \to \infty\,. \tag{6.95}$$

Die Randbedingung bei $x = 1$ bedingt

$$\Phi(1) = 0 \Rightarrow \sin\left[\alpha \int_0^1 \sqrt{Q(x')}\,dx'\right] = 0\,. \tag{6.96}$$

Die durch Gleichung (6.96) formulierte Bedingung kann erfüllt werden, wenn α solche Werte annimmt, daß

$$\alpha \int_0^1 \sqrt{Q(x')}\,dx' = n\pi; \qquad n = 1, 2, \ldots \tag{6.97}$$

gilt. Wir weisen darauf hin, daß unsere Näherung nur für große Parameter α gültig ist, obwohl die Randbedingung für alle Werte von α gilt. Es ist zu erwarten, daß unsere Näherung besser wird, wenn n wächst. Unsere Lösung lautet dann

$$\Phi_n(x) = \frac{B}{Q(x)^{1/4}} \sin\left[\frac{n\pi}{\int_0^1 \sqrt{Q(x')}\,dx'} \cdot \int_0^x \sqrt{Q(x')}\,dx'\right];$$
$$n = 1, 2, \ldots\,, \tag{6.98}$$

wobei wir den Index n zur Kennzeichnung der Lösung eingeführt haben.

Übung 6.5.1. Man betrachte

$$\frac{d^2\Phi}{dx^2} + \alpha^2 \cdot Q(x) \cdot \Phi = 0; \qquad \Phi(0) = \Phi(1) = 0;$$
$$0 \leq x \leq 1; \qquad \alpha \to \infty; \qquad Q(x) = (1+x)^2$$

und zeige, daß die Lösung durch

$$\Phi_n(x) = B\frac{1}{\sqrt{1+x}} \sin\left[\frac{2}{3}(n\pi) \cdot x\left(1+\frac{x}{2}\right)\right]$$

gegeben ist. □

Übung 6.5.2. Man betrachte

$$\frac{d^2\Phi}{dx^2} + \alpha^2 \cdot Q(x) \cdot \Phi = 0; \qquad \Phi(1) = \Phi(2) = 0;$$
$$1 \leq x \leq 2; \qquad \alpha \to \infty; \qquad Q(x) = x^2$$

und zeige, daß die Eigenwerte α_n gleich $(2/3)n\pi$ sind. Wie würden sich die Eigenwerte ändern, wenn die Struktur von $Q(x)$ beibehalten, aber das Intervall auf (2, 3) mit den Randbedingungen $\Phi(2) = \Phi(3) = 0$ verändert wird?

Lösung: $\alpha_n = 2n\pi/5$. □

Man kann auch Gleichungen desselben Typs wie Gleichung (6.94) untersuchen, aber die Randbedingungen verändern.

$$\Phi'(0) = \Phi(1) = 0 \tag{6.99}$$

Die allgemeine Lösung bleibt davon unberührt, aber die Randbedingungen erzwingen dann die Bedingungen

$$B = 0 \qquad \text{und} \qquad \alpha\int_0^1 \sqrt{Q(x')}\,dx' = (2n+1)\frac{\pi}{2}\,. \tag{6.100}$$

(Wir verweisen auf Gleichung (6.92) und bemerken, daß die Ableitungen der trigonometrischen Funktionen von der Ordnung $O(\alpha)$ sind, während sich die Ableitung von $1/Q(x)^{1/4}$ nur wie $O(1)$ verhält und vernachlässigt werden kann.) Wir finden dann die Eigenwerte

$$\alpha_n = \frac{(2n+1)(\pi/2)}{\int_0^1 \sqrt{Q(x')}\,dx'}; \qquad n = 0,\ 1,\ 2, \ldots \tag{6.101}$$

Übung 6.5.3. Man betrachte

$$\frac{\mathrm{d}^2\Phi}{\mathrm{d}x^2} + \alpha^2 \cdot Q(x) \cdot \Phi = 0; \qquad \Phi'(0) = \Phi(1) = 0;$$
$$0 \leq x \leq 1; \qquad \alpha \to \infty; \qquad Q(x) = (1+x)^2$$

und bestimme die Eigenwerte α_n. Wie lauten die Eigenfunktionen? Man vergleiche die Ergebnisse mit denen der Übung 6.5.1. □

Übung 6.5.4. Man betrachte

$$\frac{\mathrm{d}^2\Phi}{\mathrm{d}x^2} + \alpha^2 \cdot Q(x) \cdot \Phi = 0; \qquad \Phi'(1) = \Phi(2) = 0;$$
$$1 \leq x \leq 2; \qquad \alpha \to \infty; \qquad Q(x) = x^2 ,$$

bestimme die Eigenwerte und vergleiche die Ergebnisse mit denen der Übung 6.5.2.

Lösung: $\alpha_n = (2n+1)\pi/3$. □

Die WKB-Näherung ist im allgemeinen eine gute Approximation auch für tiefliegende Eigenwerte. Im Falle, daß irgendwo im Intervall $Q(x) \approx 0$ gilt, muß man alternative Methoden benutzen. Techniken, die die Behandlung auch dieser Situation ermöglichen, werden in der angegebenen Literatur unter dem Stichwort „Umkehrpunkte“ diskutiert. Man vergleiche z. B. Nayfeh, Olver sowie Bender und Orszag.

6.6 Störungsrechnung

In diesem Abschnitt führen wir die für die Lösung von inhomogenen linearen Differentialgleichungen nötigen Grundlagen der traditionellen störungstheoretischen Methode ein. Wir erklären kurz das allgemeine Herangehen und illustrieren dann die grundlegenden Elemente anhand eines einfachen Beispiels. Auf diese Weise können wir die Mängel dieser Methode aufzeigen, was als Vorbereitung für die Entwicklung eines noch effizienteren störungstheoretischen Verfahrens in den Kapiteln 9 bis 14 dient. Zuerst benötigen wir einige Resultate:

a) Wir müssen wissen, wie man ein Integral der Form

$$\int_0^t f(s,t)x(s)\,\mathrm{d}s \tag{6.102 a}$$

differenziert. Die Differentiation ergibt

$$\frac{\mathrm{d}}{\mathrm{d}t}\int_0^t f(s,t)x(s)\,\mathrm{d}s = f(t,t)x(t) + \int_0^t \frac{\mathrm{d}}{\mathrm{d}t} f(s,t)x(s)\,\mathrm{d}s\,, \tag{6.102 b}$$

wobei $f(s, t)$ eine „vernünftige" Funktion ist. (Das heißt, sie genügt dem ersten Mittelwertsatz.) Dieses Ergebnis ist einfach zu bekommen, indem man für die Bestimmung der Ableitung einen Deltaprozeß benutzt. Wir berechnen

$$\begin{aligned}
&\int_0^{t+\delta t} f(s,t+\delta t)x(s)\,\mathrm{d}s - \int_0^t f(s,t)x(s)\,\mathrm{d}s \\
&= \int_0^t [f(s,t+\delta t) - f(s,t)]x(s)\,\mathrm{d}s \\
&+ \int_t^{t+\delta t} f(s,t+\delta t)x(s)\,\mathrm{d}s\,.
\end{aligned} \tag{6.103}$$

Wenn wir nun δt gegen null streben lassen, dann erhalten wir das Ergebnis der Gleichung (6.102 b).

b) Wir betrachten die lineare Differentialgleichung erster Ordnung

$$\frac{\mathrm{d}x(t)}{\mathrm{d}t} = \varepsilon f(t)x(t); \qquad x(0) = A \tag{6.104}$$

mit der bekannten Funktion $f(t)$ und dem kleinen Parameter ε. Diese Gleichung kann immer direkt integriert werden, was auf die Lösung

$$x(t) = A\exp\left[\varepsilon\int_0^t f(s)\,\mathrm{d}s\right] \tag{6.105}$$

führt. Wir können durch Differentiation prüfen, daß dies tatsächlich die Lösung ist. Für eine gegebene Funktion kann man also immer die Lösung angeben.

Beispiel 6.6.1. Für $f(t) = -2t$ betrachten wir die Gleichung

$$\frac{\mathrm{d}x(t)}{\mathrm{d}t} = -2\varepsilon t x(t); \qquad x(0) = A \tag{6.106}$$

mit der Lösung

$$x(t) = A\exp(-\varepsilon t^2)\,. \tag{6.107}$$

□

Gleichung (6.104) kann auch so integriert werden, daß man beide Seiten der Gleichung integriert und die Lösung in Form einer Integralgleichung gewinnt:

$$x(t) = A + \varepsilon \int_0^t f(s)x(s)\,\mathrm{d}s\,. \tag{6.108}$$

Auch von diesem Ausdruck ist durch einfache Differentiation zu beweisen, daß er eine Lösung ist.

Man kann zeigen, daß jede lineare Differentialgleichung n-ter Ordnung mit stetigen Koeffizienten in eine Integralgleichung der Form

$$x(t) = f(t) + \varepsilon \int_0^t k(t, s)x(s)\,\mathrm{d}s \tag{6.109}$$

umgeformt werden kann. Die Integralgleichung (6.109) enthält vier Bestandteile. Es gibt die bekannte Funktion $f(t)$, die oft als inhomogener Term bezeichnet wird. Weiterhin gibt es den Kern $k(t, s)$ der Integralgleichung, der die Rolle des Differentialoperators übernimmt und die Gleichung charakterisiert. Dann haben wir die unbekannte Funktion $x(t)$ und schließlich noch den Entwicklungsparameter ε, der häufig benutzt wird, um die Iterationsordnung im Näherungsschema zu kennzeichnen. Eine Integralgleichung der Art von Gleichung (1.109) wird Volterrasche Integralgleichung zweiter Art genannt. Es handelt sich deshalb um eine Volterrasche Gleichung, weil die obere Integrationsgrenze nicht eine Konstante, sondern die Variable t ist. Sie heißt von zweiter Art, weil $f(t)$ nicht identisch null ist. (Die Lösung ist eindeutig, wie wir bereits im Beispiel 6.4.1 des Abschnitts 6.4 gezeigt haben. Wir hatten das Gronwallsche Lemma benutzt und bewiesen, daß die Lösung einer Volterraschen Integralgleichung zweiter Art eindeutig ist.)

Das Thema der Umwandlung einer Differentialgleichung in eine Integralgleichung wird traditionell zu Beginn der Vorlesungen über Integralgleichungen behandelt. Wir benutzen nur die Grundelemente der Theorie und deduzieren bzw. erklären alle wichtigen Sachverhalte. Eine umfangreiche Behandlung der Integralgleichungen mit allen wichtigen Beweisen kann man z. B. bei Tricomi und Lovitt finden.

Unser Lösungsverfahren erfordert nun eine Interessenverschiebung von der Lösung einer Differentialgleichungen zur Lösung der zugehörigen Integralgleichung in Form von Gleichung (6.109). Häufig besitzt letztere eine einfachere asymptotische Entwicklung. Zum Teil liegt das daran, daß die Integration im Gegensatz zur Differentiation ein glättender Prozeß ist.

Übung 6.6.1. Man betrachte die Differentialgleichung

$$\frac{\mathrm{d}^2x}{\mathrm{d}t^2} + x = f(t); \qquad x(0) = A, \quad \dot{x}(0) = 0\,. \tag{6.110}$$

Sie ist der Integralgleichung

$$x(t) = A\cos t + \int_0^t k(t,s)f(s)\,\mathrm{d}s \tag{6.111}$$

mit dem Kern $k(s,t) = \sin(t-s)$ äquivalent. Man überprüfe das, indem man Gleichung (6.111) zweimal differenziert und Gleichung (6.110) reproduziert. (Wir erinnern daran, daß wir dieses Problem bereits in der Übung 6.2.1 behandelt haben, was auf Gleichung (6.39) führte.) □

Wir betrachten nun Gleichung (6.109) als Ausgangspunkt eines Problems, bei dem der Parameter ε klein sein soll. Wir kennen die Lösung $x(t) = f(t)$ für $\varepsilon = 0$ und wissen, daß der nächste Term eine Korrektur darstellt. Wir möchten deshalb eine systematische Störungsentwicklung durchführen, die uns die Lösung in folgender Form liefert:

$$\begin{aligned} x(t) = f(t) &+ [\text{etwas, was wir berücksichtigen und berechnen}] \\ &+ [\text{etwas, was wir vernachlässigen}]\,. \end{aligned}$$

Es versteht sich von selbst, daß die vernachlässigten Terme im ganzen Zeitintervall, in dem die Entwicklung gelten soll, klein sein müssen. Wenn wir eine Entwicklung in dieser Form konstruieren, dann sagen wir, daß sie zeitlich gleichmäßig gültig ist. (Dieses Konzept wird zusammen mit seinen Folgerungen in den Kapiteln 8 bis 15 vollständig entwickelt.) Wir wollen nun sehen, wie das Verfahren funktioniert, indem wir die Störungsentwicklung für $x(t)$ in Gleichung (6.108) durchführen. Dabei setzen wir im Integral die gröbste Näherung von $x(t)$ ein. Somit können wir unsere Lösung wie folgt schreiben:

$$x(t) = A + \varepsilon \int_0^t f(s)\left[A + \varepsilon \int_0^s f(u)x(u)\,\mathrm{d}u\right]\mathrm{d}s\,. \tag{6.112 a}$$

Die formale Lösung in Form von Gleichung (6.112 a) ist immer noch exakt. Wir schreiben sie etwas um.

$$x(t) = A + \varepsilon \int_0^t f(s)A\,\mathrm{d}s + \varepsilon^2 \int_0^t f(s) \int_0^s f(u)x(u)\,\mathrm{d}u\,\mathrm{d}s \tag{6.112 b}$$

Zuerst bestätigen wir durch Differentiation, daß es eine Lösung ist. Sie genügt der Anfangsbedingung $x(0) = A$. Wir differenzieren und bekommen

$$\begin{aligned}\frac{\mathrm{d}x}{\mathrm{d}t} &= \varepsilon f(t)A + \varepsilon^2 f(t)\int_0^t f(u)x(u)\,\mathrm{d}u \\ &= \varepsilon f(t)\left[A + \varepsilon\int_0^t f(u)x(u)\,\mathrm{d}u\right] \\ &= \varepsilon f(t)x(t)\,.\end{aligned}$$

Dies ist exakt die Gleichung (6.104).

Wir betonen, daß die Lösung der Gleichung (6.104) in Form von Gleichung (6.112 b) exakt ist und zerlegen sie in drei Anteile. Der erste Term repräsentiert die Anfangsbedingung und ist vom Parameter ε unabhängig. Der zweite Term ist proportional zu ε und der letzte Term ist proportional zu ε^2. Falls ε hinreichend klein ist, können wir davon ausgehen, daß wir eine Näherung der Lösung bekommen, wenn wir die Entwicklung nach dem zweiten Term abbrechen. Wir schreiben dann

$$x(t) \approx A + \varepsilon\int_0^t Af(s)\,\mathrm{d}s + \text{T. h. O.} \tag{6.113}$$

Da wir $f(s)$ kennen, können wir das Integral berechnen und haben damit eine Näherungslösung von $x(t)$ in der Hand. Man beachte, daß in Gleichung (6.112 b) die Terme höherer Ordnung durch wiederholtes Einsetzen erzeugt werden können. Jedes Integral kann berechnet werden, weil es nur die bekannte Funktion $f(s)$ enthält. Auf diese Weise erwarten wir eine immer bessere Approximation von $x(t)$.

Beispiel 6.6.2. Wir betrachten

$$u(t) = 1 + \varepsilon^2\int_0^t (s-t)u(s)\,\mathrm{d}s; \qquad \text{(man beachte: } u(0) = 1) \tag{6.114}$$

und möchten die ersten zwei Terme der Störungsentwicklung, die für kurze Zeiten gültig ist, bestimmen. Wir setzen ein und erhalten

$$\begin{aligned}u(t) &= 1 + \varepsilon^2\int_0^t (s-t)\left[1 + \varepsilon^2\int_0^s (x-s)u(x)\,\mathrm{d}x\right]\mathrm{d}s \\ &= 1 + \varepsilon^2\int_0^t (s-t)\,\mathrm{d}s + \text{vernachlässigte Terme}\,.\end{aligned}$$

Folglich können wir sagen, daß die Lösung

$$u(t) = 1 - \frac{\varepsilon^2 t^2}{2!}$$

für solche Zeiten gilt, für die $|\varepsilon t| \ll 1$ erfüllt ist. (Der nächste Term in der Entwicklung lautet $\varepsilon^4 t^4/4!$ und ist viel kleiner als die berücksichtigten Terme. Wir gehen davon aus, daß in dem Ausdruck

$$u = 1 - \frac{\varepsilon^2 t^2}{2!} + \frac{\varepsilon^4 t^4}{4!}$$

die ersten Terme der Taylorentwicklung der exakten Lösung $\cos \varepsilon t$ erkannt werden.) □

Übung 6.6.2. Man überprüfe, daß $\cos \varepsilon t$ die exakte Lösung der Gleichung (6.114) ist, indem $u(s) = \cos \varepsilon s$ eingesetzt und die Integration ausgeführt wird. □

Übung 6.6.3. Man betrachte die Integralgleichung

$$u(t) = \varepsilon t + \varepsilon^2 \int_0^t (s - t) u(s) \, \mathrm{d}s \tag{6.115}$$

und zeige, daß die ersten beiden Summanden der Störungsentwicklung für Zeiten t mit $|\varepsilon t| \ll 1$ wie folgt lauten

$$\varepsilon t - \frac{\varepsilon^3 t^3}{3!} \; .$$

Weiterhin differenziere man Gleichung (6.115) und beweise, daß sie der Differentialgleichung des einfachen harmonischen Oszillators mit der Lösung $u(t) = \sin \varepsilon t$ äquivalent ist. Schließlich setze man $u(s) = \sin \varepsilon s$ in Gleichung (6.115) ein und zeige, daß sie die Gleichung löst. □

Wir setzen jetzt unsere Untersuchung fort, indem wir die Integralgleichung

$$x(t) = 1 + \varepsilon \int_0^t x(s) \, \mathrm{d}s ; \qquad 0 < \varepsilon \ll 1 \tag{6.116}$$

betrachten. Sie ergibt sich aus der Differentialgleichung

$$\frac{\mathrm{d}x(t)}{\mathrm{d}t} = \varepsilon x(t) ; \qquad x(0) = 1 \tag{6.117}$$

mit der Lösung

$$x(t) = \exp \varepsilon t \; . \tag{6.118}$$

Natürlich kann Gleichung (6.118) für $|\varepsilon t| \ll 1$ durch die ersten beiden Summanden der Taylorentwicklung

$$x(t) \approx 1 + \varepsilon t \tag{6.119}$$

genähert werden. Wir versuchen nun, unsere Integralgleichung mit Hilfe des Iterationsschemas zu lösen:

$$\begin{aligned} x(t) &= 1 + \varepsilon \int_0^t \left[1 + \varepsilon \int_0^s x(u)\,\mathrm{d}u \right] \mathrm{d}s \\ &= 1 + \varepsilon t + \varepsilon^2 \int_0^t \int_0^s x(u)\,\mathrm{d}u\,\mathrm{d}s\,. \end{aligned} \tag{6.120}$$

Gleichung (6.120) ist exakt. (Dies ist leicht zu bestätigen, denn $x(t)$ löst die Gleichung (6.117).)

Für kleine ε scheint es richtig zu sein, die Entwicklung nach dem ersten Integral abzubrechen und zu sagen, daß der Fehler proportional zu ε^2 ist. Das heißt, wir würden Gleichung (6.120) durch

$$x(t) = 1 + \varepsilon t + \text{Fehler proportional zu } \varepsilon^2 \tag{6.121}$$

nähern. Es ist wichtig zu betonen, daß der Fehlerterm zwar richtig, aber irreführend ist, wie man durch Vergleich mit der exakten Lösung gemäß Gleichung (6.118) feststellt. Der vernachlässigte Term ist proportional zu dem Quadrat des Produktes aus dem Parameter ε und der Länge des Zeitintervalls t. Tatsächlich wissen wir, daß das allgemeine Glied der Taylorreihe die Struktur $(\varepsilon t)^n/n!$ hat. Das bedeutet, ε und t treten immer zusammen auf und wir dürfen die Approximation nur dann abbrechen, wenn das betrachtete Zeitintervall der Bedingung $|\varepsilon t| \ll 1$ genügt. Von unserer Entwicklung in Gestalt von Gleichung (6.121) sagen wir, daß sie zeitlich *nicht* gleichmäßig gültig ist. (Bei unserer Diskussion nichtlinearer System werden wir feststellen, daß dadurch ein falsches Bild der Lösung entstehen kann.) Nun ergibt sich natürlich die folgende Frage: Wenn es all diese Schwierigkeiten gibt, warum benutzen wir dann diese Entwicklungsmethode? Man kann wenigstens vier Gründe nennen:

1) Die Störungsentwicklung ist sehr einfach anzuwenden und sie konvergiert immer gegen die exakte Lösung. (Den Beweis findet man bei Lovitt und Tricomi.)
2) Sie arbeitet sehr zufriedenstellend, wenn man immer daran denkt, daß es eine Kopplung zwischen Entwicklungsparameter und Zeit gibt.
3) Oft kann man aus den ersten Termen einen Hinweis auf die Struktur der exakten Lösung erhalten.
4) Bessere Störungstechniken sind meist wesentlich schwieriger zu handhaben.

Diese Überlegungen werden uns begleiten, wenn wir in den Kapiteln 9 bis 15 eine Störungsentwicklung nach Potenzen eines kleinen Parameters ε entwickeln werden, die das Wesen dieser Lösungsmethode bewahrt, aber ihre Unzulänglichkeiten vermeidet.

Literatur

1. Bellman, R., *Stability Theory of Differential Equations*, McGraw-Hill, New York, 1953. *Perturbation Techniques in Mathematics, Engineering and Physics*, Holt, Rinehart and Winston, New York, 1966. Diese Bücher sind leicht zu lesen und präsentieren die Sachverhalte ohne zu viele Details. Unsere Diskussion basiert auf dem Bellmanschen Zugang.
2. Bender, C. und S. A. Orszag, *Advanced Mathematical Methods for Scientists and Engineers*, McGraw-Hill, New York, 1978. Die Untersuchungen sind gründlich und umfangreich und enthalten viele Beispiele. Es existiert auch eine Verbindung zwischen der WKB-Methode, der Grenzschichttheorie und der Methode der vielfachen Zeitskalen.
3. De Bruijn, N. G., *Asymptotic Methods in Analysis*, North-Holland, Amsterdam, 1958. Neuausgabe bei Dover, New York, 1981. Die Behandlung ist sehr interessant und erfolgt auf einem Niveau mit hohem Schwierigkeitsgrad. Viele Argumente werden nur angedeutet und es bleibt vielfach dem Leser überlassen, die Einzelheiten zu ergänzen.
4. Nayfeh, A. H., *Introduction to Perturbation Techniques*, Wiley, New York, 1981. Die Diskussion ist gründlich und enthält eine sehr klare und ausführliche Behandlung des Umkehrpunktproblems. Das Tempo, mit dem der Autor vorangeht, ist gemächlich und der Text ist leicht zu lesen. Das Buch enthält viele Aufgaben und illustrative Beispiele.
5. Olver, F. W. J., *Asymptotics and Special Functions*, Academic Press, New York, 1974. Der Abschnitt über die Liouville-Green-Transformation ist umfangreich und auf einem Niveau mit hohem Schwierigkeitsgrad. Man wird aber für seine Mühen durch eine Diskussion der etwas subtileren Aspekte des Gegenstandes belohnt.
6. Jeffreys, H. and B. Jeffreys, *Methods of Mathematical Physics*, 3. Auflage, Cambridge University Press, Cambridge, 1966. Dies ist sozusagen ein klassisches Buch mit einem Abschnitt über asymptotische Entwicklungen bei linearen Differentialgleichungen zweiter Ordnung. Die Sachverhalte werden verständlich, interessant und leicht lesbar dargeboten.
7. Tricomi, F. G., *Integral Equations*, Interscience, New York, 1957. Neuausgabe bei Dover, New York, 1985. Ein gut lesbarer und umfangreicher Text über Integralgleichungen.
8. Lovitt, W. V., *Linear Integral Equations*, McGraw-Hill, New York, 1924. Neuausgabe bei Dover, New York, 1950. Es ist bemerkenswert, daß dieses Buch immer noch gedruckt und zitiert wird. Es enthält viele illustrative Beispiele und kann sowohl als Einführung als auch als fortgeschrittener Text über Integralgleichungen dienen.

II Nichtlineare Systeme

7 Der einfache harmonische Oszillator und die logistische Gleichung

Viele Phänomene versucht man zu analysieren, indem man Modelle konstruiert, die wesentliche Elemente des untersuchten Problems beinhalten. Eines der universellsten Modelle, das linear ist und sich auch leicht untersuchen läßt, ist der einfache harmonische Oszillator. Man stößt sehr oft auf ihn, wenn man die eindimensionale Newtonsche Bewegungsgleichung in der Form

$$\frac{d^2x}{dt_1^2} = -\frac{dV}{dx} \tag{7.1}$$

untersucht, wobei das Potential $V(x)$ ein Minimum bei $x = 0$ besitzt. Wenn das Potential um den Ursprung bis zur zweiten Ordnung entwickelt wird, erhält man

$$V(x) = V(0) + \frac{x^2}{2!}\frac{d^2V(0)}{dx^2} .$$

Gleichung (7.1) hat dann die Form

$$\frac{d^2x}{dt_1^2} = -\omega_0^2 x \tag{7.2}$$

mit der Lösung $x = A\cos(\omega_0 t_1 + \phi_0)$. Die Größe A heißt Amplitude und gibt die maximale Auslenkung an. Das Quadrat der Winkelgeschwindigkeit ω_0 ist gleich der zweiten Ableitung des Potentials und die Anfangsphase wird mit ϕ_0 bezeichnet. Die oszillierende Bewegung wird häufig mittels Fourierreihenentwicklung analysiert. Bezüglich einer solchen Entwicklung stellen wir fest, daß die Lösung der Gleichung (7.2) nur einen einzigen harmonischen Term enthält. Deshalb nennen wir die zugehörige Bewegung „einfach harmonisch". Sie ist charakterisiert durch eine konstante Amplitude und eine amplitudenunabhängige Winkelgeschwindigkeit. Erfahrungsgemäß tritt Gleichung (7.2) auf vielen verschiedenen Gebiete auf, z. B. in einer Reihe von Modellen der Mechanik, wo man Schwingungen untersucht, in der Elektrodynamik bei der Diskussion von Stromkreisen und elektromagnetischen Wellen und in der Atom- und Molekülphysik bei der Untersuchung von Spektren. Darüber hinaus bildet der einfache harmonische Oszillator die Grundlage für die Untersuchung von schwach nichtlinearen Oszillationen. Aus diesem Grund werden wir ihn etwas genauer betrachten. Wir beginnen mit der Einführung einiger Bezeichnungen und grundlegender Techniken, die wir bei der weiteren Diskussion von Schwingungen immer wieder benutzen werden. Die Behandlung der nichtlinearen Schwingungen verschieben wir auf Kapitel 8, wo wir einen Überblick über unser Herangehen an diesen Sachverhalt geben werden.

7.1 Der einfache harmonische Oszillator

Die Grundform der Schwingungsgleichung ist durch Gleichung (7.2) gegeben. Es ist sehr bequem, mit dimensionslosen Variablen zu arbeiten. Deshalb messen wir alle Auslenkungen $x(t_1)$ in Einheiten der Amplitude A der Schwingung. Wir schreiben $x(t) = x(t_1)/A$ und führen auch eine dimensionslose Zeitvariable t ein

$$t = \omega_0 t_1 \,.$$

Unsere Gleichung lautet dann

$$\frac{\mathrm{d}^2 x}{\mathrm{d}t^2} + x = 0$$

oder

$$\ddot{x} + x = 0 \,. \tag{7.3}$$

Wenn wir eine dimensionslose Geschwindigkeit, die wir mit y bezeichnen, wie folgt einführen

$$y = \dot{x} = \frac{\mathrm{d}x}{\mathrm{d}t} \,, \tag{7.4}$$

kann unsere Grundgleichung auch als gekoppeltes Differentialgleichungssystem erster Ordnung geschrieben werden

$$\frac{\mathrm{d}x}{\mathrm{d}t} = y \,, \tag{7.5 a}$$

$$\frac{\mathrm{d}y}{\mathrm{d}t} = -x \,. \tag{7.5 b}$$

Wir werden zwischen diesen beiden Darstellungen, d. h. dem gekoppelten Differentialgleichungssystem erster Ordnung und der Differentialgleichung zweiter Ordnung, hin und her pendeln.

Wir interessieren uns nun für die Bestimmung der Oszillatorenergie. Zu diesem Zweck multiplizieren wir Gleichung (7.5a) mit x und Gleichung (7.5b) mit y und addieren beide:

$$x\dot{x} + y\dot{y} = \frac{1}{2}\frac{\mathrm{d}}{\mathrm{d}t}(x^2 + y^2) = 0 \, . \tag{7.6}$$

Die Integration dieser Gleichung ergibt eine Konstante, die wir E nennen und mit der totalen Energie des Systems identifizieren.

Wir werden sowohl konservative Systeme diskutieren, in denen die totale Energie konstant ist, als auch Systeme, bei denen eine Dämpfung zu einer zeitlichen Änderung der totalen Energie führt.

7.2 Transformation unserer Gleichungen

Wir werden oft die Polarkoordinaten r und θ benutzen. Der Zusammenhang zwischen kartesischen und Polarkoordinaten wird durch die Transformation

$$x = r\cos\theta \, , \tag{7.7 a}$$

$$y = -r\sin\theta \tag{7.7 b}$$

vermittelt. Dabei haben wir die kartesischen Variablen durch die Polarkoordinaten r und θ ausgedrückt. Wir müssen nun die zeitlichen Ableitungen dieser Beziehungen bilden:

$$\dot{x} = \dot{r}\cos\theta - r\dot{\theta}\sin\theta \, , \tag{7.8 a}$$

$$\dot{y} = -\dot{r}\sin\theta - r\dot{\theta}\cos\theta \, . \tag{7.8 b}$$

Die Ableitungen der Koordinaten transformieren sich wie folgt

$$\begin{bmatrix} \dot{x} \\ \dot{y} \end{bmatrix} = A \begin{bmatrix} \dot{r} \\ r\dot{\theta} \end{bmatrix} \; ; \quad A = \begin{bmatrix} \cos\theta & -\sin\theta \\ -\sin\theta & -\cos\theta \end{bmatrix} . \tag{7.9 a}$$

Die inverse Transformation lautet

$$\begin{bmatrix} \dot{r} \\ r\dot{\theta} \end{bmatrix} = A^{-1} \begin{bmatrix} \dot{x} \\ \dot{y} \end{bmatrix} \; ; \quad A^{-1} = \begin{bmatrix} \cos\theta & -\sin\theta \\ -\sin\theta & -\cos\theta \end{bmatrix} . \tag{7.9 b}$$

Es gelten immer die Beziehungen

$$x\dot{x} + y\dot{y} = r\dot{r} \, , \tag{7.10 a}$$

$$y\dot{x} - x\dot{y} = r^2\dot{\theta} \, . \tag{7.10 b}$$

Der Winkel θ wird, wie in Abbildung 7.1 angegeben, beginnend von der x-Achse im Uhrzeigersinn in der x-y-Ebene gezählt.

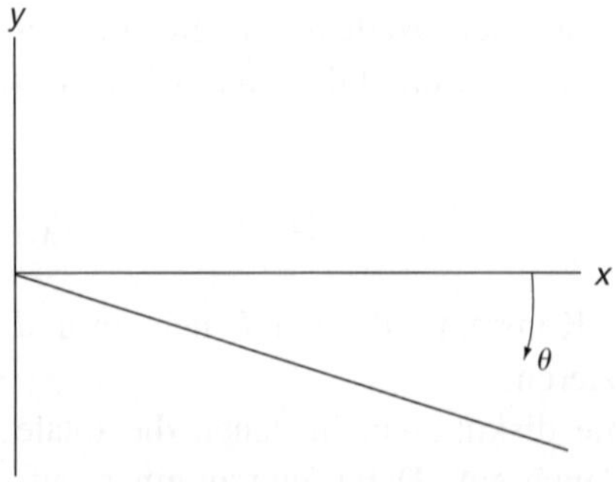

Abb. 7.1 Der Winkel wächst im Uhrzeigersinn. Das ist verträglich mit der Vorzeichenkonvention der Gleichungen (7.7 a) und (7.7 b), die (x, y) und (r, θ) miteinander verknüpfen.

Übung 7.2.1. Man betrachte die Gleichungen (7.5a) und (7.5b), die die einfache harmonische Bewegung beschreiben. Man führe Polarkoordinaten ein und zeige, daß der Radius und die Winkelgeschwindigkeit konstant sind. Wenn man die Vorzeichenkonvention der Winkelgeschwindigkeit gemäß Gleichung (7.10b) benutzt, findet man $\dot{\theta} = +1$. □

7.3 Störungen

Wir sind an Systemen interessiert, die sich vom einfachen harmonischen Oszillator nicht wesentlich unterscheiden, d. h., wir betrachten den gestörten Oszillator, der durch

$$\frac{\mathrm{d}^2 x}{\mathrm{d}t^2} + x = \varepsilon f\left(x, \frac{\mathrm{d}x}{\mathrm{d}t}\right) = \varepsilon f(x, y) \tag{7.11}$$

gegeben ist, wobei der Störungsterm $\varepsilon f(x, y)$ immer klein sein möge. Das heißt, daß während der gesamten zeitlichen Entwicklung des Systems in jedem Zeitintervall, das einer Periode des ungestörten Oszillators vergleichbar ist, nur kleine Frequenz- und Amplitudenänderungen auftreten. Allerdings kann es einen beträchtlichen kumulativen Effekt geben. Als Beispiel betrachten wir den schwach gedämpften linearen Oszillator mit $f(x, y) = y$:

$$\ddot{x} + x = \varepsilon \dot{x} = \varepsilon y\,; \qquad |\varepsilon| \ll 1\,.$$

Das Vorzeichen von ε bestimmt, ob positive Dämpfung $\varepsilon < 0$ (d. h. abklingende Schwingungen) oder negative Dämpfung $\varepsilon > 0$ (d. h. aufschaukelnde Schwingungen) vorliegt. Man beachte, daß eine Dämpfung dann schwach ist, wenn

$$\frac{|x(t+T) - x(t)|}{|x(t)|} \ll 1$$

gilt, wobei T die Periode des ungestörten Oszillators ist.

Beispiel 7.3.1. Wir können den gedämpften linearen Oszillator durch zwei gekoppelte Gleichungen erster Ordnung beschreiben. Ausgehend von

$$\frac{\mathrm{d}^2x}{\mathrm{d}t^2} + x = -\mu\frac{\mathrm{d}x}{\mathrm{d}t}\,; \qquad |\mu| \ll 1$$

erhält man

$$\dot{x} = y\,, \tag{7.12 a}$$

$$\dot{y} = -x - \mu y\,, \tag{7.12 b}$$

$$\begin{bmatrix} \dot{x} \\ \dot{y} \end{bmatrix} = \begin{bmatrix} 0 & 1 \\ -1 & -\mu \end{bmatrix} \begin{bmatrix} x \\ y \end{bmatrix}. \tag{7.13}$$

Wir können jetzt die Bewegung des Systems analysieren, indem wir die Eigenschaften der Matrix in Gleichung (7.13) untersuchen. □

7.4 Lineare Transformationen

Es wird sich gelegentlich herausstellen, daß unsere Schwingungsgleichungen nicht in ihrer einfachsten Form auftreten, weil die benutzten Koordinaten dem Problem nicht angepaßt sind. Dann hat man eine Transformation auf das angepaßte Koordinatensystem durchzuführen. Um das zu erläutern, fassen wir einige Eigenschaften von (2×2)-Matrizen zusammen. (Vergleiche Kapitel 1.) Unter welchen Bedingungen hat z. B. das Gleichungssystem

$$\frac{\mathrm{d}x}{\mathrm{d}t} = ax + by\,, \tag{7.14 a}$$

$$\frac{\mathrm{d}y}{\mathrm{d}t} = cx + dy \tag{7.14 b}$$

mit reellen Koeffizienten Lösungen, die einer einfach harmonischen Bewegung entsprechen? Gibt es eine Dämpfung? Was passiert, wenn wir die Größenverhältnisse der Koeffizienten ändern?

Eine Beantwortung dieser Fragen kann auf verschiedene Weise geschehen. So kann man z. B. Gleichung (7.14a) differenzieren und erhält dann durch Einsetzen von Gleichung (7.14b)

$$\begin{aligned} \ddot{x} &= a\dot{x} + b\dot{y} = a\dot{x} + b(cx + dy) \\ &= a\dot{x} + bcx + d(\dot{x} - ax) \\ &= (a + d)\dot{x} + (bc - ad)x \end{aligned}$$

oder

$$\ddot{x} - (a + d)\dot{x} + (ad - bc)x = 0 \, . \tag{7.15}$$

Wir wissen aus unserer Erfahrungen mit dem einfachen harmonischen Oszillator, daß wir Gleichung (7.15) durch den Ansatz

$$x = \exp \lambda t$$

lösen können. Wir finden dann die Werte von λ:

$$\lambda = \frac{a+d}{2} \pm \frac{1}{2}\sqrt{(a+d)^2 - 4(ad - bc)} \tag{7.16 a}$$

$$= \frac{a+d}{2} \pm \frac{1}{2}\sqrt{(a-d)^2 + 4bc} \, . \tag{7.16 b}$$

Damit oszillierende Lösungen auftreten, muß λ komplex (oder rein imaginär) sein. Wir sehen also aus Gleichung (7.16b), daß b und c verschieden von null sein und entgegengesetze Vorzeichen besitzen müssen. Außerdem muß gelten

$$-4bc > (a-d)^2 \qquad \text{oder} \qquad 4(ad - bc) > (a+d)^2 \, . \tag{7.16 c}$$

Die Art der Dämpfung wird durch das Vorzeichen von $a + d$ bestimmt;

für $a + d < 0$ ist die Dämpfung positiv,
für $a + d > 0$ ist die Dämpfung negativ und
für $a + d = 0$ gibt es keine Dämpfung.

Ein anderer Lösungsweg besteht darin, die Gleichungen (7.14a) und (7.14b) mittels Matrizentheorie zu lösen und die Lösung durch die zugeordnete Matrix M darzustellen:

$$\frac{\mathrm{d}}{\mathrm{d}t}\begin{bmatrix} x \\ y \end{bmatrix} = \begin{bmatrix} \dot{x} \\ \dot{y} \end{bmatrix} = M \begin{bmatrix} x \\ y \end{bmatrix} \tag{7.17}$$

$$M = \begin{bmatrix} a & b \\ c & d \end{bmatrix} \, . \tag{7.18}$$

Wir betrachten dabei nur die Fälle, in denen alle Matrixelemente reell sowie b und c verschieden von null sind. Wir stellen folgendes fest:

a) Die Determinante $\varDelta$ hat den Wert

$$\varDelta = ad - bc \, .$$

b) Die Determinante ist gleich dem Produkt der Eigenwerte. Wir bezeichnen diese mit den Symbolen λ_1 und λ_2. Folglich kann man die Determinante auch schreiben

$$\varDelta = \lambda_1 \lambda_2 \, .$$

c) Die Spur der Matrix M ist gleich der Summe der Eigenwerte und lautet

$$\text{Spur}\, M = \text{Tr}M = a + d = \lambda_1 + \lambda_2 \,.$$

d) Wir interessieren uns für den Zusammenhang zwischen den Matrixelementen und den Eigenwerten. Unter welchen Bedingungen sind z. B. die Eigenwerte reell oder komplex? Mit Hilfe der Matrixschreibweise von Ungleichung (7.16c) stellt man fest, daß die Lösung oszillierend ist, wenn

$$4\Delta > (\text{Tr}M)^2 \tag{7.19}$$

gilt. Wir wissen durch unsere Untersuchungen von Matrizen, daß im Falle von

$$\text{Tr}M = 0 \qquad \text{und} \qquad \Delta > 0$$

die Eigenwerte rein imaginär sind. Sind die Eigenwerte komplex, so entspricht das Vorzeichen der Spur dem Vorzeichen der Realteile der Eigenwerte. Das heißt, wenn $\Delta > 0$ und $\text{Tr}M > 0$, dann haben beide Eigenwerte positive Realteile. Andernfalls sind für $\text{Tr}M < 0$ die Eigenwerte komplex mit negativen Realteilen.

e) Wir wissen, daß Spur und Determinante gegenüber Ähnlichkeitstransformationen S invariant sind.

$$\text{Tr}M = \text{Tr}(SMS^{-1}); \qquad \det M = \det(SMS^{-1})$$

f) Sind die Eigenwerte komplex, so kann man immer eine geeignete Transformation finden, so daß die Summe der Eigenwerte und damit das Doppelte ihrer Realteile gleich dem Matrixelement in der unteren rechten oder oberen linken Ecke der Matrix M ist.
Dies wird in den Übungen 7.4.1 und 7.4.2 demonstriert. Man beachte, daß die transformierte Matrix antisymmetrisch ist, wenn die Eigenwerte rein imaginär sind.

Übung 7.4.1. Eine Matrix M entsprechend den Gleichungen (7.17) und (7.18) sei gegeben und habe komplexe Eigenwerte

$$M = \begin{bmatrix} a & b \\ c & d \end{bmatrix}; \quad \Delta = ad - bc \,.$$

Man zeige, daß die Matrix S

$$S = \begin{bmatrix} 1 & 0 \\ \frac{a}{\sqrt{\Delta}} & \frac{b}{\sqrt{\Delta}} \end{bmatrix}; \quad S^{-1} = \begin{bmatrix} 1 & 0 \\ \frac{-a}{b} & \frac{\sqrt{\Delta}}{b} \end{bmatrix} \tag{7.20}$$

folgende Transformierte erzeugt

$$SMS^{-1} = A = \begin{bmatrix} 0 & \sqrt{\Delta} \\ -\sqrt{\Delta} & a+b \end{bmatrix} .$$

Wir betrachten jetzt die Matrixdifferentialgleichung (7.17). Wir wissen, wie man die Ähnlichkeitstransformation S findet, die M in diese spezielle Form bringt. Beim Prozeß der Transformation von M wird der Vektor (x, y) in einen neuen Vektor (v, w) gedreht. Dieser Zusammenhang ist durch

$$\begin{bmatrix} x \\ y \end{bmatrix} = S^{-1} \begin{bmatrix} v \\ w \end{bmatrix}; \quad \begin{bmatrix} v \\ w \end{bmatrix} = S \begin{bmatrix} x \\ y \end{bmatrix}$$

gegeben. Gleichung (7.17) lautet nach Multiplikation mit der Transformation S

$$\left(\frac{\mathrm{d}}{\mathrm{d}t}\right) S \begin{bmatrix} x \\ y \end{bmatrix} = SMS^{-1} S \begin{bmatrix} x \\ y \end{bmatrix} \quad \text{bzw.} \quad \frac{\mathrm{d}}{\mathrm{d}t} \begin{bmatrix} v \\ w \end{bmatrix} = A \begin{bmatrix} v \\ w \end{bmatrix}.$$

Diese Gleichung kann nun für die Variablen (v, w) gelöst werden und durch Rücktransformation erhält man (x, y). □

Übung 7.4.2. Es sei die gleiche Matrix wie in Aufgabe 7.4.1 gegeben. Man zeige, daß die Matrix P

$$P = \begin{bmatrix} -\frac{c}{\sqrt{\Delta}} & -\frac{d}{\sqrt{\Delta}} \\ 0 & 1 \end{bmatrix}; \quad P^{-1} = \begin{bmatrix} -\frac{\sqrt{\Delta}}{c} & -\frac{d}{c} \\ 0 & 1 \end{bmatrix} \tag{7.21}$$

die Transformation

$$PMP^{-1} = B = \begin{bmatrix} a + d & \sqrt{\Delta} \\ -\sqrt{\Delta} & 0 \end{bmatrix}$$

bewirkt. □

Zusammenfassend stellen wir folgendes fest: Wenn die Matrix M reelle Elemente und eine positive Determinante besitzt, beide Nichtdiagonalelemente nicht verschwinden und außerdem

$$4\Delta > (\mathrm{Tr} M)^2$$

gilt, dann hat sie entweder rein imaginäre oder komplexe Eigenwerte. Und sie kann durch geeignete Ähnlichkeitstransformationen in die Formen

$$A = \begin{bmatrix} 0 & \sqrt{\Delta} \\ -\sqrt{\Delta} & \lambda_1 + \lambda_2 \end{bmatrix} \tag{7.22}$$

bzw.

$$B = \begin{bmatrix} \lambda_1 + \lambda_2 & \sqrt{\Delta} \\ -\sqrt{\Delta} & 0 \end{bmatrix} \tag{7.23}$$

überführt werden.

Übung 7.4.3. Wir beschließen unsere Analyse mit einer weiteren Transformation, die die Matrix M auf eine noch bequemere Form bringt. Es fällt auf, daß die Matrizen S und P, die durch die Gleichungen (7.20) und (7.21) definiert werden, Ausdrücke $\pm\sqrt{\Delta}$ in Nichtdiagonalelementen enthalten. Außerdem ist der Term $(a+d)/2$ nicht sehr symmetrisch plaziert. Im Falle fehlender Dämpfung ist $\Delta = ad - bc$ gleich dem Quadrat der Schwingungsfrequenz. Beim Vorhandensein einer Dämpfung gibt es dagegen eine Verschiebung

$$\omega_0 = \sqrt{ad - bc} \;\rightarrow\; \omega = \sqrt{\frac{4(ad-bc) - (a+d)^2}{4}}\,. \tag{7.24}$$

Im Hinblick auf diese Beobachtung suchen wir nach einer Matrix J, die mittels

$$JMJ^{-1} = C$$

folgende Transformierte erzeugt

$$C = \begin{bmatrix} \frac{a+d}{2} & \sqrt{\frac{4(ad-bc)-(a+d)^2}{4}} \\ -\sqrt{\frac{4(ad-bc)-(a+d)^2}{4}} & \frac{a+d}{2} \end{bmatrix}. \tag{7.25}$$

Wegen $\mathrm{Tr} C = a + d$ und $\det C = ad - bc$ sollte es möglich sein, diese Matrix J zu finden. Die Aufgabe besteht nun darin, bei gegebener Gleichung (7.15) mit oszillierender Lösung in der Form

$$\begin{aligned} x(t) &= \exp\frac{(a+d)t}{2} \cos\left\{\left[\sqrt{(ad-bc) - \frac{(a+d)^2}{4}}\right] t + \phi\right\} \\ &\equiv (\exp \mu t) \cos(\omega t + \phi) \end{aligned}$$

eine Matrix J zu finden, so daß

$$JMJ^{-1} = \begin{bmatrix} \mu & \omega \\ -\omega & \mu \end{bmatrix} = C\,. \tag{7.26}$$

Dabei ist $\omega \neq \omega_0$, wenn $a + d = 0$ gilt.

Weil J nur bis auf eine Normierung bestimmt ist, nehmen wir dafür folgende Gestalt an

$$J = \begin{bmatrix} 1 & \alpha \\ \beta & \gamma \end{bmatrix}$$

und suchen nach den Lösungen α, β und γ. □

Übung 7.4.4. Wie hängen die Eigenwerte der Oszillatorgleichung

$$\frac{\mathrm{d}^2 x}{\mathrm{d}t^2} + x = \varepsilon \frac{\mathrm{d}x}{\mathrm{d}t}; \qquad |\varepsilon| \ll 1$$

vom Vorzeichen von ε ab?

Wir schreiben

$$\frac{\mathrm{d}x}{\mathrm{d}t} = y; \quad \frac{\mathrm{d}y}{\mathrm{d}t} = -x + \varepsilon y$$

und führen die Matrix M ein:

$$\begin{bmatrix} \dot{x} \\ \dot{y} \end{bmatrix} = M \begin{bmatrix} x \\ y \end{bmatrix}; \qquad M = \begin{bmatrix} 0 & 1 \\ -1 & \varepsilon \end{bmatrix}.$$

Es ist offensichtlich, daß das System

für $\varepsilon > 0$ positiv und
für $\varepsilon < 0$ negativ gedämpft ist.

Man löse die Eigenwertgleichung und zeige, daß für die Existenz von oszillierenden Lösungen die Bedingung $\varepsilon^2 < 4$ gelten muß.

Wir sprechen dann von einer schwachen Dämpfung, wenn $|\varepsilon| \ll 1$ gilt. □

7.5 Die logistische Gleichung

7.5.1 Exponentielles Wachstum

Die Gleichung des exponentiellen Wachstums begegnet uns in vielen Bereichen. Sie beschreibt z. B. das Anwachsen einer Population $N(t)$, die keine Feinde hat und der unbeschränkte Ressourcen zur Verfügung stehen. Die Wachstumsrate ist durch einen multiplikativen Faktor σ gegeben, der dem Produkt aus einer Konstante und der Differenz der Geburts- und Todesraten entspricht:

$$\frac{\mathrm{d}N}{\mathrm{d}t} = \sigma N(t) . \tag{7.27}$$

Wir kennen diese Gleichung und ihre Lösung. Die Diskussion soll jetzt von einem anderen Standpunkt aus geführt werden, der in späteren Kapiteln benutzt wird. Wir nehmen an, daß wir zu einer beliebigen Zeit, sagen wir $t = 0$, die Population zählen und geben diesem Wert die Bezeichnung $N(0)$. (Im folgenden charakterisieren wir beliebige Anfangswerte mit dem Argument „0“.) Wir möchten nun wissen, ob die Population mit der Zeit wächst oder schrumpft. Das hängt vom Vorzeichen des Parameters σ ab, d. h., für $\sigma > 0$ wächst die Population und für $\sigma < 0$ schrumpft sie. Man kann also die Größe der zukünftigen Population bestimmen, wenn $N(0)$ und Vorzeichen und Größe des Parameters σ bekannt sind.

7.5.2 Die logistische Gleichung

Wir werden jetzt das exponentielle Modell etwas abändern, indem wir die Vorstellung einer Sättigung einführen. Es könnte sein, daß nur ein begrenztes Revier existiert oder die der Spezies zur Verfügung stehenden Nahrungsmittelressourcen begrenzt sind. Man führt dann einen neuen Faktor ein, der das Wachstum der Population begrenzt, nämlich die Größe der Population selbst. Das bekannteste Modell, das diese Situation beschreibt, ist das logistische Modell:

$$\frac{\mathrm{d}N}{\mathrm{d}t} = \sigma N \left(1 - \frac{N}{K}\right) . \tag{7.28}$$

Die begrenzten Ressourcen werden durch eine Modifikation des Wachstumskoeffizienten

$$\sigma \to \sigma \left(1 - \frac{N}{K}\right)$$

simuliert. Die Konstante K nennen wir Wachstumsgrenze. Diese kleine Änderung unserer Gleichung hat fundamentale Auswirkungen auf das Wachstumsverhalten der Population. Wir betrachten nun eine Population, die sich nicht ändert:

$$\frac{\mathrm{d}N}{\mathrm{d}t} = 0 \qquad \Rightarrow N \equiv \bar{N} .$$

Das ist nur für zwei Werte von N möglich, nämlich $\bar{N} = 0$ und $\bar{N} = K$. Diese Werte heißen Gleichgewichtswerte oder Gleichgewichtspunkte. (Wir benutzen den Querstrich über der Variable, um einen Gleichgewichtswert zu kennzeichnen.) Unser lineares System, das durch die Gleichung (7.27) beschrieben wird, besitzt nur einen Gleichgewichtspunkt, $N = 0$.

Wir fragen jetzt danach, was passiert, wenn das System in einem dieser Gleichgewichtspunkte gestört wird, d. h.

$$N \neq 0 \qquad \text{oder} \qquad N \neq K .$$

Dies bringt uns auf die Idee, die Stabilität des Gleichgewichtspunktes zu untersuchen. Das System möge anfänglich in einem Gleichgewichtspunkt lokalisiert sein. Die Anfangsbedingung wird nun geringfügig abgeändert und man beobachtet, wie das System reagiert. Wenn es zu dem Gleichgewichtspunkt zurückkehrt, nennen wir einen solchen Gleichgewichtspunkt stabil. Wenn es sich jedoch vom Anfangswert und vom Gleichgewichtspunkt entfernt, dann sprechen wir von einem instabilen Gleichgewichtspunkt. Bleibt schließlich der Anfangswert erhalten, handelt es sich um Metastabilität. Der Gleichgewichtspunkt wird also dadurch charakterisiert, wie sich das System verhält, wenn es geringfügig in einem Gleichgewichtspunkt gestört wird. Das ist die zentrale Herangehensweise für die Untersuchung nichtlinearer Systeme. Denken wir immer daran, daß wir nur eine lokale Aussage getroffen haben. Das bedeutet, es wird nur nach dem Verhalten des Systems bei „kleinen" Abweichungen von der Gleichgewichtslage gefragt. Wir betrachten als Beispiel die „Stabilität des Ursprungs". Wir setzen

$$N(t) = \bar{N} + n(t) = 0 + n(t)$$

und fordern $|n(t)| \ll K$, denn K ist von der Größenordnung des zeitlichen Endwertes der Population. Gleichung (7.28) ergibt

$$\frac{\mathrm{d}n}{\mathrm{d}t} = \sigma n(t) \left[1 - \frac{n(t)}{K}\right] \approx \sigma n(t) \; . \tag{7.29}$$

Daraus erkennt man, daß der Ursprung in Abhängigkeit vom Vorzeichen von σ stabil oder instabil ist.

Wir überprüfen jetzt die Stabilität des Punktes $\bar{N} = K$ und setzen

$$N(t) = K + n(t); \qquad |n(t)| \ll K \; .$$

Das heißt, die Anfangsbedingung entspricht jetzt einer Störung des Maximalwertes der Population. Man erhält

$$\begin{aligned} \frac{\mathrm{d}n}{\mathrm{d}t} &= \sigma(n+K)\left(1 - \frac{K}{K} - \frac{n}{K}\right) \\ &= -\sigma(n+K)\frac{n}{K} \\ &\approx -\sigma n(t) \; . \end{aligned} \tag{7.30}$$

Da die Größen $1 - n(t)/K$ und $K + n$ positiv sind, besitzt Gleichung (7.29) die gleiche Form wie (7.30). Wenn wir beide Gleichungen vergleichen, so sehen wir, daß die Stabilität beider Punkte entgegengesetzte Vorzeichen aufweist. Ist also die Bewegung des Systems in der Umgebung des Ursprungs stabil, dann ist sie in der Umgebung der Wachstumsgrenze K instabil und umgekehrt. Mit anderen Worten, der Ursprung ist für $\sigma > 0$ instabil, weil er alle Populationen anwachsen läßt, die kleiner als die Wachstumsgrenze sind. Für $\sigma < 0$ ist der Ursprung ein Attraktor, während K abstoßend ist.

Wir betrachten nun eine Situation mit $\sigma > 0$, bei der eine Population anfänglich hinreichend klein sein möge, um in dem Bereich des exponentiellen Wachstums zu liegen. Wir beobachten dann, daß sie monoton wächst und gegen den Grenzwert K strebt, weil sie durch den Ursprung immer abgestoßen und durch den Gleichgewichtspunkt bei $N = K$ immer angezogen wird. Dieses Verhalten ist das Resultat eines Wechselspiels von linearen und nichtlinearen Termen. Ist die Amplitude noch klein, dann dominieren die linearen Terme und die Amplitude wächst an, bis sie hinreichend groß ist, um durch die nichtlinearen Terme kontrolliert zu werden, die sie schließlich gegen den asymptotischen Wert streben lassen. Ist die Anfangspopulation dagegen größer als K, so wird sie nahezu exponentiell abnehmen mit der Wachstumsgrenze K als Grenzwert. In diesem Falle sind sowohl lineare als auch nichtlineare Terme dafür verantwortlich, daß die Populationsgröße durch die Wachstumsgrenze $N = K$ angezogen wird. Man vergleiche die Abbildung 7.2.

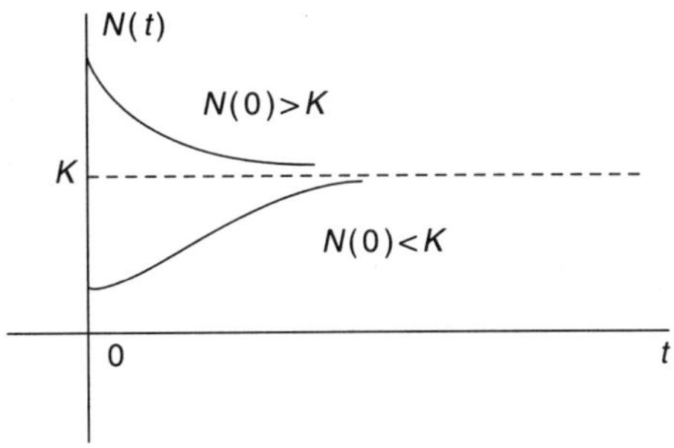

Abb. 7.2 Man beachte das stetige monotone Streben gegen die Wachstumsgrenze $N = K$.

Die Gleichung (7.28) wird in vielfältiger Weise als Modell für das Wachstum von Populationen benutzt. Wir verweisen z. B. auf das Buch von Lotka, in dem man Vergleiche mit konkreten Daten findet. Vergleiche auch die Abbildungen 7.3 und 7.4.

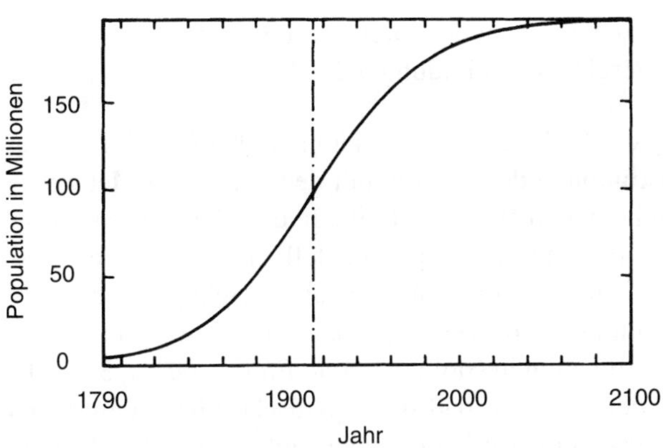

Abb. 7.3 Diese Graphik nach Pearl und Reed aus dem Buch von Lotka, S. 68, zeigt die Bevölkerungsentwicklung in den Vereinigten Staaten von 1790 bis 1910. (Mit Genehmigung von Dover Publications, Inc.)

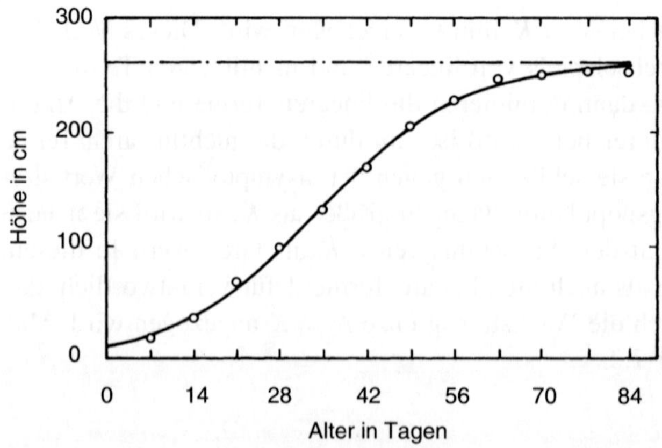

Abb. 7.4 Hier wird das Wachstum von Sonnenblumensämlingen illustriert gemäß der Daten von Reed und Holland aus dem Buch von Lotka, S. 74. (Mit Genehmigung von Dover Publications, Inc.)

Übung 7.5.1. Gegeben sei die logistische Gleichung in der Form

$$\frac{\mathrm{d}N}{\mathrm{d}t} = \sigma N\left(1 - \frac{N}{K}\right); \qquad \sigma,\ K > 0$$

mit der Anfangsbedingung $N(0) \neq K,\ 0$.

a) Man löse diese Gleichung. Die Lösung lautet

$$N(t) = \frac{KN(0)\exp\sigma t}{K + N(0)(\exp\sigma t - 1)}\,.$$

b) Man trage $N(t)$ über t auf für $N(0) = K/4,\ K/2$ und $3K/4$.

Man beobachte, daß $N(t)$ monoton gegen den Grenzwert K unabhängig von der Anfangsbedingung strebt. (Vergleiche Abbildung 7.2) □

Ross gab für die Verbreitung der Malaria ein System logistischer Gleichungen an, wodurch eine gute Übereinstimmung der Theorie mit den konkreten Meßwerten erreicht wird. (Man vergleiche die Bücher von Lotka und D'Ancona, die wichtiges Material und vielfältige Hinweise auf experimentelle und theoretische Originalartikel enthalten.) Von William Feller stammt eine wichtige Arbeit von gleichsam historischer Bedeutung zu diesem Thema, „On the Logistic Law of Growth and Its Emprirical Verification in Biology", *Acta Biotheoretica*, 5 (1940).

Wir kommen häufig zu dem Schluß, daß die logistische Gleichung wegen der Einfachheit und Plausibilität ihrer Herleitung eine Vielzahl von Wachstumsprozessen teilweise richtig beschreibt. Wir beziehen sie dann auf Meßwerte, um Übereinstimmung zwischen Theorie und Experiment zu demonstrieren. Professor Feller zeigt jedoch, daß eine große Zahl von verschiedenen Modellen, einschließlich der logistischen Gleichung, befriedigende Übereinstimmung mit den beobachteten Meßwerten liefert. Somit kann bei diesem Vergleich das logistische Modell nicht als bevorzugtes hervorgehoben werden. Wir müssen demnach berücksichtigen, daß ein Vergleich mit den Meßwerten bei gegebener Genauigkeit nicht hinreichend ist, um verläßlich zwischen unterschiedlichen Modellen unterscheiden zu können. Seine Arbeit gibt einen guten Einblick in einige der Schwierigkeiten, auf die man stößt, wenn Experimente als Bestätigung einer Hypothese genommen werden.

8 Harmonische Bewegung und säkulare Terme

Wir beginnen mit einem Rückblick auf einige Eigenschaften der linearen, oszillierenden Bewegung. Damit bereiten wir die bei der Untersuchung der nichtlinearen oszillierenden Bewegung auftauchenden neuen Gesichtspunkte vor. Weiterhin möchten wir in der Lage sein, die den linearen und nichtlinearen Teilen zugrunde liegenden Aspekte zu unterscheiden.

Unser wichtigstes Ziel ist die Diskussion des Langzeitverhaltens von schwach nichtlinearen, oszillierenden Systemen. Das sind Systeme, welche aus dem harmonischen Oszillator durch kleine Störungen erzeugt werden. Wir beschränken uns auf schwach nichtlineare Systeme, das bedeutet, daß in der niedrigsten Ordnung der Approximation das System immer als einfacher harmonischer Oszillator betrachtet wird. Die Nichtlinearität tritt als Korrekturterm auf.

Wir wollen das Verhalten dieser Systeme für große Zeiten beschreiben. Dabei stellen wir fest, daß die direkte oder gewöhnliche Störungsrechnung ungeeignet ist, da sie sogenannte säkulare Terme oder ungleichmäßige Approximationen erzeugt.

Wenn wir diejenigen Phänomene, die von den Nichtlinearitäten herrühren, verstehen wollen, müssen wir uns neue Betrachtungsweisen aneignen, da die meisten unserer Erfahrungen auf der Analyse linearer Systeme beruhen. Um das zu erreichen, werden wir gelegentlich auf Stoff verweisen, der in nachfolgenden Kapiteln vorgestellt wird. Dies ist sinnvoll, wir erinnern uns, daß die Kapitel 8 bis 15 als eine Einheit betrachtet werden können, die der Behandlung der verschiedenen Aspekte der Schwingungsbewegung gewidmet ist. Das erlaubt uns auch, einen neuen Gedanken einzuführen und kurz zu diskutieren, um ihn dann in einem späteren Abschnitt der Entwicklung des Themas wieder aufzugreifen.

Wir beginnen mit der Diskussion der Störungstechniken und deren Anwendung auf leicht lösbare lineare Systeme. Dann prüfen wir diese Methoden nochmals, wenn wir die entsprechenden nichtlinearen Phänomene untersuchen. Im Laufe dieser Entwicklung begegnen wir zwei Vorstellungen bzw. Konzepten, welche in unserer Analyse oft auftreten werden, nämlich der „blitzenden Uhr“ und den säkularen Termen.

8.1 Die „blitzende Uhr“

Das erste Mal las ich über das auch als Stroboskopmethode bekannte Konzept der „blitzenden Uhr“ in einer Arbeit von Minorsky. Ich nehme jedoch an, daß es bereits Poincaré bekannt war und von ihm genutzt wurde.

Wir betrachten einen harmonischen Oszillator mit der Kreisfrequenz $\omega = 1{,}01$ und wollen die Tatsache, daß $\omega \approx 1$ ist, ausnutzen. Das wird durch einen Vergleich unseres Systems mit $\omega = 1{,}01$ mit einem System, dessen Kreisfrequenz $\omega_0 = 1$ ist, erreicht. Das System 1 wird durch die Gleichung

$$\frac{\mathrm{d}^2 x}{\mathrm{d}t^2} + 1 \cdot x = 0; \qquad x(0) = A, \quad \dot{x}(0) = 0 \tag{8.1}$$

beschrieben, deren Lösung $x(t) = A \cos t$ lautet. Betrachten wir jetzt System 2:

$$\frac{\mathrm{d}^2 s}{\mathrm{d}t^2} + (1{,}01)^2 s = 0; \qquad s(0) = A, \quad \dot{s}(0) = 0\,. \tag{8.2}$$

Die Lösung dieser Gleichung lautet $s(t) = A \cos 1{,}01t$.

Wir verwenden die Variable x, wenn wir uns auf das System 1 beziehen und die Variable s, wenn wir das System 2 meinen. An diesem Punkt ist es oft günstig, eine graphische Darstellung der Geschwindigkeit über der Auslenkung einzuführen. (Das nennt man Phasenporträt, es wird im Kapitel 9 ausführlich behandelt.)

Das s-System liefert eine Ellipse als Phasenporträt. Dann kann man die Geschwindigkeit geeignet skalieren, um die Ellipse in einen Kreis zu transformieren. (Siehe Abbildungen 8.1a bis 8.1c.)

Die Anfangsbedingungen sind kein Problem, deshalb wählen wir sie für jedes System gleich.

Beide Systeme sind periodisch, aber ihre Perioden sind nicht identisch. Folglich werden sie, wenn sie gleichphasig starten, nach einer ausreichend langen Zeit eine Phasenverschiebung besitzen. Das sehen wir deutlich, wenn wir für jedes System Phasenporträts konstruieren. Dies sind Kreise mit demselben Radius:

$$x^2 + \left(\frac{\mathrm{d}x}{\mathrm{d}t}\right)^2 = A^2 \tag{8.3 a}$$

und

$$s^2 + \left(\frac{1}{1{,}01}\frac{\mathrm{d}s}{\mathrm{d}t}\right)^2 = A^2. \tag{8.3 b}$$

Senden wir jede Sekunde (Zeiteinheit) einen Lichtblitz auf die Systeme, wenn sie ihre Bahnen durchlaufen, dann werden wir feststellen, daß System 1 mit $\omega_0 = 1$ als stationär erscheint, während System 2 mit $\omega = 1{,}01$ langsam im Uhrzeigersinn driftet.

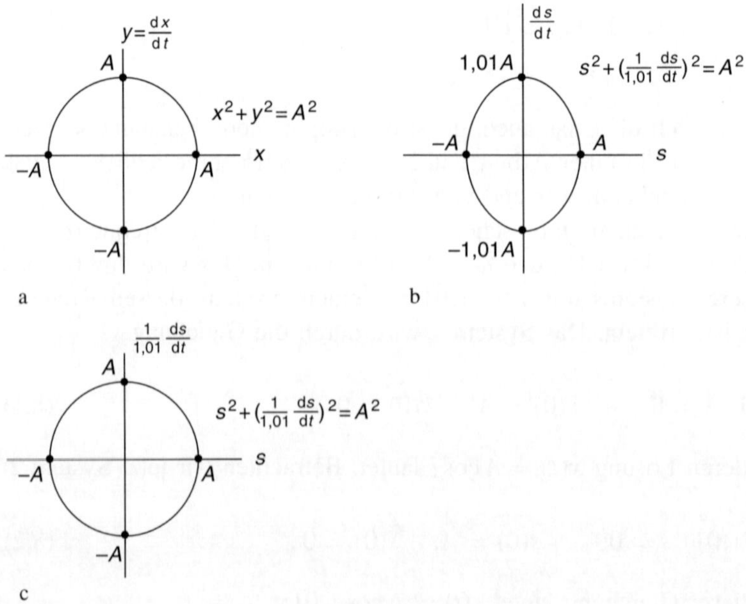

Abb. 8.1 **a)** Das Phasenporträt der Lösung der Gleichung (8.1) ist ein Kreis. **b)** Das Phasenporträt der Lösung der Gleichung (8.2) ist eine Ellipse. **c)** Nach der Skalierung der Geschwindigkeit erhalten wir einen Kreis für das Phasenporträt der Lösung der Gleichung (8.2).

Wenn wir damit fortfahren, Lichtblitze einzustrahlen, dann wird der Punkt, welcher das System 2 beschreibt, sich auf einem Kreis bewegen und schließlich zurückkehren und mit dem stationären, das System 1 beschreibenden Punkt zusammenfallen. Dann würden wir die Periodizität des Systems 2 sehen. Weil wir aber das Licht mit der falschen Frequenz blitzen lassen, kann dieses periodische Verhalten nicht in vernünftigen Zeitskalen sichtbar werden. Das bedeutet nicht, daß System 2 nicht periodisch ist, man kann es von ihm eben nur nicht sagen. Um die periodische Natur der Bewegung wiederzuerkennen, muß man versuchen, die richtige Blitzfrequenz zu finden, so daß man den Phasenpunkt des Systems als festen oder stationären Punkt beobachtet.

8.2 Säkulare Terme

Wir werden dieses Konzept in einiger Ausführlichkeit diskutieren, wenn es nicht sofort klar wird, seien Sie geduldig. Säkulare Terme sind aperiodische Funktionen oder Terme, welche ein Produkt aus einer monoton wachsenden aperiodischen Funktion und einer periodischen Funktion enthalten. Zum Beispiel sind

$t \sin t$ oder $t \cos t$ säkulare Terme, so wie auch $t^2 \sin t$. Sie treten oft in der Lösung eines Problems auf. Wir werden sehen, daß das in der durch Gleichung (8.9) gegebenen Lösung der Gleichung (8.8) in der Tat der Fall ist. Sie können aber auch als eine direkte Konsequenz der verwendeten Näherungsmethode auftreten.

Wir werden im allgemeinen Probleme untersuchen, deren Lösungen unbekannt sind, welche aber dicht bei lösbaren Problemen mit bekannten Lösungen liegen. Wir wollen dann die bekannten Lösungen als Grundlage einer Störungsentwicklung verwenden, um eine Näherungslösung in der Form einer Entwicklung nach Potenzen eines kleinen Parameters ε zu konstruieren.

(Mit dem Symbol „ε" ist immer ein kleiner Parameter gemeint. Im allgemeinen kann er positiv oder negativ sein. Wenn wir ein spezielles Vorzeichen von ε fordern, werden wir das angeben.)

Unsere Approximation soll so sein, daß kleine Terme für alle Zeiten klein bleiben. Das heißt, wenn x_0 der Hauptterm ist und εx_1 der Korrekturterm zu ihm, dann fordern wir, daß $|\varepsilon x_1| \ll |x_0|$ für alle Zeiten gilt.

Wenn dieses erreicht ist, dann wird die resultierende Lösung „zeitlich gleichmäßig gültig" genannt. Wenn die Hauptlösung x_0 eine periodische Funktion ist und der Korrekturterm εx_1 ein säkularer Term, dann wird nach ausreichend langer Zeit die geforderte Ungleichung nicht mehr gelten. Daran denken wir, wenn wir versuchen, Störungsentwicklungen auszuarbeiten, welche frei von unechten säkularen Termen sind.

Man beachte, daß es bei manchen Aufgaben schwierig ist zu erkennen, ob säkulare Terme Teil der Struktur der Lösung oder ob sie Ausdruck der speziellen verwendeten Störungsentwicklung sind. (Als Beispiel betrachten wir die periodische Funktion $\sin(1 + \varepsilon)t$. Eine Entwicklung in Potenzen von ε liefert $\sin t + \varepsilon t \cos t +$ T. h. O., wodurch ihre periodische Struktur verdeckt wird.) Säkularen Termen gilt beträchtliche Aufmerksamkeit bei der Untersuchung von Störungsproblemen in der Astronomie, wo der kumulative Effekt der Störungen nur in Zeiten vergleichbar mit einem Jahrhundert sichtbar wird. Man bemüht sich beträchtlich, Störungsentwicklungen zu konstruieren, welche frei von solchen Termen sind. Die französischen Mathematiker sind auf einigen dieser Forschungsgebiete führend, und das Wort „säkular" hat seinen Ursprung im französischen Wort „siècle", welches Jahrhundert bedeutet.

Betrachten wir jetzt einige einfache lineare Probleme, um zu sehen, wie die säkularen Terme auftreten und wie die Methode der „blitzenden Uhr" wirkt.

Wir untersuchen in den Abschnitten 8.3 und 8.4 die Lösungen für den getriebenen harmonischen Oszillator und den modifizierten einfachen harmonischen Oszillator.

Jedes Problem wird so analysiert, daß die der traditionellen Störungsmethode zugrunde liegende Schwäche sichtbar wird und uns einen funktionierenden Zugang eröffnet.

8.3 Der getriebene harmonische Oszillator

Unsere Grundgleichung lautet

$$\ddot{x} + x = \varepsilon f(t); \qquad |\varepsilon| \ll 1, \tag{8.4}$$

welche einem einfachen harmonischen Oszillator mit einem bekannten treibenden Term $\varepsilon f(t)$ entspricht. Man beachte, daß wir unsere Aufmerksamkeit nur auf Systeme mit kleinen Krafttermen richten, da dies unsere Verbindung mit schwach gestörten Systemen aufrechterhält. Dennoch, die Lösung der Gleichung gilt für eine treibende Funktion beliebiger Stärke. Es ist eine inhomogene lineare Differentialgleichung zweiter Ordnung, welche zum Beispiel durch die Methode der Variation der Konstanten gelöst werden kann, was wir im Kapitel 6, Abschnitt 6.2, diskutiert haben.

Die Lösung der Gleichung (8.4)

$$x(t) = A\cos t + B\sin t + \varepsilon \int_0^t f(s)\sin(t-s)\mathrm{d}s \tag{8.5}$$

besteht aus zwei Teilen:

a) der homogenen Lösung und
b) einem Integral, welches $\sin(t-s)$ und unseren treibenden Term $f(s)$ enthält.

(Man überprüfe, daß das in der Tat eine Lösung der Gleichung ist.)

Es ist wichtig zu betonen, daß man das Problem gelöst hat, wenn man $f(t)$ kennt. Dazu ist das Integral in Gleichung (8.5) zu berechnen. Betrachten wir einige Beispiele. Wenn $f(t)$ die Form $\cos\omega t$ oder $\sin\omega t$ hat, dann ist es bequem, die Gleichung für $x(t)$ durch die Anwendung der Ansatzmethode zu lösen. Das wurde im Abschnitt 0.3, Beispiel 0.3.1 und Übung 0.3.1 und 0.3.2 im Einführungskapitel dargestellt. Es ist lehrreich, die Beispiele 8.3.1 – 8.3.5 unter Verwendung beider Methoden zu bearbeiten. Es wird unmittelbar klar, daß die Ansatzmethode bedeutend weniger Rechnung umfaßt als die Integralmethode. Dennoch, die letztere Methode ist aufgrund ihrer Allgemeinheit von Interesse. Sie zeigt auf verständliche Weise, wo der Ursprung des säkularen Verhaltens der Lösung liegt.

Beispiel 8.3.1. Gegeben sei

$$\ddot{x} + x = \varepsilon f(t) = \varepsilon\cos t; \qquad x(0) = A, \quad \dot{x}(0) = B\,. \tag{8.6}$$

Wir berechnen das Integral

$$\int_0^t \cos s\sin(t-s)\mathrm{d}s$$

und erhalten die Lösung der Differentialgleichung als

$$x(t) = A\cos t + B\sin t + \frac{\varepsilon t}{2}\sin t\,. \tag{8.7}$$

Wir bemerken, daß sich viele Terme in den Integralen wegheben.

Man beachte, daß $x(t)$ nicht periodisch ist. Es besteht aus einem periodischen und einem nichtperiodischen Anteil. *Das ist wichtig.* (Siehe Abbildung 8.2) □

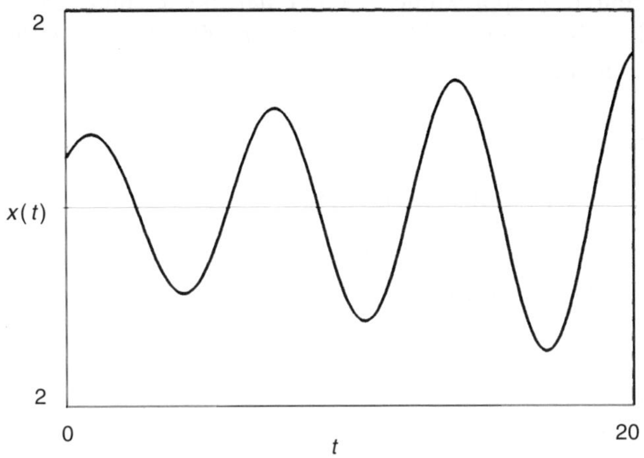

Abb. 8.2 $x(t) = 0{,}5(\cos t + \sin t) + 0{,}05\sin t$

Beispiel 8.3.2. Wir betrachten

$$\ddot{x} + x = \varepsilon\sin t; \qquad x(0) = A, \quad \dot{x}(0) = B\,. \tag{8.8}$$

Das gleicht im wesentlichen dem Beispiel 8.3.1, die Lösung lautet

$$x(t) = A\cos t + B\left(1 + \frac{\varepsilon}{2B}\right)\sin t - \frac{\varepsilon t}{2}\cos t\,. \tag{8.9}$$

(Wir haben, um die Anfangsbedingungen zu erfüllen, einen Korrekturterm zur Konstanten B hinzugefügt.) □

Beispiel 8.3.3. Man betrachte

$$\ddot{x} + x = \varepsilon C\cos at; \qquad x(0) = A, \quad \dot{x}(0) = B \tag{8.10}$$

mit einem Parameter $a \neq 1$. In diesem Fall ist unser treibender Term $\varepsilon f(t)$ der Eigenfrequenz des Oszillators nicht angepaßt. Die Lösung lautet:

$$x(t) = A\left(1 - \frac{\varepsilon C}{A(1-a^2)}\right)\cos t + B\sin t + \frac{\varepsilon C}{1-a^2}\cos at\,. \tag{8.11}$$

Betrachten wir Gleichung (8.11) und setzen wir $a = 1+\delta$ mit $\delta \ll 1$. Durch Entwicklung nach Potenzen von $1-a$ und Umordnen der Gleichung erhalten wir

$$x(t) = A\cos t + B\sin t + \frac{\varepsilon C}{-2\delta}\left[\cos(1+\delta)t - \cos t\right] + \text{T. h. O.} \tag{8.12}$$

Wenn dann die Größe $|(\delta t)| \ll 1$ ist, können wir $\cos[(1+\delta)t]$ entwickeln und $\cos\delta t$ durch 1 und $\sin\delta t$ durch δt approximieren und erhalten Gleichung (8.7). Folglich erwarten wir, daß Gleichung (8.11) für Zeiten t mit $|(\delta t)| \ll 1$ die Form der Gleichung (8.7) annimmt. □

Beispiel 8.3.4. Man betrachte

$$\ddot{x} + x = \varepsilon M\cos^3 t; \qquad x(0) = A, \quad \dot{x}(0) = B\,. \tag{8.13}$$

Wir können diese Aufgabe mit den gleichen Methoden lösen, welche wir bei den vorhergehenden Beispielen zur Lösung verwendet haben. Wir gehen wie folgt vor:

Schreiben wir

$$\cos^3 t = \tfrac{1}{4}(3\cos t + \cos 3t), \tag{8.14}$$

dann besteht unser treibender Term aus zwei Teilen. Da die Gleichung linear ist, kann die Lösung für jeden der Terme getrennt gefunden und dann zusammengefügt werden. Deshalb erhalten wir

$$\begin{aligned} x(t) = {}& A\left(1 + \frac{\varepsilon M}{32A}\right)\cos t + B\sin t + \frac{3\varepsilon}{8}M(t\sin t) \\ & - \frac{\varepsilon}{32}M\cos 3t\,. \end{aligned} \tag{8.15}$$

Man beachte, daß die Lösung aus einem periodischen Teil, welcher von dem Term $\cos 3t$ kommt, und einem aperiodischen oder säkularen Teil $t\sin t$, welcher auf die Anwesenheit des $\cos t$-Terms in der Zerlegung von $\cos^3 t$ zurückgeführt werden kann, besteht. □

Beispiel 8.3.5. Gegeben sei

$$\ddot{x} + x = \varepsilon N\cos^2 t; \qquad x(0) = A, \quad \dot{x} = B\,. \tag{8.16}$$

Wir lösen dieses Problem, indem wir

$$\cos^2 t = \tfrac{1}{2}(1 + \cos 2t)$$

schreiben und dann wie vorher fortfahren, um

$$x(t) = A\left(1 - \frac{\varepsilon N}{3A}\right)\cos t + B\sin t$$
$$+\frac{\varepsilon N}{2} - \frac{\varepsilon N}{6}\cos 2t \tag{8.17}$$

zu erhalten.

Es gibt eine Verschiebung des „Nullpunktes“, da der treibende Term eine Komponente mit der Frequenz null besitzt. (Dem begegnen wir auch, wenn wir das Verhalten einer oszillierenden Masse am Ende einer vertikalen Feder im Gravitationsfeld analysieren. Das einzige, was die Gravitation bewirkt, ist die Verschiebung des Nullpunktes der Bewegung.)

Man beachte, daß die Lösung periodisch ist, da der treibende Term eine gerade Potenz von $\cos t$ enthält und folglich bei einer Zerlegung in Komponenten der Term proportional zu $\cos t$ fehlt. Das unterscheidet sich von der Situation, wenn $f(t)$ eine ungerade Potenz von $\cos t$ ist, die bei Zerlegung immer einen Term linear in $\cos t$ liefert. □

Jetzt wollen wir unsere Ergebnisse zusammenfassen. Im Beispiel 8.3.1 haben wir gefunden, daß unsere Lösung nicht periodisch ist. Sie enthält einen periodischen Teil und einen säkularen Term, welcher aus einem Produkt aus einem periodischen Term und einem mit der Zeit linear wachsenden Term besteht. Im Beispiel 8.3.3 ist die Lösung periodisch, wenn die Größe a in der Frequenz des treibenden Terms $\cos at$ ungleich 1 ist. Für rationale a gibt es ein Zeitintervall T so, daß $x(t+T) = x(t)$ ist. Für $a = 3$ fallen unsere Lösungen zum Beispiel nach einem Zeitintervall von 2π zusammen, und für $a = \frac{2}{3}$ müssen wir z. B. ein Zeitintervall von 6π warten, um Übereinstimmung zu erhalten. Es steht aber fest, daß unsere Lösung im direkten Gegensatz zu der aus Beispiel 8.3.1 periodisch ist. Wenn der Parameter a schließlich irrational ist, dann sind $\cos t$ und $\cos at$ nur bei $t = 0$ in Phase, wir sagen dann, daß die Gleichung (8.11) eine „fast periodische“ Bewegung darstellt.

8.4 Der modifizierte einfache harmonische Oszillator

Es ist oft lehrreich, ein lösbares Modell mit einer Vielzahl von Näherungsverfahren zu analysieren, teils, um dadurch eine Intuition für die Untersuchung komplexer Systeme zu entwickeln, teils, um mit den Techniken selbst vertraut zu werden. Aus diesem Grunde betrachten wir eine Situation, in der wir die Federkonstante leicht verändert haben, so daß die Grundgleichung des einfachen harmonischen Oszillators zu

$$\frac{m\mathrm{d}^2x}{\mathrm{d}t_1^2} + k_1 x = 0; \qquad k_1 = k(1+\varepsilon), \quad x(0) = \alpha, \quad \dot{x}(0) = \beta \tag{8.18}$$

wird. Wir definieren

$$\omega_0^2 = \frac{k}{m}; \qquad \omega^2 = \frac{k_1}{m} = (1+\varepsilon)\omega_0^2,$$

so daß die Gleichung (8.18) als

$$\frac{\mathrm{d}^2x}{\mathrm{d}t_1^2} + (1+\varepsilon)\omega_0^2 x = 0 \tag{8.19}$$

geschrieben werden kann.

Es ist angebracht, eine dimensionslose Zeit t einzuführen:

$$t = \omega_0 t_1; \qquad \frac{\mathrm{d}}{\mathrm{d}t_1} = \omega_0 \frac{\mathrm{d}}{\mathrm{d}t}. \tag{8.20}$$

Aus Gleichung (8.19) folgt

$$\frac{\mathrm{d}^2x}{\mathrm{d}t^2} + (1+\varepsilon)x = 0 \tag{8.21 a}$$

oder

$$\frac{\mathrm{d}^2x}{\mathrm{d}t^2} + x = -\varepsilon x; \qquad x(0) = A, \quad \dot{x}(0) = B\,. \tag{8.21 b}$$

Wir bezeichnen die Gleichung (8.21 b) als den „modifizierten einfachen harmonischen Oszillator" und sehen, daß im ungestörten einfachen harmonischen Oszillator

$$\frac{\mathrm{d}^2x}{\mathrm{d}t^2} + x = 0$$

der „Beschleunigungsterm" $\mathrm{d}^2x/\mathrm{d}t^2$ gleich dem Negativen der Auslenkung x ist. Dividieren wir die Gleichung (8.21 a) durch $1+\varepsilon$, dann erhalten wir

$$\frac{1}{1+\varepsilon}\frac{\mathrm{d}^2x}{\mathrm{d}t^2} + x = 0\,. \tag{8.22 a}$$

Wenn $|\varepsilon| \ll 1$ ist, dann schreiben wir

$$\frac{1}{1+\varepsilon} = 1 - \varepsilon + O\left(\varepsilon^2\right) \approx 1 - \varepsilon$$

und erhalten

$$(1-\varepsilon)\frac{d^2x}{dt^2}+x=0+O\left(\varepsilon^2\right) \tag{8.22 b}$$

oder

$$\frac{d^2x}{dt^2}+x=+\varepsilon\frac{d^2x}{dt^2}+O\left(\varepsilon^2\right) . \tag{8.22 c}$$

Aus dem Vergleich von (8.21 b) und (8.22 c) ziehen wir die Schlußfolgerung, daß bei der niedrigsten Ordnung unseres kleinen Parameters ε die zwei Wege, das Problem zu stellen, äquivalent sind. Folglich können wir die Störung entweder als Korrektur der Auslenkung oder der Beschleunigung betrachten.

Beispiel 8.4.1. Wir wissen, daß die exakte Lösung der Gleichung (8.21 b)

$$x(t)=A\cos\left(\sqrt{1+\varepsilon}\,t\right)+\frac{B}{\sqrt{1+\varepsilon}}\sin\left(\sqrt{1+\varepsilon}\,t\right) \tag{8.23}$$

ist. Mit der exakten Lösung als Richtschnur versuchen wir die Gleichung (8.21 b) durch eine „vernünftige Approximation" zu lösen. Auf diese Art hoffen wir Einblicke zu gewinnen, wie eine Approximation konstruiert ist. Wir bemerken noch, daß wir dieses Problem immer mit der Methode der Variation der Konstanten exakt lösen können, d. h., wir schreiben

$$x(t)=A\cos t+B\sin t-\varepsilon\int_0^t x(t')\sin(t-t')dt' . \tag{8.24}$$

Unsere erste Vermutung für eine Näherungslösung der Gleichung (8.21 b) ist, daß eine Entwicklung der Auslenkung $x(t)$ nach Potenzen des kleinen Parameters ε vorhanden sein könnte:

$$x(t)=x_0(t)+\varepsilon x_1(t)+O\left(\varepsilon^2\right) . \tag{8.25}$$

Der Term εx_1 ist eine kleine Korrektur zu x_0, wenn

$$\frac{|x_1(t)|}{|x_0(t)|}=O(1) \tag{8.26}$$

gilt, oder, was äquivalent ist, wenn das Verhältnis der Absolutwerte für alle t beschränkt ist.

Dann suchen wir eine Lösung, indem wir die Potenzreihe in die Gleichung (8.21 b) einsetzen und nach Potenzen von ε vergleichen:

$$\varepsilon^0: \qquad \ddot{x}_0+x_0=0 . \tag{8.27}$$

Die Gleichung nullter oder niedrigster Ordnung ist die des einfachen harmonischen Oszillators, deren Lösung

$$x_0(t) = A_0 \cos t + B_0 \sin t;$$
$$x_0(0) = A_0; \qquad \dot{x}_0(0) = B_0 \tag{8.28}$$

lautet.

Wir suchen die Korrekturen erster Ordnung.

$$\varepsilon: \qquad \ddot{x}_1 + x_1 = -x_0 = -A_0 \cos t - B_0 \sin t \tag{8.29}$$

Die linke Seite der Gleichung (8.29) ist der Differentialoperator, der den einfachen harmonischen Oszillator beschreibt, die rechte Seite besteht aus bekannten Funktionen. Als Lösung erhalten wir

$$x_1(t) = A_1 \cos t + B_1 \left(1 - \frac{B_0}{2B_1}\right) \sin t$$
$$-\frac{A_0}{2} t \sin t + \frac{B_0}{2} t \cos t\,. \tag{8.30}$$

Wir erhalten $x_1(0) = A_1$ und $\dot{x}_1(0) = B_1$. Die Anfangsbedingungen der Gleichung (8.21 b) werden zu

$$x(0) = A \quad \text{und} \quad \dot{x}(0) = B \quad \text{zu} \quad A = A_0 + \varepsilon A_1; \quad B = B_0 + \varepsilon B_1\,. \tag{8.31}$$

Es tritt aber etwas Seltsames bei der in Gleichung (8.30) gegebenen Lösung auf. Unser Originalproblem hat eine periodische Lösung, denn alles, was wir getan haben, war, die Federkonstante zu ändern. Andererseits liefert unsere Methode, die Gleichung (8.21 b) zu lösen, einen Korrekturterm εx_1, welcher eine säkulare Komponente hat. Er kann die durch (8.26) gegebene Ungleichung nicht für alle Zeiten erfüllen. Wir erkennen daran, daß unser Vorgehen bei der Entwicklung besonders für große Zeiten ungeeignet ist. □

Setzen wir nun unsere Analyse der Gleichung (8.21 b) fort. Die Entwicklungsmethode scheint so plausibel und wirkungsvoll, sie liefert jedoch, wie wir gesehen haben, unerwartete Schwierigkeiten. Wir gewinnen ein weiteres „Körnchen Wahrheit" durch Untersuchen der Gleichung (8.29) mit dem Iterationsverfahren für Integralgleichungen. Bei dieser Methode schreiben wir eine formale Lösung als

$$x_1(t) = A_1 \cos t + B_1 \sin t$$
$$-\varepsilon \int_0^t (A_0 \cos s + B_0 \sin s) \sin(t - s) \mathrm{d}s\,. \tag{8.32}$$

Wir sehen, daß die obere Integrationsgrenze t ist. Ein konstanter Term im Integral führt also zu einem Term der Form $t \cos t$ oder $t \sin t$ in der Auslenkung, was auf ein unperiodisches Verhalten hinweist. Wenn unsere Entwicklung diese

Form besitzt, dann ist sie nur für ein kurzes Zeitintervall gültig, sie wird wahrscheinlich die periodische Natur unserer Lösung verbergen. Deshalb besteht unsere unmittelbare Aufgabe darin, diese Entwicklung so zu bearbeiten, daß diese Schwierigkeit vermieden wird. Diese Vorgehensweise führt zu dem Begriff der „Unterdrückung säkularer Terme".

Um zu einer korrekten Störungsentwicklung zu gelangen, beachten wir, daß die exakte Lösung der Gleichung (8.21 b) durch Gleichung (8.23) gegeben ist. Wenn wir unser System mittels unserer „blitzenden Uhr" nach einem Intervall

$$T = \frac{2\pi}{\sqrt{1+\varepsilon}} \tag{8.33}$$

betrachten, erhalten wir $x(t+T) = x(t)$. Fahren wir damit fort, unser System in durch die richtige Periode T getrennten Intervallen zu beobachten, dann nimmt das System die gleichen Werte an bzw. erscheint an einem fixierten Punkt.

Jetzt schauen wir auf das System in Intervallen, welche durch den ungestörten Oszillator mit $T_0 = 2\pi$ gegeben sind. Nach der ersten Beobachtung sehen wir, daß es eine Verschiebung proportional zu ε gibt, da

$$\begin{aligned} x(T_0 = 2\pi) - x(t=0) &= A\cos\left(\sqrt{1+\varepsilon}\,2\pi\right) + \frac{B}{\sqrt{1+\varepsilon}}\sin\left(\sqrt{1+\varepsilon}\,2\pi\right) - A \\ &= B\pi\varepsilon + O\left(\varepsilon^2\right) \end{aligned}$$

gilt. Wenn wir das System nach einem Intervall gleich $2T_0$ betrachten, dann ist die Auslenkung rund $2B\pi\varepsilon$. Fahren wir in dieser Art fort, dann scheint das System in einem zu dem kleinen Parameter ε proportionalen Maße zu driften. Wir erkennen daran, daß wir, um die Periodizität des Systems zu erkennen, in unpassenden Intervallen beobachten.

Ein wesentlicher Aspekt unseres „falschen" Herangehens an das Problem umfaßt die Verbindung bzw. den Zusammenhang zwischen dem kleinen Parameter ε und der Länge der Zeit, in der das System beobachtet wird. Diese wird durch eine Uhr gemessen, die in Intervallen blitzt, welche der ungestörten Periode entsprechen. Das führt zu einer Störungsentwicklung, die in ihrer Gültigkeit „zeitbegrenzt" ist. Um das zu sehen, überarbeiten wir die Untersuchung des modifizierten einfachen harmonischen Oszillators von einem leicht abweichenden Zugang.

Beispiel 8.4.2. Wir betrachten die Gleichung (8.21 b) und schreiben ihre Lösung in der Form

$$x(t) = A\cos t - \varepsilon\int_0^t x(t')\sin(t-t')\mathrm{d}t'; \quad x(0) = A, \;\; \dot{x}(0) = 0, \tag{8.34}$$

dabei haben wir Anfangsbedingungen gewählt, welche die Rechnungen vereinfachen. Unser erster Schritt besteht darin, die unbekannte Funktion $x(t')$, welche unter dem Integralzeichen auftritt, durch ihren Ausdruck, wie er durch das Integral gegeben ist, zu ersetzen. (An dieser Stelle ist es nützlich, diese im Kapitel 6, Abschnitt 6.6, dargestellte Methode zu wiederholen.) Man schreibe Gleichung (8.34) als

$$x(t) = A\cos t - \varepsilon \int_0^t \left[A\cos t' - \varepsilon \int_0^{t'} x(t'')\sin(t'-t'')\mathrm{d}t'' \right] \sin(t-t')\mathrm{d}t' \,. \quad (8.35)$$

Wir überprüfen, daß die durch Gleichung (8.35) gegebene Funktion tatsächlich Lösung der Gleichung (8.21 b) ist. Dazu differenzieren wir die rechte Seite der Gleichung (8.35) zweimal. Wir erkennen, daß das Resultat die durch Gleichung (8.34) gegebene Form hat.

Dieses Substitutionsverfahren können wir beliebig lange fortsetzen, unsere Lösung bleibt immer exakt. Dennoch halten wir hier an und schreiben die rechte Seite der Gleichung (8.35) als

$$\begin{aligned} x(t) &= A\cos t - \varepsilon \int_0^t A\cos t' \sin(t-t')\mathrm{d}t' \\ &\quad + \varepsilon^2 \int_0^t \int_0^{t'} x(t'')\sin(t-t'')\sin(t-t')\mathrm{d}t''\mathrm{d}t' \,. \end{aligned} \quad (8.36)$$

Es scheint, als ob Gleichung (8.36) auf ihrer rechten Seite drei geordnete Beiträge hätte:

1. die bekannte homogene Lösung,
2. einen Term, welcher bekannte Größen enthält und zu der kleinen Größe ε proportional ist, und
3. einen unbekannten Term proportional zu ε^2.

Obwohl Gleichung (8.36) eine korrekte Lösung ist, gibt sie einen irreführenden Eindruck. Um das zu sehen, berechnen wir in Gleichung (8.35) den zu ε proportionalen Term:

$$\begin{aligned} &-\varepsilon A \int_0^t \cos t' \sin(t-t')\mathrm{d}t' \\ &= -\varepsilon A \sin t \left(\frac{t}{2} + \frac{1}{4}\sin 2t \right) + \frac{\varepsilon A}{4}(\cos t)(1-\cos 2t) \,. \end{aligned} \quad (8.37\,\text{a})$$

Diese Gleichung kann weiter vereinfacht werden, was uns

$$= -\frac{\varepsilon A t}{2} \sin t \tag{8.37 b}$$

liefert. □

Wir bemerken, daß (8.37 b) ein säkularer Term ist. Das bedeutet, daß, wenn wir eine hinreichend lange Zeit warten, dieser als Korrekturterm angenommene Term vergleichbar mit der homogenen Lösung oder größer wird. Aber das ist unerwünscht, da wir verlangen, daß er für alle Zeiten ein Korrekturterm bleibt. Es muß betont werden, daß die Gleichung (8.36) immer noch eine exakte Lösung der Gleichung (8.21 b) darstellt. Wir haben nichts falsch gemacht. Es bleibt jedoch unklar, welche Terme als klein betrachtet werden können und wie lange sie klein bleiben. Man beachte zunächst, daß der unterdrückte Term mit dem kleinen Koeffizienten ε^2 für lange Zeiten weder klein noch vernachlässigbar ist. Folglich kann er nur für kurze Zeiten berechtigt weggelassen werden. Weiterhin liefert er einen Beitrag, welcher den durch (8.37 b) gegebenen säkularen Term aufhebt. Deshalb behält unsere exakte Lösung ihre Periodizität.

In den Beispielen 8.4.1 und 8.4.2 haben wir eine Lösung durch ein Substitutionsverfahren entwickelt, welches die homogene Lösung als Grundlage für die Iteration verwendet. Die Uhr, d. h. die natürliche Zeitskala der homogenen Lösung, basiert auf dem ungestörten Oszillator und nicht auf der Zeitskala des gestörten Systems. Folglich versuchen wir mit der von uns verwendeten Methode eine periodische Lösung unter Verwendung einer falschen Zeitmeßvorschrift zu konstruieren. Anders ausgedrückt, die Gleichung (8.21 b) hat eine periodische Lösung, wir haben jedoch eine Lösung erhalten, welche in ihrer Störungsentwicklung periodische und nichtperiodische Terme vermischt.

Beispiel 8.4.3. Man betrachte Gleichung (8.21 a):

$$\frac{\mathrm{d}^2 x}{\mathrm{d}t^2} + (1+\varepsilon)x = 0\,. \tag{8.21 a}$$

Wir wollen eine Transformation der Zeitvariable durchführen zu einer neuen Zeit, welche die Korrekturen niedrigster Ordnung für die Frequenz enthält. Wir wissen, daß

$$\omega = \sqrt{1+\varepsilon}\,\omega_0 = \left(1+\frac{\varepsilon}{2}\right)\omega_0 + O\left(\varepsilon^2\right) \tag{8.38}$$

gilt. Das veranlaßt uns, die neue Zeit

$$t' \equiv \left(1+\frac{\varepsilon}{2}\right) t$$

einzuführen. Dann wird aus Gleichung (8.21 a)

$$\left(1+\frac{\varepsilon}{2}\right)^2 \frac{\mathrm{d}^2 x}{\mathrm{d}t'^2} + (1+\varepsilon)x = 0 + O\left(\varepsilon^2\right)\,. \tag{8.39}$$

Wir suchen die Lösung für die niedrigste Ordnung des kleinen Parameters ε. Die Gleichung (8.39) wird zu

$$(1+\varepsilon)\frac{\mathrm{d}^2 x}{\mathrm{d}t'^2} + (1+\varepsilon)x = 0\,. \tag{8.40}$$

Deren Lösung lautet:

$$\begin{aligned} x(t') &= A' \cos t' + B' \sin t' \\ &= A' \cos\left[\left(1+\frac{\varepsilon}{2}\right)t\right] + B' \sin\left[\left(1+\frac{\varepsilon}{2}\right)t\right]. \end{aligned} \tag{8.41}$$

Jetzt erkennen wir, daß wir das System bis zu Zeiten, in denen der nächsthöhere Term der Entwicklung erforderlich wird, als nahezu stationär sehen, wenn wir das Licht in Intervallen von $T' = 2\pi/(1+\varepsilon/2)$ aufblitzen lassen. Die Länge der eingeschlossenen Zeit hängt von der Genauigkeit unserer Meßgeräte ab. Nehmen wir an, daß wir die Beobachtung unseres Systems fortsetzen wollen, dann werden wir den nächsten Term in der durch Gleichung (8.38) gegebenen Entwicklung der Frequenz mitnehmen:

$$\omega = \sqrt{1+\varepsilon}\,\omega_0 = \left(1+\frac{\varepsilon}{2}-\frac{\varepsilon^2}{8}\right)\omega_0 + O\left(\varepsilon^3\right). \tag{8.42}$$

Wir definieren die neue Zeit:

$$t'' = \left(1+\frac{\varepsilon}{2}-\frac{\varepsilon^2}{8}\right)t$$

und erhalten

$$\left(1+\frac{\varepsilon}{2}-\frac{\varepsilon^2}{8}\right)^2 \frac{\mathrm{d}^2 x}{\mathrm{d}t''^2} + (1+\varepsilon)x = 0 + O\left(\varepsilon^3\right). \tag{8.43}$$

Berücksichtigen wir Terme bis zu $O(\varepsilon^2)$, dann erhalten wir

$$\left(1+\frac{\varepsilon}{2}-\frac{\varepsilon^2}{8}\right)^2 = 1+\varepsilon+O\left(\varepsilon^3\right). \tag{8.44}$$

Unsere Lösung der Gleichung (8.42) lautet dann

$$\begin{aligned} x(t'') &= A\cos t'' + B\sin t'' = A\cos\left[\left(1+\frac{\varepsilon}{2}-\frac{\varepsilon^2}{8}\right)t\right] \\ &\quad + B\left[\left(1+\frac{\varepsilon}{2}-\frac{\varepsilon^2}{8}\right)t\right]. \end{aligned} \tag{8.45}$$

Diese Näherungslösung entspricht der exakten Lösung für eine längere Zeit als die vorhergehende. Das heißt, wenn wir eine etwas bessere Abstimmung auf unsere Frequenz erreichen, dann können wir unser System für eine längere Zeit als stationär betrachten.

Durch Abstimmung der Blitzfrequenz unserer Uhr sind wir in der Lage, säkulare Terme zu unterdrücken und das System an einem fixierten Punkt zu sehen. Man erinnere sich, da wir die Blitzrate unserer Uhr frei wählen können, haben wir die Möglichkeit, sie enger und enger an die richtige Frequenz anzupassen. Der Anpassungsprozeß liefert die Korrekturen höherer Ordnung für die Frequenz. Dann können wir eine Entwicklung der Frequenz nach Potenzen von ε erzeugen:

$$\omega = \omega_0 + \varepsilon\omega_1 + \varepsilon^2\omega_2 + \varepsilon^3\omega_3 + O\left(\varepsilon^4\right),$$

wobei die ω_1, ω_2 und ω_3 enthaltenden Terme die Korrekturen höherer Ordnung für die ungestörte oder natürliche Frequenz ω_0 sind. □

Wir haben in diesem Kapitel mindestens zwei Lektionen gelernt. Wenn man einen einfachen harmonischen Oszillator mit seiner natürlichen Frequenz antreibt, dann erhält man exakt eine Lösung, die einen säkularen Term enthält, der dem Anwachsen der Amplitude oder der Energie des Systems im Laufe der Zeit entspricht.

Wenn man einen einfachen harmonischen Oszillator mit veränderter Federkonstante betrachtet, dann wird man durch eine Störungsentwicklung einen säkularen Term statt einer periodischen Lösung erhalten. Der Ursprung dieser Schwierigkeit ist klar. Sie folgt aus unserer Entscheidung, die ungestörte Frequenz als Stroboskopfrequenz, d. h. als das die Störungsentwicklung erzeugende charakteristische Zeitmaß zu verwenden. Dann werden die wirkliche Uhr und unsere Uhr nach einem entsprechenden Zeitintervall unangepaßt sein, und wir erhalten einen falschen Eindruck vom Verhalten unseres Systems.

Wir werden sehen, daß diese Beobachtungen ausreichend sind, um uns zur Ausarbeitung einer konsistenten Störungsentwicklung für konservative oszillierende Systeme ähnlich dem einfachen harmonischen Oszillator zu führen.

Diesen Ideen werden wir in größerer Ausführlichkeit im Kapitel 10 nachgehen.

9 Gleichgewichtspunkte und Phasenebene

In diesem Kapitel wollen wir weitere technische Hilfsmittel bereitstellen, mit deren Hilfe qualitative und quantitative Aspekte schwach nichtlinearer Systeme behandelt werden können.

In späteren Kapiteln werden wir analytische Verfahren entwickeln. Jetzt wollen wir uns damit begnügen zu lernen, wie man ein skizzenhaftes Bild, das die Bewegung unseres Systems angemessen beschreibt, erzeugen kann. Der Zugang, den wir benutzen, beruht auf einer Kombination der Begriffe Gleichgewichtspunkt und Phasenebene.

Wir beginnen damit, daß wir die Gleichgewichtspunkte unseres Systems lokalisieren. Mit Hilfe einer Variablentransformation analysieren wir dann die Bewegung in der Umgebung dieser Punkte. Die Systemtrajektorie wird dann durch eine Kurve in der Phasenebene beschrieben.

9.1 Gleichgewichtspunkte

Wir betrachten eine Differentialgleichung erster Ordnung

$$\frac{\mathrm{d}x}{\mathrm{d}t} = f(x)\,, \tag{9.1}$$

wobei x ein Skalar ist. Die Gleichgewichtspunkte sind jene Punkte, die die Bedingung $f(x) = 0$ erfüllen.

Wir bezeichnen solche Punkte mit $\bar{x}$, also gilt $f(\bar{x}) = 0$. Um kleine Auslenkungen des Systems aus der Gleichgewichtslage zu untersuchen, entwickeln wir $f(x)$ in der Umgebung dieser Punkte bis zu den linearen Termen. Man klassifiziert die Gleichgewichtspunkte als stabil bzw. instabil, je nach dem Charakter der Bewegung in deren Umgebung. Der Gleichgewichtspunkt heißt metastabil oder indifferent, wenn er weder anziehend noch abstoßend auf die Bewegung des Systems in seiner Umgebung wirkt.

Wir schreiben also

$$x = \bar{x} + z; \qquad |z| \ll 1 . \tag{9.2}$$

Damit erhalten wir

$$\frac{\mathrm{d}x}{\mathrm{d}t} = \frac{\mathrm{d}z}{\mathrm{d}t} = f(\bar{x} + z) = f(\bar{x}) + zf'(\bar{x}) + \text{T. h. O.}$$

bzw.

$$\frac{\mathrm{d}z}{\mathrm{d}t} \sim zf'(\bar{x}); \qquad z \sim z_0 \exp[f'(\bar{x})t] . \tag{9.3}$$

Folglich gilt,

wenn der Realteil von $f'(\bar{x}) > 0$ ist,	gibt es einen instabilen Gleichgewichtspunkt,
wenn der Realteil von $f'(\bar{x}) < 0$ ist,	gibt es einen stabilen Gleichgewichtspunkt und
wenn der Realteil von $f'(\bar{x}) = 0$ ist,	sprechen wir von einem metastabilen Punkt.

Es ist wichtig zu betonen, daß dies eine Aussage über die lokalen und nicht über die globalen Stabilitätseigenschaften darstellt.

Übung 9.1.1 (Rückblick auf die logistische Gleichung).

$$\frac{\mathrm{d}x}{\mathrm{d}t} = \sigma x \left(1 - \frac{x}{K}\right); \qquad \sigma, K > 0$$

Man zeige, daß $x = 0,\ K$ die Gleichgewichtspunkte sind. Man zeige weiterhin, daß die Bewegung im Koordinatenursprung instabil ist. Wir sagen, daß der Ursprung abstoßend ist. Man demonstriere, daß die Bewegung bei $x = K$ stabil ist. Wir sprechen von $x = K$ als einem Attraktor. □

Diese Analyse kann direkt auf gekoppelte Differentialgleichungen erster Ordnung der Form

$$\frac{\mathrm{d}x}{\mathrm{d}t} = ax + by + f(x, y) , \tag{9.4 a}$$

$$\frac{\mathrm{d}y}{\mathrm{d}t} = cx + dy + g(x, y) \tag{9.4 b}$$

übertragen werden, wobei a, b, c und d Konstanten und f und g Polynome ohne absolute und lineare Glieder in x und y sind. Das bedeutet, daß ihr jeweils erster Term nur proportional zu xy, x^2 oder y^2 sein kann. Wir identifizieren die Gleichgewichtspunkte als jene Punkte, für die gleichzeitig folgendes gilt:

$$\frac{\mathrm{d}x}{\mathrm{d}t} = \frac{\mathrm{d}y}{\mathrm{d}t} = 0 . \tag{9.5}$$

Wir stellen zunächst fest, daß der Koordinatenursprung (0, 0) ein Gleichgewichtspunkt ist. Falls es noch weitere Punkte gibt, dann sind sie durch

$$ax + by + f(x, y) = 0$$

und

$$cx + dy + g(x, y) = 0$$

charakterisiert.

Wenn wir die Gleichgewichtspunkte gefunden haben, bestimmen wir dort die lokale Stabilität, indem wir bis zu den linearen Termen entwickeln und die Eigenwerte der resultierenden Matrizengleichung analysieren.

Beispiel 9.1.1 (Rückblick auf die Schwingungsgleichungen). Wir sind an der Untersuchung schwach nichtlinearer Probleme interessiert, aber wir benötigen den linearen Anteil des Systems, um eine harmonische Bewegung zu beschreiben. Dies schließt die Möglichkeit der gedämpften Bewegung ein.

Wir betrachten also zunächst ein gekoppeltes System linearer Differentialgleichungen der Form

$$\frac{\mathrm{d}x}{\mathrm{d}t} = ax + by\,, \tag{9.6 a}$$

$$\frac{\mathrm{d}y}{\mathrm{d}t} = cx + dy\,. \tag{9.6 b}$$

Natürlich kann man die Gleichungen (9.6 a) und (9.6 b) auch in Matrizenschreibweise formulieren.

$$\frac{\mathrm{d}}{\mathrm{d}t}\begin{bmatrix} x \\ y \end{bmatrix} = A\begin{bmatrix} x \\ y \end{bmatrix}; \qquad A = \begin{bmatrix} a & b \\ c & d \end{bmatrix}$$

Die Stabilität der Gleichgewichtspunkte ist durch die Eigenwerte der Matrix A bestimmt. Wir erinnern uns an die Diskussion im Kapitel 7, wo wir feststellten, daß zu einer oszillierenden Bewegung komplexe Eigenwerte der Matrix A gehören, deren Imaginärteile die Kreisfrequenz und deren Realteile die Dämpfung bestimmen. (Frage: Was passiert, wenn $\det A = 0$?) □

Beispiel 9.1.2. Wir betrachten das gekoppelte System

$$\frac{\mathrm{d}x}{\mathrm{d}t} = ax - bx^2y\,, \tag{9.7 a}$$

$$\frac{\mathrm{d}y}{\mathrm{d}t} = -cy + dx^2y \tag{9.7 b}$$

mit a, b, c und $d > 0$.

Die Gleichgewichtspunkte $(\bar{x}, \bar{y})$ sind $(0, 0)$,

$$\left(+\sqrt{\frac{c}{d}}, +\frac{a}{b}\sqrt{\frac{d}{c}}\right)$$

und

$$\left(-\sqrt{\frac{c}{d}}, -\frac{a}{b}\sqrt{\frac{d}{c}}\right) .$$

Wir interessieren uns nun für die Bewegung bei kleinen Auslenkungen aus den Gleichgewichtspunkten. Wenn wir die Gleichungen in der Umgebung des Punktes $(0, 0)$ linearisieren, dann entkoppeln sie und führen zu exponentiellem Abklingen bzw. Wachstum.

Wir wenden uns nun den anderen Gleichgewichtspunkten zu. Wir stellen in unserem speziellen Fall fest, daß es ausreicht, nur einen Punkt zu untersuchen, weil sie durch Spiegelung auseinander hervorgehen.

$$\bar{x} \to -\bar{x}; \qquad \bar{y} \to -\bar{y}$$

Durch Einführung der kleinen Verschiebungen u und v

$$x = \bar{x} + u; \qquad y = \bar{y} + v; \qquad |u|,\ |v| \ll 1$$

führen wir eine Entwicklung in dem Gleichgewichtspunkt

$$(\bar{x}, \bar{y}) = \left(+\sqrt{\frac{c}{d}}, +\frac{a}{b}\sqrt{\frac{d}{c}}\right)$$

durch. Die Gleichungen (9.7 a) und (9.7 b) lauten dann wie folgt:

$$\frac{\mathrm{d}u}{\mathrm{d}t} = -au - \frac{bc}{d}v + \text{n. l. T.}\,, \tag{9.8 a}$$

$$\frac{\mathrm{d}v}{\mathrm{d}t} = +2\frac{ad}{b}u + \text{n. l. T.} \tag{9.8 b}$$

Wir können auch zur Matrizenschreibweise übergehen.

$$\frac{\mathrm{d}}{\mathrm{d}t}\begin{bmatrix} u \\ v \end{bmatrix} = M\begin{bmatrix} u \\ v \end{bmatrix}; \qquad M = \begin{bmatrix} -a & \frac{-bc}{d} \\ +\frac{2ad}{b} & 0 \end{bmatrix}$$

Wir erkennen sofort die Beziehungen

$$\mathrm{Tr}M = -a; \qquad \det M = 2ac\ ,$$

die für $8c > a$ eine gedämpfte oszillierende Bewegung anzeigen. (Vergleiche Gleichung (7.19).) Es ist wichtig, darauf hinzuweisen, daß bei $a = 0$, d. h. bei fehlender Dämpfung, auch keine Oszillation stattfindet. Warum ist das so? Weil für $a = 0$ auch die Determinante verschwindet, $\det M = 0$.

Wenn unsere Parameter die Werte $a = b = c = d = 1$ annehmen, erhalten wir

$$(\bar{x}, \bar{y}) = (0, 0); \quad (1, 1); \quad (-1, -1) .$$

Wir entwickeln im Punkt (1, 1) gemäß $x = 1 + u$ und $y = 1 + v$ und erhalten die linearisierten Gleichungen

$$\frac{du}{dt} = -u - v , \tag{9.9 a}$$

$$\frac{dv}{dt} = 2u , \tag{9.9 b}$$

die einen Oszillator mit dem Dämpfungsfaktor $-1/2$ und der Kreisfrequenz

$$\omega = \frac{\sqrt{7}}{2}$$

beschreiben. □

Übung 9.1.2. Gegeben sei das gekoppelte Differentialgleichungssystem

$$\frac{dx}{dt} = A + x^2 y - (B + 1)x , \tag{9.10 a}$$

$$\frac{dy}{dt} = Bx - x^2 y \tag{9.10 b}$$

mit Konstanten A und B, die größer null sind. (Dieses Modell, das auch als Brüsselator bekannt ist, beschreibt oszillierende chemische Reaktionen.)

1. Man bestimme den Gleichgewichtspunkt $(\bar{x}, \bar{y})$.
2. Man entwickle im Gleichgewichtspunkt mit

$$x = \bar{x} + \alpha; \qquad y = \bar{y} + \beta$$

   bis zu den linearen Termen.
3. Man gehe zur Matrizenschreibweise in der Form

$$\frac{d}{dt}\begin{bmatrix}\alpha\\ \beta\end{bmatrix} = M\begin{bmatrix}\alpha\\ \beta\end{bmatrix}; \qquad M = \begin{bmatrix}a & b\\ c & d\end{bmatrix}$$

   über und bestimme die Koeffizienten a, b, c und d.
4. Es sei die Transformationsmatrix P gegeben

$$P = \begin{bmatrix} -\frac{c}{\sqrt{\Delta}} & -\frac{d}{\sqrt{\Delta}} \\ 0 & 1 \end{bmatrix} .$$

   Man bestimme die inverse Matrix P^{-1} und berechne $J = PMP^{-1}$.

5. Der Parameter A sei jetzt fixiert und B werde als Variable betrachtet. Man diskutiere die Beziehung zwischen A und B, damit folgende Fälle realisiert sind.

   a) ungedämpfte Schwingung
   b) positiv gedämpfte Schwingung
   c) negativ gedämpfte Schwingung

□

Beispiel 9.1.3. Gegeben sei das gekoppelte Differentialgleichungssystem

$$\frac{dN_1}{dt} = \varepsilon_1 N_1 - \gamma_1 N_1 N_2 , \tag{9.11 a}$$

$$\frac{dN_2}{dt} = -\varepsilon_2 N_2 + \gamma_2 N_1 N_2 , \tag{9.11 b}$$

dessen Koeffizienten alle positiv sind.

Dies sind die bekannten Volterra-Lotka-Gleichungen, mit deren Hilfe man Räuber-Beute-Beziehungen in ökologischen Systemen beschreiben kann. Sie repräsentieren die idealisierte Wechselwirkung zweier isolierter Arten, eines Räubers und einer Beute. Die Beute befriedigt ihren Nahrungsbedarf aus Quellen außerhalb der Räuber-Beute-Beziehung. (Man könnte dabei z. B. an Hasen und Füchse denken. Hasen fressen Gras, aber Füchse fressen Hasen.) Der Koeffizient ε_1 der Art N_1 entspricht der Multiplikation eines Faktors mit der Differenz ihrer Geburts- und Todesrate. Das Vorzeichen davor ist positiv, denn wenn es keine Exemplare der zweiten Art gäbe, würde sich die erste Art exponentiell vermehren. Wenn beide Arten nun in Beziehung treten bzw. aufeinandertreffen, dann gibt es eine bestimmte Wahrscheinlichkeit dafür, daß dies zum Verlust eines Exemplars der ersten Art führt. Die Situation ist für die zweite Art ganz ähnlich. Wäre sie allein vorhanden, dann würde ihre Stärke exponentiell abklingen, denn ihr Wachstumskoeffizient ist negativ. Das heißt, die Räuber brauchen die Beute, um zu überleben. Ihre Population nimmt proportional zum Verlust der ersten Art zu, wobei ein anderer Koeffizient die Effizienz dieses umgekehrten Prozesses beschreibt. Vergleiche Abbildung 9.1.

Dieses schöne Modell hat in der Entwicklung der mathematischen Biologie eine bedeutende Rolle gespielt. Interessanterweise wurde die Aufstellung dieser

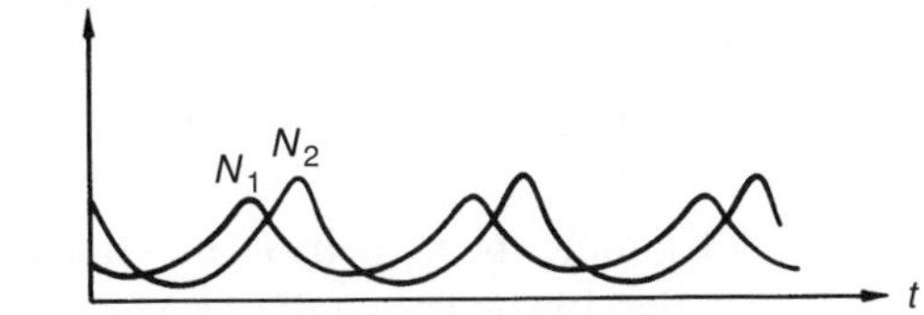

Abb. 9.1 Die Lösungen $N_1(t)$ und $N_2(t)$ der Volterra-Lotka-Gleichungen. Ihr Verhalten ist periodisch. (Übernommen aus Andronov, Vitt und Khaiken, S. 145, mit Genehmigung von Dover Publications, Inc.)

Gleichungen, die auf Volterra zurückgehen, stark durch Entwicklungen in der statistischen Mechanik beeinflußt (vgl. D'Ancona). Volterras sogenannte Methode der Zusammenstöße ähnelt sehr dem Boltzmannschen Herangehen an die Untersuchung des Gleichgewichts in einem idealen Gas, was zu dem gefeierten „H-Theorem“ führte. (Diese Dinge werden traditionell in einer Vorlesung über statistische Physik behandelt.) Die Betrachtungen Lotkas zielen mehr auf Untersuchungen zur chemischen Kinetik und auf Ratengleichungen. Sein Buch wird noch verlegt und ist leicht zugänglich. Es kann deshalb bezüglich seiner Sicht auf die Problematik zu Rate gezogen werden.

Wir wenden uns nun der Stabilitätsanalyse der Gleichgewichtspunkte zu und studieren das Verhalten des Systems bei kleinen Auslenkungen. Wir stellen fest, daß der Ursprung

$$\bar{N}_1 = \bar{N}_2 = 0$$

und der Punkt

$$\bar{N}_1 = \frac{\varepsilon_2}{\gamma_2}; \qquad \bar{N}_2 = \frac{\varepsilon_1}{\gamma_1}$$

die Gleichgewichtspunkte sind.

Wir lokalisieren unser System im Ursprung, lassen eine kleine Störung einwirken und achten darauf, was passiert. Die Gleichungen entkoppeln, N_1 wächst exponentiell und N_2 fällt auf null ab.

Als nächstes studieren wir die kleinen Oszillationen der Populationen der beiden Arten in der Umgebung des Gleichgewichtspunktes

$$\bar{N}_1 = \frac{\varepsilon_2}{\gamma_2}; \qquad \bar{N}_2 = \frac{\varepsilon_1}{\gamma_1} .$$

Wir verschieben den Ursprung in diesen Punkt und entwickeln in seiner Umgebung:

$$N_1 = \bar{N}_1 + n_1; \qquad N_2 = \bar{N}_2 + n_2; \qquad |n_1|, |n_2| \ll 1 .$$

(Man beachte, daß n_1 und n_2 wirklich dimensionslose Populationsdichten sind.)

Unsere Gleichung für die Art n_1 lautet dann

$$\frac{\mathrm{d}n_1}{\mathrm{d}t} = (\varepsilon_1 \bar{N}_1 - \gamma_1 \bar{N}_1 \bar{N}_2) + (\varepsilon_1 - \gamma_1 \bar{N}_2) n_1 - \gamma_1 \bar{N}_1 n_2 - \gamma_1 n_1 n_2 . \qquad (9.12)$$

Wir stellen fest, daß die eingeklammerten Terme gleich null sind. Die erste Klammer verschwindet, weil sie der Verschiebung des Koordinatenursprungs auf den Gleichgewichtspunkt entspricht. (Mit anderen Worten, sie ist null, weil die rechte Seite der Gleichung (9.11 a) bei $(\bar{N}_1, \bar{N}_2)$ verschwindet.) Die zweite Klammer entspricht der Ableitung der ersten Klammer bezüglich $\bar{N}_1$ im Gleichgewichtspunkt. Daß auch sie verschwindet, ist eine Besonderheit dieses Modells, welches Metastabilität zeigt und rein imaginäre Eigenwerte besitzt. Wir vereinfachen Gleichung (9.12) und schreiben

$$\frac{\mathrm{d}n_1}{\mathrm{d}t} = -\left(\frac{\gamma_1\varepsilon_2}{\gamma_2}\right) n_2 - \gamma_1 n_1 n_2 \,. \tag{9.13 a}$$

Wir können nun sofort wegen der Koeffizientensymmetrie in den Gleichungen (9.11 a) und (9.11 b)

$$\varepsilon_1 \to -\varepsilon_2; \qquad \gamma_1 \to -\gamma_2$$

die Gleichung für die Variable n_2 notieren:

$$\frac{\mathrm{d}n_2}{\mathrm{d}t} = \left(\frac{\gamma_2\varepsilon_1}{\gamma_1}\right) n_1 + \gamma_2 n_1 n_2 \,. \tag{9.13 b}$$

Wir untersuchen jetzt die kleinen Oszillationen in der Umgebung des Gleichgewichtspunktes. Wir vernachlässigen also die quadratischen Terme, denn sowohl n_1 als auch n_2 sollen klein gegen eins sein. Wir schreiben die Gleichungen (9.13 a) und (9.13 b) als

$$\frac{\mathrm{d}n_1}{\mathrm{d}t} = -\left(\frac{\gamma_1\varepsilon_2}{\gamma_2}\right) n_2 \,, \tag{9.14 a}$$

$$\frac{\mathrm{d}n_2}{\mathrm{d}t} = +\left(\frac{\gamma_2\varepsilon_1}{\gamma_1}\right) n_1 \,, \tag{9.14 b}$$

womit man genau die Gleichungen der einfachen harmonischen Bewegung erhält. Natürlich können wir Gleichung (9.14 a) differenzieren und finden durch Einsetzen von Gleichung (9.14 b)

$$\frac{\mathrm{d}^2 n_1}{\mathrm{d}t^2} + \varepsilon_1\varepsilon_2 n_1 = 0 \,. \tag{9.15}$$

Wir sehen also, daß das System im Gleichgewichtspunkt kleine harmonische Schwingungen mit der Kreisfrequenz

$$\omega = \sqrt{\varepsilon_1\varepsilon_2}$$

ausführt. Wir kehren zu den Gleichungen (9.14 a) und (9.14 b) zurück und wollen sie mit Hilfe der skalierten Variablen

$$\xi = \sqrt{\frac{\gamma_2\varepsilon_1}{\gamma_1}}\, n_1; \qquad \eta = \sqrt{\frac{\gamma_1\varepsilon_2}{\gamma_2}}\, n_2 \tag{9.16}$$

in einer symmetrischeren Form schreiben. Wir erhalten

$$\frac{\mathrm{d}\xi}{\mathrm{d}t} = -\sqrt{\varepsilon_1\varepsilon_2}\,\eta \,, \tag{9.17 a}$$

$$\frac{\mathrm{d}\eta}{\mathrm{d}t} = +\sqrt{\varepsilon_1\varepsilon_2}\,\xi \,. \tag{9.17 b}$$

Diese Gleichungen kann man auch als Matrizengleichung formulieren:

$$\frac{\mathrm{d}}{\mathrm{d}t}\begin{bmatrix}\xi\\ \eta\end{bmatrix} = A\begin{bmatrix}\xi\\ \eta\end{bmatrix}; \qquad A = \begin{bmatrix}0 & -\sqrt{\varepsilon_1\varepsilon_2}\\ +\sqrt{\varepsilon_1\varepsilon_2} & 0\end{bmatrix}. \tag{9.18}$$

Die Eigenwerte der Matrix A sind rein imaginär, was darauf hindeutet, daß der Gleichgewichtspunkt metastabil ist und daß lokal eine einfache harmonische Bewegung vorliegt. Für die Feststellung einer periodischen Bewegung ist jedoch der Nachweis der Beschränktheit der Bewegung notwendig. Man hat sich zu vergewissern, daß die nichtlinearen Terme, die in höheren Ordnungen auftreten, nicht zu einer unbeschränkten Bewegung führen. Dies wird im Beispiel 9.1.4 diskutiert. In diesem Zusammenhang ist es angebracht, auf die Diskussion bei Bender und Orszag, S. 183–185, zu verweisen. □

Beispiel 9.1.4. Wir betrachten das System gekoppelter Differentialgleichungen

$$\frac{\mathrm{d}x}{\mathrm{d}t} = -y + x\sqrt{x^2+y^2}, \tag{9.19 a}$$

$$\frac{\mathrm{d}y}{\mathrm{d}t} = +x + y\sqrt{x^2+y^2}. \tag{9.19 b}$$

Man stellt fest, daß der Ursprung (0, 0) metastabil ist und daß die linearisierten Gleichungen auf jene des einfachen harmonischen Oszillators führen. Wenn wir Gleichung (9.19 a) mit x und Gleichung (9.19 b) mit y multiplizieren und dann beide Ausdrücke addieren, erhalten wir die Gleichung

$$x\frac{\mathrm{d}x}{\mathrm{d}t} + y\frac{\mathrm{d}y}{\mathrm{d}t} = \frac{1}{2}\frac{\mathrm{d}}{\mathrm{d}t}(x^2+y^2) = (x^2+y^2)^{3/2}. \tag{9.20 a}$$

Mit

$$r = \sqrt{x^2+y^2} \tag{9.20 b}$$

finden wir schließlich

$$r\frac{\mathrm{d}r}{\mathrm{d}t} = r^3. \tag{9.20 c}$$

Die Lösung der Gleichung (9.20 c) lautet

$$r = \frac{r_0}{1-r_0 t}, \tag{9.21}$$

wobei r_0 der anfängliche Radius ist. Wir stellen fest, daß $r(t)$ für $t \to 1/r_0$ gegen unendlich strebt. Obwohl sich also die Koeffizienten der Differentialgleichung ganz vernünftig verhalten, ist es möglich, daß in der Lösung spontan eine Singularität bei einem endlichen Wert der unabhängigen Variablen t auftreten kann. Diese Eigenschaft nichtlinearer Differentialgleichungen fehlt in linearen Systemen. □

Wir beschließen diese Diskussion durch die Auflistung einiger Unzulänglichkeiten, die das Volterra-Lotka-Modell, das durch die Gleichungen (9.11 a) und (9.11 b) beschrieben wird, besitzt.

1. Die Frequenz der kleinen Schwingungen ist unabhängig von den Wechselwirkungskoeffizienten γ_1 und γ_2.
2. Der Beute selbst stehen unbeschränkte Nahrungsquellen zur Verfügung, wodurch ihre Population in Abwesenheit von Feinden exponentiell wachsen kann.
3. Die Räuber besitzen einen unstillbaren Appetit, denn ihre Zahl nimmt direkt zur Zahl der Beutetiere zu. Das scheint besonders dann unrealistisch zu sein, wenn die Anzahl der Beutetiere sehr gering oder sehr groß ist. Realistischere Volterra-Lotka-Modelle, die diese Punkte berücksichtigen, werden in vielen Arbeiten über ökologische Modellierung diskutiert. Wir verweisen z. B. auf die Bücher von May und D'Ancona.

9.2 Die Phasenebene

Wir führen jetzt das Konzept der Phasenebene ein, um ein graphisches Bild vom Verhalten des Systems zu bekommen. Wir betrachten vorrangig Gleichungen, die auf folgende Form transformiert werden können:

$$\frac{\mathrm{d}^2 x}{\mathrm{d}t^2} + x = \varepsilon f\left(x, \frac{\mathrm{d}x}{\mathrm{d}t}\right) = \varepsilon f(x, y); \qquad y = \frac{\mathrm{d}x}{\mathrm{d}t} \,. \tag{9.22}$$

Bei der Betrachtung solcher Gleichungen vereinbaren wir, daß der Störungsterm auf der rechten Seite stehen soll. (Man beachte, daß wir im Abschnitt 9.3 die Konvention $\mathrm{d}x/\mathrm{d}t = -y$ benutzen.)

Solange wir nichts anderes angeben, beschränken wir uns auf solche Funktionen $f(x, y)$, die nicht explizit zeitabhängig sind. Man spricht dann von autonomen Systemen. Die Lösung der zugehörigen Differentialgleichung bleibt auch dann gültig, wenn eine Translation der Zeitvariable t um eine Konstante t_0 vorgenommen wird. (Systeme, bei denen eine treibende Kraft f von der Zeit abhängt, nennt man nichtautonome Systeme. Sie können Bewegungen ausführen, die für unsere Trajektorien verboten sind, denn derartige Systeme werden durch verschiedene Kräfte zu verschiedenen Zeiten getrieben.) Im Falle $\varepsilon = 0$ handelt es sich um die einfache harmonische Schwingung mit der Kreisfrequenz $\omega_0 = 1$. Wir möchten nun untersuchen, wie sich die ungestörte Bewegung verändert, wenn der Störungsterm $\varepsilon f(x, y)$ hinzukommt. Weil wir es mit einer Differentialgleichung zweiter Ordnung zu tun haben, können eine Anfangsposition $x(0)$ und eine Anfangsgeschwindigkeit $\dot{x}(0) = y(0)$ vorgegeben werden. Die Position x und die Geschwindigkeit y sind Koordinaten, mit deren Hilfe man die

Bewegung des Systems bequem beschreiben kann. Das System wird durch die Bewegung eines Punktes (x, y) charakterisiert, der mit der Zeit eine Trajektorie in der Ebene, die durch die x- und y-Achse aufgespannt wird, durchläuft.

Diese Ebene wird Phasenebene genannt. Wenn die Bewegung periodisch ist, dann ist die Trajektorie in der Phasenebene eine geschlossene Kurve. Vergleiche Abbildung 9.2.

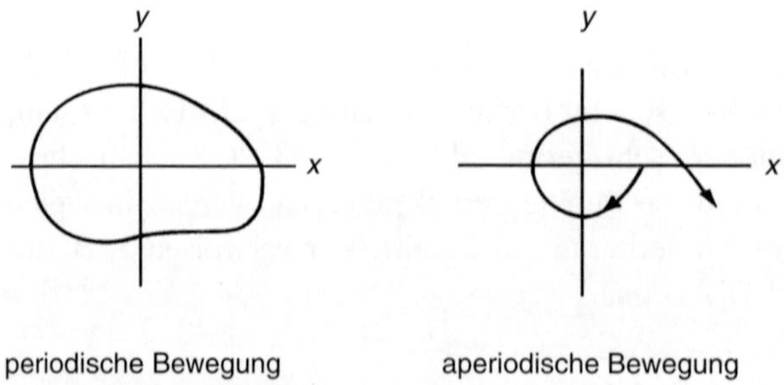

Abb. 9.2 Eine periodische Bewegung wird durch geschlossene Orbits charakterisiert, dagegen gehören zu einer aperiodischen Bewegung offene Trajektorien.

Wir stellen fest, daß eine Trajektorie sich selbst nicht kreuzen kann, denn die Zukunft eines Systems ist eindeutig durch seinen gegenwärtigen Zustand und die Bewegungsgleichungen festgelegt. Wenn sich aber eine Trajektorie in einem Punkt (a, b) kreuzen würde, dann würden zwei verschiedene zukünftige Bewegungen möglich sein. Das aber steht im Gegensatz zu den Bewegungsgleichungen, die das Problem eindeutig bestimmen. Vergleiche Abbildung 9.3.

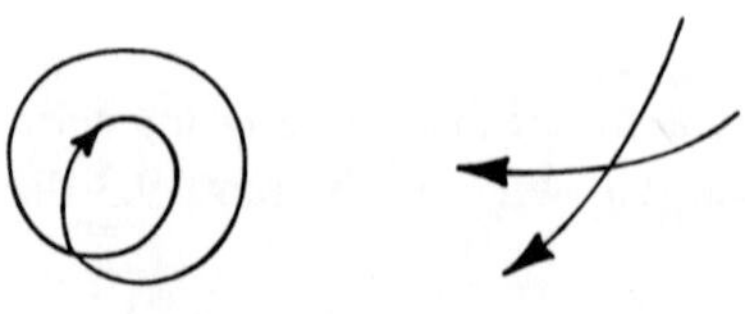

Abb. 9.3 Wir betrachten Situationen, bei denen $f(x, y)$ zeitunabhängig ist. Dies führt dazu, daß Phasenraumtrajektorien vom Typ, wie in der Abbildung angegeben, unmöglich sind.

Beispiel 9.2.1. Wir betrachten den einfachen harmonischen Oszillator, der durch die Gleichung

$$\frac{d^2x}{dt^2} + x = 0$$

mit den Anfangsbedingungen

$$x(0) = A \qquad \text{und} \qquad \frac{dx(0)}{dt} \equiv y(0) = 0$$

beschrieben wird. Die Lösung kann man wie folgt schreiben:

$$x = A\cos t; \qquad y = -A\sin t; \qquad y \equiv \frac{dx}{dt} .$$

Wir möchten nun seine Trajektorie in der Phasenebene zeichnen. Da die Lösung die Eigenschaft

$$x^2 + y^2 = A^2$$

besitzt, besteht das Phasenporträt aus einem Kreis um den Koordinatenursprung $(0, 0)$ mit dem Radius A. Am Anfang befindet sich das System im Punkt $(A, 0)$. Wir haben solche einfachen Anfangsbedingungen gewählt, daß der Oszillator gerade seine maximale Auslenkung zum Zeitpunkt $t = 0$ erfährt. Würden wir andere Anfangsbedingungen wählen,

$$x(0) = A\cos\phi_0; \qquad y(0) = -A\sin\phi_0 \ ,$$

dann erhielten wir die gleiche Trajektorie, aber der Startpunkt läge nun beim Winkel $-\phi_0$. Vergleiche Abbildung 9.4.

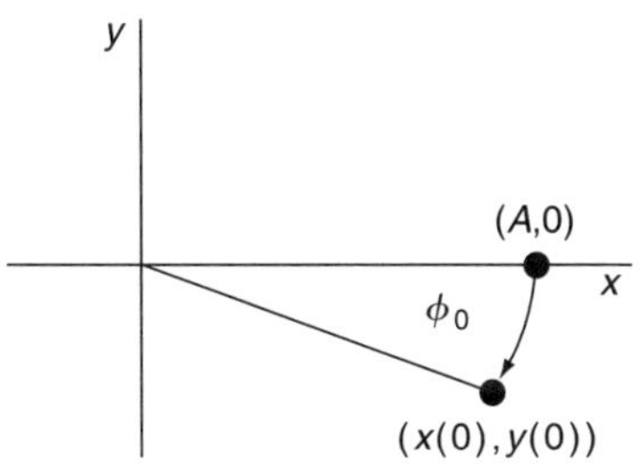

Abb. 9.4 Die Anfangsbedingung spielt in konservativen Systemen eine untergeordnete Rolle, denn mit Hilfe einer Translation der Zeitvariablen können Systeme gleicher Energie verglichen werden. Die Situation wird jedoch kompliziert, wenn Systeme verglichen werden, bei denen keine Energieerhaltung gilt.

Da die Lösung der Bewegungsgleichungen nicht vom Zeitnullpunkt abhängt, können wir fast immer den Startpunkt unseres Systems so einrichten, daß er auf die Zeit $t = 0$ mit der Anfangskoordinate $(A, 0)$ fällt. Natürlich wird man bei aktuellen Problemen mit einer Vielzahl von Anfangsbedingungen konfrontiert und wir müssen Transformationen durchführen, um das jeweilige Problem auf die passende Form zu bringen. Zusätzlich wird häufig die Geschwindigkeit so skaliert, daß Ellipsen in Kreise transformiert werden. Dies macht die Definition einer neuen Zeit notwendig, wie im Beispiel 9.2.2 gezeigt wird. □

Beispiel 9.2.2. Wir betrachten die Gleichung

$$\frac{d^2x}{dt_1^2} + \omega_0^2 x = 0; \qquad \omega_0 \neq 1 \ , \tag{9.23}$$

die auch in der Form

$$\frac{dx}{dt_1} = y \ , \tag{9.24 a}$$

$$\frac{dy}{dt_1} = -\omega_0^2 x \tag{9.24 b}$$

geschrieben werden kann. Das entsprechende Phasenporträt besteht dann aus einer Ellipse, die durch

$$x^2 + \left(\frac{1}{\omega_0}\frac{\mathrm{d}x}{\mathrm{d}t_1}\right)^2 = A^2$$

definiert wird. Es ist aber viel bequemer, wenn die Trajektorie ein Kreis ist. Um dies zu erreichen, skalieren wir die Geschwindigkeit neu, indem wir eine dimensionslose Zeit wie folgt einführen:

$$t = \omega_0 t_1 ; \qquad \frac{\mathrm{d}}{\mathrm{d}t_1} = \omega_0 \frac{\mathrm{d}}{\mathrm{d}t} .$$

Gleichung (9.23) bekommt damit die Standardform des einfachen harmonischen Oszillators:

$$\frac{\mathrm{d}^2 x}{\mathrm{d}t^2} + x = 0 . \tag{9.25}$$

Wenn $y = \mathrm{d}x/\mathrm{d}t$ über x aufgetragen wird, ergibt sich als Trajektorie in der Phasenebene ein Kreis. □

Beispiel 9.2.3. Wir betrachten die linearisierten Volterra-Lotka-Gleichungen (9.14 a) und (9.14 b)

$$\frac{\mathrm{d}n_1}{\mathrm{d}t} = -\left(\frac{\gamma_1\varepsilon_2}{\gamma_2}\right) n_2 ,$$
$$\frac{\mathrm{d}n_2}{\mathrm{d}t} = +\left(\frac{\gamma_2\varepsilon_1}{\gamma_1}\right) n_1 .$$

Wenn Gleichung (9.14 a) mit $(\gamma_2/\gamma_1)\varepsilon_1 n_1$ und Gleichung (9.14 b) mit $(\gamma_1/\gamma_2)\varepsilon_2 n_2$ multipliziert und beide Ausdrücke addiert werden, erhält man

$$\left(\frac{\gamma_2\varepsilon_1}{\gamma_1} n_1\right)\frac{\mathrm{d}n_1}{\mathrm{d}t} + \left(\frac{\gamma_1\varepsilon_2}{\gamma_2} n_2\right)\frac{\mathrm{d}n_2}{\mathrm{d}t} = 0$$

bzw.

$$\frac{\gamma_2\varepsilon_1}{\gamma_1} n_1^2 + \frac{\gamma_1\varepsilon_2}{\gamma_2} n_2^2 = \text{const} . \tag{9.26}$$

Wir führen eine Phasenebene ein, die durch die Koordinatenachsen n_1 und n_2 aufgespannt wird. Damit gibt jede Koordinate in der Ebene die Stärke der Populationsdichtefluktuationen an. Die das System beschreibende Trajektorie ist die durch Gleichung (9.26) definierte Ellipse. Mit Hilfe der Skalentransformation auf die Variablen ξ und η, die durch Gleichung (9.16) gegeben ist, ist es möglich, das Problem in der Phasenebene durch den Kreis

$$\xi^2 + \eta^2 = \text{const}$$

zu beschreiben. □

Beispiel 9.2.4. Wir betrachten den gedämpften harmonischen Oszillator, der durch die Gleichung

$$\frac{d^2x}{dt_1^2} + \omega_0^2 x = \varepsilon \frac{dx}{dt_1}; \qquad x(0) = A, \quad \dot{x}(0) = 0 \tag{9.27 a}$$

gegeben ist, wobei der Dämpfungsterm als Störung zu verstehen ist, $|\varepsilon| \ll 1$. Wir möchten nun die Trajektorie dieses Systems in der Weise in der Phasenebene zeichnen, daß das zugehörige ungestörte Problem durch einen Kreis beschrieben wird. Wir führen die passende Zeitvariable

$$t = \omega_0 t_1$$

ein und erhalten

$$\frac{d^2x}{dt^2} + x = \frac{\varepsilon}{\omega_0} \frac{dx}{dt} . \tag{9.27 b}$$

Mit Hilfe der Phasenebenenvariablen x und y schreiben wir für Gleichung (9.27 b)

$$\frac{dx}{dt} = y , \tag{9.28 a}$$

$$\frac{dy}{dt} = -x + \frac{\varepsilon}{\omega_0} y . \tag{9.28 b}$$

Wir gehen nun wie folgt zu Polarkoordinaten über

$$x = r\cos\theta , \tag{9.29 a}$$

$$y = -r\sin\theta . \tag{9.29 b}$$

Differenzieren wir nach der Zeit, so ergibt sich

$$\frac{dx}{dt} = \frac{dr}{dt}\cos\theta - r\frac{d\theta}{dt}\sin\theta , \tag{9.30 a}$$

$$\frac{dy}{dt} = -\frac{dr}{dt}\sin\theta - r\frac{d\theta}{dt}\cos\theta . \tag{9.30 b}$$

Man beachte, daß man den Zusammenhang zwischen kartesischen und Polarkoordinaten auch anders als durch die Gleichungen (9.29 a) und (9.29 b) definieren kann. Wir kommen darauf im Abschnitt 9.3 zurück.

Diese Transformation ist vorteilhaft, denn sie beweist, daß Position und Geschwindigkeit äquivalente Variablen bzw. Koordinaten für die Beschreibung der Trajektorie in der Phasenebene sind. Darüber hinaus ist in Polarkoordinaten die Trajektorie des einfachen harmonischen Oszillators ein Kreis in der Phasenebene mit dem Radius r, für den $dr/dt = 0$ gilt. (Man vergleiche mit Kapitel 7.)

Wir wollen jetzt Gleichungen für $\mathrm{d}r/\mathrm{d}t$ und $\mathrm{d}\theta/\mathrm{d}t$ ableiten. Aus den Gleichungen (9.30 a) und (9.30 b) erkennt man, daß $\mathrm{d}r/\mathrm{d}t$ dadurch zu gewinnen ist, daß Gleichung (9.28 a) mit x und Gleichung (9.28 b) mit y multipliziert und beide Ausdrücke addiert werden. Man erhält

$$x\frac{\mathrm{d}x}{\mathrm{d}t} + y\frac{\mathrm{d}y}{\mathrm{d}t} = r\frac{\mathrm{d}r}{\mathrm{d}t} = \frac{\varepsilon}{\omega_0} r^2 \sin^2\theta$$

bzw.

$$\frac{\mathrm{d}r}{\mathrm{d}t} = \frac{\varepsilon}{2\omega_0} r(1 - \cos 2\theta)\ . \tag{9.31 a}$$

In ähnlicher Weise ergibt sich $\mathrm{d}\theta/\mathrm{d}t$ durch Multiplikation von Gleichung (9.28 a) mit y und Gleichung (9.28 b) mit $-x$ und anschließender Addition, d. h.

$$-x\frac{\mathrm{d}y}{\mathrm{d}t} + y\frac{\mathrm{d}x}{\mathrm{d}t} = r^2\frac{\mathrm{d}\theta}{\mathrm{d}t} = r^2 + \frac{\varepsilon r^2}{2\omega_0}\sin 2\theta$$

bzw.

$$\frac{\mathrm{d}\theta}{\mathrm{d}t} = +1 + \frac{\varepsilon}{2\omega_0}\sin 2\theta\ . \tag{9.31 b}$$

Die radiale Komponente der Geschwindigkeit $\mathrm{d}r/\mathrm{d}t$ besitzt einen (geglätteten) Anteil, der sich langsamer entwickelt und durch

$$\frac{\mathrm{d}r(\text{geglättet})}{\mathrm{d}t} = \frac{\varepsilon}{2\omega_0} r$$

gegeben ist. Der entsprechende Anteil der Winkelgeschwindigkeit $\mathrm{d}\theta/\mathrm{d}t$ lautet $+1$.

Anfänglich befindet sich das System im Punkt $(A, 0)$. Bei positiver Dämpfung wird der Radiusvektor auf einer einlaufenden Spirale in der Phasenebene geführt. Meistens ist man nur an den geglätteten Anteilen der Bewegung interessiert, denn sie liefern ein leicht zu gewinnendes Bild der Bewegung des Systems. Im allgemeinen ist es ziemlich schwierig, analytische Techniken zu entwickeln, die alle Feinheiten der Trajektorie richtig erfassen. Da ε ein kleiner Parameter ist, können wir sagen, daß die Beziehungen

$$\frac{\mathrm{d}r}{\mathrm{d}t} = O(\varepsilon) \qquad \text{und} \qquad \frac{\mathrm{d}\theta}{\mathrm{d}t} = +1 + O(\varepsilon)$$

gelten. Folglich beobachten wir in Abhängigkeit vom Vorzeichen des Parameters ε eine Bewegung, die einer im Uhrzeigersinn durchlaufenen einlaufenden oder auslaufenden Spirale entspricht. Vergleiche Abbildung 9.5. □

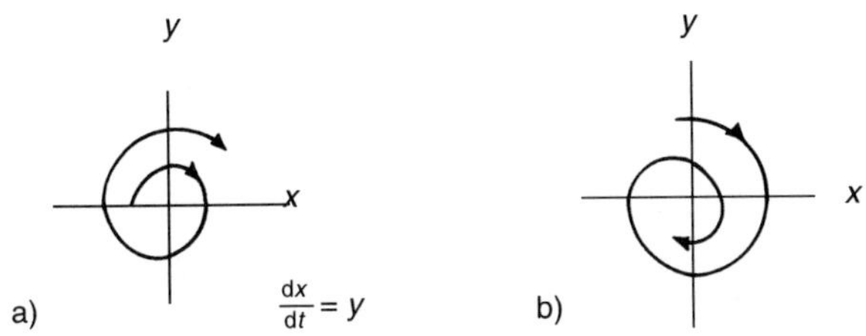

Abb. 9.5 Spiralen, die zeitlich entsprechend der Vorzeichenkonvention $\mathrm{d}x/\mathrm{d}t = y$ im Uhrzeigersinn durchlaufen werden: a) die Amplitude wächst mit der Zeit; b) das System ist positiv gedämpft. Man beachte, daß der Bewegungssinn beibehalten wird.

9.3 Vorzeichenkonventionen

Wir versuchen jetzt sicherzustellen, daß wir das Vorzeichen bzw. den Richtungssinn der Trajektorie in der Phasenebene verstehen. Es gibt keine Standardkonvention. Manche Autoren ändern die Konvention innerhalb eines Textes ohne jeden Hinweis darauf. Dann muß man sich vor Vorzeichenproblemen hüten.

Unsere Trajektorie in der Phasenebene sollte immer mit einem Pfeil versehen werden, der die zeitliche Durchlaufrichtung angibt. Bei geschlossenen Trajektorien gibt es keine Schwierigkeiten. Wenn wir jedoch bei einer spiralförmigen Trajektorie den Pfeil weglassen, dann können wir nicht sagen, ob die Spirale einlaufend oder auslaufend ist. Das hängt von einer Konvention ab und wir benutzen die Konvention der Bewegung im Uhrzeigersinn. Wodurch wurde das festgelegt? Die Konvention besteht in der Relation zwischen den Variablen x und y. Ursprünglich haben wir die Geschwindigkeit y durch

$$y = \frac{\mathrm{d}x}{\mathrm{d}t} \tag{9.32 a}$$

definiert. Daraus folgt

$$x(t + \delta t) - x(t) = y(t)(\delta(t)) \ . \tag{9.32 b}$$

Falls $x(t)$ bei $t = 0$ seinen Maximalwert hat und anfänglich im Wert abnimmt, wird sich y vom Anfangswert $y = 0$ auf einen negativen Wert verändern. Das ist wegen

$$x(t + \delta t) < x(t)$$

für Zeiten t klar, die etwas größer als null sind. Das System behält seinen Richtungssinn bei und wir können also die Trajektorie so wie in Abbildung 9.6 mit einem Pfeil versehen.

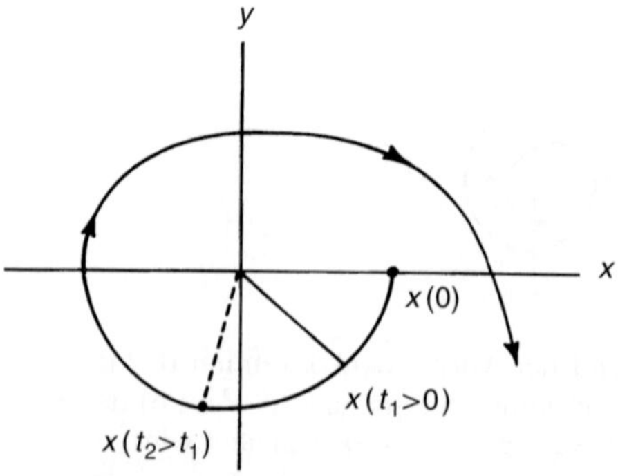

Abb. 9.6 Ein typisches Beispiel dafür, wie man die Frage der Vorzeichenkonvention beantworten kann. Man betrachtet die entsprechenden Gleichungen zu den Zeiten t_1 und $t_2 > t_1$ und überzeugt sich, ob sich die Spirale öffnet.

Es sollte klar sein, daß sich die Richtung der Spirale bei Änderung des Vorzeichens der Dämpfung nicht ändert. Der Richtungssinn ist durch die Beziehung zwischen den beiden Phasenebenenvariablen x und y eindeutig festgelegt. Wir wollen nun statt Gleichung (9.32 a) eine andere Relation zwischen $\mathrm{d}x/\mathrm{d}t$ und y benutzen. Es soll die Geschwindigkeit y' als das Negative der Ableitung $\mathrm{d}x/\mathrm{d}t$ definiert werden.

$$y' = -\frac{\mathrm{d}x}{\mathrm{d}t} \tag{9.33}$$

Dann würde man z. B. für die Gleichung des gedämpften Oszillators schreiben

$$\frac{\mathrm{d}^2x}{\mathrm{d}t^2} + x = \varepsilon\frac{\mathrm{d}x}{\mathrm{d}t} = -\varepsilon y' \tag{9.34}$$

bzw.

$$\frac{\mathrm{d}x}{\mathrm{d}t} = -y' \,, \tag{9.35 a}$$

$$\frac{\mathrm{d}y'}{\mathrm{d}t} = +x + \varepsilon y' \,. \tag{9.35 b}$$

In den Phasenebenenvariablen (x, y') würde man feststellen, daß die Spiraltrajektorie entgegen dem Uhrzeigersinn durchlaufen wird.

Die Bewegung in der Phasenebene würde gerade auf die gespiegelte Trajektorie der Abbildung 9.5 führen, denn jetzt zeigt unser Zeitpfeil in entgegengesetzte Uhrzeigerrichtung. Vergleiche Abbildung 9.7.

Wir wollen unsere Diskussion der Wahl des Zusammenhangs zwischen $\mathrm{d}x/\mathrm{d}t$ und der Variable, die wir y nennen, vertiefen. Wir diskutieren zwei Vorzeichenkonventionen.

(*Hinweis für den Leser*: Ich will erklären, warum ich die möglichen Schwierigkeiten so betone, die sich aus den verschiedenen Vorzeichenkonventionen ergeben können. Viele meiner Kollegen denken, daß ich es bin, der diese Schwierigkeiten hat! Sie sagen, daß man eben eine Konvention wählt und dann dabei

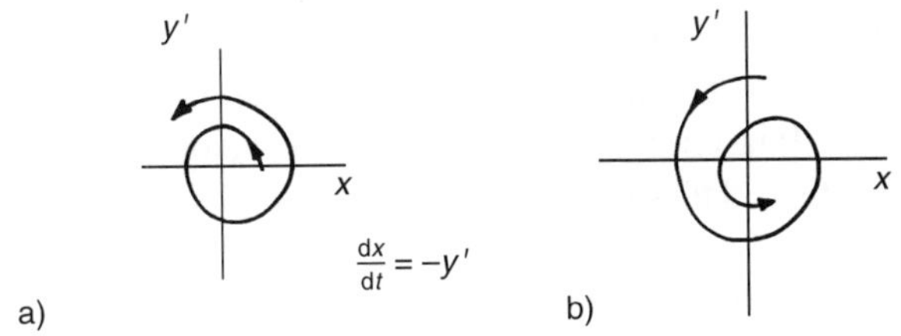

Abb. 9.7 Spiralen, die entsprechend der Konvention $\mathrm{d}x/\mathrm{d}t = -y'$ entgegen dem Uhrzeigersinn durchlaufen werden.

bleibt. Aber ich denke, daß dem nicht so ist. Ja, ich habe große Schwierigkeiten, in einem Ausdruck immer die richtigen Vorzeichen zu bekommen. Aber da stehe ich nicht allein. Ich möchte nur auf die Probleme hinweisen, die die Studenten bei der Benutzung von rechtshändigen und linkshändigen Koordinatensystemen haben. Ähnliche Mühe macht vielen der Umgang mit der „Rechte-Hand-Regel". Natürlich gibt es Schwierigkeiten, die aus Druckfehlern herrühren und ich weiß, daß es auch einige (hoffentlich nicht zu viele) in diesem Buch gibt. Ich möchte somit nun dem Leser die Wahl überlassen, ob er entweder die ausgearbeitete Diskussion der Vorzeichenkonvention überblättert oder sie mit einer gewissen Nachsicht liest.)

Konvention I

$$y \equiv \frac{\mathrm{d}x}{\mathrm{d}t} \tag{9.36}$$

Das entspricht der Bewegung in der Phasenebene im Uhrzeigersinn. (Diese Konvention wird in Abbildung 9.5 benutzt.) Wir wählen den Zusammenhang zwischen kartesischen Koordinaten (x, y) und Polarkoordinaten (r, θ) so, daß der Winkel θ mit der Zeit wächst. Dann gilt

$$x = r\cos\theta\,, \tag{9.37 a}$$
$$y = -r\sin\theta\,, \tag{9.37 b}$$
$$\theta = +t + \phi\,. \tag{9.37 c}$$

Durch Differentiation erhalten wir

$$\frac{\mathrm{d}x}{\mathrm{d}t} = \frac{\mathrm{d}r}{\mathrm{d}t}\cos\theta - r\frac{\mathrm{d}\theta}{\mathrm{d}t}\sin\theta\,, \tag{9.38 a}$$
$$\frac{\mathrm{d}y}{\mathrm{d}t} = -\frac{\mathrm{d}r}{\mathrm{d}t}\sin\theta - r\frac{\mathrm{d}\theta}{\mathrm{d}t}\cos\theta\,, \tag{9.38 b}$$

woraus die Beziehungen

$$x\frac{\mathrm{d}x}{\mathrm{d}t} + y\frac{\mathrm{d}y}{\mathrm{d}t} = r\frac{\mathrm{d}r}{\mathrm{d}t}\,, \tag{9.39 a}$$
$$-x\frac{\mathrm{d}y}{\mathrm{d}t} + y\frac{\mathrm{d}x}{\mathrm{d}t} = r^2\frac{\mathrm{d}\theta}{\mathrm{d}t} \tag{9.39 b}$$

folgen. Wir weisen darauf hin, daß der Winkel θ von der x-Achse aus in Uhrzeigerrichtung gezählt wird. Zeichnen Sie den Winkel in der Phasenebene ein. Wenn man die Trajektorie in der Phasenebene der kartesischen Koordinaten x und y darstellt, dann stellt man fest, daß sich die Spirale mit wachsender Zeit in Uhrzeigerrichtung windet.

Konvention II. Wir betrachten jetzt

$$y \equiv -\frac{\mathrm{d}x}{\mathrm{d}t} . \tag{9.40}$$

(Diese Konvention wird in Abbildung 9.7 benutzt.) Wir möchten immer noch einen polaren Winkel verwenden, der mit der Zeit anwächst. Das heißt, unsere Bewegung erfolgt entgegen dem Uhrzeigersinn und wir schreiben

$$x = r\cos\theta , \tag{9.41 a}$$

$$y = r\sin\theta , \tag{9.41 b}$$

$$\theta = +t + \phi . \tag{9.41 c}$$

Wenn wir jetzt die zeitlichen Ableitungen bilden, erhalten wir

$$\frac{\mathrm{d}x}{\mathrm{d}t} = \frac{\mathrm{d}r}{\mathrm{d}t}\cos\theta - r\frac{\mathrm{d}\theta}{\mathrm{d}t}\sin\theta , \tag{9.42 a}$$

$$\frac{\mathrm{d}y}{\mathrm{d}t} = \frac{\mathrm{d}r}{\mathrm{d}t}\sin\theta + r\frac{\mathrm{d}\theta}{\mathrm{d}t}\cos\theta . \tag{9.42 b}$$

Und daraus folgt

$$x\frac{\mathrm{d}x}{\mathrm{d}t} + y\frac{\mathrm{d}y}{\mathrm{d}t} = r\frac{\mathrm{d}r}{\mathrm{d}t} , \tag{9.43 a}$$

$$x\frac{\mathrm{d}y}{\mathrm{d}t} - y\frac{\mathrm{d}x}{\mathrm{d}t} = r^2\frac{\mathrm{d}\theta}{\mathrm{d}t} . \tag{9.43 b}$$

Es ist nützlich, die entsprechenden Paare in den Gleichungen (9.39) und (9.43) miteinander zu vergleichen. Einige Vorzeichen sind gleich. Für eine Situation, in der der Radius mit der Zeit größer wird, müssen beide Konventionen natürlich $\mathrm{d}r/\mathrm{d}t > 0$ ergeben.

Wir fassen die Diskussion der Vorzeichenkonventionen zusammen. In Konvention I ist die Geschwindigkeit $\mathrm{d}x/\mathrm{d}t$ gleich der Größe, die wir mit y bezeichnen. Dagegen ist in Konvention II die Geschwindigkeit $\mathrm{d}x/\mathrm{d}t$ gleich $-y$. Beide Konventionen sind aber so eingerichtet, daß der polare Winkel θ mit fortschreitender Zeit wächst. Wir haben eine gewisse Vorliebe für die Konvention II, die durch Gleichung (9.40) definiert wird. Sie führt häufig auf einfachere Vorzeichenverhältnisse. Welche Konvention man aber schließlich benutzt, ist nur eine Frage des Geschmacks und der Bequemlichkeit.

Übung 9.3.1. Gegeben sei die Gleichung

$$\frac{\mathrm{d}^2 x}{\mathrm{d}t^2} + x = \varepsilon \frac{\mathrm{d}x}{\mathrm{d}t}; \qquad x(0) = A, \quad \dot{x}(0) = \frac{\varepsilon A}{2} . \tag{9.44}$$

Die Lösung lautet

$$x(t) = A \exp \frac{\varepsilon t}{2} \cos \left(\sqrt{1 - \frac{\varepsilon^2}{4}}\, t \right) .$$

Man benutze die Vorzeichenkonventionen I und II und schreibe Gleichung (9.44) als System gekoppelter Differentialgleichungen erster Ordnung. Man führe Polarkoordinaten ein und zeichne die Trajektorien in der Phasenebene für $\varepsilon > 0$. Man überzeuge sich davon, daß in beiden Fällen die Trajektorie eine auslaufende Spirale ist. □

Wir besitzen nunmehr die nötigen Voraussetzungen und können damit beginnen, diese Vorstellungen auf die Untersuchung nichtlinearer Systeme anzuwenden. Wir wissen, daß jedes autonome System, das durch Gleichung (9.22) beschrieben wird und dessen Trajektorie in der Phasenebene eine geschlossene Kurve bildet, mit einer periodischen Bewegung verbunden ist. Anders gesagt, wenn eine periodische Bewegung mit der Periode T gegeben ist, dann gilt

$$x(T + t) = x(t); \qquad \frac{\mathrm{d}x(T + t)}{\mathrm{d}t} = \frac{\mathrm{d}x(t)}{\mathrm{d}t} .$$

Wenn die Trajektorie nicht geschlossen ist, kann das Langzeitverhalten des Systems dadurch untersucht werden, daß man die Entwicklung der Trajektorie verfolgt. Wir werden feststellen, daß nichtlineare Systeme ein Verhalten zeigen können, das bei linearen Systemen unmöglich ist. Das Phasenporträt ist für diese Betrachtungen ein nützliches analytisches und graphisches Hilfsmittel.

10 Konservative Systeme

Wir beginnen damit, einige der Hauptgedanken für die Entwicklung einer asymptotischen Beschreibung von konservativen, schwach nichtlinearen oszillierenden Systemen vorzustellen. Die älteste systematische Methode geht auf Lindstedt und Poincaré zurück. Sie ist leicht zu verstehen, jedoch auf Systeme mit periodischer Bewegung beschränkt. Wir behandeln sie in diesem Kapitel, in späteren Kapiteln werden wir leistungsfähigere und universeller anwendbare Methoden entwickeln.

10.1 Überblick über die Grundgedanken

1. Wir beginnen mit einem nur wenig vom einfachen harmonischen Oszillator abweichenden System. Das bedeutet, daß wir einen kleinen Parameter haben, der beschreibt, wie dicht wir am Grundsystem sind.
2. Der einfache harmonische Oszillator hat eine Eigenfrequenz ω_0, folglich tritt eine natürliche Zeitskala in dem Problem auf.
3. Die Lösungen des einfachen harmonischen Oszillators weisen eine konstante Amplitude und eine konstante, amplitudenunabhängige Frequenz auf, während die Lösungen des gestörten Systems nicht von dieser Form sind. Hier besteht die Möglichkeit einer langsam variierenden Amplitude und (oder) einer amplitudenabhängigen Frequenz. Wir stellen fest, daß im Zeitraum einer Periode des ungestörten Oszillators das gestörte System die Möglichkeit kleiner Veränderungen hat. Wir können das System mittels einer durch die Eigenfrequenz ω_0 gesteuerten Bildfolge betrachten und nur die Veränderungen nach jedem dieser Intervalle registrieren, d. h. durch die „Stroboskopmethode".
4. Wir müssen säkulare Terme vermeiden. Diese Terme treten auf, weil wir einen über einen langen Zeitraum wirkenden kleinen Einfluß haben. Wir müssen unsere Rechnungen so aufbauen, daß wir für alle Zeiten klein bleibende Terme, die nicht zu Schwierigkeiten führen, von den Termen un-

terscheiden können, die nur für kurze Zeiten klein bleiben und deshalb sorgfältig behandelt werden müssen. Wir verwenden Methoden, die die zugrunde liegende Struktur der Rechnungen verdeutlichen und uns erlauben, die Terme in die beiden allgemeinen Klassen einzuteilen.

Wie können wir das erreichen? Wenn das System periodisch ist, dann wählen wir die Blitzfrequenz unserer Lampe näher an der richtigen Frequenz des Systems als bei der ungestörten Frequenz. Wir haben diese Möglichkeit und nutzen sie zur Unterdrückung oder Beseitigung der säkularen Terme.

5. Wenn das System nicht periodisch ist, jedoch eine Dämpfung enthält, verwenden wir diese Freiheit, um die mittlere Energie über einen Zyklus der ungestörten Periode zu verfolgen und festzustellen, wie sie sich ändert. Die entscheidende Größe, die beobachtet werden muß, ist die Energie oder die Amplitude, nicht die Auslenkung. (Das wird im Kapitel 11 diskutiert.)
6. Wir werden manchmal in kartesischen Koordinaten und manchmal in Polarkoordinaten arbeiten. Bei der Hin- und Rücktransformation zwischen den Koordinatensystemen müssen wir sorgfältig sein. Wenn sich die Amplitude ändert, ist es oft einfacher, in Polarkoordinaten zu arbeiten, weil wir uns dann auf die Änderung der Energie je Umlauf konzentrieren können und nicht von den oszillierenden Teilen verwirrt werden.

10.2 Eigenschaften konservativer Systeme

Wir wenden uns konservativen Systemen zu, die sich vom einfachen harmonischen Oszillator durch eine kleine Änderung im Potential unterscheiden. Die Bewegung bleibt periodisch, wir erwarten, daß die neue Periode nahe an der alten liegt.

Wir beginnen mit einem Potential der Form $V(x) = \frac{1}{2}x^2 +$ „ein kleiner Korrekturterm“. Die Gesamtenergie E des Systems besteht aus der kinetischen Energie K_E und der potentiellen Energie P_E. Wenn wir das System in Bewegung setzen, wird es oszillieren und kinetische und potentielle Energie ineinander umwandeln. Die Bewegung ist auf den durch die Umkehrpunkte bestimmten Bereich beschränkt, d. h. auf die Punkte, wo die Geschwindigkeit gleich null ist und wo die Auslenkung ein Maximum hat. Diese Bewegung ist beschränkt und periodisch, siehe Abbildung 10.1.

Wir wollen jetzt zeigen, wie wir zu dieser Schlußfolgerung gelangen. Dazu schreiben wir die Gleichung für die Gesamtenergie als

$$\left(\frac{\mathrm{d}x}{\mathrm{d}t}\right)^2 = 2\left[E - V(x)\right] . \tag{10.1 a}$$

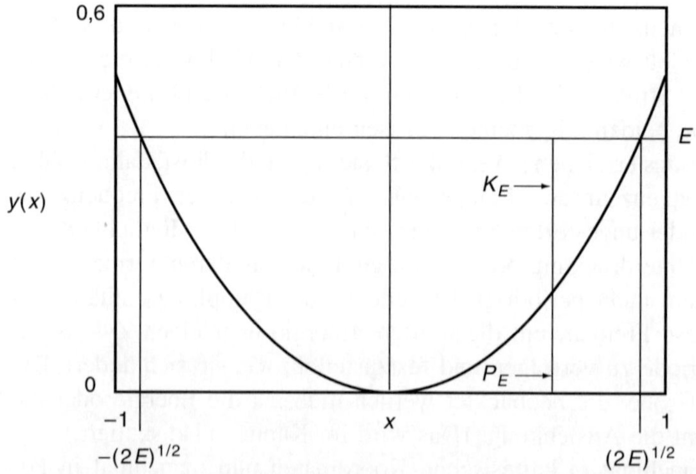

Abb. 10.1 Es läßt sich zeigen, daß eine eindimensionale beschränkte Bewegung in einem konservativen Kraftfeld periodisch ist. Dazu siehe z. B. Landau und Lifschitz. Die Gesamtenergie wird mit E bezeichnet, die potentielle Energie mit P_E und die kinetische Energie mit K_E.

Wir erhalten dann

$$\frac{dx}{dt} = \pm\sqrt{2[E - V(x)]} \tag{10.1 b}$$

oder

$$\pm \int \frac{dx}{\sqrt{2[E - V(x)]}} = \int dt\,. \tag{10.1 c}$$

Wir integrieren über das Intervall zwischen den Umkehrpunkten x_1 und x_2, die durch die Werte von x gegeben sind, für die $E = V$ ist. Das dazugehörige Zeitintegral liefert uns die entsprechende Zeit. Das System kehrt dann um und geht zu seinem Ausgangspunkt zurück. Diese Integrale sind Zahlen. Dann steht fest, daß jeder Halbzyklus gleich und ihre Summe die gesamte Periode der Bewegung ist.

$$\int_{x_1}^{x_2} \frac{dx}{\sqrt{2[E - V(x)]}} = \int_0^{T/2} dt = \frac{T}{2} \tag{10.2}$$

Für das quadratische Potential $V(x) = \frac{1}{2}x^2$ sind die Integrale leicht zu berechnen:

$$\int_{-\sqrt{2E}}^{+\sqrt{2E}} \frac{dx}{\sqrt{2\,[E - x^2/2]}} = \int_{-1}^{1} \frac{dy}{\sqrt{1 - y^2}} = \pi = \frac{1}{2}\text{Periode}\,. \tag{10.3}$$

Wir fassen zusammen:

1. Die Bewegung in einer Potentialmulde ist periodisch.
2. Die Bewegung in einem quadratischen Potential besitzt die Periode $T = 2\pi$, die von Energie und Amplitude unabhängig ist. Die in Abbildung 10.2 dargestellten Systeme 1 und 2 mit den Energien E_1 und E_2 haben die gleiche Periode. Nehmen wir an, wir hätten ein Stroboskop, welches so justiert ist, daß es in Intervallen blitzt, die genau der Periode des Systems 1 entsprechen, dann würden wir die Bewegung im Raum fixiert, d. h. als einen festen Punkt sehen. Da das Licht immer dann auf das System trifft, wenn es die gleiche Position und die gleiche Geschwindigkeit hat, erscheint es in Ruhe.
Da das System 1 die gleiche Periode wie das System 2 hat, wird das System 2 ebenfalls an einem fixierten Punkt erscheinen, wenn wir das Licht mit der von uns für das System 1 gefundenen Frequenz einstrahlen, siehe Abbildung 10.2.

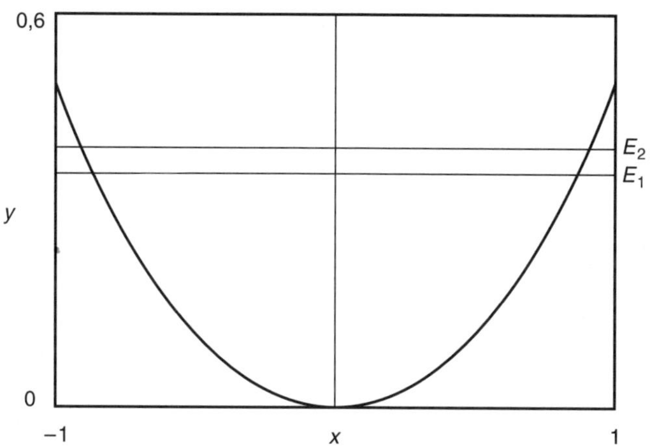

Abb. 10.2 Eine der charakteristischen Eigenschaften der einfachen harmonischen Bewegung besteht darin, daß die Periode unabhängig von der Amplitude bzw. der Energie ist. $y(x) = \frac{1}{2}x^2$

3. Jetzt versuchen wir das gleiche Experiment für ein System, das durch ein Potential der Form

$$V(x) = \frac{1}{2}x^2 + \varepsilon\left(\frac{1}{4}\right)x^4; \qquad 0 < \varepsilon \ll 1 \tag{10.4}$$

beschrieben wird. Vergleiche Abbildung 10.3
Das entspricht dem Duffing-Oszillator, einem System, das durch die Bewegungsgleichung

$$\frac{d^2x}{dt^2} + x = -\varepsilon x^3; \qquad 0 < \varepsilon \ll 1 \tag{10.5}$$

beschrieben wird. (Man beachte, daß wir das Problem bereits durch die Einführung der dimensionslosen Variablen x und t vorbereitet haben.)

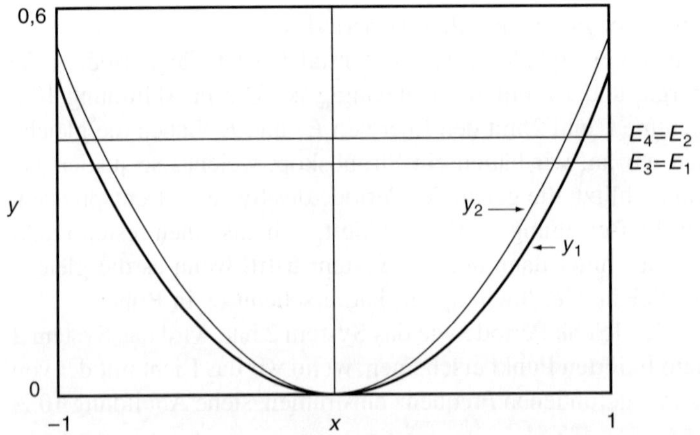

Abb. 10.3 Das Potential des Duffing-Oszillators enthält einen kleinen Term vierter Ordnung, der zu einer amplitudenabhängigen Frequenz führt. Weil das Potential in der für uns interessanten Region nur wenig von $\frac{1}{2}x^2$ abweicht, sind wir sicher, daß wir eine Störungsentwicklung nach dem kleinen Parameter ε ausführen können. $y_1 = \frac{1}{2}x^2$, $y_2 = \frac{1}{2}x^2 + \varepsilon\left(\frac{1}{4}\right)x^4$

Im Mittelpunkt unserer Diskussion nichtlinearer konservativer Systeme steht der Duffing-Oszillator. Bei ihm handelt es sich um das einfachste System, dessen charakteristische Eigenschaften typisch für eine große Klasse von Systemen sind. Wenn wir uns fast ausschließlich auf seine Eigenschaften konzentrieren, können wir viele Störungsverfahren vergleichen und unterscheiden.

Wir stellen uns vor, daß unser System aus der Masse m und einer veränderten Feder besteht, so daß das Hooksche Gesetz verändert ist:

$$-kx \to -k\left(x + \gamma x^3\right); \qquad \gamma = \frac{\varepsilon}{k}$$

Das durch diese Gleichung beschriebene System führt Oszillationen mit fester Amplitude aus, da die Gesamtenergie

$$E = \frac{1}{2}\left(\frac{\mathrm{d}x}{\mathrm{d}t}\right)^2 + \frac{1}{2}x^2 + \varepsilon\left(\frac{1}{4}\right)x^4 \tag{10.6}$$

erhalten bleibt. Wir können diese Schlußfolgerung als $\mathrm{d}E/\mathrm{d}t = 0$ schreiben. Betrachten wir jetzt je einen als System 3 und System 4 bezeichneten Duffing-Oszillator mit der Energie E_3 bzw. E_4. Dann richten wir unter Hinweis auf Abbildung 10.2 unsere Systeme so ein, daß $E_3 = E_1$ und $E_4 = E_2$ gilt. Wir nehmen an, daß wir mit einem geeigneten Verfahren zeigen können, daß die Periode von der Amplitude abhängt, so daß die Systeme 3 und 4 unterschiedliche Perioden haben. (Das zeigen wir in der Übung 10.2.2 und in den zur Gleichung (10.35) führenden Gleichungen.)

Vielleicht können wir die Amplitudenabhängigkeit wie folgt veranschaulichen. Zunächst stellen wir die Frequenz unseres Stroboskops so ein, daß sie der Frequenz des als System 1 bezeichneten ungestörten Oszillators mit der Energie E_1 entspricht. Wenn wir das System 3 mit der Energie $E_3 = E_1$ betrachten, dann sehen wir es nicht an einem festen Punkt, es erscheint langsam driftend. Wir justieren dann den Zeitpunkt der Auslösung der Lichtblitze, um die Bewegung zu stoppen. Alles ist in Ordnung, wenn wir nicht versuchen, das System über ein zu langes Zeitintervall zu beobachten. Obwohl das System eine genaue Periode hat, ist sie uns unbekannt. Wenn wir mit dem Wert der Frequenz für das System 3 zufrieden sind, versuchen wir, mit ihr das System 4 mit $E_4 > E_3$ zu beobachten. Wir stellen fest, daß es nicht funktioniert, da die Periode von der Amplitude bzw. der Gesamtenergie abhängt und wir deshalb eine andere Justierung unseres Stroboskops zu verwenden haben. Das ist der entscheidende Unterschied zwischen der Bewegung in einem quadratischen Potential und in anderen symmetrischen Potentialen. Da unser Ziel darin besteht, eine konsistente Störungsentwicklung zu erreichen, müssen wir die Abhängigkeit der Frequenz oder der Periode von der Amplitude der Bewegung in verschiedenen Potentialen finden.

Übung 10.2.1. Wir betrachten den modifizierten einfachen harmonischen Oszillator, gegeben durch die Gleichung

$$\frac{\mathrm{d}^2 x}{\mathrm{d}t^2} + x = -\varepsilon x; \qquad x(0) = A, \quad \dot{x}(0) = 0\,.$$

a) Man berechne das Potential $V(x)$.
b) Wo liegen die Umkehrpunkte der Bewegung?
c) Man stelle $V(x)$ über x für ein System mit der Gesamtenergie E graphisch dar und bezeichne die Umkehrpunkte in der Abbildung. □

Man betrachte die Gleichung (10.2) für den Fall, daß das Potential $V(x)$ eine symmetrische Funktion ist. Wir geben in den Übungen 10.2.2 bis 10.2.4 einen Überblick über ein Entwicklungsverfahren, welches es uns ermöglicht, die Schwingungsdauer als Potenzreihe in dem kleinen Parameter ε darzustellen.

Übung 10.2.2. Betrachtet wird ein Teilchen mit der Gesamtenergie E und der maximalen Auslenkung A, das sich in einem symmetrischen Potential

$$V(x) = \tfrac{1}{2}x^2 + \tfrac{1}{4}\varepsilon x^4; \qquad |\varepsilon| \ll 1$$

bewegt. Wir können die Energie berechnen, wenn die Geschwindigkeit gleich null ist und erhalten

$$E = \tfrac{1}{2}A^2 + \tfrac{1}{4}\varepsilon A^4,$$

wobei $\pm A$ die Umkehrpunkte sind. Dann nimmt Gleichung (10.2) die Form

$$\frac{T}{2} = \int_{-A}^{A} \frac{1}{\left(A^2 + \frac{1}{2}\varepsilon A^4 - x^2 - \frac{1}{2}\varepsilon x^4\right)^{1/2}} \mathrm{d}x$$

an. Da das Polynom den Faktor $A^2 - x^2$ enthält, können wir

$$T = 4\int_{0}^{A} \frac{1}{\left[\left(A^2 - x^2\right)\left(1 + \frac{1}{2}\varepsilon A^2 + \frac{1}{2}\varepsilon x^2\right)\right]^{1/2}} \mathrm{d}x$$

schreiben. Mit der Substitution $x = A\sin\theta$ erhalten wir

$$T = 4\int_{0}^{\pi/2} \frac{1}{\left[1 + \frac{1}{2}\varepsilon A^2 + \frac{1}{2}\varepsilon A^2 \sin^2\theta\right]^{1/2}} \mathrm{d}\theta\,.$$

Durch Entwicklung des Nenners folgt

$$T = 2\pi\left[1 - \tfrac{3}{8}\varepsilon A^2 + O\left(\varepsilon^2\right)\right].$$

Man führe die Entwicklung fort und zeige, daß der nächste Term $(57/256)\varepsilon^2 A^4$ lautet. □

Übung 10.2.3. Die Faktorisierungstechnik kann immer dann verwendet werden, wenn das Potential eine symmetrische Funktion von x ist. Als Beispiel betrachten wir ein Teilchen mit der Gesamtenergie E und der maximalen Auslenkung A, das sich in einem Potential der Form

$$V(x) = \tfrac{1}{2}x^2 + \tfrac{1}{6}\varepsilon x^6; \qquad |\varepsilon| \ll 1$$

bewegt. Unter Verwendung der Faktorisierungstechnik schreiben wir den entsprechenden Nenner als

$$\left(A^2 - x^2\right)\left(1 + \tfrac{1}{3}\varepsilon A^4 + \tfrac{1}{3}\varepsilon A^2 x^2 + \tfrac{1}{3}\varepsilon x^4\right).$$

Man zeige, daß die Schwingungsdauer

$$T = 2\pi\left[1 - \tfrac{5}{16}\varepsilon A^4 + O\left(\varepsilon^2\right)\right]$$

beträgt. □

Übung 10.2.4. Man betrachte ein Potential der Form

$$V(x) = \tfrac{1}{2}x^2 + \tfrac{1}{4}\varepsilon x^4 + \tfrac{1}{6}\varepsilon x^6$$

und zeige, daß die Korrektur niedrigster Ordnung zur Frequenz der Schwingung einfach die Summe der in den Übungen 10.2.2 und 10.2.3 gefundenen Terme ist. Die Frequenzkorrekturen können sich in der niedrigsten Ordnung nicht beeinflussen, da sie mit verschiedenen Potenzen der Amplitude in die Entwicklung eingehen. □

Bemerkung: Wenn $V(x)$ ungerade Potenzen von x enthält, dann ist die Bewegung nicht länger symmetrisch um den Ursprung. Der Faktor $A^2 - x^2$ ist nicht im Nenner enthalten und es gibt keine offensichtliche Variablentransformation, um den Integranden zu vereinfachen.

10.3 Orientierung auf die Grundideen der Berechnungen

Wir führen jetzt die Rechenmethoden ein, die für die Behandlung konservativer Systeme geeignet sind. Wir konzentrieren unsere Aufmerksamkeit auf den durch Gleichung (10.5) gegebenen Duffing-Oszillator, da er ein typisches nichtlineares konservatives System ist. Er hat eine exakt kubische Nichtlinearität und nicht eine aus einer Näherung folgende kubische Nichtlinearität. (Zum Beispiel kann ein einfaches Pendel, das Schwingungen mit kleiner Amplitude ausführt, in einer Näherung beschrieben werden, die einen in der Amplitude kubischen Term enthält.) Wir beschäftigen uns mit den folgenden Fragestellungen:

1. Ist das System periodisch? Ja, weil das System eindimensional ist und beschränkte Bewegungen in einem konservativen Kraftfeld ausführt.
2. Wird die Schwingungsdauer durch die Störung geändert? Ja, wir werden das bei unserer Rechnung herausfinden, es ist auch zu erwarten, da wir eine etwas steifere Feder haben.
3. Wie ist die Form des Orbits in der Phasenebene? Wir vermuten, daß sie dicht bei einer Kreisbahn liegt.

10.3.1 Rückblick

Wir beginnen mit unserer Untersuchung, indem wir die Trajektorie des Systems im Phasenraum darstellen. Wir beachten dabei zwei Aspekte, nämlich die Änderung der Schwingungsfrequenz und die Änderung der Form des Orbits.

Weil die Störung klein ist, vermuten wir, daß auch die Änderung der Frequenz entsprechend klein ist. Man muß jedoch sorgfältig beachten, was das bedeutet. Wir betrachten das Phasenporträt der Gleichung des Duffing-Oszillators, dargestellt in der Abbildung 10.4.

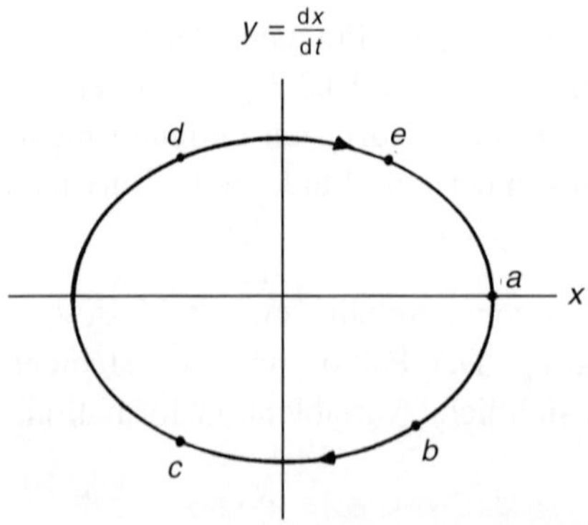

Abb. 10.4

In der Abbildung 10.4 sehen wir fünf hervorgehobene Punkte der Phasenbahn, bezeichnet mit a bis e. Wir gehen davon aus, daß die Bewegung des Systems bei $t = 0$ im Punkt a beginnt.

Wir warten jetzt ein Zeitintervall gleich der Schwingungsdauer des ungestörten Oszillators, $T_0 = 2\pi$, und finden dann das System nicht am Punkt a, sondern, abhängig davon, ob die Frequenz des Duffing-Oszillators kleiner oder größer als die Frequenz des entsprechenden einfachen harmonischen Oszillators ist, an einem anderen Punkt, z. B. bei b oder e. (Bei unseren Rechnungen finden wir heraus, daß der Duffing-Oszillator eine größere Frequenz als der entsprechende einfache harmonische Oszillator hat. Wir werden also das System am Punkt b und nicht am Punkt e finden.) Anfangs beschränken wir uns darauf, das System in Zeitabständen zu betrachten, die gleich der Schwingungsdauer des ungestörten Oszillators sind.

Wenn die Störung die Periode des Systems verändert und wir weiterhin das System in durch die ungestörte Periode bestimmten Intervallen betrachten, werden wir feststellen, daß das System driftet und wir es dann am Punkt c usw. finden. Die periodische Natur der Bewegung wird also durch das Beobachtungsverfahren verdeckt.

10.3.2 Aufbau der Rechnung

Wir wollen die Rechnungen so aufbauen, daß die periodische Natur der Lösung beibehalten bzw. offensichtlich wird. Wir erreichen das durch eine Entwicklung, die zeitlich gleichmäßig gültig ist. Das bedeutet, wenn ein kleiner Term klein gegen einen anderen kleinen Term ist, daß diese Relation für alle Zeiten aufrechterhalten wird und richtig ist.

Wir wollen das mit der Betrachtung der folgenden Gleichung verdeutlichen:

$$\frac{d^2x}{dt^2} + (1+\varepsilon)^2 x = 0; \qquad x(0) = A, \quad \dot{x}(0) = 0\,. \tag{10.7}$$

Deren Lösung lautet

$$x(t) = A\cos\left[(1+\varepsilon)t\right] . \tag{10.8 a}$$

Die wichtigste Beobachtung besteht darin, daß die Auslenkung $x(t)$ eine periodische Funktion ist. Wir denken folglich an ein Problem, das eine kleine Korrektur zur Eigenfrequenz erfahren hat.

Jetzt nehmen wir an, wir hätten statt der durch Gleichung (10.8 a) gegebenen exakten Lösung nur eine Näherungslösung durch eine Störungsentwicklung gefunden. Diese könnte in der Form

$$x(t) = A\cos t - (\varepsilon A t)\sin t + O\left(\varepsilon^2 t^2\right) \tag{10.8 b}$$

gegeben sein. Diese Näherungslösung ist richtig. Sie kann jedoch in die Irre führen, da sie zu der falschen Annahme führt, daß es eine Entwicklung in dem kleinen Parameter ε und nicht in dem kleinen Parameter εt ist. Als wir die Störungsentwicklung durchgeführt haben, hätten wir zur Zeit $t = 0$ beginnen und dann vorwärts gehen können. Dann gäbe es eine Kopplung zwischen der Zeit t und dem Parameter ε, was zu der möglicherweise falschen Schlußfolgerung führt, daß wir eine aperiodische statt einer periodischen Bewegung haben, entsprechend der Existenz von Termen der Art $(\varepsilon A t)\sin t$ in der Störungsentwicklung.

Wir kehren jetzt zu dem durch Gleichung (10.5) gegebenen Duffing-Oszillator zurück. Wir wollen sicher sein, daß unsere Störungsentwicklung so aufgebaut ist, daß in jedem Term die periodische Natur der Lösung erhalten bleibt, wenngleich wir gleichzeitig nach der korrekten Frequenz und Periode suchen. Natürlich ist uns die genaue Frequenz unbekannt und deshalb müssen wir die Blitzfrequenz kontinuierlich anpassen, um die Bewegung als einen festen Punkt darzustellen.

Wir wollen einen Zusammenhang zwischen diesem Zugang und den Regelungen unseres Kalenders herstellen. Wir fügen in festen Abständen ein Schaltjahr ein, um den bei der Aufteilung des Jahres in Tage entstehenden Fehler zu korrigieren. Das erfordert jedoch weitere Korrekturen, da das Verhältnis von der Länge eines Tages zur Länge eines Jahres keine rationale Zahl ist. Beim Kalender besteht unsere Vorgehensweise darin, weitere Korrekturen zu machen, um eine Anpassung zu erreichen, die unseren Anforderungen genügt. Wir werden hier das gleiche tun. Wir werden die ersten Korrekturen zur Frequenz suchen, die Blitzlampe nachjustieren, die nächsten Korrekturen suchen usw. Unser Ziel besteht darin, eine Störungsentwicklung von $x(t)$ zu finden, in Form von Funktionen, die mit der richtigen Frequenz ω und nicht mit der ungestörten Frequenz ω_0 periodisch sind.

Da wir jedoch nicht in der Lage sind, die exakte Frequenz der Schwingung genau zu bestimmen, wird unsere Entwicklung nicht für alle Zeiten richtig sein. Das bedeutet, daß unsere Näherung der Phasenbahn möglicherweise „offen“ sein wird und die zeitlich begrenzte Richtigkeit unserer Näherung damit offensichtlich wird.

Das ist der Hauptgedanke unserer verbesserten Störungsentwicklung. Folglich suchen wir keine Entwicklung der Form

$$x(t) = x_0(t) + \varepsilon x_1(t) + \varepsilon^2 x_2(t) + \text{T. h. O.}, \tag{10.9 a}$$

wo εx_1 und $\varepsilon^2 x_2$ kleine Korrekturen zu x_0 sind, sondern wir suchen eine Entwicklung der Form

$$x(\tau) = x_0(\tau) + \varepsilon x_1(\tau) + \varepsilon^2 x_2(\tau) + \text{T. h. O.}, \tag{10.9 b}$$

wobei $\varepsilon x_1(\tau)$ und $\varepsilon^2 x_2(\tau)$ kleine Korrekturen zu $x_0(\tau)$ sind. Wir haben die Zeitvariable unseres Problems auf $\tau = \omega t$ transformiert. Diese Transformation führt die richtige, d. h. exakte Frequenz ω ein. Diese unbekannte Größe wollen wir gleichzeitig mit der Entwicklung der Störungsrechnung suchen. Es ist wichtig festzustellen, daß $t \neq \tau$ ist, wenn die Periode der Bewegung durch eine Störung verändert wird.

Unsere Grundannahmen sind folgende:

1. Die Frequenz wird durch die kleine Störung nur wenig geändert, sie kann durch eine Potenzreihe in dem kleinen Parameter ε dargestellt werden:

$$\omega = \omega_0 + \varepsilon\omega_1 + O\left(\varepsilon^2\right); \qquad \omega_0 = 1\,. \tag{10.10}$$

   Wir finden die Korrekturterme nacheinander.

2. Die Auslenkung $x(\tau)$ und die Geschwindigkeit $\mathrm{d}x/\mathrm{d}\tau$ der periodischen Oszillation unterscheiden sich in ihrer funktionalen Form nur wenig von der ungestörten Auslenkung $x(t)$ und der ungestörten Geschwindigkeit $\mathrm{d}x(t)/\mathrm{d}t$. Da unsere Gleichung von zweiter Ordnung in den Zeitableitungen ist, müssen wir eine gute Näherung sowohl für die Auslenkung als auch für die Geschwindigkeit finden.

10.4 Die Poincaré-Lindstedt-Methode

Die Poincaré-Lindstedt-Methode liefert uns ein brauchbares Näherungsverfahren, welches die zur Unterdrückung der säkularen Terme notwendigen Frequenzkorrekturen erkennt und uns eine Näherung für die Auslenkung $x(t)$ gibt. Sie ist begrenzt auf konservative Systeme und deshalb weniger allgemein als die Mittelungsmethode oder die Methode der vielfachen Zeitskalen. (Diese allgemeineren Methoden werden in den Kapiteln 12–14 dargestellt.) Sie ist dennoch eine strenge Methode, die uns Einblicke in das Verhalten konservativer nichtlinearer oszillierender Systeme gibt. Für die Berechnung der Störungsentwicklung transformieren wir unsere Differentialgleichung in eine Integralgleichung und lösen diese mit einer Methode der sukzessiven Approximation. Die einzelnen Schritte werden anhand der Untersuchung des Duffing-Oszillators erklärt. Dabei finden wir einen Ausdruck für die Auslenkung $x(t)$ mit einem Fehler der Ordnung $O\left(\varepsilon^2\right)$ zu einer Zeit $t = O(1)$. (Diese Technik wird auch in der Übung 10.4.2 anhand des modifizierten einfachen harmonischen Oszillators dargestellt. Dieses Problem ist recht einfach und sollte herangezogen werden, wenn man durch die Rechnungen zum Duffing-Oszillator etwas verwirrt wird.) Es handelt sich um eine direkte, jedoch algebraisch komplizierte Rechnung. Die Lösungsmethode des Probierens kann ebenfalls verwendet werden, sie ist allgemein für konkrete Rechnungen zu empfehlen, da sie ein Minimum an Rechenaufwand erfordert. Der Grund, warum wir auf die Integralgleichungsmethode Wert legen, besteht darin, daß sie uns Einblicke in die Quelle der säkularen Terme gibt und daß sie nützlich für die Entwicklung der im Kapitel 15 diskutierten Fehleranalyse ist. Sie ist ebenfalls eine allgemeine Methode zur Lösung inhomogener Differentialgleichungen.

Unsere Ausgangsgleichung lautet

$$\frac{\mathrm{d}^2 x}{\mathrm{d}t^2} + x = -\varepsilon x^3; \qquad 0 < \varepsilon \ll 1, \tag{10.11}$$

mit den Anfangsbedingungen

$$x(0) = A; \qquad \frac{\mathrm{d}x(0)}{\mathrm{d}t} = 0\,. \tag{10.12}$$

Wir wissen aus unseren Betrachtungen zur Energie, daß die Gesamtenergie E

$$E = \frac{1}{2}\left(\frac{\mathrm{d}x}{\mathrm{d}t}\right)^2 + \frac{1}{2}x^2 + \varepsilon\left(\frac{1}{4}\right)x^4 \tag{10.13}$$

ist. Unsere speziellen Anfangsbedingungen sind so gewählt, daß die maximale Auslenkung den Wert $x_{\max} = A$ hat.

Die Rechnung erfolgt in einer Reihe von Schritten:

1. Die ungestörte Frequenz ω_0 ist gleich 1, wir wählen die Frequenz ω des Duffing-Oszillators als eine Reihenentwicklung in Potenzen des kleinen Parameters ε:

   $$\omega = 1 + \varepsilon\omega_1 + O\left(\varepsilon^2\right), \tag{10.14}$$

   wobei $\varepsilon\omega_1$ eine kleine Korrektur zu 1 darstellt.
2. Wir führen die „Eigen“zeit ein, die in Zusammenhang mit der Periode der Bewegung steht:

   $$\tau \equiv \omega t \tag{10.15}$$

und entwickeln die Auslenkung nach Potenzen von ε:

$$x(\tau) = x_0(\tau) + \varepsilon x_1(\tau) + \text{T. h. O.} \tag{10.16}$$

Wir drücken weiterhin die Differentialoperatoren durch Ableitungen nach der Eigenzeit aus:

$$\frac{\mathrm{d}}{\mathrm{d}t} = \omega \frac{\mathrm{d}}{\mathrm{d}\tau}; \qquad \frac{\mathrm{d}^2}{\mathrm{d}t^2} = \omega^2 \frac{\mathrm{d}^2}{\mathrm{d}\tau^2}.$$

3. Gleichung (10.11) wird zu

$$\frac{\mathrm{d}^2 x}{\mathrm{d}\tau^2} + \frac{1}{\omega^2} x = \frac{-\varepsilon}{\omega^2} x^3, \tag{10.17 a}$$

die Gleichung (10.17 a) können wir auch als

$$\frac{\mathrm{d}^2}{\mathrm{d}\tau^2}(x_0 + \varepsilon x_1) + \frac{1}{(1+\varepsilon\omega_1)^2}(x_0 + \varepsilon x_1) = -\frac{\varepsilon}{(1+\varepsilon\omega_1)^2}(x_0 + \varepsilon x_1)^3 + \text{T. h. O.} \tag{10.17 b}$$

schreiben.

4. Wir suchen eine Lösung der Gleichung (10.17 b), indem wir die den Potenzen des kleinen Parameters ε entsprechenden Gleichungen bis zur Ordnung $O(\varepsilon)$ für Zeiten $t = O(1)$ oder $t \ll 1/\varepsilon$ lösen. Wir beschränken uns auf diese Zeitdauer, in der wir die Gültigkeit der Lösung fordern, aufgrund der Verbindung des kleinen Parameters ε mit der Zeit t im Argument der trigonometrischen Funktionen. Betrachten wir als Beispiel eine Auslenkung der Form $x(t) = \cos\left[\left(1 + \varepsilon\omega_1 + \varepsilon^2\omega_2\right) t\right]$. Wenn wir die bis zur Ordnung $O(\varepsilon)$ richtige Auslenkung für $t = O(1)$ suchen, dann müssen wir den Term $\varepsilon^2\omega_2$ nicht mit einschließen. Dehnen wir unserer Beobachtung bis zu Zeiten $t = O(1/\varepsilon)$ aus, dann müssen wir den Term $\varepsilon^2\omega_2$ mit berücksichtigen, um die gleiche Genauigkeit zu erhalten.
Unter Beachtung dieser Dinge fahren wir mit der Konstruktion der Lösung der Gleichung (10.17 b) fort. Wir berücksichtigen nur Terme bis zur Ordnung ε und schreiben Gleichung (10.17 b) als

$$\left(\frac{\mathrm{d}^2 x_0}{\mathrm{d}\tau^2} + x_0\right) + \varepsilon\left(\frac{\mathrm{d}^2 x_1}{\mathrm{d}\tau^2} + x_1\right) = +2\varepsilon\omega_1 x_0 - \varepsilon x_0^3 + O\left(\varepsilon^2\right). \tag{10.17 c}$$

Da die rechte Seite der Gleichung (10.17 c) mit dem Parameter ε multipliziert wird, ist die ungestörte Lösung für die Auslenkung zu verwenden.
Jetzt lösen wir die zu jeder Ordnung in ε gehörigen Gleichungen.

$$O\left(\varepsilon^0\right): \qquad \frac{\mathrm{d}^2 x_0}{\mathrm{d}\tau^2} + x_0 = 0 \tag{10.18}$$

Die Lösung dieser Gleichung lautet

$$x_0(\tau) = A_0 \cos \tau, \tag{10.19 a}$$

wobei die Anfangsbedingungen

$$x_0(0) = A_0; \qquad \dot{x}_0(0) = 0 \tag{10.19 b}$$

erfordern.

5. Man erinnere sich daran, daß wir nur die Korrekturen der niedrigsten Ordnung in ε suchen. Wir schreiben jetzt die Gleichung für die erste Korrektur x_1 der Amplitude auf.

$$\frac{\mathrm{d}^2 x_1}{\mathrm{d}\tau^2} + x_1 = 2\omega_1 x_0 - x_0^3 \tag{10.20}$$

Wir lösen diese Gleichung durch Variation der Konstanten; was uns eine Lösung der Form

$$\begin{aligned} x_1(\tau) &= A_1 \cos \tau + B_1 \sin \tau \\ &\quad + \int_0^\tau \sin(\tau - \tau') \left[2\omega_1 x_0(\tau') - x_0^3(\tau')\right] \mathrm{d}\tau' \end{aligned} \tag{10.21 a}$$

liefert. Unter Verwendung der Anfangsbedingungen erhalten wir A_1:

$$x_1(0) = A_1; \qquad \frac{\mathrm{d}x_1(0)}{\mathrm{d}\tau} = 0 \Rightarrow B_1 = 0\,. \tag{10.21 b}$$

Wir sind diesem Typ Gleichung und seiner Lösung bereits früher begegnet. (Dazu verweisen wir auf die Gleichung (8.5) und die daran anschließende Diskussion.) Bilden wir die Ableitung der Gleichung (10.21 a), erhalten wir

$$\frac{\mathrm{d}x_1}{\mathrm{d}\tau} = -A_1 \sin \tau + \int_0^\tau \cos(\tau - \tau') \left[2\omega_1 x_0(\tau') - x_0^3(\tau')\right] \mathrm{d}\tau'\,. \tag{10.21 c}$$

Die besonderen Anfangsbedingungen, die wir gewählt haben, können die Struktur der Lösung $x(\tau)$ nicht verändern, da alle anderen Anfangsbedingungen zu Lösungen führen, die durch eine geeignete Verschiebung der Zeitvariablen in diese Form gebracht werden können. (Das kann möglicherweise aufwendige algebraische Umformungen erfordern.)

Man beachte, daß wir die Anfangsbedingungen für die richtige Auslenkung und die richtige Geschwindigkeit angegeben haben. Da wir die Auslenkung und die Geschwindigkeit schrittweise für die verschiedenen Störungsordnungen berechnen, brauchen wir die Anfangsbedingungen für jede Ordnung. Unter Beachtung der Gleichung (10.12) schreiben wir

$$A = A_0 + \varepsilon A_1 + O\left(\varepsilon^2\right)\,. \tag{10.22}$$

Dazu äquivalent sind die Gleichungen

$$x(0) = A; \qquad x_0(0) = A_0; \qquad x_1(0) = A_1 \qquad \text{usw.}, \tag{10.23}$$

wobei die Amplitude A gleich der maximalen Auslenkung ist.
Wir können die Anfangsbedingungen auch durch

$$x_0(0) = A; \qquad \dot{x}_0(0) = 0; \qquad x_i(0) = 0; \qquad \dot{x}_i(0) = 0; \qquad i > 0 \tag{10.24}$$

erfüllen. In dem durch die Gleichungen (10.25) gegebenen Verfahren werden die homogenen Lösungen $x_i(t)$ und ihre Ableitungen gleich dem Negativen der speziellen Lösung und ihrer Ableitung zur Zeit $t = 0$ gesetzt. Diese Art der Erfüllung der Anfangsbedingungen ist die Grundlage für die Übungen 10.4.1 und 10.5.1. (Beide Methoden führen zum gleichen Ergebnis und sind etwas ausführlicher im Kapitel 14 dargestellt.)
Bevor wir die Korrekturen zur Eigenfrequenz berechnen, wollen wir hier unterbrechen und die Natur unserer Störungsentwicklung verdeutlichen. Unsere Rechnungen sind so aufgebaut, daß in jeder Ordnung der Störungsentwicklung die linke Seite immer den Differentialoperator des ungestörten harmonischen Oszillators enthält.

$$\text{linke Seite} = \left(\frac{\mathrm{d}^2}{\mathrm{d}\tau^2} + 1 \right) x_i; \qquad i = 0, 1, 2 \ldots$$

Die rechte Seite ist immer eine Kombination von Termen, die bei der Berechnung der Korrekturen niedrigerer Ordnungen für die Frequenz und die Auslenkung erhalten wurden. Folglich ist die Struktur der Rechnungen in der ersten Ordnung typisch für alle Rechnungen höherer Ordnung. Wir sind besonders daran interessiert, die Frequenzkorrekturen zu finden, da diese es uns erlauben, das System an einem festen Punkt zu sehen. Wir erwarten, daß die Korrekturen für die Amplitude weniger wichtig sind, weil sie wirkliche Amplitudenkorrekturen für die höheren Harmonischen sind. Falls wir sie nicht berechnen, werden wir nur die Schwankungen der Bahnkurve im Phasenraum vermissen.
Wir konzentrieren uns deshalb vorrangig auf die Berechnung der Korrekturen zur Grundfrequenz. Man beachte, daß es für konservative Systeme keine Korrekturen für die Amplitude gibt. Während unserer gesamten Rechnungen werden wir darauf bestehen, die Periodizität der Lösung in jeder Ordnung beizubehalten und diese Forderung dazu benutzen, uns zu einer Wahl für ω_1 zu führen.

Die Berechnung von x_1

Um die Gleichung (10.21 a) zu lösen, entwickeln wir den Term x_0^3 und erhalten

$$\cos^3\tau = \tfrac{1}{4}(3\cos\tau + \cos 3\tau)\,. \tag{10.25}$$

Die Gleichung (10.21 a) kann wie folgt geschrieben werden,

$$\begin{aligned} x_1(\tau) &= A_1\cos\tau \\ &+ \int_0^\tau \sin(\tau-\tau')\left[\left(-\frac{3}{4}A_0^3 + 2A_0\omega_1\right)\cos\tau' - \frac{1}{4}A_0^3\cos 3\tau'\right]\mathrm{d}\tau', \end{aligned} \tag{10.26}$$

während wie die Gleichung (10.21 c) ähnlich als

$$\begin{aligned} \frac{\mathrm{d}x_1}{\mathrm{d}\tau} &= -A_1\sin\tau \\ &+ \int_0^\tau \cos(\tau-\tau')\left[\left(-\frac{3}{4}A_0^3 + 2A_0\omega_1\right)\cos\tau' - \frac{1}{4}A_0^3\cos 3\tau'\right]\mathrm{d}\tau' \end{aligned} \tag{10.27}$$

schreiben können. Es ist wichtig zu bemerken, daß sich der Integrationsbereich von 0 bis τ erstreckt. Wir werden vier verschiedenen Integraltypen begegnen:

$$I_1 = \int_0^\tau \cos^2\tau'\mathrm{d}\tau' = \frac{1}{2}\tau + \frac{1}{4}\sin 2\tau, \tag{10.28}$$

$$\begin{aligned} I_2 &= \int_0^\tau \cos\tau'\cos 3\tau'\mathrm{d}\tau' = \frac{1}{2}\int_0^\tau(\cos 2\tau' + \cos 4\tau')\mathrm{d}\tau' \\ &= \frac{1}{4}\sin 2\tau + \frac{1}{8}\sin 4\tau, \end{aligned} \tag{10.29}$$

$$\begin{aligned} I_3 &= \int_0^\tau \sin\tau'\cos 3\tau'\mathrm{d}\tau' = \frac{1}{2}\int_0^\tau(\sin 4\tau' - \sin 2\tau')\mathrm{d}\tau' \\ &= -\frac{1}{8} - \frac{1}{8}\cos 4\tau + \frac{1}{4}\cos 2\tau, \end{aligned} \tag{10.30}$$

$$I_4 = \int_0^\tau \sin\tau'\cos\tau'\mathrm{d}\tau' = \frac{1}{4}(1-\cos 2\tau)\,. \tag{10.31}$$

Wenn wir die Struktur der Terme untersuchen, dann stellen wir

$$\begin{aligned} I_1(2\pi) &= \pi, \\ I_2(2\pi) &= I_3(2\pi) = I_4(2\pi) = 0 \end{aligned}$$

fest. Jetzt fordern wir, daß sowohl die Auslenkung $x(\tau)$ als auch die Geschwindigkeit $\mathrm{d}x_1/\mathrm{d}\tau$ periodisch mit der Periode $T = 2\pi$ sind. (Das folgt, wenn wir die unbekannte, aber exakte Frequenz ω als Grundlage unserer Zeitskala τ verwenden, und deshalb die Periode bzgl. τ so eichen, daß sie gleich 2π ist.) Wir wählen den freien Parameter ω_1 so, daß die das Integral I_1 enthaltenden Terme wegfallen. Wir erhalten damit

$$-\tfrac{3}{4}A_0^3 + 2\omega_1 A_0 = 0 \quad \text{oder} \quad \omega_1 = \tfrac{3}{8}A_0^2 .$$

Die Gleichungen für Auslenkung und Geschwindigkeit werden zu

$$x_1(\tau) = A_1 \cos\tau - \tfrac{1}{4}A_0^3\,(I_2 \sin\tau - I_3 \cos\tau)\,, \tag{10.32}$$

$$\frac{\mathrm{d}x_1}{\mathrm{d}\tau} = -A_1 \sin\tau - \tfrac{1}{4}A_0^3\,(I_2 \cos\tau + I_3 \sin\tau)\ . \tag{10.33}$$

Das kann durch die Anwendung der Additionstheoreme für die Produkte von Sinus und Kosinus stark vereinfacht werden. Andererseits kann man auch die komplexen Darstellungen für Sinus und Kosinus verwenden. Nach etwas langwieriger, jedoch einfacher Rechnung finden wir

$$x_1(\tau) = A_1 \cos\tau + \frac{A_0^3}{32}\cos 3\tau - \frac{A_0^3}{32}\cos\tau, \tag{10.34}$$

die Frequenz ergibt sich zu

$$\omega = \left(1 + \varepsilon\tfrac{3}{8}A_0^2\right) + O\left(\varepsilon^2\right) . \tag{10.35}$$

Wir erinnern uns an

$$\begin{aligned} \tau = \omega t; \qquad & x(\tau) = x_0(\tau) + \varepsilon x_1(\tau) + \text{T. h. O.} \\ & x(0) = A; \quad \dot{x}(0) = 0\,. \end{aligned}$$

Nach der Einarbeitung der Anfangsbedingungen erhalten wir unter Verwendung der Gleichungen (10.19 a) und (10.34)

$$x(t) = \left[A_0 + \varepsilon\left(A_1 - \frac{A_0^3}{32}\right)\right]\cos\omega t + \frac{\varepsilon A_0^3}{32}\cos 3\omega t + O\left(\varepsilon^2\right) \qquad \text{für} \quad t = O(1)\,. \tag{10.36}$$

Die Anfangsbedingungen sind erfüllt, wenn wir

$$A = A_0 + \varepsilon A_1 + O\left(\varepsilon^2\right)$$

schreiben. Da wir nur daran interessiert sind, Korrekturen bis zur Ordnung $O\left(\varepsilon^2\right)$ für Zeiten $t = O(1)$ zu finden, setzen wir wegen

$$\cos 3\omega t \sim \cos 3\omega_0 t + O\left(\varepsilon\right) \qquad \text{für} \quad t = O(1)$$

$\omega_0 = 1$ für die Frequenz ω im $\cos 3\omega t$-Term. Wir schreiben also

$$\frac{\varepsilon A_0^3}{32}\cos 3\omega t = \frac{\varepsilon A^3}{32}\cos 3t$$

und analog

$$\frac{\varepsilon A_0^3}{32}\cos \omega t = \frac{\varepsilon A^3}{32}\cos t,$$

mit einem Fehler der Ordnung $O\left(\varepsilon^2\right)$ für $t = O(1)$. Unsere letzte Gleichung wird zu

$$x(t) = A\cos\left\{\left[1+\varepsilon\left(\frac{3}{8}\right)A^2\right]t\right\} + \frac{\varepsilon A^3}{32}(\cos 3t - \cos t) + O\left(\varepsilon^2\right) \quad \text{für} \quad t = O(1)\,. \tag{10.37}$$

Wir wissen, daß die exakte Lösung des Duffing-Oszillators periodisch ist. Deshalb wird die Darstellung der exakten Geschwindigkeit über der exakten Auslenkung im Phasenraum eine geschlossene Bahn sein. Unsere Störungsentwicklung ist eine Potenzreihenentwicklung nach Potenzen von ε für die Auslenkung und die Geschwindigkeit. Das führt zu einer Darstellung der „genäherten Geschwindigkeit“ über der „zugehörigen Auslenkung“ im Phasenraum. Nach einem ausreichend großen Zeitintervall wird die Bahn immer weniger geschlossen sein, was uns darauf hinweist, daß wir den Gültigkeitsbereich unserer Entwicklung überschritten haben. Wir betrachten die Abbildungen 10.5a und 10.5b. Wir wählen $x(0) = 1$ und $\varepsilon = 0{,}3$ und lassen 10 Zeiteinheiten verstreichen, wobei eine Periode des ungestörten Systems gleich 2π Zeiteinheiten beträgt.

Man beachte, daß die Korrekturen zur Eigenfrequenz uns erlauben, das System für Zeiten $t = O(1)$ oder $\varepsilon t \ll 1$ an einem festen Punkt zu sehen. Wenn wir das System für längere Zeiten beobachten, dann werden wir sehen, wie es zu driften beginnt und wir folglich den nächsten Korrekturterm für die Frequenz berechnen müssen. Die Notwendigkeit der Frequenzanpassung ist uns vertraut,

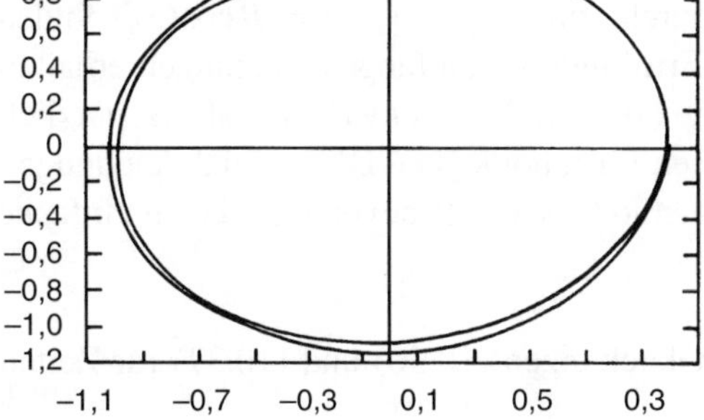

Abb. 10.5 a) Phasenporträt des Duffing-Oszillators auf der Grundlage der durch Gleichung (10.37) gegebenen Lösung.

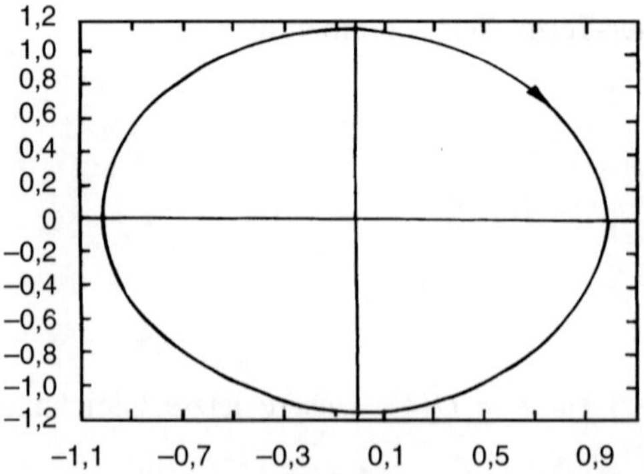

Abb. 10.5 b) Dieses Phasenporträt des Duffing-Oszillators wurde unter Berücksichtigung der Terme proportional zu ε^0, ε^1 und ε^2 erhalten.

wenn wir die Bewegung der Zeiger einer Uhr betrachten. Anfangs scheint sich nur der Sekundenzeiger zu bewegen, dann der Minutenzeiger und schließlich der Stundenzeiger. In Wirklichkeit bewegt sich jeder der Zeiger die gesamte Zeit. Das Verhältnis ihrer kleinen Parameter ist $1/60$. Deshalb müssen wir eine lange Zeit auf der Zeitskala des Sekunden- und Minutenzeigers warten, um die Bewegung des Stundenzeigers zu beobachten.

Übung 10.4.1. Man wiederhole die Berechnungen der Frequenzkorrekturen für den Duffingschen Oszillator mit den durch die Gleichung (10.12) gegebenen Anfangsbedingungen unter Verwendung einer Störungsentwicklung, in der die Anfangsbedingungen durch

$$x_0(0) = A; \qquad \dot{x}_0(0) = 0; \qquad \dot{x}_i(0) = x_i(0) = 0; \qquad i \geq 1 \tag{10.38}$$

erfüllt werden. Das führt zu Gleichungen analog (10.21 a) bis (10.36). □

Beispiel 10.4.1. Wir betrachten die Gleichung (10.20) mit dem Wissen, daß die säkularen Terme unterdrückt werden, wenn $\omega_1 = \frac{3}{8}A_0^2$ ist. Die entscheidende Gleichung wird zu

$$\frac{\mathrm{d}^2 x_1}{\mathrm{d}\tau^2} + x_1 = -\frac{A_0^3}{4}\cos(3\tau)\,.$$

Wir können eine spezielle Lösung durch den Ansatz $x_1(\tau) = B\cos(3\tau)$ finden und erhalten $B = A_0^3/32$. Durch die Erfüllung der Anfangsbedingungen erhalten wir dann unmittelbar die Gleichung (10.34). Wir bemerken, daß es nützlich ist, eine Vielzahl von Lösungsverfahren für inhomogene Differentialgleichungen dieser Form zu kennen. Die Ansatzmethode wird oft bevorzugt, da sie einfache Rechnungen erfordert. □

Man überzeuge sich selbst, daß die Gleichungen (10.36) und (10.37) für Zeiten $t = O(1)$ *äquivalent* sind.

Übung 10.4.2. Man betrachte den modifizierten einfachen harmonischen Oszillator

$$\ddot{x} + x = -\varepsilon x; \qquad x(0) = A; \qquad \dot{x}(0) = 0 \tag{10.39}$$

und finde die erste und die zweite Frequenzkorrektur.

a) Nach der Einführung der Eigenzeit und der Störungsentwicklung für $x(\tau)$ erhalten wir eine Gleichung analog zur Gleichung (10.21 a).
b) Man folgere, daß wir $\omega_1 = \frac{1}{2}$ wählen müssen, um die säkularen Terme zu eliminieren.
c) Man führe die Entwicklung bis zur zweiten Ordnung und zeige, daß $\omega_2 = -\frac{1}{8}$ ist. Es ist von Interesse zu berücksichtigen, daß in dieser Rechnung die x_1-Terme null liefern, da wir die Frequenzkorrekturen der niedrigsten Ordnung bereits fixiert haben. Wir kehren im Kapitel 14 zu diesem Punkt zurück. □

10.5 Ein anderer Gesichtspunkt

Wir wollen jetzt einen alternativen Weg aufzeigen, um die Freiheit bei der Wahl der Justierung der blitzenden Uhr für konservative Systeme zu nutzen. Man verwendet eine Entwicklung in zwei einstellbaren Parametern auf die Weise, daß die Terme, die das säkulare Verhalten erzeugen, durch eine Änderung der Schwingungsfrequenz der ungestörten Lösung eliminiert werden können.

Wir betrachten den Duffing-Oszillator in der durch die Gleichungen (10.11) und (10.12) gegebenen Form. Wir formen die rechte Seite der Gleichung (10.11) um, indem wir einen Term proportional zur Auslenkung addieren und wieder subtrahieren.

$$\frac{d^2x}{dt^2} + x = -\varepsilon\left(x^3 - \mu x\right) - \varepsilon\mu x \tag{10.40 a}$$

Wir haben die Konstante μ eingeführt, die durch die Forderung bestimmt werden wird, daß unsere Entwicklung frei von säkularen Termen sein soll. Es ist eine wichtige Feststellung, daß der Parameter μ von der Ordnung $O(1)$ und kein weiterer kleiner Parameter ist.

Unsere Gleichung bleibt unverändert, aber wir sehen den isolierten linearen Term auf der rechten Seite der Gleichung als Teil der ungestörten Gleichung an. Um das zu verdeutlichen, schreiben wir ihn auf die linke Seite:

$$\frac{d^2x}{dt^2} + (1 + \varepsilon\mu)x = -\varepsilon\left(x^3 - \mu x\right). \tag{10.40 b}$$

Jetzt betrachten wir als unser ungestörtes Problem die Gleichung (10.40 b) mit der rechten Seite gleich null. Für die niedrigste Ordnung schreiben wir

$$\frac{d^2x}{dt^2} + (1+\varepsilon\mu)x = 0\,. \tag{10.41}$$

Man kann sich vorstellen, daß die Gleichung (10.41) einen Oszillator beschreibt, dessen Eigenfrequenz nicht gleich 1 ist. Wir führen also eine neue Zeit t' so ein, daß wir die Frequenz auf $\omega_0 = 1$ skalieren:

$$t' = \sqrt{1+\varepsilon\mu}\,t; \qquad \frac{d^2}{dt^2} = (1+\varepsilon\mu)\frac{d^2}{dt'^2}\,. \tag{10.42}$$

Die Gleichung (10.40 b) wird zu

$$\frac{d^2x}{dt'^2} + x = -\frac{\varepsilon\left(x^3 - \mu x\right)}{1+\varepsilon\mu}\,. \tag{10.43}$$

Wir entwickeln die rechte Seite der Gleichung (10.43), behalten die Terme bis zur Ordnung $O(\varepsilon)$ und bemerken, daß der Term $1+\varepsilon\mu$ im Nenner keinen Beitrag liefert.

$$\frac{d^2x}{dt'^2} + x = -\varepsilon\left(x^3 - \mu x\right) + O\left(\varepsilon^2\right) \tag{10.44}$$

Unsere Störungsentwicklung führen wir jetzt so wie früher aus und schreiben

$$x(t') = x_0(\varepsilon, \varepsilon\mu, t') + \varepsilon x_1(\varepsilon, \varepsilon\mu, t') + O\left(\varepsilon^2\right). \tag{10.45}$$

Wir haben sowohl ε als auch $\varepsilon\mu$ als getrennte Argumente angegeben, um zu verdeutlichen, daß wir eine Entwicklung in zwei Parametern haben. Ihre Wechselbeziehung werden wir bald sehen. Die Gleichung

$$O\left(\varepsilon^0\right): \qquad \frac{d^2x_0}{dt'^2} + x_0 = 0 \tag{10.46}$$

besitzt die Lösung

$$x_0 = A_0 \cos t' = A_0 \cos\left(\sqrt{1+\varepsilon\mu}\,t\right). \tag{10.47}$$

$$\begin{aligned} O\left(\varepsilon^1\right): \qquad \frac{d^2x_1}{dt'^2} + x_1 &= -\left(x_0^3 - \mu x_0\right) \\ &= -A_0^3\cos^3 t' + \mu A_0 \cos t' \\ &= -A_0 \cos t'\left(\tfrac{3}{4}A_0^2 - \mu\right) - \tfrac{1}{4}A_0^3 \cos 3t'\,. \end{aligned} \tag{10.48}$$

Aus unseren vorhergehenden Rechnungen wissen wir, daß es notwendig ist, Terme mit einer $\cos t'$-Abhängigkeit zu unterdrücken oder zu eliminieren, da sie zu säkularen Termen führen. Deshalb wählen wir den freien Parameter μ als

$$\mu = \tfrac{3}{4}A_0^2\,. \tag{10.49}$$

Mit dieser Wahl nimmt Gleichung (10.48) die Form

$$\frac{d^2x_1}{dt'^2} + x_1 = -\frac{1}{4}A_0^3 \cos 3t' \tag{10.50}$$

an, ihre Lösung lautet

$$x_1(t') = A_1 \cos t' + \frac{A_0^3}{32} \cos 3t' . \tag{10.51}$$

Die Anfangsbedingungen werden durch x_1 erfüllt:

$$x_1(0) = A_1 + \frac{A_0^3}{32}; \qquad \frac{dx_1(0)}{dt'} = 0 . \tag{10.52}$$

Wir kombinieren x_1 und x_0 und drücken dann beide durch die wahre Zeit t unter Beibehaltung der Terme bis zur Ordnung $O(\varepsilon)$ aus:

$$\begin{aligned} x(t) \;=\; & A_0 \cos\left\{\left[1 + \varepsilon \tfrac{3}{8} A_0^2 + O\left(\varepsilon^2\right)\right] t\right\} \\ & + \varepsilon A_1 \cos t + \frac{\varepsilon A_0^3}{32} \cos 3t + O\left(\varepsilon^2\right) \qquad \text{für} \quad t = O(1) . \end{aligned} \tag{10.53}$$

Es ist wichtig zu bemerken, daß wir die Frequenzkorrektur im Argument des $\cos 3t$-Terms korrekt unterdrückt haben. Wir müssen die Anfangsbedingung bis zur Ordnung $O(\varepsilon)$ erfüllen:

$$x(0) = A_0 + \varepsilon \left(A_1 + \frac{A_0^3}{32}\right) + O\left(\varepsilon^2\right) = A . \tag{10.54}$$

Wir wählen

$$A_1 = -\frac{A_0^3}{32}$$

und erhalten dann

$$A_0 = A + O\left(\varepsilon^2\right) .$$

Folglich ist die Amplitude A das gleiche wie die maximale Auslenkung. Die Bedingung der verschwindenden Anfangsgeschwindigkeit ist aufgrund der Konstruktion der Lösung erfüllt.

Mit diesen Festlegungen wird aus Gleichung (10.53)

$$\begin{aligned} x(t) \;=\; & A \cos\left\{\left[1 + \varepsilon \frac{3}{8} A^2\right] t\right\} + \frac{\varepsilon A^3}{32}(\cos 3t - \cos t) + O\left(\varepsilon^2\right) \\ & \text{für} \quad t = O(1), \end{aligned}$$

was identisch mit Gleichung (10.37) ist.

Übung 10.5.1. Wiederholen Sie die Untersuchung des Duffing-Oszillators, beginnend mit Gleichung (10.40 a) unter Verwendung der in Gleichung (10.38) gegebenen Anfangsbedingungen.

$$
\begin{aligned}
x_0(0) &= A; \qquad \dot{x}_0(0) = 0 \\
x_i(0) &= \dot{x}_i(0) = 0 \qquad \text{für} \quad i \geq 1
\end{aligned}
$$

Diese werden oft als Null-Null-Anfangsbedingungen bezeichnet. □

In diesem Abschnitt haben wir einen alternativen Weg, die Poincaré-Lindstedt-Methode zu betrachten, eingeführt. Sie ist sehr effektiv bei jedem Problem mit einem Störungsterm, der ein nichtlineares Polynom ist. Sie eliminiert den linearen Term dadurch, daß sie ihn in die Veränderung der Federkonstante oder der Frequenz des Grundsystems einschließt. Deshalb steht auf der rechten Seite der Störungsentwicklung kein Term der Form $\cos t$. Wenn wir die Entwicklung bis zur nächsten Ordnung fortsetzen, führen wir wieder einen freien linearen Term ein, der die Erzeugung säkularer Terme in dieser Ordnung unterdrückt. Er ist in die Änderung der Federkonstante eingeschlossen, so wie wir das in unserem Beispiel getan haben. Diese Methode funktioniert weiter, wenn wir die höheren Ordnungen berechnen, und erzeugt die Korrekturen höherer Ordnung zur Grundfrequenz.

Übung 10.5.2. Die von uns für den Duffing-Oszillator angegebene Analyse läßt sich für die Gleichung

$$
\begin{aligned}
\frac{\mathrm{d}^2 x}{\mathrm{d}t^2} + x &= -\varepsilon x^5; \qquad 0 < \varepsilon \ll 1 \\
x(0) &= A; \qquad \dot{x}(0) = 0
\end{aligned}
$$

leicht nachvollziehen. Alles verläuft auf ähnliche Weise, es gibt eine Frequenzkorrektur gleich $+\varepsilon \frac{5}{16} A^4$. Man berechne $x(t)$ mit einem Fehler der Ordnung $O\left(\varepsilon^2\right)$ für $t = O(1)$. Man vergleiche mit der Übung 10.2.3.

Diese Art von Rechnungen sind typisch für Probleme mit Nichtlinearitäten mit ungeraden Polynomen. □

10.6 Schlußfolgerungen

Wir wollen eine kurze Zusammenfassung geben.

1. Wir stellen fest, daß unsere Differentialgleichung ein System beschreibt, das eine beschränkte Bewegung in einem konservativen Kraftfeld ausführt. Diese Bewegung ist periodisch.

2. Wir erwarten, daß sich die Periode der Bewegung verändert. Wenn wir die Phasenbahn des Systems mit einer mit der ungestörten Frequenz blitzenden Uhr betrachten, dann werden wir es nicht an einem festen Punkt sehen. Es wird langsam driften, dadurch wird die periodische Natur der Bewegung verdeckt.
3. Deshalb haben wir eine Entwicklung gewählt, die fordert, daß die Periodizität in jeder Ordnung der Störungsentwicklung erhalten bleibt.
4. Wir wollen, daß die neue Bahn dicht bei der ungestörten Bahn liegt, deshalb fordern wir, daß sowohl die Auslenkung $x(t)$ als auch die Geschwindigkeit $\mathrm{d}x/\mathrm{d}t$ nahe bei ihren ungestörten Werten liegen.
5. Wir müssen auf gleichbleibende Anfangsbedingungen achten. Wir können zum Beispiel versuchen, diese *näherungsweise* in jeder Ordnung der Rechnung in der Form

$$x(0) = A = A_0 + \varepsilon A_1 + \text{T.h.O.}$$

zu erfüllen. Folglich erhalten wir die wahre Amplitude A als Potenzreihenentwicklung.
Andererseits können wir die Anfangsbedingungen *exakt* in der Lösung x_0 der niedrigsten Ordnung durch die Einführung von Null-Null-Anfangsbedingungen erfüllen.
Diese Möglichkeiten bei der Wahl der Anfangsbedingungen und deren Folgen werden im Kapitel 14 in einiger Ausführlichkeit erläutert.
6. Schließlich ist noch zu betonen, daß unsere Entwicklung eine zeitlich begrenzte Gültigkeit besitzt. Das folgt daraus, daß unser Verfahren darin besteht, eine Näherung der periodischen Lösung und der exakten Frequenz als Potenzreihenentwicklung zu erhalten, die den kleinen Parameter ε mit der Zeit t im Argument trigonometrischer Funktionen vermischt. Dann wird nach hinreichend langer Zeit die Näherung einer geschlossenen Phasenbahn offen sein. Das ist ein grundlegender Aspekt unseres allgemeinen Zugangs und tritt auch dann auf, wenn wir eine Entwicklung erhalten haben, die zeitlich gleichmäßig gültig ist. Dieser Punkt wird in späteren Kapiteln diskutiert und spielt eine zentrale Rolle in der im Kapitel 15 angegebenen Fehleranalyse.

11 Nichtkonservative Systeme

Im Kapitel 10 haben wir uns mit solchen konservativen Systemen befaßt, die sich vom einfachen harmonischen Oszillator nur geringfügig unterschieden. Damit meinen wir, daß sich das System in jedem Zyklus der wahren Bewegung wie ein einfacher harmonischer Oszillator verhält. Es gibt dann Korrekturterme zur Grundfrequenz und höhere Harmonische. Wenn wir die Bewegung mit Hilfe der blitzenden Uhr beschreiben, dann stellen wir fest, daß es eine schnelle Komponente gibt, die mit der natürlichen oder ungestörten Frequenz schwingt. Es gibt aber noch eine kleine Frequenzkorrektur, die man zu berücksichtigen hat, damit das System als fixierter Punkt in der Phasenebene erscheint.

In diesem Kapteil werden wir uns mit Systemen beschäftigen, die eine Dämpfung besitzen und somit ihre Energie ändern. Zusätzlich diskutieren wir Grenzzyklen, ein neues Phänomen, das bei nichtlinearen Systemen auftritt.

11.1 Die gedämpfte harmonische Bewegung

Wir beschränken uns hierbei auf schwach gedämpfte Systeme. Das bedeutet, daß sich die Amplitude der Schwingung in einer Zeit von der Ordnung der Periode der ungestörten Bewegung nur sehr wenig ändert. Es gibt somit keinen schnellen Lösungsanteil, der von der Dämpfung abhängt. Diese Situation liegt bei einer Reihe von physikalischen Systemen vor, z. B. beim schwach gedämpften Pendel kleiner Auslenkung, beim RLC-Kreis u.s.w.

Wir weisen noch einmal darauf hin, daß es sich nicht um kleine Änderungen der Verschiebung, sondern der Amplitude bzw. der Einhüllenden der Schwingung handelt. Es ist deshalb erforderlich, einen geeigneten Zugang zu entwickeln, um das Wirken dieses kleinen Dämpfungsterms beobachten zu können. Wir betrachten den gedämpften harmonischen Oszillator

$$\frac{\mathrm{d}^2 x}{\mathrm{d}t^2} + x = -\varepsilon \frac{\mathrm{d}x}{\mathrm{d}t}; \qquad 0 < \varepsilon \ll 1$$

$$x(0) = A; \qquad \frac{\mathrm{d}x(0)}{\mathrm{d}t} = -\frac{\varepsilon A}{2} . \tag{11.1}$$

Es gibt Standardmethoden, mit denen man die exakte Lösung dieser Gleichung bestimmen kann. So kann z. B. ein Ansatz der Form

$$x(t) = \exp mt$$

gewählt und in die Gleichung eingesetzt werden. Man findet dann eine quadratische Gleichung in m, deren Wurzeln

$$m = -\left(\frac{\varepsilon}{2}\right) \pm i\sqrt{1 - \frac{\varepsilon^2}{4}}$$

auf folgende exakte Lösung des Problems führen

$$x(t) = A \exp\left(-\frac{\varepsilon t}{2}\right) \cos\left(\sqrt{1 - \frac{\varepsilon^2}{4}}\, t\right) . \tag{11.2}$$

Weil unser Parameter ε klein ist, entspricht die Lösung einem Produkt aus einem langsam abklingenden, einhüllenden Term und einem oszillierenden Anteil. Man kann auch sagen, unsere Lösung besitzt zwei Komponenten

Lösung = langsam veränderlicher Faktor $*$ schnell veränderlicher Faktor.

Um das Wesen dieser Lösung zu verstehen, ist es oft besser, statt der Auslenkung selbst die gemittelte Energie zu betrachten. Dies ist ein vernünftiges Herangehen beim linearen Oszillator, aber es bewährt sich auch im nichtlinearen Fall. Wir wollen untersuchen, wie diese Methode arbeitet, indem wir die Gleichung des gedämpften linearen Oszillators untersuchen.

Wir multiplizieren beide Seiten der Gleichung (11.1) mit $\mathrm{d}x/\mathrm{d}t$:

$$\frac{\mathrm{d}x}{\mathrm{d}t}\frac{\mathrm{d}^2x}{\mathrm{d}t^2} + \frac{\mathrm{d}x}{\mathrm{d}t}x = -\varepsilon\left(\frac{\mathrm{d}x}{\mathrm{d}t}\right)^2 . \tag{11.3}$$

Die linke Seite dieser Gleichung (11.3) entspricht der zeitlichen Ableitung der Energie.

$$\frac{\mathrm{d}E}{\mathrm{d}t} = \frac{\mathrm{d}}{\mathrm{d}t}\left[\frac{1}{2}\left(\frac{\mathrm{d}x}{\mathrm{d}t}\right)^2 + \frac{1}{2}x^2\right] \tag{11.4}$$

Wir haben damit den Anfangswert der Gesamtenergie bestimmt, wobei ein Term von der Ordnung $O(\varepsilon^2)$ vernachlässigt wurde.

$$E(0) = \tfrac{1}{2}[A(0)]^2$$

Vereinfachende Annahmen

Wir zerlegen nun die Zeit in Intervalle, die gleich der Periode der Bewegung des ungestörten Oszillators sind. Wir betrachten somit die Zeitableitung als Indikator für die Änderungen, die sich auf der Zeitskala von einer Periode vollziehen. Es ist dann folgerichtig anzunehmen, daß die Amplitude und die Energie des Systems zeitlich sehr langsam während eines Zeitintervalls variieren. Das heißt, wir schreiben für die gesamte Zeit

$$E = \frac{1}{2}A^2(t) ,$$

wobei $A(t)$ die langsam abklingende Amplitude beschreibt. Wir nehmen also an, daß unsere Meßapparatur nicht empfindlich genug ist, um alle Feinheiten der Bewegung registrieren zu können. Vielmehr ist sie nur in der Lage, die Messungen in einer solchen zeitlichen Abfolge auszuführen, die der Zeitskala des ungestörten Oszillators entspricht. Dabei können die schnell variierenden Anteile der Bewegung nicht registriert werden und wir beschränken unsere Interpretation des Bewegungsproblems auf seine langsam veränderlichen Anteile.

Wir kehren nun zur Gleichung (11.3) zurück und stellen fest, daß der kleine Parameter ε auf der rechten Seite ein multiplikativer Faktor ist. Wir nähern also die Geschwindigkeit $\mathrm{d}x/\mathrm{d}t$ durch ihre ungestörte Form

$$\frac{\mathrm{d}x}{\mathrm{d}t} = -A \sin t .$$

Wir benutzen die ungestörte Form, um anzudeuten, daß die Geschwindigkeit sehr gut durch $-A \sin t$ approximiert wird, obwohl die Amplitude zeitlich mit $t' = \omega_0 t$ abklingt. Das ist sinnvoll, wenn die formale Lösung der Gleichung (11.1) in der Form

$$x(t) = A \cos t - \frac{\varepsilon A}{2} \sin t - \varepsilon \int\limits_0^t \frac{\mathrm{d}x(t')}{\mathrm{d}t'} \sin(t - t') \, \mathrm{d}t' \tag{11.5}$$

geschrieben wird. Wir finden dann

$$\frac{\mathrm{d}x(t)}{\mathrm{d}t} = -A \sin t - \frac{\varepsilon A}{2} \cos t - \varepsilon \int\limits_0^t \frac{\mathrm{d}x(t')}{\mathrm{d}t'} \cos(t - t') \, \mathrm{d}t' . \tag{11.6}$$

Wir fragen jetzt danach, wie sich $\mathrm{d}x/\mathrm{d}t$ in einem Zeitintervall gleich 2π ändert, und berechnen

$$\frac{\mathrm{d}x(t + 2\pi)/\mathrm{d}t - \mathrm{d}x(t)/\mathrm{d}t}{2\pi} = -\frac{\varepsilon}{2\pi} \int\limits_t^{t+2\pi} \frac{\mathrm{d}x(t')}{\mathrm{d}t'} \cos(t - t') \, \mathrm{d}t' .$$

Man beachte, daß das Integrationsintervall gleich 2π ist und daß auf der rechten Seite der multiplikative Faktor ε auftritt. Wenn wir also $\mathrm{d}x(t')/\mathrm{d}t'$ durch seinen ungestörten Wert $-A\sin t'$ ersetzen, dann begehen wir einen Fehler der Ordnung $O(\varepsilon)$. Mit dieser Substitution kann das Integral berechnet werden, und wir erhalten

$$\frac{\mathrm{d}x(t+2\pi)/\mathrm{d}t - \mathrm{d}x(t)/\mathrm{d}t}{2\pi} \approx +\frac{\varepsilon A}{2}\sin t\ .$$

Damit haben wir gezeigt, daß die Geschwindigkeitsänderung während eines Zyklus die Ordnung $O(\varepsilon)$ besitzt. (Das Ergebnis gilt natürlich nur für kurze Zeiten.)

Übung 11.1.1. Man berechne

$$\frac{x(t+2\pi) - x(t)}{2\pi} \approx -\frac{\varepsilon A}{2}\cos t\ .$$

Für die Änderung der Amplitude im Zeitintervall $t = 2\pi$ gilt ebenfalls die Ordnung $O(\varepsilon)$. □

Mit diesen Erkenntnissen schreiben wir den Term $(\mathrm{d}x/\mathrm{d}t)^2$ auf der rechten Seite von Gleichung (11.3) als

$$\left(\frac{\mathrm{d}x}{\mathrm{d}t}\right)^2 = A^2\sin^2 t = \frac{A^2}{2}(1-\cos 2t)$$

und mit Gleichung (11.4) erhalten wir

$$\frac{\mathrm{d}E}{\mathrm{d}t} = -\frac{\varepsilon A^2}{2}(1-\cos 2t) \tag{11.7 a}$$

bzw.

$$\frac{\mathrm{d}E}{\mathrm{d}t} = -\varepsilon E(1-\cos 2t)\ . \tag{11.7 b}$$

Man beachte, daß der Term in Klammern auf der rechten Seite der Gleichung (11.7 b) aus einem konstanten und einem schnell oszillierenden Anteil besteht. Wir erinnern uns nun, daß wir tatsächlich doch nur solche Beobachtungen machen können, die auf einer Zeitskala mit der Periode der ungestörten Bewegung passieren. Damit ist der schnell oszillierende Term effektiv gleich null, denn der zeitlich gemittelte Wert von $\cos 2t$ über diese Periode ist null. Wir schreiben also Gleichung (11.7 b) als

$$\frac{\mathrm{d}E(\text{geglättet})}{\mathrm{d}t} = -\varepsilon E(\text{geglättet})$$

mit der Lösung

$$E(\text{geglättet}) = E(0)\exp(-\varepsilon t)\ .$$

Die Energie klingt exponentiell ab. Da die Amplitude proportional zur Quadratwurzel der Energie ist, klingt sie ebenfalls exponentiell ab.

$$A(\text{geglättet}) = A(0)\exp(-\varepsilon t/2)$$

Wir werden feststellen, daß dieses Herangehen bei schwach gedämpften, nichtlinearen Systemen zufriedenstellend funktioniert.

Natürlich können wir auch direkt die exakte Lösung der Gleichung (11.7 b) angeben.

$$E(t) = E(0)\exp(-\varepsilon t)\exp[(\varepsilon/2)\sin 2t] \tag{11.7 c}$$

Der schnell oszillierende Anteil der Lösung ist beschränkt,

$$\exp(-\varepsilon/2) \leq \exp[(\varepsilon/2)\sin 2t] \leq \exp(\varepsilon/2) ,$$

und das dominante Verhalten wird durch das abklingende Exponential bestimmt. Vergleiche Abbildung 11.1.

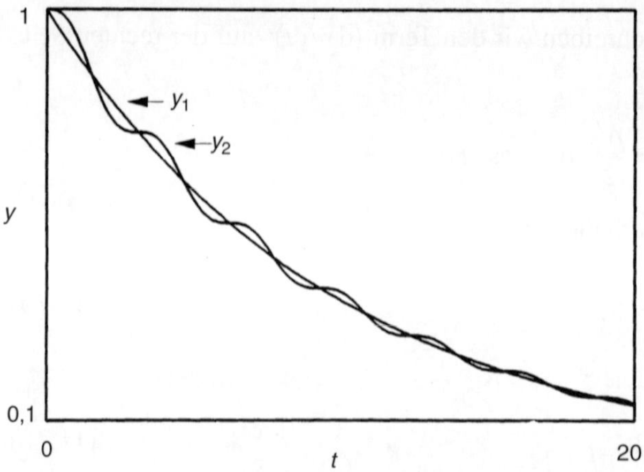

Abb. 11.1 Das dominante Verhalten wird durch den langsam veränderlichen Abklingterm bestimmt. $y_1 = \exp(-0{,}1t)$; $y_2 = \exp(-0{,}1t)\exp(0{,}05\sin 2t)$.

Wir weisen darauf hin, daß sich $\exp(-\varepsilon t)$ und $\exp[(\varepsilon/2)\sin t]$ für $t = O(1)$ jeweils durch Terme der Ordnung $O(\varepsilon)$ von ihren Anfangswerten unterscheiden. Mit anderen Worten, für kurze Zeiten sind beide von vergleichbarer Bedeutung. Für $t = O(1/\varepsilon)$ tritt jedoch bei dem Term $\exp(-\varepsilon t)$ ein kummulativer Effekt auf, während der oszillierende Faktor nur ein leichtes Zittern bewirkt. Eines der Ziele bei der Entwicklung von Näherungsverfahren besteht darin, Terme dieser Art zu identifizieren und voneinander zu separieren. Wir konzentrieren unsere Aufmerksamkeit vorrangig auf jene Terme, die das Langzeitverhalten bestimmen.

Beispiel 11.1.1 Wir betrachten einen Oszillator mit einem kubischen Dämpfungsterm:

$$\frac{\mathrm{d}^2 x}{\mathrm{d}t^2} + x = -\varepsilon \left(\frac{\mathrm{d}x}{\mathrm{d}t}\right)^3 ; \qquad 0 < \varepsilon \ll 1$$
$$x(0) = A; \qquad \frac{\mathrm{d}x(0)}{\mathrm{d}t} = 0 \,. \tag{11.8}$$

Wir benutzen nun die gleichen Annahmen wie beim linear gedämpften Oszillator. Wir identifizieren die totale Energie des Systems und nehmen an, daß sie sich nur geringfügig während eines Zeitintervalls ändert, das der Periode des ungestörten Oszillators entspricht, weil die Dämpfung schwach ist. Beide Seiten werden mit der Geschwindigkeit $\mathrm{d}x/\mathrm{d}t$ multipliziert und man erhält

$$\frac{1}{2}\frac{\mathrm{d}}{\mathrm{d}t}\left[\left(\frac{\mathrm{d}x}{\mathrm{d}t}\right)^2 + x^2\right] = \frac{\mathrm{d}E}{\mathrm{d}t} = -\varepsilon \left(\frac{\mathrm{d}x}{\mathrm{d}t}\right)^4 .$$

In der niedrigsten Ordnung der Approximation gilt

$$x = A\cos t; \qquad \frac{\mathrm{d}x}{\mathrm{d}t} = -A\sin t$$

und

$$\left(\frac{\mathrm{d}x}{\mathrm{d}t}\right)^4 = A^4 \sin^4 t = A^4 \tfrac{1}{8}(3 + \cos 4t - 4\cos 2t) \,.$$

Wir interessieren uns nur für den geglätteten Teil der Energie und können deshalb schreiben

$$\frac{\mathrm{d}E(\text{geglättet})}{\mathrm{d}t} = -\frac{3\varepsilon A^4}{8} = -\frac{3\varepsilon}{8}E(\text{geglättet})^2 \,. \tag{11.9}$$

Gleichung (11.9) wird nun gelöst, wobei der Anfangswert der Energie mit $E(0)$ bezeichnet wird. Man erhält

$$\frac{1}{E(0)} - \frac{1}{E} = -\frac{3}{2}\varepsilon t \tag{11.10}$$

bzw.

$$E(\text{geglättet}) = \frac{E(0)}{1 + (3\varepsilon t/2)E(0)} \,. \tag{11.11}$$

Da die Amplitude proportional zur Quadratwurzel der Energie ist, gilt

$$A(\text{geglättet}) = \frac{A(0)}{\sqrt{1 + (3\varepsilon t/4)A(0)^2}} \,. \tag{11.12}$$

Wir erkennen, daß der Term $(3\varepsilon t/4)A(0)^2$ einer zeitlich langsam veränderlichen Korrektur der Anfangsamplitude entspricht. Damit haben wir eine Vorstellung von dem gewonnen, was passiert und wie die korrekte funktionelle Form des Abklingens beim kubisch gedämpften Oszillator aussieht. Wir wollen zusammenfassen. Bei unserem Herangehen an ein schwach gedämpftes System konzentrieren wir uns auf die Amplitude oder die Energie, die zeitlich langsam variieren, nicht aber auf die Auslenkung selbst. Außerdem betrachten wir nur die zeitlich geglätteten Anteile. □

Übung 11.1.2. Man betrachte ein nichtautonomes System, das durch

$$\ddot{x} + x = -(4\varepsilon \cos^2 t)\dot{x}; \qquad x(0) = A, \quad \dot{x}(0) = 0, \quad \varepsilon = \frac{1}{100\pi}$$

definiert sei. Man benutze das betrachtete Konzept und zeige, daß E(geglättet) exponentiell mit dem Faktor $-\varepsilon t$ abklingt. Man ändere die Anfangsbedingungen in $x(0) = 0$ und $\dot{x} = A$ ab und zeige, daß E(geglättet) nun mit dem Faktor $-3\varepsilon t$ abklingt. Zeichnen Sie $x_{\max}$ über t für $0 \leq t \leq 50\pi$ und diskutieren Sie das Ergebnis. □

11.2 Grenzzyklen – ein nichtlineares Phänomen

Grenzzyklen sind ein neues Phänomen, das für nichtlineare Systeme charakteristisch ist. Sie treten in einer Reihe von Zusammenhängen auf. Wir beschränken uns hier auf stabile Grenzzyklen, die von schwach nichtlinearen, oszillierenden Systemen erzeugt werden, denn diese sind für uns von entscheidender Bedeutung. Zuerst definieren wir die Grenzzyklen und illustrieren dann die grundlegenden Ideen anhand eines einfachen Beispiels nach Poincaré. Wir wiederholen uns verschiedentlich, damit die fundamentalen Aspekte der Systeme und der Analyse beim Leser nicht wieder in Vergessenheit geraten. Es gibt eine große Zahl von Systemen, deren Verhalten durch Grenzzyklen geprägt ist, z. B. die folgenden:

a) In seiner Arbeit *On Maintained Vibrations*, *Philosophical Magazine*, XV (1883), entwickelte Rayleigh ein Näherungsverfahren zur Behandlung von nichtabklingenden Schwingungen, die durch ein Wechselspiel von positiven und negativen Dämpfungstermen aufrechterhalten werden. Er erwähnt, daß dies bei einer Vielzahl von Systemen auftritt, z. B. bei Orgelpfeifen, Violinsaiten, elektromagnetischen Stimmgabeln usw.
b) Van der Pol entwickelte in seiner Arbeit *On Oszillation Hysteresis in a Simple Triode Generator*, *Philosophical Magazine*, 43, 700 (1922), einige jener richtungsweisenden Argumente, die zu einer systematischen Untersuchung des Phänomens „Grenzzyklus“ führten. Er untersuchte Schwingkreise, bei de-

nen die Charakteristik des resistiven Elements eine Funktion des Stromes ist. Der Schwingkreis zeigte aufrechterhaltene Schwingungen, die gegen kleine Störungen stabil waren. Dies führte auf das Prinzip der Verstärkung mit negativer Rückkopplung. Gelegentlich nennt man Oszillatoren dieses Typs selbsterregend, denn wenn das System anfänglich eine sehr kleine Energie besitzt, dann kann es aus der Umgebung Energie abziehen und seine eigene Energie und damit auch seine Amplitude erhöhen.

Man kann zeigen, daß der Rayleigh-Oszillator dem Van der Polschen Oszillator äquivalent ist. (Wir werden das im Kapteil 12 diskutieren.)

Man kann leicht eine Fülle von zutreffenden Beispielen finden, wenn man die entsprechenden Bücher, die in dem Literaturverzeichns am Ende des Kapitels 15 angegeben sind, durchsieht.

Wir bemerken, daß das Beispiel 11.2.1, das von Poincaré stammt, nicht einem gestörten einfachen harmonischen Oszillator entspricht. Wir werden es noch genauer analysieren, denn es enthält in gedrängter Form viele der Grundideen, die mit Grenzzyklen zusammenhängen. (In der Übung 11.2.1 werden wir die Gleichungen des Beispiels 11.2.1 so umformulieren, daß sie einem gestörten einfachen harmonischen Oszillator entsprechen.)

11.2.1 Definition eines Grenzzyklus

Ein stabiler Grenzzyklus ist eine geschlossene Kurve in der Phasenebene, der keine andere geschlossene Phasenraumkurve beliebig nahe kommen kann, und die einen Attrakor für alle Kurven außerhalb und innerhalb darstellt. Man kann die Trajektorien in der Phasenebene als Spiralen darstellen, die sich von außen oder von innen kommend gegen eine Grenzkurve winden und ihr beliebig nahe kommen, ohne sie jedoch zu erreichen. Man kann sich den Grenzzyklus als die zentral gelegene Kurve in einem Kreisring vorstellen. Vergleiche Abbildung 11.2.

Wenn eine Trajektorie einmal den Kreisring erreicht hat, kann sie ihn nicht mehr verlassen. Man erinnere sich, daß sich Trajektorien in der Phasenebene nicht schneiden können.

In der Abbildung 11.3 zeigen wir zwei Beispiele für mögliche Grenzzyklen und die Form der gegen sie strebenden Trajektorien.

Es wird betont, daß wir stabile Grenzzyklen definiert haben. Es gibt auch instabile Grenzzyklen, die die benachbarten Trajektorien abstoßen. Außerdem können mehrfache Grenzzyklen auftreten. Vergleiche diesbezüglich das Beispiel 11.2.3 und die Abbildungen 11.4 a und 11.4 b.

Solange wir nichts anderes ausdrücklich betonen, betrachten wir im folgenden nur solche Situationen, bei denen wir die Möglichkeit haben, einen stabilen Grenzzyklus zu erzeugen. Wir lassen deshalb das Wort „stabil" weg, wenn wir uns auf einen Grenzzyklus beziehen.

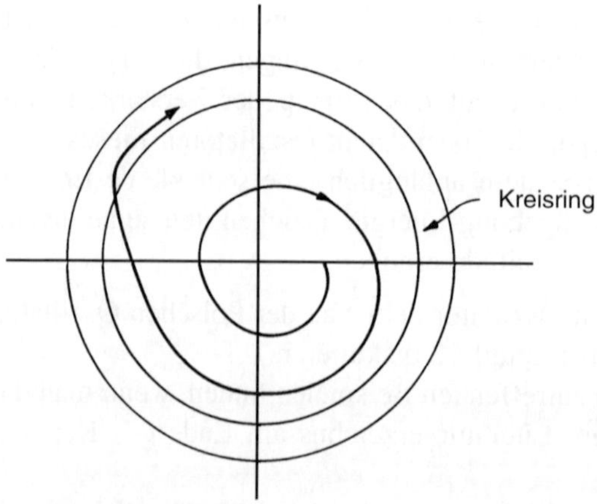

Abb. 11.2 Wenn die Spirale einmal den Kreisring, der den Grenzzyklus umgibt, erreicht hat, kann sie ihn nicht mehr verlassen. Außerdem wissen wir, daß sich Trajektorien in der Phasenebene nicht schneiden können. Die Größe des Kreisringes ist durch den Fehler unserer Näherungslösung gegeben. Weil die Grenzzykluslösung, die wir gern darstellen möchten, uns jedoch unbekannt ist, ersetzen wir sie durch den Kreisring.

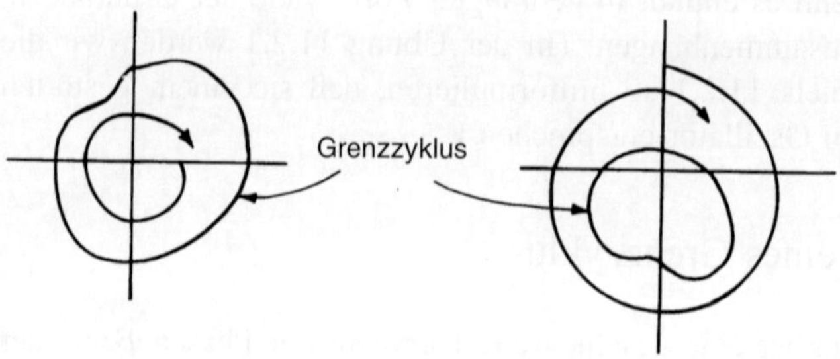

Abb. 11.3

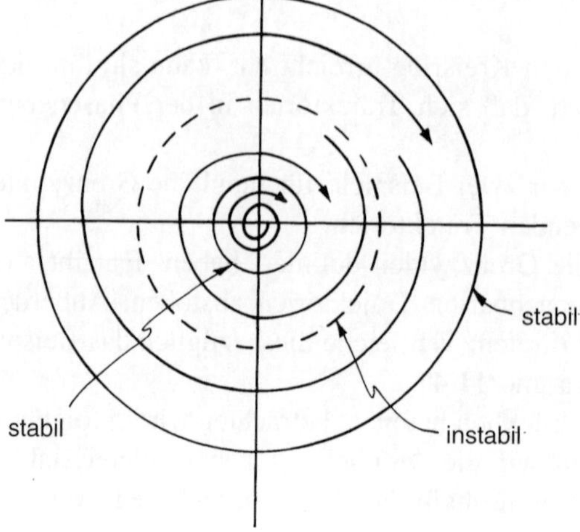

Abb. 11.4 a) Wir stellen mehrere Grenzzyklen dar, die alternierend stabil bzw. instabil sind. Instabile Grenzzyklen stoßen die Trajektorien ab, während stabile Grenzyklen sie anziehen.

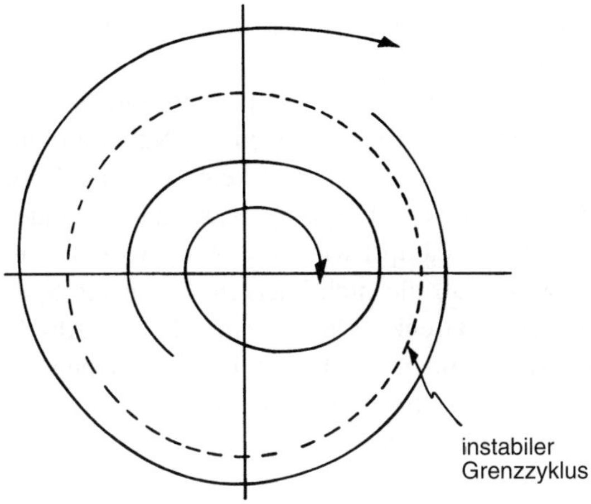

Abb. 11.4 b) Ein Beispiel für einen isolierten instabilen Grenzzyklus.

Im Einverständnis dieser Einschränkungen setzen wir die Diskussion der uns interessierenden Punkte fort. Wir umreißen zuerst unsere Strategie und kommen dann aber Punkt für Punkt auf die einzelnen Dinge zu sprechen. Die Diskussion wird mit der Analyse eines einfachen und klaren Modells, das einen Grenzzyklus besitzt, abgeschlossen.

Wir haben es mit Grenzzyklen zu tun, die infolge einer Störung des einfachen harmonischen Oszillators auftreten. Wir betrachten also eine Situation, bei der unser ungestörtes Problem die Eigenschaft der Metastabilität zeigt, d. h. rein imaginäre Eigenwerte besitzt. Wir schreiben deshalb die Grundgleichungen des einfachen harmonischen Oszillators in Form eines Systems gekoppelter Differentialgleichungen erster Ordnung

$$\frac{\mathrm{d}x}{\mathrm{d}t} = y\,, \tag{11.13 a}$$

$$\frac{\mathrm{d}y}{\mathrm{d}t} = -x\,. \tag{11.13 b}$$

Wir können uns das ungestörte System durch einen Kreis in der Phasenebene beschrieben denken. Wir führen nun eine Störung ein, die lineare und nichtlineare geschwindigkeitsabhängige Terme mit den entsprechenden Vorzeichen besitzt.

Zu Beginn beschränken wir uns auf das Systemverhalten, das durch eine kleine Störung aus dem Ursprung bzw. der Nullamplitude heraus erzeugt wird. Welchen Effekt besitzt die Störung?

Bei kleiner Anfangsamplitude, d. h., das System befindet sich in der Nähe des Ursprungs (0, 0), ist die Wirkung des linearen Störungsterms größer als die des nichtlinearen Terms. Wir beginnen deshalb mit dem linearen Term, der mit einem Realteil zu den Eigenwerten beiträgt. Die zugehörigen Trajektorien in der Phasenebene wandeln sich folglich von Kreisen zu Spiralen. Diese Spiralen werden entweder vom Ursprung angezogen oder abgestoßen, je nach dem Vorzeichen des Parameters vor dem linearen Störungsterm. (Vergleiche die Abbildungen 9.4 bis 9.6 und die zugehörigen Ausführungen.)

Wenn die Spirale vom Ursprung angezogen wird, dann sagen wir, daß das System positiv gedämpft ist und daß alle Anregungen gegen die Nullamplitude abklingen. In diesem Fall spielen die nichtlinearen Terme keine entscheidende Rolle. Wenn sich die Spirale andererseits vom Ursprung nach außen windet, dann sagen wir, daß die Störung negativ gedämpft wird. Die Amplitude wächst dann so lange an, bis sie so groß wird, daß die nichtlinearen Terme ins Spiel kommen. Damit es zum Auftreten eines Grenzzyklus kommt, der als Attraktor für die wachsenden Schwingungsamplituden wirkt, muß das Vorzeichen des nichtlinearen Terms so gewählt sein, daß das System einen endlichen Oszillationsradius, den wir mit r^* bezeichnen, ermöglicht.

$$\mathrm{d}r/\mathrm{d}t = 0 \qquad \text{bei} \qquad r = r^*$$

(In niedrigster Näherung ist der Grenzzyklus ein Kreis. Korrekturen höherer Ordnung führen zu höheren Harmonischen.) Der Grenzzyklus ist kein Gleichgewichtspunkt, denn $\mathrm{d}x/\mathrm{d}t$ und $\mathrm{d}y/\mathrm{d}t$ verschwinden beide nicht gleichzeitig.

Wir wollen alles noch einmal wiederholen, um sicherzugehen, daß alles verstanden wurde.

1. Unser ungestörtes Problem, das durch die Gleichungen (11.13 a) und (11.13 b) beschrieben wird, entspricht immer dem ungestörten harmonischen Oszillator. Es besitzt rein imaginäre Eigenwerte.

$$\frac{\mathrm{d}}{\mathrm{d}t}\begin{bmatrix} x \\ y \end{bmatrix} = M_0 \begin{bmatrix} x \\ y \end{bmatrix}; \qquad M_0 = \begin{bmatrix} 0 & 1 \\ -1 & 0 \end{bmatrix}$$

2. Unsere Störung hat einen in der Geschwindigkeit linearen Term $\varepsilon \mathrm{d}x/\mathrm{d}t = \varepsilon y$. Sie kann auch einen amplitudenabhängigen Term εx besitzen, der zu einer Frequenzkorrektur führt.
3. Der Koeffizient des in der Geschwindigkeit linearen Störungsterms wird Bifurkationsparameter genannt, denn die charakteristischen Strukturen des Auftretens von Trajektorien ändern sich, wenn er sein Vorzeichen von positiven zu negativen Werten ändert. Wenn er negativ ist, dann haben die Eigenwerte der der linearen Störung zugeordneten Matrix einen negativen Realteil. Andernfalls sind diese Realteile positiv.

$$M = \begin{bmatrix} 0 & 1 \\ -1 & \varepsilon \end{bmatrix} \qquad \text{oder} \qquad M = \begin{bmatrix} \varepsilon/2 & 1 \\ -1 & \varepsilon/2 \end{bmatrix}$$

(Vergleiche Übung 11.2.1.) Positive Dämpfung liegt bei $\varepsilon < 0$ und negative Dämpfung bei $\varepsilon > 0$ vor.
4. Für das Auftreten eines Grenzzyklus ist die Existenz eines nichtlinearen Störungsterms notwendig. Wenn die relativen Größen und Vorzeichen der Terme richtig gewählt sind, kann man z. B. einen Grenzzyklus durch das

Wechselspiel zwischen einem linearen Term und einer Kombination von quadratischen und kubischen Termen erhalten. Die Störungsterme könnten z. B. die folgenden sein:

$$\varepsilon(y - x^2 y) \qquad \text{oder} \qquad \varepsilon(y - y^3) \qquad \text{oder} \qquad (\varepsilon^2 y - xy + y^2)\ .$$

(Der letzte Fall wird im Abschnitt 14.5 diskutiert.) Grenzzyklen können auch durch Nichtlinearitäten höherer Ordnung erzeugt werden.

5. Unser System startet immer im bzw. in der Nähe des Gleichgewichtspunktes Koordinatenursprung $(0, 0)$. Das Verhalten seiner Amplitude steht dann zunächst unter dem Einfluß des linearen Störungsterms. Wenn das Vorzeichen dieses Terms negativ ist, dann klingt die Amplitude wieder auf diesen Gleichgewichtspunkt ab. Ist sie jedoch positiv, dann wächst sie so lange an, bis sie unter den Einfluß des nichtlinearen Störungsterms gerät. Wir fordern, daß das effektive Vorzeichen des nichtlinearen Terms negativ ist, damit die Amplitude nicht weiter anwachsen kann und sich ein stabiler oszillierender Zustand einstellen kann. Diesen Zustand nennt man einen Grenzzyklus, wenn er mit Hilfe der Phasenebenenvariablen beschrieben wird.

11.2.2 Ein Beispiel für einen Grenzzyklus

Wir wollen diese Erläuterungen anhand eines einfachen Beispiels illustrieren, das von dem französischen Mathematiker Henri Poincaré, einem der Pioniere auf dem Gebiet der nichtlinearen Dynamik, stammt. (Eine Variante dieses Modells wird in der Übung 11.2.1 behandelt.)

Beispiel 11.2.1. Wir betrachten einen Oszillator, der durch das folgende System von gekoppelten Differentialgleichungen erster Ordnung beschrieben wird

$$\frac{dx}{dt} = \alpha(x + y) - \sigma(x - y)(x^2 + y^2)\ , \tag{11.14 a}$$

$$\frac{dy}{dt} = -\alpha(x - y) - \sigma(x + y)(x^2 + y^2)\ , \tag{11.14 b}$$

wobei die Parameter α und σ größer null sind. Wir stellen fest, daß das System einen Gleichgewichtspunkt im Ursprung $(0, 0)$ besitzt. Statt der Stabilitätsanalyse im Ursprung mit kartesischen Koordinaten führen wir jetzt Polarkoordinaten ein, denn damit entkoppeln die Variablen und man kann sofort eine Lösung finden. Wir schreiben also

$$x = r\cos\theta \qquad \text{und} \qquad y = r\sin\theta$$

und kehren zu unseren Oszillatorgleichungen zurück, indem wir Gleichung (11.14 a) mit x und Gleichung (11.14 b) mit y multiplizieren und anschließend beide Ausdrücke addieren:

$$x\frac{dx}{dt} + y\frac{dy}{dt} = r\frac{dr}{dt} = \alpha r^2 - \sigma r^4\ . \tag{11.15 a}$$

In ähnlicher Weise multiplizieren wir Gleichung (11.14 a) mit y und Gleichung (11.14 b) mit x und bilden dann die Differenz:

$$x\frac{\mathrm{d}y}{\mathrm{d}t} - y\frac{\mathrm{d}x}{\mathrm{d}t} = r^2\frac{\mathrm{d}\theta}{\mathrm{d}t} = -\alpha r^2 - \sigma r^4 \; . \tag{11.15 b}$$

Unsere Gleichungen lauten folglich in Polarkoordinaten

$$\frac{\mathrm{d}r}{\mathrm{d}t} = r(\alpha - \sigma r^2) \; , \tag{11.16 a}$$

woraus man sieht, daß $\mathrm{d}r/\mathrm{d}t = 0$ für $r = 0$ und

$$r = r^* = \sqrt{\frac{\alpha}{\sigma}} \tag{11.16 b}$$

erfüllt sind, und

$$\frac{\mathrm{d}\theta}{\mathrm{d}t} = -\alpha - \sigma r^2 \; . \tag{11.16 c}$$

Wir wollen sehen, was wir aus den Gleichungen (11.16 a) bis (11.16 c) entnehmen können. Wenn wir mit der Betrachtung unseres Systems bei $r = 0$ beginnen, wird das System in diesem Punkt verharren. Allerdings ist dieser Punkt ein instabiler Gleichgewichtspunkt, und zwar, weil in der Umgebung des Ursprungs die linearen Terme dominieren und folglich die Beziehung $\mathrm{d}r/\mathrm{d}t = \alpha r + \text{n. l. T.}$ gilt. Daraus folgt für $\alpha > 0$ die Instabilität des Koordinatenursprungs. Wenn wir nun aber einen kleinen Anfangswert für r zulassen, dann wird sich das System immer vom Punkt $r = 0$ wegbewegen und seine Amplitude wird wachsen, bis sie den Grenzwert r^* erreicht. Dieser Grenzwert heißt Radius des Grenzzyklus.

Die Winkelgeschwindigkeit hat den Anfangswert $-\alpha$ und sie erreicht den Wert -2α, wenn sich der Radius dem Grenzzyklus nähert. Wir können dieses Resultat auch in kartesischen Koordinaten ausdrücken:

$$\frac{\mathrm{d}x}{\mathrm{d}t} = 2\alpha y; \qquad \frac{\mathrm{d}y}{\mathrm{d}t} = -2\alpha x, \qquad \text{wenn} \qquad r = r^* \; .$$

Dies zeigt, daß die Variablen x und y harmonische Schwingungen ausführen, wenn sich das System auf dem Grenzzyklus bewegt.

Wir wollen uns nun auf die radiale Bewegung konzentrieren. Wir verzichten jetzt zeitweilig auf die Bedingung, daß der Parameter α positiv sein soll. Wir denken uns, daß er anfänglich negativ ist und dann langsam wächst, die Nullstelle erreicht und positiv wird. Wir untersuchen nun die Stabilität des Gleichgewichtspunktes $r = 0$ bei kleinen Auslenkungen in der Nullstelle des Parameters α.

$$\frac{\mathrm{d}r}{\mathrm{d}t} \approx \alpha r + \text{n. l. T.}$$

Der Grenzzyklus wird für $r < r^*$ aus den inneren Orbits kommend erreicht. Man kann mit ähnlichen Argumenten zeigen, daß der Grenzzyklus für $r > r^*$ von den äußeren Orbits kommend erreicht wird. Das heißt, der Grenzzyklus wirkt als ein Attraktor. Wir sagen, daß der Grenzzyklus eine stabile, anziehende geschlossene Kurve in der Phasenebene ist. Da sich Trajektorien in der Phasenebene nicht schneiden können, sprechen wir davon, daß sich das System für

$$|r - r^*| < \delta$$

auf einem Grenzzyklus bewegt, wobei δ eine kleine Größe unserer Wahl ist. Man kann daran denken, δ als ein Maß für die nächst benachbarten Energieschalen der gewünschten Energie E zu betrachten.

Wir illustrieren nun, wie sich das System in der Abbildung 11.5 verhält. r^* wird über α aufgetragen. Stabile Gleichgewichtspunkte werden durch ausgefüllte Kreise und instabile durch leere Kreise gekennzeichnet. (Dies ist die Standardkennzeichnung.) Wir betrachten nun unser System, das in der Ruhelage geringfügig gestört wird, und beobachten die weitere Entwicklung. Wenn der Gleichgewichtspunkt stabil ist, wird das System in die Ruhelage zurückkehren, d. h. in den Zustand $r = 0$. Wenn der Gleichgewichtspunkt dagegen instabil ist, wird die Einhüllende der Schwingungen anwachsen. Falls nun ein Grenzzyklus existiert, wird er das System anziehen und als stabiler Attraktor nicht mehr entweichen lassen. In der Abbildung wird nur der Grenzradius der Oszillationen aufgetragen.

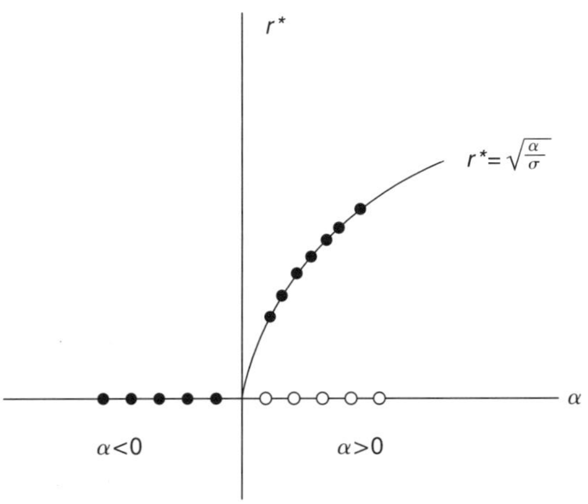

Abb. 11.5

In unserem Beispiel erhielten wir einen Grenzzyklusradius, der proportional zur Quadratwurzel des Bifurkationsparameters α ist. Es stellt sich nun heraus, daß dieses Quadratwurzelverhalten für das Auftreten von Grenzzyklen bei einer großen Zahl physikalischer Modelle charakteristisch ist. Die Ursache dafür liegt im Wechselspiel zwischen linearen und kubischen Geschwindigkeitstermen. Bei einem oszillierenden System, das Grenzzyklusverhalten zeigt, falls ein Parameter einen bestimmten Wert übersteigt, hängt das Einsetzen dieses neuen Typs von

Bewegung von der Quadratwurzel dieses entsprechenden Parameters ab. Wir verlangen, daß α und σ größer als null sind, damit ein instabiler Ursprung und ein stabiler Grenzzyklus mit endlichem Radius existieren. □

Im Kapitel 12 werden wir den Van der Polschen Oszillator einführen, der das klassische System für die Untersuchung des Grenzzyklusverhaltens darstellt. Er ist physikalisch leicht zu verstehen und zeigt alle Merkmale, die nichtlineare oszillierende Systeme besitzen, die bei linearen Systemen fehlen.

Beispiel 11.2.2. Man kann zeigen, daß der im Beispiel 11.2.1 diskutierte Grenzzyklus stabil ist. Wir betrachten die Gleichung (11.16 a)

$$\frac{\mathrm{d}r}{\mathrm{d}t} = r(\alpha - \sigma r^2)$$

und nehmen an, daß das System in der Nähe von $r = 0$ startet und die Amplitude bis $r = r^*$ anwächst. Sie wird dann etwas gestört, was wir durch die Einführung eines kleinen Störterms modellieren:

$$r = r^* + u; \qquad |u| \ll 1; \qquad r^* = \sqrt{\frac{\alpha}{\sigma}}\,.$$

Wir erhalten dann

$$\frac{\mathrm{d}u}{\mathrm{d}t} = (r^* + u)[\alpha - \sigma(r^{*2} + 2r^*u + u^2)]\,.$$

Wenn nur die linearen Beiträge in u berücksichtigt werden und der Wert für r^* eingesetzt wird, dann ergibt sich

$$\frac{\mathrm{d}u}{\mathrm{d}t} = -2\alpha u\,,$$

was zeigt, daß kleine Abweichungen vom Grenzzyklusradius exponentiell für jedes Vorzeichen von u abklingen. Unser Grenzzyklus zieht also alle Abweichungen nach äußeren und inneren Orbits an. □

Übung 11.2.1. Man betrachte das Beispiel 11.2.1 und modifiziere die Gleichungen (11.14 a) und (11.14 b) durch Einführung eines kleinen positiven Parameters ε in folgender Weise

$$\frac{\mathrm{d}x}{\mathrm{d}t} = \varepsilon x + y - \varepsilon(x - y)(x^2 + y^2)\,,$$
$$\frac{\mathrm{d}y}{\mathrm{d}t} = -x + \varepsilon y - \varepsilon(x + y)(x^2 + y^2)\,.$$

Wir weisen darauf hin, daß sowohl εx als auch εy dissipative Terme sind. Die linearisierten Gleichungen sind dann von einer Form, wie sie in der Übung 7.4.3 vom Kapitel 7 diskutiert wurde. Man benutze Polarkoordinaten und bestimme den Grenzzyklus. Zeigen Sie, daß dieser gegenüber kleinen Störungen stabil ist. □

Übung 11.2.2. Es gibt von J. Shohat eine interessante Arbeit mit dem Titel *On Van der Pol's and Related Nonlinear Differential Equations* im *Journal of Applied Physics,* 15, 568 (1944). In ihr werden die Eigenschaften der periodischen Lösungen von Gleichungen des Typs $\mathrm{d}^2x/\mathrm{d}t^2 + x = \varepsilon F(x)(\mathrm{d}x/\mathrm{d}t); \quad 0 < \varepsilon \ll 1$ diskutiert, wobei die Funktion $F(x)$ ein Polynom ist. Wir erinnern daran, daß eine periodische Lösung dieser Gleichung mit der Periode T die Eigenschaft hat, daß $[x(t), \mathrm{d}x(t)/\mathrm{d}t]$ und $[x(t+T), \mathrm{d}x(t+T)/\mathrm{d}t]$ jeweils nach einem Intervall T den gleichen Wert annehmen. Wir betrachten jetzt nur periodische Lösungen, multiplizieren nacheinander die Gleichung mit 1, x und $(\mathrm{d}x/\mathrm{d}t)$, integrieren über eine Periode T und erhalten

a) $$\int_0^T x\,\mathrm{d}t = 0\,,$$

b) $$\int_0^T \left(\frac{\mathrm{d}x}{\mathrm{d}t}\right)^2 \mathrm{d}t = \int_0^T x^2\,\mathrm{d}t\,,$$

c) $$\int_0^T F(x)\left(\frac{\mathrm{d}x}{\mathrm{d}t}\right)^2 \mathrm{d}t = 0\,.$$

Man interpretiere jede dieser Gleichungen. Die Arbeit von Shohat diskutiert sehr ausführlich störungstheoretische Methoden, die auf dieses Problem anwendbar sind. Dies schließt auch Näherungsverfahren ein, von denen angenommen wird, daß sie auch für größere Werte von ε gültig sind. Letzteres wurde jedoch von N. G. de Bruijn in dem Artikel *A Note on Van der Pol's Equation, Phillips Research Report* 1, 401 (1946), ernsthaft in Frage gestellt. □

Beispiel 11.2.3. Wir führen nun ein Modellsystem ein, das Sprünge und Hystereseerscheinungen zeigt. Es wurde aus einer Gleichung abgeleitet, die Minorsky in seinem Buch *Nonlinear Oszillations* auf Seite 183 diskutiert. Wir betrachten das nichtlineare System

$$\frac{\mathrm{d}x}{\mathrm{d}t} = -\alpha\sigma(x+y) + \beta\sigma(x+y)\sqrt{x^2+y^2} - \sigma(x-y)(x^2+y^2)\,, \qquad (11.17\,\mathrm{a})$$

$$\frac{\mathrm{d}y}{\mathrm{d}t} = +\alpha\sigma(x-y) - \beta\sigma(x-y)\sqrt{x^2+y^2} - \sigma(x+y)(x^2+y^2) \qquad (11.17\,\mathrm{b})$$

mit $\beta > 0$ und $0 < \sigma \ll 1$; α ist der variable Parameter. Wir setzen

$$x = r\cos\theta; \qquad y = r\sin\theta$$

und erhalten

$$\dot{r} = -\sigma r(r^2 - \beta r + \alpha) , \tag{11.18 a}$$

$$\dot{\theta} = \alpha\sigma - \beta\sigma r - \sigma r^2 . \tag{11.18 b}$$

Stationäre Werte sind möglich für $r = 0$ und

$$r = \frac{\beta}{2} \pm \sqrt{\frac{\beta^2}{4} - \alpha} . \tag{11.19}$$

(Wir fordern $r \geq 0$, denn es ist ja ein Radius.) Um zu entscheiden, ob der stationäre Wert von r (bezeichnet mit r^*) stabil gegenüber kleinen Störungen ist, können wir die Gleichung (11.18 a) nach r differenzieren und an der Stelle $r = r^*$ auswerten. Eine andere Möglichkeit besteht darin, daß wir mit dem Ansatz

$$r = r^* + u; \qquad |u| \ll 1$$

in die Gleichung eingehen. Wir finden

$$\frac{\mathrm{d}u}{\mathrm{d}t} \approx -\sigma r^*(2r^*u - \beta u) = -\sigma r^* u(2r^* - \beta) . \tag{11.20}$$

Wegen σ, $\beta > 0$ gibt es einen stabilen Grenzzyklus mit dem Radius r^*, falls $2r^* > \beta$ gilt. Wegen Gleichung (11.18 a) genügen kleine Oszillationen in der Umgebung des Ursprungs der Beziehung

$$\dot{r} \approx -\sigma r \alpha \tag{11.21}$$

und sie sind somit für $\alpha > 0$ stabil und für $\alpha < 0$ instabil. Wir möchten die Größe des Grenzzyklusradius in Abhängigkeit vom Parameter α, der von negativen bis zu positiven Werten variiert, bestimmen. In der Abbildung 11.6 a tragen wir r^* über α auf und kennzeichnen die stabilen Werte von r^* mit ausgefüllten Kreisen und die instabilen Werte von r^* mit leeren Kreisen.

Fall I. $\alpha > 0$

a) Entsprechend der Gleichung (11.19) gibt es für $0 < \alpha < \beta^2/4$ zwei reelle Wurzeln für r.
   Aus Gleichung (11.20) erkennt man, das die größere der beiden Wurzeln stabil ist, während die kleinere instabil ist

$$r_1^* = \frac{\beta}{2} + \sqrt{\frac{\beta^2}{4} - \alpha} , \tag{11.22 a}$$

$$r_2^* = \frac{\beta}{2} - \sqrt{\frac{\beta^2}{4} - \alpha} . \tag{11.22 b}$$

b) Für $\alpha = \beta^2/4$ existiert eine reelle Doppelwurzel und der stabile Zustand ist $r = 0$.
c) Für $\alpha > \beta^2/4$ gibt es keine reellen Wurzeln.

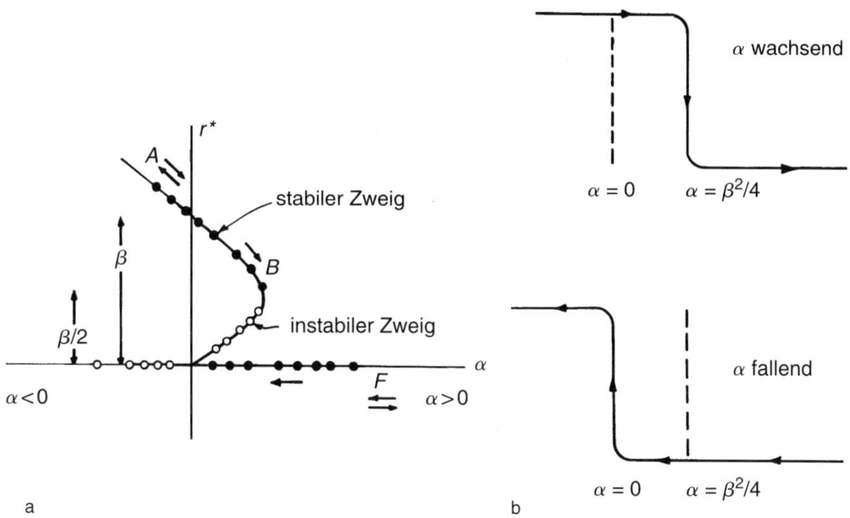

Abb. 11.6

Fall II. $\alpha < 0$

$$r^* = \frac{\beta}{2} + \sqrt{\frac{\beta^2}{4} + |\alpha|} \tag{11.23}$$

Der Ursprung ist instabil und es gibt einen stabilen Grenzzyklus wegen $r^* > \beta/2$. □

11.3 Diskussion der Abbildungen 11.6 a und 11.6 b

Wir möchten nun die Amplitude der stabilen Oszillationen verfolgen, wenn wir den Parameter α von negativen zu positiven Werten anwachsen lassen. Wir beginnen mit $r \approx 0$ und $\alpha \ll 0$ und achten darauf, was passiert. Aus der Gleichung (11.21) wissen wir, daß der Ursprung instabil ist. Das System wird deshalb aus dem Umgebungsreservoir Energie entnehmen und seinen Radius so lange vergrößern, bis es den Grenzzyklus, dessen Radius r^* durch Gleichung (11.23) festgelegt ist, erreicht. Wenn wir nun den Parameter α kontinuierlich vergrößern und die Nullstelle $\alpha = 0$ überschreiten, dann ist der Radius r^* durch Gleichung (11.22 a) gegeben. Das System bleibt auf dem oberen Zweig der Kurve, bis es den kritischen Wert $\alpha = \beta^2/4$ erreicht. Vergleiche die Abbildung 11.6 b.

Bei diesem Wert von α kollabiert der Radius auf den Wert $r = 0$, denn es gibt für r^* keinen reellen Wert mehr. Wenn der Parameter α weiterhin erhöht wird, werden die Fluktuationen um $r = 0$ gedämpft und $r^* = 0$ bleibt der stabile Zustand. Wir führen nun die gleiche Betrachtung in umgekehrter Richtung durch, d. h., α hat zu Beginn einen großen positiven Wert. Der einzig stabile Wert von r^* ist dann der Ursprung $r^* = 0$. Wir verringern nun den Wert von α und passieren den Wert $\alpha = \beta^2/4$. Wir stellen fest, daß das System bei hinreichend kleinen Störungen der Radiuswerte bis zum Wert $\alpha = 0$ auf der Achse $r^* = 0$ stabil bleibt. Dort verliert der untere Zweig der Kurve seine Stabilität und das System entnimmt aus dem Umgebungsreservoir wieder Energie, bis es den Wert von r^*, der dem oberen Zweig entspricht, erreicht hat. Wir erkennen, daß dieses Modellsystem Sprünge ausführt und eine Hysterese besitzt. Zu berücksichtigen ist noch, daß das System bei sehr kleinen positiven Werten von α infolge von kleinen Fluktuationen bereits vor dem Erreichen des Wertes $\alpha = 0$ auf den oberen Zweig springen kann. Die Linien mit Pfeilen weisen auf die stabile Bewegung hin.

12 Die Mittelungsmethode

Bevor wir mit der Darstellung dieses Themas beginnen, wollen wir zwei in den vorhergehenden Kapiteln entwickelte Grundideen wiederholen.

Periodische Bewegung

$$\frac{\mathrm{d}^2 x}{\mathrm{d}t^2} + x = \varepsilon f(x); \qquad |\varepsilon| \ll 1$$

Wir erwarten, daß die Störung die Periode verändert. Die Bewegung bleibt periodisch, d. h., sowohl Auslenkung als auch Geschwindigkeit nehmen nach jedem Zeitintervall, das der richtigen Periode der Bewegung entspricht, die gleichen Werte an. Das System wird also an einem festen Punkt erscheinen, wenn es mit einer mit der richtigen Frequenz blitzenden Lampe beleuchtet wird. Die Amplitude bleibt konstant, da die Energie erhalten ist.

Wir können ein systematisches Verfahren entwickeln (d. h. eine von säkularen Termen freie Entwicklung), und sind auf diese Weise prinzipiell in der Lage, die richtige Frequenz eines schwach nichtlinearen konservativen oszillierenden Systems zu berechnen. Wir bemerken, daß für genügend lange Zeiten sich die Phasenbahn des Systems öffnen wird, was auf den Zusammenbruch der Gültigkeit der Entwicklung hinweist. Diese Methode ist genau die von Poincaré und Lindstedt.

Aperiodische Bewegung

$$\frac{\mathrm{d}^2 x}{\mathrm{d}t^2} + x = \varepsilon f\left(x, \tfrac{\mathrm{d}x}{\mathrm{d}t}\right); \qquad |\varepsilon| \ll 1$$

Wir begegnen schwach nichtlinearen Systemen, von denen jedes eine Änderung in seiner Amplitude (und damit seiner Energie) erfährt, welche über jede Periode des ungestörten Oszillators klein ist. Es gibt dabei üblicherweise, jedoch nicht immer, eine Frequenzkorrektur. Das folgende Beispiel finden wir in dem Buch von Lin und Segel auf Seite 326:

$$\frac{\mathrm{d}^2 x}{\mathrm{d}t^2} + 2\varepsilon\frac{\mathrm{d}x}{\mathrm{d}t} + \left(1 + \varepsilon^2\right) x = 0\,. \tag{12.1}$$

Diese Gleichung hat die Lösung

$$x(t) = x(0)\exp(-\varepsilon t)\cos(t + \phi)\,. \tag{12.2}$$

In diesem Beispiel haben das gestörte Problem $\varepsilon \neq 0$ und das ungestörte Problem die gleiche *oszillatorische* Zeitskala. Die Dämpfung und die Oszillation sind effektiv entkoppelt. Natürlich ist der gedämpfte Oszillator nicht periodisch, da seine Amplitude mit der Zeit abnimmt.

Wir interessieren uns sehr stark für Grenzzyklen, da das stabile periodische Oszillationen endlicher Amplitude sind, ein bei linearen Systemen nicht auftretendes Phänomen. Wie wir im Kapitel 11 gesehen haben, gibt es die Möglichkeit, einen Grenzzyklus zu entwickeln, wenn der Dämpfungsterm beim Durchlaufen seiner Bahn in der Phasenebene die Möglichkeit eines Vorzeichenwechsels hat.

Unsere vorhergehenden Diskussionen aperiodischer Systeme waren durch qualitative Argumente bestimmt und die Entwicklung einer quantitativen Störungsentwicklung wurde bis in dieses Kapitel verschoben.

12.1 Einführung

Eine systematische (Langzeit-)Störungsmethode wurde innerhalb der letzten 50 Jahre durch Krylov und Bogoliubov und durch Bogoliubov und Mitropolsky entwickelt. Wir stellen die Grundprinzipien der Methode dar, dem Leser empfehlen wir die Lektüre der Originalliteratur, um die Einzelheiten über die Terme höherer Ordnung und die Beweise kennenzulernen. In den meisten Fällen sind die Terme der untersten Ordnungen die interessantesten, da sie die qualitative Struktur und das Verhalten des Systems sichtbar machen. Es gibt drei in ihren Grundideen verwandte Methoden.

12.1.1 Die elementare Mittelungsmethode

Es handelt sich um die älteste der drei Methoden, die lediglich in der Lage ist, die Korrekturen niedrigster Ordnung zur Frequenz und zur Amplitude der Fundamentallösung zu liefern. Unsere ungestörte Lösung hat sowohl eine konstante Amplitude r als auch eine konstante Frequenz ω_0.

Die Störung besitzt die Fähigkeit, sowohl in die Amplitude als auch in die Phase eine schwache Zeitabhängigkeit einzuführen. Unsere gestörte Lösung kann dann als

$$x(t) = r(\text{schwache Zeitabhängigkeit}) * \cos(\omega_0 t + \text{schwache Zeitabhängigkeit})$$

geschrieben werden. Mit der elementaren Mittelungsmethode findet man diese schwache Zeitabhängigkeit. Sie ist sehr leicht zu lernen und unkompliziert anzuwenden. Wir beschränken unsere Diskussion auf diese elementare Methode und bezeichnen sie als Mittelungsmethode.

12.1.2 Die Methode von Krylov-Bogoliubov und Mitropolsky

Bei dieser Methode (KBM-Methode) führt man eine Variablentransformation auf Variable entsprechend der richtigen Frequenz oder Zeitskala aus und sucht dann eine Entwicklung der Auslenkung nach Winkelfunktionen, die periodisch mit der Periode 2π sind. Die Amplitude und die Frequenz sind in jeder Störungsordnung so eingestellt, daß sie säkulare Terme unterdrücken. (Siehe Krylov und Bogoliubov, Nayfeh, Minorsky sowie Sanders und Verhulst, angegeben im Literaturverzeichnis am Ende des Kapitels 15.)

12.1.3 Die Methode von Bogoliubov und Mitropolsky oder die Methode der schnell rotierenden Phase

Mit der Methode der schnell rotierenden Phase sucht man eine Entwicklung in Polarkoordinaten für die Amplitude oder den Radius und die Frequenz. Sie unterscheidet sich deshalb von der KBM-Methode, bei der man eine richtige Entwicklung für die Auslenkung und die Frequenz sucht. Die Lösungen können mittels einiger wichtiger algebraischer Umformungen ineinander umgeformt werden. (Siehe die im Abschnitt 12.1.2 zitierte Literatur.)

12.1.4 Das Grundmodell

Wir beginnen immer mit einem System, das einem leicht gestörten einfachen harmonischen Oszillator entspricht. Die Störung wird als $\varepsilon f(x, \mathrm{d}x/\mathrm{d}t)$ geschrieben. Wir gehen so vor, daß wir einen durchschnittlichen Radius definieren, der der Entwicklung des Systems mit einer Zeitskala des ungestörten Systems im Mittel folgt. Der durchschnittliche Radius und die durchschnittliche Frequenz verändern sich langsam, da ihre Ableitungen zu dem Entwicklungsparameter proportional sind. Wenn wir beispielsweise eine gedämpfte Bewegung haben, dann können wir die Trajektorie als eine sich langsam windende oder sich nicht windende Spirale mit überlagerten Zitterbewegungen darstellen (Abb. 12.1).

Der nichtgeglättete oder zitternde Teil stellt die Harmonischen höherer Ordnung der Bewegung dar. Diese sind üblicherweise so definiert, daß ihr Mittelwert gleich null ist, wenn er über eine Periode der ungestörten Bewegung integriert wird. Sowohl die KBM-Methode als auch die Methode der schnell rotierenden

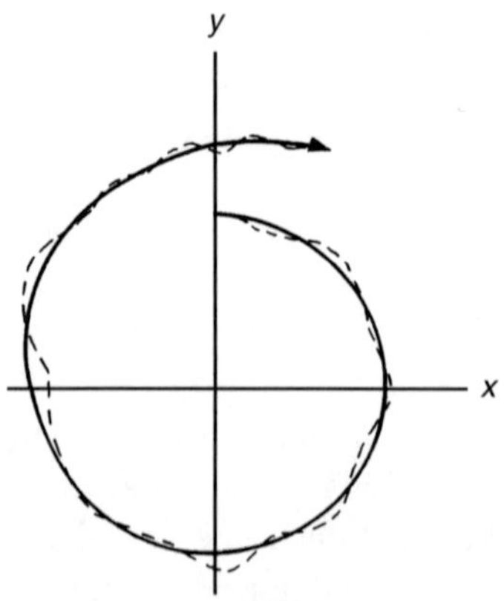

Abb. 12.1 Hier ist zu beachten, daß wir nur den geglätteten Teil der Bewegung herangezogen haben.

Phase sind in der Lage, diese durch die Störung eingeführten Harmonischen zu finden. Diese Terme können die Form $\cos n\theta$ oder $\sin n\theta$ mit $n \neq 1$ annehmen, sie sind bei Berechnungen höherer Ordnung und der Behandlung von Resonanzphänomenen wichtig. (Siehe die im Abschnitt 12.1.2 zitierte Literatur.)

In diesem Kapitel suchen wir die Näherung niedrigster Ordnung, die zeitlich gleichmäßig richtig ist. Weiterhin muß der gesamte Einfluß der Störung von der Art sein, daß während jedes Zeitintervalls, dessen Länge gleich der ungestörten Periode ist, das System als einfacher harmonischer Oszillator betrachtet werden kann. Diese Bedingung an die Störung ist wichtig. Wir betrachten zum Beispiel einen Störungsterm, der eine die effektive Federkonstante ändernde Komponente und ebenfalls eine Komponente mit negativer Dämpfung enthält:

$$\frac{\mathrm{d}^2 x}{\mathrm{d}t^2} + x = \varepsilon \left(\frac{\mathrm{d}x}{\mathrm{d}t} + x^3 \right); \qquad 0 < \varepsilon \ll 1 . \tag{12.3}$$

Die Amplitude dieses System wächst während jedes Umlaufs, so daß, obwohl der Parameter ε klein ist, die Amplitude schließlich hinreichend groß wird, so daß der nichtlineare Frequenzkorrekturterm εx^3 mit dem linearen Term x vergleichbar wird. Es ist dann nicht länger angebracht, dieses System als einen leicht gestörten einfachen harmonischen Oszillator zu betrachten. (Für eine Diskussion dieses Punktes und damit verwandter Themen verweisen wir auf das Kapitel 14, Abschnitt 14.4.2 und das Buch von Kevorkian und Cole, Seiten 125–129.)

Es ist wichtig zu betonen, daß in den meisten Fällen die qualitative Struktur der Lösung durch die Berechnungen in der niedrigsten Ordnung erhalten wird. Als Warnung sei gesagt, daß einige Systeme eine Skalierung der Variablen erfordern, um die Gleichung in eine geeignete Form zu bringen. In solchen Situationen führt eine direkte Rechnung, d. h. eine sorglose Anwendung der Mittelungsmethode zu falschen Ergebnissen. Wir diskutieren diese Punkte im Kapitel 14.

12.2 Die Mittelungsmethode

Wir beginnen mit unserer Standardgleichung

$$\frac{d^2x}{dt^2} + x = \varepsilon f\left(x, \frac{dx}{dt}\right); \qquad |\varepsilon| \ll 1 . \tag{12.4}$$

Das liefert einen Kreis als (ungestörte) Grundlösung in der Phasenebene. In der Mittelungsmethode gehen wir zu Polarkoordinaten über und beobachten die Veränderungen des Radius und der Frequenz, die von der Störung $\varepsilon f(x, y)$ hervorgerufen werden. Wie wir im Kapitel 9, Abschnitt 9.3 gesehen haben, gibt es zwei geeignete Vorzeichenkonventionen, die aus der Beziehung zwischen dx/dt und der Variable y herrühren. Wir bezeichnen den Fall $dx/dt = y$ als Konvention I und den Fall $dx/dt = -y$ als Konvention II. In beiden Konventionen legen wir fest, daß der Azimutwinkel θ zeitlich anwächst. Konvention I ist Bewegung im Uhrzeigersinn, Konvention II entspricht einer Bewegung entgegen dem Uhrzeigersinn.

Der Unterschied in den Vorzeichen spielt eine nachteilige Rolle, da versehentlich Fehler in die Rechnung kommen können. Wir zeigen die Rechnungen explizit und hoffen dabei, die Parallelen in den Argumentationen zeigen zu können. Die Unterschiede bestehen nur in den Vorzeichen.

12.2.1 Die Vorzeichenkonvention I: $dx/dt = y$

$$x = r\cos\theta = r\cos(t+\phi), \tag{12.5 a}$$

$$y = -r\sin\theta = -r\sin(t+\phi), \tag{12.5 b}$$

$$\theta = t + \phi \tag{12.5 c}$$

Im allgemeinen werden sowohl die Amplitude r als auch die Phase ϕ von der Zeit abhängen. Wir wollen unsere Näherungsmethode so konstruieren, daß die durch die Gleichungen (12.5 a) und (12.5 b) gegebene Form beibehalten wird, da in sie x und y gleichberechtigt eingehen. Wir meinen damit, daß wir unsere Gleichung zweiter Ordnung oft durch eine Vektorgleichung erster Ordnung ersetzen wollen, deren Komponenten x und y sind. Der durch die Gleichungen (12.5 a) und (12.5 b) gegebene Zusammenhang ist symmetrisch und besonders einfach.

Die Gleichung (12.4) lösen wir mit der Methode der Variation der Konstanten. Wir rufen uns aus unserer Diskussion in Kapitel 7 in Erinnerung, daß dieses Verfahren damit beginnt anzunehmen, die Form der Lösung der Gleichung (12.4) sei wie in den Gleichungen (12.5 a) und (12.5 b) angegeben. Wir differenzieren die Gleichung (12.5 a) und erhalten

$$\frac{\mathrm{d}x}{\mathrm{d}t} = -r\sin(t+\phi) + \left[\frac{\mathrm{d}r}{\mathrm{d}t}\cos(t+\phi) - r\frac{\mathrm{d}\phi}{\mathrm{d}t}\sin(t+\phi)\right]. \tag{12.6}$$

Um in der Gleichung (12.5 b) y mit $\mathrm{d}x/\mathrm{d}t$ identifiziern zu können, fordern wir die Gültigkeit der Nebenbedingung

$$\frac{\mathrm{d}r}{\mathrm{d}t}\cos(t+\phi) - r\frac{\mathrm{d}\phi}{\mathrm{d}t}\sin(t+\phi) = 0\,. \tag{12.7}$$

Wir berechnen dann eine Lösung wie folgt.

Wir differenzieren die Gleichung (12.6):

$$\begin{aligned}\frac{\mathrm{d}^2x}{\mathrm{d}t^2} = &-\frac{\mathrm{d}r}{\mathrm{d}t}\sin(t+\phi) - r\cos(t+\phi)\\ &-r\frac{\mathrm{d}\phi}{\mathrm{d}t}\cos(t+\phi)\,.\end{aligned} \tag{12.8}$$

Jetzt setzen wir die Gleichung (12.8) in die Gleichung (12.4) ein und erhalten

$$-\frac{\mathrm{d}r}{\mathrm{d}t}\sin(t+\phi) - r\frac{\mathrm{d}\phi}{\mathrm{d}t}\cos(t+\phi) = \varepsilon f(x,y)\,. \tag{12.9}$$

Wir haben die zwei Gleichungen (12.7) und (12.9) für die zwei Unbekannten $\mathrm{d}r/\mathrm{d}t$ und $\mathrm{d}\phi/\mathrm{d}t$. Die Lösungen dieser Gleichungen lauten

$$\frac{\mathrm{d}r}{\mathrm{d}t} = \dot{r} = -\varepsilon f(x,y)\sin(t+\phi), \tag{12.10 a}$$

$$\frac{\mathrm{d}\phi}{\mathrm{d}t} = \dot{\phi} = \frac{-\varepsilon}{r} f(x,y)\cos(t+\phi)\,. \tag{12.10 b}$$

Wir unterbrechen hier, um zu verdeutlichen, daß wir die Gleichungen (12.10 a) und (12.10 b) auch erhalten können, wenn wir die Gleichung (12.4) in der Form zweier gekoppelter Differentialgleichungen erster Ordnung

$$\frac{\mathrm{d}x}{\mathrm{d}t} = y, \tag{12.11 a}$$

$$\frac{\mathrm{d}y}{\mathrm{d}t} = -x + \varepsilon f(x,y) \tag{12.11 b}$$

unter Beibehaltung der Gleichungen (12.5 a) bis (12.7) schreiben.

Wir berechnen unmittelbar

$$x\dot{x} + y\dot{y} = r\dot{r} = \varepsilon f\left(x, \frac{\mathrm{d}x}{\mathrm{d}t}\right) y, \tag{12.12 a}$$

$$-x\dot{y} + y\dot{x} = r^2\dot{\theta} = r^2 - \varepsilon f\left(x, \frac{\mathrm{d}x}{\mathrm{d}t}\right) x\,. \tag{12.12 b}$$

Verwenden wir die Gleichungen (12.5 a) bis (12.5 c), dann sehen wir, daß die Gleichungen (12.12 a) und (12.12 b) äquivalent zu den Gleichungen (12.10 a) und (12.10 b) sind. Diese Gleichungen, die für einen allgemeinen Störungsterm der Form $\varepsilon f(x, y)$ richtig sind, gehen auf Van der Pol (1922) zurück, ihre systematische Analyse stammt jedoch von Krylov und Bogoliubov und deren Mitarbeitern. Es ist wichtig zu bemerken, daß die Gleichungen (12.10 a), (12.10 b), (12.12 a) und (12.12 b) exakt sind, da hier keine Näherung verwendet wurde.

12.2.2 Die Vorzeichenkonvention II: $\mathrm{d}x/\mathrm{d}t = -y$

Wir definieren

$$x = r\cos\theta = r\cos(t+\phi), \tag{12.13 a}$$

$$y = r\sin\theta = r\sin(t+\phi), \tag{12.13 b}$$

$$\theta = t+\phi \tag{12.13 c}$$

und folgen der Rechnung im Abschnitt 12.2.1, indem wir die Gleichung (12.13 a) differenzieren und die Nebenbedingung einführen:

$$\frac{\mathrm{d}r}{\mathrm{d}t}\cos(t+\phi) - r\frac{\mathrm{d}\phi}{\mathrm{d}t}\sin(t+\phi) = 0\,. \tag{12.14}$$

Das erlaubt uns, die durch die Gleichung (12.13 b) gegebene Variable y mit $-\mathrm{d}x/\mathrm{d}t$ zu identifizieren. Wir differenzieren die Gleichung (12.13 a) noch einmal und erhalten

$$\frac{\mathrm{d}^2x}{\mathrm{d}t^2} + x = -\frac{\mathrm{d}r}{\mathrm{d}t}\sin(t+\phi) - r\frac{\mathrm{d}\phi}{\mathrm{d}t}\cos(t+\phi)$$

oder

$$-\frac{\mathrm{d}r}{\mathrm{d}t}\sin(t+\phi) - r\frac{\mathrm{d}\phi}{\mathrm{d}t}\cos(t+\phi) = \varepsilon f(x,-y)\,. \tag{12.15}$$

Dann lösen wir die Gleichungen (12.14) und (12.15):

$$\frac{\mathrm{d}r}{\mathrm{d}t} = \dot r = -\varepsilon f(x,-y)\sin(t+\phi), \tag{12.16 a}$$

$$\frac{\mathrm{d}\phi}{\mathrm{d}t} = \dot\phi = \frac{-\varepsilon}{r} f(x,-y)\cos(t+\phi)\,. \tag{12.16 b}$$

Die Gleichungen (12.16 a) und (12.16 b) können wir auch erhalten, indem wir die Gleichung (12.4) als

$$\frac{\mathrm{d}x}{\mathrm{d}t} = -y, \tag{12.17 a}$$

$$\frac{\mathrm{d}y}{\mathrm{d}t} = x - \varepsilon f(x,-y) \tag{12.17 b}$$

schreiben. Wir multiplizieren dann die Gleichung (12.17 a) mit x und die Gleichung (12.17 b) mit y und addieren beide,

$$x\dot{x} + y\dot{y} = r\dot{r} = -\varepsilon f(x, -y)y, \tag{12.18 a}$$

was bis auf eine Division durch r mit der durch Gleichung (12.13 b) gegebenen Beziehung $y = r \sin\theta$ die Gleichung (12.16 a) liefert. Wir können die Gleichung (12.17 b) mit x und Gleichung (12.17 b) mit y multiplizieren und dann subtrahieren. Das führt zu

$$x\dot{y} - y\dot{x} = r^2\dot{\theta} = r^2 - \varepsilon f(x, -y)x\,. \tag{12.18 b}$$

Wenn wir durch r^2 dividieren und die Gleichung (12.13 c) verwenden, dann erhalten wir die Gleichung (12.16 b).

Wir können daraus schließen, daß unsere zwei durch $\mathrm{d}x/\mathrm{d}t = +y$ und $\mathrm{d}x/\mathrm{d}t = -y$ gegebenen Vorzeichenkonventionen äquivalente Gleichungen ergeben. Wir werden in erster Linie die Konvention II verwenden, bei Gelegenheit die unter Verwendung der Konvention I erzielten Ergebnisse diskutieren und die Konvention I im Beispiel 12.3.2 anwenden.

12.2.3 Die Grundannahmen der Mittelungsmethode

Jetzt kommen wir zu den Grundannahmen und der Einführung der Näherung. Wir verwenden die Vorzeichenkonvention II, deshalb sind die Gleichungen (12.13 a) bis (12.18 b) unsere Grundgleichungen. Wir nehmen an, daß die Bewegung dicht bei einer einfachen harmonischen Bewegung liegt sowie daß sich der Radius r in einem Intervall gleich einer Periode der ungestörten Bewegung nicht wesentlich ändert. Das wird deutlich, wenn wir beispielsweise auf die Gleichung (12.16 a) blicken. Die radiale Geschwindigkeit $\dot{r}$ ist proportional zu dem kleinen Parameter ε. Die Winkelgeschwindigkeit $\dot{\theta}$ wird in der Phasenebene durch die Änderung des Winkels gemessen, der den Punkt (x, y) auf der Phasenbahn bezeichnet. Sie besteht aus einem sich schnell ändernden Teil entsprechend der ungestörten Frequenz $\omega_0 = 1$ und einer langsam variierenden Phasengeschwindigkeit, gegeben durch Gleichung (12.16 b). Die Phasengeschwindigkeit $\dot{\phi}$ ist proportional zu ε und variiert deshalb nur langsam in der Zeit.

Wir stellen fest, daß es zwei Zeitskalen gibt, die die Bewegung beschreiben. Es gibt einen schnellen Maßstab der Winkelbewegung $\dot{\theta} = 1$, der immer gleich der ungestörten Frequenz ist. Wir konzentrieren unsere Aufmerksamkeit auf die langsame Skala der radialen Bewegung und der Phasenänderung, da diese zu kumulativen Effekten führt, während die schnell variierenden Terme für alle Zeiten beschränkt sind. Die rechten Seiten der Gleichungen (12.16 a) und (12.16 b) sind bezüglich der Variable θ periodische Funktionen mit der Periode 2π. Sowohl $\mathrm{d}r/\mathrm{d}t$ als auch $\mathrm{d}\phi/\mathrm{d}t$ verhalten sich für Zeiten $t = O(1)$ wie

$O(\varepsilon)$ und ändern sich deshalb über Intervalle der Länge 2π nur sehr wenig. Die Mittelungsmethode verwendet die 2π-Periodizität, um eine Separation der beiden Zeitskalen zu erreichen. In einer allgemeinen Aufgabenstellung besteht der erste Schritt darin, eine Variablentransformation zu finden, die die Gleichung in eine für die Anwendung der Mittelungsmethode geeignete Form bringt. Es ist jedoch leider nicht immer klar, ob eine solche Transformation existiert oder wie sie zu finden ist.

Wir bestimmen die langsame Zeitabhängigkeit durch die Integration der Bewegungsgleichungen (12.16 a) und (12.16 b) über ein Zeitintervall gleich der Periode 2π der ungestörten Bewegung. Während der Integration betrachten wir den Radius und die Phase als konstant, da deren Variationen nur in höherer Ordnung beitragen.

$$\frac{\mathrm{d}\bar{r}}{\mathrm{d}t} = -\frac{\varepsilon}{2\pi} \int_0^{2\pi} f\left(\bar{r}\cos\theta, -\bar{r}\sin\theta\right)\sin\theta \mathrm{d}t \tag{12.19 a}$$

$$\frac{\mathrm{d}\bar{\phi}}{\mathrm{d}t} = -\frac{\varepsilon}{2\pi\bar{r}} \int_0^{2\pi} f\left(\bar{r}\cos\theta, -\bar{r}\sin\theta\right)\cos\theta \mathrm{d}t \tag{12.19 b}$$

Wir haben die Integrale durch 2π dividiert. Das definiert die gemittelten Variablen. Der Querstrich weist darauf hin, daß wir die Änderung des gemittelten Radius und der gemittelten Phase betrachten. (Man beachte, daß der Radius und die Phase während der Integration als konstant betrachtet werden, sie sind gleich ihren Mittelwerten.)

Wir erhalten aus der Gleichung (12.13 c)

$$\dot{\theta} = 1 + O(\varepsilon),$$

was darauf hinweist, daß der Winkel von 0 bis 2π läuft, wenn die Zeit auch von 0 bis 2π läuft. Wir schreiben die Gleichungen (12.19 a) und (12.19 b) dann als

$$\frac{\mathrm{d}\bar{r}}{\mathrm{d}t} = -\frac{\varepsilon}{2\pi} \int_0^{2\pi} f\left(\bar{r}\cos\theta, -\bar{r}\sin\theta\right)\sin\theta \mathrm{d}\theta, \tag{12.20 a}$$

$$\frac{\mathrm{d}\bar{\phi}}{\mathrm{d}t} = -\frac{\varepsilon}{2\pi\bar{r}} \int_0^{2\pi} f\left(\bar{r}\cos\theta, -\bar{r}\sin\theta\right)\cos\theta \mathrm{d}\theta\,. \tag{12.20 b}$$

Dann ist unsere Lösung der Gleichung (12.4) durch

$$x(t) = \bar{r}(t)\cos\left[t + \bar{\phi}(t)\right] = \bar{r}(t)\cos\left[\omega t + \bar{\phi}(0)\right]$$

gegeben, wobei ω die Frequenz der Oszillation

$$\omega = 1 + \dot{\bar{\phi}} \tag{12.21}$$

und $\bar{\phi}(0)$ die Anfangsphase ist.

Das sind die Grundgleichungen der Mittelungsmethode. Der Querstrich über der Variable, der die Mittelung anzeigen soll, wird oft weggelassen, da das nur selten zu Unklarheiten führt.

12.3 Beispiele und Übungen

In jedem unserer Beispiele mit Ausnahme des Beispiels 12.3.2 verwenden wir die Vorzeichenkonvention II, in der wir

$$\frac{\mathrm{d}x}{\mathrm{d}t} = -y$$

setzen.

Beispiel 12.3.1. Wir betrachten den Duffing-Oszillator:

$$\begin{aligned} \ddot{x} + x &= -\varepsilon x^3; \qquad 0 < \varepsilon \ll 1 \\ x(0) &= a; \quad \dot{x}(0) = 0 \end{aligned} \tag{12.22}$$

Wir haben das gleichwertige System:

$$\dot{x} = -y, \tag{12.23 a}$$

$$\dot{y} = x + \varepsilon x^3 . \tag{12.23 b}$$

Die Störung ist eine Funktion von x allein, was bedeutet, daß ein konservatives System vorliegt.

Wir wollen sehen, wie die Berechnung der Änderung des Radius der Fundamentalkomponente der Oszillation verläuft. Aus den Gleichungen (12.18 a), (12.19 a) und (12.20 a) erhalten wir:

$$\begin{aligned} x\dot{x} + y\dot{y} &= r\dot{r} = +\varepsilon x^3 y = +\varepsilon r^4 \cos^3\theta \sin\theta, \\ \frac{\mathrm{d}\bar{r}}{\mathrm{d}t} &= +\frac{\varepsilon}{2\pi}\bar{r}^3 \int_0^{2\pi} \cos^3\theta \sin\theta \mathrm{d}t \\ &= +\frac{\varepsilon}{2\pi}\bar{r}^3 \int_0^{2\pi} \cos^3\theta \sin\theta \mathrm{d}\theta = 0 . \end{aligned} \tag{12.24}$$

Deshalb ist $\bar{r}$ eine Konstante, gleich der Anfangsamplitude a.

Es ist nach diesem Beispiel klar, daß immer dann, wenn die Störung $\varepsilon f(x, \mathrm{d}x/\mathrm{d}t)$ ein Polynom in x ist, wir Integrale der Form

$$\int_0^{2\pi} \cos^n\theta \sin\theta \mathrm{d}\theta = 0 \Rightarrow \frac{\mathrm{d}\bar{r}}{\mathrm{d}t} = 0 \qquad \text{für jede ganze Zahl } n > 0 \tag{12.25}$$

erhalten. Die Gleichung für die Änderung der Phase $\bar{\phi}$ folgt analog aus der Anwendung der Gleichungen (12.18 b), (12.19 b) und (12.20 b):

$$\begin{aligned}\frac{\mathrm{d}\bar{\phi}}{\mathrm{d}t} &= +\frac{\varepsilon}{2\pi}\bar{r}^2 \int_0^{2\pi} \cos^4\theta \mathrm{d}\theta \\ &= +\frac{3\varepsilon}{8}\bar{r}^2 = +\frac{3\varepsilon}{8}a^2, \qquad (12.26\,\mathrm{a}) \\ \bar{\phi} &= +\frac{3\varepsilon}{8}a^2 t. \qquad (12.26\,\mathrm{b})\end{aligned}$$

Unter Verwendung der Gleichung (12.13 c) erhalten wir

$$\theta = \left(1 + \frac{3\varepsilon}{8}a^2\right)t. \qquad (12.26\,\mathrm{c})$$

Wir haben dieses Ergebnis mit der Methode von Poincaré und Lindstedt bereits früher erhalten, siehe Gleichung (10.35).

Dann schreiben wir unsere Lösung als

$$x = a\cos\left[\left(1 + \frac{3\varepsilon}{8}a^2\right)t\right] = a\cos\left[\omega t + \bar{\phi}(0)\right], \qquad (12.27)$$

die Frequenz ω der Schwingung ist

$$\omega = \left(1 + \frac{3\varepsilon}{8}a^2\right). \qquad (12.28)$$

Unsere besondere Wahl der Anfangsbedingungen, gegeben durch die Gleichung (12.22), lautet $\bar{\phi} = 0$.

Diese Lösung kann mit der Gleichung (10.36) verglichen werden, in der wir die Poincaré-Lindstedt-Methode verwendet haben, um sowohl die fundamentalen als auch die harmonischen Komponenten der Bewegung zu finden. Wir gehen einen Kompromiß ein. Es ist wirklich sehr einfach, die Mittelungsmethode zu verwenden und ein schnelles Ergebnis zu erhalten. Aber es muß erwähnt werden, daß darin die Zitterbewegung fehlt. □

Beispiel 12.3.2. Wir wiederholen unsere Untersuchung des durch die Gleichung (12.22) gegebenen Duffing-Oszillators unter Verwendung der Vorzeichenkonvention I. (Bemerkung: Dieses Beispiel gibt eine weitere Möglichkeit, die Vorzeichenkonvention zu überblicken. Es ist dafür sicher etwas überdimensioniert.) Wir beginnen mit

$$\frac{\mathrm{d}x}{\mathrm{d}t} = y, \qquad (12.29\,\mathrm{a})$$

$$\frac{\mathrm{d}y}{\mathrm{d}t} = -x - \varepsilon x^3. \qquad (12.29\,\mathrm{b})$$

$$x = r\cos\theta, \tag{12.30 a}$$

$$y = -r\sin\theta\,. \tag{12.30 b}$$

Wir multiplizieren die Gleichung (12.29 a) mit x und die Gleichung (12.29 b) mit y und addieren die beiden Gleichungen.

$$x\dot{x} + y\dot{y} = r\dot{r} = -\varepsilon x^3 y = +\varepsilon r^4 \cos^3\theta\sin\theta \tag{12.31}$$

Durch Mittelung erhalten wir

$$\frac{\mathrm{d}\bar{r}}{\mathrm{d}t} = +\frac{\varepsilon}{2\pi}\bar{r}^3\int_0^{2\pi}\cos^3\theta\sin\theta\,\mathrm{d}t,$$

$$\frac{\mathrm{d}\bar{r}}{\mathrm{d}t} = +\frac{\varepsilon}{2\pi}\bar{r}^3\int_0^{2\pi}\cos^3\theta\sin\theta\,\mathrm{d}\theta = 0\,. \tag{12.32}$$

Wir kommen zu dem Ergebnis, daß $\bar{r} = a = \text{const}$ ist. Jetzt multiplizieren wir die Gleichung (12.29 b) mit $-x$ und die Gleichung (12.29 a) mit y und erhalten

$$-x\dot{y} + y\dot{x} = r^2\frac{\mathrm{d}\theta}{\mathrm{d}t} = r^2 + \varepsilon r^4\cos^4\theta\,. \tag{12.33}$$

Unsere Gleichung für die Phasengeschwindigkeit wird zu

$$\frac{\mathrm{d}\phi}{\mathrm{d}t} = +\varepsilon r^2\cos^4\theta\,. \tag{12.34}$$

Durch Mittelung erhalten wir

$$\frac{\mathrm{d}\bar{\phi}}{\mathrm{d}t} = +\frac{\varepsilon}{2\pi}\bar{r}^2\int_0^{2\pi}\cos^4\theta\,\mathrm{d}\theta$$

$$= \frac{3\varepsilon}{8}\bar{r}^2 = +\frac{3\varepsilon}{8}a^2, \tag{12.35 a}$$

$$\bar{\phi} = +\frac{3\varepsilon}{8}a^2 t\,. \tag{12.35 b}$$

Das ist die gleiche Frequenzkorrektur wie in der Gleichung (12.26 b).

Wir erinnern uns, daß der Winkel θ im Uhrzeigersinn anwachsend gemessen wird. Er ist das Negative des Winkels θ, den wir in der Vorzeichenkonvention II verwenden. □

Übung 12.3.1. Wir betrachten

$$\ddot{x} + x = -\varepsilon x^{2n+1}; \qquad 0 < \varepsilon \ll 1. \tag{12.36}$$

Nach unserer Analyse des Duffing-Oszillators steht fest, daß der Radius konstant ist und daß es eine von dem Integral

$$\frac{1}{2\pi} \int_0^{2\pi} \cos^{2n+2} \theta \mathrm{d}\theta \tag{12.37}$$

stammende Frequenzkorrektur gibt. Wir berechnen das und folgern, daß die richtige Frequenz

$$\omega = 1 + \frac{\varepsilon \bar{r}^{2n}}{\pi} \frac{\Gamma\left(n + \frac{3}{2}\right) \Gamma\left(\frac{1}{2}\right)}{\Gamma(n+2)}$$

ist. Nach dem Vereinfachen erhalten wir

$$\omega = 1 + \frac{\varepsilon \bar{r}^{2n} (2n+1)!}{(n+1)! n! 2^{2n+1}}. \tag{12.38}$$

Speziell gilt für

$$n = 1: \qquad \omega = 1 + \frac{3\varepsilon}{8} \bar{r}^2, \tag{12.39}$$

$$n = 2: \qquad \omega = 1 + \frac{5\varepsilon}{16} \bar{r}^4. \tag{12.40}$$

□

Man beachte, daß die Störung in Gleichung (12.36) ein ungerades Polynom in x ist. Das führt uns dazu, eine allgemeine Störungsfunktion der Form $\varepsilon f(x)$ zu betrachten. Durch Entwicklung von $f(x)$ in eine Fourierreihe erhalten wir

$$f(x) = \sum_{n=0}^{\infty} c_{2n+1} \cos(2n+1)\theta + \sum_{n=0}^{\infty} c_{2n} \cos(2n)\theta. \tag{12.41}$$

Wir bemerken, daß nur die ungeraden Potenzen von $\cos\theta$ zur Frequenzkorrektur beitragen, die geraden Potenzen verschwinden durch die Integration über das Intervall $[0, 2\pi]$.

Es ist vernünftig zu fragen: Was sind die Effekte einer Störung mit geradzahliger Potenz? Wir zeigen im Kapitel 14, daß sie zu einer Verschiebung des Gleichgewichtspunktes, um den die Oszillationen stattfinden, führt. Sie tragen auch zu Frequenzkorrekturen bei, die bei Rechnungen in höherer Ordnung sichtbar werden.

Übung 12.3.3. Wir betrachten den Van der Polschen Oszillator, dessen ungestörte Frequenz gleich 1 sei.

$$\ddot{x} + x = +\varepsilon\left(1 - x^2\right)\dot{x} = -\varepsilon\left(1 - x^2\right)y; \qquad 0 < \varepsilon \ll 1 \tag{12.42}$$

Mit $y = -\mathrm{d}x/\mathrm{d}t$ identifizieren wir

$$+\varepsilon\left(1 - x^2\right)\frac{\mathrm{d}x}{\mathrm{d}t} = -\varepsilon\left(1 - x^2\right)y$$

als den Dämpfungsterm. Wir erinnern uns, daß wir negative Dämpfung haben, wenn die Amplitude wächst und positive Dämpfung, wenn die Amplitude fällt. Wir sehen also, wenn

$x^2 < 1$ ist, dann haben wir negative Dämpfung

$x^2 > 1$ ist, dann haben wir positive Dämpfung.

Wir wollen einige Diagramme in der Phasenebene betrachten, siehe dazu die Abbildungen 12.2 und 12.3, die den *Richtungssinn* der Winkelgeschwindigkeit bezeichnen.

Wenn unser System mit kleiner Amplitude startet, wächst diese an, da das System sich immer in einer Region mit negativer Dämpfung aufhält, wie durch die Trajektorie *A* gezeigt. Sie wächst schließlich soweit an, daß das System sich eine gewisse Zeit in einer Region mit positiver Dämpfung aufhält, d. h. wo seine Amplitude > 1 ist. Da sich das System in erster Linie jedoch immer in einem Bereich mit negativer Dämpfung aufhält, wächst die Amplitude weiter an und erreicht eine geschlossene Kurve in der Phasenebene, genannt Grenzzyklus. Die Geschwindigkeit der Annäherung an diese Kurve wird durch den

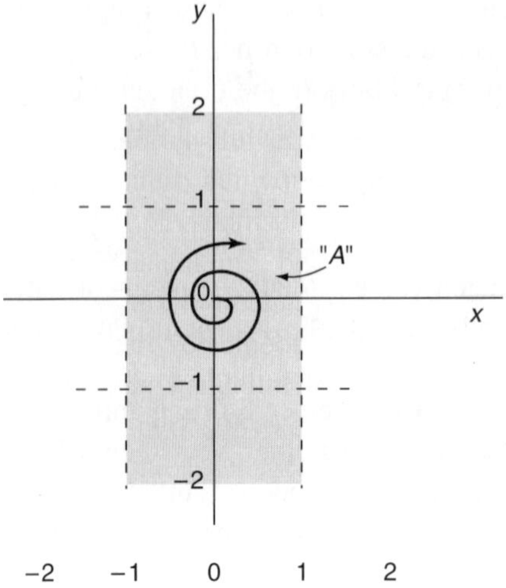

Abb. 12.2 Wir starten den Van der Polschen Oszillator mit einer kleinen Amplitude. Sie ist anfangs in einem Bereich geringen Wachstums.

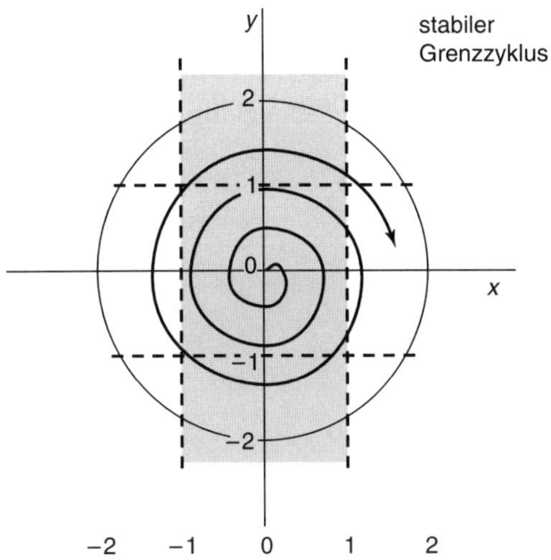

Abb. 12.3 Wenn das System Energie aus einem Energiereservoir entnommen hat, erreicht es einen Bereich positiver Dämpfung, die das Anwachsen verlangsamt. Schließlich tritt eine ausgeglichene Situation ein, in der das System sich einige Zeit in einem Bereich positiver Dämpfung und einige Zeit in einem Bereich negativer Dämpfung aufhält.

kleinen Parameter ε bestimmt. Solange ε hinreichend klein ist, ist der Grenzzyklus näherungsweise ein Kreis mit dem Radius 2. Wir stellen fest, daß

$$\overline{x^2} + \overline{y^2} = \overline{r^2} \to 4 \qquad \text{für} \quad t \to \infty \tag{12.43}$$

gilt. Wir können zeigen, daß das System monoton gegen den Grenzzyklus geht, wenn $\bar{r} > 2$ oder $\bar{r} < 2$ ist. Wir sehen, daß der Grenzzyklus ein stabiler Attraktor für alle Bahnen in der Phasenebene ist und folglich eine stabile periodische Bewegung anzeigt. Um ein Gefühl dafür zu bekommen, was eigentlich geschieht, wollen wir unsere Analyse fortsetzen. Wir schreiben die Gleichung (12.42) als ein System gekoppelter Gleichungen erster Ordnung:

$$\begin{aligned} \dot{x} &= -y, \\ \dot{y} &= +x + \varepsilon\left(1 - x^2\right) y \end{aligned}$$

und erhalten

$$x\dot{x} + y\dot{y} = r\dot{r} = \varepsilon\left(1 - x^2\right) y^2, \tag{12.44 a}$$

$$x\dot{y} - y\dot{x} = r^2\dot{\theta} = +r^2 + \varepsilon\left(1 - x^2\right) xy\,. \tag{12.44 b}$$

Wir erhalten

$$\dot{r} = \varepsilon\left(r \sin^2\theta - r^3 \sin^2\theta \cos^2\theta\right), \tag{12.45 a}$$

$$\dot{\phi} = \varepsilon\left(\sin\theta \cos\theta - r^2 \cos^3\theta \sin\theta\right)\,. \tag{12.45 b}$$

Durch Integration können wir unmittelbar die gemittelten Gleichungen finden:

$$\dot{\bar{r}} = \frac{\varepsilon}{2\pi} \int_0^{2\pi} \left(\bar{r} \sin^2\theta - \bar{r}^3 \sin^2\theta \cos^2\theta \right) \mathrm{d}\theta \tag{12.46 a}$$

$$= \frac{\varepsilon \bar{r}}{2} \left(1 - \frac{\bar{r}^2}{4} \right) \tag{12.46 b}$$

und

$$\dot{\bar{\phi}} = \frac{\varepsilon}{2\pi} \int_0^{2\pi} \left(\sin\theta \cos\theta - \bar{r}^2 \cos^3\theta \sin\theta \right) \mathrm{d}\theta = 0 \,. \tag{12.47}$$

Wir können aus $\dot{\bar{\phi}} = 0$ erkennen, daß es in dieser Näherungsstufe keine Änderung der Schwingungsfrequenz gibt. Da die Anfangsphase beliebig ist, wählen wir sie zu null.

Wir erhalten $\dot{\bar{r}} = 0$, wenn $\bar{r} = 0$ ist und wenn $\bar{r} = r^* = 2$ gilt. Eine Alternative zur unmittelbaren Mittelung der Gleichungen (12.45 a) und (12.45 b) ist die Anwendung von Additionstheoremen der Winkelfunktionen, um die rechten Seiten der Gleichungen (12.45 a) und (12.45 b) in die Formen

$$\dot{r} = \frac{\varepsilon r}{2} \left(1 - \frac{r^2}{4} \right) - \varepsilon \left(\frac{1}{2} r \cos 2\theta - \frac{1}{8} r^3 \cos 4\theta \right) , \tag{12.48 a}$$

$$\dot{\phi} = +\varepsilon \left[\frac{1}{2} \left(1 - \frac{r^2}{2} \right) \sin 2\theta + \frac{r^2}{8} \sin 4\theta \right] \tag{12.48 b}$$

zu bringen. Wir sehen, daß die Terme auf der rechten Seite von Gleichung (12.48 a) so angeordnet sind, daß der erste einen nichtverschwindenden Mittelwert hat und die Gleichung (12.46 b) liefert. Mit anderen Worten, die radiale Geschwindigkeit $\dot{r}$ besitzt eine geglättete Komponente und eine oszillatorische Komponente, die durch Integration verschwindet. Da es keine Phasenverschiebung gibt, ist die Gleichung (12.48 b) eine einfache Umformung der Terme der rechten Seite der Gleichung (12.45 b).

Wir sind daran interessiert, die Zeitabhängigkeit des mittleren Radius $\bar{r}(t)$ zu finden. Deshalb integrieren wir die Gleichung (12.46 b) unter der Verwendung von Standardmethoden. Wir führen die Variablentransformation $z = \bar{r}^2$ aus und erhalten

$$\frac{\mathrm{d}z}{z(1 - z/4)} = \varepsilon \mathrm{d}t \,.$$

Durch Integration und Einsetzen des Anfangswertes von $\bar{r}(0)$ ergibt sich

$$\bar{r}(t) = \frac{2\bar{r}(0)}{\left\{ \bar{r}(0)^2 \left[1 - \exp(-\varepsilon t) \right] + 4 \exp(-\varepsilon t) \right\}^{1/2}} \,. \tag{12.49}$$

Wir folgern, daß unser System für $t \to \infty$ gegen einen Grenzzyklus mit dem Radius r^* geht, unabhängig von $\bar{r}(0)$. (Da unsere Entwicklung nur für Zeiten $t = O(1/\varepsilon)$ richtig ist, ist es strenggenommen nicht richtig zu sagen, daß der Radius für $t \to \infty$ gegen r^* geht. Man kann aber zeigen, daß bei autonomen Systemen die Terme höherer Ordnung das qualitative Verhalten des Ergebnisses nicht verändern. Das ist in dem Buch von Sanders und Verhulst dargestellt.)

Wenn der Anfangsradius < 2 ist, dann wächst der mittlere Radius. Für einen Anfangsradius > 2 wird der mittlere Radius kleiner, bis er den Wert des Grenzzyklus $r = r^* = 2$ erreicht. (Siehe Abbildung 12.3.) Die Phasenporträts in den Abbildungen 12.4a und 12.4b sind Spiralen, die mit einer durch den Parameter ε gegebenen Rate gegen den Grenzzyklus gehen. Wir berechnen eine Potenzreihenentwicklung in ε für die Auslenkung und die Geschwindigkeit. Wir wählen $x(0) = 1$ und $\varepsilon = 0{,}3$ und lassen 30 Zeiteinheiten verstreichen, wobei eine Periode des ungestörten Systems gleich 2π Zeiteinheiten ist. Man beachte, daß die auftretenden Abweichungen auf die mitgenommenen ε^2-Terme zurückzuführen sind.

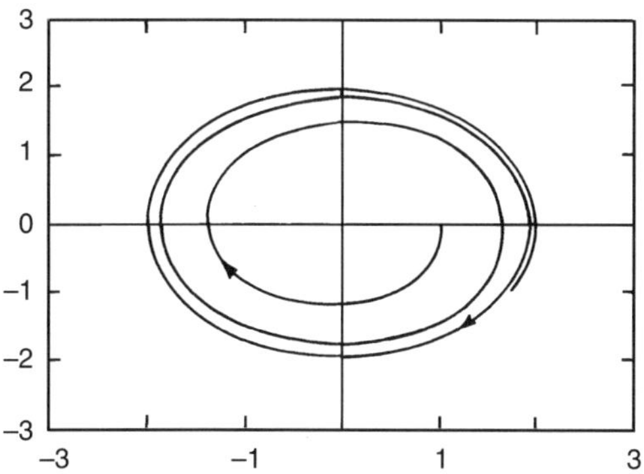

Abb. 12.4 a) Wir haben Terme proportional zu ε^0 und ε^1 berücksichtigt.

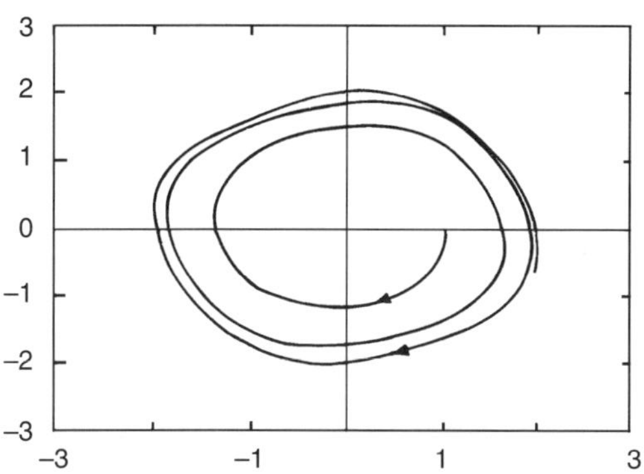

Abb. 12.4 b) Wir haben Terme proportional zu ε^0, ε^1 und ε^2 berücksichtigt.

Es ist möglich zu zeigen, daß kleine Bewegungen in der Nähe des Wertes des Grenzzyklus den Radius zum Grenzzyklus zurückbringen. Wir können das zeigen, indem wir eine kleine Störung des Radius in der Form

$$\bar{r} = r^* + u = 2 + u; \qquad |u| \ll 1$$

einführen. Die Gleichung (12.46 b) wird zu

$$\frac{\mathrm{d}u}{\mathrm{d}t} = \frac{\varepsilon}{2}(2+u)\left[1 - \frac{1}{4}\left(4 + 4u + u^2\right)\right],$$
$$\frac{\mathrm{d}u}{\mathrm{d}t} = -\varepsilon u + O\left(u^2\right).$$

Wir können also folgern, daß kleine Fluktuationen um den Grenzzyklus exponentiell zerfallen und sagen deshalb, daß der Grenzzyklus ein *stabiler Attraktor* ist.

Unsere Gleichung für die Auslenkung $x(t)$ wird zu

$$x(t) = \bar{r}(t)\cos\left[t + \bar{\phi}(0)\right]$$

mit einer konstanten Phasengeschwindigkeit und $\bar{r}(t)$, gegeben durch (12.49).□

Übung 12.3.2. Wir bemerken, daß die Lösung des Grenzzyklus, wenn wir sie als $x(t) = 2\cos t$ schreiben, die Gleichung (12.42) nicht erfüllt. Man zeige, daß sie eine Lösung „im Sinne einer Mittelung" ist. Das bedeutet, daß man die Grenzzykluslösung für $x(t)$ und $\mathrm{d}x/\mathrm{d}t$ in die Gleichungen (12.44 a) und (12.44 b) einsetzen und dann mitteln muß. □

Übung 12.3.3. Wir betrachten

$$\ddot{x} + x = +\varepsilon\left(a - bx^{2n}\right)\frac{\mathrm{d}x}{\mathrm{d}t} = -\varepsilon\left(a - bx^{2n}\right)y; \qquad a, b, \varepsilon > 0.$$

Man gehe analog zur Untersuchung des Van der Polschen Oszillators vor und beachte dabei, daß die Phasengeschwindigkeit eine Konstante ist und zeige

$$\begin{aligned}\dot{\bar{r}} &= \frac{\varepsilon}{2\pi}\left(\int_0^{2\pi} a\bar{r}\sin^2\theta\,\mathrm{d}\theta - \int_0^{2\pi} b\bar{r}^{2n+1}\cos^{2n}\theta\sin^2\theta\,\mathrm{d}\theta\right)\\ &= \varepsilon\left[\frac{a\bar{r}}{2} - \frac{b\bar{r}^{2n+1}\Gamma\left(n+\frac{1}{2}\right)\Gamma\left(\frac{3}{2}\right)}{\pi(n+1)!}\right]\\ &= \left(\frac{\varepsilon\bar{r}}{2}\right)\left[a - \frac{b\bar{r}^{2n}(2n)!}{2^{2n}n!(n+1)!}\right],\end{aligned} \tag{12.50}$$

$$n = 1: \qquad \dot{\bar{r}} = \frac{\varepsilon\bar{r}}{2}\left(a - \frac{b\bar{r}^2}{4}\right); \qquad r^* = 2\sqrt{\frac{a}{b}}, \tag{12.51}$$

$$n = 2: \qquad \dot{\bar{r}} = \frac{\varepsilon \bar{r}}{2}\left(a - \frac{b\bar{r}^4}{8}\right); \qquad r^* = 1{,}68\left(\frac{a}{b}\right)^{1/4}, \tag{12.52}$$

$$n = 3: \qquad \dot{\bar{r}} = \frac{\varepsilon \bar{r}}{2}\left(a - 5\frac{b\bar{r}^6}{64}\right); \qquad r^* = 1{,}53\left(\frac{a}{b}\right)^{1/6}. \tag{12.53}$$

□

Übung 12.3.4. Man betrachte

$$\ddot{x} + x = +\varepsilon\left(a - b|x|^{2n+1}\right)\frac{\mathrm{d}x}{\mathrm{d}t} = -\varepsilon\left(a - b|x|^{2n+1}\right)y; \tag{12.54}$$
$$a, b, \varepsilon > 0\,.$$

Diese Aufgabe ist effektiv die gleiche wie in Übung 12.3.3. Das wichtige Integral ist jetzt

$$\frac{4}{2\pi}\int_0^{\pi/2}\cos^{2n+1}\theta\sin^2\theta\,\mathrm{d}\theta = \frac{1}{\pi}\frac{n!\Gamma\left(\frac{3}{2}\right)}{\Gamma\left(n+\frac{5}{2}\right)}. \tag{12.55}$$

Dann folgt

$$\dot{\bar{r}} = \varepsilon\bar{r}\left[\frac{a}{2} - \frac{b\bar{r}^{2n+1}n!\Gamma\left(\frac{3}{2}\right)}{\pi\Gamma\left(n+\frac{5}{2}\right)}\right]. \tag{12.56}$$

Man berechne r^* für die Spezialfälle

$$n = 0: \qquad r^* = \frac{3a\pi}{4b} = 2{,}36\left(\frac{a}{b}\right), \tag{12.57}$$

$$n = 1: \qquad r^* = \left(\frac{15\pi a}{8b}\right)^{1/3} = 1{,}81\left(\frac{a}{b}\right)^{1/3}. \tag{12.58}$$

Wenn wir diese Werte für den Radius r^* des Grenzzyklus mit denen in der Übung 12.3.3 erhaltenen vergleichen, dann stellen wir fest, daß sie allmählich kleiner werden, wenn n größer wird. Sie erreichen den Grenzwert $r^* = 1$ für $n \to \infty$ genau dann, wenn $a = b$ ist. Das wird einleuchtend, wenn wir uns den Störungsterm als einen starrer und starrer werdenden geschwindigkeitsabhängigen Reibungsterm vorstellen. Dann beschränkt der Vorzeichenwechsel, der in diesem Term auftritt, wenn $|x|$ den Wert 1 durchläuft, das System auf eine sehr kleine Umgebung um $|r| = 1$. □

Beispiel 12.3.4. Bis jetzt kam entweder eine Änderung der Frequenz oder eine Änderung der Amplitude vor, aber nicht beides. Das vereinfacht die Rechnungen sehr stark. Wir können jedoch zum Beispiel eine Aufgabe der Form

$$\frac{\mathrm{d}^2x}{\mathrm{d}t^2} + x = \varepsilon\left(1 - x^2\right)\dot{x} - \varepsilon x^3; \qquad \varepsilon > 0 \tag{12.59}$$

betrachten und sie uns als eine Kombination des Van der Polschen Oszillators und des Duffing-Oszillators vorstellen. Dann haben wir sowohl eine Änderung in der Amplitude als auch in der Frequenz:

$$\dot{\bar{r}} = \frac{\varepsilon \bar{r}}{2}\left(1 - \frac{\bar{r}^2}{4}\right)$$

und

$$\dot{\bar{\phi}} = +\frac{3\varepsilon}{8}\bar{r}^2 .$$

Wir können die Gleichung für die Phase nicht einfach lösen, da der Radius zeitabhängig ist. Die radiale Gleichung kann jedoch wie vorher gelöst werden, was zur Gleichung (12.49) führte. Wir erhalten

$$\begin{aligned}\dot{\bar{\phi}} &= \frac{(3\varepsilon/8)\left[4\bar{r}(0)^2\right]}{\bar{r}(0)^2\left[1 - \exp(-\varepsilon t)\right] + 4\exp(-\varepsilon t)} \\ &= \frac{(3\varepsilon/8)\left[4\bar{r}(0)^2 \exp \varepsilon t\right]}{\bar{r}(0)^2(\exp \varepsilon t - 1) + 4}\end{aligned}$$

und dann

$$\bar{\phi} = \frac{3}{2}\ln\left[\bar{r}(0)^2(\exp \varepsilon t - 1) + 4\right] + c . \qquad (12.60)$$

Wenn wir die Anfangsphase als $\bar{\phi}(0)$ bezeichnen, erhalten wir

$$\bar{\phi}(0) = 3\ln 2 + c . \qquad (12.61)$$

Somit können wir, solange wir entweder die radiale Gleichung oder die Phasengleichung separat integrieren können, die andere Gleichung prinzipiell lösen. □

Übung 12.3.5. Man betrachte den durch die Gleichungen

$$\begin{aligned}\frac{\mathrm{d}^2 x}{\mathrm{d}t^2} + x &= +\varepsilon\left[\frac{\mathrm{d}x}{\mathrm{d}t} - \frac{(\mathrm{d}x/\mathrm{d}t)^3}{3}\right] \\ &= -\varepsilon\left(y - \frac{y^3}{3}\right); \qquad 0 < \varepsilon \ll 1\end{aligned} \qquad (12.62)$$

beschriebenen Rayleigh-Oszillator. (Das ist genau die Gleichung (12.42), die wir für den Van der Polschen Oszillator erhalten haben. Um das zu zeigen, differenzieren wir Gleichung (12.62) nach der Zeit und bemerken, daß sie als eine Van der Polsche Gleichung für die Geschwindigkeit interpretiert werden kann.) Wir lösen nach r auf und erhalten

$$\dot{\bar{r}} = \frac{\varepsilon \bar{r}}{2}\left(1 - \frac{\bar{r}^2}{4}\right),$$

was das gleiche Ergebnis wie das für den Van der Polschen Oszillator ist. Siehe Gleichung (12.46 b).

Demnach beschreibt der Rayleigh-Oszillator ebenfalls ein schwach nichtlinear oszillierendes System, das einen Grenzzyklus mit dem mittleren Radius gleich 2 hat. □

Übung 12.3.6. Man betrachte

$$\ddot{x} + x = -\varepsilon \dot{x}^{2n+1} = +\varepsilon y^{2n+1}; \qquad 0 < \varepsilon \ll 1; \quad n > 0 \tag{12.63}$$

und zeige, daß die Lösung als

$$x(t) = \bar{r}(t) \cos(t + \bar{\phi})$$

geschrieben werden kann, wobei die Phasenkorrektur $\bar{\phi}$ in dieser Stufe der Näherung konstant ist und die Amplitude $\bar{r}(t)$ unter dem Einfluß des Dämpfungsterms kleiner wird. Wir verwenden diese Lösung, um einen schwach gedämpften harmonischen Oszillator zu modellieren. Das führt zu einer Bedingung an die Größe des Anfangswertes $\bar{r}(0)$. Zum Beispiel könnten wir $\bar{r}(0) < 1$ fordern, so daß wir diese Bedingung für alle Werte von n erfüllen. In diesem Fall stellen wir fest, daß höhere Potenzen von n eine schwächere Dämpfung anzeigen.

Wir lösen nach $\bar{r}(t)$ auf und erhalten

$$\bar{r}(t) = \frac{\bar{r}(0)}{\left[1 + \varepsilon\alpha 2n\bar{r}(0)^{2n} t\right]^{1/2n}} \tag{12.64}$$

mit

$$\alpha = \frac{(2n+1)!}{(n+1)!n!2^{2n+1}} . \tag{12.65}$$

Man überprüfe dieses Ergebnis für $n = 1$ und $n = 2$.

Dabei beachte man, daß der Koeffizient α mit Ausnahme eines Faktors $\bar{r}(0)^{2n}$ der gleiche ist wie der Frequenzkorrekturterm, den wir in der Gleichung (12.38) in der Übung 12.3.1 erhalten haben. Ist das sinnvoll?

Man stelle $\bar{r}(t)$ über t mit $\bar{r}(0) = 1$ und $\varepsilon = 1/10$ für $n = 1$, 2 und 3 graphisch dar. □

Wir haben unsere Diskussion in weiten Teilen auf autonome Systeme beschränkt, da diese leichter zu behandeln sind. Eine ihrer charakteristischen Eigenschaften besteht darin, daß die Anfangsbedingungen eine passive Rolle spielen und die Struktur des Langzeitverhaltens der Lösung nicht beeinflussen. Das ist für nichtautonome Systeme nicht richtig, wie nach den Übungen 12.3.7 und 12.3.8 klar wird. Obwohl die nichtautonomen Systeme von großem Interesse sind, müssen wir sie ausschließen, da sie für ihre Behandlung ein Niveau erfordern, das wir für dieses Buch nicht vorgesehen haben.

Übung 12.3.7. Diese Übung basiert auf dem Beispiel auf Seite 30 im Buch von Sanders und Verhulst. Wir betrachten das nichtautonome System

$$\ddot{x} + x = -4\varepsilon \left(\sin^2 t\right) \dot{x}; \qquad |\varepsilon| \ll 1$$

und wählen zwei Sätze von Anfangsbedingungen aus:

a) $x(0) = A, \; \dot{x}(0) = 0;$
b) $x(0) = 0, \; \dot{x}(0) = A.$

Man finde das bestimmende Verhalten für Zeiten $t < 1/\varepsilon$ mit einem Fehler $O(\varepsilon)$ und zeige, daß im Fall a) der Koeffizient des exponentiellen Zerfalls gleich $-3\varepsilon t/2$ ist, während er im Fall b) gleich $-\varepsilon t/2$ ist. In jedem Falle wähle man $\varepsilon = 1/(100\pi)$ und stelle $x_{\max}$ für $0 \leq t \leq 50\pi$ graphisch dar. Man führe Polarkoordinaten ein und beachte, daß für das betrachtete Zeitintervall die mittlere Phase als konstant und gleich ihrem Anfangswert angesehen werden kann. Man vergleiche die Ergebnisse mit denen aus der Übung 11.1.2 des Kapitels 11. Wir bemerken, daß diese Gleichung linear ist und wir schließlich die Methode der Eliminierung des Terms erster Ordnung, wie im Abschnitt 6.1.1 des Kapitels 6 dargestellt, anwenden können. Damit transformieren wir diese Gleichung in eine Gleichung des linearen Oszillators mit Frequenzmodulation (Mathieu-Gleichung). □

Übung 12.3.8. Wir betrachten den modifizierten Rayleigh-Oszillator,

$$\ddot{x} + x = \varepsilon \left[1 - \left(\cos^2 t\right)\left(\dot{x}^2\right)\right] \dot{x}; \qquad 0 < \varepsilon \ll 1$$

und geben zwei Sätze von Anfangsbedingungen vor:

a) $x(0) = A, \; \dot{x}(0) = 0;$
b) $x(0) = 0, \; \dot{x}(0) = A.$

Man gehe wie in Übung 12.3.7 vor und zeige, daß für diese Randbedingungen die mittlere Phase für Zeiten $t = O(1)$ von der Ordnung $O\left(\varepsilon^2\right)$ und deshalb in dieser Stufe der Näherung konstant ist. Man zeige, daß im Fall a) $\mathrm{d}\bar{r}/\mathrm{d}t = 0$ ist, wenn der mittlere Radius $\bar{r}^* = \sqrt{8}$ ist, während im Fall b) $\mathrm{d}\bar{r}/\mathrm{d}t = 0$ gilt, wenn der mittlere Radius $\bar{r}^* = \sqrt{8/5}$ ist. Da die Bewegung nicht in der (x, y)-Ebene stattfindet, ist es nicht richtig, die resultierenden Kurven „Grenzzyklus“ zu nennen. Weiterhin können die für autonome Systeme gefundenen Stabilitätstheoreme nicht angewendet werden. (Man stellt zum Beispiel fest, daß die gemittelten Gleichungen die Zeit t in der gleichen Weise enthalten wie die Variablen x und y. Das führt zu Schwierigkeiten bei der Bestimmung der Stabilität der Lösung.) Wenn man das System bis zu Zeiten $t = O(1/\varepsilon)$ oder $O\left(1/\varepsilon^2\right)$ laufen läßt, werden die Variationen der Phase wichtig. Es ist in der Tat möglich zu zeigen, daß die Bahn mit dem mittleren Radius $\sqrt{8/5}$ anwächst und gleich

$\sqrt{8}$ wird, wenn die Zeit $t = O\left(1/\varepsilon^2\right)$ beträgt. Es erfordert einigen Aufwand, das analytisch zu zeigen. Es ist aber leicht zu überprüfen, wenn man einen Computer verwendet, um die Trajektorie darzustellen und die Zeitentwicklung zu beobachten. Wenn man zusätzlich eine andere Anfangsphase wählt, dann führt die Bedingung $\mathrm{d}\bar{r}/\mathrm{d}t = 0$ zu Bahnen mit mittleren Radien r^* zwischen $\sqrt{8/5}$ und $\sqrt{8}$. Für Zeiten $t = O(1/\varepsilon)$ haben alle diese Bahnen Radien in der Nähe von $\sqrt{8}$. Wir sehen also, daß nichtautonome Systeme eine starke Abhängigkeit des Endzustandes von den Anfangsbedingungen und der Beobachtungszeit zeigen können. Diese Übung soll als zusätzliche Warnung dafür dienen, daß wir besonders sorgfältig mit der zeitlichen Gültigkeit unserer Näherung umgehen müssen. (Leser, die diese Fragen weiter verfolgen wollen, seien auf die Seiten 27–32 und 79–80 bei Sanders und Verhulst verwiesen.) □

12.4 Schlußfolgerungen und Hinweise

Auf dieser Näherungsstufe ist die Mittelungsmethode leicht anzuwenden und gibt ein gutes qualitatives Bild der Bewegung mit einem Minimum an Rechenaufwand. Sie hat die fundamentale Beschränkung, daß sie nur die geglättete Bewegung verfolgt und die Harmonischen oder die Zitterbewegung vernachlässigt. Sie verwendet ebenfalls als Integrationsintervall eine Periode der ungestörten Bewegung; sie verwendet keine Transformation in ein Bezugssystem, in dem die periodische Bewegung an einem festen Punkt erscheint. Daraus folgt, daß sie den Änderungen des Radius der Trajektorie in der Phasenebene nicht richtig folgen kann, wenn die Bahn durchlaufen wird. Schließlich fällt uns auf, daß wir durch die Mittelung der Gleichungen in Wirklichkeit ein anderes Problem gelöst haben als das, mit dem wir begonnen haben. Es ist also notwendig, die Verbindung unserer genäherten Lösung für die gemittelten Gleichungen zu der Lösung für die exakten Gleichungen zu zeigen. Das führt zu einer Diskussion des in unseren Näherungen aufgetretenen Fehlers und wird kurz im Kapitel 15 diskutiert. (Eine ausführliche Diskussion findet man bei Sanders und Verhulst.)

Wir haben gesehen, daß wir fordern müssen, daß die Störungsterme ungerade Potenzen enthalten, damit sie bei der Mittelung einen Beitrag liefern. Damit meinen wir, daß unser Integral

$$\frac{\mathrm{d}\bar{r}}{\mathrm{d}t} = -\frac{\varepsilon}{2\pi}\int_0^{2\pi} f(\bar{r}\cos\theta, -\bar{r}\sin\theta)\sin\theta\,\mathrm{d}\theta$$

von null verschieden ist, wenn $f(x, \mathrm{d}x/\mathrm{d}t)$ eine gerade Funktion von $\cos\theta$ multipliziert mit einer ungeraden Funktion von $\sin\theta$ ist. In dem Integral

$$\frac{\mathrm{d}\bar{\phi}}{\mathrm{d}t} = -\frac{\varepsilon}{2\pi\bar{r}} \int_0^{2\pi} f(\bar{r}\cos\theta, -\bar{r}\sin\theta)\cos\theta\,\mathrm{d}\theta$$

muß $f(x, \mathrm{d}x/\mathrm{d}t)$ eine ungerade Funktion von $\cos\theta$ multipliziert mit einer geraden Funktion von $\sin\theta$ sein, damit diese Mittelung nicht null ist.

Diese Ergebnisse sind charakteristisch für die Näherungen erster Ordnung. Wir haben zum Beispiel gefunden, daß wir Ungeradheit fordern müssen, um einen Grenzzyklus zu erhalten. Wir haben weiterhin gesehen, daß nur konservative Störungen mit ungeradzahligen Potenzen zu Änderungen der Frequenz der fundamentalen Komponente der Oszillation beitragen. Leider ist diese Schlußfolgerung bei Rechnungen höherer Ordnung nicht immer aufrechtzuerhalten, wie wir im Kapitel 14 diskutieren werden. Das ist ein Teil des Preises, den wir für eine solche einfache Vorschrift für eine direkte Rechnung bezahlen müssen. Im Kapitel 13 werden wir die Methode der vielfachen Zeitskalen einführen. Sie ist bedeutend schwieriger als die Mittelungsmethode, sie ist aber wie die KBM-Methode und die Methode der schnell rotierenden Phase ein systematisches Verfahren, das für Rechnungen höherer Ordnung erweitert werden kann.

13 Die Methode der vielfachen Zeitskalen

Diese Methode ist wahrscheinlich die universellste aller von uns betrachteten Methoden. Sie kann sowohl auf lineare als auch auf nichtlineare Probleme angewandt werden, z. B. auf singuläre Differentialgleichungen, die in der Grenzschichttheorie auftreten, auf die Mathieusche Differentialgleichung, die parametrisch erregte Schwingungen beschreibt, und vieles mehr. Die Methode ist direkt algorithmisch anzuwenden und auf jeder Stufe ist klar, wie Terme höherer Ordnung zu berechnen sind. Die einzige Schwierigkeit besteht vielleicht darin zu verstehen, warum diese Methode funktioniert, nicht aber darin, wie sie arbeitet. Sie ist in einer Reihe von äquivalenten Formen entwickelt worden. Am bekanntesten sind die Zwei-Zeiten-Methode und die Methode der vielfachen Zeitskalen. (Vergleiche Kevorkian und Cole bezüglich einer ausführlichen Erklärung der Zwei-Zeiten-Methode. Dort findet man auch den Beweis von Morrison über die Äquivalenz der Methoden der Mittelung und der vielfachen Zeitskalen für eine breite Klasse von Problemen bis zur zweiten Ordnung.) Wir benutzen die Methode der vielfachen Zeitskalen in der Form, wie sie von Nayfeh entwickelt wurde, und übernehmen auch seine Schreibweise. Vorsicht ist geboten bei der Anwendung der Methode der vielfachen Zeitskalen auf Probleme, die keine wohlseparierbaren Zeitskalen besitzen. Dort kann es zu falschen Ergebnissen kommen. (Vergleiche Sanders und Verhulst.)

Es ist jedoch immer empfehlenswert und nützlich, die Resultate, die mit verschiedenen Methoden gewonnen wurden, miteinander zu vergleichen. Auf diese Weise geht man sicher, daß man auf dem richtigen Wege ist. Dies ist für uns eine der Motivationen, sowohl die Methode der vielfachen Zeitskalen als auch die Mittelungsmethode zu studieren. Darüber hinaus erlaubt die Beherrschung beider Methoden den Zugriff auf eine umfangreichere Literatur, weil beide Methoden die am universellsten eingesetzten Techniken sind.

13.1 Rückblick

1. Der einfache harmonische Oszillator entspricht einer periodischen Bewegung mit konstanter Amplitude und konstanter Frequenz. Das bedeutet, daß die Auslenkung nach jeder Periode zu ihrem Ausgangswert zurückkehrt. Die Frequenz ist von der Amplitude unabhängig. Daraus schlußfolgern wir, daß zwei identische einfache harmonische Oszillatoren, die verschiedenen Anfangsbedingungen genügen, dennoch die gleiche Schwingungsperiode haben.
2. Wenn wir den einfachen harmonischen Oszillator betrachten, dann gibt es eine natürliche Uhr oder Zeitskala, die das Zeitverhalten des Systems beschreibt. Wenn man das System mit stroboskopischem Licht beleuchtet, dessen Frequenz auf die natürliche Zeitskala abgestimmt ist, so daß genau einmal in jeder Periode und immer im Periodenabstand geblitzt wird, dann erscheint der Oszillator als stationärer Punkt. Wir wissen, daß beim Oszillator mit gestörter Periode die Stroboskopfrequenz nachgeregelt werden muß, um zu erreichen, daß unser System weiterhin als fixierter Punkt erscheint. Die Korrektur der Stroboskopfrequenz ist ein laufender Prozeß, wenn versucht wird, das System für immer größere Zeiten auf dem fixierten Punkt zu halten.
3. Wenn der Oszillator durch einen kubischen Term in der Verschiebung gestört wird, dann beobachten wir, daß säkulare Terme zu unterdrücken sind. Diese treten auf, wenn eine Störungsentwicklung der ungestörten Lösung und der ungestörten Frequenz durchgeführt wird. Wir erzeugen also künstlich Terme, die das System effektiv auf die natürliche Frequenz zwingen sollen. Diese Situation kann immer dann durch Einführung einer neuen Zeitskala verbessert werden, wenn unsere Störung einer in der Auslenkung ungeraden Potenz entspricht.
4. Wenn der Oszillator durch einen kubischen Geschwindigkeitsterm gestört wird, dann ist eine traditionelle Störungsentwicklung in der Zeit ungleichmäßig. Dies resultiert aus der Kopplung des kleinen Entwicklungsparameters mit der Beobachtungszeit. Die langsame Zeitentwicklung der wesentlichen Anteile der Amplitude muß von den schnellen Schwingungen höherer Harmonischer abgetrennt werden. Wenn uns das nicht gelingt, dann geht das Verständnis der Periodizität der Bewegung verloren. Die Mittelungsmethode ermöglicht diese Separation der Zeitskalen und organisiert unsere Entwicklung so um, daß sie zeitlich gleichmäßig gültig wird.
5. Eine unserer ersten Beobachtungen war, daß unsere traditionelle Störungstheorie tatsächlich bereits bei linearen Störungen entweder in der Auslenkung oder in der Geschwindigkeit versagte. Die Nichtlinearität unserer Probleme ist deshalb nicht der zentrale Grund der Schwierigkeit. Wir haben sie nur bei den linearen Problemen nicht bemerkt, weil wir sie exakt lösen konnten und auf die Störungstheorie nicht angewiesen waren.

13.2 Die Idee der Zeitskalen

Wir erläutern jetzt die Idee der unabhängigen Zeitskalen. Damit ist gemeint, daß der physikalische Prozeß, der durch eine Gleichung beschrieben wird, auf verschiedenen und unabhängigen Zeitskalen abläuft. Wir können eine Zeitskala herausgreifen und nach einer Lösung suchen. Die so erhaltene Lösung ist auf dieser Zeitskala korrekt, aber aus der Sicht einer anderen Zeitskala unvollständig. Es ist etwa so, als würde man durch ein Mikroskop mit verschiedenen Objektiven blicken. Man wählt das Objektiv einer bestimmten Vergrößerung und sieht, was es auf dieser Stufe zu sehen gibt. Wählt man eine andere Vergrößerung, dann erkennt man offenbar etwas anderes.

Wir suchen nach einer kontinuierlichen Beschreibung, aber wir können diese Stetigkeit oft nicht wirklich auf die tatsächlichen Beobachtungen übertragen. Wir betrachten z. B. eine Uhr mit analoger Anzeige, die einen Sekunden-, Minuten- und Stundenzeiger besitzt. Sie verfügt aber nicht über einen $1/10$-Sekundenzeiger oder Tageszeiger usw. Wir nehmen nun an, daß wir die Beobachtungen fortlaufend mit Hilfe des Sekundenzeigers registrieren. Alternativ könnte man auch die Stunde als grundlegende Zeiteinheit wählen und fortlaufend stündlich beobachten. Die so gewonnenen Beobachtungen werden sich natürlich mit jenen überschneiden, die man macht, wenn jede Sekunde registriert wird. Trotzdem kann das gewonnene Bild des stattfindenden Prozesses ein ganz anderes sein.

Das alles erscheint ziemlich plausibel, aber es ist nicht klar, wie es mathematisch korrekt zu formulieren ist, denn die Zeitskalen sind entgegen dem Anschein nicht voneinander unabhängig.

Unsere grundlegende Annahme geht davon aus, daß man sich die Zeit t durch eine Folge von unabhängigen Zeitskalen konstruiert denkt, was durch die Beziehung

$$t_n = \varepsilon^n t; \qquad 0 < \varepsilon \ll 1; \qquad n = 0,\ 1,\ 2, \ldots$$

zum Ausdruck kommt. Man kann sich vorstellen, daß die Zeitskalen durch Messung in verschiedenen Einheiten entstehen. Wegen

$$\begin{aligned} t_0 &= \text{Sekunden}, \\ t_1 &= \text{Minuten}, \\ t_2 &= \text{Stunden} \end{aligned}$$

gilt für unseren kleinen Parameter $\varepsilon = 1/60$.

Die Einführung einer neuen Zeitskala ist keine neue Entwicklung, t, εt und $\varepsilon^2 t$ messen nur die gleiche Zeit auf verschiedenen Skalen. (Diese Betrachtung findet man im Titel von Nayfeh, *Introduction to Perturbation Techniques*.)

Man kann jetzt an einen Prozeß denken, der mit Hilfe einer schnellen Uhr beobachtet wird. Dann wird es Aspekte der Bewegung geben, die zeitlich konstant erscheinen, obwohl sie in Wirklichkeit mit der Zeit variieren. Der Grund besteht im approximativen Charakter der Lösung, der die Betrachtung „verwischt“. Wenn man also Differentialgleichungen bezüglich einer bestimmten Zeitskala löst, so kann man nur sagen, daß diese sich auf der der Beobachtung zugrunde liegenden Zeitskala nicht verändern.

Uns geht es normalerweise so, daß bei der Betrachtung von Blumen, Bäumen usw. diese nicht zu wachsen scheinen. Erst wenn wir eine angepaßte Zeitskala wählen würden, kämen wir zu anderen Schlußfolgerungen. So ist es auch, wenn wir einen chemischen Prozeß verfolgen, der in verschiedenen Schritten abläuft. Wir gehen so heran, daß wir die Schritte unabhängig voneinander auf der Zeitskala betrachten. Schließlich, wenn ein kompliziertes System vorliegt, das einem Gleichgewichtszustand zustrebt, so finden wir es bequem, so lange zu warten, bis die schnellen Prozesse abgeklungen sind und nur noch der langsamste Vorgang dominiert. Wir entwickeln dann eine Beschreibung des Prozesses in der sogenannten Relaxationszeitnäherung bzw. dem Relaxationszeitregime. Bei vielen Beispielen geht unsere fundamentale Näherung von der Annahme aus, daß die wahre Zeit t in zwei unabhängige Zeitskalen t_0 und t_1 zerlegt wird. Warum erwarten wir, daß das zum Ziel führt? Wir nehmen an, daß wir ein oszillierendes System mit sehr langsam abklingender Amplitude betrachten, und beobachten das System jeweils nach Zeitintervallen, die seiner natürlichen Frequenz entsprechen. So möge z. B. unser System mit einer Periode von 1 Sekunde oszillieren, wobei die Amplitude pro Tag um 1% abnimmt. Wir gehen davon aus, daß das System während vieler Tage ein Oszillator bleibt, und beschränken unsere Beobachtungen jeden Morgen auf ein paar Minuten. Während dieser Messungen können wir dann die Amplitude als konstant betrachten. Auf der anderen Seite kann von der oszillierenden Bewegung ganz abgesehen werden, wenn das langsame Abklingen der Amplitude berechnet werden soll. Diese Separation wurde bei der Mittelungsmethode durch den Mittelungsprozeß erreicht. Bei der Methode der vielfachen Zeitskalen erreichen wir sie dagegen durch die Einführung der Zeitskalen t_0, t_1, t_2 usw.

Unser Interesse bleibt auf Systeme fixiert, die sich nicht sehr vom einfachen harmonischen Oszillator unterscheiden. Wir müssen nun unsere totale zeitliche Ableitung durch die partiellen Ableitungen bezüglich jeder der unabhängigen Zeitskalen ersetzen. (Wir erinnern an die Uhr und verstehen die Zeitskalen als Sekunden, Minuten, Stunden usw.)

Es wird jetzt nach einer Lösung unseres Problems in Form einer Entwicklung sowohl nach Potenzen des kleinen Parameters ε als auch nach den Zeitskalen gesucht. Diese Entwicklung soll zeitlich gleichförmig sein, deshalb werden säkulare Terme in jeder Ordnung der Entwicklung unterdrückt.

An einigen einfachen Beispielen wollen wir demonstrieren, wie dieses Verfahren funktioniert.

Beispiel 13.2.1. Wir betrachten die Gleichung

$$\frac{d^2x}{dt^2} + 2\varepsilon\frac{dx}{dt} + (1 + \varepsilon^2)x = 0 , \qquad (13.1)$$

die wir bereits als Gleichung (12.1) kennengelernt hatten. Wie wir bereits erwähnt hatten, ist die Zeitskala des Abklingens gut von der der Oszillationen separiert. Deshalb wird hier die Methode der vielfachen Zeitskalen auf das exakte Ergebnis führen. Da der Beweis hierfür aber eine Rechnung bis zur zweiten Ordnung erfordert, ist es notwendig, zuvor das Kapitel 14 zu studieren. □

Beispiel 13.2.2. Wir betrachten die Gleichung

$$\frac{dx}{dt} = -\varepsilon(1 + \cos t)x(t); \qquad x(0) = 1 , \qquad (13.2\,a)$$

deren Lösung sofort aufgeschrieben werden kann:

$$x(t) = \exp(-\varepsilon t)\exp(-\varepsilon \sin t) . \qquad (13.2\,b)$$

Bereits im Kapitel 11 waren wir auf eine ähnliche Beziehung, nämlich Gleichung (11.7 c), gestoßen. Das Ergebnis wurde in der Abbildung 11.1 dargestellt. Man stellt fest, daß es zwei unabhängige Zeitskalen gibt, die eine ist mit der geglätteten zeitabhängigen Komponente $\exp(-\varepsilon t)$ und die andere mit den Oszillationen um dieses abklingende Exponential verbunden. Wenn diese Gleichung mit Hilfe der Methode der vielfachen Zeitskalen gelöst wird, dann wird die angenommene Separation tatsächlich festgestellt und man erhält Gleichung (13.2 b) als Lösung. Dies stellt eine sehr interessante Übung dar, die nach dem Studium des Beispiels 13.2.3 erledigt werden kann. □

Beispiel 13.2.3. Wir betrachten jetzt den Duffing-Oszillator

$$\ddot{x} + x = -\varepsilon x^3; \qquad 0 < \varepsilon \ll 1, \quad x(0) = B, \quad \dot{x}(0) = 0 \qquad (13.3)$$

und wir suchen eine Lösung, die sich für $t < 1/\varepsilon$ von der exakten Lösung nur um Terme von der Größenordnung $O(\varepsilon)$ unterscheidet. Es könnte dabei wegen der Wechselbeziehung zwischen der Länge der Beobachtungszeit einerseits und andererseits dem Wunsch, den Fehler mit dem O-Symbol zu charakterisieren, zu einiger Verwirrung bezüglich der zeitlichen Gültigkeit der Näherung kommen. Das Kapitel 15 befaßt sich mit einer ausführlichen Fehleranalyse sowohl bei der Mittelungsmethode als auch bei der Methode der vielfachen Zeitskalen.

Wir suchen nach den Korrekturen niedrigster Ordnung und zerlegen deshalb unseren zeitlichen Differentialoperator nur bezüglich der schnellen Zeit t_0 und der ersten langsamen Zeit t_1

$$\frac{d}{dt} = \frac{dt_0}{dt}\frac{\partial}{\partial t_0} + \frac{dt_1}{dt}\frac{\partial}{\partial t_1} + \text{T. h. O.} \qquad (13.4\,a)$$

$$= 1\frac{\partial}{\partial t_0} + \varepsilon\frac{\partial}{\partial t_1} + \text{T. h. O.} \qquad (13.4\,b)$$

Wir führen den symbolischen Operator D_i, $i = 0,\ 1,\ 2, \ldots$ ein, den wir wie folgt definieren

$$D_i \equiv \frac{\partial}{\partial t_i} \, . \tag{13.4 c}$$

Also gilt

$$D_0 = \frac{\partial}{\partial t_0}; \qquad D_1 = \frac{\partial}{\partial t_1}; \qquad D_0 D_1 = \frac{\partial^2}{\partial t_0 \partial t_1} \qquad \text{usw.} \tag{13.4 d}$$

Gleichung (13.4 a) impliziert, daß die beiden Zeiten t_0 und t_1 als voneinander unabhängige Variable betrachtet werden. Wir vernachlässigen die Zeit t_2 , die dann, wenn die Beobachtungszeit länger als $1/\varepsilon$ wäre, zu Korrekturen von der Ordnung $O(\varepsilon)$ führen würde. Wir schränken deshalb die Beobachtungszeit so ein, daß sie kleiner als $1/\varepsilon$ ist. □

Der Differentialoperator zweiter Ordnung, für den wir die Darstellung

$$\frac{\mathrm{d}^2}{\mathrm{d}t^2} = D_0^2 + 2\varepsilon D_0 D_1 + \text{T. h. O.} \tag{13.5}$$

erhalten, besteht aus zwei Teilen:

1. Der erste Teil D_0^2 entspricht der Komponente, die mit der schnellen Bewegung zusammenhängt. Da sie vom kleinen Parameter ε des Systems nicht abhängt, identifizieren wir sie mit dem ungestörten Problem, d. h. mit dem einfachen harmonischen Oszillator.
2. Der zweite Teil $2\varepsilon D_0 D_1$ beschreibt die langsame Bewegung. Er hängt linear von dem kleinen Parameter ε ab. Wir identifizieren ihn mit den langsamen Veränderungen von Amplitude und Frequenz. Beide Größen, die beim einfachen harmonischen Oszillator Konstanten sind, variieren hier auf der langsamen Zeitskala t_1.

Da wir die verschiedenen Zeitskalen als voneinander unabhängig betrachten, führen wir eine Entwicklung der Auslenkung sowohl bezüglich jeder Zeitskala als auch bezüglich des kleinen Parameters ε durch:

$$x(t) = x_0(t_0, t_1; \varepsilon) + \varepsilon x_1(t_0, t_1; \varepsilon) + O(\varepsilon^2) \, . \tag{13.6}$$

Wir suchen nun eine Lösung für die Auslenkung $x(t)$ mit einem Fehler, der für $t < 1/\varepsilon$ kleiner als von der Ordnung $O(\varepsilon)$ ist. Wir setzen dazu den Ansatz gemäß Gleichung (13.6) in Gleichung (13.3) ein und vergleichen alle Terme bis zur Ordnung ε:

$$D_0^2 x_0 + x_0 + \varepsilon(D_0^2 x_1 + x_1 + 2D_0 D_1 x_0) = -\varepsilon x_0^3 + O(\varepsilon^2) \, . \tag{13.7}$$

In der Ordnung ε^0 erhalten wir die Gleichung

$$D_0^2 x_0 + x_0 = 0$$

mit der Lösung

$$x_0(t) = a(t_1)\cos[t_0 + \phi(t_1)]\,. \tag{13.8}$$

Da wir es mit einer partiellen Differentialgleichung für $x_1(t)$ zu tun haben, können die Amplitude und die Frequenz von Zeitskalen höherer Ordnung abhängen, in unserem Fall von t_1. Das ist der Grundgedanke der Methode der vielfachen Zeitskalen. Sie verschiebt die langsamere Zeitabhängigkeit in die Entwicklungsterme höherer Ordnung. Sie sagt aus, daß man in dem Falle, daß der Blick nur auf die schnelle Zeitskala gerichtet wird, die langsame Entwicklung von Amplitude und Frequenz nicht feststellen kann. Wenn jedoch eine Uhr benutzt wird, die Beobachtungen bzw. Messungen auf der langsamen Zeitskala erlaubt, so sind diese Veränderungen zugänglich. Es sei noch einmal daran erinnert, daß nur die langsame Zeit t_1 betrachtet wird und die Beobachtungszeit entspechend der Bedingung $t < 1/\varepsilon$ eingeschränkt ist.

Wir müssen das berücksichtigen, wenn wir das Zeitverhalten der scheinbaren Konstanten $a(t_1)$ und $\phi(t_1)$ ermitteln wollen. Um diese Konstanten zu bestimmen, haben wir eine Gleichung für die Auslenkungskorrektur erster Ordnung zu betrachten und zu fordern, daß diese frei von säkularen Termen ist. Da wir die langsame Zeit t_1 frei wählen können, kann man es so einrichten, daß die säkularen Terme in Amplitude und Frequenz verschwinden.

Wir lösen also die Gleichung für die Korrektur nicht, sondern benutzen nur die Bedingung für das Verschwinden der säkularen Terme. Das wird gleich klar werden, wenn wir die Gleichung für x_1 aufschreiben.

$$\begin{aligned} D_0^2 x_1 + x_1 &= -x_0^3 - 2D_0 D_1 x_0 \\ &= -a^3\cos^3(t_0+\phi) + 2(D_1 a)\sin(t_0+\phi) + 2(aD_1\phi)\cos(t_0+\phi) \\ &= \left[-\tfrac{3}{4}a^3 + 2(aD_1\phi)\right]\cos(t_0+\phi) \\ &\quad -\tfrac{1}{4}a^3\cos[3(t_0+\phi)] + 2(D_1 a)\sin(t_0+\phi) \end{aligned} \tag{13.9}$$

Wir bemerken, daß der partielle Differentialoperator auf der linken Seite der gleiche ist, der bei der Gleichung nullter Ordnung in ε auftrat. (Das heißt, es ist der Differentialoperator des einfachen harmonischen Oszillators.) Dieses Muster, daß links dieser Operator auftritt und rechts irgendwelche bekannten Terme niedrigerer Ordung, bleibt auch bei den Rechnungen höherer Ordnung erhalten.

Wir stoßen hier nun auf das gleiche Problem der säkularen Terme, mit dem wir bereits bei den vorherigen Methoden konfrontiert waren, wenn wir nicht fordern, daß

$$D_1 a = 0 \qquad \text{und} \qquad D_1\phi = \tfrac{3}{8}a^2 \tag{13.10 a}$$

gilt. Daraus erhält man

$$a = a(t_2) \tag{13.10 b}$$

und

$$\phi = \tfrac{3}{8}a^2 t_1 + \tilde{\phi}(t_2)\,, \tag{13.10 c}$$

wobei $a(t_2)$ und $\tilde{\phi}(t_2)$ Konstanten bezüglich der Zeitskala t_1 sind. Sie können allerdings auf größeren Zeitskalen variieren.

Die Unterdrückung der säkularen Terme wird durch das Argument gerechtfertigt, daß die Auslenkungskorrektur x_1 im Vergleich zum Hauptterm x_0 für alle Zeiten immer klein bleiben soll. Unser freier Parameter bei der Methode der vielfachen Zeitskalen ist die langsame Zeitabhängigkeit von Amplitude und Frequenz. Mit anderen Worten, wir haben die Freiheit, die langsame Zeitskala so zu wählen, daß säkulare Terme vermieden werden.

Die Säkularbedingung haben wir in unseren vorherigen Untersuchungen zum Duffing-Oszillator herausgearbeitet. (Es ist zwar richtig, daß wir jetzt im Zusammenhang mit einer partiellen Differentialgleichung auf sie stoßen, aber das ändert die Analyse nicht wesentlich.)

Wir brechen hier die Rechnung ab und lösen die Gleichung für die Auslenkungskorrektur x_1 nicht, denn wir haben bereits Zeitkorrekturen der Ordnung t_2 vernachlässigt. Wegen

$$t \sim \frac{1}{\varepsilon}; \qquad t_1 = O(1); \qquad t_2 = \varepsilon^2 t = O(\varepsilon)$$

sind nämlich dann sowohl die Auslenkung x_1 als auch die Zeitskala t_2 bereits von der Ordnung $O(\varepsilon)$. Deshalb muß man entweder beide Größen berücksichtigen oder mit der Bestimmung der zeitlichen Abhängigkeit von Amplitude a und Phase ϕ bezüglich t_1 abbrechen.

Unsere Lösung lautet

$$x(t) = a\cos\left[\left(1 + \varepsilon\frac{3}{8}a^2\right)t\right] + O(\varepsilon) \qquad \text{für} \quad t < \frac{1}{\varepsilon}\,. \tag{13.11}$$

□

Wir finden also so wie mit der Mittelungsmethode die Frequenz- und Amplitudenkorrekturen zur Grundlösung und werden bezüglich der Struktur höherer Harmonischer auf die Rechnungen in höherer Ordnung verwiesen. Wenn man darüber etwas nachdenkt, dann erkennt man, daß die Rechnungen höherer Ordnung mit der Einführung neuer Skalen immer komplizierter und verwickelter werden. Tatsächlich sind bereits die Rechnungen zweiter Ordnung ziemlich komplex. Die Rechnungen dritter und vierter Ordnung sind so verworren, daß man kaum noch ein Lehrbuch findet, in dem diese Problematik behandelt wird. Wenn man solche Rechnungen auszuführen hat, ist man gut beraten, sich sowohl der Mittelungsmethode als auch der Methode der vielfachen Zeitskalen zu bedienen.

Beispiel 13.2.4. Wir betrachten den Van der Polschen Oszillator

$$\ddot{x} + x = \varepsilon(1 - x^2)\dot{x}; \qquad 0 < \varepsilon \ll 1, \qquad x(0) = a\,. \tag{13.12}$$

und benutzen die Entwicklungen der Gleichungen (13.4 a) bis (13.4 d) sowie (13.6) für den Differentialoperator und die Auslenkung. In der niedrigsten Ordnung ergibt sich natürlich entsprechend dem Ausgangspunkt des Verfahrens der einfache harmonische Oszillator:

$$D_0^2 x_0 + x_0 = 0 \,. \tag{13.13 a}$$

Dessen Lösung schreiben wir in der Form

$$x_0 = a(t_1)\cos[t_0 + \phi(t_1)] \,. \tag{13.13 b}$$

Für die Gleichungen erster Ordnung erhält man

$$\begin{aligned} D_0^2 x_1 + x_1 &= [1 - a^2\cos^2(t_0 + \phi)][-a\sin(t_0 + \phi)] \\ &\quad +2(D_1 a)\sin(t_0 + \phi) + 2(aD_1\phi)\cos(t_0 + \phi) \\ &= \left[-a\left(1 - \tfrac{1}{4}a^2\right) + 2(D_1 a)\right]\sin(t_0 + \phi) \\ &\quad +\tfrac{1}{4}a^3\sin[3(t_0 + \phi)] + 2(aD_1\phi)\cos(t_0 + \phi) \,. \end{aligned} \tag{13.14}$$

Die säkularen Anteile werden durch die Terme

$$\left[-a\left(1 - \tfrac{1}{4}a^2\right) + 2(D_1 a)\right]\sin(t_0 + \phi) \tag{13.15 a}$$

und

$$2(aD_1\phi)\cos(t_0 + \phi) \tag{13.15 b}$$

erzeugt. Die Forderung nach der Unterdrückung der säkularen Terme in jeder Ordnung der Entwicklung unserer Gleichungen führt auf die Bedingungen

$$D_1\phi = 0 \;\Rightarrow\; \phi = \phi(t_2) \tag{13.16 a}$$

$$2(D_1 a) = a\left(1 - \tfrac{1}{4}a^2\right) \,. \tag{13.16 b}$$

Die Gleichung für die Amplitude kann nach Standardmethoden gelöst werden und führt auf

$$a(t_1) = \frac{2}{[1 + \{[4/a(0)^2] - 1\}\exp(-t_1)]^{1/2}} \,. \tag{13.17}$$

Wir erinnern daran, daß wir den Van der Polschen Oszillator bereits im Beispiel 12.3.3 des Kapitels 12 ausführlich behandelt haben. (Gleichung (13.17) ist der Gleichung (12.49) äquivalent.) Der Radius des Grenzzyklus ist in dieser Ordnung der Approximation von dem kleinen Parameter ε unabhängig. (Eine solche Abhängigkeit ergibt sich erst durch Terme höherer Ordnung.)

Wir stellen also fest, daß wir die gleichen Gleichungen und die gleiche Zerlegung wie bei Benutzung der Mittelungsmethode erhalten. □

13.3 Die Äquivalenz von Mittelungsmethode und Methode der vielfachen Zeitskalen

Wir betrachten jetzt das allgemeine Problem

$$\frac{\mathrm{d}^2x}{\mathrm{d}t^2}+x=\varepsilon f\left(x,\frac{\mathrm{d}x}{\mathrm{d}t}\right)=\varepsilon f(x,-y)$$
$$y=\frac{-\mathrm{d}x}{\mathrm{d}t};\qquad |\varepsilon|\ll 1\,, \tag{13.18}$$

bei dem auch zugelassen sein soll, daß der Störterm $\varepsilon f(x,-y)$ eine nichtanalytische Funktion sein kann, z. B. $|x|$ oder $|y|$. Wir werden zeigen, daß wir mit Hilfe der Methode der vielfachen Zeitskalen exakt die gleichen Bedingungen für das Zeitverhalten von Amplitude und Frequenz erhalten, wie wir sie mittels Mittelungsmethode fanden, womit die Äquivalenz beider Methoden in der niedrigsten Ordnung der Störungstheorie bewiesen ist. Das weitere Herangehen soll kurz umrissen werden.

Wir führen vielfache Zeitskalen ein und entwickeln den Differentialoperator und die Auslenkung wie in den Gleichungen (13.4 a) bis (13.4 d), (13.5) und (13.6). Die Lösung niedrigster Ordnung entspricht der Gleichung (13.8). Wir formulieren nun die Gleichung für die nächste Ordnung

$$D_0^2x_1+x_1=-2D_0D_1x_0+f(x_0,-y_0) \tag{13.19}$$

mit folgenden Ausdrücken für x_0 und y_0

$$x_0=a\cos(t_0+\phi)\,, \tag{13.20 a}$$
$$y_0=a\sin(t_0+\phi)\,. \tag{13.20 b}$$

Wir möchten nun jene Komponenten von $f(x_0,-y_0)$ bestimmen, die zu $\cos(t_0+\phi)$ und $\sin(t_0+\phi)$ proportional sind. Diese Terme werden mit jenen, die durch den Differentialoperator entstehen, zusammengefaßt und gleich null gesetzt. Das garantiert die Vermeidung säkularer Terme und erzeugt Bedingungsgleichungen für Amplitude und Frequenz. Genau das war unser Vorgehen bei der Untersuchung des Duffing- und des Van der Polschen Oszillators. Wenn jedoch die Funktion $f(x,-y)$ entweder nichtanalytisch oder hinreichend kompliziert ist, dann werden die Anteile, die säkulare Terme erzeugen, dadurch identifiziert, daß $f(x_0,-y_0)$ in eine Fourierreihe entwickelt wird.

$$f(x_0,-y_0)=\sum_{n=0}^{\infty}a_n\cos[n(t_0+\phi)]+\sum_{n=1}^{\infty}b_n\sin[n(t_0+\phi)] \tag{13.21}$$

Im weiteren interessieren uns nur die Koeffizienten a_1 und b_1, denn nur die Terme, die proportional zu $\cos(t_0+\phi)$ und $\sin(t_0+\phi)$ sind, erzeugen säkulare

Terme. Es gilt

$$a_1 = \frac{1}{\pi} \int_0^{2\pi} f(x_0, -y_0) \cos(t_0 + \phi)\, \mathrm{d}t_0 \;, \tag{13.22 a}$$

$$b_1 = \frac{1}{\pi} \int_0^{2\pi} f(x_0, -y_0) \sin(t_0 + \phi)\, \mathrm{d}t_0 \;. \tag{13.22 b}$$

Die Anteile auf der rechten Seite der Gleichung (13.19), die säkulare Terme erzeugen, müssen verschwinden. Wenn wir unsere Lösung x_0 benutzen, erhalten wir schließlich mit der Abkürzung

$$\theta = t_0 + \phi$$

folgende Bedingungsgleichungen für die Unterdrückung säkularer Terme:

$$D_1 a = -\frac{1}{2\pi} \int_0^{2\pi} f(a\cos\theta, -a\sin\theta) \sin\theta\, \mathrm{d}\theta \;, \tag{13.23 a}$$

$$aD_1 \phi = -\frac{1}{2\pi} \int_0^{2\pi} f(a\cos\theta, -a\sin\theta) \cos\theta\, \mathrm{d}\theta \;. \tag{13.23 b}$$

Diese Gleichungen sind jenen Gleichungen äquivalent, die wir mit Hilfe der Mittelungsmethode für die zeitliche Änderung von Amplitude und Frequenz (Gleichung (12.19 a) und (12.19 b)) erhielten. Die Gleichungen (13.23 a) und (13.23 b) führen natürlich in Spezialfällen auf die Gleichungen (13.10 a), (13.16 a) und (13.16 b). Wir wollen sehen, wie diese Gleichungen im Falle einer nichtanalytischen Funktion $f(x, -y)$ auszuwerten sind.

Beispiel 13.3.1. Wir betrachten

$$\ddot{x} + x = \varepsilon f\left(x, \frac{\mathrm{d}x}{\mathrm{d}t}\right) = \varepsilon f(x, -y)$$

$$y = \frac{-\mathrm{d}x}{\mathrm{d}t}; \qquad 0 < \varepsilon \ll 1 \tag{13.24 a}$$

mit

$$f\left(x, \frac{\mathrm{d}x}{\mathrm{d}t}\right) = (1 - |x|)\frac{\mathrm{d}x}{\mathrm{d}t} = -(1 - |x|)y \;. \tag{13.24 b}$$

Dies entspricht dem Typ des Van der Polschen Oszillators mit sich abschwächender rücktreibender Kraft. Nach Durchführung der Störungsentwicklung müssen die Gleichungen (13.23 a) und (13.23 b) gelöst werden. Wenn wir unser Wissen über den absoluten Betrag anwenden, können wir die Integrale berechnen und erhalten

$$\begin{aligned} D_1 a &= \frac{a}{2\pi}\int_0^{2\pi} \sin^2\theta \, d\theta - \frac{a^2}{2\pi}\int_0^{2\pi} |\cos\theta| \sin^2\theta \, d\theta \\ &= \frac{a}{2} - \frac{2}{3\pi}a^2 \end{aligned} \tag{13.25}$$

und

$$D_1\phi = \frac{1}{2\pi}\int_0^{2\pi} \cos\theta\sin\theta \, d\theta - \frac{a}{2\pi}\int_0^{2\pi} |\cos\theta|\sin\theta\cos\theta \, d\theta = 0 \,. \tag{13.26}$$

Der Radius des Grenzzyklus ist durch die Bedingung $D_1 a = 0$ bestimmt. Daraus ergibt sich

$$r^* = \frac{3\pi}{4} \approx 2{,}36 \,.$$

Der Radius ist wie erwartet etwas größer als 2. Das ist das gleiche Resultat, wie wir es in der Übung 12.3.4 im Kapitel 12 erhielten (vgl. Gleichung (12.57)).□

13.4 Komplexe Schreibweise

Die Benutzung der komplexen Darstellung der Kosinus- und Sinusfunktion vereinfacht die Algebra beträchtlich. Wir schreiben

$$\cos x = \frac{1}{2}[\exp ix + \exp(-ix)]$$

und

$$\sin x = \frac{1}{2i}[\exp ix - \exp(-ix)] \,.$$

Wir betrachten nun z. B. den Duffing-Oszillator, der durch Gleichung (13.3) gegeben ist. Unser Herangehen erfolgt so wie eben und die Lösung niedrigster Ordnung der Gleichung (13.7) bekommt die Form

$$x_0(t) = A \exp it_0 + A^* \exp(-it_0) \,. \tag{13.27}$$

Die Amplitude A ist komplex und kann durch $A = (a/2)\exp i\phi$ ausgedrückt werden, wobei sowohl a als auch ϕ reelle Größen sind. Mit A^* bezeichnen wir die komplex Konjugierte der Amplitude A. Der Faktor (1/2) ist reine Bequemlichkeit, denn er führt dazu, daß die Gleichungen (13.8) und (13.27) äquivalent sind. Wir schreiben

$$[A \exp it_0 + A^* \exp(-it_0)]^3 = A^3 \exp 3it_0 + 3A^2 A^* \exp it_0 + \text{k. K.}\,,$$

wobei k. K. das komplex Konjugierte meint. Die Gleichung (13.9) erhält dann die folgende äquivalente Form

$$\begin{aligned} D_0^2 x_1 + x_1 &= -x_0^3 - 2D_0 D_1 x_0 \\ &= (-3A^2 A^* - 2iD_1 A) \exp it_0 - A^3 \exp 3it_0 + \text{k. K.} \end{aligned} \qquad (13.28)$$

Es ist vollkommen klar, daß die zu $\exp(\pm it_0)$ proportionalen Terme unterdrückt werden müssen, denn sie sind den Sinus- und Kosinustermen äquivalent, die im bisherigen Zugang diskutiert wurden.

Wenn wir jetzt die komplexe Amplitude durch a und ϕ ausdrücken und den Faktor (1/2) berücksichtigen, dann nimmt die rechte Seite der Gleichung (13.28) folgende Gestalt an:

$$\left[-\frac{3}{8}a^3 - iD_1 a + (aD_1\phi)\right] \exp(it_0 + i\phi) - \frac{1}{8}a^3 \exp(3it_0 + 3i\phi) + \text{k. K.} \qquad (13.29)$$

Die Forderung nach dem Verschwinden der säkularen Terme erzwingt, daß die Koeffizienten von $\exp[\pm i(t_0 + \phi)]$ gleich null gesetzt werden. Daraus ergibt sich

$$-i(D_1 a) = 0 \qquad \text{bzw.} \qquad a = a(t_2)\,, \qquad (13.30)$$

d. h., unsere Amplitude ist auf der Zeitskala t_1 eine Konstante. Weiterhin schreiben wir

$$-\tfrac{3}{8}a^3 + a(D_1\phi) = 0\,.$$

Daraus ergibt sich folgender Ausdruck für die Phase

$$\phi = \tfrac{3}{8}a^2 t_1 + \tilde{\phi}(t_2)\,. \qquad (13.31)$$

Wir stellen also fest, daß die Anwendung der komplexen Schreibweise darauf hinausläuft, die zu $\exp(\pm it_0)$ proportionalen Terme zu identifizieren und zu unterdrücken. Sie wird häufig bevorzugt, denn sie erspart den Umgang mit einer großen Zahl von trigonometrischen Identitäten. Wir werden sie in allen unseren zukünftigen Rechnungen benutzen.

Bei der Lösung von Problemen mit Hilfe der komplexen Schreibweise sind die Terme zu finden, die mit $\exp(\pm it_0)$ multipliziert werden. Das ist leicht zu erreichen, wenn man die Entwicklung

$$(a+b)^N = \sum_{m=0}^{N} \binom{N}{m} a^{N-m} b^m ; \qquad N \text{ ganzzahlig} \tag{13.32}$$

mit

$$\binom{N}{m} = \frac{N!}{(N-m)!m!}$$

benutzt. Bei unseren Problemen wenden wir sie wie folgt an:

$$[A \exp it_0 + A^* \exp(-it_o)]^N = \sum_{m=0}^{N} \binom{N}{m} A^{N-m} A^{*m} \exp[i(N-2m)t_0] \ . \tag{13.33}$$

Wenn N ungerade ist ($N = 2n+1$), dann existiert ein Term der Form $\exp(\pm it_0)$. Dies trifft für $m = n$ und $m = n+1$ zu. Wir betrachten nur den Term $m = n$, denn der andere entspricht gerade dem komplex Konjugierten. Für den Koeffizienten von $\exp it_0$ erhalten wir deshalb

$$\frac{(2n+1)!}{(n+1)!n!} A^{n+1} A^{*n} \ . \tag{13.34 a}$$

Wenn wir daran denken, daß $A = (a/2) \exp i\phi$ gilt, kann dieser Koeffizient auch in der Form

$$a^{2n+1} \frac{(2n+1)!}{2^{2n+1}(n+1)!n!} \exp i\phi \tag{13.34 b}$$

geschrieben werden.

13.5 Übungen und Beispiele

Lösungsprobleme

Übung 13.5.1. Man löse die Gleichung (13.12) für den Van der Polschen Oszillator mit Hilfe der komplexen Schreibweise. Es sind die Terme zu bestimmen, die mit $\exp it_0$ multipliziert werden. Man entwickelt den Ausdruck

$$\begin{aligned}(1-x_0^2)\dot{x}_0 &= \{1 - [A^2 \exp 2it_0 + 2AA^* + A^{*2} \exp(-2it_0)]\} \\ &\quad \cdot [iA \exp it_0 - iA^* \exp(-it_0)] \ .\end{aligned}$$

Es gibt zwei Faktoren, die Terme proportional zu $\exp it_0$ liefern. Alles weitere verläuft hier streng nach Schema.

Beispiel 13.5.1. Wir betrachten die Gleichung

$$\ddot{x} + x = -\varepsilon x^{2n+1}; \qquad x(0) = B; \qquad \dot{x}(0) = 0 \tag{13.35}$$

und möchten die Korrektur niedrigster Ordnung zur Oszillationsfrequenz finden. Wenn wir die Gleichung (13.34 a) benutzen, lautet unsere Säkulargleichung

$$0 = -2i(D_1 A) - \frac{(2n+1)!}{(n+1)!n!} A^{n+1} A^{*n} .$$

Unsere komplexe Amplitude A kann nun durch die reelle Amplitude a und die Phase ϕ ausgedrückt weden. Da der Koeffizient i nur vor dem Ableitungsterm auftritt, gibt es keine Korrektur zur Amplitude. Dies ist eine Konsequenz der Konservativität des Systems. Mit Hilfe der Gleichung (13.34 b) erhalten wir für die Phase die Gleichung

$$\left[(-2i)\left(\frac{ia}{2}\right) D_1\phi\right] \exp i\phi = \frac{(2n+1)!a^{2n+1}}{(n+1)!n!2^{2n+1}} \exp i\phi .$$

Daraus ergibt sich

$$\phi(t_1) = \left[a^{2n} \frac{(2n+1)!}{2^{2n+1}(n+1)!n!}\right] t_1 + \tilde{\phi}(t_2) ,$$

was auf die Frequenz

$$\omega = 1 + \varepsilon a^{2n} \frac{(2n+1)!}{2^{2n+1}(n+1)!n!}$$

führt. Das ist das gleiche Ergebnis, wie wir es bereits in der Übung 12.3.1 erhalten hatten. □

Übung 13.5.2. Man betrachte die Gleichung

$$\ddot{x} + x = -\varepsilon \dot{x}^{2n+1}; \qquad n > 0 . \tag{13.36}$$

Dieses Problem soll in gleicher Weise wie das Beispiel 13.5.1 behandelt werden. Man zeige, daß man eine abklingende Amplitude erhält. Benutzen Sie Gleichung (13.34 b), um die Gleichung

$$D_1 a = -a^{2n+1} \frac{(2n+1)!}{2^{2n+1}(n+1)!n!} \tag{13.37}$$

abzuleiten. Durch Integration erhalten Sie das gleiche Ergebnis, wie wir es in Übung 12.3.6 des Kapitels 12 gefunden hatten, nämlich

$$a(t_1) = \frac{a(0)}{[1 + \alpha 2n a(0)^{2n} t_1]^{1/2n}} + \tilde{a}(t_2) \tag{13.38 a}$$

mit

$$\alpha = \frac{(2n+1)!}{2^{2n+1}(n+1)!n!} \,. \tag{13.38 b}$$

□

Übung 13.5.3. (Diese Übung wurde aus einem Problem abgeleitet, das aus *Precession of Mercury* von Smith stammt.) Man betrachte folgenden Oszillator mit quadratischer Nichtlinearität

$$\ddot{x} + x = C + \varepsilon x^2; \qquad x(0) = B, \qquad \dot{x}(0) = 0, \qquad 0 < \varepsilon \ll 1 \,,$$

wobei die Konstante C von der Ordnung $O(1)$ ist. Man bestimme die Lösung in erster Ordnung, die bereits die Frequenzkorrektur erster Ordnung enthält. Dabei geht man von der Grundtatsache aus, daß das ungestörte Problem ein einfacher harmonischer Oszillator ist. Das heißt, der erste Schritt besteht darin, eine Verschiebung des Koordinatenursprungs gemäß $u = x - C$ vorzunehmen. Unsere Gleichung lautet dann $\ddot{u} + u = \varepsilon(u + C)^2$. Mit Hilfe der Methode der vielfachen Zeitskalen kann nun leicht die Lösung und die Frequenzkorrektur in niedrigster Ordnung bestimmt werden. Man zeige, daß dies auf $x = C + (B - C)\cos[(1 - \varepsilon C)t]$ führt. Wiederholen Sie die Untersuchung mittels Mittelungsmethode. □

Übung 13.5.4. Man erzwinge die Säkularbedingung in Gleichung (13.9) und bestimme die Lösung für x_1. Diese Lösung kann nun in den Ausdruck für $x(t)$, der durch Gleichung (13.11) gegeben ist, eingesetzt werden. Man erhält dadurch eine Näherungslösung des Duffing-Oszillators, die sogar nur einen Fehler von der Ordnung $O(\varepsilon^2)$ für Zeiten $t = O(1)$ besitzt. Die Fehleranalyse ist Gegenstand des Kapitels 15. □

Bemerkungen zu den Übungen und Beispielen

a) Bei einer Gleichung der Form

$$\ddot{x} + x = \varepsilon(1 - |x|)\dot{x} \tag{13.39}$$

kann die komplexe Schreibweise verwirren, und es ist besser, die Sinus- und Kosinusdarstellung zu verwenden.

b) Beim Vorliegen einer Gleichung vom Typ des Van der Polschen Oszillators können die Koeffizienten der $\exp it_0$-Terme leicht bestimmt werden. Bei einem Problem der Form

$$\ddot{x} + x = \varepsilon(1 - x^2)\dot{x}^3 \tag{13.40}$$

kann man dagegen feststellen, daß es drei Terme gibt, die mit $\exp it_0$ multipliziert werden. Die Lösung von Problemen mit Dämpfungstermen höherer Ordnung erfordert deshalb häufig eine sehr sorgfältige Betrachung.

14 Rechnungen in höheren Ordnungen

Es ist wichtig, daß man in der Lage ist, Störungsentwicklungen in höherer Ordnung auszuführen, und diese dazu zu verwenden, verschiedene Eigenschaften schwach nichtlinearer Systeme darzustellen, die in den Ergebnissen der niedrigsten Ordnung nicht erkennbar sind. Da gerade darin unser primäres Ziel besteht und nicht in der Berechnung von Entwicklungen höherer Ordnung, beschränken wir unsere Diskussion auf die Methode der vielfachen Zeitskalen. Die Mittelungsmethode kann in der Art weiterentwickelt werden, daß man mit ihr für jedes der von uns untersuchten Probleme die gleichen Ergebnisse wie mit der Methode der vielfachen Zeitskalen erhält. Das Literaturverzeichnis am Ende des Kapitels 15 enthält detaillierte Darstellungen beider Methoden. Man sollte die entsprechenden Abschnitte in *Perturbation Methods* von Nayfeh durcharbeiten, da er große Mühe darauf verwendet, die Probleme mit verschiedenen Methoden zu lösen und die Äquivalenz der Ergebnisse zu zeigen.

Der Aufbau dieses Kapitels. Wir beginnen mit Berechnungen bis zur zweiten Ordnung für konservative Systeme und untersuchen dabei die Rolle der Anfangsbedingungen in dem Entwicklungsverfahren. Dann richten wir unsere Aufmerksamkeit auf den quadratischen Oszillator, um die Diskussion der Skalierung vorzubereiten. Es wird deutlich werden, daß die Untersuchung dieser Systeme einen sehr großen Rechenaufwand erfordert und die Rechnungen mit großer Sorgfalt durchzuführen sind.

14.1 Rechnungen zweiter Ordnung für konservative Systeme

In diesem Abschnitt entwickeln wir die Methode der vielfachen Zeitskalen für konservative Systeme bis zur zweiten Ordnung in dem kleinen Parameter ε. Wir finden die Frequenzkorrekturen, die es uns erlauben, das System bis zu Zeiten

$t = O(1/\varepsilon)$ mit einem Fehler der Ordnung $O\left(\varepsilon^2\right)$ zu verfolgen. Die Rechnungen werden unangenehm, wir stellen fest, daß es besser ist, mit komplexen Zahlen statt mit Winkelfunktionen zu rechnen.

Wir beginnen mit den Berechnungen in zweiter Ordnung für den Duffing-Oszillator:

$$\ddot{x} + x = -\varepsilon x^3; \qquad 0 < \varepsilon \ll 1, \tag{14.1 a}$$

$$x(0) = B; \qquad \dot{x}(0) = 0\,. \tag{14.1 b}$$

Wir haben spezielle Anfangsbedingungen ausgewählt, in denen die Anfangsgeschwindigkeit gleich null ist. Da das System beschränkt und konservativ ist, bildet seine Trajektorie einen in der Phasenebene geschlossenen Orbit. Das System durchläuft nach jedem Intervall gleich seiner Periode erneut genau diese Bahn. Deshalb haben wir bei der Wahl des Urspungs unserer Zeitkoordinate die Möglichkeit, den Punkt auszuwählen, an dem die Geschwindigkeit gleich null ist. Diese Wahl der Anfangsbedingungen führt zu einer Vereinfachung der Rechnungen.

Die Rechnung umfaßt folgende Teile:

a) Wir entwickeln die Auslenkung bis $O\left(\varepsilon^2\right)$:

$$x = x_0 + \varepsilon x_1 + \varepsilon^2 x_2 + O\left(\varepsilon^3\right)\,.$$

b) Wir entwickeln den Differentialoperator bis zu Potenzen ε^2 und führen die langsame Zeit $t_2 = \varepsilon^2 t$ ein,

$$\frac{\mathrm{d}}{\mathrm{d}t} = D_0 + \varepsilon D_1 + \varepsilon^2 D_2 + \text{T.h.O.}$$

und erhalten daraus

$$\frac{\mathrm{d}^2}{\mathrm{d}t^2} = D_0^2 + 2\varepsilon D_0 D_1 + \varepsilon^2\left(2D_0D_2 + D_1^2\right) + \text{T.h.O.} \tag{14.2}$$

Den Störungsterm εx^3 entwickeln wir bis zu Potenzen ε^2. Das schließt die Suche nach x_0 und x_1 ein.

$$\varepsilon x^3 = \varepsilon x_0^3 + 3\varepsilon^2 x_0^2 x_1 + O\left(\varepsilon^3\right)$$

c) Wir wenden die Säkularbedingung auf die Differentialgleichungen für x_1 und x_2 an. Wie wir sehen werden, führt dies zu Vieldeutigkeiten. Wir werden zeigen, wie man diese auflöst.

Für den ε^0-Term

$$D_0^2 x_0 + x_0 = 0$$

berechnen wir die Lösung

$$x_0 = A(t_1, t_2) \exp it_0 + \text{k. K.} \tag{14.3}$$

Das ist eine partielle Differentialgleichung. Wir bemerken, daß die komplexe Amplitude A und auch die Amplitude a und die Phase ϕ entsprechend einer Zeitskala höherer Ordnung variieren können. Wir bezeichnen die mögliche Zeitabhängigkeit mit $A(t_1, t_2)$ oder

$$A = \tfrac{1}{2} a(t_1, t_2) \exp[i\phi(t_1, t_2)] \,.$$

Die Anfangsbedingungen sind bis zur Ordnung $O(\varepsilon)$ durch die Gleichung (14.1 b) mit $B = a$ und $\phi(0) = 0$ gegeben.

Wir berechnen jetzt die Gleichung der Ordnung ε,

$$\begin{aligned} D_0^2 x_1 &+ x_1 \\ &= -2D_0 D_1 x_0 - x_0^3 \\ &= -2iD_1 A \exp it_0 + 2iD_1 A^* \exp(-it_0) \\ &\quad - \left[A^3 \exp 3it_0 + 3A^2 A^* \exp it_0 + 3AA^{*2} \exp(-it_0) + A^{*3} \exp(-3it_0)\right] \end{aligned} \tag{14.4}$$

und sammeln dabei die Koeffizienten der Terme $\exp it_0$ und $\exp(-it_0)$, da diese zu säkularen Termen führen. Wir erinnern uns, daß die Säkularbedingungen nicht unabhängig sind, sondern über eine komplexe Konjugation miteinander zusammenhängen. Deshalb betrachten wir die Bedingungen für den $\exp it_0$ enthaltenden Term. Wir fordern also

$$\left(-2iD_1 A - 3A^2 A^*\right) \exp it_0 = 0$$

oder

$$D_1 A = \frac{3i}{2} A^2 A^* \,. \tag{14.5 a}$$

Es gibt eine äquivalente Bedingung für A^*:

$$\left(+2iD_1 A^* - 3AA^{*2}\right) \exp(-it_0) = 0$$

oder

$$D_1 A^* = \frac{-3i}{2} AA^{*2} \,. \tag{14.5 b}$$

Man beachte, daß die Gleichung (14.5 b) das komplex Konjugierte der Gleichung (14.5 a) ist und deshalb keine neue Bedingung für die Amplitude A liefert. Wir setzen den Realteil und den Imaginärteil der Gleichung (14.5 a) getrennt null und erhalten Bedingungen für die Amplitude a und die Phase ϕ:

$$(D_1 a) \exp i\phi + ai(D_1\phi) \exp i\phi = \frac{3i}{8} a^3 \exp i\phi \,.$$

Wir erhalten daraus

$$D_1 a = 0 \Rightarrow a = a\,(t_2)$$

und

$$D_1 \phi = \frac{3}{8} a^2 \Rightarrow \phi = \frac{3}{8} a^2 t_1 + \tilde{\phi}\,(t_2)\ . \tag{14.6}$$

Die Amplitude a ist in dieser Ordnung eine Konstante und kann nur auf einer langsameren Zeitskala variieren, d. h. t_2. Analog dazu kann auch die Integrationskonstante in der Phasengleichung nur auf höheren Zeitskalen variieren. Wir vermerken das, indem wir diese als $a\,(t_2)$ und $\tilde{\phi}\,(t_2)$ bezeichnen. Unsere Gleichung für x_1 wird jetzt zu

$$D_0^2 x_1 + x_1 = -A^3 \exp 3it_0 - A^{*3} \exp(-3it_0)\ . \tag{14.7}$$

Sie kann durch den Ansatz

$$x_1 = E \exp 3it_0 + E^* \exp(-3it_0)$$

gelöst werden, wir finden für die Konstanten $E = +A^3/8$ und $E^* = +A^{*3}/8$ und schreiben

$$x_1 = \frac{A^3}{8} \exp 3it_0 + C \exp it_0 + \text{k. K.} \tag{14.8 a}$$

mit

$$C = \tfrac{1}{2} c \exp i\psi\ . \tag{14.8 b}$$

Wir haben einen Beitrag der homogenen Gleichung mit der reellen Amplitude c und der reellen Phase ψ einbezogen. Unsere Gleichung für $x(t)$ lautet in dieser Ordnung

$$x(t) = A \exp it_0 + \varepsilon \left(C \exp it_0 + \frac{A^3}{8} \exp 3it_0 \right) + \text{k. K.} \tag{14.9}$$

Wir überprüfen jetzt, daß wir unsere Anfangsbedingungen aus Gleichung (14.1 b) auch erfüllen. Die Bedingung $\dot{x}(0) = 0$ führt zu $\psi(0) = 0$, weil wir bereits $\phi(0) = 0$ gewählt haben. Die Bedingung für die Anfangsamplitude lautet

$$x(0) = B = a + \varepsilon c + \frac{\varepsilon a^3}{32} + O\left(\varepsilon^2\right)\ . \tag{14.10}$$

Wir sind jetzt in der Lage, die Beiträge der Ordnung $O\left(\varepsilon^2\right)$ zu berechnen:

$$D_0^2 x_2 + x_2 = -2D_0 D_2 x_0 - D_1^2 x_0 - 2D_0 D_1 x_1 - 3x_0^2 x_1 \,. \qquad (14.11\,\text{a})$$

Wir stellen jeden Term einzeln dar:

a) $$-2D_0 D_2 x_0 = -2i\,(D_2 A)\exp it_0 + \text{k. K.} \qquad (14.11\,\text{b})$$

b) $$-D_1^2 x_0 = -\left(D_1^2 A\right)\exp it_0 + \text{k. K.} \qquad (14.11\,\text{c})$$

c) $$-2D_0 D_1 x_1 = -2\left[\frac{3i}{8}\left(D_1 A^3\right)\exp 3it_0 + i\,(D_1 C)\exp it_0 + \text{k. K.}\right] \qquad (14.11\,\text{d})$$

d) $$-3x_0^2 x_1 = -3\left[A^2 \exp 2it_0 + 2AA^* + A^{*2}\exp(-2it_0)\right] \cdot \left[\frac{A^3}{8}\exp 3it_0 + \frac{A^{*3}}{8}\exp(-3it_0) + C\exp it_0 + C^*\exp(-it_0)\right] \qquad (14.11\,\text{e})$$

Wir sind nur daran interessiert, das Entstehen säkularer Terme zu verhindern, deshalb fassen wir die Koeffizienten von $\exp it_0$ zusammen und setzen sie null. (Wir können unsere Rechnungen dadurch überprüfen, daß die Koeffizienten von $\exp(-it_0)$ zu der gleichen Säkularitätsbedingung führen.)

$$\left(-2iD_2 A - D_1^2 A - 2iD_1 C - 3A^2 C^* - 6AA^* C - \tfrac{3}{8}A^3 A^{*2}\right)\exp it_0 = 0 \qquad (14.12)$$

An dieser Stelle der Rechnung treffen wir eine spezielle Wahl für den Koeffizienten C des homogenen Beitrags zu x_1. Wir haben die Möglichkeit, eine beliebige Wahl zu treffen, die uns die Unterdrückung der Erzeugung säkularer Terme ermöglicht. Wir wählen $C = 0$. Das bedeutet, daß wir nur die inhomogene Lösung für x_1 auswählen und die Konstante C nicht mit dazu verwenden, die durch die Gleichungen (14.1 b) und (14.10) gegebenen Anfangsbedingungen zu erfüllen. Wir werden feststellen, daß das zu einer besonderen Korrektur der Schwingungsfrequenz führt. Nachdem wir diese Rechnung ausgeführt haben, werden wir für den Koeffizienten C eine andere Wahl treffen. Dies wird uns zu veränderten Koeffizienten für einige Terme in der Gleichung der Schwingungsfrequenz führen. Wenn es richtig ist, für die Konstante C jede Wahl zu treffen, die die Anfangsbedingungen erfüllt, wie ist es dann möglich, zwei verschiedene, jedoch richtige Frequenzen zu erhalten? Das ist in der Tat verwirrend, wird jedoch im nächsten Abschnitt erklärt. Es erhellt viele Aspekte der Rechnung und der Erfüllung der Anfangsbedingungen.

14.1.1 Die erste Auswahl für die homogene Lösung: $C = 0$

Unsere Säkularbedingung aus Gleichung (14.12) wird zu

$$-2iD_2 A - D_1^2 A - \tfrac{3}{8}A^3 A^{*2} = 0 \,. \qquad (14.13)$$

Um $D_1^2 A$ zu berechnen, verwenden wir die Gleichungen (14.5 a) und (14.5 b):

$$\begin{aligned} D_1^2 A &= D_1\left(\frac{3i}{2}A^2A^*\right) = \frac{3i}{2}\left(2AA^*D_1A\right) + \frac{3i}{2}\left(A^2D_1A^*\right) \\ &= \frac{3i}{2}2A\left(\frac{3i}{2}A^2A^*\right)A^* + \frac{3i}{2}A^2\left(-\frac{3i}{2}A^{*2}A\right) \\ &= \frac{-9}{4}A^3A^{*2}. \end{aligned} \tag{14.14}$$

Unsere Säkularbedingung (14.13) wird damit zu

$$2iD_2A = +\tfrac{9}{4}A^3A^{*2} - \tfrac{3}{8}A^3A^{*2} = \tfrac{15}{8}A^3A^{*2}. \tag{14.15}$$

Wir vergleichen die Koeffizienten von $\exp i\phi$ und erhalten

$$iD_2a - aD_2\phi = \tfrac{15}{256}a^5$$

$$D_2a = 0 \Rightarrow a = a(t_3) \tag{14.16 a}$$

$$\tilde{\phi} = \tfrac{-15}{256}a^4t_2 + \tilde{\tilde{\phi}}(t_3), \tag{14.16 b}$$

wobei wir die Zeitskala höherer Ordnung mit t_3 bezeichnet haben. Die Schwingungsfrequenz ist somit

$$\omega(C=0) = \left[1 + \tfrac{3}{8}\varepsilon a^2 - \tfrac{15}{256}\varepsilon^2a^4 + O\left(\varepsilon^3\right)\right]. \tag{14.17}$$

Mit der Wahl $C = 0$ für die homogene Lösung wird die Auslenkung $x(t)$ entsprechend Gleichung (14.9) zu

$$\begin{aligned} x(t) &= a\cos\left[\left(1 + \tfrac{3}{8}\varepsilon a^2 - \tfrac{15}{256}\varepsilon^2a^4\right)t\right] \\ &\quad + \frac{\varepsilon a^3}{32}\cos\left[3\left(1 + \tfrac{3}{8}\varepsilon a^2\right)t\right] + O\left(\varepsilon^2\right) \quad \text{für} \quad t = O(1/\varepsilon). \end{aligned} \tag{14.18}$$

14.1.2 Die zweite Auswahl für die homogene Lösung: $C \neq 0$

Wir kehren zur Gleichung (14.12) zurück und wählen

$$C = -\tfrac{1}{8}A^2A^*. \tag{14.19}$$

Das legt die Gleichheit der Phasen von C und A fest, da

$$\begin{aligned} C &= \tfrac{1}{2}c\exp i\psi; \qquad A = \tfrac{1}{2}a\exp i\phi \\ c &= \tfrac{-1}{32}a^3; \qquad \psi = \phi \end{aligned} \tag{14.20}$$

gilt. Unter Beachtung der Gleichung (14.10) sehen wir, daß diese spezielle Wahl der homogenen Lösung auch zur Erfüllung der Anfangsbedingungen $x(0)$ nur durch die Lösung nullter Ordnung, ausgedrückt durch die Amplitude a, führt.

$$x(0) = B = a + O\left(\varepsilon^2\right) \tag{14.21}$$

Wir untersuchen jetzt, welche Auswirkung unsere Wahl von C entsprechend der Gleichung (14.19) auf die Säkularbedingung (14.12) hat. Zuerst berechnen wir

$$-2iD_1C = -2i\left(-\tfrac{1}{8}\right)D_1\left(A^2A^*\right). \tag{14.22 a}$$

Wir verwenden die Säkularbedingungen aus den Gleichungen (14.5 a) und (14.5 b) und erhalten

$$\begin{aligned} -2iD_1C &= +\left(\frac{i}{4}\right)(2A)\left(\frac{3i}{2}\right)\left(A^2A^*\right)A^* \\ &\quad+\left(\frac{i}{4}\right)A^2\left(\frac{-3i}{2}\right)\left(A^{*2}A\right) \\ &= \frac{-3}{8}\left(A^3A^{*2}\right). \end{aligned} \tag{14.22 b}$$

Dieses Ergebnis erlaubt uns, zusammen mit den Gleichungen (14.14) und (14.19) die Gleichung (14.12) als

$$\begin{aligned} &-2iD_2A + \tfrac{9}{4}A^3A^{*2} - \tfrac{3}{8}A^3A^{*2} \\ -3A^2\left(-\tfrac{1}{8}\right)A^{*2}A &- 6AA^*\left(-\tfrac{1}{8}\right)\left(A^2A^*\right) - \tfrac{3}{8}A^3A^{*2} = 0 \end{aligned}$$

oder

$$2iD_2A = \tfrac{21}{8}A^3A^{*2} \tag{14.23}$$

zu schreiben. Wir vergleichen wiederum die Real- und Imaginärteile, um die Amplitude a und die Phase ϕ zu erhalten. Wir schließen erneut, daß die Amplitude eine Konstante ist. Unsere Gleichung für die Phase nimmt die Form

$$-aD_2\phi = \tfrac{21}{256}a^5$$

bzw.

$$\tilde{\phi} = -\tfrac{21}{256}a^4t_2 + \tilde{\tilde{\phi}}(t_3) \tag{14.24}$$

an. Die Schwingungsfrequenz wird zu

$$\omega(C \neq 0) = 1 + \tfrac{3}{8}\varepsilon a^2 - \tfrac{21}{256}\varepsilon^2a^4 + O\left(\varepsilon^3\right). \tag{14.25}$$

Wir stellen fest, daß die in der Gleichung (14.25) gegebene Korrektur der Ordnung ε^2 sich von der in der Gleichung (14.17) gegebenen unterscheidet. Diese Diskrepanz ist der Hauptgegenstand des Abschnitts 14.2.

Die Auslenkung $x(t)$ ist durch

$$x(t) = A \exp it_0 + \varepsilon \left(\frac{-1}{8} A^2 A^* \exp it_0 + \frac{A^3}{8} \exp 3it_0 \right) + \text{k. K.} \qquad (14.26\,\text{a})$$

gegeben. Alternativ können wir $x(t)$ als

$$\begin{aligned} x(t) &= a \cos \left[\left(1 + \frac{3}{8}\varepsilon a^2 - \frac{21}{256}\varepsilon^2 a^4 \right) t \right] \\ &\quad + \varepsilon \left(\frac{a^3}{32} \right) \left\{ \cos \left[3 \left(1 + \frac{3}{8}\varepsilon a^2 \right) t \right] - \cos \left[\left(1 + \frac{3}{8}\varepsilon a^2 \right) t \right] \right\} \\ &\quad + O\left(\varepsilon^2\right) \qquad \text{für} \quad t = O(1/\varepsilon) \end{aligned} \qquad (14.26\,\text{b})$$

schreiben. Man beachte, daß $x(t)$, gegeben durch Gleichung (14.18), sich von $x(t)$, gegeben durch Gleichung (14.26 b), unterscheidet. Das wird im Abschnitt 14.2 erklärt.

14.2 Die Rolle der Anfangsbedingungen in der Entwicklung

Eine der charakteristischen Eigenschaften der einfachen harmonischen Bewegung besteht darin, daß die Frequenz von der Amplitude unabhängig ist. Im Gegensatz dazu hat ein konservativer nichtlinearer Oszillator eine Frequenz, die von der Amplitude abhängt. Dies führt zu einiger Verwirrung bezüglich der Bedeutung verschiedener Terme in der Störungsentwicklung. In diesem Abschnitt wollen wir versuchen, sowohl den Ursprung dieser Verwirrung als auch den Ansatz zu ihrer Auflösung zu erklären. Wir führen die Diskussion anhand der Analyse des Duffing-Oszillators, der durch die Gleichungen (14.1 a) und (14.1 b) gegeben ist. Die Gesamtenergie des Oszillators beträgt

$$E = \tfrac{1}{2}\dot{x} + \tfrac{1}{2}x^2 + \tfrac{1}{4}\varepsilon x^4 \,. \qquad (14.27\,\text{a})$$

Wir wählen die Anfangsbedingungen für den Duffing-Oszillator so, daß zur Zeit $t = 0$ die Auslenkung $x(0)$ ein Maximum hat und gleich der Amplitude B der Oszillation ist. Die Geschwindigkeit ist gleich null, wenn $x = B$ ist. Diese Bedingung tritt an den sogenannten Umkehrpunkten der Bewegung auf. Unser System führt eine durch diese Umkehrpunkte begrenzte periodische Bewegung aus. Wir wählen diese Bedingung bzw. diesen Ausgangspunkt für unsere Zeitvariable t, da sie zu besonders einfachen Bewegungsgleichungen führt. Zwischen der Gesamtenergie E und der maximalen Amplitude $x_{\max}$ der Bewegung besteht der Zusammenhang

$$E = \tfrac{1}{2}x_{\max}^2 + \tfrac{1}{4}\varepsilon x_{\max}^4 \,. \tag{14.27 b}$$

Die an diesem Punkt zu stellende Frage lautet: In welchem Zusammenhang stehen $x_{\max}$ und die durch die Variable a bezeichneten Größen in den Gleichungen (14.17) und (14.25) für die Frequenz? Betrachten wir zuerst die Gleichung (14.17). Sie geht aus der Wahl von C hervor, der die Vernachlässigung der homogenen Lösung für x_1 entspricht, sowie aus der Erfüllung der in Gleichung (14.10) gegebenen Anfangsbedingungen in der Form

$$x(0) = B = a + \varepsilon\frac{a^3}{32} + O\left(\varepsilon^2\right) = x_{\max} \,. \tag{14.10}$$

Wir erhalten einen Ausdruck für die in Gleichung (14.17) gegebene Frequenz als Funktion der Variable a:

$$\omega(C=0) = \left[1 + \tfrac{3}{8}\varepsilon a^2 - \tfrac{15}{256}\varepsilon^2 a^4 + O\left(\varepsilon^3\right)\right] \,. \tag{14.17}$$

Die Anfangsauslenkung bezeichnen wir mit $x_{\max}$, da die Geschwindigkeit anfangs gleich null ist. Wir bemerken jedoch, daß $x_{\max} \neq a$ gilt! Das bedeutet, daß wir nicht die maximale Auslenkung $x = B$ meinen, wenn wir uns auf die in der Gleichung für die Frequenz mit a bezeichnete Größe beziehen. Andererseits haben wir als den Ursprung unserer Störungsentwicklung den Punkt gewählt, der der maximalen Auslenkung entspricht, wenn für den kleinen Parameter $\varepsilon = 0$ gilt. Das ist eine mögliche Wahl, obwohl sie unter Umständen verwirrend ist.

Bevor wir weitergehen, wollen wir sehen, wie die Situation für unsere andere Wahl der Größe C aussieht. In diesem Fall werden die Anfangsbedingungen in der durch Gleichung (14.21) gegebenen Form erfüllt:

$$x(0) = B = \hat{a} + O\left(\varepsilon^2\right) = x_{\max} \,. \tag{14.21}$$

Die Schwingungsfrequenz ist durch

$$\omega(C \neq 0) = 1 + \tfrac{3}{8}\varepsilon\hat{a}^2 - \tfrac{21}{256}\varepsilon^2\hat{a}^4 + O\left(\varepsilon^3\right) \tag{14.25}$$

gegeben. Wir unterscheiden die beiden a, indem wir eines $\hat{a}$ nennen.

Jetzt sehen wir, wenn wir die Gleichungen (14.17) und (14.25) vergleichen, daß wir zwei verschiedene a haben. Um zu sehen, in welcher Beziehung sie zueinander stehen, schreiben wir beide als Funktion der maximalen Auslenkung B. In dieser Ordnung haben wir

$$B = \hat{a} = a + \frac{\varepsilon a^3}{32} \quad \text{oder} \quad a = \hat{a} - \frac{\varepsilon\hat{a}^3}{32} \,. \tag{14.28}$$

Wir können also die Gleichung (14.17) als Funktion von $\hat{a}$ schreiben und erhalten:

$$\omega(C=0) = 1 + \frac{3}{8}\varepsilon\left(\hat{a} - \frac{\varepsilon\hat{a}^3}{32}\right)^2 - \frac{15}{256}\varepsilon^2\hat{a}^4 + O\left(\varepsilon^3\right),$$

$$\omega = 1 + \frac{3}{8}\varepsilon\hat{a}^2 - \left(\frac{3}{8}\right)\left(\frac{1}{16}\right)\varepsilon^2\hat{a}^4 - \frac{15}{256}\varepsilon^2\hat{a}^4 + O\left(\varepsilon^3\right). \qquad (14.29)$$

Die Gleichung (14.29) entspricht der Gleichung (14.25). Dieses Ergebnis bringt etwas Licht in das Wechselspiel zwischen homogener Lösung und Anfangsbedingungen. Es ist bedauerlich, daß dieser Aspekt der Lösung in den Rechnungen niedrigster Ordnung nicht auftritt, da er einen Teil der Struktur der Störungsentwicklung offenbart. Wir können jetzt erkennen, warum wir zwei verschiedene Ausdrücke für die Auslenkung $x(t)$, gegeben durch die Gleichungen (14.18) und (14.26 b), haben.

Wir erinnern uns, im Fall der durch Gleichung (14.17) gegebenen Frequenz haben wir den ungestörten Radius a für die Störungsentwicklung ausgewählt. Wir verändern diese Auswahl nicht, wenn wir die Entwicklung weiterführen. Im Gegensatz dazu haben wir im Fall der durch Gleichung (14.25) gegebenen Frequenz die maximale Auslenkung $B = \hat{a}$ gewählt, um die Frequenz auszudrücken. Die Wahl des Entwicklungsparameters beeinflußt die Koeffizienten der Terme in der Entwicklung. Das soll als Hinweis dienen, wenn man durch verschiedene Methoden gewonnene Ergebnisse oder aus unterschiedlichen Quellen stammende Ergebnisse miteinander vergleicht. Zum Beispiel erhält Nayfeh in *Perturbation Methods* auf Seite 176 das Ergebnis der Gleichung (14.17). Wie er verdeutlicht, stimmt das mit der bei der Mittelungsmethode traditionell getroffenen Wahl überein. Da unser System beschränkt und konservativ ist, haben wir geschlossene Trajektorien und es ist weiterhin möglich, die Anfangsphase $\phi = 0$ zu wählen. Gleichwertig dazu haben wir die Energie als „Eichungspunkt" unseres Systems. Wenn wir dissipative Systeme untersuchen, dann müssen wir größere Sorgfalt walten lassen, wenn wir verschiedene Ausdrücke miteinander vergleichen. Um einige dieser Gedanken zu verstärken, bearbeiten wir das Problem des „Pendels mit endlicher Amplitude" als Beispiel 14.4.2.

Wir werden erneut sehen, daß das Wechselspiel zwischen den Anfangsbedingungen, der Amplitude und der homogenen Lösung nicht einfach ist.

Beispiel 14.2.1. Wir zeigen in diesem einfachen Beispiel, daß man bei der Untersuchung der durch eine Störung hervorgerufenen Änderung der maximalen Auslenkung sorgfältig vorgehen muß. Wir beginnen mit dem einfachen harmonischen Oszillator als ungestörtem System mit der Energie $E = 8$. Die maximale Auslenkung $x_{\max}$ sei gleich 4. (Im folgenden vernachlässigen wir die Maßeinheiten.) Dann gilt

$$V(x) = \tfrac{1}{2}x^2$$

und

$$E = \frac{1}{2}\left(\frac{\mathrm{d}x}{\mathrm{d}t}\right)^2 + \frac{1}{2}x^2 .$$

Dieses System ist gestört, so daß das Potential zu

$$U(x) = \frac{1}{2}x^2 + \frac{\varepsilon}{4}x^4; \qquad \varepsilon = 0{,}02$$

wird.

a) Wir nehmen an, daß die Energie des gestörten Systems $E_1 = 8$ ist. Wir suchen die maximale Auslenkung $x_{1,\,\max}$ auf zwei gültige Ziffern genau. Dann gilt

$$E_1 = \tfrac{1}{2}\left(x_{1,\,\max}\right)^2 + \tfrac{1}{4}\varepsilon\left(x_{1,\,\max}\right)^4 ,$$

oder in niedrigster Ordnung

$$x_{1,\,\max} \approx \sqrt{2E_1}\left(1 - \frac{\varepsilon E_1}{2}\right) .$$

Mit dem angegebenen $\varepsilon = 0{,}02$ erhalten wir $x_{1,\,\max} \approx 3{,}7$.

b) Wir betrachten die gleiche Form der Störung, halten aber die maximale Auslenkung bei $x_{2,\,\max} = 4$ fest. Wie groß ist die Gesamtenergie E, auf zwei gültige Ziffern genau angegeben? Wir ersetzen einfach den Wert von $x_{2,\,\max}$ in der Gleichung für die Energie und erhalten

$$E_2 = 9{,}3 .$$

c) Mit diesen Ergebnissen stellen wir $V(x)$ und $U(x)$ über x im gleichen Koordinatensystem dar. Wir betrachten die Umkehrpunkte und E, E_1, E_2, $x_{\max}$, $x_{1,\,\max}$ und $x_{2,\,\max}$.

d) Die Schwingungsdauern sind $T(E)$, $T_1(E_1)$ und $T_2(E_2)$, sie gehören jeweils zu dem System mit dem gleichen Index. Welches System hat die größte Periode, welches die kleinste? Dieses Beispiel ist von Interesse, da es eine mögliche Unklarheit zeigt, die mit der Festlegung der Art der Störung verbunden ist. Es ist besonders wichtig, sich klar zu machen, was festgehalten und was variiert wird. □

Beispiel 14.2.2. Wir wollen verdeutlichen, wie durch die „Wahl des Ursprungs" einer Störungsentwicklung Einfluß auf die Form der Terme der Entwicklung genommen werden kann. Wir betrachten die Abbildung 14.1, in der wir die Punkte A und B durch den Abstand ε getrennt haben. Dieser Abstand ist klein, verglichen mit den Abständen der Punkte zu einem anderen Punkt P.

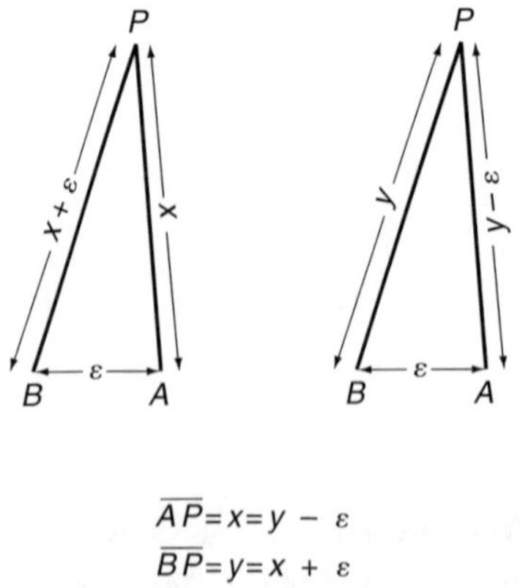

Abb. 14.1 Hier finden wir ein sehr einfaches Beispiel dafür, warum man erklären muß, was mit dem ungestörten System gemeint ist. Man erhält eine unterschiedliche Form der Störung, abhängig davon, ob man x oder y als die Basis des ungestörten Systems verwendet.

(Punkt A liegt dichter als Punkt B bei Punkt P.) Die Größen x, y und ε sind Vektoren, so daß eine Formel für den Abstand $\cos(x,\varepsilon)$ oder $\cos(y,\varepsilon)$ enthalten sein wird. Um die Diskussion zu vereinfachen, betrachten wir den Spezialfall, wo die Punkte kollinear sind. Der Beobachter am Punkt A betrachtet seinen Abstand als den ungestörten und erhält damit die Gleichung

$$\frac{1}{x} - \frac{1}{x+\varepsilon} = +\frac{\varepsilon}{x^2} - \frac{\varepsilon^2}{x^3} + O\left(\varepsilon^3\right)$$

als ein Maß für die Differenz der Abstände der Punkte A und B vom Punkt P. Andererseits wählt der Beobachter am Punkt B seinen Abstand als den ungestörten und findet als Differenz der Abstände

$$\frac{1}{y-\varepsilon} - \frac{1}{y} = +\frac{\varepsilon}{y^2} + \frac{\varepsilon^2}{y^3} + O\left(\varepsilon^3\right).$$

Diese Ausdrücke sind in der niedrigsten Ordnung die gleichen und unterscheiden sich nur in der zweiten Ordnung. Diese Differenz entspricht der unterschiedlichen Wahl des Urspungs der Störungsentwicklung. Das ähnelt der von uns beobachteten Situation für die Unterschiede in der Form der Frequenz des Duffing-Oszillators. □

14.3 Ein quadratischer Oszillator

In allen unseren bisherigen Beispielen führt der Effekt der Störung in der niedrigsten Ordnung der Rechnung zu einer Korrektur entweder der Frequenz oder der Amplitude des ungestörten Systems. Wir werden sehen, daß der quadratische Oszillator für seine Untersuchung eine Entwicklung bis zur zweiten Ordnung erfordert.

Wir betrachten die Gleichung für den „quadratischen" Oszillator

$$\begin{aligned} \ddot{x} + x = -\varepsilon x^2; \quad & x(0) = a - \frac{\varepsilon a^2}{2}, \\ \dot{x}(0) = 0; \quad & 0 < \varepsilon \ll 1\,. \end{aligned} \tag{14.30}$$

Wir suchen die Frequenzkorrekturen in der niedrigsten Ordnung und wollen zusätzlich wissen, ob es in der gleichen Ordnung ε eine Korrektur der Amplitude gibt. Wir verwenden die Methode der vielfachen Zeitskalen und erwarten, daß wir die Entwicklung bis zur zweiten Ordnung in ε führen müssen.

Wir schweifen im Beispiel 14.3.1 kurz vom Thema ab.

Beispiel 14.3.1. Wir verdeutlichen die Vereinfachungen, die auftreten, wenn man den Koordinatenursprung geeignet wählt. Dazu betrachten wir eine Masse m an einer masselosen Feder der ungedehnten Länge l_0 und der Federkonstanten k, siehe dazu Abbildung 14.2.

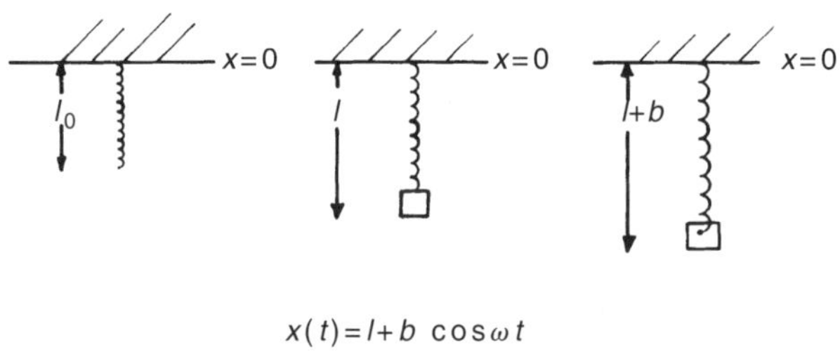

Abb. 14.2 Die Schwingungen der Masse m sind auf das Intervall $l - b \leq x \leq l + b$ eingeschränkt.

Wenn die Masse befestigt wird, erreicht die Feder die Länge l, so daß $mg = k\,(l - l_0)$ gilt. Dann wird sie um die kleine Länge b herabgezogen und losgelassen. Die Masse führt dann eine einfache harmonische Bewegung aus, die durch folgende Gleichung beschrieben wird:

$$x(t) = l + b\cos\omega t; \qquad \omega = \sqrt{\frac{k}{m}}\,.$$

Für ein lineares System ist es oftmals bequem, den Ursprung des Koordinatensystems durch die Wahl $y = x - l$ festzulegen. Daraus folgt $y(t) = b\cos\omega t$. Das Gravitationsfeld führt zu einer Verschiebung des Nullpunktes der Oszillation des Systems. Wir finden ein ähnliches Ergebnis für den quadratischen Oszillator entsprechend Gleichung (14.30). Unter Vorwegnahme dieses Ergebnisses wählen wir die speziellen Anfangsbedingungen. □

Kehren wir zur Gleichung (14.30) zurück.

a) Zunächst konstruieren wir eine Potenzreihenentwicklung für die Auslenkung:

$$\begin{aligned} x(t) &= x_0(t_0, t_1, t_2; \varepsilon) + \varepsilon x_1(t_0, t_1, t_2; \varepsilon) \\ &\quad + \varepsilon^2 x_2(t_0, t_1, t_2; \varepsilon) + O\left(\varepsilon^3\right) . \end{aligned} \tag{14.31 a}$$

b) Jetzt müssen wir den Differentialoperator bis zur zweiten Ordnung entwickeln:

$$\frac{\mathrm{d}^2}{\mathrm{d}t^2} = D_0^2 + \varepsilon D_0 D_1 + \varepsilon^2 \left(2D_0D_2 + D_1^2\right) + \text{T. h. O.} \tag{14.31 b}$$

c) Wir benötigen außerdem

$$\varepsilon x^2 = \varepsilon x_0^2 + \varepsilon^2 2x_0x_1 + O\left(\varepsilon^3\right) . \tag{14.31 c}$$

d) Wir entwickeln die Differentialgleichung nach Potenzen von ε und erhalten

$$O\left(\varepsilon^0\right): \qquad D_0^2 x_0 + x_0 = 0 .$$

Die Lösung lautet

$$x_0 = A(t_1, t_2) \exp it_0 + \text{k. K.}, \tag{14.32 a}$$

$$A = \tfrac{1}{2} a \exp i\phi; \qquad \phi(0) = 0 . \tag{14.32 b}$$

e) Wir finden jetzt die Lösung bis zur Ordnung $O\left(\varepsilon^1\right)$:

$$\begin{aligned} D_0^2 x_1 + x_1 &= -\left[A^2 \exp 2it_0 + 2AA^* + A^{*2} \exp(-2it_0)\right] \\ &\quad -2iD_1 A \exp it_0 + 2iD_1 A^* \exp(-it_0) . \end{aligned} \tag{14.33}$$

Um säkulare Terme zu unterdrücken, ist es notwendig, $D_1 A = 0$ zu setzen. Folglich sind weder die Amplitude noch die Phase von t_1 abhängig. Wir schreiben also

$$A(t_2) \quad \text{oder} \quad a(t_2) \quad \text{und} \quad \phi(t_2) .$$

Die Gleichung (14.33) lösen wir durch einen geeigneten Ansatz, wir erhalten

$$\begin{aligned} x_1 &= -2AA^* + \left(\frac{A^2}{3}\right) \exp 2it_0 + \left(\frac{A^{*2}}{3}\right) \exp(-2it_0) \\ &\quad - \left(\frac{1}{3}\right) AA^* \exp it_0 - \frac{1}{3} A^* A \exp(-it_0) . \end{aligned} \tag{14.34}$$

Man beachte, daß wir die homogene Lösung

$$-C \exp it_0 + \text{k. K.},$$

$$C = \frac{1}{2} c \exp i\psi; \quad \psi = 0; \qquad c = \frac{a^2}{6} \tag{14.35}$$

gewählt haben. Unsere Wahl der Form der homogenen Lösung befreit uns davon, die Zeitabhängigkeit einer anderen Phase zu bestimmen. Der Term $-2AA^*$ trägt $-\varepsilon a^2/2$ zu den Anfangsbedingungen bei. Wir haben unsere Anfangsbedingungen so gewählt, um zu verdeutlichen, daß die Störung zu einer Verschiebung des „Nullpunktes“ bzw. der Gleichgewichtsposition der Oszillation führt und daß die Schwingungen nicht symmetrisch zum Punkt $x = 0$ sind. Die Asymmetrie folgt daraus, daß die Störung nicht das Vorzeichen ändert, wenn x durch $-x$ ersetzt wird. Das ist offensichtlich, wenn wir die Näherung niedrigster Ordnung des Störungsterms als

$$-\varepsilon x_0^2 = -\varepsilon\,(a\cos t_0)^2 = -\varepsilon\left(\frac{a^2}{2}\right) - \varepsilon\left(\frac{a^2}{2}\right)\cos 2t_0 \tag{14.36}$$

schreiben.

f) Jetzt konstruieren wir die Entwicklung bis zur Ordnung $O\left(\varepsilon^2\right)$:

$$D_0^2 x_2 + x_2 = -2D_0D_2x_0 - D_1^2x_0 - 2D_0D_1x_1 - 2x_0x_1\,. \tag{14.37}$$

Wir stellen fest, daß

$$D_1^2 x_0 = 0 = D_0 D_1 x_1 \tag{14.38}$$

gilt, da A nicht von der Zeit t_1 abhängt.
Führen wir die Entwicklung aus und sammeln die mit $\exp it_0$ multiplizierten Terme auf, so erhalten wir

$$\left[-2iD_2A - 2\left(-2A^2A^* + \frac{A^2A^*}{3}\right)\right]\exp it_0 = 0 \tag{14.39 a}$$

oder

$$(iD_2a - aD_2\phi)\exp i\phi = \tfrac{10}{3}A^2A^* = \tfrac{5}{12}a^3\exp i\phi, \tag{14.39 b}$$

um säkulare Terme zu unterdrücken. Dann folgt

$$D_2a = 0 \Rightarrow a = a\,(t_3) \tag{14.40 a}$$

und

$$\tilde{\phi}\,(t_2) = \tfrac{-5}{12}a^2t_2 + \tilde{\tilde{\phi}}(t_3)\,. \tag{14.40 b}$$

Uns interessiert die Frequenz der Oszillation. Sie beträgt

$$\omega = 1 - \tfrac{5}{12}\varepsilon^2a^2 + O\left(\varepsilon^3\right)\,. \tag{14.41}$$

Unter Bezugnahme auf Gleichung (14.34) erhalten wir die Lösung

$$\begin{aligned} x(t) &= a\cos\left[\left(1 - \tfrac{5}{12}\varepsilon^2a^2\right)t\right] \\ &\quad +\varepsilon\left(-\tfrac{1}{2}a^2 + \tfrac{1}{6}a^2\cos 2t - \tfrac{1}{6}a^2\cos t\right) \\ &\quad +O\left(\varepsilon^2\right) \qquad \text{für} \quad t = O\left(\frac{1}{\varepsilon}\right)\,. \end{aligned} \tag{14.42}$$

Übung 14.3.1. Man betrachte die Gleichung (14.30) und wähle die Anfangsbedingungen $x(0) = a$; $\dot{x}(0) = 0$. Man wiederhole die Rechnungen und erhalte eine zur Gleichung (14.42) analoge Gleichung für $x(t)$. Man überzeuge sich selbst, daß es keine wesentlichen Veränderungen in der Rechnung gibt. □

14.4 Skalierung

In allen unseren bisherigen Beispielen war ε der kleine Parameter des Problems. Das bedeutet, daß die Amplitude der Oszillation beträchtlich groß werden kann. Wir fanden beispielsweise, daß der Radius des Grenzzyklus des Van der Polschen Oszillators $r^* = 2$ war. Ebenso war unsere einzige Bedingung an die Größe der Amplitude der Oszillation des Duffing-Oszillators

$$\varepsilon a^3 \ll a \quad \text{und} \quad 0 < \varepsilon \ll 1 .$$

Obwohl x beträchtlich groß werden kann, bleiben die nichtlinearen Terme klein. Man vergleiche dazu Abbildung 14.3.

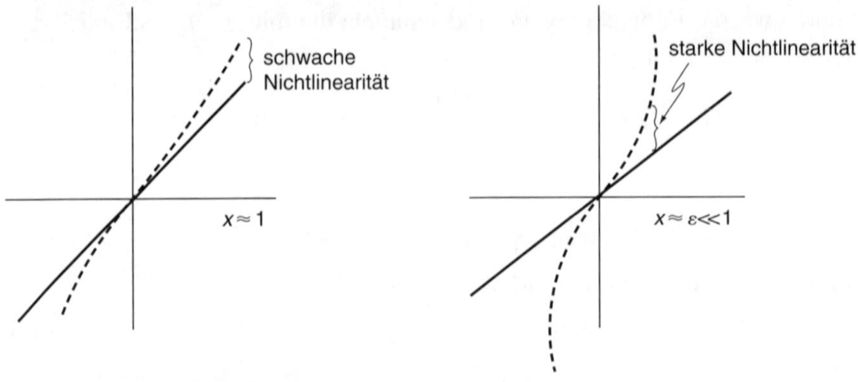

Abb. 14.3 Unser gestörtes System möge nur leicht vom einfachen harmonischen Oszillator abweichen. Bei großer Amplitude sprechen wir von einer schwachen Nichtlinearität. Andererseits sprechen wir von einer starken Nichtlinearität, wenn die Amplitude hinreichend klein ist.

Wir betrachten jetzt Probleme, in denen die Amplitude selbst als kleiner Parameter auftritt. Wir sind also, obwohl die Nichtlinearität stark sein kann, im Bereich kleiner Amplituden, siehe Abbildung 14.3.

Das erfordert die Entwicklung neuer Strategien. Wir haben die Situation, daß die Amplitude klein ist. Deshalb können wir beim Fehlen eines gegebenen kleinen Parameters einen künstlichen kleinen Parameter einführen. Wir schreiben

$$x \to \varepsilon x ,$$

wenn $x = O(1)$ ist. Wir führen dann unsere Entwicklung nach Potenzen von ε aus und setzen am Ende der Rechnug $\varepsilon = 1$.

Der Parameter ε ist technisches Hilfsmittel, das uns hilft, die Terme in der Entwicklung richtig zu ordnen. Es erfordert zu seiner richtigen Anwendung etwas Übung.

Beispiel 14.4.1. Wir betrachten die Oszillationen eines durch die Gleichung

$$\begin{aligned} &\ddot{x} + \frac{x}{1+x^2} = 0; \qquad |x| \ll 1, \\ &x(0) = a; \qquad \dot{x}(0) = 0 \end{aligned} \tag{14.43}$$

beschriebenen Systems und suchen die Korrekturen niedrigster Ordnung für die Schwingungsfrequenz. Da wir voraussetzen, daß die Auslenkung klein ist, führen wir den künstlichen Parameter ε durch $x \to \varepsilon x$ ein. Wir entwickeln den Nenner und erhalten

$$\varepsilon\ddot{x} + \varepsilon x\left[1 - (\varepsilon x)^2\right] = 0 + \text{T. h. O.} \tag{14.44}$$

bzw.

$$\ddot{x} + x = +\varepsilon^2 x^3 \, . \tag{14.45}$$

Wir stellen fest, daß die Gleichung (14.45) von der gleichen Form ist wie die Gleichung (14.1) des Duffing-Oszillators, in der ε durch $-\varepsilon^2$ ersetzt wurde. Die Frequenz können wir deshalb als

$$\omega = 1 - \tfrac{3}{8}(\varepsilon a)^2 \tag{14.46 a}$$

schreiben. Da der Parameter ε nur eingeführt wurde, um die Rechnungen zu vereinfachen, setzen wir ihn gleich 1 und erhalten als richtige Frequenz

$$\omega = 1 - \tfrac{3}{8}a^2 \, . \tag{14.46 b}$$

□

Übung 14.4.1. Ein Teilchen führt Schwingungen kleiner Amplitude in einer durch

$$V(x) = A \cosh x$$

beschriebenen Potentialmulde aus. Die Bewegungsgleichung lautet

$$\ddot{x} = \frac{-\mathrm{d}V}{\mathrm{d}x} \, . \tag{14.47}$$

Das Teilchen wird zur Zeit $t = 0$ aus einer Ruhelage losgelassen, so daß $x(0) = a \ll 1$ gilt.

a) Man stelle $V(x)$ über x für $|x| < 1$ graphisch dar.
b) Man finde die dominierenden Terme in der Bewegungsgleichung, so daß man dann in der Lage ist, die Frequenzkorrekturen in niedrigster Ordnung zu bestimmen.
c) Um die Frequenzkorrekturen zu finden, ist es hilfreich, die Gleichung (14.47) so umzuformen, daß sie die Form der Gleichung (14.1) des Duffing-Oszillators annimmt. Man skaliere die Zeit so, daß die ungestörte Frequenz gleich 1 ist. Wenn dann die Auslenkung klein ist, skaliere man die Amplitude, um einen kleinen Parameter einzuführen. Das Ergebnis lautet

$$x(t) = a \cos \omega t \tag{14.48 a}$$

mit

$$\omega = \left(1 + \frac{a^2}{16}\right) \sqrt{A} . \tag{14.48 b}$$

□

14.4.1 Das Pendel

Beispiel 14.4.2. Als ausführliches Beispiel, das viele algebraische Umformungen enthält, betrachten wir die Schwingungen eines Pendels, die durch die Gleichung

$$\ddot{x} + \sin x = 0; \qquad |x| \ll 1, \tag{14.49 a}$$

$$x(0) = B; \qquad \dot{x}(0) = 0 \tag{14.49 b}$$

beschrieben werden. Wir suchen die Schwingungsfrequenz und die Auslenkung für endliche Amplituden der Schwingung. Speziell denken wir daran, eine Störungsentwicklung zweiter Ordnung auszuführen. Wir entwickeln $\sin x$ und finden

$$\sin x = x - \frac{x^3}{3!} + \frac{x^5}{5!} + O\left(x^7\right) . \tag{14.50}$$

Wenn $|x| \ll 1$ ist, dann sind die vernachlässigten Terme klein gegen die berücksichtigten Terme. Das liefert die Grundlage für eine Störungsentwicklung. Wir skalieren die Amplitude durch die Einführung eines kleinen Parameters ε, konstruieren dann eine Potenzreihenentwicklung in diesem Parameter und vergleichen die entsprechenden Terme der Gleichung. Nach der Entwicklung bis zur geforderten Genauigkeit setzen wir den Parameter gleich 1. Wenn wir das richtig ausgeführt haben, werden wir über eine passende Entwicklung nach der Amplitude der Schwingung verfügen. Sehen wir jetzt, wie das im einzelnen erfolgt.

a) Zunächst skalieren wir die Auslenkung mit $\sqrt{\varepsilon}$, und sehen, daß das zu einer Entwicklung nach Potenzen von ε führt:

$$x \to \sqrt{\varepsilon}\, x\,. \tag{14.51}$$

Die Gleichung (14.49 a) wird zu

$$\sqrt{\varepsilon}\,\ddot{x} + \sin\sqrt{\varepsilon}\, x = 0\,. \tag{14.52}$$

Wir entwickeln $\sin\sqrt{\varepsilon}x$ und erhalten

$$\sin\sqrt{\varepsilon}\, x = \sqrt{\varepsilon}\left(x - \frac{\varepsilon x^3}{3!} + \varepsilon^2\frac{x^5}{5!} + \text{T. h. O.}\right)\,.$$

Wir sehen, daß nach einer Division durch den Faktor $\sqrt{\varepsilon}$ die Gleichung (14.49 a) zu

$$\ddot{x} + x - \frac{\varepsilon x^3}{3!} + \frac{\varepsilon^2 x^5}{5!} = 0 \tag{14.53}$$

wird, wobei wir die Terme höherer Ordnung in der Entwicklung vernachlässigt haben. Jetzt führen wir die Entwicklungen der Auslenkung und des Differentialoperators ein:

$$x = x_0 + \varepsilon x_1 + \varepsilon^2 x_2 + O\left(\varepsilon^3\right)\,, \tag{14.54 a}$$

$$\frac{\mathrm{d}^2}{\mathrm{d}t^2} = D_0^2 + 2\varepsilon D_0 D_1 + \varepsilon^2\left(D_1^2 + 2D_0D_2\right) + O\left(\varepsilon^3\right)\,. \tag{14.54 b}$$

Die Entwicklung der nichtlinearen Terme in Gleichung (14.53) wird zu

$$-\frac{\varepsilon x_0^3}{3!} + \varepsilon^2\left(\frac{x_0^5}{5!} - \frac{3x_0^2 x_1}{3!}\right) + O\left(\varepsilon^3\right)\,. \tag{14.55}$$

b) Die Lösung der Gleichung (14.53) bis zur Ordnung $O\left(\varepsilon^0\right)$ lautet

$$x_0 = A \exp it_0 + \text{k. K.}, \tag{14.56 a}$$

$$A = \tfrac{1}{2}\hat{a}\exp i\phi; \qquad \phi(0) = 0, \tag{14.56 b}$$

$$x(0) = \hat{a}; \qquad \dot{x}(0) = 0\,. \tag{14.56 c}$$

Wir haben die Bezeichnung $\hat{a}$ eingeführt, um anzuzeigen, daß die Amplitude $\hat{a}$ gleich der maximalen Auslenkung B ist. Diese Bezeichnungsweise ist in späteren Rechnungen hilfreich.

c) Wir konstruieren jetzt die Lösung der Gleichung (14.53) bis zu Ordnung $O\left(\varepsilon\right)$

$$\begin{aligned} D_0^2 x_1 + x_1 &= +\tfrac{1}{6}x_0^3 - 2D_0D_1x_0 \\ &= \tfrac{1}{6}\left(A^3 \exp 3it_0 + 3A^2A^* \exp it_0 + \text{k. K.}\right) \\ &\quad + \left(-2iD_1 A \exp it_0 + \text{k. K.}\right)\,. \end{aligned} \tag{14.57}$$

Wir müssen die mit $\exp it_0$ multiplizierten Terme unterdrücken. Unsere Säkularbedingung wird zu

$$D_1 A = \frac{-i}{4} A^2 A^* \tag{14.58 a}$$

und

$$D_1 A^* = \frac{+i}{4} A A^{*2} . \tag{14.58 b}$$

Daraus folgt

$$\phi(t_1) = \tfrac{-1}{16} \hat{a}^2 t_1 + \tilde{\phi}(t_2, t_3) . \tag{14.59}$$

Mit einem geeigneten Lösungsansatz für $x_1(t)$ finden wir

$$\begin{aligned} x_1(t) = & -\left(\frac{A^3}{48} \exp 3it_0 + \text{k. K.} \right) \\ & + \left(\frac{A^2 A^*}{48} \exp it_0 + \text{k. K.} \right) . \end{aligned} \tag{14.60}$$

Wir haben unsere homogene Lösung so gewählt, daß

$$x_1(0) = \dot{x}_1(0) = 0$$

gilt. Wir haben uns hier entschieden, die Anfangsbedingungen mit der Lösung niedrigster Ordnung x_0 zu erfüllen. Diesen Punkt überprüfen wir, nachdem unsere Rechnung vollständig ist.

Man beachte, wie unsere Wahl der Potenz des Entwicklungsparameters in Gleichung (14.51) es uns erlaubt, die geeigneten Terme zu erhalten, die in der richtigen Reihenfolge in die Rechnung eingehen. Das erfordert natürlich einige Übung. Wir berechnen jetzt die Terme der Ordnung $O(\varepsilon^2)$:

$$D_0^2 x_2 + x_2 = \frac{1}{2} x_0^2 x_1 - \frac{x_0^5}{120} - 2D_0 D_1 x_1 - D_1^2 x_0 - 2D_0 D_2 x_0 . \tag{14.61}$$

Um die Säkularbedingung zu erfüllen, suchen wir die Koeffizienten von $\exp it_0$ in jedem Term der rechten Seite der Gleichung (14.61). Nach der Anwendung der Säkularbedingungen aus den Gleichungen (14.58 a) und (14.58 b) und einigem Rechnen erhalten wir

$$\begin{aligned} \frac{+1}{2} x_0^2 x_1 &\to \frac{1}{48} A^3 A^{*2}, \\ \frac{-x_0^5}{120} &\to \frac{-1}{12} A^3 A^{*2}, \\ -2D_0 D_1 x_1 &\to \frac{-1}{96} A^3 A^{*2}, \\ -D_1^2 x_0 &\to \frac{+1}{16} A^3 A^{*2} . \end{aligned}$$

Dann wird unsere Säkularbedingung zu

$$2D_0D_2\,(A\exp it_0) = -\tfrac{1}{96}A^3A^{*2}\exp it_0\,. \tag{14.62}$$

Wir stellen fest, daß die Amplitude konstant ist und daß unsere Gleichung für die Phase zu

$$-\hat{a}D_2\phi = -\frac{1}{96}\frac{\hat{a}^5}{32} = -\frac{1}{3072}\hat{a}^5 \tag{14.63 a}$$

oder

$$\tilde{\phi}\,(t_2) = +\tfrac{1}{3072}\hat{a}^4t_2 + \tilde{\tilde{\phi}}\,(t_3) \tag{14.63 b}$$

wird. Für die Frequenz erhalten wir folgende Gleichung:

$$\omega = \left[1 - \tfrac{1}{16}\hat{a}^2 + \tfrac{1}{3072}\hat{a}^4 + O\left(\hat{a}^6\right)\right], \tag{14.64}$$

wobei wir den Parameter ε gleich 1 gesetzt haben. Es ist wichtig zu bemerken, daß wir die durch die Gleichungen (14.49 b) gegebenen Anfangsbedingungen durch die Lösung nullter Ordnung erfüllt haben und deshalb

$$x(0) = B = \hat{a} + O\left(\hat{a}^5\right) = x_{\max} \tag{14.65}$$

gilt. Unser Ausdruck für die Auslenkung lautet

$$\begin{aligned} x(t) \;=\; & \hat{a}\cos\left\{\left[1 - \frac{1}{16}\hat{a}^2 + \frac{1}{3072}\hat{a}^4 + O\left(\hat{a}^6\right)\right]t\right\} \\ & + \frac{\hat{a}^3}{192}\left[\cos\left\{\left[1 - \frac{1}{16}\hat{a}^2 + O\left(\hat{a}^4\right)\right]t\right\}\right. \\ & \left. - \cos\left\{3\left[1 - \frac{1}{16}\hat{a}^2 + O\left(\hat{a}^4\right)\right]t\right\}\right] + O\left(\hat{a}^5\right) \\ & \qquad\qquad \text{für} \quad t = O\left(1/\hat{a}^2\right)\,. \end{aligned} \tag{14.66}$$

Wir sind jetzt bereit, die Berechnung von $x(t)$ zu wiederholen und dabei die homogene Lösung zu vernachlässigen. Die erste Änderung erfolgt bei Gleichung (14.60), die zu

$$x_1(t) = -\left(\frac{A^3}{48}\exp 3it_0 + \text{k. K.}\right) \tag{14.67}$$

wird. Die Anfangsbedingung entsprechend der Gleichung (14.49 b) lautet dann

$$x(0) = B = a - \frac{a^3}{192} + O\left(a^5\right)\,. \tag{14.68}$$

Wir unterscheiden die Amplitude a von der Amplitude $\hat{a}$, da die erstere nicht gleich der maximalen Auslenkung B ist.

Wenn wir die Säkularbedingung betrachten, dann stellen wir fest, daß der Term $-D_0D_1x_1$ nichts beiträgt, da x_1 keinen mit $\exp it_0$ multiplizierten Term enthält. Schreiben wir die entsprechenden Terme auf, so erhalten wir

$$\begin{aligned}
+\frac{1}{2}x_0^2x_1 &\to -\frac{1}{96}A^3A^{*2}, \\
-\frac{x_0^5}{120} &\to -\frac{1}{12}A^3A^{*2}, \\
-D_1^2x_0 &\to +\frac{1}{16}A^3A^{*2}.
\end{aligned}$$

Unsere Säkularbedingung wird zu

$$2D_0D_2\left(A\exp it_0\right) = \tfrac{-1}{32}A^3A^{*2}\exp it_0\,. \tag{14.69}$$

Die Amplitude der Schwingung ist konstant, die Gleichung für die Phase lautet

$$-aD_2\phi = -\tfrac{1}{32}\tfrac{1}{32}a^5$$

oder

$$\tilde{\phi}\left(t_2\right) = +\tfrac{1}{1024}a^4t_2 + \tilde{\tilde{\phi}}\left(t_3\right)\,. \tag{14.70}$$

Die Frequenz wird zu

$$\omega = 1 - \tfrac{1}{16}a^2 + \tfrac{1}{1024}a^4 + O\left(a^6\right), \tag{14.71}$$

während die Auslenkung $x(t)$ durch

$$\begin{aligned}
x(t) \;&=\; a\cos\left\{\left[1-\frac{1}{16}a^2+\frac{1}{1024}a^4+O\left(a^6\right)\right]t\right\} \\
&\quad -\frac{a^3}{192}\cos\left\{3\left[1-\frac{1}{16}a^2+O\left(a^4\right)\right]t\right\}+O\left(a^5\right) \\
&\quad \text{für}\quad t=O\left(1/a^2\right)
\end{aligned} \tag{14.72}$$

gegeben ist, wobei wir den Parameter ε gleich 1 gesetzt haben. Wir finden hier eine Situation analog der für die Ergebnisse des Duffing-Oszillators vor. Es gibt zwei offensichtlich verschiedene Ausdrücke für die Frequenz und die Auslenkung, gegeben durch die Gleichungen (14.64), (14.66), (14.71) und (14.72). Wir wissen jetzt, daß wir auf die Anfangsbedingungen achten müssen. Wir betrachten die Gleichungen (14.65):

$$x(0) = B = \hat{a} + O\left(\hat{a}^5\right)$$

und (14.68):

$$x(0) = B = a - \frac{a^3}{192} + O\left(a^5\right)\,.$$

Wir können die beiden a miteinander in Verbindung bringen, indem wir sie in dieser Ordnung mit der maximalen Auslenkung B vergleichen:

$$B = \hat{a} = a - \frac{a^3}{192} \qquad \text{oder analog} \qquad a = \hat{a} + \frac{\hat{a}^3}{192}\,. \tag{14.73}$$

Jedes in den Gleichungen (14.71) und (14.72) auftretende a können wir beispielsweise unter Verwendung der Beziehung nach Gleichung (14.73) ersetzen. Wir erhalten dann die Gleichungen (14.64) bzw. (14.66). (Wir finden eine detaillierte Herleitung von Frequenz und Auslenkung für das Pendelproblem in dem ausgezeichneten Buch von Bogoliubov und Mitropolsky. Sie vernachlässigen die homogene Lösung und drücken deshalb ihre Endergebnisse nicht durch die maximale Auslenkung B aus.) Dieses Beispiel sollte deutlich machen, daß man die Bedeutung der verwendeten Symbole verstanden haben und die Beziehungen zu den von anderen verwendeten Symbolen kennen muß. Es ist kein guter Arbeitsstil, einfach in verschiedenen Texten angegebene Formeln zu vergleichen. Das klingt wie ein unsinniger Ratschlag, es ist aber gut, durch einen solchen Hinweis auf mögliche Probleme vorbereitet zu sein. □

14.4.2 Nichtlineare Dämpfung

Wir betrachten den nichtlinearen gedämpften Oszillator, wie er bei Kevorkian und Cole auf den Seiten 127–129 diskutiert wird:

$$\begin{aligned} \ddot{x} + x &= -\varepsilon\alpha\left(\frac{\mathrm{d}x}{\mathrm{d}t}\right)^3 - 3\nu\varepsilon^2\frac{\mathrm{d}x}{\mathrm{d}t}; \qquad \varepsilon, \alpha, \nu > 0, \quad \alpha, \nu = O(1), \\ x(0) &= a; \qquad \dot{x}(0) = 0\,. \end{aligned} \tag{14.74}$$

Ohne Rechnung schlußfolgern wir, daß wir exponentiellen Zerfall haben, wenn $\alpha = 0$ ist:

$$x(t) \sim \exp\left(-\tfrac{3}{2}\nu\varepsilon^2 t\right) \cdot (\text{oszillierende Komponente})\,.$$

Wir wissen weiterhin, daß für $\nu = 0$ die Amplitude wie $1/\sqrt{t}$ zerfällt. (Wir haben dieses Problem im Kapitel 13 als Übung 13.5.2 gelöst.)

Wir schreiben die Gleichung (14.74) als ein System gekoppelter Gleichungen erster Ordnung,

$$\dot{x} = -y, \tag{14.75 a}$$
$$\dot{y} = x - 3\nu\varepsilon^2 y - \varepsilon\alpha y^3 \tag{14.75 b}$$

und wollen uns den nichtlinearen Term als Störung eines linearen Systems vorstellen. Wenn wir die linearen Anteile betrachten, dann stellen wir fest, daß die Spur unserer Matrix gleich $-3\nu\varepsilon^2$ ist (was auf positive Dämpfung hinweist), und daß die Determinante gleich 1 ist. Das ist gut, mit Ausnahme wenn der Koeffizient der linearen Dämpfung von der Ordnung $O\left(\varepsilon^2\right)$ und der Koeffizient der nichtlinearen Dämpfung von der Ordnung $O(\varepsilon)$ ist. Wir stellen dann die folgende Frage: Wie können wir die Amplitude skalieren oder justieren, damit wir eine Störungsentwicklung erhalten, in der die linearen Effekte für alle hinreichend kleinen Amplituden domieren? Um eine Antwort zu finden, betrachten wir eine Anfangsbedingung, in der die Amplitude ausreichend groß ist, daß der kubische Dämpfungsterm überwiegt. Wenn also die Ungleichung

$$\alpha\varepsilon\left(\frac{\mathrm{d}x}{\mathrm{d}t}\right)^3 > 3\nu\varepsilon^2\frac{\mathrm{d}x}{\mathrm{d}t}, \qquad t \approx 0 \tag{14.76}$$

gilt, dann beginnt das System wie $1/\sqrt{t}$ zu zerfallen. Dennoch wird nach einiger Zeit die Ungleichung nicht mehr gelten. Das geschieht nach

$$\alpha\varepsilon x_{\max}^3 = 3\nu\varepsilon^2 x_{\max}$$

oder

$$x_{\max} = \sqrt{\varepsilon}\sqrt{\frac{3\nu}{\alpha}}, \tag{14.77}$$

da an diesem Punkt die beiden Terme vergleichbar werden. Danach wird für alle Zeiten der exponentiell zerfallende Term überwiegen. Wir sehen, daß sich das dominante Verhalten des Zerfalls im Laufe der Zeitentwicklung ändert, wenn die Amplitude von der Ordnung $O\left(\sqrt{\nu\varepsilon/\alpha}\right)$ ist. Das bedeutet, daß die durch den kleinen Parameter ε gegebene natürliche Skalierung ungenügend ist, um die Bewegung des Systems für alle Zeiten zu charakterisieren. Wenn wir eine Entwicklung der Amplitude erhalten wollen, die zeitlich gleichmäßig ist, dann müssen wir die Amplitude a wie $O\left(\sqrt{\varepsilon}\right)$ skalieren. Das erreichen wir durch

$$\hat{x} = \frac{x}{\sqrt{\varepsilon}}; \qquad \hat{y} = \frac{y}{\sqrt{\varepsilon}}. \tag{14.78}$$

Die Gleichung (14.74) wird zu

$$\frac{\mathrm{d}^2\hat{x}}{\mathrm{d}t^2} + \hat{x} = -\varepsilon^2\left[\alpha\left(\frac{\mathrm{d}\hat{x}}{\mathrm{d}t}\right)^3 + 3\nu\frac{\mathrm{d}\hat{x}}{\mathrm{d}t}\right], \tag{14.79 a}$$

während die Anfangsbedingungen jetzt

$$\hat{x}(0) = \frac{a}{\sqrt{\varepsilon}}; \qquad \frac{\mathrm{d}\hat{x}(0)}{\mathrm{d}t} = 0 \tag{14.79 b}$$

lauten. (Andererseits können wir zu unserem System der gekoppelten Gleichungen erster Ordnung, den Gleichungen (14.75 a) und (14.75 b) zurückkehren, die jetzt die Form

$$\frac{\mathrm{d}\hat{x}}{\mathrm{d}t} = -\hat{y} \tag{14.80 a}$$

$$\frac{\mathrm{d}\hat{y}}{\mathrm{d}t} = \hat{x} - \varepsilon^2\left(3\nu\hat{y} + \alpha\hat{y}^3\right) \tag{14.80 b}$$

annehmen und stellen fest, daß beide Dämpfungsterme in der gleichen Ordnung in die Rechnung eingehen.) Wir haben jetzt das einfache Problem eines schwach gedämpften Oszillators. Dafür führen wir jetzt das gleiche, vorher entwickelte Näherungsverfahren durch mit ε^2 als Entwicklungsparameter:

$$\begin{aligned} \hat{x} &= \hat{x}_0 + \varepsilon^2 \hat{x}_1 + \text{T. h. O.}, \\ \frac{\mathrm{d}^2}{\mathrm{d}t^2} &= D_0^2 + 2\varepsilon^2 D_0 D_1 + \text{T. h. O.} \end{aligned}$$

und erhalten

$$\hat{x}_0 = A \exp it_0 + \text{k. K.}, \tag{14.81 a}$$

$$A = \frac{1}{2}\hat{r} \exp i\phi; \qquad \phi(0) = 0; \qquad \hat{r} = \frac{a}{\sqrt{\varepsilon}}. \tag{14.81 b}$$

Wir lösen bis zur Ordnung $O\left(\varepsilon^2\right)$:

$$\begin{aligned} D_0^2 \hat{x}_1 + \hat{x}_1 &= -2iD_1 A \exp it_0 + 2iD_1 A^* \exp(-it_0) \\ &\quad - \left[3\nu i A \exp it_0 - 3\nu i A^* \exp(-it_0)\right] \\ &\quad -\alpha \left[iA \exp it_0 - iA^* \exp(-it_0)\right]^3 . \end{aligned} \tag{14.82}$$

Die Bedingung für die Unterdrückung säkularer Terme führt zu der Forderung

$$2D_1 A + 3\nu A + 3\alpha A^2 A^* = 0 . \tag{14.83}$$

In dieser Ordnung gibt es keine Justierung der Phase. Die Gleichung für die Amplitude nimmt die Form

$$D_1 \hat{r} = -\tfrac{3}{2}\nu\hat{r} - \tfrac{3}{8}\alpha\hat{r}^3$$

oder

$$\frac{\mathrm{d}\hat{r}}{\hat{r}\left(1 + \alpha\hat{r}^2/4\nu\right)} = -\frac{3}{2}\nu \mathrm{d}t_1 \tag{14.84}$$

an. Wir verweisen auf das Standardintegral

$$\int\limits_{z(0)}^{z} \frac{\mathrm{d}z}{z\left(1 + bz^2\right)} = \frac{1}{2} \ln \frac{z^2\left[1 + bz(0)^2\right]}{\left(1 + bz^2\right) z(0)^2} . \tag{14.85}$$

Durch Integration der Gleichung (14.84) und Umordnen der Terme erhalten wir

$$\hat{r}(t) = \frac{2\sqrt{\nu/\alpha}}{\left\{\left[1 + \left(4\nu\varepsilon/\alpha a^2\right)\right] (\exp 3\nu t_1) - 1\right\}^{1/2}} . \tag{14.86 a}$$

Schließlich drücken wir dieses Ergebnis durch die wahre Auslenkung $x(t)$ aus:

$$x(t) = \frac{2\sqrt{\varepsilon\nu/\alpha} \cos(t + \phi)}{\left\{\left[1 + \left(4\nu\varepsilon/\alpha a^2\right)\right] (\exp 3\nu t_1) - 1\right\}^{1/2}} . \tag{14.86 b}$$

Wir wollen sehen, ob dieses Ergebnis sinnvoll ist. Es erfüllt die Anfangsbedingungen $x(0) = a$, wenn wir $\phi(0) = 0$ wählen. Die Lösung erfüllt die Anfangsbedingungen der Geschwindigkeit mit einem Fehler der Ordnung $O(\varepsilon)$. Für genügend kurze Zeiten können wir die Exponentialfunktion in der Gleichung (14.86 b) entwickeln und erhalten

$$\exp\left(3\nu\varepsilon^2 t\right) \sim 1 + 3\nu\varepsilon^2 t\,. \tag{14.87}$$

Nach Umordnung erhalten wir

$$x(t) = \frac{a\cos(t+\phi)}{\left(1 + 3\varepsilon\alpha a^2 t/4\right)^{1/2}}\,. \tag{14.88}$$

Das ist genau das, was wir erhalten würden, wenn wir den Koeffizienten des linearen Dämpfungsterms gleich null gesetzt hätten. So wie wir es vorausgesehen bzw. unsere Entwicklung eingerichtet haben, die hauptsächliche Dämpfung kommt anfangs vom kubischen Term. Für genügend lange Zeiten t erhalten wir

$$x(t) \sim \sqrt{\varepsilon}\exp\left(-3\nu\varepsilon^2 t/2\right)\cos(t+\phi), \tag{14.89}$$

was darauf hinweist, daß der kubische Term unwichtig geworden ist und das System ganz unter dem Einfluß des linearen Terms steht.

Übung 14.4.2. Man betrachte die Gleichungen (14.75 a) und (14.75 b) und verwende die Mittelungsmethode, um $r(t)$ zu erhalten. Zusätzlich zeige man, daß der kubische Dämpfungsterm überwiegt, wenn die Anfangsamplitude groß ist, oder daß die Amplitude ihren Zerfall wie $1/\sqrt{t}$ beginnt. □

14.4.3 Ein Oszillator mit quadratischen und kubischen Termen

Beispiel 14.4.3. Wir betrachten ein Oszillatorproblem, in dem quadratische und kubische Terme vorkommen:

$$\ddot{z} + z = -\alpha z^2 - \beta z^3; \qquad \alpha, \beta = O(1), \quad |z| \ll 1, \tag{14.90 a}$$

$$z(0) = a - \frac{\alpha a^2}{2}; \qquad \dot{z}(0) = 0\,. \tag{14.90 b}$$

(Dieses Problem wird von Nayfeh in *Introduction to Perturbation Methods* untersucht.)

Wir stellen uns das System als einfachen harmonischen Oszillator vor, der durch nichtlineare Terme gestört wird. Wir fordern deshalb, daß die Anfangsamplitude ausreichend klein ist, so daß die quadratischen und kubischen Terme klein gegen die linearen Terme sind. Das System ist konservativ mit der Anfangsgeschwindigkeit null, folglich sind die nichtlinearen Terme für alle Zeiten klein.

Da es keine kleinen Parameter gibt, müssen wir die Amplitude der Schwingung skalieren, so daß die linearen Terme dominieren. Das muß sein, da wir die Forderung zu erfüllen haben, daß das ungestörte Problem ein einfacher harmonischer Oszillator ist. Das wird durch die Forderung $|z| \ll 1$ erreicht. In Beachtung dessen führen wir

$$z = \varepsilon x \tag{14.91}$$

ein. Die Gleichung (14.90) wird zu

$$\ddot{x} + x = -\varepsilon\alpha x^2 - \varepsilon^2\beta x^3 \,. \tag{14.92}$$

Wir bemerken, daß es einen Zustand gibt, in dem der quadratische Term gegenüber dem kubischen Term vorherrscht, wenn die Amplitude der Schwingung ausreichend klein ist. Wir wissen ebenfalls aus unseren Erfahrungen mit dem „quadratischen" Oszillator, daß es in der niedrigsten Ordnung keine Säkularbedingung gibt. Da der kubische Term in der niedrigsten Ordnung zu einer Säkularbedingung führt, müssen wir sicher sein, daß wir unsere Variablen entsprechend skaliert haben. Mit anderen Worten, wir wollen erreichen, daß die quadratischen Terme einen Schritt früher als die kubischen Terme in die Rechnung eingehen. Wir entwickeln die Amplitude und den Differentialoperator und erhalten in der Ordnung ε

$$D_0^2 x_0 + x_0 = 0 \tag{14.93}$$

mit der Lösung

$$x_0 = A \exp it_0 + \text{k. K.}; \qquad A = \tfrac{1}{2} r \exp i\phi, \tag{14.94 a}$$

$$r(0) = \frac{a}{\varepsilon}; \qquad \phi(0) = 0\,. \tag{14.94 b}$$

(Man beachte, daß $a = O(\varepsilon)$ gilt, da $r(0)$ von der Ordnung 1 ist.)

Wir lösen jetzt bis zur Ordnung ε:

$$\begin{aligned} D_0^2 x_1 + x_1 &= -2iD_1 A \exp it_0 + 2iD_1 A^* \exp(-it_0) \\ &\quad -\alpha \left[A \exp it_0 + A^* \exp(-it_0)\right]^2 \,. \end{aligned} \tag{14.95}$$

Beachten Sie, daß wir dieselben Gleichungen erhalten, wie wir sie vorher für den quadratischen Oszillator behandelt haben. (Siehe Gleichung (14.33).) Das ist nicht überraschend, da an diesem Punkt der Entwicklung der kubische Term noch nicht aufgetreten ist. Unsere Säkularbedingung wird zu

$$D_1 A = 0, \tag{14.96}$$

so daß $A = A(t_2)$ gilt. Es ist eine einfache Rechnung, x_1 zu bestimmen:

$$x_1 = \alpha \left[-2AA^* + \frac{A^2}{3} \exp 2it_0 + \frac{A^{*2}}{3} \exp(-2it_0) \right.$$
$$\left. - C \exp it_0 - C^* \exp(-it_0) \right], \tag{14.97 a}$$

$$C = \frac{1}{2} c \exp i\psi; \qquad c = \frac{r^2}{6}; \qquad \psi(0) = \phi(0). \tag{14.97 b}$$

Eine spezielle Wahl für die Konstante C könnte $C = AA^*/3$ sein, was zu $\psi = 0$ führt. [Man erinnere sich daran, daß wir nur $C = A^2/3$ und $\psi(0) = \phi(0)$ fordern müssen, um die Anfangsbedingungen mit der Näherung nullter Ordnung zu erfüllen.] Wir stellen fest, daß der Term $-2\alpha AA^*$ zur Erfüllung der Anfangsbedingungen der Gleichungen (14.90 b) beiträgt.

Wir können jetzt den Term der Ordnung $O(\varepsilon^2)$ berechnen. Unsere Gleichung lautet

$$D_0^2 x_2 + x_2 = -2D_0 D_2 x_0 - D_1^2 x_0 - 2\alpha x_0 x_1 - \beta x_0^3. \tag{14.98}$$

Wir entwickeln x_0 und x_1, sammeln die Koeffizienten von $\exp it_0$ auf und fordern

$$-2iD_2 A - 2\alpha^2 \left(-2A^2 A^* + \frac{A^2 A^*}{3} \right) - 3\beta A^2 A^* = 0. \tag{14.99}$$

Die Amplitude ist in dieser Ordnung konstant, die Phasengleichung lautet

$$rD_2\phi = \tfrac{-5}{12}\alpha^2 r^3 + \tfrac{3}{8}\beta r^3 \tag{14.100 a}$$

oder

$$\phi = \tfrac{-5}{12}\alpha^2 r^2 t_2 + \tfrac{3}{8}\beta r^2 t_2. \tag{14.100 b}$$

Setzen wir schließlich $\varepsilon = 1$, $z = x$ und $r = a$, dann erhalten wir für die Frequenz

$$\omega = 1 - \tfrac{5}{12}\alpha^2 a^2 + \tfrac{3}{8}\beta a^2 + O\left(a^4\right). \tag{14.101}$$

Wir sehen, daß sowohl der quadratische als auch der kubische Term Korrekturen zur Oszillationsfrequenz liefern. Wenn wir die Koeffizienten $\beta = 0$ und $\alpha = \varepsilon$ setzen, erhalten wir die Gleichung (14.41), setzen wir $\alpha = 0$, folgen die Frequenzkorrekturen für den Duffing-Oszillator. (Diese sind zum Beispiel durch die Korrekturterme niedrigster Ordnung in Gleichung (14.25) gegeben.) Wenn wir die Rechnung überprüfen, stellen wir fest, daß die Beiträge der quadratischen und der kubischen Terme in keinem Zusammenhang stehen. Es ist also zu erwarten, daß die Frequenzkorrekturen eine Summe der Korrekturterme des quadratischen und des Duffing-Oszillators sind. (Das gleiche Ergebnis finden wir in *Introduction to Perturbation Techniques* von Nayfeh auf Seite 167.)

Das ist ein wichtiges Beispiel, da es in einer Vielzahl von Lehrbüchern nicht richtig dargestellt ist. Warum? Oft wird die Skalierung der Variablen vergessen. Weiterhin werden veraltete Methoden, zum Beispiel die „Methode der äquivalenten Linearisierung“ oder die “Methode des harmonischen Gleichgewichts“ angewendet. Diese Methoden sind vollständig auf die Rechnungen in der niedrigsten Ordnung beschränkt und können deshalb nicht auf Probleme dieses Typs angewendet werden. (Siehe dazu Abschnitt 14.4.4.) Wir wollen in diesem Zusammenhang noch darauf hinweisen, daß es zum Studium dieses Problems notwendig ist, die weiter ausgearbeitete Mittelungsmethode zu entwickeln oder die Methode der vielfachen Zeitskalen anzuwenden. □

14.4.4 Ein Kommentar zur Methode des harmonischen Gleichgewichts

Die Methode des harmonischen Gleichgewichts oder der äquivalenten Linearisierung wurde von Krylov und Bogoliubov eingeführt. Sie ist aber auch Gegenstand der klassischen Bücher von Bogoliubov und Mitropolsky und von Minorsky sowie der modernen Darstellung von Jordan und Smith. Es wird gezeigt, daß sie zur elementaren Mittelungsmethode äquivalent ist. Sie wird oft verwendet, da sie sehr leicht zu lernen und anzuwenden ist. Wir haben jedoch keine Darstellung dieser Methode angegeben, da sie trotz ihrer Nützlichkeit unzuverlässige Ergebnisse gibt. Speziell liefert sie nicht das richtige quantitative Ergebnis, wenn das zugrunde liegende Problem eine Skalierung der Variablen erfordert. Das kommt daher, weil eine Vermischung der Terme unterschiedlicher Ordnung der Entwicklung auftritt. Wir wollen das durch die Diskussion der Aufgabe 25 auf Seite 122 des Buchs von Jordan und Smith illustrieren.

Beispiel 14.4.4. Wir betrachten

$$\ddot{x} = x^2 - x^3 \,. \tag{14.102}$$

Wir finden die Gleichgewichtspunkte bei $x = 0$ und $x = 1$ und untersuchen Schwingungen kleiner Amplitude um $x = 1$. Speziell suchen wir die Korrekturen niedrigster Ordnung für die Schwingungsfrequenz. Dazu führen wir $x = 1 + u$ mit $|u| \ll 1$ ein und erhalten

$$\ddot{u} + u = -2u^2 - u^3 \,. \tag{14.103 a}$$

Wir wählen die Anfangsbedingungen

$$u(0) = a - a^2; \qquad \dot{u}(0) = 0 \,. \tag{14.103 b}$$

Dann ist die Aufgabe identisch mit dem Beispiel 14.4.3 mit $\alpha = 2$ und $\beta = 1$.

Für die Frequenz gilt nach Gleichung (14.101):

$$\begin{aligned}\omega &\approx 1 - \frac{(4)(5)}{12}a^2 + \frac{3}{8}a^2 \\ &\approx 1 - \frac{31}{24}a^2 .\end{aligned} \tag{14.104}$$

Wir wollen die Methode des harmonischen Gleichgewichtes kurz darstellen. Dazu nehmen wir an, daß die Gleichung (14.103 a) eine Lösung der Form

$$u = c + a\cos\omega t \tag{14.105}$$

hat. Wir setzen diese Form der Lösung in die Gleichung (14.103 a) ein und vergleichen dann die Koeffizienten der konstanten Terme und auch der $\cos\omega t$ enthaltenden Terme. Das liefert eine kleine Verschiebung des Nullpunktes der Oszillation. Es gibt uns auch die Korrekturen niedrigster Ordnung für die Frequenz, die das Verschwinden der zu säkularem Verhalten führenden Terme liefern. Durch das Einsetzen des Lösungsansatzes erhalten wir

$$\begin{aligned}-a\omega^2\cos\omega t + a\cos\omega t + c = &-2\left(c^2 + 2ac\cos\omega t + a^2\cos^2\omega t\right) \\ &- \left(c^3 + 3c^2a\cos\omega t + 3ca^2\cos^2\omega t + a^3\cos^3\omega t\right)\end{aligned} \tag{14.106}$$

Wir schreiben zunächst die trigonometrischen Identitäten

$$\begin{aligned}\cos^2\omega t &= \tfrac{1}{2}(1 + \cos 2\omega t), \\ \cos^3\omega t &= \tfrac{1}{4}(3\cos\omega t + \cos 3\omega t)\end{aligned}$$

auf. Aus dem Vergleich der konstanten Terme in Gleichung (14.106) erhalten wir

$$c + 2c^2 + a^2 + c^3 + \tfrac{3}{2}ca^2 = 0 . \tag{14.107}$$

Da die Schwingungen klein sind, haben wir in der niedrigsten Ordnung $c = -a^2$. Vergleichen wir die Koeffizienten von $\cos\omega t$, so ergibt sich

$$-a\omega^2 + a + 4ac + 3c^2a + \tfrac{3}{4}a^3 = 0 . \tag{14.108}$$

Nach der Substitution $c = -a^2$ folgt für die Terme niedrigster Ordnung

$$\omega^2 = 1 - \tfrac{13}{4}a^2 \quad \text{oder} \quad \omega \approx 1 - \tfrac{13}{8}a^2 . \tag{14.109}$$

Wir haben ein Ergebnis erhalten, das im Widerspruch zu Gleichung (14.104) steht. Blicken wir auf Gleichung (14.99) zurück, dann sehen wir, daß drei Terme in die Unterdrückung der säkularen Terme dieses Problems einbezogen sind. Der Term $2\alpha^2A^2A^*/3$, der von dem Wechselspiel von x_1 und x_0 kommt, fehlt bei der Methode des harmonischen Gleichgewichts. Das überrascht nicht, da diese Methode auf Rechnungen erster Ordnung beschränkt ist. Obwohl der numerische Unterschied der Gleichungen (14.104) und (14.109) für kleine Amplituden gering ist, hat die Methode des harmonischen Gleichgewichts prinzipielle Schwächen. Sie sollte deshalb mit Vorsicht verwendet werden.

14.5 Durch „quadratische Terme“ entstehende Grenzzyklen

Wir fanden in unserer Diskussion über die Rechnungen erster Ordnung, daß das Wechselspiel zwischen linearen und kubischen Geschwindigkeitstermen zu Grenzzyklen führen kann. Der Rayleigh-Oszillator und der Van der Polsche Oszillator besitzen zum Beispiel diese Charakteristik. Das ist ein so schlagkräftiges Ergebnis, daß man bei einiger Nachlässigkeit zu der Schlußfolgerung kommen kann, daß man lineare und kubische Terme benötigt, um einen Grenzzyklus zu erhalten. Wir zeigen jetzt, daß es möglich ist, mit einem System, das nur lineare und quadratische Geschwindigkeitsterme enthält, einen Grenzzyklus zu erhalten. Wir betrachten zwei in Zusammenhang stehende Beispiele.

Beispiel 14.5.1. Wir wollen zeigen, wie ein Grenzzyklus bei einem gekoppelten System von Gleichungen erster Ordnung, das lineare und quadratische Terme enthält, auftreten kann. (Dieses Beispiel basiert auf einer Aufgabe aus dem Buch von Andronov u. a. auf den Seiten 264–265. Die Autoren schreiben das Beispiel Bautin zu.)

$$\frac{\mathrm{d}x}{\mathrm{d}t} = y, \tag{14.110 a}$$

$$\frac{\mathrm{d}y}{\mathrm{d}t} = -x + \rho y + \beta xy + \alpha y^2 + \delta x^2 \tag{14.110 b}$$

$$\beta, \alpha, \delta = O(1)$$

Wir sehen, daß es keine kleinen Parameter gibt, mit denen die nichtlinearen Terme multipliziert werden. Deshalb müssen wir die Variablen x und y selbst als klein betrachten. Wir schreiben also

$$\begin{aligned} x = {} & \varepsilon x_1(t_0, t_1, t_2; \varepsilon) + \varepsilon^2 x_2(t_0, t_1, t_2; \varepsilon) \\ & + \varepsilon^3 x_3(t_0, t_1, t_2; \varepsilon) + \text{T. h. O.}, \end{aligned} \tag{14.111 a}$$

$$\begin{aligned} y = {} & \varepsilon y_1(t_0, t_1, t_2; \varepsilon) + \varepsilon^2 y_2(t_0, t_1, t_2; \varepsilon) \\ & + \varepsilon^3 y_3(t_0, t_1, t_2; \varepsilon) + \text{T. h. O.} \end{aligned} \tag{14.111 b}$$

Wir fordern, daß das Problem in der untersten Näherung ein einfacher harmonischer Oszillator ist, deshalb müssen wir eine Skalierung der Amplitude der Oszillation annehmen. Wenn der Koeffizient ρ des Dämpfungsterms wie ε skaliert, dann wissen wir aus früheren Rechnungen, daß wir eine auslaufende Spirale erhalten und daß in der niedrigsten Ordnung der Störungsentwicklung die quadratischen Terme das nicht unterdrücken. (Das wird deutlich, wenn wir x_2 und y_2 berechnen und feststellen, daß sie keine Terme mit $\exp it_0$ enthalten.)

Mit dieser Beobachtung nehmen wir an, daß der Koeffizient ρ wie ε^2 skaliert. Wir schreiben $\rho = \varepsilon^2\sigma$. Dann geht der Dämpfungsterm nicht in die Rechnungen erster Ordnung ein. (In der Methode der vielfachen Zeitskalen muß man oft die richtige Skalierung erraten und nach der Rechnung überprüfen, ob das Ergebnis sinnvoll ist.) Wir wollen jetzt die Entwicklung bis zur Ordnung $O\left(\varepsilon^3\right)$ bilden.

Unser Differentialoperator lautet

$$\frac{\mathrm{d}^2}{\mathrm{d}t^2} = D_0^2 + \varepsilon 2D_0D_1 + \varepsilon^2\left(2D_0D_2 + D_1^2\right) + \text{T. h. O.} \tag{14.112}$$

Bis zur Ordnung $O(\varepsilon)$ erhalten wir

$$D_0^2 x_1 + x_1 = 0 \tag{14.113}$$

und

$$x_1 = A(t_1, t_2)\exp it_0 + \text{k. K.}, \tag{14.114 a}$$

$$y_1 = D_0 x_1 = iA(t_1, t_2)\exp it_0 + \text{k. K.} \tag{14.114 b}$$

Wir lösen jetzt die Gleichungen bis zur Ordnung $O\left(\varepsilon^2\right)$:

$$D_0^2 x_2 + x_2 = -2D_0D_1x_1 + \beta x_1 y_1 + \alpha y_1^2 + \delta x_1^2 . \tag{14.115}$$

Wie wir sehen, liefern $x_1 y_1$, x_1^2 und y_1^2 keine Terme, die sich wie $\exp it_0$ verhalten, wir finden deshalb

$$D_1 x_1 = 0 \quad \text{oder} \quad A = A(t_2) . \tag{14.116}$$

Wenn jetzt die bekannten Lösungen x_1 und y_1 aus den Gleichungen (14.114 a) und (14.114 b) eingesetzt werden, dann folgt

$$\begin{aligned} D_0^2 x_2 &+ x_2 \\ &= \beta\left[A\exp it_0 + A^*\exp(-it_0)\right]\left[iA\exp it_0 - iA^*\exp(-it_0)\right] \\ &\quad +\alpha\left[-A^2\exp 2it_0 + 2AA^* - A^{*2}\exp(-2it_0)\right] \\ &\quad +\delta\left[A^2\exp 2it_0 + 2AA^* + A^{*2}\exp(-2it_0)\right] . \end{aligned} \tag{14.117}$$

Die Gleichung (14.117) können wir als

$$\begin{aligned} D_0^2 x_2 + x_2 = &\left(i\beta A^2 - \alpha A^2 + \delta A^2\right)\exp 2it_0 \\ &+ \left(-i\beta A^{*2} - \alpha A^{*2} + \delta A^{*2}\right)\exp(-2it_0) + 2AA^*(\alpha+\delta) \end{aligned} \tag{14.118}$$

schreiben und wir nehmen eine Lösung der Form

$$x_2 = \left[B(t_1, t_2)\exp 2it_0 + \text{k. K.}\right] + 2AA^*(\alpha+\delta) \tag{14.119}$$

an. Damit erhalten wir

$$B = -\tfrac{1}{3}(i\beta - \alpha + \delta)A^2 \tag{14.120}$$

oder

$$
\begin{aligned}
x_2 &= 2AA^*(\alpha+\delta) - \tfrac{1}{3}A^2(i\beta-\alpha+\delta)\exp 2it_0 \\
&\quad -\tfrac{1}{3}A^{*2}(-i\beta-\alpha+\delta)\exp(-2it_0)\,, && \text{(14.121 a)}\\
y_2 &= -\tfrac{1}{3}(2i)A^2(i\beta-\alpha+\delta)\exp 2it_0 \\
&\quad +\tfrac{1}{3}(2i)A^{*2}(-i\beta-\alpha+\delta)\exp(-2it_0)\,. && \text{(14.121 b)}
\end{aligned}
$$

Wir wollen die homogene Lösung nicht mit einbeziehen.

Jetzt lösen wir die Gleichungen bis zur Ordnung $O\left(\varepsilon^3\right)$:

$$
\begin{aligned}
D_0^2x_3 + x_3 &= -2D_0D_1x_2 - 2D_0D_2x_1 - D_1^2x_1 \\
&\quad +\sigma y_1 + \beta\,(x_1y_2 + x_2y_1) + \alpha\,(2y_1y_2) + \delta\,(2x_1x_2)\,. && \text{(14.122)}
\end{aligned}
$$

Wir multiplizieren aus, sammeln alle Koeffizienten von $\exp it_0$ und erhalten

$$
\begin{aligned}
\sigma y_1 &\to \sigma iA,\\
\beta\,(x_1y_2 + x_2y_1) &\to \beta\left[A^*A^2\left(-\tfrac{2}{3}i\right)(i\beta-\alpha+\delta)\right.\\
&\quad \left. + 2AA^*(\alpha+\delta)(iA) + \tfrac{1}{3}\left(iA^2A^*\right)(i\beta-\alpha+\delta)\right],\\
2\alpha y_1y_2 &\to 2\alpha\left(-\tfrac{2}{3}\right)A^2A^*(i\beta-\alpha+\delta),\\
2\delta x_1x_2 &\to 2\delta\left[2A^2A^*(\alpha+\delta) - \tfrac{1}{3}A^2A^*(i\beta-\alpha+\delta)\right]\,. && \text{(14.123)}
\end{aligned}
$$

Wir bemerken, daß $D_0D_1x_2$ keine Terme der Form $\exp it_0$ enthält, deshalb brauchen wir diesen Term in unsere Suche nach den Erzeugenden der säkularen Terme nicht einzubeziehen. Es gilt $D_1x_1 = 0$, da A nicht von t_1 abhängt. Wir schreiben die Amplitude A als $A = \frac{1}{2}a\exp i\phi$ und damit

$$
D_2A = \frac{1}{2}\,(D_2a)\exp i\phi + i\left(\frac{a}{2}\right)(D_2\phi)\exp i\phi\,. \qquad \text{(14.124)}
$$

Wir können jetzt die Terme suchen, die mit dem Wachstum der Amplitude a in Zusammenhang stehen. Diese tragen zur Bildung eines möglichen Grenzzyklus bei. Den Koeffizienten von $\exp it_0$ auf der rechten Seite der Gleichung (14.122) setzen wir null. Unter Verwendung der in (14.122) angegebenen Relationen erhalten wir

$$
\begin{aligned}
iD_2a = &\left[i\sigma\frac{a}{2} - \frac{2i}{3}\frac{a^3}{8}\beta(-\alpha+\delta)\right.\\
&+2i\frac{a^3}{8}\beta(\alpha+\delta) + \frac{i}{3}\frac{a^3}{8}\beta(-\alpha+\delta)\\
&\left. -2\alpha\left(\frac{2}{3}\right)(i\beta)\left(\frac{a^3}{8}\right) - 2\delta\left(\frac{1}{3}\right)(i\beta)\left(\frac{a^3}{8}\right)\right]\,. && \text{(14.125)}
\end{aligned}
$$

Wir klammern $(i/3)\beta(a^3/8)$ aus und erhalten dann

$$iD_2a = i\left[\frac{a\sigma}{2} + \frac{1}{3}\frac{\beta a^3}{8}(+2\alpha - 2\delta + 6\alpha + 6\delta - \alpha + \delta - 4\alpha - 2\delta)\right]$$

$$= i\left\{\frac{a\sigma}{2} - \frac{\beta a^3}{24}\left[3(\alpha+\delta)\right]\right\}. \tag{14.126 a}$$

Folglich gilt

$$D_2a = a\left[\frac{\sigma}{2} + \frac{\beta a^2}{8}(\alpha+\delta)\right]. \tag{14.126 b}$$

Wir erhalten einen Grenzzyklus, dessen Radius a^* gleich

$$a^* = \sqrt{\frac{4\sigma}{|\beta(\alpha+\delta)|}} \tag{14.127}$$

ist, wenn

$$\beta(\alpha+\delta) < 0; \qquad \sigma > 0 \tag{14.128}$$

gilt. Erinnern wir uns, daß die Auslenkung x von der Ordnung $O(\varepsilon)$ ist, dann ist der wahre Radius des Grenzzyklus r^* durch

$$r^* = \sqrt{\frac{4\rho}{|\beta(\alpha+\delta)|}}$$

gegeben und folglich proportional zu Wurzel aus ρ.

Wir sehen also, daß wir bei geeigneter Wahl der Vorzeichen einen Grenzzyklus für ein System mit Gleichungen, die Polynome zweiten Grades beinhalten, erhalten können. □

Übung 14.5.1. Diese Übung ist eng mit dem Beispiel 14.5.1 verwandt. Man betrachte ein System gekoppelter Gleichungen der Form

$$\frac{dz_1}{dt} = \sigma z_1 + z_2 + \alpha z_1^2; \qquad \alpha = O(1), \tag{14.129 a}$$

$$\frac{dz_2}{dt} = -z_1 + Az_1^2; \qquad A = O(1) \tag{14.129 b}$$

und zeige, daß wir einen Grenzzyklus mit dem Radius

$$a^* = \sqrt{\frac{2\sigma}{|A\alpha|}}$$

erhalten, wenn $\sigma = O\left(\varepsilon^2\right) > 0$ und $\alpha A < 0$ gilt. □

14.6 Schlußfolgerungen

Das war ein anspruchsvolles Kapitel. Wir haben sowohl die Rolle der homogenen Lösung unserer Gleichungen als auch die Rolle der Anfangsbedingungen bei der Festlegung der Entwicklungsparameter studiert. Die Rechnungen für die einzelnen Probleme werden anspruchsvoll, wenn sowohl quadratische als auch kubische Terme vorliegen. Es ist jedoch möglich, ein systematisches Verfahren zu ihrer Untersuchung zu entwickeln. Wenn ein kleiner Parameter fehlt, dann müssen wir die Amplitude des Systems so skalieren, daß das System ein gestörter einfacher harmonischer Oszillator bleibt. Es steht fest, daß man sorgfältig arbeiten muß, wenn man sowohl quadratische als auch kubische Terme hat, weil diese empfindliche Vereinfachungen einführen können, die die Struktur der Lösung auf dramatische Weise verändern. Endlich sind wir in der Lage, viele der in der wissenschaftlichen Literatur auftretenden nichtlinearen Modelle zu analysieren.

15 Fehleranalyse

Wir haben in den Kapiteln 12 bis 14 die Mittelungsmethode und die Methode der vielfachen Zeitskalen benutzt, um Lösungen einer Vielzahl von Problemen in Form einer Entwicklung nach einem kleinen Parameter zu erzeugen. Eine wesentliche Eigenschaft dieser Näherungsverfahren besteht darin, daß man die zu lösenden Gleichungen entscheidend abändert. Bei der Mittelungsmethode war es so, daß wir eine Reihe von gemittelten Gleichungen formuliert haben. Dagegen wurden bei der Methode der vielfachen Zeitskalen künstlich separierte Zeitskalen eingeführt. Jede Methode entwickelt ein systematisches Näherungsverfahren zur Lösung dieser geänderten Gleichungen. Wir erhielten bei konservativen Systemen Frequenzkorrekturen, so daß unsere genäherte Lösung die Eigenschaft eines geschlossenen Orbits in der Phasenebene auch für große und sehr große Zeiten beibehält. Es ergibt sich dann die Notwendigkeit, die höheren Harmonischen der Grundlösung zu berechnen. Solche Rechnungen wurden z. B. im Kapitel 14 für den Duffing-Oszillator ausgeführt. Wir haben auch nichtkonservative Systeme untersucht, die auf Grenzzyklen führten. In diesen Fällen wurde das Konzept der Stabilität nach Poincaré benutzt. Falls sich z. B. bei einem stabilen Grenzzyklus die genäherte Lösung diesem hinreichend nähert, bleibt sie auch in seiner Nähe. Wenn man sich den Grenzzyklus so wie in Abbildung 11.2 von einem Kreisring umgeben denkt, dann bleibt eine Trajektorie innerhalb desselben, wenn sie einmal in ihn eingedrungen ist. Schließlich haben wir in diesem Zusammenhang den Fehler der vernachlässigten Terme in der Entwicklung betrachtet. Diese Fehleranalyse kann in mancherlei Hinsicht jedoch nicht befriedigen. Wir wollen jetzt eine sorgfältigere Fehleranalyse durchführen und dabei herausarbeiten, wie gut und wie lange unsere Näherungslösungen den exakten Lösungen folgen.

15.1 Grundzüge unseres Vorgehens

Die grundlegende Gleichung, die wir diskutieren, lautet

$$\ddot{x} + x = \varepsilon f(x); \qquad x(0) = a, \qquad \dot{x}(0) = 0 . \tag{15.1}$$

Dabei bezeichnet $f(x)$ ein Polynom in x. Wir nehmen nun an, daß wir eine genäherte Lösung erster Ordnung $z^1(t)$ entweder mit Hilfe der Mittelungsmethode oder der Methode der vielfachen Zeitskalen gefunden haben, und wollen die Differenz zwischen der genäherten und der exakten Lösung abschätzen. Dies können wir erreichen, indem wir eine Fehlerfunktion $R(t)$ definieren, die diese Differenz mißt.

$$R \equiv x - z^1 \tag{15.2}$$

Wir leiten dann eine Diffentialgleichung für $R(t)$ ab und wandeln diese in eine Integralgleichung um, die folgende Form besitzt

$$\begin{aligned} R(t) &= \text{Integral über [bekannte Funktion} \cdot \sin(t - t')] \\ &\quad + \text{Integral über } [R(t') \cdot \sin(t - t')] \,. \end{aligned}$$

(Die Sinusfunktion wird gewählt, weil sie die homogene Gleichung löst.)

Bei der Abschätzung von $R(t)$ stoßen wir in den Gleichungen (15.6 a), (15.9 a) und (15.12 a) auf die Integrale $I(a)$, $J(A)$ und $K(A)$. Wir benutzen dann die Lipschitz-Bedingung, die in Gleichung (15.3) definiert wird, und das in den Gleichungen (15.4) und (15.5) formulierte Gronwallsche Lemma, um den Fehler abzuschätzen. Es wird sich herausstellen, daß das Gronwallsche Lemma das wesentliche Hilfmittel ist, um den Fehler unserer genäherten Lösung für kleine Zeiten $t = O(1)$ und größere Zeiten $t = O(1/\varepsilon)$ abzuschätzen. Wir beschränken unsere Untersuchung auf konservative Systeme, denn die Technik ist für dissipative Systeme fast die gleiche, lediglich die algebraische Komplexität der Ausdrücke wächst beträchtlich. Unsere Betrachtung basiert auf den Methoden, die im Buch von Smith erläutert werden. Wir verweisen darauf hinsichtlich einer strengeren und genaueren mathematischen Behandlung. Außerdem empfehlen wir die Darstellung von Sanders und Verhulst, in der man eine ausführliche Diskussion der Mittelungstechniken und der Fehleranalyse für große Zeiten $t = O(1/\varepsilon^2)$ findet. Die Untersuchungen in den genannten Büchern ergänzen sich gegenseitig in vielerlei Hinsicht.

15.2 Grundlegende Hilfsmittel für die Fehleranalyse

Wir stellen in Vorbereitung der Diskussion der Fehleranalyse zunächst einige Resultate zusammen.

1. Die *Lipschitz-Bedingung* entspricht der Bedingung, die die Eindeutigkeit der Lösung einer Differentialgleichung garantiert. Man findet sie in Büchern über

Differentialgleichungen und auch bei Sanders und Verhulst. Wir benutzen sie für eine einfache Abschätzung.
Definition: Wenn eine Konstante L existiert, so daß für alle (x, t) und (z, t) in einem Gebiet D die Ungleichung

$$|f(x,t) - f(z,t)| \leq L|x - z| \tag{15.3}$$

gilt, dann sprechen wir davon, daß die Funktion f bezüglich x und z im Gebiet D einer Lipschitz-Bedingung genügt. Die Konstante L heißt Lipschitz-Konstante. Sie kann von dem Gebiet D abhängen, nicht aber von den Variablen x und z. Der Mittelwertsatz sagt nun aus, daß f einer Lipschitz-Bedingung in D genügt, wenn $\partial f/\partial x$ in D gleichmäßig beschränkt ist. Da wir in diesem Kapitel aber nur solche Funktionen f diskutieren, die sowohl Polynome sind und deren Argumente außerdem beschränkt sind, genügen diese Funktionen dem Mittelwertsatz und somit auch einer Lipschitz-Bedingung.

Beispiel 15.2.1. Wir betrachten die Gleichung

$$\frac{\mathrm{d}y}{\mathrm{d}x} = 2\sqrt{y}; \qquad y(0) = 0\,.$$

Die Funktion $2\sqrt{y}$ genügt keiner Lipschitz-Bedingung, denn bei $y = 0$ gilt $\sqrt{y} > y$.
Man stellt auch fest, daß die Gleichung zwei Lösungen besitzt, nämlich $y \equiv 0$ und $y = x^2$. □

2. Wir erinnern an das Gronwallsche Lemma, das im Abschnitt 6.4 des Kapitels 6 diskutiert wurde. (Vergleiche Gleichungen (6.69) bis (6.77).) Wir benutzen es in folgender Form. Gegeben sei die Ungleichung

$$|R| \leq |E(A)| + \varepsilon L \int_0^t |R(t')|\,\mathrm{d}t' \tag{15.4}$$

mit einer Konstante $E(A)$ und einer Lipschitz-Konstante L, dann gilt

$$|R| \leq |E(A)| \exp \varepsilon L t\,. \tag{15.5}$$

3. Wir haben es mit Integralen der Form

$$I(A) = \varepsilon^2 \int_0^t \cos[(1+\varepsilon A)t'] \cos t'\,\mathrm{d}t' \tag{15.6 a}$$

$$= \varepsilon^2 \left(\frac{\sin[(2+\varepsilon A)t]}{2(2+\varepsilon A)} + \frac{\sin \varepsilon A t}{2\varepsilon A} \right) \tag{15.6 b}$$

zu tun. Dabei ist A eine Konstante der Ordnung $O(1)$. Wenn die Zeit t der Bedingung $t = O(1)$ genügt, folgt

$$\frac{\varepsilon^2 \sin \varepsilon A t}{\varepsilon A} = O(\varepsilon^2)$$

bzw.

$$I(A) = O(\varepsilon^2) \qquad \text{für} \qquad t = O(1)\ . \tag{15.7}$$

(Alle anderen Terme bleiben von der Ordnung $O(\varepsilon^2)$ für beliebige t.) Wenn die Zeit dagegen von der Ordnung $O(1/\varepsilon)$ ist, d. h. $\varepsilon t = O(1)$, dann gilt

$$\frac{\varepsilon^2 \sin \varepsilon A t}{\varepsilon A} = O(\varepsilon)$$

und

$$I(A) = O(\varepsilon) \qquad \text{für} \qquad t = O\left(\frac{1}{\varepsilon}\right)\ . \tag{15.8}$$

Wir erkennen also, daß sich die Größenordnung des Integrals ändert, wenn die Zeit t von $t = O(1)$ auf $t = O(1/\varepsilon)$ anwächst. (Es sei daran erinnert, daß der Fehler für $t = O(1)$ kleiner als $O(\varepsilon^2)$ und auch für $t = O(1/\varepsilon)$ nicht schlechter als $O(\varepsilon)$ ist.)

Wir betrachten das Integral

$$J(A) = \varepsilon^2 \int_0^t \sin[(1 + \varepsilon A)t'] \sin t' \, \mathrm{d}t' \tag{15.9 a}$$

$$= \varepsilon^2 \left(\frac{\sin \varepsilon A t}{2\varepsilon A} - \frac{\sin[(2 + \varepsilon A)t]}{2(2 + \varepsilon A)} \right)\ . \tag{15.9 b}$$

Unsere Fehleranalyse für $I(A)$ gilt auch für $J(A)$, denn der einzige Unterschied besteht im Minuszeichen zwischen den beiden Termen. Folglich können wir schreiben

$$J(A) = O(\varepsilon^2) \qquad \text{für} \qquad t = O(1) \tag{15.10}$$

und

$$J(A) = O(\varepsilon) \qquad \text{für} \qquad t = O\left(\frac{1}{\varepsilon}\right)\ . \tag{15.11}$$

Schließlich betrachten wir das Integral

$$K(A) = \varepsilon^2 \int_0^t \cos[(1 + \varepsilon A)t'] \sin t' \, \mathrm{d}t' \tag{15.12 a}$$

$$= \varepsilon^2 \left(\frac{1 - \cos[(2 + \varepsilon A)t]}{2(2 + \varepsilon A)} - \frac{1 - \cos \varepsilon A t}{2\varepsilon A} \right)\ , \tag{15.12 b}$$

das in ähnlicher Weise wie $I(A)$ untersucht werden kann. Man erhält

$$K(A) = O(\varepsilon^2) \qquad \text{für} \qquad t = O(1) \tag{15.13}$$

und

$$K(A) = O(\varepsilon) \qquad \text{für} \qquad t = O\left(\frac{1}{\varepsilon}\right) . \tag{15.14}$$

15.3 Fehleranalyse beim modifizierten einfachen harmonischen Oszillator

Wir wollen unsere Untersuchungsmethode am Beispiel des modifizierten einfachen harmonischen Oszillators, der der Gleichung

$$\ddot{x} + x = -\varepsilon x; \qquad x(0) = a, \qquad \dot{x}(0) = 0 \tag{15.15}$$

genügt, demonstrieren. Dieses System ist besonders einfach, wir kennen seine Lösung. Es kommt in der niedrigsten Ordnung der Störungstheorie zu einer Frequenzkorrektur, die für jedes konservative System typisch ist. Außerdem haben wir es bereits mit verschiedenen Methoden analysiert.

Wir gehen davon aus, daß wir eine genäherte Lösung der Gleichung (15.15) gefunden haben

$$\begin{aligned} z^1(t) &= a \cos\left[\left(1 + \frac{\varepsilon}{2}\right) t\right] \\ z^1(0) &= a, \qquad \dot{z}^1(0) = 0 . \end{aligned} \tag{15.16}$$

Da dies nicht die exakte Lösung der Gleichung (15.15) ist, schreiben wir die dazugehörige Differentialgleichung in der Form

$$\ddot{z}^1 + z^1 = \varepsilon f(z^1) + \rho(\varepsilon, t) \qquad \text{mit} \qquad f(z^1) = -z^1 . \tag{15.17}$$

Die Größe $\rho(\varepsilon, t)$, die ein Maß für die Abweichung der genäherten Lösung $z^1(t)$ von der exakten Lösung $x(t)$ ist, nennen wir Restfunktion. Wir können sie bestimmen, indem wir $z^1(t)$ aus Gleichung (15.16) in Gleichung (15.17) einsetzen:

$$\rho(\varepsilon, t) = -\frac{\varepsilon^2 a}{4} \cos\left[\left(1 + \frac{\varepsilon}{2}\right) t\right] . \tag{15.18}$$

Wir kommen nun auf unsere Fehlerfunktion $R \equiv x - z^1$ aus Gleichung (15.2) zurück, die die Differenz zwischen exakter und approximativer Lösung mißt. Wenn wir $R + z^1$ anstelle von $x(t)$ in Gleichung (15.15) einsetzen, erhalten wir mit Hilfe der Gleichung (15.17) eine Differentialgleichung für R

$$\ddot{R} + R = \varepsilon[f(R + z^1) - f(z^1)] - \rho(\varepsilon, t) . \tag{15.19}$$

$R(t)$ genügt hierbei den Anfangsbedingungen $R(0) = \dot{R}(0) = 0$, denn $z^1(t)$ erfüllt bereits die ursprünglichen Anfangsbedingungen.

Mit Gleichung (15.18) erhält man

$$\ddot{R} + R = -\varepsilon R + \frac{\varepsilon^2 a}{4} \cos\left[\left(1 + \frac{\varepsilon}{2}\right) t\right] . \tag{15.20}$$

Diese Gleichung kann in eine Integralgleichung umgewandelt werden, für deren formale Lösung die folgende Darstellung existiert

$$\begin{aligned} R(t) = {} & \varepsilon^2 \frac{a}{4} \int_0^t \cos\left[\left(1 + \frac{\varepsilon}{2}\right) t'\right] \sin(t - t')\,\mathrm{d}t' \\ & - \varepsilon \int_0^t R(t') \sin(t - t')\,\mathrm{d}t' . \end{aligned} \tag{15.21}$$

Der erste Term führt auf Integrale der Typen $I(A)$ und $K(A)$, die durch die Gleichungen (15.6 a) und (15.12 a) gegeben sind.

$$\begin{aligned} E(a) & \equiv \int_0^t \frac{\varepsilon^2 a}{4} \cos\left[\left(1 + \frac{\varepsilon}{2}\right) t'\right] \sin(t - t')\,\mathrm{d}t' \\ & = \sin t \left\{ \int_0^t \frac{\varepsilon^2 a}{4} \cos\left[\left(1 + \frac{\varepsilon}{2}\right) t'\right] \cos t'\,\mathrm{d}t' \right\} \\ & \quad - \cos t \left\{ \int_0^t \frac{\varepsilon^2 a}{4} \cos\left[\left(1 + \frac{\varepsilon}{2}\right) t'\right] \sin t'\,\mathrm{d}t' \right\} \end{aligned}$$

Aufgrund der Gleichungen (15.6 b) und (15.12 b) können wir auf das Verhalten von $E(a)$ schließen. Wir erhalten

$$E(a) = O(\varepsilon^2) \qquad \text{für} \qquad t = O(1) , \tag{15.22}$$

$$E(a) = O(\varepsilon) \qquad \text{für} \qquad t = O(1/\varepsilon) . \tag{15.23}$$

Wir kehren nun zur Gleichung (15.21) zurück und finden durch Betragsbildung

$$|R| \leq |E(a)| + \varepsilon \int_0^t |R(t')|\,\mathrm{d}t' . \tag{15.24}$$

Mit Hilfe des Gronwallschen Lemmas in der Form der Gleichungen (15.4) und (15.5) erhält man

$$|R| \leq |E(a)| \exp \varepsilon t , \tag{15.25}$$

woraus wir erkennen, daß die Abschätzung des Fehlerterms für $0 < t \leq 1/\varepsilon$ durch die Abschätzung von $E(a)$ dominiert wird. Das Ergebnis, welches sich auch bei nichtlinearen oszillierenden Systemen nicht ändert, lautet also

$$|x - z^1| = O(\varepsilon^2) \qquad \text{für} \qquad t = O(1)\,, \tag{15.26 a}$$

$$|x - z^1| = O(\varepsilon) \qquad \text{für} \qquad t = O\left(\frac{1}{\varepsilon}\right)\,. \tag{15.26 b}$$

Da wir die exakte Lösung des modifizierten einfachen harmonischen Oszillators kennen, nämlich

$$x(t) = a\cos(\sqrt{1+\varepsilon}\,t)\,,$$

können wir prüfen, ob unsere Abschätzung richtig ist. Dazu ist es notwendig, die Wurzel im Argument der Kosinusfunktion zu entwickeln. Wir schreiben

$$x(t) = a\cos\left\{\left[1 + \frac{\varepsilon}{2} + O(\varepsilon^2)\right]t\right\}$$

und finden schließlich

$$\begin{aligned} |x - z^1| = &\left\{a\cos\left[\left(1+\frac{\varepsilon}{2}\right)t\right]\right\}\{\cos[O(\varepsilon^2)t] - 1\} \\ &-a\left[\sin\left(1+\frac{\varepsilon}{2}\right)t\right]\sin[O(\varepsilon^2)t]\,. \end{aligned} \tag{15.27}$$

Das führt genau auf die Ungleichungen (15.26 a) und (15.26 b).

15.4 Der Duffing-Oszillator

Wir wollen jetzt den Fehler unserer Näherungslösung für den Duffing-Oszillator abschätzen. Es wird sich zeigen, daß wir bereits alle notwendigen Voraussetzungen geschaffen haben, um die Fehlergrenzen für beliebige schwach nichtlineare, oszillierende Systeme anzugeben. Unsere Gleichung lautet

$$\ddot{x} + x = -\varepsilon x^3; \qquad x(0) = a, \qquad \dot{x}(0) = 0\,. \tag{15.28}$$

Wir beginnen mit der Abschätzung für $t = O(1)$. Da wir uns nur für die Näherung in niedrigster Ordnung interessieren, benutzen wir Gleichung (10.37) und schreiben für $t = O(1)$

$$z^1 = a\cos\left[\left(1 + \frac{\varepsilon 3a^2}{8}\right)t\right] + \frac{\varepsilon a^3}{32}(\cos 3t - \cos t) + O(\varepsilon^2)\,. \tag{15.29}$$

z^1 erfüllt mit $z^1(0) = a$ und $\dot{z}^1(0) = 0$ die richtigen Anfangsbedingungen.

Man beachte, daß wir die Frequenz des ungestörten Systems $\omega_0 = 1$ im Argument des Korrekturterms benutzen, denn der Parameter ε tritt als multiplikativer Faktor auf. Wir erhalten

$$\varepsilon \left| \cos\left[\left(1 + \frac{\varepsilon 3a^2}{8}\right) t\right] - \cos t \right| = O(\varepsilon^2) \qquad \text{für} \quad t = O(1) \tag{15.30 a}$$

und

$$\varepsilon \left| \cos\left[\left(1 + \frac{\varepsilon 3a^2}{8}\right) t\right] - \cos t \right| = O(\varepsilon) \qquad \text{für} \quad t = O\left(\frac{1}{\varepsilon}\right) . \tag{15.30 b}$$

Wir folgen nun dem Herangehen bei der Untersuchung des modifizierten einfachen harmonischen Oszillators und betrachten die Gleichung

$$\ddot{z}^1 + z^1 = -\varepsilon(z^1)^3 + \rho(\varepsilon, t) . \tag{15.31}$$

In diese Gleichung wird jetzt die Näherungslösung aus Gleichung (15.29) eingesetzt und die Restfunktion $\rho(\varepsilon, t)$ bestimmt:

$$\rho(\varepsilon, t) = -\left(\varepsilon^2 \frac{9a^5}{64}\right) \cos t + \left(\varepsilon^2 \frac{3a^5}{32}\right) (\cos^2 t)(\cos 3t - \cos t) . \tag{15.32}$$

Für die Fehlerfunktion $R(t) \equiv x - z^1$ folgt aus Gleichung (15.28)

$$\begin{aligned} \ddot{R} + R &= -\rho(\varepsilon, t) - \varepsilon\left[x^3 - (z^1)^3\right] \\ R(0) &= \dot{R}(0) = 0 . \end{aligned} \tag{15.33}$$

Gleichung (15.33) wird nun in eine Integralgleichung umgewandelt, und man erhält

$$\begin{aligned} R(t) = &-\int_0^t \rho(\varepsilon, t') \sin(t - t')\, \mathrm{d}t' \\ &-\varepsilon \int_0^t \left\{x^3(t') - [z^1(t')]^3\right\} \sin(t - t')\, \mathrm{d}t' . \end{aligned} \tag{15.34}$$

Wir möchten zunächst den ersten Term für $t = O(1)$ abschätzen und verwenden dabei die Integrale $I(A)$, $J(A)$ und $K(A)$, die in den Gleichungen (15.6 a) bis (15.14) untersucht wurden. Wenn wir Gleichung (15.32) einsetzen, ergibt sich

$$|E(a)| = \left| \int_0^t \rho(\varepsilon, t') \sin(t - t')\, \mathrm{d}t' \right| = O(\varepsilon^2) \qquad \text{für} \quad t = O(1) . \tag{15.35}$$

Um dieses Resultat zu erhalten, hat man zu beachten, daß das Integral

$$\varepsilon^2 \int_0^t \cos t' \sin(t - t') \, dt' \tag{15.36}$$

für $t = O(1)$ von der Ordnung $O(\varepsilon^2)$ ist.

Da unsere Störung $f(x) = x^3$ einer Lipschitz-Bedingung genügt, erhalten wir aus der Gleichung (15.34)

$$|R(t)| \leq |E(a)| + \varepsilon L \int_0^t |R(t')| \, dt' \,, \tag{15.37}$$

wobei L die Lipschitz-Konstante ist. Nun kann das Gronwallsche Lemma von Gleichung (15.5) angewendet werden und wir bekommen

$$|R(t)| \leq |E(a)| \exp \varepsilon L t \qquad \text{für} \quad t = O(1) \,. \tag{15.38}$$

Wir möchten jetzt eine Abschätzung angeben, die auch für größere Zeiten bis zur Ordnung $t = O(1/\varepsilon)$ gültig ist. Dazu benötigen wir die Gleichungen (15.30 a), (15.30 b) und (15.36). Insbesondere für das Integral in Gleichung (15.36) gilt jetzt die „schlechtere“ Abschätzung

$$\varepsilon^2 \int_0^t \cos t' \sin(t - t') \, dt' = O(\varepsilon) \qquad \text{für} \quad t = O\left(\frac{1}{\varepsilon}\right) \,. \tag{15.39}$$

Die anderen Integrale werden nach dem gleichen Verfahren behandelt und man erhält schließlich für die Funktion $R(t)$ die Ungleichung

$$|R(t)| \leq |E(a)| \exp \varepsilon L t = O(\varepsilon) \qquad \text{für} \quad t = O\left(\frac{1}{\varepsilon}\right) \,. \tag{15.40}$$

Mit diesen Betrachtungen der Fehlergrenzen kehren wir zur Gleichung (15.29) zurück und schreiben die durch Gleichung (15.28) angegebene Näherungslösung des Duffing-Oszillators als

$$x(t) = a \cos\left[\left(1 + \frac{\varepsilon 3 a^2}{8}\right) t\right] + \frac{\varepsilon a^3}{32} (\cos 3t - \cos t) + O(\varepsilon^2) \tag{15.41}$$

$$\text{für} \quad t = O(1) \,.$$

Analog gilt

$$x(t) = a \cos\left[\left(1 + \frac{\varepsilon 3 a^2}{8}\right) t\right] + O(\varepsilon) \qquad \text{für} \quad t = O\left(\frac{1}{\varepsilon}\right) \,. \tag{15.42}$$

Warum müssen wir den harmonischen Korrekturterm in der Näherungslösung weglassen, wenn größere Zeiten bis zur Ordnung $t = O(1/\varepsilon)$ betrachtet werden? Wir wissen aus unseren Untersuchungen im Kapitel 14, die zur Gleichung (14.26 b) führten, daß ein Frequenzkorrekturterm der Gestalt

$$-\varepsilon^2 \frac{21a^4}{256}$$

existiert. Bei Zeiten von der Größe $O(1/\varepsilon)$ führt dies zu einer Frequenzkorrektur von der Ordnung $O(\varepsilon)$. Mit Blick auf Gleichung (15.30 b) stellen wir also fest, daß sowohl diese Frequenzkorrektur als auch die harmonische Korrektur von der Ordnung $O(\varepsilon)$ sind. Deshalb sind entweder beide zu berücksichtigen oder beide wegzulassen.

15.5 Zusammenfassung

Für Zeiten bis zur Ordnung $t = O(1/\varepsilon)$ konnten wir die Differenz zwischen der exakten und der genäherten Lösung beim modifizierten einfachen harmonischen Oszillator und beim Duffing-Oszillator abschätzen. Bei unserer Untersuchung haben wir eine Fehlerfunktion benutzt, die den Anfangsbedingungen $R(0) = \dot{R}(0) = 0$ genügt. Hätten wir dagegen eine Näherungslösung benutzt, die den Anfangsbedingungen nur bis auf eine kleine Abweichung entsprochen hätte, so wäre dies leicht durch eine Modifizierung der Restfunktion $\rho(\varepsilon, t)$ zu kompensieren gewesen. Wir haben festgestellt, daß unsere Restfunktion $\rho(\varepsilon, t)$ für $t = O(1)$ von der Ordnung $O(\varepsilon^2)$ sein muß, damit unsere Abschätzung für $t = O(1/\varepsilon)$ gilt. (Dieser Punkt wird ausführlich im Kapitel 4 des Buches von Smith diskutiert.)

Natürlich kann das gleiche Verfahren bei jedem konservativen Störterm angewendet werden, der aus einem nichtlinearen Polynom besteht. Wenn man mit irgendeiner Methode, z. B. der Methode der vielfachen Zeitskalen, eine Näherungslösung mit einem Restglied ρ erhalten hat, welches sich für $t = O(1)$ wie $O(\varepsilon^2)$ bzw. für $t = O(1/\varepsilon)$ wie $O(\varepsilon)$ verhält, dann kann mit Hilfe der Lipschitz-Bedingung und des Gronwallschen Lemmas eine Abschätzung nach Art der Gleichungen (15.38) bzw. (15.40) angegeben werden. Wir sind aber mit unseren Methoden nicht in der Lage, eine Abschätzung für Zeiten bis $t = O(1/\varepsilon^2)$ durchzuführen. Verfahren, die dies erlauben, findet man bei Sanders und Verhulst.

Darüber hinaus ist es mit etwas mehr Aufwand möglich, ähnliche Abschätzungen auch bei dissipativen Systemen durchzuführen, bei denen der Störterm ein Polynom in Auslenkung und Geschwindigkeit ist. Dazu verweisen wir auf die Darstellungen von Smith bzw. Sanders und Verhulst. Man erhält Resultate, die denen von Gleichung (15.38) und (15.40) entsprechen.

Wir haben die Beobachtung gemacht, daß große Vorsicht bei der Interpretation solcher Redeweisen wie „beliebig lange Zeit“ und „beliebig kleines ε“ angebracht ist. Bei allen unseren Untersuchungen können wir nur Störungen betrachten, die für Zeiten bis $O(1/\varepsilon)$ klein sind. Dies wird durch die Forderung zum Ausdruck gebracht, daß das Produkt εt nur von der Ordnung $O(1)$ ist. Das heißt, es gibt eine Kopplung zwischen dem erlaubten Zeitintervall unserer Näherung und der Stärke der Störung.

Zusammenfassend können wir sagen, daß sowohl die Methode der vielfachen Zeitskalen als auch die Mittelungsmethode bei schwach nichtlinearen oszillierenden Systemen der Form

$$\ddot{x} + x = \varepsilon f\left(x, \frac{\mathrm{d}x}{\mathrm{d}t}\right); \qquad |\varepsilon| \ll 1 ,$$

deren Störterm $\varepsilon f(x, \mathrm{d}x/\mathrm{d}t)$ eine Lipschitz-Bedingung erfüllt, eine systematische Störungsentwicklung erzeugen, deren Fehler bis zu Zeiten $t = O(1/\varepsilon)$ abgeschätzt werden kann.

Literatur zu den Kapiteln 7 bis 15

1. Lotka, A. J., *Elements of Physical Biology*, Williams and Wilkins, Baltimore, 1924. Neuauflage als *Elements of Mathematical Biology*, Dover, New York, 1956. Dieses Buch behandelt in hervorragender Weise die Modellierung von exponentiellem und ressourcenbegrenztem Wachstum und deren Anwendungen auf chemische Reaktionen, Epidemiologie usw. Das Buch formuliert auch den Lotkaschen Anteil an der Entwicklung der Volterra-Lotka-Gleichungen. Es enthält eine Vielzahl von Anwendungen und umfangreiches Datenmaterial. Da es sich um einen Neudruck der Originalausgabe von 1924 handelt, ist es auch von historischem Interesse.
2. D’Ancona, U., *Struggle for Existence*, Brill, Leiden, 1954. Dieses Buch behandelt vollständig und ausführlich die Volterrasche Theorie und modelliert die Räuber-Beute-Beziehung, den Konkurrenzkampf zwischen verschiedenen Arten. In ihm wird u. a. der Zusammenhang mit Fragen und Techniken der Statistischen Mechanik diskutiert. Es ist sehr gut lesbar.
3. Gause, G. F., *Struggle for Existence*, Williams and Wilkins, Baltimore, 1934. Neuaufgelegt von Hafner, New York, 1969. Dieses Buch ist die Ergänzung zu jenem von D’Ancona. Es gibt eine sorgfältige Darstellung der Volterraschen Theorie und der Methoden, die benutzt werden, um ihre Gültigkeit durch Experimente zu überprüfen. Man findet auch eine Fülle von Daten-

material. Es ist interessant und leicht zu lesen und vermittelt etwas vom vorherrschenden Forschergeist jener Zeit.

4. Krylov, N. M. und N. N. Bogoliubov, *Introduction to Nonlinear Mechanics*, Princeton University Press, Princeton, 1947. N. N. Bogoliubov und Y. A. Mitropolsky, *Asymptotische Methoden in der Theorie der nichtlinearen Schwingungen*, Akademie-Verlag, Berlin, 1965. Dies sind für die systematische und gründliche Diskussion der Mittelungsmethode und ihrer Anwendung auf nichtlineare oszillierende Systeme sozusagen die klassischen Bücher. Das erste Buch basiert mehr auf intuitiven Argumenten, während sich das zweite mehr der mathematischen Strenge bedient.
5. Minorsky, N., *Nonlinear Oszillations*, Van Nostrand, New York, 1962. Wir finden hier eine sorgfältige Einführung in den Gegenstand, wobei besonders die Darstellung jener Methoden russischer Mathematiker interessant ist, die zu jener Zeit noch nicht in englischer Sprache zugänglich waren. Seine Lektüre ist in Verbindung mit den Büchern von Bogoliubov und Mitarbeitern sehr zu empfehlen.
6. Andronov, A. A. und S. E. Khaiken, *Theory of Oscillators*, Princeton University Press, Princeton, 1949. A. A. Andronov, A. A. Vitt und S. E. Khaiken, *Theory of Oscillators*, Addison-Wesley, Reading, Massachusetts, 1966. Neuauflage bei Dover, New York, 1987. In diesen Büchern werden die Methoden von Poincaré und anderen bezüglich der Theorie des Oszillators entwickelt und vielfältige mechanische und elektrische Anwendungen diskutiert. Jeder, der an der Anwendung einer relativ komplizierten Mathematik auf ingenieurtechnische Probleme interessiert ist, findet hier genügend Material.
7. Nayfeh, A. H., *Introduction to Perturbation Techniques*, Wiley, New York, 1981. A. H. Nayfeh, *Perturbation Methods*, Wiley, New York, 1973. A. H. Nayfeh, *Problems in Perturbation*, Wiley, New York, 1985. A. H. Nayfeh und D. T. Mook, *Nonlinear Oscillations*, Wiley, New York, 1979. Nayfeh hat allein drei Bücher über diesen Gegenstand geschrieben und eins zusammen mit Mook. Sie sind alle sehr gut zu lesen, besonders aber *Introduction to Perturbation Techniques*.

   Problems in Perturbation ist hauptsächlich das Lösungsbuch zum letztgenannten. Es sollte betont werden, daß diese beiden Bücher alle Schritte diskutieren, die bei der Berechnung eines großen Spektrums von Problemen anfallen. Das ist besonders wichtig für einen Leser, der ein Gefühl für die Techniken entwickeln möchte, mit denen oszillierende Systeme untersucht werden. Besondere Aufmerksamkeit wird der Methode der vielfachen Zeitskalen gewidmet.

   Perturbation Methods widmet sich dem Gegenstand auf einem fortgeschritteneren Niveau. Es ist sehr gut geschrieben und behandelt besonders die Details und den Vergleich zwischen alternativen und sich ergänzenden Rechenmethoden. Man findet eine gründliche Diskussion der Methode der vielfachen Zeitskalen und der Mittelungsmethode einschließlich Beispielen, die bis zur zweiten Ordnung der Störungstheorie durchgerechnet sind. Zusätzlich werden auch gegenwärtig weniger gebräuchliche Methoden betrachtet. Schließlich enthält es noch eine klare und gründliche Diskussion Liescher Reihen und Liescher Transformationen, die man anderweitig schwer findet. *Nonlinear Oscillations* geht in einer Weise an den Gegenstand heran, die sich wohl eher an Forschenden als an Studenten orientiert.

8. Bender, C. M. und S. A. Orszag, *Advanced Mathematical Methods for Scientists*, Mc Graw-Hill, New York, 1978. Dieses Buch ist ziemlich anspruchsvoll, aber es diskutiert die Probleme auf einem Niveau, das jedem, der unserer Darstellung folgen konnte, verständlich sein müßte.
9. Andronov, A. A., E. A. Leontovich, I. I. Gordon und A. G. Maier, *Theory of Bifurcations of Dynamic Systems on a Plane*, Israel Program for Scientific Translations, Jerusalem, 1971. Dieses umfassende und gründliche Buch enthält viele Dinge, die in den Literaturstellen 5 und 6 auf einem elementareren Niveau behandelt werden. Zusätzlich findet man eine Reihe interessanter Beispiele, einschließlich einer kurzen Diskussion des quadratischen Oszillators nach Bautin auf Seite 264.
10. Jordan, D. W. und P. Smith, *Nonlinear Ordinary Differential Equations*, Oxford University Press, Oxford 1977. Hier findet man viele allgemeine Tatsachen und Ergebnisse über Schwingungen in etwa auf dem Niveau unseres Buches aufbereitet. Obwohl es nur ein dünnes Buch ist, überdeckt es doch ein breites Spektrum von Problemen mit vielen interessanten Beispielen und Übungen. Es ist sehr zu empfehlen.
11. Struble, R. A., *Nonlinear Differential Equations*, Mac Graw-Hill, New York, 1962. Hierbei handelt es sich um ein sehr leicht lesbares Werk, das den Leser schrittweise in die systematische Diskussion vieler Aspekte nichtlinearer Probleme einführt. Es führt auf sehr interessantem und intuitivem Weg über einen Variationszugang an die Poincarésche Störungsmethode heran.
12. Kevorkian, J. und J. D. Cole, *Perturbation Methods in Applied Mathematics*, Springer-Verlag, New York, 1981. Diese Buch enthält eine große Fülle an Material über störungstheoretische Methoden, insbesondere über die Methode der vielfachen Zeitskalen und verwandte Methoden. Man findet auch eine sehr schöne Diskussion von Morrisons fundamentaler Arbeit über die Äquivalenz der Mittelungsmethode und der Methode der vielfachen Zeitskalen bis zur zweiten Ordnung der störungstheoretischen Entwicklung. Außerdem wird die Idee der Skalierung sehr verständlich erläutert.
13. Sanders, J. A. und F. Verhulst, *Averaging Methods in Nonlinear Dynamical Systems*, Springer-Verlag, New York, 1985. In diesem anspruchsvollen Band liegt der Schwerpunkt auf der Mittelungsmethode, obwohl auch die Methode der vielfachen Zeitskalen diskutiert wird. Hier wird auch erwähnt, daß eine allgemeine oder vollständige Äquivalenz zwischen beiden Methoden wohl nicht gilt. Sie wurde jedoch für Systeme bewiesen, bei denen nur zwei Zeitskalen notwendig sind. Man findet viele interessante Beispiele, die

dabei helfen, mögliche Fallgruben einiger grober Mittelungstechniken zu erkennen.

14. Smith, D. R., *Singular Perturbation Theory*, Cambridge University Press, New York, 1985. Der Leser findet hier eine verständliche Diskussion der Mittelungsmethode und der Methode der vielfachen Zeitskalen, der er ohne Schwierigkeiten folgen kann. Einige elementare Beispiele werden sehr ausführlich behandelt und vermitteln dem Leser zusätzliche Einsichten. Außerdem findet man eine umfangreiche Darstellung der Fehleranalyse, auf der unsere Darstellung aufbaut.
15. Landau, L. D. und E. M. Lifschitz, *Mechanik*, 13. deutsche Auflage, Akademie-Verlag, Berlin 1990. Dieses hervorragende Lehrbuch über die Mechanik enthält auch eine kurze Diskussion des anharmonischen Oszillators und verwandter nichtlinearer Systeme.
16. May, R. M., *Stability and Complexity in Model Ecosystems*, 2. Auflage, Princeton University Press, Princeton, 1973. Dieses Buch basiert hauptsächlich auf einer Reihe von Artikeln von Professor May. Es ist leicht zu lesen und man bekommt einen guten Überblick über die Ökologie der frühen siebziger Jahre einschließlich der angewendeten mathematischen Techniken. Darüber hinaus enthält es eine umfangreiche Bibliographie.
17. Lin, C. C. und L. A. Segel, *Mathematics Applied to Deterministic Problems in the Natural Sciences*, Macmillan, New York, 1974. Neuaufgelegt durch Dover, New York, 1987. Hier findet man eine umfangreiche Diskussion mathematischer Methoden. Dem pädagogischen Aspekt der sorgfältigen mathematischen Formulierung des betrachteten wissenschaftlichen Problems wird besondere Aufmerksamkeit gewidmet. Es diskutiert auch in hervorragender Weise singuläre störungstheoretische Methoden und die Methode der vielfachen Zeitskalen.
18. Tabor, M., *Chaos and Integrability in Nonlinear Dynamics: An Introduction*, Wiley, New York, 1989. An einem bestimmten Punkt wird es einfach wichtig, daß man einen neuen Schritt wagt und etwas über die moderne Theorie dynamischer Systeme lernt. Kein Buch über diesen Gegenstand ist leicht zu lesen, aber dieses hier enthält genügend einführendes Material, so daß der Leser wenigstens in der Lage sein sollte, die Grundprinzipien zu verstehen. Es behandelt auch in einiger Ausführlichkeit verschiedene moderne Forschungsgebiete und gibt viele Literaturhinweise.

16 Eindimensionale iterierte Abbildungen und das Einsetzen des Chaos

Es gibt mannigfaltige Berührungspunkte zwischen vielen bedeutsamen Entwicklungen bei der Untersuchung nichtlinearer Differenzengleichungen und den Grundprinzipien bei nichtlinearen Differentialgleichungen. Obwohl diese Differenzengleichungen eine ganz andere Struktur haben, kann jede von ihnen zu chaotischem Verhalten führen. Dieses Kapitel ist nichtlinearen Differenzengleichungen gewidmet und es wäre eigentlich eine gewaltige Untertreibung, wenn nur gesagt würde, daß das bei ihnen beobachtete neuartige Verhalten gegenüber früheren Untersuchungen völlig unerwartet ist. Tatsächlich stellt sich zwangsläufig das Gefühl ein, daß man es mit etwas total Neuem und Aufregendem zu tun hat. Um zu begreifen, was passiert, ist es notwendig, daß einige numerische und graphische Verfahren besprochen werden und daß die Resultate auch selbst bestätigt werden. Eine bloße passive Kenntnisnahme ist unbefriedigend.

Wir beginnen das Kapitel mit einer längeren Einführung, an die sich dann eine Hinführung zu nichtlinearen Differenzengleichungen anschließt. Im weiteren werden die Feigenbaum-Konstanten α und δ detailliert abgeleitet, die eindimensionale quadratische Abbildungen charakterisieren. Die Diskussion wird wesentlich durch die bahnbrechenden Arbeiten von Robert May, Mitchell Feigenbaum und anderen motiviert, die versucht haben, die Geheimnisse, die mit dem Chaos verbunden sind, zu entschlüsseln.

16.1 Einführung

Wenn man Modelle zur Beschreibung physikalische Phänomene konstruiert, dann versucht man immer, diese so einfach wie möglich zu halten, wobei sie trotzdem die wesentlichen Aspekte des betrachteten Problems richtig wiedergeben. Dies hat größtenteils zur Entwicklung linearer Modelle in Gestalt von

Differential- und Differenzengleichungen geführt, die klassifizierbar sind. So ist z. B. von einer Gleichung der Form

$$\frac{\mathrm{d}y}{\mathrm{d}x} + \frac{y}{1-x} = 0; \qquad y(0) = c \tag{16.1}$$

bekannt, daß ihre Lösung $y(x) = c(1-x)$ wegen der Struktur der Differentialgleichung keine Singularitäten besitzt. Handelt es sich dagegen um die Gleichung

$$\frac{\mathrm{d}y}{\mathrm{d}x} + \frac{y}{(x-1)^2} = 0; \qquad y(0) = c\,, \tag{16.2}$$

dann können wir bereits voraussehen, daß die Lösung

$$y(x) = c \exp \frac{x}{x-1}$$

eine Singularität bei $x = 1$ besitzt. Dies hängt mit der Tatsache zusammen, daß es ein Klassifikationsschema für die Lösungen linearer Differentialgleichungen gibt, das uns mitteilt, wann Singularitäten zu erwarten sind. Andererseits stellen wir fest, daß die nichtlineare Differentialgleichung

$$\frac{\mathrm{d}y}{\mathrm{d}x} - y^2 = 0; \qquad y(0) = c \tag{16.3}$$

eine Lösung $y(x) = c/(1-cx)$ mit einer spontanen Singularität bei $x = 1/c$ besitzt, die mit der Anfangsbedingung $y(0) = c$ zusammenhängt. Unsere Erfahrungen bei der Klassifikation und beim Lösen von linearen Differentialgleichungen ist wenig hilfreich bei der Untersuchung nichtlinearer Differentialgleichungen. Eine analoge Situation existiert hinsichtlich der Analyse von Differenzengleichungen. Wir betrachten z. B. ein Modell für das Wachstum der Populationsdichte einer isolierten Spezies in Form der linearen Differentialgleichung

$$\frac{\mathrm{d}x}{\mathrm{d}t} = bx \tag{16.4}$$

mit der Lösung $x(t) = x(0)\exp bt$. Die Größe b, die der Differenz aus Geburts- und Todesrate entspricht, bestimmt letztendlich das Schicksal der Art. Damit ist gemeint, daß die Art für $b > 0$ wächst und für $b < 0$ ausstirbt. Die entsprechende lineare Differenzengleichung lautet

$$x(n+1) - x(n) = bx(n)$$

bzw.

$$x(n+1) = (b+1)x(n) \tag{16.5}$$

und hat die Lösung $x(n) = (b+1)^n x(0)$. Dabei beschreibt $x(n)$ die Populationsdichte zur Zeit $t = n$. Wir erkennen an der Lösung, daß die Spezies dann wächst, wenn der Koeffizient b entweder größer als null oder kleiner als -2

ist. (Der Fall $b < -1$ hat keine biologische Bedeutung.) Obwohl die Lösungen der Gleichungen (16.4) und (16.5) verschiedenes Verhalten in bestimmten Parameterbereichen aufweisen, können sie mit Hilfe einer systematischen Vergleichsmethode miteinander in Beziehung gesetzt werden. Dies wird in einer Reihe von Büchern diskutiert, z. B. bei Bender und Orszag. (Vergleiche Kapitel 15.)

In diesem Kapitel betrachten wir die nichtlinearen Verallgemeinerungen der Gleichung (16.5), die das Analogon der logistischen Differentialgleichung

$$\frac{dx}{dt} = bx(1-x) \tag{16.6}$$

in Form der nichtlinearen Differenzengleichung

$$x(n+1) = (b+1)x(n) - bx(n)x(n) \tag{16.7}$$

ist. Obwohl dieses Modell bereits mehr als ein Jahrhundert lang studiert wird, ist seine komplexe Struktur erst in jüngster Zeit, hauptsächlich mit Hilfe des effektiven Einsatzes von Computern und Computergraphik, aufgedeckt worden. Das neue Wort „chaotisch" wurde erfunden, um das offenbar zufällige Verhalten einiger Lösungen dieser deterministischen Gleichung zu beschreiben. Unsere Erfahrung bei der Beobachtung normaler dynamischer Systeme lehrt uns, daß diese nach hinreichend langer Zeit sozusagen eingeschwungen sind, d. h. einen bestimmten stationären bzw. periodischen Zustand erreichen. Demgegenüber scheint ein chaotisches System in einem permanenten Übergangszustand gefangen zu sein, dessen Struktur extrem empfindlich von den konkreten Anfangsbedingungen abhängt.

16.2 Orientierung

Dieses Kapitel unterscheidet sich von allen anderen dadurch, daß es einen Sachverhalt diskutiert, der noch gar nicht richtig definiert wurde. Bisher sind wir davon ausgegangen, daß stochastische und deterministische Systeme ziemlich verschieden sind. So haben wir z. B. in der Mechanik gelernt, daß bei gegebener Kraft Ort und Impuls eines Teilchens in einem deterministischen System im Prinzip mit beliebiger Genauigkeit bestimmt werden können, somit auch seine zukünftige Entwicklung bekannt ist. Natürlich waren wir uns bewußt, daß es unmöglich sein könnte, diese Aufgabe auch tatsächlich zu bewältigen, aber wir glaubten genau zu verstehen, was wir tun. Andererseits haben wir in dem Fall, daß unser System zufällige Elemente enthält, erwartet, daß dann keine exakte Vorhersage der zukünftigen Entwicklung des Systems möglich ist. Es gibt zwischen diesen Fällen sicherlich eine Grauzone, aber im wesentlichen waren wir von der Richtigkeit dieser Argumentation überzeugt. Ungefähr während der letzten zehn Jahre hat sich hauptsächlich durch Computeruntersuchungen herausgestellt, daß deterministische Systeme ein sehr komplexes und unvorhersehbares Verhalten zeigen können, welches man chaotisch nennt. Im Unterschied zu unserem bisherigen Herangehen verzichten wir bei solchen Systemen darauf, nach einer exakten Beschreibung der Bewegung zu suchen, und entwickeln statt dessen ein qualitatives Bild des Geschehens. Außerdem ist zu erwarten, daß diskrete und kontinuierliche Systeme das Chaos auf ganz verschiedene Weise erreichen. Dieses Gebiet der Forschung wird gegenwärtig sehr aktiv bearbeitet, und es wird noch einige Zeit vergehen, bis eine systematische Darstellung möglich sein wird.

Mit diesen Überlegungen führen wir die Diskussion und wollen zeigen, daß einfache eindimensionale quadratische Abbildungen bzw. Differenzengleichungen ein sehr komplexes und unerwartetes Verhalten besitzen. Wir führen die Analyse detailliert durch, die notwendig ist, um uns an die Schwelle für das Einsetzen des Chaos in diskreten Systemen zu bringen. Dies kann man mit den Mitteln einer elementaren Mathematik erreichen. Unglücklicherweise müssen wir auf die Diskussion des chaotischen Verhaltens in kontinuierlichen Systemen verzichten, denn das würde die Entwicklung spezieller mathematischer Hilfsmittel erfordern. (Viele der im Literaturverzeichnis angegebenen Bücher behandeln diesen Aspekt des mathematischen Chaos.) Schließlich sollte danach gefragt werden, ob dem Chaos eine direkte physikalische Bedeutung zukommt, bzw. ob es einen Zusammenhang zwischen Chaos und der realen Welt gibt. Kann es uns z. B. dabei helfen, die entscheidenden Faktoren für das Einsetzen und die räumliche Struktur der Turbulenz aufzudecken oder die Wettervorhersage zu verbessern? Ob dem nun so ist oder nicht; Vorurteile gegenüber der Untersuchung dieses neuen Gegenstandes sind unangebracht. Es ist wie mit vielen Dingen im Leben; wer die Regeln nicht kennt, kann auch das Spiel nicht spielen, und es scheint so zu sein, daß viele zukünftige Forschungen ein grundlegendes Verständnis der Prinzipien des Chaos unbedingt erforden.

Um unsere Ziele zu erreichen, analysieren wir die quadratische Differenzengleichung, die den Wert einer Funktion x beim $(n+1)$-ten Schritt mit dem Wert ihres Vorgängers verknüpft

$$x(n+1) = ax(n)[1 - x(n)]; \qquad 0 < a \leq 4, \qquad 0 \leq x \leq 1 \; . \tag{16.8}$$

Wir suchen nun nach dem Verhalten der Lösungen dieser Gleichung (16.8), wenn der Wert des Parameters a variiert wird. Dies führt zu den Begriffen Fixpunkt, Stabilität, Vielfachheit und Periodenverdopplung. Wir werden außerdem die sogenannten Feigenbaum-Konstanten δ und α näherungsweise bestimmen, die jede quadratische Ein-Schritt-Abbildung charakterisieren. Wie im folgenden noch deutlich werden wird, sind viele der angewendeten Verfahrensweisen noch unbekannt. Das liegt daran, daß es sich einerseits um ein völlig neues Forschungsgebiet handelt, andererseits ist aber auch unsere Ausbildung viel mehr an Differential- denn an Differenzengleichungen orientiert. Deshalb werden wir langsam vorangehen und uns öfters wiederholen, damit das, was wir tun, auch verstanden wird.

Der Begriff „Chaos“ ist von all den neuen Begriffen bzw. Konzepten, die in diesem Kapitel eingeführt werden, der interessanteste. Er tritt bei diskreten Modellen in folgender Weise auf. Es wird ein deterministisches System betrachtet, das durch eine Differenzengleichung modelliert wird. Da es keine Zufallsvariablen und stochastischen Parameter enthält, sollte man erwarten, daß die Trajektorien bzw. das Verhalten des Systems analytisch oder numerisch berechnet werden kann. Wir wollen sehen, was damit gemeint ist, und betrachten die Differenzengleichung (16.8).

Wir wählen einen Anfangswert für x, sagen wir $x(0)$, und variieren dann langsam den Parameter a, wobei wir das resultierende Verhalten des Systems studieren. Es wird sich herausstellen, daß die Größe $x(n)$ für kleine Werte des Parameters a durch den Ursprung angezogen wird. Das bedeutet, daß für jede Anfangsbedingung der Ursprung ein Attraktor des Systems ist. Ein solches Verhalten ist uns vom Studium attraktiver Fixpunkte bei Differentialgleichungen her geläufig.

Wir vergrößern nun den Parameter a etwas und stellen fest, daß der ursprünglich stabile Fixpunkt instabil wird; es taucht ein neuer Fixpunkt auf, der für das System als Attraktor wirkt. Das unterscheidet sich nicht sehr vom Verhalten der Lösung einer nichtlinearen Differentialgleichung vom logistischen Typ. Das System besitzt also anziehende und abstoßende Fixpunkte.

Wenn wir den Parameter a noch ein wenig vergrößern, dann bemerken wir, daß das System gar keine Fixpunkte mehr besitzt, statt dessen tritt ein sogenannter Zyklus mit der Periode 2 auf. Das System springt immer zwischen zwei anziehenden Punkten hin und her. Obwohl dies ein neues Phänomen darstellt, ist es noch zu verstehen. (Man kann es z. B. als diskretes Analogon eines Grenzzyklus interpretieren.)

Wenn der Parameter a noch ein wenig vergrößert wird, dann beschreibt das System einen Zyklus mit der Periode 4. Aber wir bemerken, daß dies nur dann passiert, wenn der Parameter nur sehr wenig geändert wird.

Wenn wir mit der Erhöhung des Parameters fortfahren, stellen wir fest, daß das System weitere geordnete Zyklen mit immer höheren Perioden durchläuft. Dies findet aber nur dann statt, wenn die Vergrößerung des Parameters in immer kleineren Schritten vorgenommen wird. Schließlich wird ein Regime erreicht, bei dem kein Muster mehr zu erkennen ist. Wir nennen dieses neue Regime „Chaos“.

Suche nach einer Analogie. Wir betrachten ein System, das aus einem Ball besteht, dessen Bewegung dadurch eingeschränkt ist, daß er sich in einem Kasten befindet, dessen Größe durch einen Parameter festgelegt wird. Der Kasten wird nun allmählich verkleinert und wir beobachten gleichzeitig die Bewegung des Balles. Es wird dabei immer schwieriger, die Trajektorie des Balles zu verfolgen, denn er muß seine Geschwindigkeit in immer kürzeren Zeitintervallen ändern. Wir berufen uns auf ein sicheres Fundament, wenn wir davon überzeugt sind, daß im Falle von deterministischen Systemen bei gegebenem Kraftgesetz und bekannten Anfangs- und Randbedingungen die Trajektorie des Balles für beliebige Zeiten mit beliebiger Genauigkeit berechnet werden kann. Wir erwarten, daß Systeme, deren Anfangsbedingungen oder Parameter sich nur infinitesimal unterscheiden, auch eng benachbarte Trajektorien durchlaufen.

Obwohl es sehr schwierig sein dürfte, diese Bedingungen für unser Ballproblem zu realisieren, glauben wir daran, daß es sich bei linearen Systemen so wie beschrieben verhält. Wir würden dann sagen, es handelt sich um ein normales oder deterministisches System, es enthält keine Zufallsgrößen.

Wir wollen nun ein verwandtes nichtlineares Problem betrachten, bei dem eine Wechselwirkung dadurch realisiert wird, daß unser Kasten zum Flipperautomaten wird. Das System ist deterministisch, aber die Kräfte sind nichtlinear. Es stellt sich heraus, daß winzige Änderungen der Parameter (z. B. der Positionen der Stifte) oder der Anfangsbedingungen zu enormen Unterschieden in den Resultaten führen. Außerdem finden wir, daß ein Fehler in den Anfangsbedingungen durch einen Parameter exponentiell verstärkt werden kann. Das bedeutet, daß Trajektorien, die von eng benachbarten Anfangspunkten ausgehen, exponentiell divergieren. Somit verhalten sich Systeme mit infinitesimal differierenden Anfangsbedingungen oder Parametern völlig verschieden. Wir finden bei unserem System ein Verhalten, als ob es durch zufällige Elemente beherrscht wird.

Dies alles ist uns von der Betrachtung linearer Systeme her unbekannt. Wir sprechen davon, daß wir in einem chaotischen Regime sind, und der Begriff „Chaos" kennzeichnet in vielerlei Hinsicht nur unsere Hilflosigkeit, die deterministische Charakterisierung bestimmter Klassen nichtlinearer Systeme aufrechtzuerhalten. Chaos ist eine neue Facette des komplizierten und merkwürdigen Verhaltens nichtlinearer Systeme. Es tritt in differenzierter Gestalt bei diskreten und kontinuierlichen Systemen in Erscheinung und wir wollen uns darum bemühen, seine Grundprinzipien zu verstehen.

In diesem Kapitel beschränken wir unsere Diskussion auf die Untersuchung quadratischer Abbildungen. Es wird sich herausstellen, daß diese ungewöhnliche Eigenschaften besitzen; darunter die von Feigenbaum entdeckte Universalität. Er hat festgestellt, daß alle stetigen quadratischen Abbildungen durch zwei universelle Konstanten δ und α, die Feigenbaum-Konstanten, charakterisiert werden können.

Wir beschließen diese einführenden Bemerkungen mit einem längeren Zitat aus dem bahnbrechenden Artikel von Robert May (*Nature*, Vol. 261, 459 (1976)) mit dem Titel *Simple Mathematical Models with Very Complicated Dynamics* (abgedruckt mit Genehmigung von Professor May). Ich möchte jeden, der am Studium diskreter nichtlinearer Systeme interessiert ist, dringend auffordern, diesen Artikel zu lesen. May entwickelt eine sorgfältige Darstellung der Differenzengleichung des logistischen Modells und erklärt sein überraschendes Verhalten. Er schließt mit einer Bitte an uns alle, doch mehr über nichtlineare Systeme zu lernen:

> Das zu den linearen Systemen gehörende elegante Gebäude der mathematischen Theorie (Fourieranalyse, orthogonale Funktionen usw.) und seine erfolgreiche Anwendung auf viele fundamentale lineare Probleme in den physikalischen Wissenschaften neigt dazu, die weniger fortgeschrittenen Kurse in Mathematik und theoretischer Physik an den Universitäten zu beherrschen. Die so entwickelte mathematische Intuition bildet für den Studenten ein schlechtes Rüstzeug, wenn er mit dem bizarren Verhalten schon der einfachsten diskreten nichtlinearen Systeme (z. B. der logistischen Gleichung) konfrontiert wird. Solche nichtlinearen Probleme stellen jedoch außerhalb der physikalischen Wissenschaften die Regel dar und nicht etwa die Ausnahme. Ich möchte deshalb darauf drängen, daß die Studenten frühzeitig in ihrer mathematischen Ausbildung damit (z. B. mit der logistischen Gleichung) vertraut gemacht werden. Diese Gleichung kann studiert werden, indem die Iterationen mit Hilfe eines Taschenrechners oder sogar per Hand durchgeführt werden. Ihre Untersuchung erfordert keine weiteren komplizierten Voraussetzungen, nur elementare Grundrechenarten. Dadurch würde aber das Gefühl der Studenten für nichtlineare Systeme wesentlich bestärkt werden. Das betrifft nicht nur die Forschung, sondern auch in der alltäglichen Welt von Politik und Wirtschaft wäre es sehr wichtig für uns alle, wenn wir erkennen würden, daß einfache nichtlineare Systeme nicht notwendig auch ein einfaches dynamisches Verhalten besitzen müssen.

16.3 Rückblick auf die logistische Differentialgleichung

Wir erinnern an die grundlegenden Vorstellungen im Zusammenhang mit der logistischen Differentialgleichung, die im Kapitel 7 eingeführt wurde. Wir schreiben die Gleichung in Form von Gleichung (16.6)

$$\frac{\mathrm{d}x}{\mathrm{d}t} = bx(1-x); \qquad x > 0\,.$$

Ihre Lösung lautet

$$x(t) = x(0)\frac{\exp bt}{1 + x(0)(\exp bt - 1)}\,. \tag{16.9}$$

Der Koordinatenursprung ist für $b > 0$ instabil und für $b < 0$ stabil. Demgegenüber ist der Punkt $x = 1$ für positive Werte von b ein Attraktor, während er für negative Werte von b abstoßend ist. (Vergleiche Abbildung 7.2.) Es gibt mit wachsender Zeit t eine stetige Annäherung an den Gleichgewichtspunkt $x^* = 1$ für alle positiven Werte von b. Einige Aspekte dieses Verhaltens sind typisch für nichtlineare Differentialgleichungen dieser Art, die einen linearen Term und einen entgegenwirkenden nichtlinearen Term besitzen.

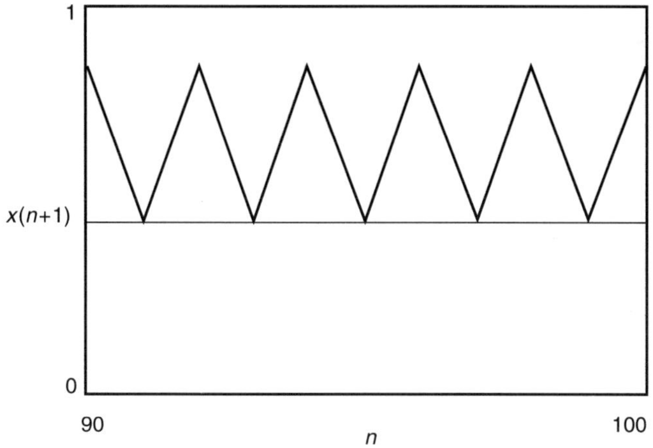

Abb. 16.1 Wir zeichnen $x(n+1) = 3{,}4x(n)[1-x(n)]$ mit $x(0) = 0{,}55$. Nach 90 Schritten befindet sich das System in einem Zyklus mit der Periode 2. Bei einer Änderung der Anfangsbedingung ergibt sich das gleiche Muster. Man probiere es aus.

Wir wenden nun unsere Aufmerksamkeit der entsprechenden logistischen Differenzengleichung zu, die durch Gleichung (16.8) gegeben ist. Sie modelliert das Wachstum von Arten, welches in diskreten Schritten erfolgt. Wir werden zeigen, daß wir in einem speziellen Bereich des Parameters a Resultate erhalten, die, verglichen mit der Lösung (16.9), ganz verschieden und unerwartet sind. Wir sprechen davon, daß diese beiden Gleichungen zugeordnet oder verwandt sind, weil sie zur Modellierung desselben Systems entwickelt wurden. Die Differenzengleichung nimmt an, daß der Wachstumsprozeß in diskreten Schritten oder Zeitintervallen abläuft, während der Differentialgleichung ein kontinuierliches Wachstumsgeschehen zugrunde liegt. Wir setzen dann die Ableitung zur Differenz in Korrespondenz und sagen, daß die Gleichungen (16.6) und (16.8) verwandt sind. Wir erwarten, daß die Differenzen- und die Differentialgleichung ähnliche Lösungen besitzen, solange die Schrittzeit nur klein genug ist, daß sich die Population $x(n)$ in diesem Intervall nicht wesentlich ändert. Bei unserer Analyse wird sich jedoch herausstellen, daß diese Bedingung für hinreichend große Parameter a in der logistischen Differenzengleichung nicht erfüllt werden kann. Wir sehen z. B., daß die Lösung der Differentialgleichung für alle positiven Werte des Parameters b stetig gegen den stabilen Gleichgewichtspunkt $x = 1$ strebt, der einer Sättigung entspricht. Wenn wir außerdem den Wert dieses

Parameters b nur sehr wenig ändern, dann sehen wir de facto keine Änderung im Verlauf der resultierenden Trajektorie. Demgegenüber können die Lösungen der Differenzengleichung (16.8) ihr Verhalten bei einer noch so kleinen Variation entweder der Anfangsbedingungen oder des Parameterwertes a dramatisch ändern. Dies wird durch die Untersuchungen in diesem Kapitel deutlich werden.

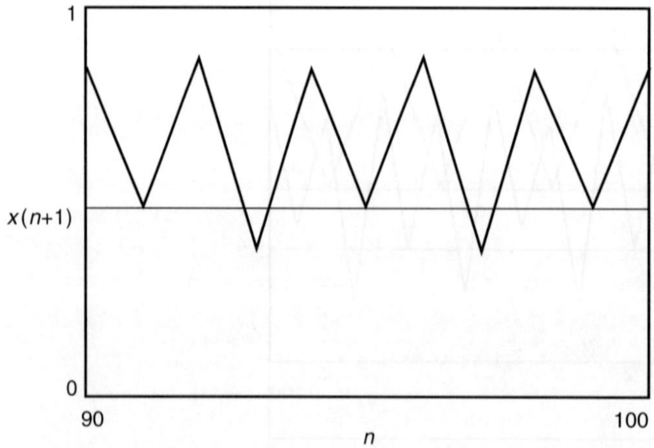

Abb. 16.2 Wir zeichnen $x(n+1) = 3{,}5x(n)[1 - x(n)]$ mit $x(0) = 0{,}5$. Wir erhalten einen Zyklus mit der Periode 4, der gegenüber einer Änderung der Anfangsbedingung unempfindlich ist.

Beispiel 16.3.1. Wir betrachten die durch Gleichung (16.6) gegebene logistische Differentialgleichung. Wir können die Lösung aufzeichnen und sind sicher, daß sie sich nicht sehr verändern wird, wenn entweder der Parameter oder die Anfangsbedingung geringfügig variiert werden. (Das ist leicht zu bestätigen.) Wir betrachten nun die logistische Differenzengleichung in Form von Gleichung (16.8) und möchten verschiedene Kombinationen von Anfangsbedingungen und Parameterwerten a untersuchen. Die Ergebnisse sieht man in den Abbildungen 16.1 bis 16.5.

Wir stellen fest, daß in den Abbildungen 16.1 bis 16.3 nichts besonders ungewöhnliches passiert, d. h., die Bewegung besitzt eine reguläre Struktur.

Andererseits bemerken wir in den Abbildungen 16.4 a bis 16.4 d und 16.5 a bis 16.5 b, daß kleine Variationen der Parameter oder der Anfangsbedingungen zu wesentlichen Änderungen in der Trajektorie führen. Das System befindet sich in einem chaotischen Regime. Wir können das Verfahren, Parameter und Anfangsbedingung zu variieren, fortsetzen und gewinnen dadurch ein gewisses Maß an Intuition. Um den Reichtum des neuen Phänomens jedoch richtig einschätzen zu können, müssen wir unsere analytischen Techniken ein wenig entwickeln. Es ist amüsant, daß verschiedene Programme, wie z. B. *Lotus 1-2-3* und *Math Cad* zu verschiedenen chaotischen Trajektorien führen. Dies nährt Zweifel am Vergleich von Resultaten, die mit verschiedenen Computerexperimenten erhalten wurden. (Vergleiche die abschließenden Bemerkungen im Abschnitt 16.9.) □

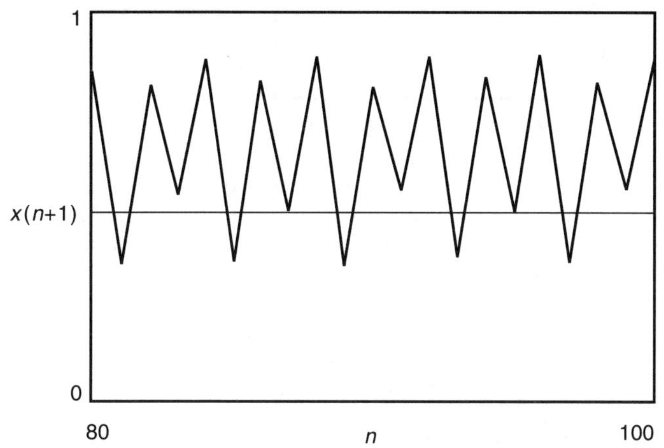

Abb. 16.3 Wir zeichnen $x(n+1) = 3{,}55x(n)[1 - x(n)]$ mit $x(0) = 0{,}5$. Man beobachtet jetzt einen Zyklus mit der Periode 8. Man variiere die Anfangsbedingung und überzeuge sich, daß das System dadurch nicht berührt wird.

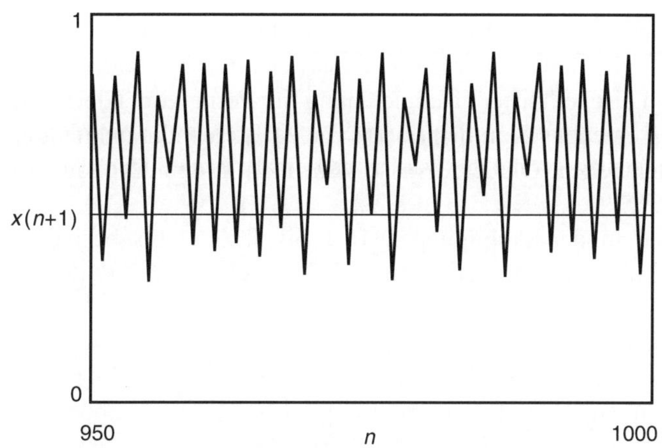

Abb. 16.4 a Wir zeichnen $x(n + 1) = 3{,}61x(n)[1 - x(n)]$ mit $x(0) = 0{,}5$. Die Schlußfolgerung, daß kein reguläres Muster entsteht, ist möglich.

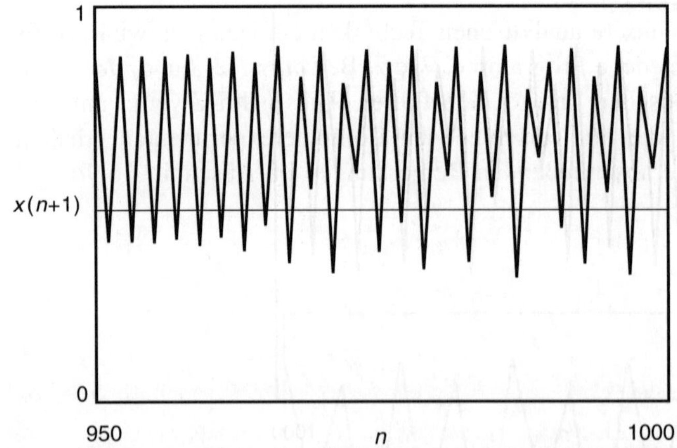

Abb. 16.4 b Wir zeichnen $x(n+1) = 3{,}6101x(n)[1 - x(n)]$ mit $x(0) = 0{,}5$. Man beobachtet, daß eine kleine Veränderung des Parameters a bereits zu einem von Abb. 16.4 a total verschiedenem Bild führt. Man betrachte verschiedene Intervalle und überzeuge sich selbst, daß die Muster wirklich unterschiedlich sind.

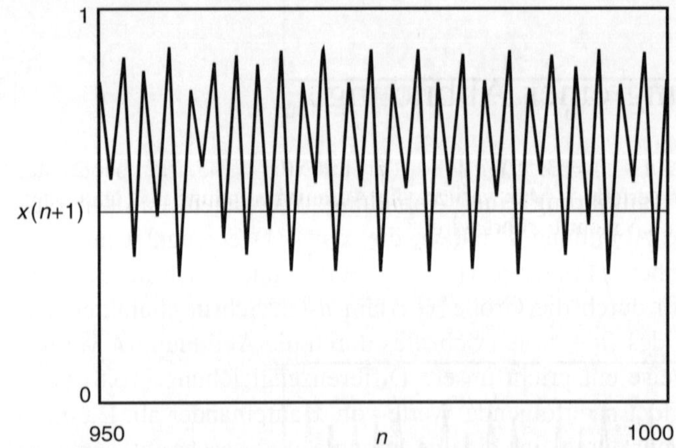

Abb. 16.4 c Wir zeichnen $x(n+1) = 3{,}6101x(n)[1 - x(n)]$ mit $x(0) = 0{,}501$. Hier haben wir die Anfangsbedingung geringfügig variiert und erhalten eine Figur, die sich von Abb. 16.4 b unterscheidet.

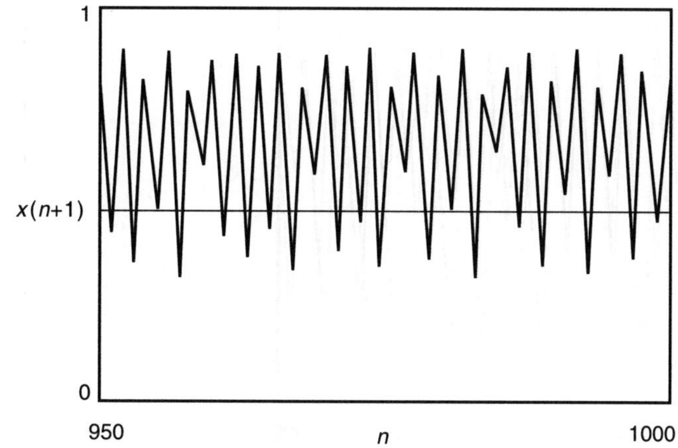

Abb. 16.4 d Wir zeichnen $x(n+1) = 3{,}61x(n)[1 - x(n)]$ mit $x(0) = 0{,}501$. Wir stellen fest, daß dieses Bild sich von allen Abbildungen 16.4 a bis 16.4 c unterscheidet.

16.4 Einführung einer Abbildung

Wir beginnen mit der Einführung einer Abbildung. Wir sagen, daß wir eine eindimensionale stetige Abbildung T haben, die $x(n+1)$ erzeugt, wenn $x(n)$ gegeben ist, und schreiben $f[x(n)] = x(n+1)$. Wir können auch davon sprechen, daß unser System durch die Größe $x(n)$ am n-ten Schritt charakterisiert wird und daß der Wert des $(n+1)$-ten Schrittes durch die Abbildung T vermittelt wird. Auf diese Weise entspricht unsere Differenzengleichung (16.8) einer Abbildung, denn sie bildet nachfolgende Werte von x aufeinander ab. Da diese Abbildung das System nur durch eine einzige Variable $x(n)$ beschreibt, sprechen wir von einer eindimensionalen Abbildung.

Die Größe $x(n)$ könnte wie erwähnt der Populationsdichte einer Spezies zum Zeitpunkt $t = n$ entsprechen, welche in diskreten Schritten, die durch die Variable n charaktersisiert werden, wächst. Der Parameter a gibt die Differenz aus Geburts- und Todesrate an. Das alles ist vollkommen analog zur logistischen Differentialgleichung (16.6), bis eben auf den wesentlichen Unterschied, daß das Verhalten des Systems durch diskrete Werte beschrieben wird. Man kann zeigen, daß die logistische Abbildung in verschiedenen Formen und für verschiedene Parameterbereiche auftritt, aber es ist effektiv immer die gleiche Abbildung. Unsere Diskussion in den folgenden Abschnitten basiert auf dem Artikel von Lauwerier, den man in dem von Holden herausgegeben Buch findet und der sich seinerseits auf Artikel von May, Feigenbaum und Helleman beruft.

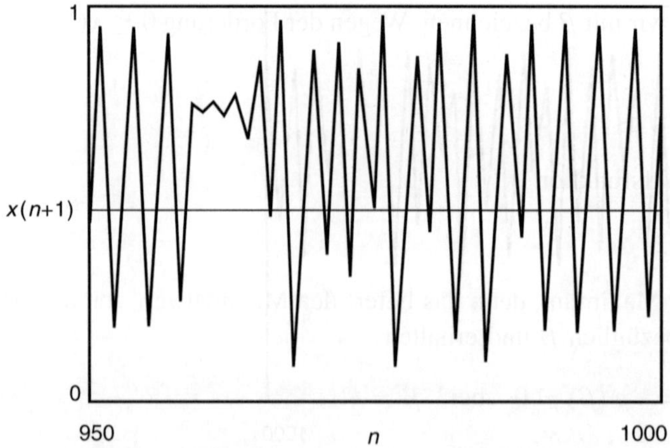

Abb. 16.5 a Wir zeichnen $x(n+1) = 3{,}9x(n)[1 - x(n)]$ mit $x(0) = 0{,}5$.

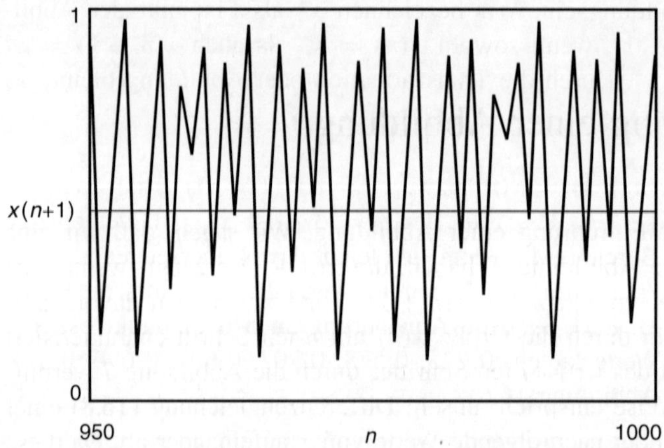

Abb. 16.5 b Wir zeichnen $x(n+1) = 3{,}90001x(n)[1 - x(n)]$ mit $x(0) = 0{,}5$. Diese Abbildung unterscheidet sich von Abbildung 16.5 a, obwohl wir den Parameter a nur um eine Winzigkeit variiert haben. Das ist eine der Eigenschaften des Chaos.

16.5 Stabile und instabile Fixpunkte

Wir betrachten die logistische Abbildung, die durch Gleichung (16.8) gegeben ist. Es soll jetzt gezeigt werden, daß der Parameter a der Ungleichung $0 < a \leq 4$ genügt, da der Bereich der Variablen x auf das Intervall $0 \leq x \leq 1$ beschränkt ist. Wir wählen irgendeinen Ausgangspunkt und starten unsere Schrittfolge. Wir beginnen bei $x(0)$, das wir mit β bezeichnen. Wegen der Forderung $0 \leq x(1) \leq 1$ gilt

$$x(1) = a\beta(1-\beta) \leq 1 \,.$$

Wir führen jetzt die Hilfsfunktion

$$g(\beta) = \beta(1-\beta)$$

ein und bestimmen ihr Maximum, denn das liefert den Maximalwert von a. Wir bilden die Ableitung bezüglich β und erhalten

$$g'(\beta) = 1 - 2\beta; \quad g'(\beta) = 0 \quad \text{bei} \quad \beta = \tfrac{1}{2}$$
$$g_{\max} = \tfrac{1}{4} \,.$$

Damit die Forderung $x(n) \leq 1$ für jeden Anfangswert aus dem Intervall [0, 1] erfüllt wird, muß also $a \leq 4$ gelten. Analog unserer Untersuchung von nichtlinearen Differentialgleichungen führen wir jetzt das Konzept der Fixpunkte auch bei unserer Abbildung ein. Wir bezeichnen x^* als Fixpunkt der Abbildung $f[x(n)] = x(n+1)$, wenn sowohl $x(n) = x^*$ als auch $x(n+1) = x^*$ gelten, d. h., $f(x^*) = x^*$. Durch die Transformation oder Abbildung bleibt das System also im Fixpunkt.

Beispiel 16.5.1. Für $x(n+1) = x(n)$ bzw. $x^* = ax^*(1-x^*)$ erhält man die Lösungen $x^* = 0$ und $x^* = 1 - 1/a$. Bei $a = 3/4$ ist $x^* = 0$ der einzige Fixpunkt im erlaubten Bereich. Man kann sich leicht davon überzeugen, daß die Annäherung an den Fixpunkt für $a < 2$ monoton verläuft. Im Unterschied dazu erfolgt für $a > 2$ (z. B. $a = 2{,}9$) die Annäherung an den Fixpunkt oszillierend. Die ersten paar Werte lauten: 0,725, 0,578, 0,707, 0,600, 0,696, 0,614, 0,687, ... (vergleiche Abbildung 16.6). □

Wir betrachten jetzt den Fixpunkt in Abhängigkeit vom Parameter a und möchten seine Lage bestimmen und seine Stabilität aufklären. Damit ist gemeint, daß wir untersuchen, ob das System bei kleinen Auslenkungen aus dem Fixpunkt zu diesem zurückkehrt oder sich von ihm entfernt.

Man spricht von einem anziehenden Fixpunkt bei $x = x^*$, wenn in seiner Nähe die nächste Iteration noch näher an ihn heranführt. Wir betrachten ein $x(n)$, das sehr nahe an x^* liegt, und schreiben

$$x(n) = x^* + \varepsilon(n) \,,$$

wobei $\varepsilon(n)$ eine kleine Größe ist. Nun wird $x(n+1)$ berechnet, das wie folgt ausgedrückt wird

$$x(n+1) = x^* + \varepsilon(n+1) \,.$$

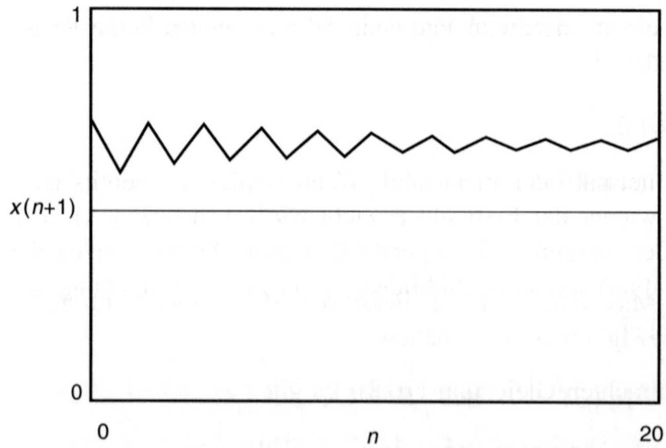

Abb. 16.6 Wir zeichnen $x(n+1) = 2{,}9x(n)[1 - x(n)]$ mit $x(0) = 0{,}5$. Man beobachtet ein oszillierendes Einlaufen des Systems in seinen Fixpunkt.

Wir haben es mit einem anziehenden Fixpunkt unserer Abbildung zu tun, wenn bei $x = x^*$ die Ungleichung

$$\frac{|\varepsilon(n+1)|}{|\varepsilon(n)|} < 1 \tag{16.10}$$

gilt. In diesem Fall führen die nachfolgenden Iterationsschritte immer näher an x^* heran. Der Punkt x^* ist ein stabiler oder anziehender Fixpunkt. Man kann auch ausgehend von der Gleichung

$$x(n+1) = x^* + \varepsilon(n+1) = f[x(n)] = f[x^* + \varepsilon(n)]$$

eine Taylorentwicklung durchführen und erhält

$$x^* + \varepsilon(n+1) \approx f(x^*) + \varepsilon(n)f'(x^*) = x^* + \varepsilon(n)f'(x^*) \ ,$$

wobei höhere Terme vernachlässigt wurden. Um nun die Ungleichung (16.10) zu erfüllen, haben wir zu fordern, daß der Absolutbetrag der Ableitung $|f'(x^*)|$ kleiner als eins ist.

Aus dieser Betrachtung kann nicht gefolgert werden, daß der Fixpunkt gegenüber jeglichen Störungen stabil ist, oder anders gesagt, ob es sich um einen globalen Attraktor handelt. Wir können lediglich eine Aussage über die lokale Stabilität machen. Darüber hinaus könnte es eine Weile dauern, bis sich das System sozusagen im eingeschwungenen Zustand befindet. Das bedeutet, daß man solange warten sollte, bis die Einschwingphase vorüber ist und die wahre Natur der Bewegung offenbar wird.

Wir betrachten nunmehr eine Situation, wo der Wert $x(n+1)$, der auf ein dem Fixpunkt benachbartes $x(n)$ folgt, von diesem Fixpunkt wegführt. Dann gilt

$$|\varepsilon(n+1)|/|\varepsilon(n)| > 1 \ ,$$

und wir sprechen von einem instabilen Fixpunkt. Wenn dagegen keine Positionsveränderung stattfindet, d. h.

$$|\varepsilon(n+1)| = |\varepsilon(n)| \,,$$

dann ist der Fixpunkt neutral oder metastabil. Wenn schließlich bereits nach einem Iterationsschritt wieder der Fixpunkt erreicht wird, d. h. $\varepsilon(n+1) = 0$, dann bezeichnen wir den Fixpunkt als superstabil. Unser Herangehen ist der Taylorentwicklung der Funktion bzw. Abbildung $f(x)$ in der Umgebung des Punktes $x = x^*$ äquivalent.

Beispiel 16.5.2. Wir betrachten Gleichung (16.8). Es gilt

$$f(x) = ax(1-x); \qquad f'(x) = a(1-2x); \qquad f'(0) = a \,.$$

Wegen $|f'(0)| < 1$ für $a < 1$ ist der Ursprung ein stabiler Fixpunkt.

Es kann auch geschlußfolgert werden, daß der Ursprung für $a > 1$ ein instabiler Fixpunkt ist. □

Wir führen jetzt den Multiplikator λ als Wert der Ableitung von $f(x)$ am Fixpunkt x^* ein. Also gilt $f'(0) = a = \lambda$. Für einen stabilen Fixpunkt ist folglich $|\lambda| < 1$ und für einen instabilen Fixpunkt gilt $|\lambda| > 1$.

Frage: Wie steht es um die Stabilität des Fixpunktes $x^* = 1 - 1/a$? Dieser Fixpunkt liegt für $a < 1$ außerhalb des zugelassenen Variablenbereiches. Deshalb existiert für $0 < a < 1$ nur der einzige stabile Fixpunkt bei $x = 0$.

Übung 16.5.1. Man trage $x(n)$ für $n = 0$ bis 20 und für die Parameter $a = 0{,}5$ und $a = 0{,}8$ über n auf. Die Anfangswerte sollen $x(0) = 0{,}2$, $0{,}4$ und $0{,}8$ betragen.

Man überzeuge sich, daß $x^* = 0$ ein Fixpunkt ist, der bei diesen Parameterwerten a in monotoner Folge erreicht wird. □

Wir wollen nun den Parameter a weiter vergrößern, bis er den Wert $a = 1$ überschreitet. Der Ursprung wird wegen $f'(0) = a > 1$ instabil, und der zweite Fixpunkt bei $x^* = 1 - 1/a$ rückt in den erlaubten Bereich der Variable x. Der Multiplikator in diesem Punkt ergibt sich zu

$$f'\left[x = 1 - \frac{1}{a}\right] = \lambda = -a + 2 \qquad \text{bzw.} \qquad |\lambda| < 1 \text{ für } 1 < a < 3 \,.$$

Das heißt, der Fixpunkt bei $x^* = 1 - 1/a$ ist im Intervall $1 < a < 3$ stabil. Es stellt sich heraus, daß unsere Abbildung für $a > 3$ überhaupt keine stabilen Fixpunkte mehr besitzt. Im Abschnitt 16.6 werden die Änderungen im Verhalten der Abbildung für $a \geq 3$ diskutiert.

Übung 16.5.2. Man betrachte

$$x(n+1) = 2{,}5x(n)[1 - x(n)]$$

und zeichne $x(n)$ bis $n = 50$ für die Anfangswerte $x(0) = 0{,}3,\ 0{,}4$ und $0{,}9$ auf. Man achte auf die Annäherung an den Fixpunkt bei $x = 3/5$.

Fertigen Sie die gleichen Zeichnungen für die Parameter $a = 2,\ 2{,}8$ und $2{,}95$ an. Es kann jetzt auch eine Annäherung an den Fixpunkt durch gedämpfte Oszillationen erfolgen. Dieses Verhalten steht im Gegensatz zum monotonen Charakter der Lösung der logistischen Differentialgleichung (16.8) in der Nähe des Fixpunktes. □

Übung 16.5.3. Es ist lohnenswert zu lernen, wie ein graphisches Verfahren benutzt werden kann, um die Annäherung an den Fixpunkt zu verfolgen. Vergleiche Abbildung 16.7.

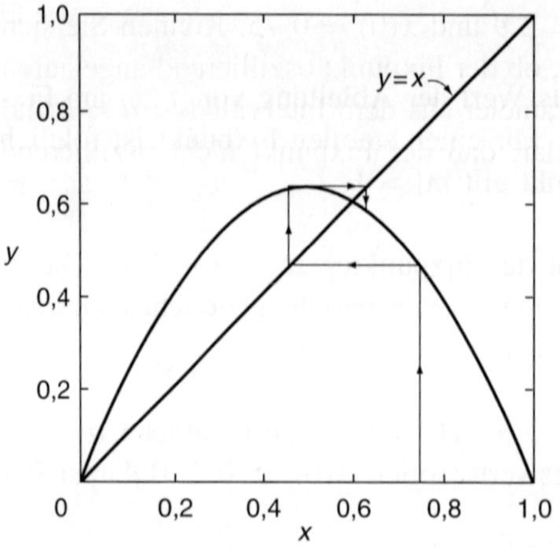

Abb. 16.7 Wir zeichnen eine nach unten geöffnete Parabel, die bei $x = 0{,}5$ den Maximalwert 0,625 besitzt. Sie schneidet die Gerade $y = x$ bei $x = x^* = 0{,}6$.

Wir betrachten ein Quadrat mit der Seitenlänge 1. Somit liegt jeder der sukzessive erzeugten Werte $x(n)$ in diesem Quadrat. In der Abbildung 16.7 wählen wir einen Anfangswert $x(0)$ und zeichnen die Parabelfunktion

$$y = f(x) = x(n+1) = ax(n)[1 - x(n)] \qquad \text{mit} \quad a = 2{,}5\ .$$

Außerdem wird die Gerade $y = x$ konstruiert. Die Funktion $f(x)$ besitzt ein Maximum bei $x = 1/2$ mit dem Maximalwert 0,625. Der Schnittpunkt der Geraden mit der Parabel legt die Lage des Fixpunktes $x^* = 0{,}6$ fest. Die Anstieg der Kurve ist in der Umgebung des Ursprungs größer als eins. (Die Parabel ist bezogen auf die Gerade konvex.) Auf diese Weise wird graphisch deutlich, daß der Multiplikator $f'(0)$ größer als eins ist. Andererseits ist aber der Anstieg der Parabel am Schnittpunkt betragsmäßig kleiner als eins. Deshalb wird ein System mit einem Anfangswert in der Nähe von x^* zu diesem Fixpunkt streben. Man beachte, daß diese Annäherung oszillierend erfolgt. Wir wählen z. B. $x(0) = 0{,}75$ und zeichnen eine vertikale Linie von diesem Abszissenwert zur Kurve. Der entstandene Schnittpunkt gibt den entsprechenden Wert von $f(x)$ an und beträgt $2{,}5(0{,}75)(0{,}25) = 0{,}47 = y$. Statt diesen Wert auf der Ordinate zu markieren, zeichnen wir eine horizontale Linie bis zum Schnittpunkt mit der Geraden $y = x$. Dort gilt $x = 0{,}47$. Wir ziehen nun eine weitere vertikale Linie von diesem Punkt bis zur Kurve und finden den neuen Schnittpunkt bei $x = 0{,}62$. Was haben wir erreicht? Zuerst haben wir den Wert $x(1) = 0{,}47$ gefunden und möchten ihn als neuen Eingabewert zur Ermittlung von $x(2)$ verwenden. Dazu muß der Ordinatenwert $y = f(x)$ in den gleich großen Wert auf der Abszisse umgewandelt werden. Dies wird durch die Gerade $y = x$ ermöglicht, weil sie durch die Gleichheit von x und y definiert ist. Wir können nun einen graphischen Algorithmus entwickeln, der die Annäherung an den Fixpunkt beschreibt. Die nächsten Werte sind $0{,}62$ und $0{,}59$, womit angedeutet wird, daß bei unserer Wahl des Parameters a eine oszillierende Annäherung an den Fixpunkt erfolgt. Man wiederhole diese Analyse für $a = 2{,}9$ und $x(0) = 0{,}75$. Können Sie sich mit graphischen Argumenten überlegen, ob der Fixpunkt oszillierend angelaufen wird? Schließlich wähle man einen Parameter aus dem Intervall $1 < a < 2$ und mache sich mit graphischen Mitteln klar, daß der Fixpunkt nicht oszillierend erreicht wird. □

16.6 Zyklen mit der Periode 2 und der Weg ins Chaos

16.6.1 Vorbetrachtung

Wir haben im Abschnitt 16.5 gelernt, daß der Fixpunkt $x^* = 1 - 1/a$ für Parameter $a > 3$ seine Stabilität verliert, denn der Multiplikator

$$\lambda = a(1 - 2x^*) = a\left[1 - 2\left(1 - \frac{1}{a}\right)\right] = 2 - a$$

wird betragsmäßig größer als eins. Kleine Auslenkungen aus dem Fixpunkt werden also wachsen und es gibt keine anderen Fixpunkte im Intervall $0 \leq x \leq 1$. Anstelle eines stabilen Fixpunktes x^* finden wir nun in einem bestimmten Parameterbereich ein Wertepaar von $x(n)$, die wir mit x_1 und x_2 bezeichnen und die die Eigenschaft $f(x_1) = x_2$ sowie $f(x_2) = x_1$ besitzen. Nach einer Einschwingphase schwingt das System zwischen diesen beiden Punkten hin und her. Wir charakterisieren dieses Verhalten als Zyklus mit der Periode 2.

Übung 16.6.1. Man betrachte die logistische Abbildung von Gleichung (16.8): $x(n+1) = ax(n)[1 - x(n)]$ mit dem Parameter $a = 3{,}1$ und zeige, daß $x^* = 1 - 1/3{,}1 = 2{,}1/3{,}1$ ein Fixpunkt ist. Man wähle einen Anfangswert $x(0)$ in der Nähe von x^*, sagen wir $x(0) = 0{,}69$, wende die Abbildung an und zeichne $x(n)$ über n von $n = 0$ bis 100 auf. Vergleiche die Abbildung 16.8 und Übung 16.6.6. □

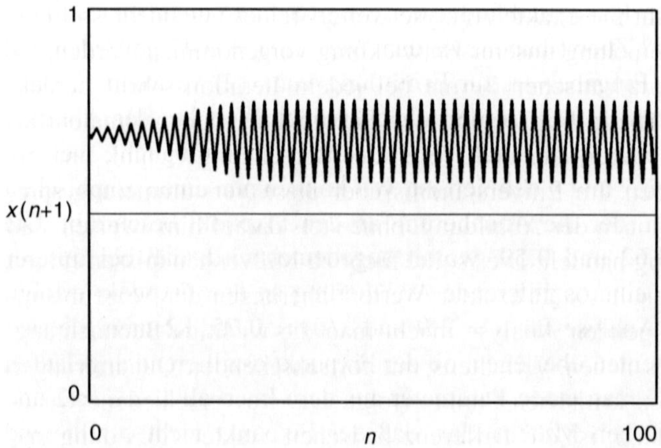

Abb. 16.8 Wir zeichnen $x(n+1) = 3{,}1x(n)[1 - x(n)]$ mit $x(0) = 0{,}69$.

In der Übung 16.6.1 haben wir festgestellt, daß sich der Charakter der Abbildung in fundamentaler Weise ändert und daß dabei der Zusammenhang mit der zugeordneten logistischen Differentialgleichung verlorengeht. Der sich ergebende Zyklus mit der Periode 2 wird dadurch analysiert, daß unsere Abbildung quadriert und dann nach Fixpunkten gesucht wird. Wir können auch schreiben $f[f(x_i)] = f^2(x_i)$, $i = 1, 2$. Das bedeutet, daß wir nach einem Paar von Punkten x_1 und x_2 suchen, für die $f(x_1) = x_2$ und $f(x_2) = x_1$ gilt. Wir können also sagen, daß x_1 und x_2 die Fixpunkte der iterierten bzw. quadrierten Abbildung sind. Wir können dann entweder unser System nach jedem Schritt beobachten und den Zyklus mit der Periode 2 feststellen oder wir benutzen ein Stroboskop, registrieren den Systemzustand stets erst nach zwei Schritten und stellen Fixpunktverhalten fest. (Vergleiche Abschnitt 16.6.3.)

Der Zyklus mit der Periode 2 ist stabil, so lange der Parameter a in einem entsprechenden Bereich bleibt. Wenn ein kritischer Wert überschritten wird, wird dieser Zyklus instabil und durch einen Zyklus mit der Periode 4 abgelöst. Dieser wird seinerseits instabil, wenn der Parameter a weiter anwächst, und Zyklen mit immer größeren Perioden werden erzeugt. Es war eine ziemliche Überraschung, daß sich herausstellte, daß jede Abbildung höherer Ordnung Charakteristiken des Zyklus mit der Periode 2 bei geeigneter Skalierung bewahrt. Insbesondere entdeckte Mitchell Feigenbaum, daß das Periodenverdopplungsschema bei jeder eindimensionalen quadratischen Abbildung eine universelle Konvergenzrate δ und ein universelles Skalenverhalten α besitzt. Diese Zahlen α und δ heißen Feigenbaum-Konstanten. Mit Hilfe eines leistungsfähigen Taschenrechners oder eines Computers können die Fixpunkte dieser iterierten Abbildungen mit hoher Genauigkeit bestimmt werden. Man findet sie auch in den Arbeiten von Feigenbaum.

Wir wollen jetzt nicht die exakte Analyse weiter treiben, vielmehr soll eine Näherung bzw. Verstümmelung unserer Entwicklung vorgenommen werden, die nur die linearen und quadratischen Terme bei jedem Iterationsschritt berücksichtigt. Dies ermöglicht die Fortsetzung der Entwicklung bei minimalem algebraischen Aufwand, wobei aber das Wesen der Berechnungstechnik und die Resultate erhalten bleiben. Im Einverständnis über diese Verstümmelung sprechen wir von den Iterationen der Abbildung, ohne stets darauf hinzuweisen, daß es sich um eine Näherung handelt. Dies sollte nicht zu Mißverständnissen führen und wir erhalten im Resultat statt exakter Werte Näherungen der Feigenbaum-Konstanten. Bei der folgenden Analyse macht man die wichtige Beobachtung, daß das Einsetzen eines neuen Verhaltens mit fortschreitenden Quadrierungen immer näher am exakten kritischen Punkt erfolgt. Da, wo verschiedene Quadrierungen erforderlich sind, ist die Differenz zwischen exakter Abbildung und Näherung klein. (Wir erwarten, daß lineare und quadratische Terme dominant sind und daß kubische und Terme vierter Ordnung als Korrekturen eingehen.) Die von uns angewendete Verstümmelungsprozedur ist die in einführenden Werken üblicherweise benutzte. (Vergleiche das Literaturverzeichnis.)

Es ist möglich zu zeigen, daß jede quadratische Abbildung der Form

$$s(n+1) = \sigma + \beta s(n) + \mu s(n)^2 \tag{16.11}$$

mit fixiertem Bereich der Variable $s(n)$ mit Hilfe einer Sequenz von Translationen und Skalenänderungen in die logistische Abbildung gemäß Gleichung (16.8) transformiert werden kann. Deshalb ist es hinreichend, alle Ergebnisse für diese besondere Abbildung abzuleiten. $(s(n)^2$ bedeutet das Produkt $s(n)s(n)$.)

Übung 16.6.2. Man betrachte die Abbildung

$$x(n+1) = ax(n) - bx(n)^2 \tag{16.12}$$

und zeige, daß man mit $y = (b/a)x$ die logistische Abbildung für $y(n)$ entsprechend Gleichung (16.8) erhält. □

Übung 16.6.2. Man zeige, daß die Abbildung

$$y(n+1) = 1 - \sigma y(n)^2 \tag{16.13}$$

in die logistische Abbildung entsprechend Gleichung (16.8) transformiert werden kann. Welches sind die erforderlichen Bereiche der Variable $y(n)$ und des Parameters σ. Diese Abbildung wird bei Bai-Lin behandelt. □

Übung 16.6.2. Man betrachte die Abbildung

$$z(n+1) = -(1+\mu)z(n) + z(n)^2 \tag{16.14}$$

und transformiere diese Abbildung in die Form von Gleichung (16.8). In welchen Intervallen laufen die Variable $z(n)$ und der Parameter μ, wenn a die Bedingung $3 \leq a \leq 4$ erfüllt? Diese Form einer logistischen Abbildung wird durch Lauwerier in dem von Holden herausgegebenen Buch untersucht. □

16.6.2 Verschiebung des Ursprungs

Für die Untersuchung ist es bequemer, den Koordinatenursprung der Abbildung in den Fixpunkt bei $x^* = 1 - 1/a$ zu verschieben, denn in diesem Punkt soll die Stabilität untersucht werden. Wir schreiben also

$$x(n) = 1 - \frac{1}{a} + z(n) \tag{16.15}$$

und erhalten aus Gleichung (16.8)

$$1 - \frac{1}{a} + z(n+1) = a\left[1 - \frac{1}{a} + z(n)\right]\left\{1 - \left[1 - \frac{1}{a} + z(n)\right]\right\} .$$

Dieser Ausdruck lautet vereinfacht

$$z(n+1) = (2-a)z(n) - az(n)^2 . \tag{16.16}$$

Diese Abbildung, die wir unsere z-Abbildung nennen, ist die Grundlage aller weiteren Betrachtungen. Ihre Fixpunkte bei $z^* = 0$ und $z^* = 1/a - 1$ korrespondieren zu $x^* = 1 - 1/a$ bzw. $x^* = 0$. Wir konzentrieren uns jetzt auf den Fixpunkt $z^* = 0$ und wollen sehen, was passiert, wenn der Parameter a den Wert $a = 3$ überschreitet. Wir müssen zunächst den zugelassenen Bereich der Variable z, der dem x-Intervall in Gleichung (16.8) entspricht, bestimmen. Es gilt $0 \leq x \leq 1$ und $3 \leq a \leq 4$. Mit Gleichung (16.15) bestimmen wir den erlaubten Bereich der Variable z zu

$$\frac{1}{a} - 1 \leq z \leq \frac{1}{a} . \tag{16.17}$$

Man beachte, daß dieser z-Bereich von a abhängt.

Übung 16.6.5. Für $a = 3{,}2$ und $3{,}4$ und eine Reihe von Anfangsbedingungen $z(0)$ bestätige man mit einem Taschenrechner, daß $z(n)$ innerhalb des in Gleichung (16.17) angebenen Bereiches bleibt. □

16.6.3 Berechnung des Zyklus mit der Periode 2

Wir betrachten die Abbildung in Gleichung (16.16) mit $f[z(n)] = z(n+1)$ und suchen nach Fixpunkten des Zyklus mit der Periode 2, die wir mit p und q bezeichnen. Es gilt dann

$$f(p) = q \qquad \text{und} \qquad f(q) = p\,. \tag{16.18}$$

Durch Einsetzen in Gleichung (16.16) finden wir

$$p = (2-a)q - aq^2\,, \tag{16.19 a}$$
$$q = (2-a)p - ap^2\,. \tag{16.19 b}$$

Wir subtrahieren die Gleichung (16.19 a) von Gleichung (16.19 b) und erhalten

$$(q-p) = (2-a)(p-q) - a(p^2 - q^2)$$

bzw.

$$p + q = \frac{3-a}{a}\,. \tag{16.20}$$

Wir multiplizieren Gleichung (16.19 a) mit p und Gleichung (16.19 b) mit q und bilden dann die Differenz beider Ausdrücke

$$p^2 - q^2 = apq(p-q)\,.$$

Daraus ergibt sich schließlich

$$pq = \frac{p+q}{a} = \frac{3-a}{a^2}\,. \tag{16.21 a}$$

Wenn q in den Gleichungen (16.20) und (16.21 a) eliminiert wird, erhalten wir

$$a^2p^2 - (3-a)ap + (3-a) = 0\,. \tag{16.21 b}$$

Die Lösung lautet

$$p = \frac{1}{2a}\left[(3-a) - \sqrt{(a-3)(a+1)}\right]\,, \tag{16.22 a}$$
$$q = \frac{1}{2a}\left[(3-a) + \sqrt{(a-3)(a+1)}\right]\,. \tag{16.22 b}$$

Übung 16.6.6. Man zeige, daß sich für $a = 3{,}1$ aus den Gleichungen (16.22 a) und (16.22 b) die Werte $p = -0{,}1194$ und $q = 0{,}0871$ ergeben. Dies sind die Koordinaten bezüglich der z-Abbildung. Wenn Sie sich für die zugehörigen Werte der x-Abbildung interessieren, dann müssen Sie die Verschiebung entsprechend Gleichung (16.15) rückgängig machen. Die Koordinaten von p und q lauten dort $p = 0{,}558$ und $q = 0{,}765$. Man überprüfe, ob die Relationen $f[f(p)] = p$ und $f[f(q)] = q$ erfüllt sind. Vergleiche Abbildung 16.9. □

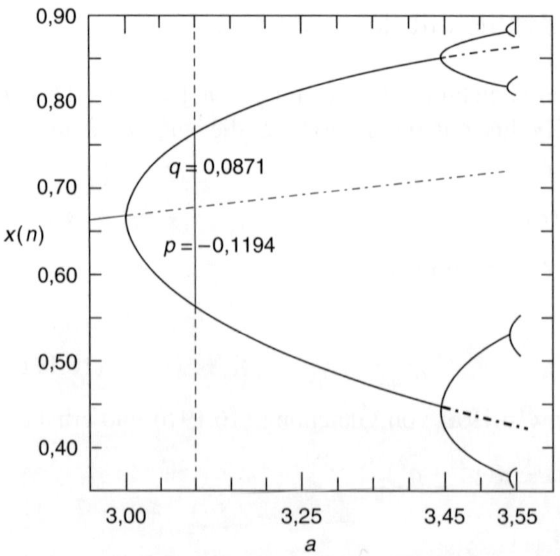

Abb. 16.9 Die durchgezogenen Linien geben die Lage der stabilen Fixpunkte der logistischen Abb. an. Man beobachtet, daß zwei stabile Zweige auftreten, wenn der Parameter a den Wert 3 überschreitet. Die gestrichelten Linien kennzeichnen die Lage der instabilen Fixpunkte.

16.6.4 Stabilität

Wir sind jetzt in der Lage, die Stabilität in den Punkten p und q zu untersuchen. Um die Stabilität des Fixpunktes einer allgemeinen quadratischen Abbildung zu berechnen, differenzieren wir $f[f(s)]$ nach s und setzen anschließend $s = p$ bzw. $s = q$. Dabei ist es hilfreich, eine Hilfsfunktion $g(s)$ einzuführen, deren Rolle darin besteht, die Schritte der Rechnung transparenter zu machen. Wir setzen also

$$f[f(s)] = f[g(s)] \tag{16.23}$$

mit

$$g(s) = f(s) .$$

Durch Differentiation ergibt sich

$$\frac{\mathrm{d}}{\mathrm{d}s}[f(g(s))] = g'(s)f'[g(s)] \tag{16.24}$$

oder auf Grund von $f(s) = g(s)$

$$\frac{\mathrm{d}}{\mathrm{d}s}[f(f(s))] = f'(s)f'[f(s)] . \tag{16.25}$$

Es wird nun dieser Ausdruck für $s = p$ und $s = q$ berechnet, um herauszufinden, ob der Multiplikator λ zwischen -1 und 1 liegt. Mit $f(p) = q$ und $f(q) = p$ finden wir

$$\frac{\mathrm{d}}{\mathrm{d}s}[f(f(s))] = f'(p)f'(q) \qquad \text{für} \qquad s = p \quad \text{oder} \quad q . \tag{16.26}$$

Der Multiplikator λ der quadrierten Abbildung ergibt sich also aus dem Produkt der Ableitungen der Originalabbildung an den Punkten des zugehörigen Zyklus mit der Periode 2. Wir werden etwas später die Eigenschaften von Abbildungen immer höherer Ordnung herausarbeiten. Man kann leicht zeigen, daß sich z. B. bei zweimal quadrierten Abbildungen entsprechend verallgemeinerte Multiplikatoren ergeben. Das heißt, bei einem Zyklus mit der Periode 4, der aus den Punkten g, h, i und j besteht und für den die Beziehungen $f(g) = h$, $f(h) = i$, $f(i) = j$ und $f(j) = g$ gelten, berechnet sich der Multiplikator λ der zur vierten Potenz erhobenen Abbildung gemäß

$$\frac{\mathrm{d}}{\mathrm{d}s}[f(f(f(f(s))))] = f'(g)f'(h)f'(i)f'(j) \; ; \tag{16.27}$$

s kann dabei die Werte g, h, i oder j annehmen.

Wir betrachten jetzt unsere z-Abbildung aus Gleichung (16.16) und berechnen

$$f'(p)f'(q) = [(2-a) - 2ap][(2-a) - 2aq] \; . \tag{16.28}$$

Durch Einsetzen der Werte für p und q, die durch die Gleichungen (16.22 a) und (16.22 b) gegeben sind, erhalten wir

$$f'(p)f'(q) = \lambda = 1 - (a^2 - 2a - 3) \; . \tag{16.29}$$

Das Fixpunktpaar (p, q) ist also dann ein stabiler Punkt der quadrierten Abbildung, solange die Ungleichung

$$-1 < a^2 - 2a - 4 < 1 \tag{16.30}$$

oder

$$3 < a < 1 + \sqrt{6} = 3{,}4495 \tag{16.31}$$

erfüllt ist. Dabei wurde der Term mit dem Minuszeichen vor der Quadratwurzel weggelassen, denn er führt aus dem Parameterbereich von a heraus.

16.7 Der Iterationsprozeß

Gleichung (16.31) lehrt uns, daß es dann, wenn der Parameter a den kritischen Wert $1 + \sqrt{6}$ übersteigt, keine stabilen Fixpunkte und damit auch keinen Zyklus mit der Periode 2 mehr gibt. Was ist passiert? Die Abbildung wiederholt sich nun nach jeweils vier Schritten und entwickelt einen Zyklus mit der Periode 4. Um dieses Verhalten zu analysieren, entwickeln wir ein Iterationsschema, das eine zugeordnete Abbildung analog dem eben beschriebenem Vorgehen erzeugt. Dieses Verfahren erfordert einige algebraische Umformungen, die mit dem Iterationsprozeß beginnen.

Wir kehren zur Situation $3 \le a \le 1+\sqrt{6}$ zurück. Unser unmittelbares Ziel besteht darin, eine Abbildung zu entwickeln, die dem Zyklus mit der Periode 2 zugeordnet ist, aber wie eine Abbildung mit Fixpunkt aussieht. Zu diesem Zweck quadrieren wir die ursprüngliche Abbildung aus Gleichung (16.16) und drücken den Wert nach $n+1$ Schritten durch den Wert nach $n-1$ Schritten aus

$$\begin{aligned} z(n+1) = {} & (2-a)[(2-a)z(n-1) - az(n-1)^2] \\ & -a[(2-a)z(n-1) - az(n-1)^2]^2 \,. \end{aligned} \tag{16.32}$$

Wir vergessen jetzt unsere originale Abbildung und konzentrieren uns auf die quadrierte Abbildung. Dabei überspringen wir den Zwischenschritt und stellen uns vor, daß die Schritte $n+1$ und $n-1$ unmittelbar verbunden sind. Wir erhalten aus Gleichung (16.32)

$$z(n+1) = b^2 z(n) - (ab + ab^2) z(n)^2 + 2a^2 b z(n)^3 - a^3 z(n)^4 \,, \tag{16.33}$$

wobei der Koeffizient $b = 2-a$ benutzt wurde, um den Ausdruck zu vereinfachen. (Da wir den Zwischenschritt überspringen, haben wir $n-1$ in n umbenannt.) Wir betrachten die Gleichung (16.33) als Ein-Schritt-Abbildung vierter Ordnung, die $z(n)$ auf $z(n+1)$ abbildet. Die Punkte p und q sind die Fixpunkte dieser neuen Abbildung.

Übung 16.7.1. Man überprüfe, daß die durch die Gleichungen (16.22 a) und (16.22 b) gegebenen Punkte p und q tatsächlich die Fixpunkte obiger Abbildung sind. Dies ist eine längere Rechnung. □

Wir betrachten jetzt den Fixpunkt p und transformieren den Ursprung des Koordinatensystems in diesen Punkt $z^* = p$. Das ist der erste Schritt der Iterationsprozedur. Bei allem was folgt, sei daran erinnert, daß das gleiche Vorgehen für den Punkt q gilt. Wir setzen in Gleichung (16.33)

$$z(n) = p + v(n) \,, \tag{16.34}$$

wobei $v(n)$ eine kleine Größe ist, weil $z(n)$ bereits in der Nähe des Fixpunktes $z^* = p$ liegt. Nach einigen Umformungen, in deren Verlauf die Größe q von Gleichung (16.19 b) Verwendung findet, erhält man

$$\begin{aligned} v(n+1) = {} & [b^2 - 2ab(p+q) + 4a^2 pq] v(n) - [ab(1+b) - 6a^2 q] v(n)^2 \\ & + O[v(n)^3] \,. \end{aligned} \tag{16.35}$$

Höhere als quadratische Terme wurden vernachlässigt. Damit ist unsere Abbildung nicht mehr exakt. Wir benutzen die Gleichungen (16.20) und (16.21 a) und gewinnen folgende Vereinfachung

$$v(n+1) = (4 + 2a - a^2) v(n) - aC_1(p) v(n)^2 \,, \tag{16.36}$$

die bis auf Terme der Ordnung $O[v(n)^3]$ korrekt ist. Der Parameter $C_1(p)$ lautet

$$\begin{aligned} C_1(p) &\equiv b(1+b) - 6aq \\ &= (a-3)(a+1) - 3\sqrt{(a-3)(a+1)}\,. \end{aligned} \tag{16.37 a}$$

Damit haben wir eine quadratische Abbildung abgeleitet, die fast die gleiche Form wie unsere originale z-Abbildung besitzt, die durch Gleichung (16.16) gegeben war. Wir müssen nur noch die Koeffizienten korrigieren.

Übung 16.7.2. Man betrachte Gleichung (16.34) und transformiere den Ursprung in den anderen Fixpunkt $z^* = q$. Ausgehend von

$$z(n) = q + w(n)$$

beschreite man den gleichen Weg, der auf Gleichung (16.37 a) führte. Man erhält die gleiche Abbildung wie in Gleichung (16.36), die Größe $C_1(p)$ ist allerdings durch $C_1(q)$ zu ersetzen, für das man folgenden Ausdruck erhält

$$\begin{aligned} C_1(q) &\equiv b(1+b) - 6ap \\ &= (a-3)(a+1) + 3\sqrt{(a-3)(a+1)}\,. \end{aligned} \tag{16.37 b}$$

□

Übung 16.7.3. Man betrachte die Gleichungen (16.22 a) und (16.22 b) und zeige, daß sich für $a = 1 + \sqrt{6}$ die Werte

$$\begin{aligned} p &= -0{,}27014\,, \\ q &= 0{,}13984 \end{aligned}$$

ergeben. Mit den Gleichungen (16.37 a) und (16.37 b) erhält man

$$\begin{aligned} C_1(p) &= -2{,}24\,, \\ C_2(q) &= 6{,}24\,. \end{aligned}$$

Die den x-Abbildungen entsprechenden Werte von p und q findet man mit Hilfe der Gleichung (16.15). Vergleiche Abbildung 16.9. □

Die Abbildungen $v(n)$ und $w(n)$ sind von gleicher Struktur und sie besitzen sogar den gleichen Koeffizienten vor dem linearen Term. Dennoch unterscheiden sie sich aber, weil p ungleich q ist.

Bei der Ableitung von Gleichung (16.36) wurden die folgenden entscheidenden ersten Schritte durchgeführt:

a) Quadrierung der Abbildung in Gleichung (16.32);
b) Verschiebung des Ursprungs der quadrierten Abbildung in einen Fixpunkt und Entwicklung in diesem Punkt wie in Gleichung (16.34);

c) Vereinfachung der verschobenen quadrierten Abbildung durch Vernachlässigung kubischer und höherer Terme.

Wir erinnern daran, daß wegen Gleichung (16.31) der Parameter a im Intervall

$$3 < a < 1 + \sqrt{6}$$

liegt. Das garantiert, daß p ein stabiler Fixpunkt der quadrierten Abbildung ist. (Eine äquivalente Bedingung entspricht der Forderung, daß der Multiplikator λ zwischen -1 und 1 variiert.) Wir gehen nun in der gleichen Weise vor wie bei der z-Abbildung (16.16). (Das ist der entscheidende Schritt des Iterationsverfahrens.)

Zu diesem Zweck vergleichen wir die Koeffizienten vor dem linearen Term. Wir führen einen iterierten Parameter a_1 ein und schreiben

$$2 - a_1 \equiv 4 + 2a_0 - a_0^2$$

bzw.

$$a_1 = \text{erste Iteration} \equiv a_0^2 - 2a_0 - 2\,. \tag{16.38}$$

Der Originalparameter a wird mit a_0 bezeichnet. Gleichung (16.36) lautet dann

$$v(n+1) = (2 - a_1)v(n) - a_0 C_1(p) v(n)^2\,. \tag{16.39}$$

In unserem nächsten Schritt schreiben wir den Koeffizienten des quadratischen Terms in Gleichung (16.39) in der gleichen Form wie in der ursprünglichen z-Abbildung (16.16). Das bedeutet eine „Umskalierung". Wir setzen

$$s(n) = \frac{a_0 C_1(p)}{a_1} v(n) \tag{16.40}$$

und bekommen damit aus Gleichung (16.39)

$$\frac{s(n+1)}{a_0 C_1(p)/a_1} = \frac{(2-a_1)s(n)}{a_0 C_1(p)/a_1} - \frac{a_0 C_1(p) s(n)^2}{[a_0 C_1(p)/a_1]^2}\,.$$

Durch Kürzen der gemeinsamen Faktoren ergibt sich

$$s(n+1) = (2 - a_1)s(n) - a_1 s(n)^2\,. \tag{16.41}$$

Wir stellen fest, daß die Gleichung (16.41) exakt unserer z-Abbildung (16.16) gleicht, lediglich a ist durch a_1 ersetzt. Wir erinnern noch einmal daran, daß wir kubische und Terme vierter Ordnung vernachlässigt haben. Gemäß Gleichung (16.37 a) hängt der Parameter $C_1(p)$ von a ab. Er ändert sich aber nur langsam, wenn p und a wachsen.

Übung 16.7.4. Man benutzte die in der Übung 16.7.3 angegebenen Werte für $C_1(p)$ und $C_1(q)$ und berechne für $a_0 = 1 + \sqrt{6}$

$$\frac{a_0}{a_1} C_1(p) = -2{,}58 \,,$$
$$\frac{a_0}{a_1} C_1(q) = 7{,}17 \,. \qquad \square$$

Wir wissen, daß die s-Abbildung einen Fixpunkt bei $s^* = 0$ hat, der für $a_1 = 3$ instabil wird, da sie zur z-Abbildung äquivalent ist. Danach setzt in der s-Abbildung ein Zyklus mit der Periode 2 ein. Dies entspricht einem Fixpunkt p für die quadrierte s-Abbildung, der solange stabil bleibt, wie die Ungleichung

$$3 \le a_1 < 1 + \sqrt{6} \tag{16.42}$$

erfüllt ist. Mit Blick auf Gleichung (16.31) setzt für $a \equiv a_0 = 3$ ein stabiles Regime der Periodenverdopplung ein. Dieses bleibt erhalten, bis der numerische Wert $a_0 = 1 + \sqrt{6}$ erreicht wird. Natürlich ergibt sich daraus die Frage nach dem Wert des Parameters a_0 der z-Abbildung, wenn a_1 gleich $1 + \sqrt{6}$ wird. Um diese Frage zu beantworten, erinnern wir an die Definition des Parameters a_1 durch Gleichung (16.38). Aus

$$a_0 = 1 + \sqrt{6} = 3{,}4495 \qquad \text{folgt} \qquad a_1 = 3 \,.$$

Für $a_1 = 1 + \sqrt{6}$ erhält man

$$1 + \sqrt{6} = a_0^2 - 2a_0 - 2$$

bzw.

$$a_0 = 1 + \sqrt{4 + \sqrt{6}} = 3{,}5396 \,. \tag{16.43}$$

16.8 Eine Näherung der Feigenbaum-Konstanten

16.8.1 Die skalierte Abbildung

Mit den Gleichungen (16.40) und (16.41) haben wir den ersten Schritt eines Iterationsschemas entwickelt, das nacheinander die Parameterwerte a_i und die Skalenparameter C_i erzeugt. Wir möchten diese Ergebnisse bei der Erzeugung von Abbildungen höherer Ordnung nutzen. Der Prozeß der Verschiebung der Abbildung in einen neuen Ursprung, welcher durch den Fixpunkt des Zyklus mit der Periode 2 der s-Abbildung gegeben ist, wird fortgesetzt. In gleicher Weise wird auch die Skalentransformation vorgenommen, um eine neue Abbildung zu erzeugen. Das Argument von C_2 lassen wir weg, denn es besitzt die gleiche Form für p und q. Der zweite Iterationsschritt ergibt

$$k(n+1) = (4 + 2a_1 - a_1^2)k(n) - a_1 C_2 k(n)^2 \, . \tag{16.44}$$

Wir definieren

$$a_2 = a_1^2 - 2a_1 - 2 \tag{16.45}$$

und

$$r(n) = \frac{a_1 C_2}{a_2} k(n) \tag{16.46}$$

und erhalten damit die neue skalierte Abbildung

$$r(n+1) = (2 - a_2)r(n) - a_2 r(n)^2 \, . \tag{16.47}$$

Da auch diese Abbildung exakt unserer originalen z-Abbildung gleicht, wissen wir, daß ihr Fixpunkt $r^* = 0$ für $a_2 \geq 3$ instabil wird. Der sich ergebende Zyklus mit der Periode 2 wird seinerseits bei

$$a_2 = 1 + \sqrt{6} \tag{16.48}$$

instabil werden, was

$$a_1 = 1 + \sqrt{4 + \sqrt{6}} = 3{,}5396 \, , \tag{16.49}$$

$$a_0 = 1 + \sqrt{4 + \sqrt{4 + \sqrt{6}}} = 3{,}5573 \tag{16.50}$$

entspricht. Man beachte, daß sich der wahre Parameter $a = a_0$ während des Prozesses der Erzeugung eines Zyklus mit der Periode 8 nur wenig ändert. Diesen Zyklus studiert man am besten, indem man von der zweiten Iteration ausgeht. Jeder der ursprünglich stabilen Punkte p und q des Zyklus mit der Periode 2 zerfällt seinerseits jeweils in Zyklen mit der Periode 2. Dieser Verdopplungsprozeß erzeugt Zyklen mit immer höheren Ordnungen.

16.8.2 Zusammenhang zwischen den Konstanten A_i und den Parametern a_i

Wir beschreiben die Iteration mit der Relation

$$a_{i+1} = a_i^2 - 2a_i - 2 \, . \tag{16.51}$$

Der Index i bezeichnet die Stelle im Iterationsprozeß. Es gibt auch eine entsprechende Iteration für den Parameter $(a_i/a_{i+1})C_{i+1}$, der die Skalierung bewirkt. Die Skalierung ändert sich jedoch bei Änderung des Parameters a_i kaum.

Außerdem muß man berücksichtigen, daß $C_i(p) \neq C_i(q)$ gilt. Wir verschieben die Diskussion dieses Punktes auf den Abschnitt 16.8.4.

In diesem Abschnitt beschränken wir uns darauf, das Anwachsen des Parameters a im Zusammenhang mit dem Iterationsschema zu verfolgen. Wir haben bereits erwähnt, daß die Variable a nicht mit dem numerischen Wert, bei dem die nächste Periodenverdopplung stattfindet, verwechselt werden darf. Um Mißverständnisse zu vermeiden, führen wir die Zahlen A_i ein, die gerade den numerischen Werten des Parameters a entsprechen, bei denen die jeweilig nachfolgende Periodenverdopplung einsetzt. Was passiert? Wenn der Parameter a_0 den Wert 3 erreicht, setzt die erste Periodenverdopplung ein, also $A_1 = 3$. Dann wächst a_0 weiter bis zu dem Wert $1 + \sqrt{6}$, wo der Zyklus mit der Periode 2^2 beginnt. Also ist $A_2 = 1 + \sqrt{6}$. Das Einsetzen der Periodenverdopplungen ist also durch eine Folge von Zahlen

$$A_i; \qquad i = 1, 2, \ldots, n, \ldots$$

charakterisiert. Wir erwarten, daß diese Zahlen A_i gegen einen Grenzwert A_∞ konvergieren. Dieser Grenzwert entspricht einem Wert des Parameters a, bei dem ein Zyklus mit so großer Periode auftritt, daß man sie vom praktischen Standpunkt aus als unendlich betrachten kann. Dieses Ergebnis wird im Abschnitt 16.8.5 entwickelt. Die Technik der Skalierung und Umskalierung von Variablen produziert in neuen Variablen eine Gleichung von der gleichen Form wie in den alten Variablen. Man nennt das ein Renormierungsverfahren.

Es soll jetzt angenommen werden, daß unser System gerade die k-te Periodenverdopplung vollzogen hat. Wir befinden uns dann an der Schwelle eines Gebietes, für das

$$a_{k+1} = 3; \qquad a_k = 1 + \sqrt{6} \tag{16.52}$$

gilt. Wir können deshalb unsere Variable a gemäß Gleichung (16.51) umskalieren:

$$a_{k+1} = a_k^2 - 2a_k - 2; \qquad k = 0, 1, 2, \ldots \tag{16.53}$$

Welches sind die Werte für A_k? Sie erhält man, indem man die Rekursionsbeziehung aus Gleichung (16.53) rückwärts liest, um den a-Wert nach der k-ten Iteration zu reproduzieren. Es gilt also

$$A_i = A_{i+1}^2 - 2A_{i+1} - 2; \qquad i = 1, 2, \ldots, k, \ldots \tag{16.54}$$

Beispiel 16.8.1. Wir betrachten in Gleichung (16.54) den Fall $k = 3$, was bedeutet, daß das System einen stabilen Zyklus mit der Periode 2^3 durchläuft. Es gilt also

$$A_1 = 3 = A_2^2 - 2A_2 - 2 \Rightarrow A_2 = 1 + \sqrt{6}\,,$$

$$A_2 = A_3^2 - 2A_3 - 2 \Rightarrow A_3 = 1 + \sqrt{4 + \sqrt{6}}\,.$$

Für $k = 3$ besitzt unser Parameter a also den numerischen Wert $A_3 = 1 + \sqrt{4 + \sqrt{6}} = 3{,}539585$. □

Durch rekursive Lösung der Gleichungen (16.53) und (16.54) erhält man die folgenden Werte von a und A_i:

$$\begin{aligned}
a &= 3 = A_1 = 3 && (2^1\text{-Zyklus}) ,\\
a &= 1 + \sqrt{6} = A_2 = 3{,}449490 && (2^2\text{-Zyklus}) ,\\
a &= 1 + \sqrt{4 + \sqrt{6}} = A_3 = 3{,}539585 && (2^3\text{-Zyklus}) ,\\
a &= 1 + \sqrt{4 + \sqrt{4 + \sqrt{6}}} = A_4 = 3{,}557261 && (2^4\text{-Zyklus}) ,\\
a &= \cdots = A_5 = 3{,}560715 && (2^5\text{-Zyklus}) ,\\
a &= \cdots = A_6 = 3{,}561389 && (2^6\text{-Zyklus}) ,\\
a &= \cdots = A_7 = 3{,}561521 && (2^7\text{-Zyklus}) ,\\
a &= \cdots = A_8 = 3{,}561547 && (2^8\text{-Zyklus}) .
\end{aligned}$$

Dieser Periodenverdopplungsprozeß der Erzeugung von Zyklen mit den Perioden 2^k, $k = 1, 2, 3, \ldots$, setzt sich unendlich fort.

In der folgenden Untersuchung wird gezeigt, daß neue stabile Muster entstehen, die mit Fixpunkten von Abbildungen immer höherer Ordnung zusammenhängen, wenn der Parameter a nur um winzige Beträge geändert wird. Diese Situation bleibt bis zur Erreichung des Grenzwertes $a \approx 3{,}5616$ erhalten, danach gibt es kein stabiles Muster mehr. (Die Analyse ohne Näherung liefert den Wert $a \approx 3{,}5699$. Diesen Wert findet man z. B. in dem Artikel von Feigenbaum.) Das bedeutet, daß jenseits dieses Wertes die Trajektorien nicht mehr dadurch charakterisiert werden können, daß man sagt, sie durchlaufen Zyklen mit berechenbarer Periodizität. (Mit anderen Worten, es gibt in diesem Bereich keine Zyklen mit den Perioden 2^k.) Wenn a den Wert 3,5616 erreicht, dann kann man sich den Prozeß der Periodenverdopplung als eine Korrelation im Verhalten des Systems vorstellen, bei dem der n-te Schritt mit der immer weiter entfernten Vergangenheit verknüpft wird. Es erscheint, als hätte das System die Fähigkeit verloren weiterzulaufen, ohne vorher seine Lokalisierungen zu immer früheren Zeiten zu prüfen. (Diese langreichweitigen Korrelationen spielen beim Übergang ins Chaos eine Rolle, die noch nicht vollständig verstanden ist.) Der Prozeß des Rückwärtsblickens bricht aber möglicherweise zusammen. Wenn man die Trajektorien längere Zeit verfolgt, dann scheinen sie periodisch zu sein. Aber das ist eine Illusion. Wenn man sie immer weiter beobachtet, dann verschwindet das Muster. Mit anderen Worten, es war ein Irrtum, die Trajektorie als periodische Bewegung mit wohldefinierter Periode zu identifizieren. Das ist ein sehr diffiziler Punkt und es wäre zu schwierig und würde auch zu viele Untersuchungen erfordern, ihn hier zu erörtern.

16.8.3 Die Feigenbaum-Konstante δ

Wir beginnen damit, daß wir die Größe A_n, die in Gleichung (16.54) gegeben ist, durch die Iteration niedrigerer Ordnung ausdrücken wollen. Dazu formen wir die Gleichung (16.54) um und schreiben

$$(A_{n+1} - 1)^2 = 3 + A_n$$

bzw.

$$A_{n+1} - 1 = \sqrt{3 + A_n} \tag{16.55 a}$$

und somit

$$A_n - 1 = \sqrt{3 + A_{n-1}} \,. \tag{16.55 b}$$

Damit finden wir die Beziehungen

$$A_{n+1} - A_n = \sqrt{3 + A_n} - \sqrt{3 + A_{n-1}} \tag{16.56 a}$$

und

$$A_{n+1} + A_n - 2 = \sqrt{3 + A_n} + \sqrt{3 + A_{n-1}} \,. \tag{16.56 b}$$

Wenn die Gleichungen (16.56 a) und (16.56 b) miteinander multipliziert werden, erhält man

$$(A_{n+1} - A_n)(A_{n+1} + A_n - 2) = A_n - A_{n-1}$$

bzw.

$$A_{n+1} + A_n - 2 = \frac{A_n - A_{n-1}}{A_{n+1} - A_n} \,. \tag{16.57}$$

Wir stellen fest, daß die rechte Seite der Gleichung (16.57) eine geometrisch konvergierende Folge erzeugt. Um den Grenzwert dieser Folge zu bestimmen, führen wir die Größe δ_n ein

$$\delta_n \equiv \frac{A_n - A_{n-1}}{A_{n+1} - A_n} \,. \tag{16.58}$$

Gleichung (16.57) ist dann äquivalent zu

$$\delta_n = A_{n+1} + A_n - 2 \,. \tag{16.59}$$

Unser Ziel besteht darin, den Grenzwert der Zahlen δ_n für n gegen unendlich zu bestimmen.

Bemerkung: Die Feigenbaum-Kontante δ ist definiert durch den Grenzwert $\lim_{n\to\infty} \delta_n$ in Gleichung (16.58). Dagegen wird Gleichung (16.59), die ein Resultat des Näherungsverfahrens ist, im Grenzfall $\lim_{n\to\infty}$ durch die genäherte

Feigenbaum-Konstante erfüllt. Die Feigenbaum-Konstante, die aus der exakten Iteration folgt, erfüllt diese Gleichung nicht. Die Lösung von Gleichung (16.59) wird deshalb nur zu einem approximativen Wert für δ führen.

Wir suchen jetzt den Grenzwert der Zahlenfolge A_n für n gegen unendlich. Für den Grenzwert gilt

$$A_{n+1} = A_n = A_\infty \,.$$

Wir benutzen Gleichung (16.54) und schreiben

$$A_\infty = A_\infty^2 - 2A_\infty - 2$$

oder

$$A_\infty^2 - 3A_\infty - 2 = 0 \,. \tag{16.60}$$

Wir lösen Gleichung (16.60) und erhalten

$$A_\infty = a_\infty = \frac{3+\sqrt{17}}{2} = 3{,}5616 \,. \tag{16.61}$$

Mit Hilfe von Gleichung (16.59) ergibt sich

$$\delta_{\text{approx}} = 2A_\infty - 2 = 1 + \sqrt{17} = 5{,}12 \,. \tag{16.62}$$

Dies ist ein approximativer Wert für δ. Der exakte Wert ist

$$\delta_{\text{exakt}} = 4{,}669202\ldots \tag{16.63}$$

Übung 16.8.1. Man benutze die Rekursionsbeziehung für δ_n in Gleichung (16.59) und berechne auf der Grundlage der Werte A_i im Abschnitt 16.8.2 die Größen

$$\delta_2 = 5{,}0 \qquad \text{und} \qquad \delta_3 = 5{,}1 \,.$$

Vergleiche die Abbildung 16.10. □

16.8.4 Die Feigenbaum-Konstante α

Man erinnere sich, daß wir eine Skalierung der in den Gleichungen (16.37 a) und (16.37 b) eingeführten Koeffizienten vorgenommen haben, damit nach jedem Iterationsschritt der neue Variablenbereich mit dem der ursprünglichen Variable z übereinstimmt. Dabei war die Tatsache sehr wichtig, daß die Skalierung bezüglich des Fixpunktes p verschieden von der bezüglich des Fixpunktes q ist. Die Feigenbaum-Konstante α ist der Grenzwert des Skalierungsfaktors $a_i C_{i+1}(p)/a_{i+1}$. Sie hängt mit dem Umklappen der Trajektorien in Abbildung 16.11 zusammen.

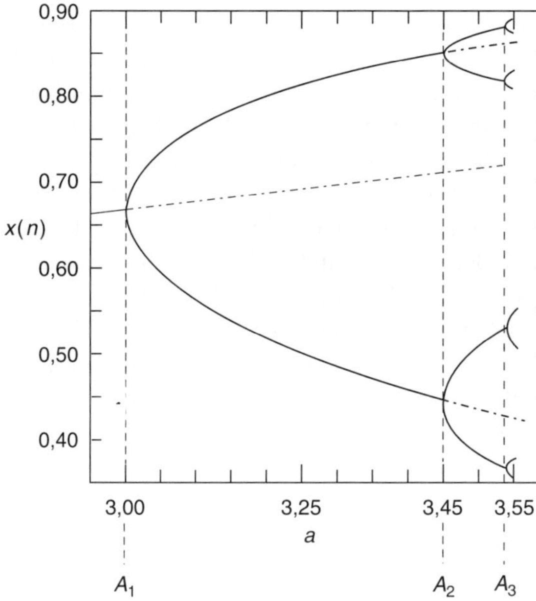

Abb. 16.10 Dies ist die gleiche Figur wie Abb. 16.9, wir haben die Werte markiert, bei denen jeweils eine Periodenverdopplung stattfindet.

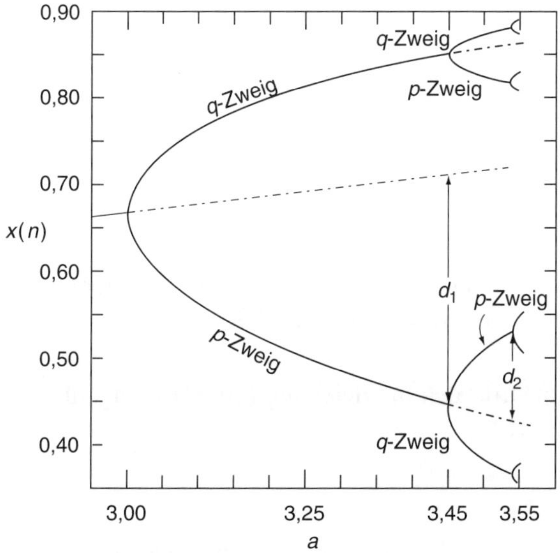

Abb. 16.11 Dieses Bild gleicht wiederum den Abbildungen 16.9 und 16.10. Die *p*- und *q*-Zweige wurden gekennzeichnet. Überzeugen Sie sich, daß die *p*-Zweige „umklappen".

Man betrachte die Abbildung 16.11. Im Intervall $3 < a < 1+\sqrt{6}$ ist die Abweichung des oberen Zweiges von der Lage des instabilen Fixpunktes, der durch die gestrichelte Linie bestimmt ist, gerade q. Die Werte von q sind durch Gleichung (16.22 b) gegeben. Wir bezeichnen diesen Zweig deshalb als q-Zweig. In analoger Weise wird der untere Zweig p-Zweig genannt, da seine Lage durch Gleichung (16.22 a) festgelegt wird. Am kritischen Punkt $a = 1 + \sqrt{6}$ brechen beide Zweige auf. In den durch die Gleichungen (16.34) und (16.40) festgelegten transformierten Variablen werden neue p- und q-Zweige gebildet. Diese Punkte sind in Abbildung 16.11 bezüglich der originalen Variable z markiert. Sie hängen mit der transformierten Variable s durch Verschiebung und Umskalierung zusammen. Auf dem p-Zweig ist die Skalierung negativ und deshalb erfolgt als Resultat ein Umklappen der neuen p- und q-Zweige. Mit Blick auf die Abbildung 16.11 ist zu berücksichtigen, daß die erste Skalierung durch den Quotienten $-d_1/d_2$ gegeben ist. Schließlich formulieren wir

$$\begin{aligned}\alpha &\equiv \frac{a_\infty C_\infty(p)}{a_\infty} \\ &= (a_\infty - 3)(a_\infty + 1) - 3\sqrt{(a_\infty - 3)(a_\infty + 1)}\ . \end{aligned} \tag{16.64}$$

Den Grenzwert des Parameters a kennen wir durch Gleichung (16.61), $a_\infty = (3 + \sqrt{17})/2$. Daraus ergibt sich

$$\alpha_{\text{approx}} = -2{,}24\ . \tag{16.65}$$

Der exakte Wert lautet dagegen

$$\alpha_{\text{exakt}} = -2{,}50\ldots \tag{16.66}$$

Wir stellen fest, daß sich der Skalenfaktor $a_i C_{i+1}/a_{i+1}$ während des Iterationsprozesses nur sehr wenig ändert. (Vergleiche Übung 16.7.3.)

Übung 16.8.2. Man zeige, daß man für den in Gleichung (16.37 b) eingeführten Koeffizienten $C_1(q)$ den Grenzwert

$$C_\infty = 7{,}36$$

erhält. Dies ist ein weiterer universeller Skalenfaktor. Er wird jedoch nicht als Feigenbaum-Konstante bezeichnet. Die Punkte A_i, an denen neue Instabilitäten entstehen, sind für den p- und den q-Zweig jeweils dieselben. Der einzige Unterschied zwischen beiden Zweigen ist der Faktor der Umskalierung. Er ändert sich während des Iterationsverfahrens nur wenig. (Vergleiche Übung 16.7.3.) □

Die exakten Werte der Feigenbaum-Konstanten findet man in der Arbeit von Feigenbaum, die im Literaturverzeichnis angegeben ist.

16.8.5 Die Konvergenz der A-Folge

Wir möchten zeigen, daß die A-Folge geometrisch konvergiert, d. h., es gilt

$$A_\infty = A_n + S\delta^{-n} \qquad \text{für} \quad n \to \infty\,, \tag{16.67}$$

wobei S eine noch zu bestimmende Konstante ist. Wir schreiben zunächst

$$A_\infty - A_n = (A_{n+1} - A_n) + (A_\infty - A_{n+1}) \tag{16.68}$$

und wollen die Differenz $A_{n+1} - A_n$ durch Terme mit kleinerem Index ausdrücken. Dann kann man in Gleichung (16.68) zum nächsthöheren Index übergehen und den Prozeß wiederholen. Wir vertrauen darauf, daß wir bei einem hinreichend großen Wert von n ein A_n erhalten, welches bereits sehr nahe am Grenzwert A_∞ liegt, so daß die Prozedur abgebrochen werden kann. Mit diesen Überlegungen benutzen wir Gleichung (16.58) und schreiben

$$A_{n+1} - A_n = \frac{A_n - A_{n-1}}{\delta_n} = \frac{A_{n-1} - A_{n-2}}{\delta_n \delta_{n-1}}\,. \tag{16.69}$$

Durch Fortsetzung dieser Substitution erhalten wir

$$A_{n+1} - A_n = \frac{A_2 - A_1}{\delta_n \cdots \delta_2}\,. \tag{16.70}$$

Dieses Ergebnis setzen wir in Gleichung (16.68) ein und schreiben

$$A_\infty - A_n = \frac{A_2 - A_1}{\delta_n \cdots \delta_2} + (A_{n+2} - A_{n+1}) + (A_\infty - A_{n+2})\,. \tag{16.71}$$

Das gleiche Vorgehen, das den Gleichungen (16.69) und (16.70) zugrunde liegt, wird jetzt wiederholt und man bekommt

$$\begin{aligned} A_\infty - A_n \;=\; & \frac{A_2 - A_1}{\delta_n \cdots \delta_2} + \frac{A_2 - A_1}{\delta_{n+1} \cdots \delta_2} \\ & + \frac{A_2 - A_1}{\delta_{n+2} \cdots \delta_2} + \frac{A_2 - A_1}{\delta_{n+3} \cdots \delta_2} + \ldots \end{aligned} \tag{16.72}$$

Gleichung (16.72) kann auch in der Form

$$A_\infty - A_n = \frac{A_2 - A_1}{\delta_n \cdots \delta_2}\left(1 + \frac{1}{\delta_{n+1}} + \frac{1}{\delta_{n+1}\delta_{n+2}} + \ldots\right) \tag{16.73}$$

angegeben werden. Wir haben in der Übung 16.8.1 bemerkt, daß die δ-Folge sehr schnell konvergiert. Wir machen deshalb für große n keinen großen Fehler, wenn in Gleichung (16.73) jedes δ_i durch den Grenzwert approximiert wird. Damit erhalten wir

$$\begin{aligned} A_\infty - A_n \;&=\; \frac{(A_2 - A_1)\delta}{\delta^{n-1}(\delta - 1)} \\ &=\; \frac{(A_2 - A_1)\delta^2}{\delta^n(\delta - 1)}\,. \end{aligned} \tag{16.74}$$

Daraus kann der Wert der Konstante S, die in Gleichung (16.67) als ein Maß für die Konvergenzrate der geometrischen Folge eingeführt wurde, bestimmt werden. Wir kennen aus unserer Liste der A-Werte im Abschnitt 16.8.2 die Zahlen $A_2 = 1 + \sqrt{6} = 3{,}45$ und $A_1 = 3$ und aus Gleichung (16.62) ist $\delta = 5{,}12$ bekannt. Damit bekommt man

$$S_{\text{approx}} = \frac{(A_2 - A_1)\delta^2}{\delta - 1} = 2{,}9\,. \tag{16.75}$$

Der exakte Wert dieser Konstante lautet dagegen

$$S_{\text{exakt}} = 2{,}6327\ldots \tag{16.76}$$

16.9 Zusammenfassende Bemerkungen

Abschließend ist es sehr wichtig zu erkennen, daß es dann, wenn der Parameter a den Wert von A_∞ überschreitet, keine stabilen Zyklen mit den Perioden 2^k mehr gibt. In der Literatur wird betont, daß es in dieser neuen Region eine unendliche Zahl von Fixpunkten mit einer unendlichen Zahl von verschiedenen periodischen Zyklen gibt. (Vergleiche die Arbeit von Yorke und Yorke.) Man stößt auf total aperiodische, also sich nicht wiederholende Muster, die chaotisch genannt werden. Zur gleichen Zeit reagiert aber das System bei vielen Parameterwerten a, die größer als der kritische Wert sind, nicht sehr empfindlich auf eine kleine Änderung der Anfangsbedingung. Aber meistens antwortet das System extrem empfindlich auf eine solche Variation. Diesbezüglich soll noch einmal darauf hingewiesen werden, daß verschiedene Computerprogramme dasselbe Problem auf verschiedene Weise behandeln oder zu verschiedenen Rundungsfehlern kommen. Die Empfindlichkeit, mit der das System auf verschiedene Anfangsbedingungen reagiert, kann deshalb zu völlig unterschiedlichen Trajektorien führen. Wenn ein physikalisches System so empfindlich von seinen Anfangsbedingungen abhängt, dann haben diese Anfangswerte keinen Sinn. Wir verlieren damit eine wesentliche Voraussetzung, um die Zukunft des Systems charakterisieren zu können. Es ist zu schwierig, diese Ergebnisse hier im einzelnen abzuleiten oder einen Beweis für das Einsetzen des Chaos zu entwickeln, denn dies würde die Bereitstellung umfangreicherer mathematischer Grundlagen erfordern. Mit dem in diesem Kapitel bereitgestellten Material ist es jedoch möglich, diese Untersuchungen durch das Studium der angegebenen Literatur fortzusetzen. Am meisten fasziniert daran vielleicht, daß der Weg durch Periodenverdopplung zum Chaos bereits auf einem sehr primitiven Niveau erfolgt und zukünfig viele interessante Einsichten in die Dynamik nichtlinearer Phänomene verspricht. Wir sind Feigenbaum, May und anderen zu großem Dank verpflichtet, daß sie viele der bemerkenswerten Eigenschaften quadratischer Abbildungen herausgearbeitet haben.

Literatur

1. May, R., *Simple Mathematical Models With Very Complicated Dynamics*, in *Nature* 261, 459 (1976). Dieser Artikel ist als Einstieg, etwas über Chaos in diskreten Systemen zu lernen, sehr zu empfehlen. Er war eine der ersten Arbeiten mit zusammenfassendem Charakter und setzt beim Leser wirklich keine Kenntnisse über nichtlineare Systeme voraus. Man findet darin auch ein vorzügliches Literaturverzeichnis. May hat viele fruchtbare Beiträge zu diesem Gebiet beigesteuert und seine anderen Arbeiten sind leicht durch eine Computerrecherche oder in der Bibliographie des nachfolgend aufgeführten Buches zu finden.
2. Bai-Lin, H., *Chaos*, World Scientific, Singapore, 1984. Dieser Band enthält gesammelte Arbeiten, die eine große Zahl theoretischer und experimenteller Aspekte des Chaos in diskreten und kontinuierlichen Systemen behandeln. Man findet auch eine umfangreiche Bibliographie von Arbeiten, die bis 1985 erschienen sind.
3. Lauwerier, H. A., *One-Dimensional Iterative Maps*, in A. V. Holden (Hrsg.), *Chaos*, Princeton University Press, Princeton, 1986. Viele Dinge, die im Kapitel 16 diskutiert werden, beziehen ihre Motivation aus diesem Artikel. Er enthält umfangreiche technische Details. In dem Band folgt dem Artikel ein zweiter mit dem Titel *Two-Dimensional Iterative Mappings*.
4. Feigenbaum, M., *Universal Behavior of Nonlinear Systems*, in *Los Alamos Science*, Summer, 4 (1980). Dieser Artikel behandelt sehr anschaulich diskrete Abbildungen und gibt eine Ableitung der Feigenbaum-Konstanten.
5. Ruelle, D., *Strange Attractors*, in *Math. Intelligencer* 2, 126 (1980). Hierbei handelt es sich um eine sehr populäre Darstellung vieler Aspekte des Chaos, einschließlich des Begriffes „seltsamer Attraktor".
6. Li, T. Y. und J. A. Yorke, *Period Three Implies Chaos*, in *Am. Math. Monthly* 82, 985 (1975). In diesem Artikel wird zum ersten Mal die Rolle von Zyklen mit ungerader Periode bei der Entwicklung des Chaos in diskreten Strukturen diskutiert.
7. Yorke, J. A. und E. D. Yorke, *Chaotic Behavior and Fluid Dynamics*, in H. L. Swinney und J. P. Gollub (Hrsg.), *Hydrodynamic Instabilities and the Transition to Turbulence*, Springer Verlag, New York, 1981. Dies ist ein sehr lesenswerter Artikel über viele Aspekte des Chaos in diskreten und kontinuierlichen Systemen. Es werden viele Probleme diskutiert, die mit dem Verhalten von diskreten Systemen im chaotischen Gebiet zusammenhängen.

8. Berge, P.; Y. Pomeau und C. Vidal, *Order and Chaos*, Hermann, Paris und Wiley, New York, 1984. Dieses Werk gibt eine umfassende Einführung in dissipative dynamische Systeme. Die Darstellung bewegt sich auf einem solchen Niveau, daß Studierende höherer Studienjahre wenigstens in groben Zügen folgen können. Dieses Buch ist besonders wichtig, weil die Forschung über Chaos und dynamische Systeme noch am Anfang steht, so daß es noch keine Standardliteratur dazu gibt.
9. Helleman, H. G. und R. S. MacKay, *One Mechanism for the Onset of Large-Scale Chaos in Conservative and Dissipative Systems*, in C. W. Horton, Jr.; L. E. Reichel und V. G. Szebehel (Hrsg.), *Long-Time Prediction in Dynamics*, Wiley, New York, 1983. In diesem Artikel findet man umfangreiches Material über das Einsetzen des Chaos in diskreten nichtlinearen Systemen. Er ergänzt andere Quellen und erklärt sehr genau die Schritte, die notwendig sind, um die Gleichungen in die Standardform zu überführen. Man findet darin z. B. die explizite Berechnung des ersten Bifurkationspunktes für eine Abbildung der Standardform. Der Stil der Darstellung erlaubt es, daß man auch die Einzelheiten der Rechnung relativ leicht nachvollziehen kann.
10. Ekeland, I., *Mathematics and the Unexpected*, University of Chicago, 1988. Hierbei handelt es sich um einen sehr schönen und kurzen Aufsatz, der viele schwierige, aber auch interessante Aspeke nichtlinearer Phänomene berührt, so z. B. monokline Punkte, Instabilität von Trajektorien und Bernoulli-Verschiebungen. Die Art der Darstellung und der bedächtige Gang der Diskussion haben es mir ermöglicht, die Mühe besser abzuschätzen, die uns allen abverlangt wird, wenn wir den Reichtum nichtlinearer Probleme verstehen wollen. Es wird noch einmal hervorgehoben, wieviel wir Poincaré verdanken.

Anhang

Eine Diskussion der Eulerschen Konstante

Wir sind bereits im Kapitel 4 auf die Eulersche Konstante gestoßen, als wir folgende divergente Summe betrachteten:

$$\sum_{j=1}^{n-1} \frac{1}{j} \to \ln n + \gamma; \qquad n \to \infty \tag{A.1}$$

und dabei feststellten, daß sie einfach deren endlicher Anteil ist. (Vergleiche Gleichung (4.64 c).) Sie ergibt sich aber auch in einem völlig anderen Zusammenhang, nämlich wenn wir die Ableitung der Gammafunktion, die wir im Kapitel 2 eingeführt haben, untersuchen. Es galt

$$\Gamma(n) \equiv \int_0^\infty x^{n-1} \exp(-x)\,\mathrm{d}x\ . \tag{A.2}$$

Wir differenzieren und erhalten

$$\Gamma'(n) = \int_0^\infty x^{n-1} \ln x \exp(-x)\,\mathrm{d}x\ . \tag{A.3}$$

Dieser Typ eines Integrals tritt bei den verschiedensten Berechnungen in den reinen und angewandten Wissenschaften auf. So stoßen wir darauf z. B. bei Summationsproblemen in der Festkörperphysik. Für $n = 1$ erhalten wir

$$-\Gamma'(1) = -\int_0^\infty \ln x \exp(-x)\,\mathrm{d}x\ . \tag{A.4}$$

Das Ziel dieses Anhangs besteht darin zu zeigen, daß der durch Gleichung (A.4) gegebene Ausdruck $-\Gamma'(1)$ gleich dieser Konstante γ ist, die in Gleichung (A.1) vorkommt. Wir könnten nun die Behauptung mit wenigen Umformungen, die durch funktionentheoretische Überlegungen gerechtfertigt wären, beweisen. Da wir jedoch in diesem Buch komplexe Funktionen nicht benutzen wollen, erfolgen alle Betrachtungen auf einem elementareren Niveau. Gelegentlich hat man dafür aber einen Preis zu bezahlen und ein solcher Moment ist jetzt gekommen. Dies wird im folgenden klar werden, denn wir erreichen unser Ziel nur durch eine Reihe von Tricks, die gerade wegen des Verzichts auf funktionentheoretische Mittel notwendig sind. Unser Ausgangspunkt ist ein sogenanntes Frullanisches Integral der Form

$$\ln x = \int_0^\infty \frac{\exp(-\alpha) - \exp(-\alpha x)}{\alpha} \, d\alpha \, . \tag{A.5}$$

Da diese Gleichung (A.5) offenbar nicht selbstverständlich ist, müssen wir sie beweisen. (Frullanische Integrale werden bei Jeffrey und Jeffrey diskutiert.)

Wir zerlegen das Integral in zwei Anteile entsprechend den Intervallen $[0, \delta]$ und $[\delta, \infty]$. Der Randpunkt δ wird von uns als beliebig klein gewählt. Wenn wir nun das infinitesimale Intervall $[0, \delta]$ betrachten und den Integranden entwickeln, dann finden wir

$$\int_0^\delta \frac{\exp(-\alpha) - \exp(-\alpha x)}{\alpha} \, d\alpha \to \int_0^\delta (x-1) \, d\alpha \to 0 \quad \text{für} \quad \delta \to 0 \, . \tag{A.6}$$

Wir können unsere Aufmerksamkeit also auf das äußere Intervall beschränken. Durch Zerlegung des Integranden in zwei Summanden erhalten wir

$$\int_\delta^\infty \frac{\exp(-\alpha) - \exp(-\alpha x)}{\alpha} \, d\alpha = \int_\delta^\infty \frac{\exp(-y)}{y} \, dy - \int_{x\delta}^\infty \frac{\exp(-y)}{y} \, dy \, . \tag{A.7}$$

Im ersten Integral wurde die Integrationsvariable α in y umbenannt und im zweiten Integral haben wir die Variablentransformation $y = \alpha x$ benutzt. Wir fassen nun beide Integrale wieder zusammen.

$$\int_\delta^{x\delta} \frac{\exp(-y)}{y} \, dy \to 1 \cdot \ln x; \qquad \delta \to 0 \tag{A.8}$$

Damit ist Gleichung (A.5) bewiesen. Wir ersetzen nun den Term $\ln x$ im Integral von Gleichung (A.3) durch den Ausdruck gemäß Gleichung (A.5) und erhalten

$$\Gamma'(n) = \int_0^\infty \int_0^\infty x^{n-1} \exp(-x) \frac{\exp(-\alpha) - \exp(-\alpha x)}{\alpha} \, d\alpha \, dx \, . \tag{A.9}$$

Als nächstes vertauschen wir die Reihenfolge der Integrationen und führen die Integration über x aus. Wir können dann schreiben

$$\frac{\Gamma'(n)}{\Gamma(n)} = \int_0^\infty \left(\frac{\exp(-\alpha)}{\alpha} - \frac{1/\alpha}{(\alpha+1)^n} \right) d\alpha \,. \tag{A.10}$$

Da wir nur den Wert von $\Gamma'(1)/\Gamma(1)$ brauchen, setzen wir in Gleichung (A.10) $n = 1$:

$$\frac{\Gamma'(1)}{\Gamma(1)} = \int_0^\infty \left(\frac{\exp(-\alpha)}{\alpha} - \frac{1/\alpha}{\alpha+1} \right) d\alpha \,. \tag{A.11}$$

Wir sind nun fast am Ziel. Durch Subtraktion von $\Gamma'(1)/\Gamma(1)$ auf beiden Seiten der Gleichung (A.10) erhält man

$$\frac{\Gamma'(n)}{\Gamma(n)} - \frac{\Gamma'(1)}{\Gamma(1)} = \int_0^\infty \frac{1}{\alpha} \left[\frac{1}{\alpha+1} - \frac{1}{(\alpha+1)^n} \right] d\alpha \,. \tag{A.12}$$

Mit der Variablentransformation $u = 1/(\alpha + 1)$ lautet Gleichung (A.12)

$$\frac{\Gamma'(n)}{\Gamma(n)} - \frac{\Gamma'(1)}{\Gamma(1)} = \int_0^1 \frac{1 - u^{n-1}}{1-u} du \,. \tag{A.13}$$

Wenn wir schließlich noch den Integranden in Gleichung (A.13) durch die geometrische Reihe

$$\sum_{j=0}^{n-2} u^j \tag{A.14}$$

ersetzen und Glied für Glied integrieren, ergibt sich

$$\frac{\Gamma'(n)}{\Gamma(n)} - \frac{\Gamma'(1)}{\Gamma(1)} = 1 + \frac{1}{2} + \frac{1}{3} + \cdots + \frac{1}{n-1} = \sum_{j=1}^{n-1} \frac{1}{j} \,. \tag{A.15}$$

Als letzter Schritt verbleibt noch das Einsetzen der asymptotischen Ausdrücke für $\Gamma'(n)$ und $\Gamma(n)$. Im Kapitel 5, Gleichung (5.73) hatten wir dafür das Ergebnis

$$\Gamma(n+1) = n\Gamma(n) \sim \sqrt{2\pi n}\, n^n \exp(-n) \tag{A.16}$$

gefunden. Der bestimmende Term der logarithmischen Ableitung ist

$$\frac{\Gamma'(n)}{\Gamma(n)} \sim \ln n \,. \tag{A.17}$$

Aus Gleichung (A.3) wissen wir aber, daß

$$\frac{\Gamma'(1)}{\Gamma(1)} = \int_0^\infty \ln x \exp(-x)\,\mathrm{d}x \tag{A.18}$$

gilt. Mit Hilfe der Gleichungen (A.1) und (A.15) bis (A.18) erhalten wir durch Umordnen einiger Terme

$$\sum_{j=1}^{n-1} \frac{1}{j} = \ln n - \int_0^\infty \ln x \exp(-x)\,\mathrm{d}x = \ln x + \gamma\,. \tag{A.19}$$

Damit haben wir schließlich unser Ziel erreicht. Wir haben bewiesen, daß die Eulersche Konstante, die durch Gleichung (A.1) definiert ist, gleich jener Konstante ist, die durch Gleichung (A.4) bestimmt ist.

$$\gamma = -\int_0^\infty \ln x \exp(-x)\,\mathrm{d}x$$

Der umständliche Weg dieser Ableitung sollte meines Erachtens jeden dazu motivieren, in die Anfangsgründe der Funktionentheorie einzudringen.

Übung A.1. Man betrachte

$$K(z) = \int_0^\infty t^{z-1} \ln t \exp(-t)\,\mathrm{d}t$$

und zeige die Identität $K(2) = 1 - \gamma$. □

Literatur

1. Jeffreys, H. und B. S. Jeffreys, *Methods of Mathematical Physics*, 3. Auflage, Cambridge University Press, Cambridge, 1966. Die Frullanischen Integrale werden auf Seite 104 diskutiert. Hier findet man auch eine ausführliche Diskussion der Gammafunktion mit Mitteln der Funktionentheorie.
2. Lebedev, N. N., *Special Functions and Their Uses*, Prentice-Hall, Englewood Cliffs, New Jersey, 1965. Überarbeitete Neuauflage bei Dover, New York, 1972. Das erste Kapitel enthält eine Ableitung der Eulerschen Konstante, die der unseren sehr ähnlich ist.
3. Bowman, F., *Introduction to Bessel Functions*, Dover, New York, 1958. In diesem Buch wird die Eulersche Konstante im Zusammenhang mit Bessel-Funktionen eingeführt. Die Ableitung, die fast der unseren gleicht, findet man zusammen mit einigen Übungen auf den Seiten 68–70.

Sachverzeichnis